国外油气勘探开发新进展丛书

GUOWAIYOUQIKANTANKAIFAXINJINZHANCONGSHU

十九

COMPOSITION AND PROPERTIES OF DRILLING AND COMPLETION FLUIDS SEVENTH EDITION

钻井液和完井液的 组分与性能

（第七版）

【美】Ryen Caenn　　H.C.H Darley　　George R. Gray　　著

王长宁　李宝军　译

石油工业出版社

内容提要

本书为美国 ELSEVIER 出版公司出版的钻井液、完井液方面的经典专著，第七版为最新版本。本书首先介绍了钻井液、完井液的基本知识，然后详细介绍了钻井液性能评价方法、黏土矿物学和钻井液胶体化学、钻井液流变学、钻井液表面化学等，重点介绍了钻井液组分、钻井液性能以及与钻井液有关的井壁稳定、钻井作业问题等。专门一章介绍完井液、修井液、封隔液和储层钻井液，最后介绍了钻井液废物处理与管理。

本书为从事钻井液、完井液研发及应用的科研人员、管理人员及技术工人的重要学习参考书，也可以作为石油院校相关专业师生参考资料。

图书在版编目 (CIP) 数据

钻井液和完井液的组分与性能：第七版/（美）赖恩·凯恩（Ryen Caenn），（美）H. C. H 达利（H. C. H Darley），（美）乔治·R. 格雷（George R. Gray）著；王长宁，李宝军译 .—北京：石油工业出版社，2020.5

（国外油气勘探开发新进展丛书；十九）

书名原文：Composition and Properties of Drilling and Completion Fluids（Seventh Edition）

ISBN 978-7-5183-3834-4

Ⅰ.① 钻… Ⅱ.① 赖… ② H… ③ 乔… ④ 王… ⑤ 李…

Ⅲ.① 钻井液-研究② 完井液-研究 Ⅳ.① TE254 ② TE257

中国版本图书馆 CIP 数据核字（2020）第 039834 号

Elsevier（Singapore）Pte Ltd.
3 Killiney Road, #08-01 Winsland House I, Singapore 239519
Tel：（65）6349-0200；Fax：（65）6733-1817

Composition and Properties of Drilling and Completion Fluids, Seventh Edition
by Ryen Caenn, H. C. H Darley, George R. Gray
Copyright © 2017 by Gulf Professional Publishing, an imprint of Elsevier Inc. All rights reserved.
ISBN-13：9780128047514

This translation of Composition and Properties of Drilling and Completion Fluids, Seventh Edition by Ryen Caenn, H. C. H Darley, George R. Graywas undertaken by Petroleum Industry Pressand is published by arrangement with Elsevier（Singapore）Pte Ltd.
Composition and Properties of Drilling and Completion Fluids, Seventh Edition by Ryen Caenn, H. C. H Darley, George R. Gray 由石油工业出版社有限公司进行翻译，并根据石油工业出版社与爱思唯尔（新加坡）私人有限公司的协议约定出版。

《钻井液和完井液的组分与性能，第七版》（王长宁 李宝军 译）
ISBN：9787518338344
Copyright © 2020 by Elsevier（Singapore）Pte Ltd.

北京市版权局著作权合同登记号：01-2017-7216

出版发行：石油工业出版社
　　　　　（北京安定门外安华里 2 区 1 号楼　100011）
　　网　址：www. petropub. com
　　编辑部：（010）64523687　图书营销中心：（010）64523633
经　销：全国新华书店
印　刷：北京中石油彩色印刷有限责任公司

2020 年 5 月第 1 版　2020 年 5 月第 1 次印刷
787×1092 毫米　开本：1/16　印张：28. 25
字数：700 千字

定价：200. 00 元
（如出现印装质量问题，我社图书营销中心负责调换）
版权所有，翻印必究

《钻井液和完井液的组分与性能》（第七版）
译 审 成 员

组　长：王长宁　李宝军

成　员：（按姓氏笔画排序）

王国庆　王京光　刘　伟

杨　斌　吴满祥　张　宇

张小平　张艺聪　张振活

胡　恒　赵向阳　贾　俊

曹　辉　崔贵涛　蒋振伟

序

"他山之石，可以攻玉"。学习和借鉴国外油气勘探开发新理论、新技术和新工艺，对于提高国内油气勘探开发水平、丰富科研管理人员知识储备、增强公司科技创新能力和整体实力、推动提升勘探开发力度的实践具有重要的现实意义。鉴于此，中国石油勘探与生产分公司和石油工业出版社组织多方力量，本着先进、实用、有效的原则，对国外著名出版社和知名学者最新出版的、代表行业先进理论和技术水平的著作进行引进并翻译出版，形成涵盖油气勘探、开发、工程技术等上游较全面和系统的系列丛书——《国外油气勘探开发新进展丛书》。

自2001年丛书第一辑正式出版后，在持续跟踪国外油气勘探、开发新理论新技术发展的基础上，从国内科研、生产需求出发，截至目前，优中选优，共计翻译出版了十八辑100余种专著。这些译著发行后，受到了企业和科研院所广大科研人员和大学院校师生的欢迎，并在勘探开发实践中发挥了重要作用，达到了促进生产、更新知识、提高业务水平的目的。同时，集团公司也筛选了部分适合基层员工学习参考的图书，列入"千万图书下基层，百万员工品书香"书目，配发到中国石油所属的4万余个基层队站。该套系列丛书也获得了我国出版界的认可，先后四次获得了中国出版协会的"引进版科技类优秀图书奖"，形成了规模品牌，获得了很好的社会效益。

此次在前十八辑出版的基础上，经过多次调研、筛选，又推选出了《天然裂缝性储层地质分析（第二版）》《压裂水平井》《水力压裂——石油工程领域新趋势和新技术》《钻井液和完井液的组分与性能（第七版）》《水基钻井液、完井液及修井液技术与处理剂》《管道应力分析相关土壤力学》等6本专著翻译出版，以飨读者。

在本套丛书的引进、翻译和出版过程中，中国石油勘探与生产分公司和石油工业出版社在图书选择、工作组织、质量保障方面积极发挥作用，一批具有较高外语水平的知名专家、教授和有丰富实践经验的工程技术人员担任翻译和审校工作，使得该套丛书能以较高的质量正式出版，在此对他们的努力和付出表示衷心的感谢！希望该套丛书在相关企业、科研单位、院校的生产和科研中继续发挥应有的作用。

中国石油天然气股份有限公司副总裁　李鹭光

原书前言

本书第七版与第四版至第六版相比对如下章进行了修改：第四章"黏土矿物学和钻井液胶体化学"；第六章"钻井液流变学"；第七章"钻井液滤失性能"；第八章"钻井液表面化学"。第十四章"钻井液废物处理与管理"保留第六版的内容。其他章节已经完全重写，并新增完井液和压裂液技术两章。

由于本书的书名是关于钻井液和完井液，因此完井液需要单独列出一章才能体现出与钻井液相同的地位。前四个版本的书名为《油井钻井液的组分和性能》。尽管在第五版（1988年）书名改为《钻井液和完井液的组分与性能》，但仅在"完井液、修井液和封隔液"一章包含完井液内容。该章在第六版（2011年）中进行了更新，并被称为"完井、油藏钻井、修井和封隔液"。

本版本增加了："完井液介绍"和"压裂液介绍"两个单独章节。很明显自第五版以来，围绕这两个主题的相关技术大大扩展与完善。然而，1988年至2011年间的技术变革意味着需要更多的努力花在更新每个章节上。

读者会发现本书不太重视膨润土水基钻井液。虽然，基于黏土的钻井液体系在世界各地仍然广泛应用，但是盐水钻井液和合成基钻井液正在迅速成为钻井液体系的新选择。一般来说，固体材料正在被替换为更多环保和操作性好的液体材料。首先，通过改进固控设备和循环系统来去除钻井固相。其次，通过使用高密度盐水来替代固体加重材料。

此版本新增的一章为"水分散性聚合物"。自20世纪30年代后期以来，胶体聚合物一直用于钻井液体系，但今天钻井液工程师正在扩大水基、盐水基钻井液体系的应用范围。许多类似液体正在取代非水基钻井液体系。

如果没有多年来无数钻井和钻井液专家的奉献，这本书是不可能完成。其中一些专家在致谢中被提及。

沃尔特罗杰斯在第1版的序言中说道"作者的殷切希望是此内容可以为对该课题感兴趣的人提供有价值的培训和参考。最重要的是希望这些数据能够帮助消除现场钻井液实践过程中的一些困惑和误解"。那也是我的希望。鉴于互联网的普及性，也许这本书可以在网络上与读者见面。

Ryen Caenn

致　　谢

　　对本书第六版的致谢是写给前五个版本的作者——Walter Rogers，Doc Gray 和 Slim Darley。他们是美国钻井工程师协会的早期钻井液名人堂入选者（http：//www. aade. org/fluids -hall-of-fame/）。AADE 筛选钻井液名人堂的主要目标是：认识为推动钻井和完井液技术发展做出贡献的关键人物，与钻井行业的其他成员分享他们的成就，以便他们不会被忘记。

　　这本书是献给那些对钻井液、完井液、压裂液和水泥浆研究和应用有突出贡献的杰出人士。他们是入选的钻井液名人堂的代表。

钻井液名人堂成员合影(2010. 4. 6)

后排从左到右：**Leon Robinson，Jay Simpson，Max Annis，Don Weintritt，Martin Chenevert，Bill Rehm，Jack Estes，Bob Garrett，George Savins，Charles Perricone，Dorothy Carney（For Leroy Carney），Tommy Mondshine，Billy Chesser.**

前排居中：**George Ormsby**

目　　录

9

第一章　钻井液概述

一口石油生产井的成功完井在很大程度上取决于钻井液的性能。钻井液本身的成本与钻井总成本比较起来所占份额很小，但是钻井时正确选择钻井液及正确的维护其性能极大地影响了钻井的总成本。例如，完井周期取决于钻头的钻速，以及页岩坍塌、钻杆卡钻、循环漏失等所引起的时间耽误。所有这些因素都受钻井液性能的影响。在某些特殊情况下，比如深水钻井，这些额外费用可以超过数百万美元。此外，钻井液还影响地层的评价及其后期井的产量。钻井液体系同时应保持环境友好及尽可能减少废弃物排放。

因此，选择恰当的钻井液体系及其性能的日常维护不仅仅是钻井液工程师关心的问题，同时也与钻井监督、钻井领班及钻井、测井、采油工程师等息息相关，甚至还包括其他相关服务公司人员。钻井和采油人员不需要掌握有关钻井液的详尽知识，但是他们应当了解钻井液性能的基本原理，以及这些原理对钻井与采油的关系。因此，本章的目的就是尽可能简单而扼要地提供这方面的知识，并解释各种专业术语以便能够理解钻井液工程师提供的信息。建议那些没有钻井液背景知识的专家一定要阅读本章后再阅读后面详尽内容。

通常把现场钻井液技术员称为"钻井液工程师"，实际上，并不是每一个钻井液技术员都有一个工程师职位。一些钻井液技术员是逐步提拔而来，比如从场地工干起，后来到井架工或者司钻，以及最后受雇于钻井液技术服务公司。这些人员具有丰富的现场工作经验并在钻井液领域取得很大成功。

美国石油学会（API）负责颁布石油行业相关标准，包括钻井液测试程序。在其颁布的《钻井液技术员和钻井液工程师的培训和考核推荐流程》[API RP13L（2015）]中设定了培训钻井液技术员的相关流程。此标准对钻井液技术员进行了以下定义：

钻井液工程师：取得相关认可大学的工程专业学位或相关学科分支学位的钻井液专业技术人员。

钻井液技术员：钻井液现场技术服务专业人员。

钻井液技师：钻井液现场或室内分析人员。

钻井液高级工程师：通过学习和经验积累，掌握钻井液和油田化学前沿知识及其应用技术的专业人员。

第一节　钻井液的功能

钻井液的功能有很多，过去钻井液的主要用途是清除井内钻屑及控制井底压力预防井喷。原来钻井液的组分为泥和水，因此称为"泥浆"。然而，现在由于不同类型钻井液的应用及其复杂的化学成分很难界定其具体的功能。在钻井作业中，钻井液的一种或多种功能可能会较其他功能重要。

一、基本功能

钻井液的基本功能是现场工程师持续观察和调整的对象。通常,钻井现场每天都会生成钻井液报表,包含当天测得的各种钻井液性能参数,这些参数和钻进情况分析会协助工程师优化钻井液性能。

在旋转钻井过程中,钻井液的基本功能有:

(1)预防溢流,防止原油、天然气或者地层水从渗透性地层进入井筒及避免井壁裂缝的产生。通过监测钻井液密度(MD)和当量循环密度(ECD)来控制。ECD由钻井液静液柱压力和环空的循环压耗叠加而得。

(2)把钻屑从井底经环空带到地面并实现分离。钻井液技术员通过对黏度曲线的控制来保证环空携砂效率并提高固控系统的工作效率。

(3)悬浮固相,尤其是高密度加重材料。通过控制黏度和切力可以尽量降低其在静止或流动状态下的沉降。

(4)在井壁上形成薄、低渗透性滤饼。通过监测固相颗粒粒度分布来加强封堵性。

(5)保持裸眼段井壁稳定。钻井液技术人员通过测定钻井液密度和钻井液—井壁化学反应特性保持井壁稳定直到该井段完钻。

二、辅助功能

这些功能从本质上来源于钻井液的使用。钻井液工程师不用按常规监测钻井液性能对其的影响,或者对其根本无法控制。

(1)减小钻具与井壁之间的摩擦。

(2)冷却、清洗钻头。

(3)协助收集和分析钻屑、岩心和测井数据。

三、限制与要求

综合上述功能,对钻井液也有一些限制或负面要求,包括:

(1)不会伤害钻井人员,也不会污染、破坏环境。

(2)不需要非常规或者其他昂贵的费用来完井和投产。

(3)不影响产层的渗透率。

(4)不腐蚀或对钻井设备造成过度磨损。

第二节 钻井液的组成

所有的钻井液体系都由以下部分组成:

(1)基础流体:水、非水液体、气体。

(2)固相:活性和非活性(惰性)物质。

(3)维持钻井液性能的添加剂:钻井液添加剂用来控制钻井液的某个或者某些性能,这些性能可以分为以下类别:

①钻井液:密度。

② 黏度：增稠、稀释、流变性调整。

③ 失水：API 滤失量、渗漏、漏失、井壁加固。

④ 化学反应：碱度、pH 值、润滑性、页岩稳定性、泥岩抑制性，絮凝、污染控制、界面/表面活性和乳化性。

一、加重材料

加重材料为惰性高密度矿物。最常见的为重晶石和黄铁矿。API 加重材料的特性见表 1.1 和表 1.2。其他的高密度加重材料也有悠久的应用历史，具体见表 1.3。

商品加重材料也有微米级（5μm 左右）的，有微米级重晶石粉和微米级四氧化二锰。是用来和高密度加重材料 SAG 竞争的，并且比常规粒径的重晶石更能保护储层（Al-Yami and Nasr-El-Din，2007）。

加重材料的用量由所需要的钻井液密度来决定。重晶石是钻井液加重最常使用的加重材料。它是一类相对柔软的材料，可以随着时间的推移研磨为更小的颗粒，会增加黏度和切力，也可能会对储层造成一定的伤害。黄铁矿有较强的耐磨性，一般不用于水基钻井液体系。

表 1.1　重晶石特性(API 13A—2010)

性能	标准	性能	标准
密度	>4.10g/cm³	大于 75 μm 残留物	<3.0%
水溶性碱金属含量，如钙	<250mg/kg	粒径小于 6μm 的球形颗粒	<30.0%

表 1.2　黄铁矿特性(API 13A—2010)

性能	标准	性能	标准
密度	>5.05g/cm³	大于 45 μm 残留物	<15%
水溶性碱金属含量，如钙	<100mg/kg	粒径小于 6μm 的球形颗粒	<15.0%
大于 75 μm 残留物	<1.5%		

表 1.3　常用钻井液加重材料密度汇总

材料名称	主要成分	密度，g/cm³	莫氏硬度
方铅矿	PbS	7.4~7.7	2.5~2.7
赤铁矿	Fe_2O_3	4.9~5.3	5.5~6.5
磁铁矿	Fe_3O_4	5.0~5.2	5.5~6.5
氧化铁(加工后)	Fe_2O_3	4.7	—
钛铁矿	FeO，TiO_2	4.5~5.1	5.0~6.0
重晶石	$BaSO_4$	4.2~4.5	2.5~3.5
陨铁	$FeCO_3$	3.7~3.9	3.7~4.0
天青石	$SrSO_4$	3.7~3.9	3.0~3.5
白云石	$CaCO_3$，$MgCO_3$	2.8~3.9	3.5~4.0
石灰石	$CaCO_3$	2.6~2.8	3.0

二、钻井液体系

钻井液体系根据其基础流体类型进行分类,见图1.1。

(1)水基钻井液(WBM)。固相颗粒悬浮在水或盐水中,油类材料乳化在水中,在此情况下水为连续相。

(2)非水基钻井液(NADF)。固相颗粒悬浮在油基中,盐水或者其他低活度流体乳化在油基中,在此情况下油基为连续相。

(3)气体钻井流体。通过高速空气把钻屑从井内带出,气体包括空气、天然气、氮气、二氧化碳或者其他以气相注入的流体。当遇到地层出水时流体转化为气/液两相——雾化或泡沫。

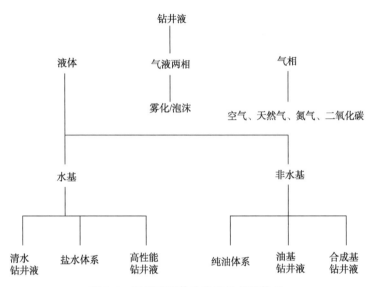

图1.1 以基础流体分类的钻井液体系

近年来,研发了大量钻井液体系以适应不同的地层特点。选择最佳的钻井液体系可以降低钻井成本,减少井下风险,比如井壁失稳、卡钻、井漏、气侵等。同时必须考虑对储层的充分保护和获得最大限度的生产能力。

1. 无机胶体

无机胶体主要由活性黏土材料组成并充分水化分散。无机胶体的活性由其较小的颗粒粒度(相对大的比表面积)与其重量和表面静电力决定。由于较大的比表面积,颗粒特性主要由表面静电荷控制,形成了颗粒间的引力与斥力。黏土矿物是高活性胶体,一方面是因为其微小的晶体结构,另一方面是因为分子结构,在表面形成相互斥力,但在端面有相互引力。因其层间作用力使黏土钻井液在低流速时可以获得较高的黏度并能在静止状态下获得可逆的凝胶结构。

2. 有机胶体

有机胶体,通称为聚合物,具有高分子量。水分散有机高分子既能控制钻井液的流变性,也可以控制体系失水。尤其在盐水体系对维护钻井液性能非常重要。高分子体系的具体介绍见本书第五章。

3. 钻井固相

钻井固相由活性黏土和惰性矿物组成。大多数水基钻井液出现的问题都与体系中的固相有关，基本为固控系统无法清除的微小颗粒。为了维持钻井液的性能要把固相体积分数控制在4%以下，但理想状态为不超过2%。

4. 水基钻井液

这类体系要么是清水体系，要么是盐水或者饱和盐水体系。固相包括为控制体系流变性和降失水而添加的黏土和有机聚合物。用加重材料(一般为重晶石)来提高体系的密度。另外，钻井作业中地层岩屑也会分散到钻井液中。滤液中一般含有溶解盐类，要么是来自地层水污染，要么是来自钻井液材料的添加。

有许多水基钻井液采用饱和盐水来替代固相加重材料，在没有固相加重材料的情况下，可以提高钻井机械钻速。同时，也可避免固相颗粒对地层的伤害。

两类常用盐水体系为：

(1)无机盐体系——通常还有氯离子。

(2)有机盐体系——通常为甲酸盐体系。

图1.2、图1.3表明了不用类型饱和盐水体系可以达到的钻井液相对密度和密度。

通常情况下，盐水体系多使用钠盐或钾盐，包含 Na$^+$ 或者 K$^+$。钠盐一般价格便宜，但钾盐更有利于控制泥岩水化分散。此问题将在第四章，黏土矿物学和钻井液胶体化学讨论。

含氯离子盐水的一大弊端是后期钻屑处理的费用可能会剧增。废物处理只要针对钻井过程中产生钻屑的处理。所有的钻屑都粘有钻井液，但如果含有氯离子的话，处理费用会增加。

甲酸盐，从另一方面更好处理，可以倒入钻井液池或农田做肥料。甲酸盐降解后产生二氧化碳和水。甲酸盐具有的其他优势将会在第二章完井液介绍中讲到。

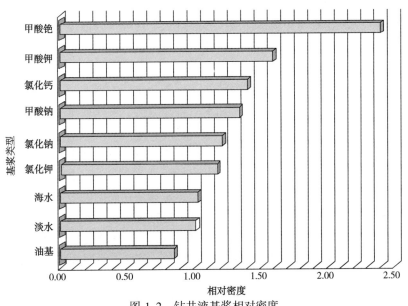

图 1.2　钻井液基浆相对密度

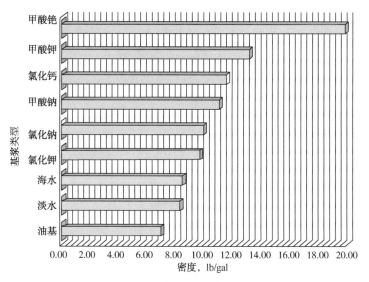

图 1.3　钻井液基浆密度

钻井液中的固相可以根据其粒径大小一般分为以下四类:

(1) 无机、有机胶体,粒径 0.005~2μm。

(2) 钻井固相,2~74μm。

(3) 加重材料,5~74μm。

(4) 钻屑,74~1000μm。

三、钻井液体系类型

目前可用的钻井液体系总结如下。

1. 水基钻井液

不分散体系——该体系说明该钻井液没有通过化学处理来分散体系中的黏土。通常为膨润土清水钻井液,不含重晶石。比如开钻钻井液或天然钻井液。此类还包含海水钻井,在海洋钻井中无污染的钻井液直接排放到海洋中。

分散膨润土体系——这类体系是随着钻井深度的增加需要控制体系的性能,比如密度、流变性和失水。通常还有化学稀释剂,比如木质素磺酸盐、褐煤或单宁。需要控制碱度,需要消耗大量的烧碱来维持合适的 pH 值。

钙处理体系——钙基钻井液通常用氯化钙盐水作基液或者加入熟石灰、石膏等,变为石灰或者石膏钻井液。这类钻井液通过高浓度可溶性钙盐来抑制黏土膨胀,增加井壁稳定性。有很强的抗污染能力,但会出现高静切力的情况,尤其是在高温的时候。

聚合物体系——聚合物体系利用长链和高分子量有机物,天然或者合成的,来控制体系的一个或多个性能。这类聚合物取代了传统的水基钻井液添加剂,如膨润土、化学稀释剂等。当氯离子含量超过 5000mg/L 时膨润土不再水化,变成和钻屑固相一样的惰性成分。具体细节请参考第五章。

高性能或增强型水基钻井液——这类钻井液是针对解决钻井难题而出现的,包括井壁稳定、固相抑制、井壁强化、提高钻速、高温高压稳定性及储层保护。大多数高性能钻井液体系以盐水做基础流体,加入聚合物调节流变性和控制失水。根据具体用途添加表面活性剂、井壁稳定剂、抗污染剂、成膜剂等。其他具体组成将在其他章节中讨论。

盐水体系——当没有清水或者没有上述提到的其他体系时,用这类钻井液用来钻穿盐膏层。最常用的为修井机组用的饱和氯化钠盐水,使用由聚合物增强的绿坡缕石或海泡石黏土来控制体系性能。海洋钻井在表层转化为非水基钻井液前使用海水钻井液体系。

2. 非水基钻井液体系

最早的非水基钻井液使用的是原油或精炼油做基浆,比如锅炉油,因此称之为油基钻井液(OBM)(Swan,1923)。原油钻井液性能难以控制,随后用柴油做基础油开始应用(Alexander,1944)。油基钻井液的一大缺点是不能把含水量控制在5%~10%。另外,失水难以控制。所用降失水剂为沥青类材料。通过加入乳化剂改善油基钻井液的黏度和携砂能力(Miller,1944)。

在19世纪50年代,研发了一类乳化反转型油基钻井液(Wright,1954)。由于此前乳化钻井液的问世,油乳化在水中,因此被称之为"反转乳化"体系,水乳化在油中。由于之前的油基钻井液是通过降低含水量来控制性能,反转后的体系可以维持40%~50%的含水量。高效乳化剂、润湿剂、有机膨润土的发展使油基钻井液取代水基钻井液具备可行性(Jordon等,1965;Simpson等,1961)

柴油含有芳香类化合物,具有毒性。在20世纪80年代,随着新环保法律法规的颁布,油基钻井液在海洋钻井中被禁用,尤其是柴油和矿物油为基础油的体系(Ayers等,1985;Bennett,1984)。随后石油行业出现了非水基钻井液体系(NADF)。这类合成剂钻井液对海洋生物没有毒性,在得到环保组织的许可后在世界范围内开始推广使用(Boyd等,1985)。

用于非水基钻井液(NADF)的基浆包括:

(1)油基——柴油、矿物油和低毒矿物油;

(2)合成基——烷烃、烯烃和酯类。

以上所提非水基钻井液目前都在使用。柴油基和矿物有机体系多用在陆上钻井,合成基多用在海洋钻井。

随着"清洁海洋法"环境保护法律的实施,在海洋中非水基钻井液的应用受到了严格限制。柴油和矿物油中的芳香烃对海洋生物和钻井工人有害,海洋钻井中非水基钻井液存在最大的问题是钻屑的处置,油基钻井液产生的钻屑均附着一层基础油,这是直接排放所不能接受的。

因此,一系列关于钻井液使用和处置的环境保护法律法规随之产生,尤其是非水基钻井液方面。2001年美国环境保护署发布了联邦海上钻井流出极限标准(EPA,1985)。这些指南已被纳入EPA的NPDES海上钻井通用许可证。许可证规定,除了其他限制之外,NADF将不会排放钻井液和钻屑进入水中,油在钻屑上含量应小于8%。另外,使用柴油和矿物油被禁止。

因此钻井液领域产生了以"合成基础油"为基液的非水基钻井液,称为合成基钻井液。柴油和矿物油钻井液仍然可以在陆地钻井使用如果后续处理得当的话,同样也可以在海洋钻井使用如果把所产生的废钻井液及钻屑全部运往陆地的前提下。

目前所用的基础油有:

(1)石蜡(烷烃)。这些油具有碳—氢单键线性(正常),支链(分支)或环状(环)与碳链

C10 到 C22 的链接。

(2) 油脂(烯烃)。这些油类也有碳氢双键连接,要么是 α-烯烃与 1 号碳、2 碳之间的双键连接,要么是内部烯烃与双键内部移动至 C15 至 C18 的碳链上。

(3) 酯。这类为改性植物油,主要是棕榈油。

传统碳氢化合物的特点:

(1) 柴油:低黏度,价格便宜,易于维护,有毒性,易生物降解。

(2) 矿物石蜡:低毒,高成本,高黏度。

(3) 改性植物油(酯):高黏度,易生物降解,低毒,高成本,低温稳定性,难以维护。

(4) 烯烃:中等黏度,易生物降解,低毒,中等成本,易于维护,低荧光。

非水基钻井液也同样含有上述的固相和不连续的、乳化成分在基液中。乳化成分可以是盐水或者是与所钻地层有低活度反应的其他流体。水的活度将在第九章中详细阐述。

除了上述讨论的性质外,NADF 中的其他添加剂用于控制乳液稳定性并保持任何固体流体处于油润湿状态。这些添加剂在第八章及附录 C 介绍。

3. 气体钻井流体

气体或者空气钻井由一台或多台压缩机把空气压缩注入井内完成携砂功能。最简单的形式是使用干燥气体,比如空气、天然气、氮气、二氧化碳等。气体钻井特别适用于干燥地层钻进。当气体钻进遇到含水层时,就加入发泡剂转变为雾化钻井。当出水量增多时需要增加发泡剂和稳泡剂的用量。此方面添加剂的详细信息将在第八章着重介绍。

气体钻井的一个分支是充气钻井液钻井。压缩空气经立管和钻井液一块注入环空,因此可以降低静液柱压力。这项技术需要使用旋转防喷器。有几家技术服务公司称之为控制压力钻井。钻井液技术的发展之气体钻井和控制压力钻井(MPD)详见附录 C。

第三节 钻井液性能参数

一、密度

密度的定义为每单位体积的质量,其单位为磅/加仑(lb / gal)、磅/立方英尺(lb / ft³)或千克/立方米(kg / m³)。或与等体积的水的质量相比而得到相对密度(SG)。静态钻井液液柱施加的压力取决于钻井液密度和井深。因此,现场常用密度梯度,单位磅每平方英寸每英尺(psi / ft)。一些钻井液材料的密度见表 1.4。

表 1.4 常见钻井液材料的密度

材料名称	密度				
	单位为 g/cm³	单位为 lb/gal	单位为 lb/ft³	单位为 lb/bbl	单位为 kg/m³
水	1.0	8.33	62.4	350	1000
油	0.8	6.66	50	280	800
重晶石	4.1	34.2	256	1436	4100
黏土	2.5	20.8	156	874	2500
氯化钠	2.2	18.3	137	770	2200

为了防止地层流体溢流必须保证钻井液液柱压力大于地层孔隙压力。地层孔隙压力取决于地层的深度、地层流体的密度及地质条件。两类地质条件会影响地层压力：正常压力地层，地层具有自支撑结构(因此孔隙压力取决于上覆流体的重量)；异常压力地层，不具备完整的自支撑结构(地层流体要支持上覆岩石和上覆流体的重量之和)。地层流体的静水压力梯度根据水的盐度的不同在 0.43~0.52psi / ft 之间变化。

上覆沉积地层的密度随着深度的增加而增加，通常认为平均相对密度为 2.3。所以上覆岩石的压力梯度约为1psi/ft，地层孔隙压力位于正常压力和上覆压力加量之间，取决于岩石的压实程度。除了应对地层孔隙压力，钻井液液柱压力还起到稳定井壁的作用。当遇到塑性地层时，比如岩膏层或欠压实的黏土层，钻井液液柱压力显得非常关键。钻井液密度的增加对携砂很有帮助，但地面沉降会放缓。增加钻井液密度是提高携砂能力的重要手段。

为了安全起见，通常钻井液密度比平衡地层压力所需密度要高，但这也有弊端。首先，过高的密度可以增加井壁压差，引起所谓的诱导裂缝。

产生诱导裂缝后，钻井液会进入裂缝引起漏失，造成环空钻井液液面下降直至达到压力平衡。问题在于钻井液密度既可以平衡地层流体压力，但又不能过高把地层压漏，当正常地层压力和异常压力同时存在的时候将会非常棘手。在这种情况下，需要下一层套管把这两层隔开。已经开发出几类预测地层压力的方法(Fertl 和 Chilingar，1977)。准确的地层压力和破裂压力判断可以确保套管下在恰当的深度，因此可以有效避免井下事故。最近的进展是在钻井工艺中运用地震技术资料(Poletto 和 Miranda，2004；Dethloff 和 Petersen，S.，2007)。

钻井液密度过高的另外一个缺点是影响机械钻速(ROP)。室内实验和现场数据均表明随着密度差的升高机械钻速会降低(在钻进渗透性地层时钻井液压力和地层孔隙之间的压差)(Murray 和 Cunninghan，1955；Eckel，1958；Cunninghan 和 Eenink，1959；Garnier 和 Van Lingen，1959；Vidrine 和 Benit，1968)，在钻进低渗透率地层时与环空绝对钻井液压力有关。较高的过平衡压力也会增加卡钻风险。

最后，过高的钻井液密度会引起不必要的钻井液成本的升高。钻井液成本不是首要考虑对象，在常规地层压力钻井过程中，因为可以通过地层矿物造浆获得所需的密度。钻井液密度超过11lb/gal(相对密度1.32)时不能通过地层造浆得到，因为黏度会剧烈增高。较高的密度可以通过相对密度为4.1的重晶石加重而成，相对密度为2.6的地层固相，加重产生的固相要比地层固相要小的多。钻井液成本不只是因为重晶石加重而增加，也在很大程度上花费在维护钻井液性能上，尤其流变性。由于钻井固相的污染，在水基钻井液钻井中黏度会持续升高，因此需要不时加水稀释同时补充重晶石以维持密度。在非水基钻井液中钻井固相对体系性能的影响有限，前提是让其保持在亲油状态。

除了使用矿物加重材料，另外一种方法是使用高密度盐水来增加密度，可以最大限度降低固相。不同物质饱和盐水密度见图 1.2 和图 1.3。

二、流变性

钻井液的流变性对钻井作业的成功至关重要。流变性对携砂起着决定性的作用，同时也通过其他因素影响整个钻井周期。不恰当的流变性可能引起井下复杂，比如井壁架桥、井底净化不良、降低机械钻速、井眼扩大、卡钻、漏失甚至井喷。

流体的流变性由流体的流动状态和压力与速度之间的关系决定。有两类流动状态：一个是层流，其流动速度低，是流体的特性之一；另外一个是紊流，受流体内部因素影响(固相、密度)，而不是仅仅取决于黏度。图 1.4 表明当压力升高时紊流比层流速度增加更加迅速。

1. 层流

层流可以看作流体在管道中分成无限薄的细层而相对运动，靠近管道壁的速度为零，依次增加到中轴线时速度达到最大。

两个圆层之间的速度差除以他们之间的距离得到剪切速率。轴力除以圆筒的表面积得到剪切应力，剪切速率与剪切应力之比称为黏度，用来测量流体的流动阻力。黏度的单位为泊(P)；钻井液黏度计中使用的单位是厘泊(cP)，为百分之一泊。

1) 牛顿流体

剪切应力与剪切速率的关系图为稠度曲线，也称流变图(图 1.4)，其形状取决于正在测试的流体的性质；使用不含大分子颗粒的流体(如水、盐水溶液、糖溶液、油、甘油)稠度曲线是穿过原点的直线。这种流体被称为牛顿流体，因为它们的行为遵循最初的由牛顿提出的定律。定义牛顿流体的黏度为其稠度曲线的斜率(图 1.4)。由于牛顿流体的黏度不随剪切速率而变化，黏度可在流体的水力计算中的任一剪切速率下确定。

2) 宾汉姆塑性流体

悬浮体系，比如钻井液，含有大分子颗粒时大多不符合牛顿流体，因此被称之为非牛顿流体。非牛顿流体剪切力和剪切速率的关系曲线取决于流体的成分。具有高固相含量的膨润土钻井液表现得基本和宾汉姆塑性流体理论吻合，假设必须应用有限应力来启动流动，并且在更大的压力下，流动符合牛顿流体定律。因此，宾汉姆塑性流体必须由两个参数来描述，屈服点和塑性黏度，如图 1.4 所示。剪切应力除以剪切速率(以任何给定的剪切速率)被称为表观黏度。图 1.4 表明表观黏度随着剪切速率的下降而增加。事实上，如图 1.5 所示，有效黏度并不是一个比较两种钻井液流变性的可靠参数。

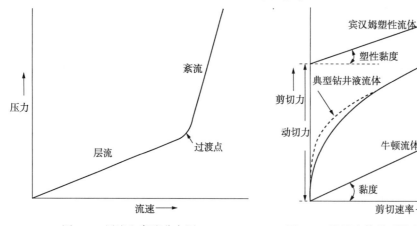

图 1.4 层流和紊流分布图 　　　　图 1.5 常见流体模型的稠度曲线示意图

3) 幂律流体

随着剪切速率的增加，表观黏度的降低被称为剪切稀释，是一种理想的性能。因为水力学计算的有效黏度在钻杆中普遍存在的高剪切速率下相对较低，因此降低泵压，可导致在环空中的低剪切速率下流体黏度相对较高，从而提高携砂能力。另外高剪切稀释流体增强了固体控制设备的效率。

许多水基钻井液由聚合物组成，含有很少或几乎没有固相颗粒，尤其是高密度盐水体系，具有很强的剪切稀释性，不能用宾汉姆塑性黏度和屈服值来表述。这类假塑性流体最好用幂律流体模型来描述，也就是 Ostwald-de Waele 方程：

$$剪切力=K×(剪切速率)^n$$

参数 K(稠度系数)是剪切速率为 $1.0\ s^{-1}$ 下的剪切强度，通常以 lb / 100 ft^2 表示，并对应约为 $1.0\ s^{-1}$ 的相对黏度。K 可以通过合适的系数转换为黏度单位 cP 或 Pa·s。n(与牛顿定律偏离的程度)是测量黏度随剪切速率变化的比率，因此剪切稀释性测量的替代方法：n 值越小，剪切稀释值越大。该幂律可用于描述所有流变模型正确的 n 值。因此，对于牛顿流体，n 为 1.0，而 n 小于 1.0 的为剪切稀释钻井液。

大多数钻井液的流型处于理想宾汉姆塑性流体和理想幂律流体之间。高固相钻井液流型更接近于宾汉姆流体模型[见 API 13D 推荐手册(2010)]。低固相钻井液、水基聚合物体系更适用于幂律模型，因为 n 值和 K 值在层流时不恒定。图 1.5 为三个流体模型的稠度曲线。

4）修正幂律模型

修正幂律流体模型由 Winslow Hershel 和 Ronald Bulkley 在 1926 年提出。图 1.5 给出了典型钻井液的真正屈服值。Hershel-Bulkley 模型为：

$$剪切力=真实屈服值+K×(剪切速率)^n$$

通过最小化剪切速率无限接近 0 时来计算正式的屈服值。而宾汉姆和幂律模型相对容易计算修正后的屈服值参数，需要电脑和相应的软件计算无限趋进于 0 时的值。如何计算和应用这些参数的细节内容见第六章。

膨润土钻井液的稠度曲线应力轴上大于零的值可以表示静切力的增加。在水基钻井液中，这种结构是由于黏土粒子带正电荷端与带负电荷端相互吸引连接而造成的。这种黏土颗粒内部电荷的相互作用也会在较低的剪切速率下增加有效黏度，从而影响宾汉姆模型的屈服值(n 和 K 的值)，并且在搅拌停止时形成静切力。

钻井液的静切力，尤其是清水膨润土体系，在停止搅拌后随着时间的推移而增加，这种现象为触变性。此外，如果静止的钻井液在恒定的速率搅拌下，黏度会随着凝胶结构的破坏而降低直到达到平衡。因此触变性钻井液的有效黏度与时间、剪切速率有关。

2. 紊流

流体在管道中的流型由层流变为紊流到流速达到临界值时，和层流时每层之间相对平滑的流动不同，紊流时每点的速度和方向都在变化，总体的方向是沿管道轴线向前流动。层流好比一条河在平原上缓慢平静流动，而紊流就比如在峡谷或者漩涡处不规则剧烈的运动。

紊流开始的临界速度随着管道内径的增加而减小，随着密度的增加而增加，随着黏度的增加而降低。引入雷诺数概念，对大多数钻井液体系而言雷诺数临界值在 2000~3000 之间。

通过给定长度管道紊流流体的压力损失取决于惯性因子，几乎不受流体黏度的影响。压力损失随着速度的平方、密度和范宁摩擦系数而增加，密度和范宁摩擦因子是雷诺数和管壁粗糙度的函数。

三、滤失性能

钻井液通过形成薄、低渗透的滤饼而封堵渗透性地层的能力是成功完井的主要要求之一。因为为了控制溢流，环空液柱压力比地层流体压力要高，如果不能有效封堵形成滤饼的话，钻井液会持续不断进入渗透性地层。

为了能形成滤饼，钻井液中要含有稍微比地层孔隙体积大的固相颗粒。这些固相颗粒，也就是所谓的桥塞颗粒，嵌入到表面孔喉中，而更细小的颗粒起初则可以进入储层。表层架桥粒子则可以成功封堵粒度更小的固相，几秒钟后，就只有液相可以进入地层了。钻井液中悬浮的细小颗粒在滤饼形成过程中进入地层称为钻井液浸入。后面进入的液体称为滤液，在水基钻井液中，可以通过滤液测定钻井液中可溶的化学成分。

滤失速率和滤饼厚度的增加取决于滤饼表面是否受到流体在过滤过程中机械或浸蚀的影响。当钻井液静止时，滤液体积和滤饼厚度与时间平方根成正比例增加（因此，以相对减少的速度）。在动态条件下，滤饼的表面受一定速度的浸蚀，并且当速度为滤饼的增长速率等于浸蚀速率时，滤饼的厚度保持恒定。在井里，因为钻井液浸蚀和钻具的机械磨损，滤失是一个动态过程。然而，在起下钻过程中是静态的。滤失性能的所有常规试验都是静态的，因为动态测试耗时且需要复杂的设备。因此，在室内测量的滤速率和滤饼厚度只能反映井内滤失的大致情况，可能有时会产生误导。滤饼的渗透性，这很容易从静态测试数据计算得出，是评价滤失性能的一个更好的标准，因为它是控制静态和动态滤失的基本因素。

滤饼的渗透性取决于钻井液中固相颗粒的粒度分布及其电化学条件。一般而言，处于胶体尺寸范围的粒子越多，滤饼的渗透率就越低。膨润土浆中的可溶性盐会大幅增加滤饼的渗透性，但某些有机聚合物甚至可以在饱和盐水中获得低渗透滤饼。化学稀释剂通常可以降低滤饼的渗透性，因为其将黏土可以分散成更小的颗粒。

成功钻完井所需的降滤失性能在很大程度上取决于要钻探地层的性质。具有低渗透性的稳定地层，如致密碳酸盐，砂岩和石英页岩通常可以很少或不用控制体系失水。但许多页岩遇水很敏感，可以产生膨胀压力引起井壁掉块和井眼扩大，通过滤饼初期的封堵作用可以有效控制掉块，但是钻井液的类型及化学成分是控制滤失性最重要的因素。用油基钻井液可以达到最佳的井壁稳定效果，调节滤液中的盐度达到抑制页岩膨胀的理想效果。

在渗透性地层，应严格控制体系失水以免形成过厚的滤饼造成缩径。另外，较厚的滤饼可以引起压差卡钻（Helmick 和 Longley，1957；Outmans，1958）。具体内容请参考第十章。

井内钻井液的失水性能通过标准 API 失水测试仪测量。测试时，测定钻井液在 30min 内通过滤纸的静态滤失量，同时也要测滤饼的厚度。在钻井液设计中，一般注明最大的 API 失水量，要把失水量控制在这个数值之下，保持合适的失水量。从上述内容可以看出，仅仅依靠控制 API 失水来控制井下风险是不可取的，可能会引起井下复杂，降低产量以及增加钻井成本。一个主要问题是井下滤饼的厚度在很大程度上取决于其冲蚀程度，但这并不能通过静态失水反映出来。比如，室内实验证明乳化柴油可以在水基钻井液中降低失水，但实际由于滤饼在井内的冲蚀会增加动态速率。试验证明某些降失水材料在室内具有降失水效果但在动态情况下并不能降失水，而有些材料恰好相反（见第七章）。因此，钻井液降失水剂在井下动态条件下的评价至关重要。

根据实际情况，API 失水实验一般在现场完成，但结果应根据实验室数据进行解释。此外，应留意控制失水的特别原因。比如，在容易压差卡钻地层，滤饼的厚度比滤失量重要，但如果在产层，应严格控制失水量，滤液的盐度或者含有足够的封堵颗粒应该是首要考虑的问题。

在水基钻井液中，测定体系的化学性能有：碱度、硬度、钾离子含量、pH 值、阳离子交换容量和电导率。

在非水基体系中，要额外测定：乳化稳定性、苯胺点、乳化水活度、油水比。

任何钻井液都可以测定以下性能：腐蚀性、润滑性、固相含量、盐含量、H_2S 含量。

具体测试细节将在第三章介绍。

第四节　钻井液选择

一、地理位置

表 1.5 给出了常用钻井液体系的基本性能特征。在比较偏僻的井场，必须要考虑材料的来源问题。在海洋钻井中，选择钻井液体系首先要考虑与海水的配伍性。其他偏僻地点，比如沙漠、北极、丛林及深水钻井，都需要注意供应商变更风险。偏僻地区缺少非水基钻井液及材料或迫使钻井作业使用水基钻井液。在可用的地表水中，比如高碱度、高硬度的水需要特殊处理剂才能配成满足钻井要求的钻井液。

政府环境保护法律法规在某些地区对钻井液体系的选择有所限制(钻井作业中化学品使用环保要求，1975；McAuliffe 和 Palmer，1976；Mongafhan 等，1976；Ayers 等，1985；Candler 和 Friedheim，2006)。这些限制使油基钻井液的使用变得困难和昂贵，尤其在海洋钻井中。用低毒矿物油替代柴油解决了部分问题(Hinds 和 Clements，1982；Boyd 等，1985；Jackson 和 Kwan，1984；Bennett，1984)，但合成基钻井液在很大程度上解决了该难题。

一些专业人士发明了预防钻井液和钻屑污染环境的方法和设备(Kelley 等，1980；Carter，1985；Johancsik 和 Grieve，1987；Candler 和 Friedheim，2006)。评价矿物油毒性和其他相关性能的试验方法由 Burton 和 Ford 在 1985 年提出。在北极永久冻土层钻井对钻井液提出了很大的挑战(Goodman，1977)。井眼可以扩大到 8ft，需要特殊泡沫体系来清洁井眼(Fraser 和 moore，1987)。

表 1.5　钻井液体系的选择

分类		主要组分	特点
气基钻井流体	空气	空气	干、硬地层快速钻进
			地层不含水
			粉尘污染
	雾化钻井	空气、水、干燥剂	少量出水地层
			环空高返速
	泡沫	空气、水、起泡剂	稳定地层
			少量出水
	稳定泡沫	空气、亲水聚合物、起泡剂、稳泡剂 K^+	所有欠平衡条件，用水量大，环空返速慢
			筛选聚合物和起泡剂即稳定地层又抗盐
			在地面可以起泡

续表

分类		主要组分	特点
水基钻井液	清水	清水	稳定地层快速钻进
		盐水<5000mg/L	需要较大沉降区，絮凝剂，取水及排放方便
	盐水及饱和盐水	海水	钻井液加重
		NaCl	现场无清水，井壁稳定
		KCl	抗污染
		CaCl$_2$	盐膏层
			腐蚀性
			高昂废弃物处理费用
			调节流变性和控制失水
			完井液
	无机部分或全饱和盐水	甲酸钠	钻井液加重
		甲酸钾	井壁稳定
		甲酸铯	抗污染
			可生物降解
			润滑
			无腐蚀
			调节流变性和控制失水
			抗温性
	低固相钻井液	水、聚合物、膨润土	快速钻进
			需要固控设备
			易被水泥、溶解盐污染
	开钻钻井液	水、膨润土	价格低、土浆
	盐水钻井液	海水、盐水、饱和盐水、抗盐黏土、淀粉、纤维素	钻盐膏层(有时需要针对地层特殊处理)，修井液，井壁稳定
	化学稀释钻井液	清水或盐水、膨润土、烧碱、褐煤、单宁、木质素磺酸盐、磺化单宁	页岩层钻进
			易维护
			最高抗温180℃
		表面活性剂包被固相，抗高温	抗污染
			pH 值 9~10
			废弃物处理问题
非水基体系	油基	原油	低压完井和修井
		2%~10%乳化水	浅、低压产层钻进
			废弃物处理问题
			抗高温，315℃

续表

分类		主要组分	特点
非水基体系	乳化反转	柴油或矿物油、乳化剂、有机土、改性树脂、石灰、5%~40%水	启动成本高，环保要求严，但维护费用低
			井壁稳定
			抗高温
			抗污染
	合成乳化反转	合成烷烃或烯烃、酯化、植物油乳化剂、有机土、改性树脂、石灰、5%~40%水	启动成本高
			降低环境因素限制
			井壁稳定
			抗高温
			抗污染

注：(1) 清洁剂、润滑剂和缓蚀剂可以加入到任何水基体系中；

(2) 油基钻井液的密度可以通过加入碳酸钙、重晶石、赤铁矿、镍铁矿、四氧化锰等来提高；

(3) 将氯化钙或其他低活性乳化液体加入到乳化水相中在非水钻井液中增加页岩稳定性。

二、造浆页岩

当大段页岩层含有可分散黏土时，比如含蒙脱石，会因钻井固相进入水基钻井液而引起黏度的快速上升。高黏度对非加重钻井液来说并不算一个严重的问题，因为可采取稀释或稍加化学处理剂进行处理，但当为加重钻井液时，钻井液稀释会带来重晶石和化学处理剂费用的增加以达到原来的性能。钻井过程中越来越倾向于使用有机或无机盐水钻井液体系来抑制钻井固相同时增加页岩井壁稳定性。非水基钻井液有较高的固相容量，但如果不控制的话最终也会带来麻烦。

钻井固相当然可以使用固控设备机械清除，但当体系中含有重晶石时将增加难度。因此，应适用黏土分散抑制型钻井液，比如石灰、石膏或其他盐水体系，来进行大段造浆性页岩层钻进。

三、地质受压地层

浅地层通常地层压力正常且可以使用非加重钻井液来钻井。但当遇到地质受压地层，钻井液需要加重处理，使环空钻井液液柱压力要比地层孔隙压力高出一定的安全值。安全附加值到底应该为多少一直是热议话题，但请记住过高的密度会增加钻井成本、卡钻风险、井漏风险，还可能伤害地层。应尽可能选择较低安全密度附加值使黏度和切力尽可能降低，可以避免卡钻风险，同时也方便除去钻井液中的气体。

在水基钻井液中高密度固相含量高时，钻井固相很快会增加体系的总固相含量至黏度快速上升点。因此，在采用重晶石加重前应尽可能保持低固相含量，或者替换旧钻井液用只含重晶石的新钻井液来补充，仅用膨润土来悬浮重晶石。当需要密度大于 14lb/gal（1.68g/cm³）时，需要高固相钻井液体系，比如上面讨论的抑制性体系或者非水基体系可以选择。

另外一种替代高密度的加重材料的方法是采用高密度盐水或盐水混合物作基浆。

四、高温

钻井液组分在高温下随时间降解：温度越高降解速度越快。水基钻井液比非水基钻井液更易高温降解，但非水基钻井液添加剂和基浆也会降解或者失效在超高温钻井时。当评价一个钻井液体系或添加剂的稳定性时，应同时考虑温度及在该温度下的降解速度。临界温度为替换降解材料产生的成本不经济时的温度，一般根据现场经验，也可以通过计算得出(St pierre 和 Welch, 2011)。

膨润土：水基的钻井液使用的主要材料，在温度 350~400℉ 会逐步变为低活性黏土。常用水基钻井液有机聚合物处理剂的临界温度在 225~350℉(107~170℃)之间，淀粉和纤维素的临界温度为 275℉(135℃)。化学稀释类钻井液临界温度可达 500℉(204℃)，合成聚合物(如聚丙烯酸酯和多酰基酰胺)可以在 500℉(204℃)下保持稳定。某些丙烯酸共聚物可抗温达 600℉(231℃)，参见第十章。

五、井壁失稳

钻井过程中常遇到的两种井壁不稳定情况为井眼缩径和井径扩大。

1. 井眼缩径

如果水平地应力超过井壁的承压强度，井径会慢慢收缩。在软塑性地层，比如盐岩层、胶质页岩和地质受压页岩，会产生大量塑性脱落，但只有在极端情况才会卡钻。硬质页岩及岩层一般可以承受住地层应力，除非在井眼某点应力集中的情况，当应力集中超过最大值时也会发生脱落。井壁脱落和缩径可以通过页岩稳定钻井液来缓解，仅通过提高钻井液密度来平衡地层压力也可预防这类问题。

2. 井径扩大

这个问题发生在可以承受地层应力的硬页岩中，除非通过与水基钻井液滤液的相互作用而失稳或在非水基钻井液体系中缺乏降失水措施(见第九章)，在这种情况下被滤液渗透进来的硬碎片区域井径逐渐扩大。这样页岩称为水敏感页岩。井径扩大只能通过使用页岩稳定钻井液应对。非水基钻井液最适合页岩层稳定，只要液相的盐度足够高以平衡页岩膨胀应力。氯化钾聚合物钻井液以及其他添加剂是用于稳定硬质页岩的最佳水基钻井液。氯化钾不适合地层软且分散的页岩层，因为需要钾离子的浓度高，启动成本也相对很高。氯化钾体系不适用于软、可分散页岩，需要高浓度，初始和维护成本高。硝酸钙、石灰或其他类似体系可供选择来应对软页岩，另外还有其他高性能水基钻井液体系(HPWBM)。

非水基体系和钾盐聚合物体系成本均较高，但可以通过预防井下掉块和井眼扩大来抵消相关费用，因为能节约可观的钻井时间和成本。除了处理井塌、架桥、卡钻、固井不合格、地层低产等产生的较高成本，还有钻井液体系高黏高切带来的负面作用，包括降低钻速、缩径、压力激动、气侵等。降低机械钻速危害尤为严重，因此井塌受时间因素影响较大，页岩段随着浸泡时间的增加井眼不断扩大，更易发生井塌。

六、快速钻进钻井液体系

快速钻进钻井液体系的特征是低密度、低黏度和低固相含量。空气是目前为止最快的钻井流体，但只适用于稳定且非渗透地层，地层没有明显的出水特征(Sheffeild 和 Sitzman,

1985)。清洁盐水体系可以用来钻进硬度高地层，但其携砂能力较差(Zeidler，1981)。低固相不分散钻井液和可溶性钾盐加重体系在硬地层和非分散性页岩层钻进速度较快，但固相含量需要通过固控设备控制在10%以内。防钻头泥包清洁剂也可以提高机械钻速(Cliffe和Young，2008)。

由于高黏度，通常非水基钻井液体系比水基钻井液钻进速度低。但特定低黏度非水基钻井液体系使用PDC钻头可以获得理想的机械钻速(Simpson，1979)。该体系稳定性欠佳，一般失水也比常规体系高，因此不宜在苛刻条件下使用，比如大斜度井(因卡钻风险)，高温深井(容易破乳)等(Golis，1984)。

七、岩膏层

为了防止盐层溶解而引起井径扩大，必须使用非水基钻井液体系或者饱和盐水体系。盐水体系的化学成分应与岩层的组分大体近似。通过保持盐水浓度略低于饱和度可以避免体系中的盐进入地层。如前所述，对深盐层必须使用高密度体系。

八、大斜度井

在大斜度井，比如海洋平台钻井，由于钻具因重力作用躺在井眼较低一侧，扭矩和上提下放阻力是一大难题，并且卡钻风险较高。由于非水基钻井液体系可以形成薄而韧的滤饼，通常在这类井被采用。如果使用水基钻井液体系，必须添加润滑油并维持良好的降滤失性能。因为岩屑容易在井壁较低一层沉淀聚集，井眼净化同样也是问题，因此，钻井液在低剪切速率下应形成较高的切力。

非水基钻井液体系的一大劣势是加重材料沉降问题。加重材料沉降问题存在于任何钻井液体系中，但在非水基体系尤为严重。水基钻井液可以通过高剪切稀释性获得较好的低剪切速率黏度。然而非水基钻井液体系，剪切稀释性差且在低剪切速率下黏度高。在开泵前加重材料沉降带来的问题尤为严重，因为可以大幅度降低环空液柱压力，甚至可能引起井喷。

九、储层评价

有时最有利于钻井的钻井液不能满足测井的要求，因此必须考虑有所改变。比如，非水基钻井液体系在井眼稳定方面效果突出，但不导电，需要特殊测井技术。这在生产井开发中不存在问题，但在探井中不适用因为没有可用的钻井数据来进行关联对比。在这种情况下，必须使用盐水体系，但如果其低电阻率干扰测井电阻率解释，需要额外的室内研究用来对数据修正。在探井钻井液体系选择时应咨询测井人员的意见。

十、产量降低

因钻井液问题降低地层产量的机理在本章前面钻井液滤失性能部分已经讨论过，并且在后面完井液和低伤害钻井液体系部分还会继续探讨(详见第十一章)，预防措施如下：

(1)滤液中如果含有3%的氯化钠，或者1%的氯化钾或氯化钙会抑制黏度的分散。稀释剂至少需在钻进储层前一天停止使用。

(2)当使用上部井段所用钻井液打开储层后，钻井液中固相颗粒对储层的伤害尤为严重，因其含有大量固相颗粒来堵塞储层吼道，并快速形成外部滤饼。然而，需要可解堵的钻井液体系来打开具有天然裂缝的储层，或者进行注水井钻进作业。

（3）水锁效应、润湿反转或者其他毛细管效应也会很快使储层减产，但可以通过射孔作业消除。

（4）如前所述，对新区块的储层段岩心的理化性能研究及最近完井液的优选需要室内实验分析论证来降低对储层的伤害。提高产量带来的收益会是实验成本的许多倍。

十一、钻井液处理设备

各种钻井设备的能力会影响钻井液技术服务。包括钻井泵、管道、配浆漏斗或者固控设备都会影响钻井液材料的用量，某些情况下调整最佳钻井液配方以补偿固控设备的缺陷。（Omland 等，2012）。钻井设备对钻井液体系成功的重要性比这里讨论到的要广泛很多。

从钻井液中清除钻屑选用的固控设备很大程度上决定钻井液成本。钻井液工程师通常不负责固控的运行与保养，而是由另外专业固控管理公司负责这方面的工作。

1. 固控设备

去除钻井固相的重要性已经在前面部分反复强调多次，下面将此举的优点概括如下：

（1）提高机械钻速。

（2）延长钻头寿命。

（3）优化滤饼：减少压差卡钻、降扭减阻、减少滤液进入储层、减少压力激动。

（4）降低钻井液成本。

（5）较低高黏、高切带来的压力损耗。

（6）利于井径保持规则：井眼净化良好、利于储层评价、利于固井作业。

一项现场试验表明了钻井成本与固相含量之间的关系见图 1.6。节约的成本比租赁和运行固控设备要高出很多。

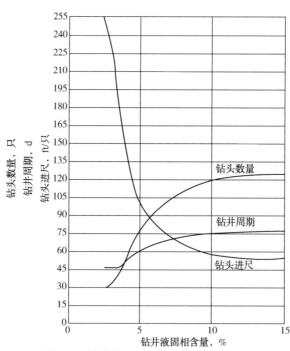

图 1.6　钻井成本与固相含量关系曲线图

2. 成功的固相控制方案

一般常用的固控设备包括：振动筛(尽可能使用目数大的筛布)、除气器、除砂器、除泥器、离心机(去除所有固相)、2级离心机(回收重晶石、基液)和脱水(絮凝)装置。

为了有效去除钻井固相，振动筛和水力漏斗需满足处理钻井液要求。离心机排量要达到钻井泵排量的5%~15%。更详细的信息可参考 ASME 出版社出版的《钻井液处理手册》。

参 考 文 献

Al-Ansari, A., Musa, I., Abahusain, A., Olivares, T., El-Bialy, M.E., Maghrabi, S., 2014. Optimized High-Performance Water-Based Mud Successfully Drilled Challenging Sticky Shales in a Stratgraphic Well in Saudia Arabia. AADE Fluids Technology Conference. Houston, TX. Paper 14-FTCE-51.

Al-Yami, A.S., Nasr-El-Din, H.A., 2007. An innovative manganese tetroxide/KCl water-based drill-in fluid for HT/HP Wells. Soc. Petrol. Eng. Available from: http://dx.doi.org/10.2118/110638-MS.

Alexander, W., 1944. Oil base drilling fluids often boost production. Oil Weekly, pp. 36-40.

Annis, M.R., Monaghan, P.H., 1962. Differential pressure sticking—laboratory studies of friction between steel and mud filter cake. J. Petrol. Technol. vol. 14, 537-543, http://dx.doi.org/10.2118/151-PA.

American Petroleum Institute, <www.API.org>.

ASME, 2005. Shale Shakers and Drilling Fluids Systems. Gulf Professional Publishing, Houston, TX.

Ayers, R.C., Sauer, T.C., Anderson, R.W., 1985. The generic mud concept for NPDES permitting of offshore drilling discharges. J. Petrol. Technol. 37, 475-480.

Bennett, R.B., 1984. New drilling fluid technology—mineral oil mud. J. Petrol. Technol. 975-981.

Boyd, P.A., Whitfill, D.L., Carter, D.S., Allamon, J.P., 1985. New base oil used in low-toxicity oil muds. J. Petrol. Technol. 137-142. In: SPE Paper 12119, Annual Meeting, San Francisco, CA, October 1983.

Breckels, I.M., Van Eekelen, H.A.M., 1982. Relationship between horizontal stress and depth in sedimentary basins. J. Petrol. Technol. 34, 2191-2199.

Burton, J., Ford, T., 1985. Evaluating mineral oils for low-toxicity muds. Oil Gas J. vol. 65, 129-131.

Candler, J., Friedheim, J., 2006. Designing environmental performance into new drilling fluids and waste management technology. In: 13th International Petroleum Environmental Conference, San Antonio, TX, October 17-20.

Carter, T.S., 1985. Rig preparation for drilling with oil-based muds. In: IADC/SPE Paper 13436, Drilling Conference, New Orleans, LA. Cliffe, S., and Young, S., 2008. Agglomeration and accretion of drill cuttings in water-based fluids. In: AADE Fluids Conference and Exhibition. Houston, TX, April 8-9.

Cunningham, R.A., Eenink, J.G., 1959. Laboratory study of effect of overburden, formation and mud column pressures on drilling rate of permeable formations. Trans. AIME 216, 9-17.

Daines, S.R., 1982. Predictions of fracture pressures in wildcat wells. J. Petrol. Technol. 34, 863-872.

de Boisblanc, C.W., 1985. Water mud gives advantages with PCD bits. Oil Gas J. 83, 134-137.

Dethloff, M. 2007. Seismic-While-Drilling Operation and Application. SPE Annual Technology Conference, Anaheim, CA, November 11-14.

Eckel, J.R., 1958. Effect of pressure on rock drillability. Trans. AIME 213, 1-6.

Environmental Aspects of Chemical Use in Well-Drilling Operations, 1975. Conference Proceedings, Houston, May 1975. Office of Toxic Substances, Environmental Protection Agency, Washington, DC.

EPA 1985. Federal Register 40 CFR, Part 425, Subpart A, Appendix 8.

Fertl, W.H., Chilingar, G.V., 1977. Importance of abnormal formation pressures. J. Petrol. Technol 29, 347-354.

Fraser, I.M., Moore, R.H., 1987.Guidelines for stable foam drilling through permafrost. In:SPE/IADC Paper 16055, Drilling Conference, New Orleans, LA, March 15-18, 1987.

Garnier, A.J., van Lingen, N.H., 1959. Phenomena affecting drilling rates at depth. J. Petrol.Technol. 216, 232-239.

Golis, S.W., 1984. Oil mud techniques improve performance in deep, hostile environment wells.In: SPE Paper 13156, Annual Meeting,Houston, TX.

Goodman, M.A., 1977. Arctic drilling operations present unique problems. World Oil 85,95-110.

Helmick, W.E., Longley, A.J., 1957.Pressure-differential sticking of drill pipe and how it can be avoided or relieved. API Drill. Prod. Prac. 1, 55-60.

Hinds, A.A., Clements, W.R., 1982. New mud passes environmental tests. SPE Paper 11113, Annual Meeting, New Orleans, LA.

Jackson, S.A., Kwan, J.T., 1984.Evaluation of a centrifuge drill-cuttings disposal system with a mineral oil-based drilling fluid on a Gulf Coast offshore drilling vessel. SPE Paper 13157,Annual Meeting, Houston, TX.

Johancsik, C.A., Grieve, W.A., 1987. Oil-based mud reduces borehole problems.Oil Gas J.42-45 (April 27), 46-58. (May 4).

Jordon, J.W., Nevins, M.J., Stearns, R.C., Cowan, J.C., Beasley,A.E. Jr. 1965. Well Working Fluids US Patent 3168471 February 2, 1965.

Kelley, J., Wells, P., Perry, G.W., Wilkie, S.K., 1980. How using oil mud solved North Sea drilling problems. J. Petrol. Technol. 931-940.

McAuliffe, C.D., Palmer, L.L., 1976.Environmental aspects of offshore disposal of drilling fluids and cuttings. SPE Paper 5864, Regional Meeting, Long Beach, CA.

Miller, G. 1944.Composition and Properties of Oil Base Drilling Fluids. US Patent 2356776 August 24, 1944.

Monaghan, P.H., McAuliffe, C.D., Weiss, F.T., 1976.Environmental Aspects of Drilling Muds and Cuttings from Oil and Gas Extraction Operations in Offshore and Coastal Waters. Offshore Operators Committee, New Orleans, LA.

Murray, A.S., Cunningham, R.A., 1955.Effect of mud column pressure on drilling rates. Trans. AIME 204, 196-204.

Omland, T., Vestbakke, A., Aase, B., Jensen, E., Steinnes, I., 2012. Criticality Testing of Drilling Fluid Solids Control Equipment. Paper 159894-MS presented at SPE Annual Technical Conference and Exhibition, 8-10 October, San Antonio, Texas, USA. http://dx.doi.org/10.2118/159894-MS.

Outmans, H.D., 1958. Mechanics of differential-pressure sticking of drill collars. Trans. AIME 213, 265-274.

Poletto, F., Miranda, F., 2004. Seismic While Drilling, 1st Edition Elsevier, Amsterdam.

Riley, M., Young, S., Stamatakis, E., Guo, Q., Ji, L., De Stefano, G., et al., 2012. Wellbore Stability in Unconventional Shales-The Design of a Nano-Particle Fluid. SPE paper 153729-MS, Oil and Gas India Conference and Exhibition, March 28-30, Mumbai, India. http://dx.doi.org/10.2118/153729-MS.

Robinson, L.H., Heilhecker, J.K., 1975. Solids control in weighted drilling fluids. J. Petrol.Technol. 1141-1144.

Sheffield, J.S., Sitzman, J.J., 1985. Air drilling practices in the Midcontinent and Rocky Mountain areas. In: IADC/SPE Paper 13490, Drilling Conference, New Orleans, LA.

Simpson, J.P., Cowen, J.C., Beasley Jr., A.E., 1961. The New Look in Oil-Mud Technology. J. Petroleum Technol. 13, 1177-1183.

Simpson, J., 1979.A new approach to OBM low cost drilling. J. Pet. Tech643_650, February 6.

St Pierre, R., Welch, D., 2001. High performance/High temperature water based drills Wilcox test. In: AADE

National Drilling Conference Paper 01-NC-HO-54.

Stuart, C.A., 1970.Geopressures. Supplement to Proc. Abnormal Subsurface Pressure, Louisiana State University.

Swan, J., 1923.Method of drilling wells. US Patent 1455010, May.

Vidrine, D.J., Benit, E.J., 1968. Field verification of the effect of differential pressure on drilling rate. J. Petrol. Technol. 676-681.

Walker, T.O., Dearing, H.L., Simpson, J.P., 1984.The role of potassium in lime muds.SPE Paper 13161, Annual Meeting, Houston TX, September 16-19, 1984.

World Oil Magazine, 2015. Supplement, Guide to Drilling, Completion and Workover Fluids.June 2015.

Wright, C., 1954.Oil base emulsion drilling fluids. Oil Gas J88-90.

Zeidler, H.U., 1981. Better understanding permits deeper clear water drilling. World Oil, 167-178.

第二章　完井液介绍

　　油气产层是油田作业方最重要的资产。完井液是油气井完井作业的工作液，必须从根本上要求不对产层造成伤害。目前有许多不同类型的完井方式，比如套管完井、下生产管柱及封隔器、裸眼完井、下筛管和生产衬管、砾硫填、射孔、压裂和井下泵。完井液的作用是井下设备发生故障时控制井底压力。然而，完井液不能伤害地层及损害完井工具。通常，完井液为清洁盐水(氯化物、溴化物、磷酸盐、甲酸盐或醋酸盐)。重点还需要清除完井液中的残留固相，主要是通过超滤。同时完井液要与地层及地层流体具有良好化学配伍性。清洁盐水过滤使用微米盒状过滤器以达到总固相含量小于100mg/L。

　　过去，利用原钻井液下生产套管并直接投产，但现在，原钻井液很少被使用。因为其较高的固相含量、pH值和离子组成已不适用于完井作业。一类称为低伤害体系的特殊钻井液可同时满足钻井和完井需要。这是一类基于广泛实验室评价设计出来的流体。储层低伤害钻井液体系将在第十一章详细讨论。

　　钻井液设计者和完井液设计者在设计时应统一考虑，拿出一致的钻完井液方案。随着裸眼完井趋势的发展，储层设计需要考虑到钻井液、完井液及生产方式。这些方案需要准确收集完整的地质资料和储层物性资料。除了现场数据之外，还需要进行大量的室内分析。

第一节　完井液选择

一、数据收集与规划

　　图2.1给出了收集数据、确定钻井参数、选择设备及最优完井液的选择。通过相关的规划可获得：井底压力(BHP)；井底问题(BHT)；通过垂深决定的钻井液密度；选择盐水的实际结晶温度(TCT)；盐水预估体积；确定配伍性问题、腐蚀和地层敏感性问题。

　　然后可以选择清洁盐水体系(单一、两种或者三种复合；有机或无机)。井底状况是决定选择清洁盐水完井液的基本因素。当使用盐水完井液施工的时候，随着井深的增加井下温度不断升高，引起盐水膨胀，会降低环空液柱压力。但井底压力作用相反，会增加盐水密度。因此需要考虑井底压力和井底温度的综合作用来调整盐水密度。

　　规划流程包括：

　　(1)数据采集：根据完井项目的重要性，需要投入大量的时间成本和经济成本来筛选与地层配伍的完井液和钻井液。还需要额外的室内岩心分析实验。

　　(2)作业参数：此阶段对确定后续参数十分重要。

　　(3)完井目标与环境：最终的完井计划由钻井部门最后移交井的井底情况决定。所有当地、区域及国家的相关法律法规都在考虑范围之内。确定完井液方案，如清洁盐水或者悬浮固相，以及后续的酸化或压裂措施。

　　(4)完井设备：主要是在规划过程中进行成本因素分析及相应方案。

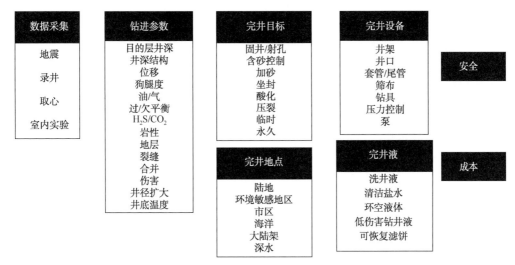

图 2.1　一般完井作业计划流程图

（5）完井液：在完井方案规划过程中，完井液方案已经被提到并最终决定。高密度清洁盐水通常成本较高且在环境高敏感地区的应用受到限制。当盐水密度超过 17.0lb/gal（相对密度 2.05），通常含锌和氯化钙、溴化物混合物或甲酸铯，在某些情况下成本过高。这也导致作业方只付在井内漏失或者留在井内的完井液费用，返出的完井液归还给服务商，净化并再利用。也会支付过滤完井液中悬浮固相产生的费用。这会用到不同的过滤设备，包括硅藻土过滤器来去除微米级固相颗粒。固相含量以及颗粒分布标准由室内岩心实验分析决定，不同的产层相应标准也会不同。

二、耐腐蚀合金

在高温高压井中使用耐腐蚀合金（CRA）管柱时，可能会发生外界因素引起的破裂（EAC）现象。当采用耐腐蚀合金管柱时，选用完井液的程序也和常规井完井有所区别，对于这类井不是工艺结束时选择完井液，而是同时选择耐腐合金管柱和完井液。在这些井中，重要的是采取措施减少破裂的可能性，选择最佳组分的合金和完井液。

三、安全和环境

无机清洁盐水化学活性不高。清洁盐水体系的化学成分包括带正电荷的钠离子（Na^+）、钾离子（K^+）、铵离子（NH^+）、钙离子（Ca^{2+}）、锌离子（Zn^{2+}）。这其中，只有锌离子和铵离子受环境限制。但都不认为是具有强毒性。负离子有氯离子和溴离子，都是海水组成成分，但在清洁盐水中浓度要低很多（TetraTec，2016）。有机清洁盐水主要含甲酸根或乙酸根离子，主要是钠盐、钾盐和铯盐。分子量低且阴离子可生物降解。

根据 EPA 规定，当含有溴化锌或者氯化铵的完井液发生泄漏时应立即上报有关部门，包括：

（1）泄漏溴化锌完井液中溴化锌含量超过 1000lb；

（2）泄漏氯化铵完井液中氯化铵含量超过 5000lb。

第二节 洗 井

许多服务公司在下套管之后、射孔之前提供洗井服务。洗井作业需要用到大量清水或盐水和表面活性剂,使套管表面由亲油性变为亲水性,还用到刮管器、机械刷及水力射流来清除套管内碎屑。需要大量液体及较长的时间来达到理想的固相水平。射孔作业后也需要洗井作业以清除井壁的残留物。

高密度清洁盐水以前及现在主要用于套管射孔井的完井作业。目的是使用高密度盐水平衡井底压力而不是采用机械手段压井。修井作业使用清洁盐水来做压井液。目前有采取裸眼完井的趋势及清洁盐水的使用在较少。含砂量控制技术、裸眼段滤饼清除技术及筛管完井正在作为主导完井方式。许多时候需要固体填充材料,比如颗粒状盐类或石灰石。所产生的滤饼必须经过设计,以便在投产前或者投产初期阶段易于去除。详见第七章、第十一章。此外,随着页岩水平井压裂技术的发展产生了不同种类的液体添加剂。在压裂作业中,不需要高密度工作液,因为井底压力由附加压力来平衡,参考第十二章。

第三节 完井液组成

一、清洁盐水体系

表2.1给出了不同的无固相清洁盐水完井液体系基础流体类型。盐水完井液的主要作用是在下生产管柱和坐封前平衡地层压力。盐水也可作为封隔器上方的环空封隔液,在封隔器失效或者修井作业时用以平衡井底压力。图2.2给出了确定最终完井液特性的工作流程。

无机盐水包含单价或二价阳离子。通常情况下,单价阳离子比二价阳离子更环保且更容易处置。阴离子是氯离子或者溴离子,这类阴离子因不可降解而排放受到限制,如果超标的话,会抑制植被的生长。图2.3、图2.4给出了每类盐水可以达到的最大密度。

二、单价无机盐

(1)氯化钠(固体):用于配制盐水的高纯度盐,最高盐水密度可达1.20g/cm³。当和溴化钠复配后,密度可以达到1.501 g/cm³。一般包装为50kg/袋。

表2.1 清洁盐水体系基础流体类型

化合价	无机盐水	有机盐水
单价	氯化钠	甲酸钠 $NaCHO_2$
	溴化钠	甲酸钾 $KCHO_2$
	氯化钾	甲酸铯 $CeCHO_2$
	溴化钾	醋酸钠 NaC_2HO_2
	氯化铵	醋酸钾 KC_2HO_2
		醋酸铯 CeC_2HO_2

续表

化合价	无机盐水	有机盐水
二价	氯化钙	
	溴化钙	
	溴化锌	

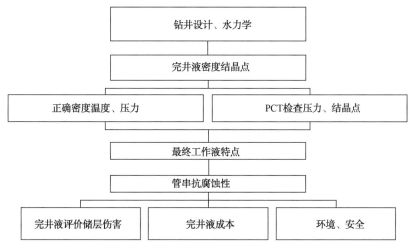

图 2.2 完井液选择流程图

（2）氯化钾（固体）：用于配制盐水的高纯度盐，最高盐水密度可达 $1.164g/cm^3$。一般使用 2%~4% 的加量作为泥页岩抑制剂，广泛应用于钻井液、修井液和储层低伤害钻井液。一般包装为 50kg/袋。

（3）氯化铵（固体）：用于配制盐水的高纯度盐，最高盐水密度可达 $1.164g/cm^3$。一般使用 2%~4% 的浓度作为泥页岩抑制剂。当 pH 值高于 9.0 后会释放出氨气。氯化铵（干）一般包装为 25kg/袋。

（4）溴化钠（液体）：单一组分盐水。纯溴化钠溶液密度最高可达 $1.537g/cm^3$。通常，和氯化钠复合来配制密度在 $1.20~1.50\ g/cm^3$ 之间的盐水。其在地层水含有高浓度碳酸氢根或硫酸根时使用。可根据其不同的结晶温度在夏季或冬季混合配制。包装为液体桶装。

（5）溴化钠（固体）：用于配制盐水的高纯度盐，纯溴化钠溶液密度最高可达 $1.537g/cm^3$。通常，和氯化钠复合来配制密度在 $1.20~1.50\ g/cm^3$ 之间的盐水。其在地层水含有高浓度碳酸氢根或硫酸根时使用。包装为 25kg/袋。

（6）磷酸盐：磷酸的无机盐。磷酸氢钾盐水是磷酸氢二钾（K_2HPO_4）和磷酸二氢钾（KH_2PO_4）的混合物，已作为完井液和修井液在中国和印度尼西亚使用。磷酸氢钾盐水的最高密度可达 $1.78\ g/cm^3$，尽管低密度盐水在常温下会出现结晶现象。成本低且对环境友好。

然而，唐斯（Downs，2012）发现当盐水进入储层后，会产生两类的储层伤害：

（1）与多价阳离子接触后形成不溶性水垢。比如，地层水中一般含有可溶性的钙、铁离子，与三价磷酸盐阴离子反应生产磷酸三钙、氢氧化铁和二水磷酸铁。磷酸盐易形成鳞片状沉淀，氢氧化物易形成凝胶。

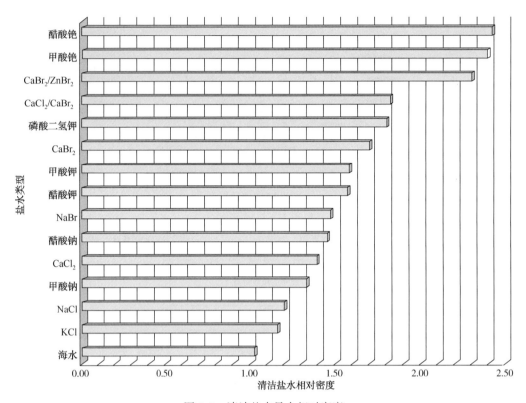

图 2.3　清洁盐水最大相对密度

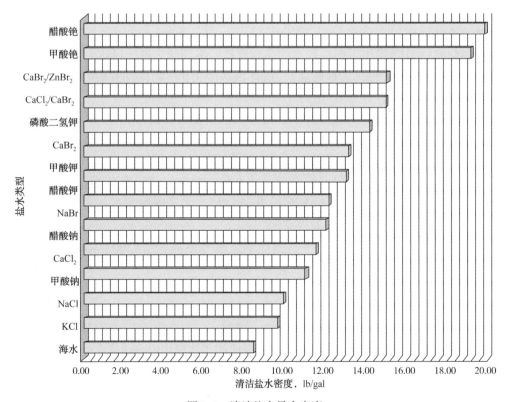

图 2.4　清洁盐水最大密度

(2)磷酸盐强烈吸附到矿物表面形成沉淀和多价阳离子反应形成复杂的不溶性盐类沉淀。这些沉淀会堵塞地层孔吼,降低渗透率。室内实验证明磷酸氢钾盐水在高压高温条件下对低渗透地层有伤害现象。

三、二价无机盐

氯化钙(固体、液体)可以是袋装或者浓缩液体溶液包装。根据材料来源一般在生产时分为 1.392 g/cm³ 和 1.356 g/cm³ 两个密度。液体氯化钙较为便宜,可以用来配制无固相盐水。固体氯化钙在钻井作业中当做加重材料来使用。固体氯化钙存在微量的固体不溶物,导致盐水在现场混合时比在室内实验时浑浊。在钻井液厂配制的盐水不存在该问题,有以下两方面原因:在钻井液厂因长时间沉淀而分析固相;钻井液厂生产的盐水在出厂前经过两级过滤去除不溶污染物。

当固体氯化钙在水中溶解时会伴随大量放热现象。当氯化钙加入过快时可使盐水温度超过 80℃。因此在配制氯化钙盐水时需要采取额外的安全措施,避免烫伤。使用浓缩氯化钙溶液配制盐水时放热相对较少,因此,一般没有高温危险性。成品盐水或者海水不能用来配制氯化钙完井液,因为氯化钠或者不溶的氯化钙会产生沉淀。

(1)氯化钙、溴化钙混合盐水密度可达 1.813 g/cm³,成品溴化钙盐水的密度为 1.705 g/cm³。溴化钙的价格大约是氯化钙的 5 倍。根据实际结晶温度和密度要求,现场配制盐水应尽可能使用氯化钙。

为了增加氯化钙—溴化钙盐水的密度往其中加入固体盐类时如操作不当可能会出现问题。比如,往饱和盐水中加入溴化钙粉末会引起氯化钙的沉淀。在这种情况下,应同时添加水和溴化钙来预防沉淀。

高密度无固相盐水密度在 1.837 g/cm³ 之内可以用溴化钙配制,也可以用溴化钙和氯化钙的混合物配制。两者的比例由实际结晶温度(TCT),也就是"冰点"决定。配制任何复合盐水时都要考虑结晶温度,但是,氯化钙—溴化钙盐水对二者比例非常敏感,二者比例的稍微变化会引起结晶温度的巨大变化。环境因素也在考虑范围之内,包括地表温度、井深、水温及压力都是重要考虑因素,必须纳入配制复合盐水的考虑范围。

注:为了避免起钻时井内液体流出需要打一段重浆塞。在使用溴化钙的时候应考虑接触后其会引起眼睛和皮肤的不适;固体溴化钙与水接触后会大量放热。应采取措施防止液体飞溅及高温表面烫伤。与氯化钙不同,液体溴化钙与水混合时只有微量热量释放。

(2)氯化钙、溴化钙、溴化锌复合盐水密度可达 2.305 g/cm³。由于氯化钙的加入,复合盐水的成本并不算高。配制低密度氯—溴盐水时可以调整其比例来获得特定密度和结晶温度的盐水。

注:溴化锌或者溴化锌—溴化钙复合盐水密度超过 2.5 g/cm³ 后,暴露在空气中搅拌 4h 密度可以降低 0.01 g/cm³,可以加入稳定剂防止溶液吸水来避免密度下降。通常为了避免吸收空气中的水分,这类高密度盐水应在密闭容器内配制和保存。

四、单价有机盐

(1)甲酸钠(固体):高纯度有机盐,可以配制最高密度为 1.33 g/cm³ 的盐水。一般为 25kg/袋装或吨包装。

（2）甲酸钾（液体）：甲酸钾盐水密度最高可达 1.571 g/cm^3。甲酸钾可以给聚合物提供良好的热稳定效应。钾离子可以提供额外的泥页岩稳定性，抑制其水化膨胀。

（3）甲酸钾（固体）：甲酸钾盐水密度最高可达 1.571 g/cm^3。一般为 25kg 袋装或吨包装。

（4）甲酸铯（液体）：甲酸铯盐水密度最高可达 2.4 g/cm^3。但目前市面上商品甲酸铯密度为 2.10 g/cm^3 和 2.20 g/cm^3。和甲酸钾一样，甲酸铯为天然聚合物提供良好的热稳定性，同时抑制泥页岩水化膨胀。

第四节　盐水测试程序

一、密度

盐水密度由所使用盐的类别及浓度决定。盐水密度随温度的升高而降低，随压力的升高而增加。因此，地面盐水密度并不能直接反映出井底盐水密度。

盐水测试的默认温度为 20℃。正常垂深读数外加校正温度并不能得出准确的静液柱压力。准确的静液柱压力应根据井内的温度和压力梯度计算得出。

玻璃密度计通常用于测试盐水的密度，应根据玻璃的热胀冷缩现象对读数进行校正。有时部分气体会进入盐水中，可以使用 API 加压密度计测量出准确的密度。

1. 温度和压力对密度的影响

在井筒中，盐水密度变化受温度和压力的影响较为明显。图 2.5 给出了盐水静液柱压力随垂深的变化关系。密度最高时在钻井液导流管中，钻井液导流管温度约为 4℃。

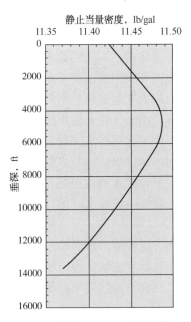

图 2.5　不同井下温度（表现为不同深度温度不同）的静止当量密度（King，2016）

完井液对温度和压力表现出典型的体积膨胀效应，即随温度升高而膨胀，随压力升高而收缩。在浅井或陆地井眼中，温度升高带来的膨胀比压力引起的收缩影响显著，总体表现是在井底密度低，井口密度高。在深水环境中，冷水是影响盐水的膨胀/压缩关系，隔水管内的盐水密度会大于井口密度。温度和压力对完井液的影响比较显著，在制定完井液方案及配方时需要全面考虑。

当完井液密度低于 1.45 g/cm³ 时，温度每增加 38℃ 因膨胀完井液密度降低范围在 0.03~0.046 g/cm³。当密度在 1.45~2.28 g/cm³ 时，其范围为 0.04~0.06 g/cm³。通常，密度校正是根据其环空中液体的平均密度确定。压力影响较小，为每 6.9kPa 影响 0.003 g/cm³。

2. 密度预测

根据需要，通过环空中完井液的性能可计算出井筒中任意一点的静液柱压力，见图 2.6。因为静液柱压力密度直接相关，可能在冷水中随着深度的增加而增加，也可能随着温度的增加而降低。需要通过数学计算得出温度和压力对完井液密度的综合影响。

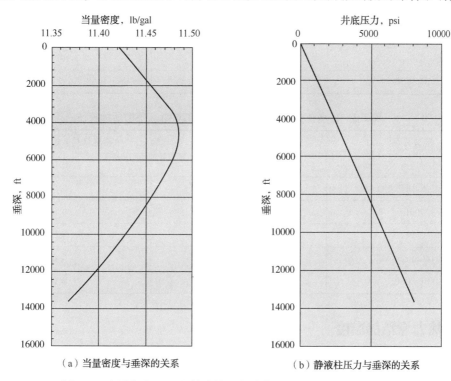

(a) 当量密度与垂深的关系 (b) 静液柱压力与垂深的关系

图 2.6 当量密度 ESD 和静液柱压力随井深的对比图(King, 2016)
注：完井液密度在钻井液管线中比在地面上高

井底完井液密度可以通过完井液详细的 *PVT* 数据计算得出。如果没有相关数据，井底完井液密度和静液柱压力可以通过以下公式计算出近似值。温度和压力影响因素见表 2.3。

井底静液柱压力：

$$psi_h = 0.052 \times D_{avg} \times TVD$$

其中井底盐水平均密度：

$$D_{avg} = \frac{(2000 - 0.052 \times C_f \times TVD) \times DD_{surf} - 10 \times V_e \times (BHT - T_s)}{2000 - 0.104 \times C_f \times TVD}$$

式中：V_e 为温度膨胀因子(表 2.2)，(lb/gal)/100℉；C_f 为压力压缩因子(表 2.3)，(lb/gal)/1000psi；TVD 为垂深，ft；D_{surf} 为地面盐水密度，(lb/gal)；BHT 为井底温度，℉；T_s 为地面温度，℉；psi_h 为静液柱压力，psi。

3. 甲酸盐盐水密度和井深—密度数据表

Cabot《特殊钻井液使用手册》给出了甲酸盐盐水和甲酸盐混合盐水的相关数据(Cabot，2016)。同时还有软件包根据给出的数据来计算现场值，指导现场应用。

表 2.2　12000psi 下盐水温度从 76℉到 198℉的膨胀量

盐水类型	密度，lb/gal	膨胀系数 V_e，(lb/gal)/100℉
NaCl	9.42	0.24
CaCl₂	11.45	0.27
NaBr	12.48	0.33
CaBr₂	14.13	0.33
ZnBr₂/CaBr₂/CaCl₂	16.01	0.36
ZnBr₂/CaBr₂	19.27	0.48

表 2.3　盐水在 198℉温度下从 2000~12000psi 下的压缩特性

盐水类型	密度，lb/gal	压缩系数 C_f，(lb/gal)/1000psi
NaCl	9.49	0.019
CaCl₂	11.45	0.017
NaBr	12.48	0.021
CaBr₂	14.30	0.022
ZnBr₂/CaBr₂/CaCl₂	16.01	0.022
ZnBr₂/CaBr₂	19.27	0.031

二、热力学结晶温度

热力学结晶温度，也叫实际结晶温度(TCT)，是指盐水达到饱和时的温度。图 2.7 是氯化钙—溴化钙完井盐水的结晶温度实验曲线。在图中包括了首次结晶出现点(FCTA)和最后结晶溶解点(LCTD)。图 2.8 中不同完井液的实际结晶温度与温度的关系曲线。完井液结晶是静液柱压力的结果，被称为加压结晶温度(PCT)。图 2.9 给出了压力对氯化钙—溴化钙完井液实际结晶温度的影响关系。

API 标准实际结晶温度测试程序对某些甲酸盐盐水不适用。甲酸钾和甲酸铯及其混合物由于强烈的动力学效应而表现出其他特性。甲酸钾可以形成亚稳晶体。亚稳晶体的结晶低于标准结晶温度的测量范围。图 2.10 给出了实际结晶温度和甲酸钾的亚稳晶体结晶温度。过冷点表示盐水在有和没有晶核材料存在情况下成功保存 2 周的温度。《甲酸盐技术手册》给出了 API 实际结晶温度测试的替代方法(Cabot，2016)。

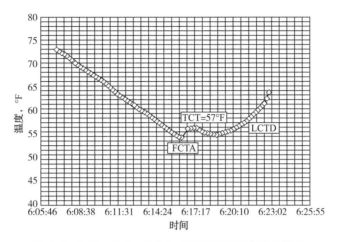

图 2.7　CaCl₂-CaBr₂ 混合盐水实际结晶温度实验结果

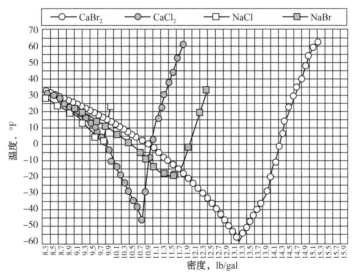

图 2.8　普通清洁盐水实际结晶温度与温度关系曲线

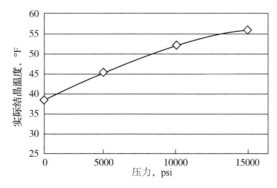

图 2.9　压力对 40℉(4.4℃)CaCl₂-CaBr₂ 混合盐水实际结晶温度的影响

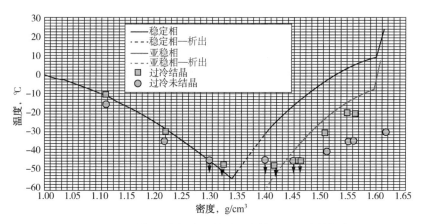

图 2.10 甲酸钾盐水的实际结晶温度体现了过冷数据点

三、盐水清洁度

盐水中的固体污染物会给产层带来巨大的伤害。悬浮固体颗粒浓度可通过浊度仪测得。浊度仪通过测量样品的透光度，给出样品浊度值(NTU)，然后和标准 NTU 值进行对比(API RP13J 2014)。

大多数作业方使用浊度来评价盐水。浊度仪是通过间接方法来评价盐水中的固相含量。作业方使用的浊度范围为 10NTU 或者更高。当作业方需要更为严格的固相要求的时候，固相含量也可以用重力分析仪测量。对盐水进行过滤，通过测定滤纸增加的重量来计算出固相含量。

作业方在高敏感储层最严格的控制固相含量的方法是使用颗粒计数器，通常是激光颗粒计数器。该设备可以记录颗粒大小和数量。一般使用的标准包括最大颗粒粒径、最小颗粒减少数量和最大颗粒浓度。

四、污染物

可以影响完井液和修井液的污染物包括：铁；固相；油、凝析物、油脂、涂料、聚合物；表面活性剂。

(1)铁：铁可以是可溶性或者不溶性形式的污染物。可溶性铁是腐蚀产物并在锌溶液中较为常见。可溶性铁也会生成沉淀造成储层伤害。铁应该在盐水生产车间除掉，方法为加入过氧化氢，絮凝并过滤。在现场，处理含铁流体相对困难，只有在低密度盐水中才会成功。处理方法有用烧碱或石灰提高 pH 值，然后通过过滤去除沉淀的铁。

(2)固相：非有意添加到体系中改善性能的固相都称为固体污染物。包括地层黏土、沉淀物、聚合物残留物、腐蚀产物等。污染物可以在盐水生产车间过滤掉，或者在现场使用硅藻土压滤除掉，或者微米渗透膜过滤。当 NTU 值超过 40 或者悬浮固相浓度超过 50ppm 的盐水不推荐送往现场使用。

(3)油、凝析物、油脂、涂料：产出的油或者其他碳氢化合物影响盐水密度并会堵塞过滤单元。碳氢化合物会在重盐水表面形成一层分离膜并可以从表面吸走。

(4)聚合物：被聚合物污染的盐水不能简单地通过过滤除掉，需要加入过氧化氢处理，然后再过滤掉。在现场，聚合物胶液应单独回收和隔离，避免与盐水混合。

（5）表面活性剂：洗井所使用的表面活性剂或者盐水添加剂可能会引起配伍性问题，造成潜在的储层伤害。室内实验，包括岩心恢复率实验，应该在井筒顶替盐水前进行。

<h1 align="center">参 考 文 献</h1>

API 2014. Testing of Heavy Brines. Recommended Practice RP 13J, American Petroleum Institute, Washington, DC. www.API.org.

Brangetto, M., Pasturel, C., Gregoire, M., Ligertwood, J., Downs, J., Harris, M. et al., 2007. Caesium formate brines used as workover, suspension fluids in HPHT field development IADC Drilling Contractor, May/June.

Cabot 2016.Formate Technical Manual. Cabot Specialty Fluids, Aberdeen, Scotland. www.formatebrines.com.

Carpenter, J., 2004. A new field method for determining the levels of iron contamination in oilfield completion brine. In: SPE Paper 86551 Presented at the SPE Formation Damage Control Symposium, Lafayette, LA, 18−20 February.

Downs, J., 2012. Exposure to phosphate−based completion brine under HPHT laboratory conditions causes significant gas permeability reduction in sandstone cores. In: IPTC 14285 Prepared for Presentation at the International Petroleum Technology Conference, Bangkok,7−9 February.

Goldberg, S., Sposito, G.,, 1984. A chemical model of phosphate adsorption by soils:I. Reference oxide minerals.. Soil Sci. Soc. Am. J. 48, 772−778.

Jeu, S., Foreman, D., Fisher, B., 2002. Systematic approach to selecting completion fluids for deep−water subsea wells reduces completion problems. In: AADE −02−DFWM−HO−02 AADE 2002 Technology Conference "Drilling & Completion Fluids and Waste Management", held at the Radisson Astrodome Houston, TX, 2−3 April.

King, G., 2016.www.GEKINGConsulting.com.

Leth−Olsen, H., 2004. CO_2 Corrosion of Steel in Formate Brines for Well Applications. NACE 04357.

MISwaco, Completion Fluids Manual 2016.

Morgenthaler, L., 1986. Formation damage tests of high−density brine completion fluids. In: SPE paper 14831, SPE Symposium on Formation Damage Control, Lafayette, LA, 26−27 February.

Messler, D., Kippie, D., Broach, M., Benson, D., 2004. A potassium formate milling fluid breaks the 400o fahrenheit barrier in the deep tuscaloosa coiled tubing clean − out. In: SPE Paper 86503, SPE International Symposium on Formation Damage Control, Lafayette, LA, 18−20 February.

Nowack, B., Stone, A., 2006.Competitive adsorption of phosphate and phosphonate onto goethite. Water Res. 40, 2201−2209.

Rodger, P., Wilson, M., 2002. Crystallization Suppression of Cesium Formate. Department of Chemistry Report, University of Warwick, June.

Sangka, N.B., Budiman, H., 2010. New high density phosphate completion fluid: a case history of exploration wells: KRE−1, BOP−1, TBR−1 and KRT−1 in Indonesia. In: SPE Paper 139169 Presented at the SPE Latin American and Caribbean Pteroleum Engineering Conference, Lima ,Peru 1−3 December.

Scoppio, L., Nice, P., Nødland, S., LoPiccolo, E., 2004. Corrosion and Environmental Cracking Testing of a High−Density Brine for HPHT Field Application. NACE 04113.

Tetra Technologies Inc, 2016.Completion Fluids Technical Manual. Tetra Technologies, Inc,The Woodlands, TX, www.tetratec.com.

第三章　钻井液性能评价方法

通过设计的实验来精确描述井下钻井液状态非常困难，很明显这是一项艰巨且很难完成的任务。大部分的钻井液特别是水基钻井液，其组分混合复杂，随着温度、压力、剪切和时间的变化，钻井液性能也会发生明显地变化。由于钻井液在井筒内循环其流态不断发生变化，如钻杆内的湍流、钻头处的较强剪切、环空中的层流，流动剪切速率变化频繁。并且地热温度梯度也在不断发生变化。大多数胶体的黏弹性存在时间、温度和压力敏感性，在循环流动时很少适应任何一种条件。此外，在钻井过程中，伴随着地层中的固体和流体持续不断地侵入钻井液体系其组分也发生连续的变化。另一个问题是，现场钻井液测试必须快速、简单，且测试仪器坚固耐用。在一定程度上，实验测试可支持野外现场作业。

因此，现场钻井液标准测试是快速和实用的，能够被业界所接受，但它只是大致反映了井下状况。尽管如此，如果能够理解它们不可避免的制约条件，以及这些测试所得的数据与现场实践相关联一致，那么这些测试就较好地达到了实验目的。

多年来，个别研究人员已经设计出更接近模拟井下条件的各种实验测试。这些测试需要更复杂和昂贵的设备及耗时长，因此其更适合于实验室室内使用和技术研发。在许多情况下，这些测试的结果将在后面的章节中讨论。本章将简要介绍 API 标准的测试设备和程序，并给出相应的参考文献。

钻井行业和石油行业的未来是将自动化应用到各个作业领域。在井场以电子方式捕获各种数据并传输到信息中心进行分析，这也将发生在钻井液测试中。信息反馈闭合回路到位，以便任何数据变化将自动转化添加适当添加剂的有效指令，以保持钻井液的最佳性能。现在有些钻井液测试已实现了自动化，但要真正地实现钻井液现场作业自动化仍需付出大量的工作，任重道远（Magalhaes 等，2014；MacPherson 等，2013；Oortet.，2016；Vajargah 和 van Oort，2015）。

第一节　实验室样品准备

由于钻井液性能很大程度上取决于剪切和温度，所以，首先最重要的是实验室钻井液测试要保持与实际钻井中相似的井下条件。来自井场的钻井液样品长时间会冷却并且触变形成凝胶结构，因此，这些钻井液样品必须在流动管线中和一定的温度下进行剪切，直到钻井液黏度与在井场处测量的黏度相一致。

在实验室配制的钻井液所用的干燥材料必须进行初步混合，然后老化一天左右，以便胶体有时间充分水化后完成所有的化学反应，然后经过高速剪切直到钻井液获得恒定的黏度，最后在环境温度下测试全套性能。如果用于井底温度高于 212°F（100°C）的井中，钻井液必须在相应的温度下进行老化，本章后面会有讲述。

搅拌器主要用于钻井液材料的实验室测试，如 Hamilton Beach 搅拌器（图 3.1）和多轴搅拌器（图 3.2）。然而，它们并不能产生像井底钻井液循环中存在的高的剪切速率。只有当定子和转子之间的间隙很小时，或者当钻井液通过小孔或开口泵送时，才能获得高的剪切率。

食品搅拌机中，刀片在容器底部的凹陷部分旋转(图3.3)，可提供高剪切率，比较适用于少量(约1L)钻井液的剪切。由于高速剪切温度迅速上升，导致钻井液中的水分蒸发，也可能导致钻井液处理剂产生降解，因此，不宜使用搅拌器对钻井液进行长时间地剪切。

　　对于较大量的钻井液，为确保非水流体的完全乳化最好使用高剪切混合器，如Silverson分散器(图3.4)。该仪器基本上由安装在从驱动电动机底座延伸的杆上的循环单元组成，这种布置使得该装置能够被放入一个较大的钻井液容器中(约8L)，并使得钻井液在整个容器中进行循环，并且转子叶片与壳体上的挡板之间的间隙极小，从而在循环装置中可以保持较高剪切率。

图3.1　Hamilton Beach 搅拌器和
搅拌杯(由 Fann 仪器公司提供)

图3.2　Hamilton Beach 三轴搅拌器
(由 Fann 仪器公司提供)

图3.3　高速搅拌器，转子和壳体间隙极窄
可产生较高剪切速率(由 Fann 仪器公司提供)

图3.4　Silverson 分散器
(型号 L5M-A)

第二节　钻井液性能测量

一、密度

钻井液密度或钻井液相对密度，是通过称重定量体积的钻井液然后用重量除以体积的方法来确定。提供的密度计是在杯子里加满钻井液，盖上盖子，擦去盖子上多余的钻井液，沿着手臂移动游码直至平衡，并且读取游码侧面的密度刀边。图 3.5 是一台标准的钻井液密度计，图 3.6 是一台加压密度计，旨在减少钻井液样品中空气对密度测量的影响。

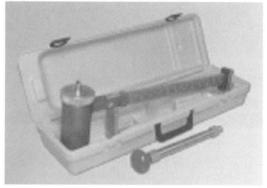

图 3.5　标准钻井液密度计(由 Fann 仪器公司提供)　　图 3.6　加压钻井液密度计(由 Fann 仪器公司提供)

密度用磅每加仑(lb/gal)、磅每立方英尺(lb/ft³)、克每立方厘米(g/cm³)等表示，或者作为每单位深度施加的压力梯度(psi/ft)。其单位换算系数如下：

$$g/cm^3 = (lb/gal)/8.33 = (lb/ft^3)/62.3 \tag{3.1}$$

$$钻井液压力梯度：psi/ft = (lb/ft^3)/144 = (lb/gal)/19.24 = 相对密度 \times 0.433 \tag{3.2}$$

$$钻井液压力梯度：(kg/cm^2)/m = 相对密度 \times 0.1 \tag{3.3}$$

钻井液密度计可以用淡水进行校准。在 70℉(21℃)时，其读数应该是 8.33lb/gal、62.3lb/ft³ 或相对密度为 1.0，可以通过加权已知密度的饱和盐溶液做进一步校准。在制造商的用户手册或网站上提供有相关设备的校准说明。

二、黏度

马氏漏斗是由 General 石油公司的 Harlan Marsh 开发的一种漏斗装置，用来测量钻井液的相对流动黏度，他把这个黏度概念献给了钻井行业(Marsh，1931)。这种设备在钻井现场非常实用，它使钻井队可以定期报告钻井进液的稠度，因此钻井液专家可以通过报告细节进行分析以检查钻井液体系所发生任何大的变化。

马氏漏斗由一个漏斗和一个量杯组成(图 3.7)，它给出了钻井液稠度的一个经验值。测试程序：首先用钻井液填充漏斗至滤网水平线，然后读出流量 1 夸脱(946mL)所用的时间(s)，该测得的数值部分取决于孔口中主要剪切速率下的有效黏度，部分取决于胶凝速率。

通常情况下，在温度 70±5℉(21±3℃)的条件下，淡水流出时间为 26±0.5s，在世界的其他一些地区，马氏漏斗黏度单位为 s/L。

直读黏度计是同心圆筒黏度计的一种形式，它可以观察到剪切应力随剪切速率的变化，仪器的基本元素构成如图 3.8 所示。悬挂在弹簧上一个同心悬锤被外筒包围，调整组件至钻井液杯中的规定标记处，然后外筒以恒定速度旋转。钻井液的黏滞阻力使弹簧转动，直到弹簧的扭矩达到平衡。从仪器顶部的校准刻度盘上读取悬锤的偏转值，再将表盘读数乘以 1.07，最终得出在悬锤表面处的剪切应力(单位：$lb/100ft^2$)。

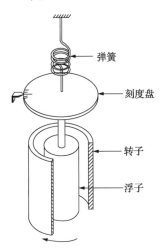

弹簧

刻度盘

转子

浮子

图 3.7　马氏漏斗和量杯
(由 Fann 仪器公司提供)

图 3.8　直读黏度计示意图，从表盘上的刻度读取
悬锤的度数偏差(由 Fann 仪器公司提供)

直读黏度计存在有几种形式。Bingham 宾汉塑性流体使用双速黏度计比较易于计算其流变参数(Saving and Roper, 1954)。塑性黏度(PV)是通过 600r/min 读数减去 300r/min 读数来计算，单位为 cP。屈服值(YP)以是通过 300 转读数减去 PV，单位 $lb/100ft^2$(乘以 0.05 以获得 kg/m^2)。API 表观黏度(AV)是以 600 转读数除以 2 得到，单位为 cP。

幂律常数(n 和 K)由多速黏度计的任意两个表盘读数计算如下：

$$n = \lg(DR_2) - \lg(DR_1) / [\lg(\text{转速 2}) - \lg(\text{转速 1})] \tag{3.4}$$

$$K[(\text{dyn} \cdot s)/cm^2] = 5.11 \times (\text{表盘读数})^n / \text{剪切速率} \tag{3.5}$$

上述计算的基础理论将在第六章中讨论。

在双速直读黏度计中普遍存在着剪切速率要远远高于环空中普遍存在的剪切速率。在较低的剪切速率下，如环空中，钻井液的有效黏度(EV)和 K 值会增加，而真正的屈服值 YP 要比 600 转和 300 转读数测得值要小，且其幂律指数 n 也减少。因此，当为了计算环空压力而确定流量参数时，建议使用多速黏度计。现场常见的多速旋转黏度计有 6 速、8 速、12 速和 16 速等。现场最常见的是 6 速和 8 速旋转黏度计(图 3.9)。所有这些黏度计都是按照转子和浮子的 API 规格加工制造的。6 速和 8 速旋转黏度计的近似剪切速率见表 3.1。当泵送钻井液时，这些剪切速率可以涵盖了流体大部分的流动情况，其剪切速率范围见表 3.2。

（a）范氏35型6速旋转黏度计

（b）OFI800型8速旋转黏度计

图 3.9　范氏 35 型 6 速旋转黏度计和 OFI800 型 8 速旋转黏度计

表 3.1　API 标准转子/浮子配置的近似剪切速率

转数	剪切速率，s^{-1}	转数	剪切速率，s^{-1}
600	1022	60	102
300	511	30	51
200	370	6	10.2
100	170	3	5.1

表 3.2　在钻井液循环系统中所遇到的剪切速率范围

类　型	剪切速率，s^{-1}	类　型	剪切速率，s^{-1}
立管、钻杆和钻铤内流体剪切速率	500~10000	钻井液循环罐面流体剪切速率	1~10
固控设备内流体剪切速率	400~4000	颗粒悬浮剪切速率	<1.0
确保井筒清洁的环空流体剪切速率	1~170		

　　重要的是要认识到黏度计表盘读数并不是黏度。表 3.3 显示了在现场使用的标准黏度计上计算每个速度下 EV 的转换常数。每个速度的表盘读数乘以适当的因子以获得有效黏度的近似值(单位：cP)。

表 3.3　黏度计刻度盘读数转换为有效黏度(厘泊，cP)的乘法因子

黏度计刻度值读数	乘法因子	黏度计刻度值读数	乘法因子
600	0.5	60	5.0
300	1.0	30	10
200	1.5	6	50
100	3.0	3	100

连续速度黏度计也可用于钻井液，这些仪器可以手动或电脑控制。图3.10显示了两种不加压的连续速度黏度计。在连续模式下，剪切应力与时间的关系以手动记录数据保存，或者在计算机屏幕上绘制并保存。这对于观察滞后循环(参见第六章)以及观察在恒定速度和温度下剪切应力随时间的变化很有帮助。这些装置在大气压力下工作，并可以加热到约 180°F(80℃)。

目前，已经开发出了几种黏度计可在任何剪切速率和所选择的温度和压力条件下自动测量钻井液和完井液的剪切

(a) OFI 900型黏度计 　　(b) Fann仪器公司RheoVADR流变仪

图 3.10　连续速度黏度计

应力、黏度和流变特性。大部分黏度计可以在 0.001~1000s⁻¹ 及 1000s⁻¹ 以上的剪切速率下进行工作。这些黏度计可以测试温度高于 600°F(315℃)和压力高达 30000psi 或 40000psi(>275000kPa)的流体。也可以将制冷机安装在这些黏度计上，以测量低温条件下的黏度，如在深水钻井中遇到的低温情况。

三、静切力

静切力是由双速直读黏度计测定，在仪器的顶部或侧面用手慢慢转动驱动轮，观察凝胶破裂前的最大偏转值。在多速黏度计(图 3.10)中遵循相同的操作程序，不同之处在于多速黏度计用电动机以 3r/min 的转速旋转滚筒，测得的最大偏差即是钻井液凝胶强度。凝胶强度测定后，允许钻井液静止任意时间，但人们经常测量静止 10s(初始凝胶强度)和 10min 后的凝胶强度。表盘读数给出了凝胶强度，单位是 lb/100ft²。

四、API 失水

1. 静态失水

目前使用的低压静态滤失仪是基于 Jones(1937)的原创设计，其基本组件如图 3.11 所示。市场存在几种改进型的设备，其标准尺寸为：过滤面积 7.1in²(45.8cm²)；最小高度 2.5in(6.4cm)；和标准滤纸 Whatman 50、S&S No.576 或同等产品。在 100psi(7.0kg/cm²)的压力下，计量 30min 内滤出的滤液体积(单位为 mL)，并且用缓慢的水流冲洗滤饼表面后，测量其厚度，厚度精确到 1/32in(1mm)。

高温和高压滤失性能(HTHP)通常在如图 3.12 和图 3.13 所示的装置中测量。175mL 的装置可承受最大压力为 1500psi(10343kPa)，最高温度为 450°F(232℃)。500mL 的装置可承受最大压力

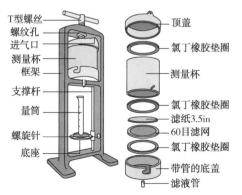

图 3.11　低压滤失仪示意图
(由 OFI 测试设备公司提供)

为 5000psi(13880kPa)，最高温度为 500℉(260℃)。当测试温度低于 300℉(149℃)，或当流体压力大于 450lb/in²(31.6kg/in²)和温度在 300~450℉(149~232℃)之间时，为避免滤液在高温下闪蒸或蒸发，底部滤液排出时的回压应保持在 100psi(7.0kg/cm²)。对于温度上升至 400℉(204℃)时，可以使用 Whatman50 滤纸，而对于 400℉以上的温度，则需使用新的陶瓷滤芯。建议所有 HTHP 测试都使用陶瓷滤芯，陶瓷滤芯的尺寸为 10~120μm 不等。在任何温度下其滤失时间均为 30min，但收集的滤液量可以增加 1 倍，满足了高压过滤单元和低压过滤单元之间的差异(高压滤失面积为 22.9cm²，低压滤失面积为 45.8cm²)。

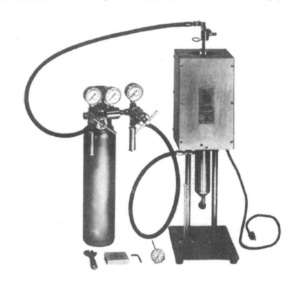

图 3.12　高温高压滤失仪(配 175mL
集液容器，由 Fann 设备公司提供)

图 3.13　高温高压滤失仪(配 500mL
集液容器，由 Fann 设备公司提供)

　　在高温高压滤失实验操作过程中，必须严格遵守该实验的安全注意事项，即应严格执行 API RP 13B-1 和 API RP 13B-2 中推荐的操作程序。特别是，该装置使用过程中设定的参数不能超出制造商给出的推荐范围，并且在测试结束时，实验装置在拆卸之前必须冷却到室温。从安全角度来讲，两种尺寸的实验装置是允许装有螺纹和盖帽的。

　　2. 动态滤失

　　为了更好地模拟钻井过程实际发生的钻井液滤失，动态冲刷滤饼就很有必要了。多年来，许多研发人员已经利用特别设计的设备去研究钻井液动态滤失(Bezemer 和 Havenaar，1966；Ferguson 和 Klotz，1954；Horner 等，1957；Prokop，1952；Williams，1940)。该系统能够获得很有意义的实验结果，要么能够模拟井筒实际状况，要么能够计算滤饼表面的可承受的剪切速率(这是限制滤饼增长的关键因素)。在具有相同尺寸的钻井工具的模型井中，Ferguson 和 Klotz(1954)通过测量钻井液在渗透性水泥和砂筒的滤失速率来模拟井下实际情况。Horner 等(1951)观察到钻井液循环通过岩心环面的过滤速率。当需要时，实验人员可利用机械刮刀来模拟井底钻头下的实际动态滤失。

　　滤饼表面的剪切速率可以在 Prokop(1952)的系统中进行计算，该系统中的钻井液可在压力作用下有效循环(通过渗透性圆筒)。圆筒的内径应大于滤饼的厚度，使得滤饼的生长不会显著地改变内径，从而改变剪切速率。Bezemer 和 Havenaar(1966) 开发了一种结构紧凑且非常方便的动态滤失装置，其中钻井液通过岩芯或滤纸进行过滤，同时被以恒定速度旋转的外同心圆筒剪切。该平衡滤失速率及滤饼厚度与实验完成时的剪切速率有关。

Fann 动态高温高压滤失仪是一种商用型的动态滤失测试仪器，如图 3.14 所示。该测试仪在流体流过的陶瓷圆筒内部使用旋转杆模拟径向流动。测试结果包括动态滤失速率和滤饼沉积指数(CDI)。动态滤失速率是根据滤失体积与时间曲线的斜率计算的，而滤饼沉积指数(CDI)是根据滤失体积/时间与时间曲线的斜率来计算的。格雷斯仪器公司有一种不同的径向流动滤失装置，如图 3.15 所示。

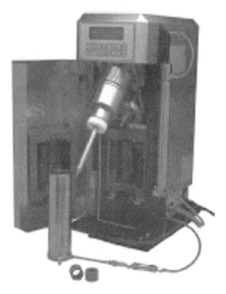

图 3.14   90 型动态高温高压滤失测试仪（由 Fann 仪器公司提供）

另外一种改良后的高温高压的商用滤失测试仪，如图 3.16 所示。该设备由 OFI 测试设备(OFITE)公司制造。在过滤介质上方悬挂一个搅拌轴，可以起到冲刷滤饼的作用。OFITE 测试仪可以使用标准 API 滤纸或陶瓷滤盘。

在分析处理剂对钻井液基浆的影响时，这些装置在 30min 的测试时间内会得到不同的滤液体积，但相关的变化却很相似。

图 3.15   M2200 型高温高压润滑仪、动态滤失测试仪和钻井模拟器(由 Fann 仪器公司提供)

图 3.16   改良后的高温高压动态商用滤失测试仪(由 OFI 测试仪器公司提供)

第三节 气体、油和固体含量测定

一、气体含量

通过钻井液基础稀释方法可以测量出钻井液中的气体或空气的含量，即搅拌钻井液释放其中的气体，再加重不含气体的钻井液密度，然后在不稀释的情况下反向计算不含气体钻井液的密度。例如，如果 ρ_1 是含气钻井液的密度，ρ_2 是将 ρ_1 体积的钻井液与 ρ_1 体积的水稀释并除去气体后的密度，ρ_3 是不含气体未稀释钻井液的密度，ρ_w 是水的密度，α 为原始钻井液中气体的体积分数，则：

$$\rho_1 = (1-\alpha)\rho_3 / 1 \tag{3.6}$$

$$\rho_2 = [(1-\alpha)\rho_3 + \rho_w] / (2-\alpha) \tag{3.7}$$

从上面的方程求解 α：

$$\alpha = (2\rho_2 - \rho_1 - \rho_w) / \rho_2 \tag{3.8}$$

然后可以根据式(3.6)或式(3.7)中计算 ρ_3。

二、油和固体含量

钻井液含油、水和固体的体积分数可在蒸馏仪器中进行测定，如图 3.17 所示。在进行蒸馏之前，除去钻井液中空气或其他任何气体至关重要，否则，测得的固体含量会有相当大的误差。通过大量稀释去除气体是不可取的，不够准确，特别是对于低固相含量的钻井液。通常可以加入消泡剂除去其中的气体，如有必要可加入稀释剂破胶除气。

钻井液蒸馏，即将钻井液放入钢制容器中，并在蒸馏仪器中进行加热，温度约为 1000℉（540℃），馏出液被收集在量筒中，直至不再有液体馏出。在刻度量筒中读取油和水的体积，并将两者总体积从钻井液样品的体积中减去，最后获得固体的体积。由于实验结果主要取决于两个较大数值差，故对于低固相钻井液来说此实验方法所测结果不太精确。

如果钻井液中含有大量盐分，则必须从固体体积中减去盐分的体积。API 推荐基于氯化物滴定计算校正水分含量的公式，然而，API 推荐方程是基于氯化钠盐，如果钻井液添加了其他不同的阳离子盐，则结果需

图 3.17 50mL 钻井液蒸馏仪器套件
（由 OFI 测试仪器公司提供）

要进一步校正。

三、不可使用 API 蒸馏仪器测试甲酸盐液体

标准的 API 蒸馏测试不可用于甲酸盐液体，因为标准蒸馏仪器的冷凝室可能被甲酸盐晶体堵塞，导致蒸馏瓶破裂(Cabot，2016)。即使可以安全地进行蒸馏实验，其结果也是无意义的，因为雾状固体是由从高浓度盐水中冷凝出来的甲酸盐所形成的。请参阅第二章"完井液介绍"中的甲酸盐卤水部分，了解甲酸盐液体进行固相含量测试替代的方法。

四、API 砂含量测试

砂含量，即钻井液中粒径大于 200 目的颗粒量。虽然该测试被称为砂含量测试，但它仅广泛定义了颗粒粒径的大小，并没有定义组分。使用砂含量测试筛比较方便，如图 3.18 所示。首先，将定量钻井液加入到玻璃管中，再用水稀释至玻璃管上对应的刻度线，均匀摇动玻璃管，使用上部圆筒中的筛网对钻井液混合物进行过滤，用水清洗直至清洁，然后将留存在筛网上的固相颗粒通过漏斗回洗入玻璃管中，静置沉降，最后从玻璃管底部的刻度读取含砂体积。

图 3.18　API 砂含量测试筛
(由 OFI 测试仪器公司提供)

五、筛滤测试

筛网主要用于确定黏土、架桥材料和重晶石中较粗颗粒的粒径分布。测试程序是通过筛网筛选材料，最好是使用振动筛，然后将每个筛上的筛余物和锅中收集物进行称重测量。可以选定适合特定材料的筛网尺寸，但筛网尺寸应符合美国材料试验学会推荐标准或 API 振动筛规格。ASTM 推荐使用筛分试验程序(ASTM，2014)，以及 API 钻井液材料标准化委员会程序来确定钻井液固体的粒度分布在 RP13C(API 2010)中。常用的油田粒径定义，见表 3.4。

表 3.4　粒径的定义

粒径，μm	颗粒级别	筛网尺寸，目
>2000	粗	10
250~2000	较粗	60
74~250	中等	200
44~74	细	325
2~44	超细	
0~2	胶体	

注：本表来自 API Bul，13C(1974 年 6 月)，美国石油学会，达拉斯。

六、亚甲基蓝吸附容量

亚甲基蓝实验，是一种可以快速估算钻井液或泥岩中存在的蒙脱石含量的方法(Jones，1964；Nevins 和 Weintritt，1967)。该实验主要是测量黏土吸附的亚甲基蓝的量，即阳离子交换能力。由于蒙脱石较其他黏土矿物相比具有更强的阳离子交换能力，所以它被认定为是测定蒙脱石含量的测试方法，据此估计膨润土的含量。

首先，用蒸馏水稀释钻井液样品，然后，加入过氧化氢以除去有机物质如聚合物和稀释剂，再加入亚甲基蓝溶液摇晃均匀，用玻璃棒沾悬浮液滴在滤纸上，直至固相周围呈现出蓝色环到达终点(见 API RP 13B-1a 中的颜色表)。亚甲基蓝容量定义为每毫升钻井液中添加的亚甲基蓝溶液的毫升量($0.01meq/cm^3$)。于是，钻井液中膨润土含量等于亚甲基蓝容量乘以 5(单位为 lb/bbl)，或亚甲基蓝容量乘以 14.25(单位为 kg/m^3)。

第四节 电 性 能

一、油包水乳状液的稳定性

油包水乳状液的稳定性在乳状液测试仪中进行测试，如图 3.19 所示。该测试仪允许在浸入乳状液中的两个电极间施加可变电压(Nelson 等，1955)。持续增加电压直至乳状液破裂并且电极之间有电流通过，该破乳电压即为衡量乳状液稳定性的指标，其破乳电压越高表明钻井液稳定性越高。

图 3.19　NADF 破乳电压测定仪(来自 OFI 仪器公司)

1987 年，Ali 等的研究已经表明，破乳电压测量结果取决于乳化剂浓度、热滚、油水比、钻井液密度和钻井液组分等变量。他们建议只有根据乳状液电稳定性趋势来决策油包水乳状液的处理措施。

二、水基钻井液的电阻率

滤液和滤饼电阻率的测量通常应用于电测井作业中。在某些情况下，钻井过程中通过控制电阻率可以更好地评估地层特征。电阻率测量为检测重晶石和水中的可溶性盐(如地层产出水)提供了一种快速有效的方法。

将样品分别放置在具有电极的两个电阻容器中，使得电流流过样品从而测量样品的电阻率。用合适的仪表测量电阻，如图3.20所示。如果仪器以欧姆表示样品电阻，则必须通过测量已知电阻率的标准溶液进行校准来确定仪器元件常数，并将测量值转换为欧姆米。然而，大多数仪器可直接以欧姆米读数，因为元件常数已经在电表的电路中进行了相应计算。具体电阻率仪的操作细节由制造商提供，样品的电导率是测量电阻率的倒数。

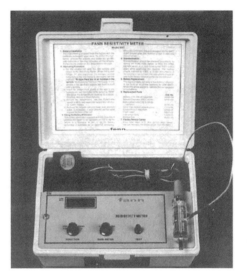

图3.20　钻井液电阻率测定仪
(来自 FANN 仪器公司)

三、氢离子浓度(pH)

氢离子浓度对水基钻井液性能的重要影响早已被人们所认识，并且一直作为许多研究的主题。氢离子浓度更方便地表示为 pH，其是氢离子浓度以克摩尔每升为单位的倒数的对数。因此，在中性溶液中，氢离子(H^+)和氢氧根离子(OH^-)浓度相等，并且各自等于 10^{-7}，则 pH 值为 7。pH 值低于 7 时表明酸度(H^+)增加，而 pH 值高于 7 时表明碱度(OH^-)增加。需要说明的是，每个 pH 值代表着氢离子浓度变化 10 倍。

常用的测量 pH 值的方法分别是：(1)使用浸渍带有指示剂的 pH 试纸的颜色测定法；(2)使用玻璃电极仪器的电测法。

比色法：把用有机染料浸渍的试纸与测试液体接触，会呈现特征性颜色，它提供了一种较为简单便利的 pH 值测量方法。该 pH 试纸包含有特征性颜色对应的 pH 值参考标准，pH 试纸可用于测试范围较宽类型，以 0.5 为一个 pH 值单位，也可用于测试范围较窄的类型，以 0.2 为一个 pH 值单位。通过在钻井液表面(或滤液)上放置一张试纸，使其保持到颜色稳定(通常小于 30s)，并将纸张颜色与颜色标准进行比对确定所测样品的 pH 值。如果样品含有高浓度的盐可能会改变试纸测试的颜色，从而导致所测得的 pH 值的不可靠。

玻璃电极 pH 计测试法当玻璃薄膜分离两种不同氢离子浓度溶液时，其两端电位差可以被放大并测量记录。pH 计包括以下几个部分：(1)玻璃电极，由特制玻璃薄壁灯泡制成，内部密封合适的电解液和电极；(2)参比电极，饱和甘汞电池元件；(3)外部液体(钻井液)和玻璃电极之间的电位差放大装置；(4)直接以 pH 值读数的仪表。该仪器提供了用于校准的标准缓冲溶液，并补偿了外界温度的变化量。在测量含有高浓度钠离子(高盐度或非常高 pH 值)溶液的 pH 值时，应当使用特殊的受钠离子影响较小的玻璃电极。

第五节　润　滑　性

最初，在钻井液中添加极压润滑剂是为了增加钻头轴承的使用寿命(Rosenberg and Tailleur，1959)。对 Timken 润滑测试仪进行了改进，钻井液可在旋转环和环块之间保持循环，如图 3.21 所示。承载能力是可承受最大加压重量，其钻井液膜强度是通过测试块上使用的最高负载计算得出的。

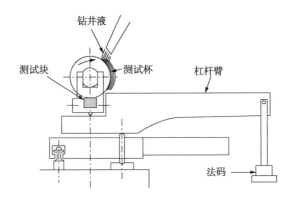

图 3.21　Timken 润滑测试仪加载杠杆系统示意图

随着密封钻头轴承的出现，极压润滑剂添加到钻井液中不再作为减少轴承磨损的润滑剂，而是和其他表面活性剂一道作为减少钻杆扭矩的润滑剂，如第十章所述。为此，Timken 测试仪被进一步改进(Mondshine，1970)，如图 3.22 所示。推荐的测试步骤：在扭矩臂上施加 150lb 负载，将轴转速调整到 60r/min，然后读取仪表上的安培数，最后通过校准图表将安培转换为润滑系数。

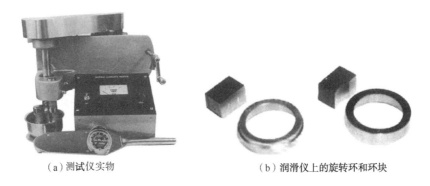

（a）测试仪实物　　　　　　　　　　（b）润滑仪上的旋转环和环块

图 3.22　钻井液润滑性测试仪器(由 Faan 仪器设备公司提供)

更加通用的润滑性测试仪(Alford，1976)，如图 3.23 所示，钻井液不断循环通过砂岩岩心的孔;不锈钢轴在负载的作用下旋转至岩心孔的侧面;通过扭矩传感器监测轴中的扭矩并自动绘制出扭矩/时间曲线。润滑测试可以通过轴承对裸露砂岩，滤饼或钢管内侧(模拟套管内的扭矩条件)进行。在几组不同的载荷条件下进行各个扭矩测试，并且绘制出载荷/扭矩曲线。

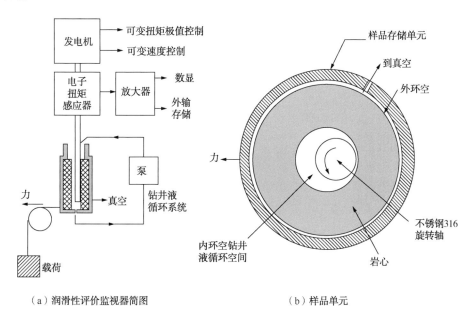

（a）润滑性评价监视器简图　　　　　　　　　　　（b）样品单元

图3.23　润滑性评价监视器简图和样品单元图

［具有用于钻井液循环的内部环形空间，而金属轴相对于样品核心旋转。
连接到样品单元的真空泵允许在样品心上形成滤饼(Alford，SE.，1976)］

第六节　极压粘附试验

　　没有一个标准测试能够准确评估钻井液或钻井液添加剂对钻杆压差粘附的影响，但许多文献描述了各种测试程序和类型的设备。一些研究人员(Albers 和 Willard，1962；Haden 和 Welch，1961；Helmick 和 Longley，1957)测量了将渗透介质中的圆形孔中的滤棒粘在滤饼上所需的拉力，另外一些研究人员(Annis 和 Monaghan，1962)则测定了扁平钢板和滤饼之间的摩擦系数。钻井液设备制造商提供的一种常见而便利的仪器样式，包括一个改进型过滤单元，如图3.24所示，还有模拟钻杆的圆盘或棒(Haden 和 Welch，1961；Annis 和 Monaghan，1962；Park 和 Lummus，1962)。Simpson(1962)描述了另一种粘附装置，通常的操作程序是：放下滤饼，将圆盘或棒与滤饼接触，在规定的时间内继续过滤，然后测量所需的扭矩或拉力以释放盘或棒，如图3.25所示。

　　在第十章"与钻井液相关的钻井问题"中的卡钻部分，阐释了释放钻具所需的力受滤饼初始厚度的影响。因此，在比较不同钻井液成分或钻井液添加剂对钻具粘附的影响时，保证所有情况下的初始滤饼厚度必须相同。

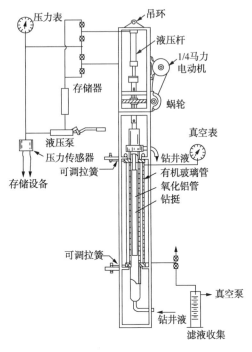

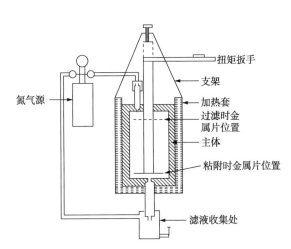

图 3.24 低压差试验装置示意图
(Haden, E.L., Welch, GR., 1961)

图 3.25 静态差压粘附测试装置
(Simpson, J.P., 1962)

第七节 腐蚀试验

在实验室中可以通过将钢试样和要测试的钻井液放入容器中，将容器末端翻转或长时间在车轮上旋转，然后测定试样的重量损失来对腐蚀性进行测试。如果实验是在一定温度或压

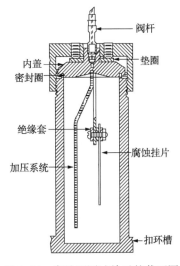

图 3.26 腐蚀环测试单元的截面图
(由 Fann 仪器公司提供)

力下进行的，则需要使用钢体容器单元，而试件不得与容器单元进行电接触，如图 3.26 所示。实验结果报告为每年单位面积重量损失或每年密耳损失(mil/a)。使用相对密度为 7.86 的试样，其公式为：

$$单位面积重量损失(mil) = \frac{重量减少量(mg \times 68.33)}{面积(in^2 \times 暴露时间)}$$

(3.9)

通常使用腐蚀钢环(与工具接头凹槽尺寸相匹配)来测量钻井过程中实际发生的腐蚀(API 推荐实践 13B-1, 2009a; Behrens 等, 1962)。建议腐蚀环在井内的暴露时间在 40h ~ 7d 之间。最后，将腐蚀环取下，清洁、检查其腐蚀类型并确定重量损失量。

通过使用由 40000psi(3000kg/cm²)负载永久应力的太阳能钢制滚子轴承来替代普通钢制腐蚀环进行相应的氢脆敏感的测试(Bush 等, 1966)。橡胶或聚四氟乙烯O形环可以放置在轴承的周围,用来模拟钻具表面的水垢或滤饼的腐蚀条件。

第八节　絮凝实验

确定絮凝值的标准方法将在第四章"黏土矿物学和钻井液胶体化学"中进行详细描述。1965年,Lummus提出了一种评价聚合物絮凝剂的方法,即将浓度0.01lb/bbl的絮凝剂加入到4%的黏土悬浮液中,静置,记录下不同时间间隔其试样上部清液的体积量。用于确定钻井液处理剂对黏土矿物聚集体分散能力的验证性实验,将在第四章"黏土矿物学和钻井液胶体化学"中进行详细描述。

第九节　气泡和发泡剂

一、气泡的流变特性

气泡的流变性主要取决于气泡质量,即气体体积与总体积的比率。在油田作业中,气泡的流动模型主要范围是宾汉姆塑性流体流动模型,使用屈服应力、*PV*和有效黏度等参数来描述泡沫的连续曲线。使用多速度黏度计和毛细管黏度计来确定这些参数(Marsden和Khan,1966)。1971年,Mitchell使用毛细管黏度计,通过记录染料在两个光电元件之间的传播时间来测量气泡的流速,并通过差动传感器或高压压力计测量毛细管上的压降。有关泡沫的更多信息,请参阅《空气和气体钻井手册》(Lyons,2009)。

二、发泡剂的评价

在API RP46(1966)中推荐用于评价发泡剂的装置,如图3.27所示。在四种标准溶液中测试发泡,其标准溶液组分见表3.5。为了测试固体对泡沫稳定性的影响,将10g二氧化硅粉置于试管底部,将1L试验标准溶液倒入管中,其余的放入储存器中,然后将空气和溶液以规定的速率沿着管壁流下,见图3.27。测量10min内从管顶部溢出的液体体积量,以此数据作为发泡剂有效性的评价指标。

当进行现场应用时,试验试样应该用井现场的液体和固体去替代上述推荐的溶液和固体。由于试验结果是可比较的,所以体现基本特征的所有试验装置都会得出良好的试验结果。

表 3.5　发泡剂评价表

组分	清水	清水+15%煤油	10%盐水	10%盐水+15%煤油
蒸馏水含量, cm^3	4000	3400	3800	3230
煤油含量, cm^3		600		600
氯化钠含量, g			400	340
发泡剂含量,%(体积比)	0.15	1	0.45	1.5

注:本表来自 API RP(1966)。

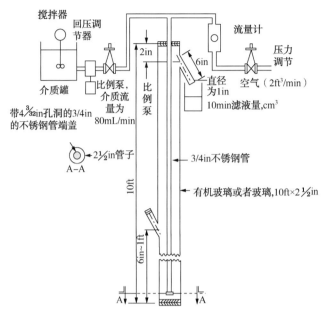

图 3.27　实验室发泡剂评价装置[API RP46(1966)]

第十节　苯　胺　点

　　苯胺点是等量的苯胺和油完全混溶的最低温度,苯胺点的测定主要用来表明所测油品中相关芳香烃的含量,如果油的芳香烃含量较高,则其苯胺点较低。如果油品的苯胺点不小于150℉(65℃),则表明芳香烃含量较低,该类油品就不会损害与其接触的橡胶物质。在油基钻井液中,如果滤失控制取决于沥青及其在钻井液中的分散程度,则基油的芳香烃含量(以苯胺点测量)是一个重要的性能指标。高芳香烃含量对海洋生物也危害很大,因此,在大多数海上作业中这类油基钻井液都是禁用的。

第十一节　化学分析

　　经验表明,某些化学分析有助于控制钻井液性能,例如,氯化物含量的增加可能会对水基钻井液性能产生不利影响,除非设计的钻井液本身能承受盐的污染。这些适用于钻井液领域的化学分析已被收录到 API RP 13B-1(2009)。具体记录的详细程序在此不再重复讲述,一些专门用于钻井液和钻井液滤液的化学分析实验会在一些文献中引述。

一、氯化物

　　用标准硝酸银溶液滴定钻井液滤液样品(如果是碱性的,则进行中和),使用铬酸钾作为指示剂,滴定结果以百万分之一氯化物浓度表示,但实际上以"每升滤液中含有氯离子的毫克数"计量。为了确定油基钻井液中的氯离子含量,先用溶剂丙二醇正丙基醚对样品进行稀释并中和至酚酞终点,然后按照常规方式进行滴定。使用硝酸银法很难检测到终点,其滴定结果在一定程度上取决于实验者。

二、碱度和石灰含量

针对使用石灰处理的钻井液，其碱度和石灰含量的测量将有助于钻井液性能的控制（Battle 和 Chaney，1950）。实验步骤包括，用标准硫酸将滤液滴定至酚酞终点（P_f）和甲基橙终点（M_f），并将钻井液滴定至酚酞注入点（P_m），则石灰含量计算为：

$$m = 0.26(P_m - F_w P_f) \tag{3.10}$$
$$m' = 0.74(P_m - F_w P_f) \tag{3.11}$$

式中：m 为石灰含量，lb/bbl；m' 为石灰含量，kg/m³；F_w 为钻井液中水的体积分数（Nelson 和 Watkins，1950）。

常规的水分析方法可以通过对酚酞和甲基橙终点的简单滴定的方法来计算 OH⁻（API RP 13B-1，2009）、CO_3^2 和 HCO_3^- 浓度。然而通常情况下，钻井液滤液的成分组成非常复杂，这种解释就不太合理了。特别是，甲基橙的终点更加没有意义，因为在钻井液滤液中存在有各种有机添加剂的反应产物以及由氢氧化钠对黏土反应产生的硅酸盐类物质。

于是，有必要寻求更加可靠地估计碳酸盐和碳酸氢盐含量的滴定方法，如滤液碱度测定法，该方法涉及 3 种滴定方法及其注意事项，确实避免了甲基橙指示剂的使用（API 13B-1，2009；Green，1972），这种滴定方法主要用于使用大量用褐煤处理过的钻井液滤液。另一种方法（Garrett，1978），使用于通过 Garrett 气体检测装置分析硫化物以及通过检测二氧化碳的 Drager 管直接测量滤液样品酸化时释放的 CO_2。

三、总硬度：钙和镁、钙、硫酸钙

用标准溶液滴定法估算总硬度和钙离子浓度，使用不同的缓冲溶液和不同的指示剂可以单独估算出钙离子浓度，从而可以通过与总硬度值的差值来估算出镁离子浓度。硫酸钙（未溶解）浓度根据稀释过滤后的钻井液滤液和原始钻井液滤液的滴定结果总硬度差异计算得出。

四、硫化物

为避免腐蚀和人员受伤，在随钻探测含硫化氢的地层时，需可靠估计钻井液中硫化物含量。

在碱性钻井液中，硫化氢被中和并且可以在滤液中检测到可溶性硫化物。Hach 硫化物测试，是基于浸渍醋酸铅的纸张变黑的基本原理，该内容出现在 API RP 13B 的第 4 至第 6 版中，但从第 7 版中省略。目前普遍认为，Hach 测试准确性有限，需要开发一些更加可靠的测试方法，包括使用 Garrett 装置（Garrett 和 Carlton，1975），并加装一个 H_2S 检测管（API 推荐方法）。选择性离子的电极已经用于特殊的电子电路来测量钻井液中的硫化物（Hadden，1977），该设备已应用于钻井液录井作业。

五、钾离子

随着氯化钾—聚合物钻井液体系应用于钻井井壁稳定方面的应用发展，科研人员开发了一套测定钾浓度的现场实验程序(API 13B-1，2009；Steiger，1976)。该实验方法主要是：首先，测定钻井液滤液样品形成的高氯酸钾沉淀物的体积，然后，比照经过相同处理条件的标准氯化钾溶液产生的高氯酸钾沉淀的体积，最后根据比照结果来估算钻井液滤液样品中钾离子浓度。

当前，行业内已经提出了使用四苯硼钠(NaTPB)作为 API RP 13B(高氯酸盐法)的替代方法，因为在钻井现场应用时这种测试方法更精确、更快速且更方便操作进行(Zilch，1984)。它是一种体积分析法，首先，使用 NaTPB 沉淀钾，用 Titan Yellow(Clayton yellow)作为指示剂，然后用十六烷基三甲基溴化铵反滴定 NaTPB(未消耗的部分)，最终确定钻井液滤液中含有钾的体积。

第十二节　钻井液材料的评估

普遍认为钻井液的成分性能方面的评价应尽可能在相似的条件下进行。由于各种条件的不同，并且同一种材料可能具有多种不同的功能，因此，无法成功开发出一种标准化产品评价方法。一些性能如密度、含水量和筛分尺寸分析等物理性质是可以通过普遍接受的方法进行测量，但是，当需要测试评价一种材料如膨润土时，那么问题就出现了，添加膨润土的目的是什么？它是作为提黏剂还是降失水剂呢？

例如，在评价重晶石时，产品中含有的少量硫酸钙不会影响到含饱和石膏的钻井液性能，但是，同样的重晶石在清水钻井液性能影响很大，产生不令人满意的影响。

用于评价产品性能的实内实验需要一定范围限制：在实验室实验条件受控的条件下，针对钻井液特定性能进行的特定检查，并做好产品质量检验检测，而且这些实验方法不能复杂或太耗时间。通常遵循使用最简单的实验程序来评价确定一种材料质量水平。例如，在常规的实验室测试中，通过在室温下使用 Hamilton Beach 搅拌器(图 3.1)或多轴搅拌器(图 3.2)搅拌来制备钻井液，并且搅拌有一定的时间限制。

但是，在实际使用条件下，必须始终考虑钻井液各个组分之间可能发生的相互作用。因此，可能需要进行一些特殊实验测试长时间剧烈地搅拌、温度升高或异常污染物的对实验的影响。

在任何性能评估中，研发的钻井液处理剂的成本都是至关重要的，应当通过设计实验来对比分析几种现场使用表现良好的钻井液处理剂之间的成本。

总之，所开展的钻井液处理剂的实内实验应提供对其主要功能的经济评价，并与同样性能表现的处理剂进行成本分析比较，或开展具有特殊功能品质处理剂的现场试验。

第十三节　高温老化

在高温条件下，水基钻井液的许多组分会发生缓慢降解。通常情况下，这种降解发生在循环过程中，但由于井底温度更高，在进行起下钻过程时，留存在井筒内的钻井液降解更加严重。因此，应当在高温老化的条件下，观察水基钻井液组分和处理剂受的影响。

这种测试通常在不锈钢或铝青铜的抗压老化罐中进行(Gray 等，1951；Fann，2016；OFITE，2016)，商用老化罐一般用 260mL 或 500mL 两种尺寸(图 3.28)。为了防止液相沸腾，使用氮气或二氧化碳通过连接对老化罐进行加压(Cowan，1959)。外部施加的压力必须至少等于测试温度下液体的蒸气压。

由于井底温度一般低于约 500℉，非含水流体不太可能受到显著的影响。然而，极细的钻井固相或水润湿固相颗粒的堆积会引起黏度的不稳定，从而可能影响钻井作业的。如果加重材料沉降是一个突出问题，则非含水流体可能需要进行长时间老化。

为了模拟钻井液在井底循环时的老化情况，在模拟井底平均循环温度的烘箱内，使老化罐进行不断滚动至少 16h，如图 3.29 所示。然后将老化罐冷却至室温，测量老化后的钻井液的流变性能和滤失性能并与老化前的钻井液性能进行比较。

（a）高压老化罐　　　　　（b）低压老化罐

图 3.28　在滚筒烘箱中高温老化钻井液的老化罐　　图 3.29　滚筒烘箱(由 Fann 仪器公司提供)
（由 Fann 仪器公司提供）

在起下钻过程中钻井液留在高温井底时，其关键因素是不受干扰的凝胶强度，它决定了打破静止开始循环时所需的压力。因此，在测试未受干扰的凝胶强度时，在指定的温度和时间长度条件下，在老化罐烘箱中对钻井液进行静态老化，然后冷却至室温，最后在老化罐内用特殊的剪力计量管测量未受干扰的凝胶强度(Watkins 和 Nelson，1953)。

参 考 文 献

Albers, D.C., Willard, D.R., 1962. The evaluation of surface-active agents for use in theprevention of differential pressure sticking of drill pipe. SPE Paper 298, Prod. Res. Symp. April 12–13, Tulsa.

Alford, S.E., 1976. New technique evaluates drilling mud lubricants. World Oil Vol. 197, July, 105–110.

Ali, A., Schmidt, D.D., Harvey, J., 1987. Investigation of the electrical stability test for oilmuds. SPE/IADC Paper 16077, Drill. Conf. March 15–18, New Orleans, LA.

Annis, M.R., Monaghan, P.H., 1962. Differential pressure sticking laboratory studies of frictionbetween steel and mud filter cake. J. Petrol. Technol. May, 537–542, Trans. AIME 225.

American Petroleum Institute, 1966. RP46. Recommended practice testing foaming agents formist drilling.

American Petroleum Institute, 2009a. RP 13B-1. Recommended practice for field testing water--based drilling fluids.

American Petroleum Institute, 2009b. RP 13I. Recommended practice for standard procedure forlaboratory testing drilling fluids.

American Petroleum Institute, 2014a. Bulletin 13C. Drilling fluids processing equipment.

American Petroleum Institute, 2014b. RP 13B-2. Recommended practice for field testing oil-based drilling fluids.

American Petroleum Institute, 2015. Specification 13A. Specification for oil-well drilling fluidmaterials.

American Society for Testing Materials (ASTM), 2014. Test sieving methods: guidelines forestablishing sieve analysis procedures.

Battle, J. L., Chaney, P. E., 1950. Lime base muds. API Drill. Prod. Prac. 99-109.

Behrens, R. W., Holman, W. E., Cizek, A., 1962. Technique for evaluation of corrosion of drillingfluids. API Paper 906-7-G, Southwestern District Meeting. March 21-23, Odessa.

Bezemer, C., Havenaar, I., 1966. Filtration behavior of circulating drilling fluids. Soc. Petrol. Eng. J. 292-298, Trans. AIME 237.

Bush, H. E., Barbee, R., Simpson, J. P., 1966. Current techniques for combating drill-pipecorrosion. API Drill. Prod. Prac. 59-69.

Cabot Specialty Fluids, 2016. Formate Technical Manual. www. FormateBrines. com.

Cowan, J. C., 1959. Low filtrate loss and good rheology retention at high temperatures are practicalfeatures of this new drilling mud. Oil Gas J. November 2, 83-87.

Fann Instruments, 2016. 2016 Catalog. Houston. www. OFITE. com.

Ferguson, C. K., Klotz, J. A., 1954. Filtration from mud during drilling. Trans. AIME 201, 30-43.

Garrett, R. L., 1977. A new field method for the quantitative determination of sulfides in waterbasedrilling fluids. J. Petrol. Technol. September, 1195-1202, Trans. AIME 263.

Garrett, R. L., 1978. A new method for the quantitative determination of soluble carbonates inwater-base drilling fluids. J. Petrol. Technol. June, 860-868.

Garrett, R. L., Carlton, L. A., 1975. Iodometric method shows mud H2S. Oil Gas J. January 6, 74-77.

Gray, G. R., Cramer, A. C., Litman, K. K., 1951. Stability of mud in high-temperature holes shownby surface tests. World Oil August, 149, 150.

Green, B. Q., 1972. Carbonate/bicarbonate influence in water-base drilling fluids. Petrol. Eng. May, 74-76.

Hadden, D. M., 1977. Continuous on-site measurement of sulfides in water-base drilling muds.

SPE Paper. 6664, Symp. Sour Gas and Crude. November 14-15, Tyler.

Haden, E. L., Welch, G. R., 1961. Techniques for preventing differential pressure sticking of drillpipe. API Drill. Prod. Prac. 36-41.

Helmick, W., Longley, A., 1957. Pressure-differential sticking of drill pipe and how it can beavoided or relieved. API Drill. Prod. Prac. 55-60.

Horner, V., White, M. M., Cochran, C. D., Deily, F. H., 1957. Microbit dynamic filtration studies. Trans. AIME 210, 183-189.

Jones, F. O., 1964. New fast, accurate test measures bentonite in drilling mud. Oil Gas J. June 1, 76-78.

Jones, P. H., 1937. Field control of drilling mud. API Drill. Prod. Prac. 24-29.

Lummus, J. L., 1965. Chemical removal of drilled solids. Drill. Contract. March/April, 50-54, 67.

Lyons, W. C., 2009. Air and Gas Drilling Manual. Gulf Professional Publishing, Elsevier, Inc.

Macpherson, J. D., de Wardt J. P., Florence, F., Chapman, C. D., Zamora, M., 2013. Drillingsystemsautomation: current state, initiatives, and potential impact. SPE ATCE New Orleans2013. Paper SPE 66263.

Magalhaes, S., Scheid, C. M., Calcada, L. A., Folsta, M., Martins, A. L., Marques deSa, C. H., 2014. Development of on-line sensors for automated measurement of drilling fluid properties. SPE ATCE 2014. Paper SPE 167978-MS.

Marsden, S., Kahn, S., 1966. The flow of foam through short porous media and apparentviscosity measurements. Soc. Petrol. Eng. March, 17-25, Trans AIME 237.

Marsh, H., 1931. Properties and treatment of rotary mud. Petroleum Development andTechnology Transactions of the AIME. pp. 234-251.

Mitchell, B., 1971. Test data fill theory gap on using foam as a drilling fluid. Oil Gas J. September 6, 96-100.

Mondshine, T. C., 1970. Drilling mud lubricity: guide to reduced torque and drag. Oil Gas J. December 7, 70-77.

Nelson, M. D., Crittenden, B. C., Trimble, G. A., 1955. Development and application of a waterin-oil emulsion drilling mud. API Drill. Prod. Prac. 238.

Nelson, M., Watkins, T., 1950. Lime content of drilling mud - Calculation method. Trans. AIME189, 366-367.

Nevins, M. J., Weintritt, D. J., 1967. Determination of cation exchange capacity by methyleneblue adsorption. Amer. Ceramic. Soc. Bull 46, 587-592.

Nowak, T., Krueger, R., 1951. The effect of mud filtrates and mud particles on the permeabilityof cores. API Drill. Prod. Prac. 164-181.

OFITE, 2016. OFI Testing Equipment Catalog. Houston.

Oort, E. van, Hoxha, B. B., Yang, L., Hale, A., 2016. Automated drilling fluid analysisusing advanced particle size analyzers. Society of Petroleum Engineers. Paper SPE178877-MS.

Park, A., Lummus, J. L., 1962. New surfactant mixture eases differential sticking, stablizes hole. Oil Gas J. November 26, 62-66.

Prokop, C. L., 1952. Radial filtration of drilling mud. Trans. AIME 195, 5-10.

Rosenberg, M., Tailleur, R. J., 1959. Increased drill bit life through use of extreme pressurelubricant drilling fluids. Trans. AIME 216, 195-202.

Savins, J. G., Roper, W. F., 1954. A direct indicating viscometer for drilling fluids. API Drill. Prod. Prac. 7-22.

Simpson, J. P., 1962. The role of mud in controlling differential-pressure sticking of drill pipe. SPE Upper Gulf Coast Drill. and Prod. Conf. April 5-6, Beaumont.

Steiger, R. P., 1976. A new field procedure for determining potassium in drilling fluids. J. Petrol. Technol. August, 868-869.

Vajargah, A. K., van Oort, E., 2015. Automated drilling fluid rheology characterization withdownhole pressure sensor data. Society of Petroleum Engineers. Available from: http://dx.doi.org/10.2118/173085-MS.

Watkins, T. E., Nelson, M. D., 1953. Measuring and interpreting high-temperature shear strengthsof drilling fluids. Trans. AIME 198, 213-218.

Williams, M., 1940. Radial filtration of drilling muds. Trans. AIME 136, 57-69.

Zilch, H. E., 1984. New chemical titration proposed for potassium testing. Oil Gas J. January 16, 106-108.

第四章　黏土矿物学和钻井液胶体化学

任何关心钻井液技术的人都应该有一个良好的黏土矿物学知识基础，因为黏土近乎提供了所有水基钻井液的胶体基础，并且也被改性后用于油基钻井液。任何泥岩地层的钻屑都可以污染钻井液，以及很大程度上改变其性能。井眼稳定性主要取决于钻井液与井壁地层的反应关系。水基"抑制性"钻井液的发展实现了控制黏土水化和膨胀。在非水基钻井液，亲水固相的引入可能会破坏体系的流变性能。由于钻井液的滤失性能，不管是水基还是油基，在产层阶段钻井液的黏土成分会破坏地层的渗透率。所有这些都要求钻井液技术人员需要具备黏土矿物学知识。

技术专家还应该具备胶体化学的基本知识以及黏土矿物学知识，因为黏土形成胶体悬浮液，也因为一些有机胶体用于水基钻井液。

除了胶体化学，纳米技术正在进入钻井液和完井液工业应用领域。纳米粒子对于这个行业来说是个新事物，可以参考的有效数据并不多。当前这些纳米材料的用途在使用它们的适当章节中有介绍。

黏土矿物学和胶体化学都是广泛的课题，在本章只能简要总结影响钻井液和完井液技术的方面。

第一节　各种胶体体系的特性

不像我们猜想的那样，胶体不是一种特殊的物质。它的颗粒尺寸大致在光学显微镜下所能看到的最小颗粒与真实分子尺寸之间，但是它也有可能是其中的任何一种物质。实际上，把它称之为胶体体系更为确切，因为胶体的本质特性是两相之间的相互影响。胶体体系包含固体分散在液体里(如黏土悬浮)、液滴分散在液体里(如乳化液)和固体分散在气体里(如烟)。在这里，我们只介绍固体分散在水里的胶体体系。

水溶性胶体体系的一个特性就是分散相颗粒非常小，以至于由于水分子的布朗运动就能使它们长期地保持悬浮状态。使用高倍显微镜，在暗色的背景下通过颗粒反射的光可以看到这种不规则的运动。

由于水溶性胶体体系颗粒非常小，以至于其黏滞性和沉积速度取决于表面现象。这是水溶性胶体体系的另一特性。发生表面现象是因为表层的分子处于静电不平衡的状态，即在表面的两侧的分子不同，而在每一个相的内部，所有方向上的分子都相同。因此，表面就带有静电荷，电荷的大小和正负就取决于交界面两侧原子的分布。某些物质，特别是黏土矿物，由于其原子结构中特定的缺陷而带有异常高的表面电压，这将在后面介绍。

固体分的越细，单位重量的颗粒表面积也就越大，从而表面现象的影响也就越大。例如，一个边长为 1mm 的立方体，它的总表面积为 $6mm^2$。如果我们把它细分成边长为 $1\mu m$ ($1\mu m = 1 \times 10^{-3}mm$) 的立方体，那么就有 10^9 个小立方体，每个小立方体的表面积为 $6 \times 10^{-6}mm^2$，总的表面积为 $6 \times 10^3 mm^2$。如果我们继续把它细分成边长为 1nm 的立方体，那么总表面积就变成

$6 \times 10^6 \text{mm}^2$，也就是 6m^2。

每单位重量颗粒的表面积称为表面积。如果把 1cm^3 的立方体分成边长为 $1 \mu\text{m}$ 的立方体，假定立方体的密度为 2.7g/cm^3，那么它的比表面积为 $6 \times 10^6 / 2.7 = 2.2 \times 10^6 \text{mm}^2/\text{g} = 2.2 \text{m}^2/\text{g}$。

图 4.1 表示的是比表面积与颗粒尺寸的关系。引入等价的观点，各种颗粒尺寸用当量球半径表示放在图的顶部。某一半径球体的沉降速率与颗粒的沉降速率相等，那么该球体的半径就是这一颗粒的当量球半径。我们可以通过使用斯托克定律来测量沉降速率从而确定当量球半径(见本书第三章)。

图 4.1 中显示的胶体和泥砂的区域具有任意性和不确定性，因为胶体的运动依赖于比表面积和表面的潜在性，其中比表面积会因为颗粒形状的不同而改变，表面的潜在性会因为原子结构的不同而改变。API 13C 推荐的粒度分类方法见表 4.1。钻井液里有很大一部分固体颗粒在泥砂尺寸范围内。这类

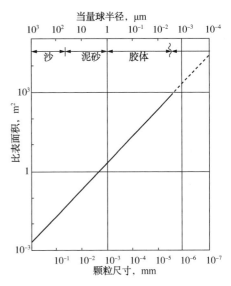

图 4.1　颗粒的比表面积
(假定密度为 2.7g/cm^3)

颗粒既可能来自地层的天然泥砂，也可能是钻头磨碎较大颗粒产生的，还可能来自为增加钻井液密度而添加的重晶石。这一尺寸范围的颗粒通常叫作惰性固体，但是这个叫法是相对的。当惰性固体的浓度足够高时，它会对钻井液的黏度产生很大的影响。

表 4.1　API 13C 推荐的粒度分类

粒径大小，μm	类别	粒径大小，μm	类别
>2000	粗	44~74	细
250~2000	中	2~44	超细
74~250	中低	<2	胶体

另一方面，钻井液中胶体只占固体总量很小的一部分，但是因为它们的活动性好，反而对钻井液的性能具有较高的影响。它们可以分成两类：(1)黏土矿物；(2)有机胶体，如淀粉、羧基纤维素以及聚丙烯酰胺衍生物。这些物质由于有较大的分子量或者是长链的聚合物使它们具有胶体的性质。

第二节　黏土矿物学

地质学家把黏土颗粒的最大尺寸定为 $2 \mu\text{m}$，从而使实际上所有的黏土颗粒都在胶体颗粒尺寸的范围之内。黏土来自地层，它们是由细分的不均质的矿物质构成，如石英石、长石、方解石、黄铁矿等，但是最具有胶体活性成分的也就是一种或者几种黏土矿物。

在对黏土矿物进行鉴别与分类时，常规的化学分析只能起很小一部分作用(因此不能用常规的化学分析对黏土矿物进行鉴别和分类)。黏土矿物具有晶体特性，它们的性质主要由其晶体原子结构决定。其鉴别与分类主要是依靠 X 射线衍射晶体点阵，吸收光谱及差热分

析来进行。而这些方法已经在大量的相关文献中做过概述(Grim,1953 和 Grim,1962;Marshal,1949;Weaver 和 Polard,1973)。

大多数黏土具有类似云母的结构。它们由小晶片组成,通常是一片一片地重叠在一起。一个单独的小晶片叫作单元层,其构成如下:

(1) 一个八面体的薄层,由铝或者镁原子与配位氧原子形成,如图 4.2 所示。如果金属原子是铝,那么其结构就与三水铝矿 $Al_2(OH)_6$ 一样。在这种情况下,晶体结构中只有 2/3 的晶格点能被金属铝原子占有,因此,这种晶片叫作二八面体晶片。另一种情况,如果金属原子是镁,其结构就是水镁石,$Mg_3(OH)_6$。此时,所有的 3 个晶格点都被金属镁原子填满,这种晶片就叫作三八面体晶片。

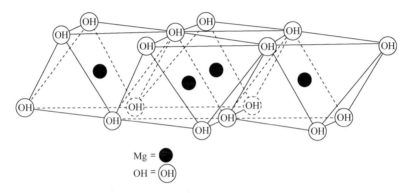

Mg = ●
OH = (OH)

图 4.2 八面体晶片(图中表示的是水镁石结构)

(2)一个或两个硅四面体薄层,每个硅原子与 4 个氧原子连接,如图 4.3 所示。四面体的底部形成一个不规律的氧原子六角网络。

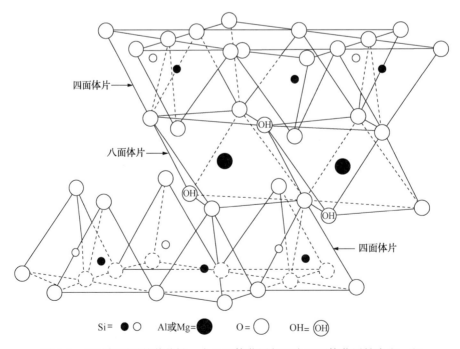

Si= ● ○   Al或Mg= ●   O = ○   OH= (OH)

图 4.3 通过氧原子的共价键一个八面体薄层与两个四面体薄层结合在一起

晶片通过共用氧原子而连接在一起。当有两个四面体存在时，八面体晶片就夹在它们之间，如图 4.3 所示。四面体面向内，其顶点通过氧原子与八面体晶片形成共价。这样就代替了原有 2/3 的氢氧基。这种结构叫霍夫曼结构(Hofmann 等，1933)，尺寸如图 4.4 所示。

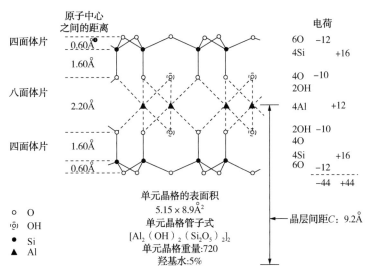

图 4.4 一个三层矿物单元网格里原子位置

注意，氧原子网络的两个底层表面是外露的。当只有一个四面体结晶时，它与八面体是以相同的方式结合的，在此情况下，氧原子网络只有一个基层表面外露，而氢氧基外露另一个基层表面，如图 4.5 所示。

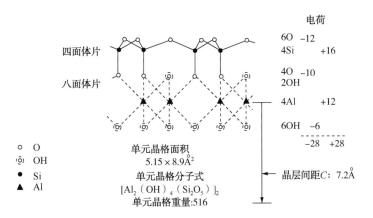

图 4.5 一个双层矿物单元网格里原子位置

单元晶层面向面地重叠在一起，形成所谓的晶格。在晶片里一个平面与另一个晶片对应的平面之间的距离 C(图 4.6)叫作晶层间距，001 或基层间隔。对于标准三层结构矿物 C 是 9.2Å，面对双层矿物 C 是 7.2Å(7.2×10^{-1}nm)。晶体沿着 a 与 b 轴不规律地扩展，最大可达 1μm。

---

❶ 1Å = 10^{-1}nm。

单元晶片是通过共价结合联系在一起的,因此单元是稳定的。另一方面,晶格内的各晶层只有通过范德华力及原子之间的补充原子价结合到一起。因此,晶格的解理面很容易沿着晶层面形成像小云母片那样的薄片。

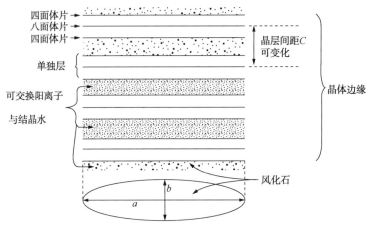

图 4.6　图示的 3 层膨胀黏土晶格

图 4.4 表示的是叶蜡石矿物二八面体的化学成分。除了镁替代铝以外,滑石是与叶蜡石相类似的三八面体矿物。叶蜡石与滑石是蒙皂石黏土矿物的原型,但它们本身并不是真正的黏土矿物。它们解理成非常小的具有黏土特性的片晶,但并不是破碎。叶蜡石与蒙皂石两种矿物之间的主要不同点在于叶蜡石是电平衡的,静电显示中性,而蒙皂石黏土矿物却带有电荷,这是由于在它们的晶格中某些原子发生了同晶格替换的结果(Marshall,1935)。例如,若一个 Al^{3+} 被一个 Mg^{2+} 替换,就会缺少 1 个电荷。这就是晶体表面产生的一个负电位,这个负电位能被一个阳离子所补偿。在有水存在时,吸收的阳离子可以与其他物质进行阳离子交换,这些阳离子叫作可交换的阳离子。原子的替换既可以在四面体或八面体晶片内发生,也可以在各种各样的物质之间发生,这样就导致无数的矿物及副族的产生。

原子替换的程度及各种可换的阳离子对钻井液技术有巨大的重要性,因为它们对膨胀、分散、流变性以及滤失特性都有影响。下面将要讨论有关黏土矿物组分及其特性。

一、蒙皂石

如前所述,叶蜡石和滑石是蒙皂石的原型矿物。在它们的晶格内,一层四面体晶片是与另一层四面体相邻的,这样氧原子与氧原子相对。因此,各层直接的联接很薄弱并且很容易分开(Grim,1953),部分原因是由于键力薄弱,此外是由于同晶取代产生很高的相持电位,因而水能进入各晶层之间从而增加了 C。这样蒙皂石发生了晶格膨胀,这就大大地增加了它们的胶体活性,这是由于其表面增加了许多倍所致。现在所有晶体表面,都可以进行水化及阳离子交换,如图 4.6 所示。

蒙皂石的各品种与典型矿物的主要成分是有区别的。在八面体与四面体薄层内的相对替换量及取代原子的种类是不同的。表 4.2 列出了蒙皂石族的主要品种。

表 4.2 蒙皂石族的主要品种

取代方式	三八面体矿物	二八面体矿物
没有取代	滑石($Mg_3Si_4$①)	叶蜡石(Al_2Si_4)
全部八面体	锂蒙脱石($Mg_{3-x}Li_x$)(Si_4)	蒙脱石($Al_{2-x}Mg_x$)(Si_4)
八面体占主要的	皂石($Mg_{3-x}Al_x$)($Si_{4-y}Al_y$)、锌蒙脱石($Zn_{3-x}Al_x$)($Si_{4-y}Al_y$)	铬膨润石($AlCr$)$_2$($Si_{4-y}Al_y$)
四面体占主要的	蛭石($Mg_{3-x}Fe_x$)(Si_3Al)	绿脱石($AlFe$)$_2$($Si_{4-y}Al_y$)

①对于每一个分子式都应加上 $O_{10}(OH)_2$ 原子团及可交换阳离子。

黏土矿物分子式如下：

假设叶蜡石是典型的矿物石，它的分子式是：$2[Al_2Si_4O_{10}(OH)_2]$。

如果一个铝原子在六八面体晶片内被一个镁原子取代，并且一个硅原子在八四面体晶片内被一个铝原子所取代，那么分子式可以写成：$2[(Al_{1.67}Mg_{0.33})(Si_{3.5}Al_{0.5})O_{10}(OH)_2]$。

蒙脱石是蒙皂石族中最知名的矿物石。由于它分布很广及其在经济上的重要性，所以对它进行了广泛的研究。它是怀俄明州的膨润土和许多添加到钻井液内黏土的主要成分。当钻进到形成比较晚的地层时它会造成膨胀和坍塌问题。

在八面体晶片内主要是 Mg^{2+} 和 Fe^{3+} 取代 Al^{3+}，但在四面体晶片内是 Al^{3+} 取代 Si^{4+}。如果在四面体晶片内的取代超过了八面体晶片内的取代，这个矿物就叫作贝得石，所以蒙脱石和贝得石可以看成系列的尾部矿石。

蒙脱石带有很多负电荷，最大的差额大约是 0.6，而平均差额是 0.4，比表面积高达 $800m^2/g$。

像其他蒙皂石一样，由于其晶体的膨胀蒙脱石会膨胀的更加厉害。C 的增加取决于可交换的阳离子。某些阳离子(如钠)膨胀压力很强以至于各晶片分开成较小的聚集体甚至分成单晶体(图 4.7)。钠蒙脱石由于晶片单薄，形状不规则以及尺寸范围很大因此很难确定其尺寸大小。Kahn 用高速离心法把钠蒙脱石分成 5 个尺寸部分，确定每部分内晶片的最大宽度和厚度，其结果归纳在表 4.3 里(Kahn，1957)，宽度与厚度两者是随

图 4.7 蒙脱土的电子显微镜照片
(放大倍数：×87500)

着"等效"球半径的减小而减小。假定黏土颗粒的 C 为 19Å，那么最粗的黏土颗粒的晶片数是 8，而 57% 的最细黏土颗粒 3 个部分平均的晶片数是 1 个多。

表 4.3 钠蒙脱土颗粒在水中的尺寸

各部分编号	重量百分比	当量球半径 μm	最大宽度，μm		厚度，Å	每种颗粒平均晶片数①
			用电光双折射	用电子显微镜		
1	27.3	>0.14	2.5	1.4	146	7.7
2	15.4	0.08~0.14	2.1	1.1	88	4.6

续表

各部分编号	重量百分比	当量球半径 μm	最大宽度，μm		厚度，Å	每种颗粒平均晶片数[①]
			用电光双折射	用电子显微镜		
3	17.0	0.04~0.08	0.76	0.68	28	1.5
4	17.9	0.023~0.04	0.51	0.32	22	1.1
5	22.4	0.007~0.023	0.49	0.28	18	1

①层间距 C 为 19Å。

图 4.8　钠蒙脱土片的边缘照片

X 射线衍射研究表明这三种细黏土颗粒是单晶片，光的扫描研究表明在当量球半径小于 60Å 的黏土团块有 1~2 个晶片构成宽度要比 Kahn 发现的最大宽度稍微小一些。一张钠蒙脱土的电子显微照片是从一台高速里的黏土粗糙部分照的。它表明每个团块有 3~4 个晶片重叠在一起从而形成黏土片（图 4.8）。

二、伊利石

伊利石是含水云母，其原型是白云母（双八面体云母）和黑云母（三八面体云母）。它们是三层结构黏土，有一层结构类似于蒙脱石，不同之处在于四面体片中硅的取代原子主要是铝。在很多情况下，4 个硅中的 1 个硅可以被替换。取代也可能发生在八面体片中，典型的是镁和铁由铝取代。伊利石平均电荷不足量（0.69）高于蒙脱石（0.41）（Weaver 和 Pollard，1973），平衡阳离子总是钾粒子。

伊利石与蒙脱石明显不同，因为它们没有膨胀晶格，并且水分不可以渗透进入层间。该夹层结合强度高可能是由于较高的层电荷，因为电荷位置离四面体表面更近，并且因为钾离子的大小恰好适合孔内氧原子网络并形成相邻之间的次级夹层。因此，钾通常是固定的，不能交换。然而，离子交换可以发生在每个材料的外表面。由于水合作用也限制在外表面，因此增加体积远小于蒙脱石水化所引起的体积膨胀。伊利石在水中分散成球形粒子的平均半径约 0.15μm，宽度约 0.7μm，厚度约 720Å。

一些伊利石以水解的形式出现，由层间钾离子置换引起。这种变化带来一些夹层水合和晶格膨胀，但从未达到蒙脱石的程度。

三、高岭石

高岭石是一种双层结构黏土，其结构类似于图 4.5 所示。一个四面体薄片以常见的方式与一个八面体结合，使一层表面上的八面体羟基并置四面体氧在下一层的面上。因此，有层间强大的氢键，防止晶格膨胀。几乎没有同晶型取代，如果有的话也非常少，阳离子吸附在底表面上。

因此，不足为奇的是，大多数高岭石晶体以大而有序的方式出现，不容易分散到水中形成较小单位。晶体宽度的范围为 $0.3\sim4\mu m$，厚度为 $0.05\sim2\mu m$。地开石和珍珠岩是高岭石族的另外两个成员。他们因高岭石的不同堆积顺序而形成。

四、绿泥石

绿泥石是一组黏土矿物，其特征结构如图 4.9 所示，包含与三片叶蜡石型层交替的水镁石层。在水镁石层中有一些 Al^{3+} 取代 Mg^{2+}，从而它得到一个正电荷，实现在三层上电荷平衡，因此净电荷非常低。负电荷来源于在四面体片中 Al^{3+} 代替 Si^{4+}。一般公式是：

$$2[(Si, Al)_4(Mg, Fe)_3O_{10}(OH)_2]+(Mg, Al)_6(OH)_{12}$$

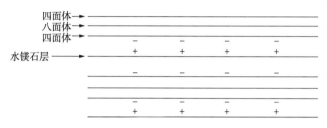

图 4.9 绿泥石结构特征

绿泥石岩是根据层间取代的原子在数量和种类上有所不同，以及取向和原子层的堆积进行区分的。通常，没有层间水，但在某些水化的绿泥石中，部分水镁石层已被去除，这在某种程度上允许层间水合作用产生和晶格膨胀。

绿泥石出现在宏观和微观晶体中。在后者的情况下，它们总是以与其他矿物质混合的形式出现，这就使颗粒大小和形状固定变得非常困难。确定的宏观晶体形状的 C 间距是 14Å，这反映了水镁石的存在层。

五、混层黏土

有时会发现不同的黏土矿物层重叠在一起。伊利石和蒙脱石以及绿泥石和石英的层间交错层矿石是最常见的组合。一般来说，叠层顺序是随机的，但有时相同的顺序会重复出现。通常，混合层黏土比单一的晶格矿物更容易在水中分散为较小单体，特别是当一个组成部分是扩展类型时。

六、凹凸棒石

凹凸棒石单体在结构和形状上完全不同于上述讨论的云母类矿物。它们由成捆状的长条组成，当与水剧烈混合时，与各个板条分开（图 4.10）。Bradley(1940)给出了这些长条的结构。

在结构中几乎没有原子取代，所以表面颗粒上的电荷很低。而且，它们的比表面积小。所以，凹

图 4.10 凹凸棒石的电子显微照片
（放大倍数：×45000，由 Attapulgus
矿物与化学公司提供）

凸棒石悬浮液的流变性能取决于机械长条之间的相互作用,而不是静电粒子间的引力作用。因此,凹凸棒石在盐水中成为优异的悬浮剂。

海泡石是一种类似黏土的矿物,在其中有不同的取代结构和比凹凸棒石更宽的单体条状结构。推荐使用海泡石基钻井液用于深井、高温井,因为它们的流变性能不受高温影响(Carney 和 Meyer,1976)。

第三节　黏土矿物的成因及分布

黏土矿物来自火成岩的自然风化。其母体矿物是我们在前面已经提到过的云母,包括长石[(CaO)(K$_2$O)Al$_2$O$_3$·6SiO$_2$]和铁镁矿物,如闪石[(Ca,Na$_2$)$_2$(Mg,Fe,Al)$_5$(Al,Si)$_8$O$_{22}$(OH,Fe)$_2$]。膨润土是火山灰的风化作用形成的。

母体矿物风化形成黏土矿物的过程是很复杂的,在此不加阐述。主要影响因素包括气候、地形、植被以及裸漏时间(Jackson,1957)。雨水通过土壤向下渗透以及土壤的 pH 值对风化作用很重要。土壤的 pH 值是由原始岩石、大气中的二氧化碳含量和植被来决定的。二氧化硅是在碱性条件下生成的,而铝土矿和三价铁的氧化物是在酸性条件下生成的,浸出与沉积产生了前面所述的各种同晶取代。

在自然条件下形成的黏土称为原生黏土,由河流和小溪携带的原生黏土在淡水或者海洋环境下沉积形成的黏土叫次生黏土。它们接下来的埋藏成岩和转化将在第八章中进行阐述。

各种黏土矿物并不是在整个沉积层中均匀分布的,蒙脱石在第三纪的沉积物中大量存在,在中生代就比较少,中生代及其以后的地层中就很稀少了。绿泥石和伊利石是分布最为广泛的黏土矿物,在各个年代的沉积物中都有分布,并主要存在于古老的沉积层里。高岭石在古老沉积地层和现代沉积地层中都有,但是含量都很少。

膨润土是在沉积初期由纯净的蒙脱石沉积形成的。怀俄明膨润土中蒙脱石的含量大概有85%。最常见的取代离子是钠离子、钙离子和镁离子。一价和二价的阳离子黏土的比值大约在 0.5~1.7 的范围内变化,即使在同一沉积层中也如此。在世界各地也发现了各种不同纯度的蒙脱石,它们在第三纪底层中部和白垩纪上部地层里特别丰富。

膨润土原来的定义是由火山灰自然风化形成的黏土,现在膨润土的定义已经扩展为凡是能达到蒙脱石物理性能的任何一种黏土都叫蒙脱石。

第四节　离子交换

如前所述,为了补偿黏土颗粒的负电性,黏土矿物必然吸附等量的阳离子。因为晶体结构沿 c 轴的中断导致价键被破坏,所以阳离子和阴离子都处于晶体的边缘上,在水中悬浮时,这两种离子都可能与本体溶液中的离子进行交换。

取代反应主要与不同种类的离子浓度有关,可用质量作用定律来表示。

对于两种单价离子,等式可以写成:

$$[A]_c/[B]_c = K[A]_s/[B]_s$$

式中:$[A]_s$ 和 $[B]_s$ 是两种离子在溶液中的浓度;$[A]_c$ 和 $[B]_c$ 是两种离子在黏土中的浓度;K 是离子交换的平衡常数,当 K 大于 1 时,A 是优先吸附的。

当有两种不同价键的离子时，通常具有较高价键的离子被优先吸附，吸附的优先顺序为：

$$H^+>Ba^{2+}>Sr^{2+}>Ca^{2+}>Cs^+>Rb^+>K^+>Na^+>Li^+$$

不是所有黏土矿物都严格按照以上顺序进行取代，注意氢离子吸附性很强，因此 pH 值对取代反应有很大的影响。

吸附阳离子的总量，以每 100g 干黏土所交换的阳离子毫克当量表示，称为基本交换容量(BEC)或者阳离子交换容量(CEC)。BEC 值即使是在每种黏土矿物内都是变化很大的，如表 4.4 所示。对于蒙脱石和伊利石，层面阳离子交换容量 BEC 占 80%以上，对于高岭土大部分阳离子交换发生在晶格断面破裂键处。

表 4.4 黏土矿物的基本交换容量

黏土矿物	BEC, meq/100g	黏土矿物	BEC, meq/100g
蒙脱土	70~130	高岭土	3~15
蛭石	100~200	绿泥石	10~40
伊利石	10~40	绿坡缕石-海泡石	10~35

黏土的 BEC 值以及取代的阳离子种类能较好地反应黏土的胶体活性。蒙脱土黏土具有高的 BEC 值，特别是钠蒙脱土在较低的浓度时膨胀性也很好，能形成较高的黏度。相比之下，高岭石活性相对较差，与交换的阳离子种类无关。

BEC 与阳离子交换种类可以在实验室进行测定：办法是把黏土与过量的盐放在一起进行淋滤，如醋酸铵，该盐可以取代吸附的阳离子以及在间隙里的阳离子。而另外一个样品用蒸馏水进行淋滤，蒸馏水只取代间隙里的离子。两种滤液都要进行常规的离子交换容量测定，醋酸离子含量和水淋滤物之间的差别给出了每种吸附在黏土上的交换阳离子的毫克当量，所有各类阳离子的总毫克当量给出了 BEC。本书第三章给出了现场用亚甲基蓝吸附法近似测定 BEC 的一种现场试验方法(但不是各种阳离子)。

制备带有单一种类交换阳离子的黏土可以用适量的盐(对样品)沥取和清洗来除去过多离子。另一种方法是使稀释的黏土悬浮液通过已经被阳离子饱和的交换树脂(如 Dowex 50)来制备黏土。各类黏土类似于大的多价阴离子，习惯上都用单离子黏土来命名，如钠蒙脱石、钙蒙脱石等。

蒙脱石族的各类矿物阴离子交换容量比基本交换容量小的多(大约是 10~20meq/100g)。对于某些黏土矿物，由于阴离子交换容量很小，因而很难测定。

第五节　黏土膨胀机理

各个种类的黏土矿物都吸水，但由于蒙脱石的膨胀晶格的吸水性比其他的黏土矿物要大许多。正因为如此，大多数有关黏土膨胀的研究都是针对蒙脱石的，特别是蒙脱土。

膨胀机理有两种：表面水化膨胀与渗透水化膨胀。表面水化是由单分子层的水吸附在晶层表面所形成。晶层表面包括外表面和层间表面(图 4.6)。第一层的水是由水与黏土表面六角网络的氧原子形成氢键而保持在表面上，如图 4.11 所示。因此，水分子也是通过氢键在六角配置上，如图 4.12 所示。下层也是相似的配置并且也是与第一层发生氢键结合的，以下的各层也是如此。氢键的强度随着与表面距离的增加而减小。这些水化水与表面的距离为 75～100Å。

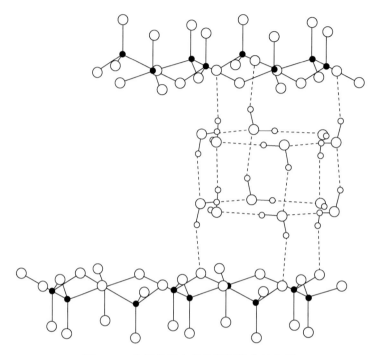

图 4.11　在部分脱水的各层间结合的水层

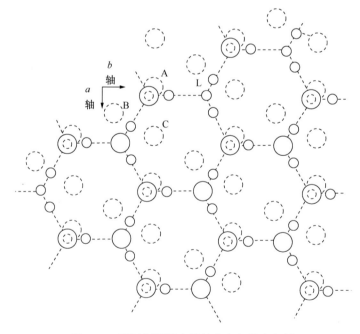

图 4.12　通过氢键结合的结合水与黏土各层
（大的虚线圆表示在水分子平面以下 2.73Å 处的氧原子）

这些水化水类似于结晶水。因此，在黏土表面10Å范围内水的比容大约要比自由水的少3%(冰的比容比自由水的比容大8%)。

可以交换的阳离子以两种方式影响表面水化。首先许多阳离子本身的水化，即它们有水分子的外壳(NH_4^+、K^+与Na^+例外)。第二水分子竞相在晶体表面结合，从而形成趋向于破坏水的结构。Na^+与Li^+是例外，它们与黏土的结合较差，趋向于向外扩散。

当干的蒙脱土暴露在水蒸气里时水凝结在各层之间，从而造成晶格膨胀。图4.13表示了水蒸气压力吸附水量与晶层间距C之间的关系。显然，第一层吸附能极高以后各层衰减得很快。

在所有的实验里。晶层间距随着浓度的减少而增加，每一步都有一个单层水分子吸附。表4.5为大多数单离子黏土所观察到的最大晶层间距(Norrish，K.，1954)。结果表明，吸收的水层不多于4层。

但蒙脱石的间距从19Å开到40Å，对应的当量浓度为0.30N，但X射线圈的结构由

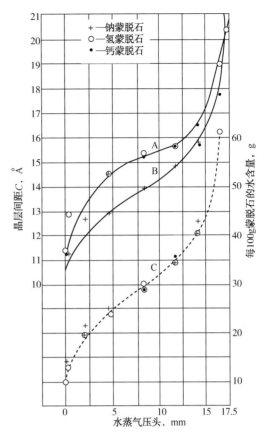

图4.13 蒙脱石里气体压力与
开裂的关系

清晰到模糊。在更低的浓度下，图4.14里晶层间的距离随着浓度平方根的倒数线性增加，结构也更加分散了，晶层间距最大可达到130Å，用X射线衍射法已经检测不出来。LiCl和HCl也有类似的特征。只有在浓度为0.66N时，才能逐渐膨胀，直到晶格间距到达22.5Å。但是在稀释的HCl溶液里，扩大的晶层间距在陈化后又消失了，这是酸对晶层结构破坏后发生了Al的释放，并回到黏土中去所导致的。

表4.5 纯水里单离子蒙脱石片的晶层间距C

黏土上的阳离子	最大的晶层间距C，Å	黏土上的阳离子	最大的晶层间距C，Å
Cs^+	13.8	Mg^{2+}	19.2
NH_4^+，K^+	15.0	Al^{3+}	19.4
Ca^{2+}，Ba^{2+}	18.9		

Norrish 根据层间阳离子水化作用所产生的膨胀力及晶层表面与阳离子之间静电引力的关系来解释晶层间距的变化，如图4.15所示。表4.5表明在一些盐溶液中晶格膨胀力没有达到足以破坏这种引力，从而产生渗透膨胀。

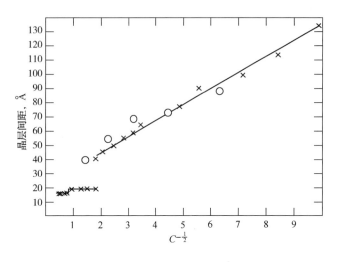

图 4.14　蒙脱石晶层间距与 $C^{-\frac{1}{2}}$ 的关系
（×表示在 NaCl 溶液；○表示在 Na_2SO_4 溶液里）

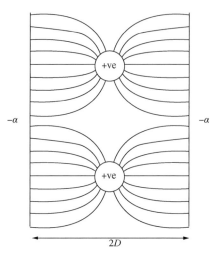

图 4.15　蒙脱土层间的阳离子

发生渗透膨胀是因为晶层间阳离子浓度比溶液内部的浓度大，因此水进入层间，使得晶格间距增大，并形成扩散双电层，尽管没有涉及半渗透的表层，机理基本是渗透性的，因为它是由电解质的浓度差来决定的。

渗透膨胀所引起的体积增加要比晶层膨胀大得多，例如，钠蒙脱石在晶体膨胀范围每克干黏土大约吸收 0.5g 的水，体积增加一倍，但在渗透膨胀范围内，每克大约吸收 10g 水，体积增加 19 倍，同时在渗透膨胀内层间斥力小得多。

如果钠蒙脱石的聚合体留在装满蒸馏水的杯子底部，它们将会在分解并自动分散到整个液体里。分散蒙脱石颗粒的尺寸以及每个颗粒的单层数在本章第二节讨论过。

第六节　双静电层

在本章开始，叙述了在胶体悬浮体中的颗粒表面都带有电荷，它吸引了与之电荷相等的反符号离子，因此就形成带有静电的双层。一些反符号离子并不是牢牢地吸附在黏土表面，而有扩散的倾向，这样在颗粒的周围就形成一个扩散的离子层。颗粒表面电荷除了吸引相反符号的电荷外，还与相同符号的电荷相斥。这样正负电荷最终分布的结果就是双电层，如图 4.16 所示。黏土表层电荷是负的，可交换等量的阳离子。扩散双电层的电荷在黏土表面有最大值，随着扩散的距离增大，电荷变成零，其电位分布如图 4.16 所示。

紧挨颗粒表面的是一层阳离子层，称为吸附溶剂化层。吸附溶剂化层随黏土颗粒的运动而运动，扩散的离子能独立运动。因此，在电泳仪里，黏土颗粒、吸附层及扩散离子向阴极移动。从剪切面到溶液主体的电位差称为电动电位，它是控制颗粒表面特性的主要物理量。同时，当水流过静止的颗粒时，像水流过页岩的孔隙那样，清除了活动的离子，这样就产生了一个流动电位。

当溶液是纯水时，电动电位最大且活动层分散最厉害。当把电解质添加到黏土悬浮体中时会压缩扩散双电层，从而降低电动电位。随着添加阳离子价的增加，电动电位降低得更快，特别是低价的离子被高价的离子取代时更是如此。单价、二价、三价的阳离子，其电位比大约是 1∶10∶500。某些长链的电动电位能降低阳离子的吸附性。在某些情况下，电动电位呈中性或反电性。

颗粒表面与均匀液相之间的电位差称为能斯特(Nernst)电位。在黏土悬浮体内这个电位与溶液内的电解质无关，而只与固相层面的总电荷有关。

大多数离子吸附在晶层基础表面上，它们也同样吸附在晶体的端面上，并在此处产生双电层，但是晶体在端部会被断开。因此除了物理(静电)吸附以外，还有抵消原子价的化学反应，即 Chemisorption 反应，这类似平常的化学反应只发生在适当的电化学条件下。端面上的电荷要比层表面的电荷少，而且在很大程度上取决于 pH 值的大小，有可能是负的或正的。例如高岭石用 HCl 处理，它就带正电荷；而用 NaOH 处理，它就带负电荷。此特性的原因是在端面上的铝原子与 HCl 反应生成 $AlCl_3$，它能分离成 $Al^{3+}+3Cl^-$ 的强电解质；而与 NaOH 反应时就生成不溶性的 $Ai(OH)_3$。高岭石离子几乎完全吸附在端面上，因此颗粒上的电荷取决于端面上的电荷。

在带负电的金溶胶里的试验证实了高岭石端面上有正电荷存在，电子显微照片表明带负电荷的颗粒只吸附在晶格的端面上(图 4.17)。

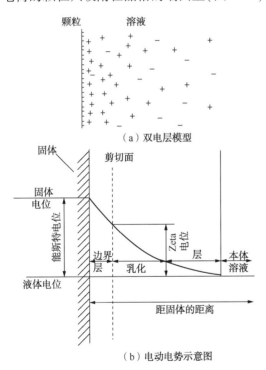

（a）双电层模型

（b）电动电势示意图

图 4.16 Gouy 建立的扩散双电层模型

图 4.17 高岭石和金溶胶的混合物(电子显微照片)

第七节　颗粒联系

一、絮凝和分散

正如本章开头提到的那样，胶体颗粒无限期地保持处于悬浮状态因为它们的尺寸非常小。只有它们凝聚成较大的单位时才具有有限的沉降速率。当悬浮在纯净水中时，因完全水化的双电层干扰而不能絮凝。但如果添加电解质，双电层会被压缩，如果添加了足够的电解质，粒子可以彼此接近以至于吸引力占主导地位，并且颗粒聚集，这种现象被称为絮凝，以及它发生的电解质的临界浓度被称为絮凝值。

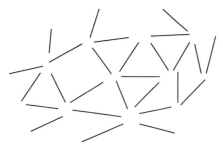

图 4.18　絮凝黏土示意图
(假设为负电位)

黏土的絮凝值可以很容易地确定，通过逐步增加电解质量到一系列稀释的悬浮液中来测定。从未絮凝的悬浮液变成絮凝的悬浮液非常明显。在絮凝之前，较粗的颗粒可能沉淀出来，但是上清液液体始终保持浑浊。絮凝时，颗粒团很大足以用肉眼看到其形成过程；这些沉淀物使上层液体变清澈。颗粒与颗粒非常松散地结合在一起形成含有大量水的絮凝物(图 4.18)，因此形成巨大的沉积物。

絮凝值取决于黏土矿物的种类、可交换阳离子以及加入的盐的种类。阳离子的价态越高(在黏土或盐中)，絮凝越低值。因此，钠蒙脱石可用约 15meq/L 的氯化钠絮凝，钙蒙脱石可用约 0.2meq/L 的氯化钙絮凝。当盐类上的阳离子不同于黏土上的阳离子时，情况就会比较复杂，因为有基础交换发生，但只要涉及多价阳离子，絮凝值总是低得多。例如，钠蒙脱石的可用约 5meq/L 的氯化钙絮凝，钙蒙脱石可用约 1.5meq/L 氯化钠絮凝。

单价盐的絮凝能力略有差异($Cs>Rb>NH_4>K>Na>Li$)。这个系列被称为 Hoffmeister 系列或感胶离子系列。

如果悬浮液中的黏土浓度足够高，絮凝将导致形成连续的凝胶结构而不是个体絮状物。通常在水基钻井液中观察到的凝胶是可溶性盐絮凝的结果，这些盐的浓度足以引起轻度的絮凝。

凝胶结构随着时间推移缓慢建立，在水分子的布朗运动(最小自由能位置)的作用下，胶体粒子自动调整进入最小自由能位置，例如，通过一个粒子正电荷面向另外一个的负电荷面移动。凝胶达到最大强度所需的时间长度取决于体系絮凝值以及黏土和盐的浓度。两者浓度都很低时可能需要数天才能观察到凝胶化(Hauser 和 Reed，1937)，而在高浓度的盐下凝胶化几乎是瞬间完成的。

通过添加某些阴离子配合物的钠盐可以防止或逆转絮凝作用，特别是多磷酸盐、鞣酸盐和木质素磺酸盐。例如，如果大约 0.5% 的六偏磷酸钠添加到钠蒙脱石的稀悬浮液中，絮凝值可从 15meq/L 提高到约 400meq/L(氯化钠)。一个相似的聚磷酸盐的量将会使浓稠的凝胶状钻井液液化。这个动作称为胶溶，或解絮凝，该类盐在钻井液中被称为反絮凝剂或稀释剂。

毫无疑问，稀释剂被吸附在晶体边缘。该涉及的量与阴离子交换容量相当，并且间距 C 没有增加，如人们会预期的吸附在基底表面上。该机制几乎可以肯定是化学吸附，因为已知所有常见稀释剂形成不溶性盐，或者与铝、镁和铁等金属配合使用原子很可能暴露在晶体边缘(van Olphen，1977)。此外，Loomis 等(1941)获得实验证据证明了化学吸附作用。他们用四磷酸钠处理黏土悬浮液，离心分离悬浮液，并分析上清液。他们发现磷酸盐被吸附，最大限度地降低黏度所需的量取决于每单位重量的黏土中磷酸盐的量，而不是水相中化学吸附的磷酸盐浓度。相反，当氯化物悬浮液用钠处理时，它没有被吸附，并且导致最大量凝胶化所需的量依赖于水中盐的浓度。此外，他们发现当悬浮液用一系列复杂的磷酸盐处理时，增加分子量或用单宁酸，每一种磷酸盐的用量与分子吸附在黏土上所覆盖的面积成正比。

van Olphen(1977)曾假设复合磷酸盐分子通过与暴露的带正电荷的铝原子结合面定向于黏土边缘表面，如图 4.19 所示。分离的钠离子会产生负电荷表面，从而防止了通过正电荷向负面基底表面连接积聚凝胶结构。观察结果支持创造一个负电荷的边缘，用磷酸盐处理后电泳效率增加。

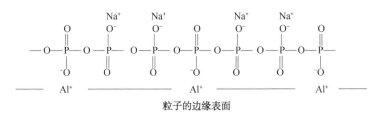

图 4.19　多磷酸盐分子吸附在黏土晶体边缘和接触铝原子成键示意图

虽然化学吸附机理涉及少量稀释剂，另一种机理可以解释当添加较大量时观察到的凝胶强度降低。在这种情况下，凝胶强度的降低和吸附量的减少，相对于添加的量而言，更小。可能是在晶体边缘的双电层交换简单的阴离子与较大的多价阴离子的稀释剂的缘故。

有人对铬铁木质素磺酸盐的作用提出了疑问，因为已经观察到碱交换发生在 Fe^{2+} 和来自木质素磺酸盐的 Cr^{3+} 之间，以及黏土上的 Na^+ 和 Ca^{2+}(Jessen 和 Johnson，1963)，并且这种交换意味着木质素磺酸盐是吸附在底表面上。另一方面，X 射线衍射研究已经显示间距 C 没有显著变化。一个可能的解释是木质素磺酸盐在晶体边缘与铝反应，但在其过程中，释放铬和亚铁离子，随后交换来自底表面的钠离子和钙离子(McAtee 和 Smith，1969)。

二、聚集和分散

虽然所有形式的粒子聚合在传统上都被称为絮凝胶体化学，在钻井液技术中有必要对这两种形式的关系加以区分，因为它们对不用钻井液的悬浮液流变性有着很大的影响。术语絮凝仅局限于讨论的范围，在前一节中提到形成絮凝物或松散凝胶结构的黏土颗粒。这里使用的术语"聚合"指的是到双电层的失稳和聚集体形成的层间隔 20Å 或更小(Mering，1946)，聚集是与 Norrish(1954)观察到的 c 间距突然增加相反，当钠蒙脱石薄片层克服了吸引它们之间的力，并扩大到单个单位(见本章前面关于黏土膨胀机制的部分)。絮凝导致凝胶强度增加，聚集导致强度降低，因为它减少了可用于构建凝胶结构的单元的数量和可用于粒子相互作用的表面积。

术语"分散"通常用于描述通过机械手段使细小颗粒分散在悬浮液中。Garrison 和 ten Brink(1940)提出将这个术语延伸到黏土的层间堆叠,这通常是电化学效应的结果,从而区分分散—聚集过程和絮凝—解絮凝过程。在有些技术文献中,"分散"仍然用于描述反絮凝过程。两个过程之间的区别(絮凝→解絮凝,分散→聚集)如图 4.20 所示。两张左边照片显示 1%钙膨润土和钠膨润土的蒸馏水悬浮溶液。钙膨润土聚集,钠膨润土呈分散状,但两者经离心后都絮凝。右下方的图片显示了钙膨润土加入 0.01N 氯化钙溶液;上层右边的图片显示加入 0.1N 后的氯化钠溶液后状态。如图 4.20 所示,两者都发生了絮凝(通过更大的沉积物体积可以看出),但是钙膨润土悬浮液聚集并且钠膨润土悬浮液分散。

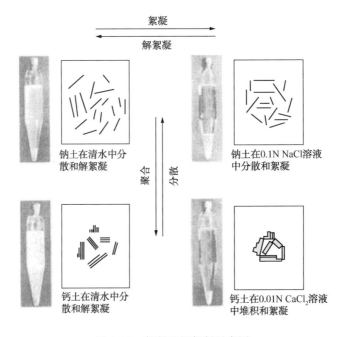

图 4.20　絮凝和解絮凝示意图

虽然低浓度的氯化钠只能导致絮凝,但高浓度时也会引起聚集。在一些实验中,在 2.7%的钠膨润土悬浮液中逐渐添加氯化钠溶液(Darley,1957),絮凝开始,如图 4.21 所示,凝胶强度 10meq/L 或更大。这个值与本章前面部分的"絮凝和解絮凝"部分中给出的絮凝值很好地吻合。凝胶强度随着氯化钠浓度的提高,继续上升 400meq/L,但颗粒缓慢达到平衡位置,如图 4.21 所示,由初始和 10min 凝胶强度之间的差异决定。显然,这个吸引力和排斥力几乎保持平衡。在浓度以上 400meq/L 凝胶强度下降,在 1000meq/L 时,初始和 10min 凝胶强度一致,表明吸引力现在是主导性的。

图 4.21 的顶部给出了两次聚集实验的测试数据。光密度增加表明粒径增加,黏土体积减小表示离心沉淀体积减小。两项测试均表明聚集开始约为 400meq/L。这个结论符合钠膨润土的 X 射线衍射研究结果,在本节前面关于黏土膨胀机理的章节中进行了论述,显示氯化钠 c 间距的临界变化浓度为 300meq/L。另外,X 射线散射研究表明黏土层在 0.1N 氯化钠中独立存在,在 1N 溶液中为 6~8 层聚集体(Hight 等,1962)。

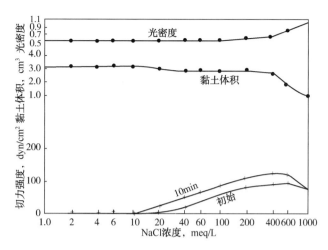

图 4.21　氯化钠处理的钠基膨润土的絮凝和聚合

　　向钠膨润土悬浮液中加入多价盐，首先出现絮凝，然后随着浓度的增加而发生聚集（图 4.22 和图 4.23）。请注意，临界浓度随着阳离子价态的增加。交换反应机制比较复杂。其他研究表明，最大凝胶强度时钙的添加量是 BEC 的 60%，最小值出现在达到 85% 时（Williams 等，1953）。

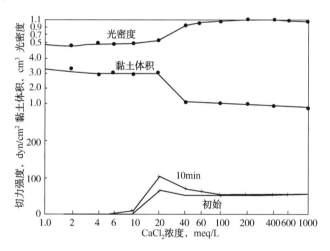

图 4.22　氯化钙处理的钠基膨润土的絮凝和聚合

　　钻井中遇到的黏土主要是钙土和镁土，因此容易聚合。当用稀释剂处理时，两者都是解絮凝和分散同时发生，解絮凝是阴离子的作用，以及由于阴离子的转化而分散黏土为钠土。分散是希望避免的，因为它增加了塑料黏度。抑制分散可以通过同时添加多价盐或氢氧化物稀释剂。

　　到目前为止，我们一直关注比较的稀膨润土悬浮液（3%）凝胶强度，其中凝胶结构不明显（除非有足够的盐引起絮凝）。但是，如果黏土浓度足够高，凝胶现象在盐浓度低于絮凝点的条件下确实存在。原因是在高浓度下，黏土层间隔由于扩散双电层的干涉变得非常靠近，他们必须定位在最小自由能位置。因此，X 射线散射曲线显示在 2% 蒙脱石悬浮液中没有特定的取向规律（Hight 等，1962），但是在 10% 悬浮液中显示平行取向。如图 4.24 所示，层间距随着含水量的增加而增加。

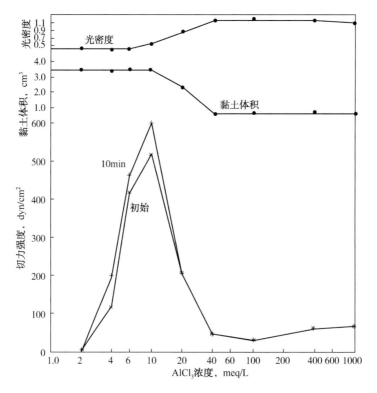

图 4.23 氯化铝处理的钠基膨润土的絮凝和聚合

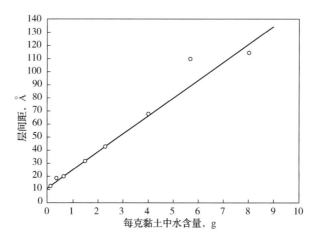

图 4.24 不用水含量下膨润土的钠晶格层间距变化

第八节 凝胶机理

可形成胶体结构的晶片定向和分子链接的方式可以概括如下：

（1）通过平行晶片端面正电和表面负电十字交叉连接组成的卡片房子结构（Schofield 和 Samson，1954；van Olphen，1977）。

（2）端面与端面形成交叉带状连接(M'Ewen 和 Pratt，1957)，这种连接理论基础可以概括为由于基面存在相对较高的相斥电位，晶片定向将倾向于端面与端面相连的平行排列。

（3）平行晶片通过氢键构成的连接(Leonard 和 Low，1961)。

以上晶片连接机理可能同时存在，但那种机理起主导作用取决于黏土的浓度、强度和晶片端面和表面双电位的显示。

为了更好地理解胶体结构，有一点需要注意：拥挤的晶片体系宽度可以达到 10000Å，晶片间距离约在 300Å，颗粒的方向将受到空间因素影响。此外，晶片的形状不是我们常在示意图中所描绘的小的、刚性矩形，而是如图 4.7 所示的具有不同形状和尺寸的柔性膜状。在高浓度的悬浮体系中，晶片集团在主导斥力作用下不是统一排列，而是以近似平行的方式排列。相邻晶片由于各自的相对位置、表面及端面势能的相对大小而发生弯曲。因此当端面带正电时，晶片会朝向带负电的表面弯曲，如图 4.25 所示(Norrish 和 Rausell-Colom，1961)。当端面为负电时，如果没有收到机械力的影响，主导的斥能将会使晶片平行排列。稀释剂的添加将使端面正电势能反转，从而增加端面间的斥能。

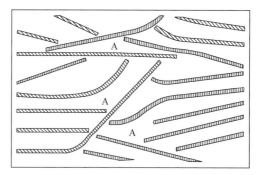

图 4.25　端面缠绕示意图

同样可知基面上的结晶水将会保持晶片间平行定位，唯一的问题就是结晶水结构距离表面多少才是最为有效。

经常有人为得出胶体结构而尝试将胶体快速冷冻，之后在真空条件下将其干燥。这种方法得出的胶体骨架结构也被认为是初始胶体结构(Borst 和 Shell，1971)。该假设的有效性仍存在疑问，因为通过 X 射线衍射实验表明，衍射计中胶体在快速冷冻过程中，晶片空间在冷冻时发生缩小(Norrish 和 Rausell-Colom，1963)，因而形成了图 4.26 中的大型孔隙。

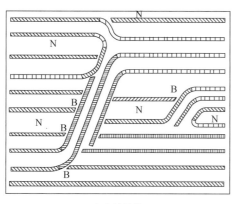
（a）冷冻前

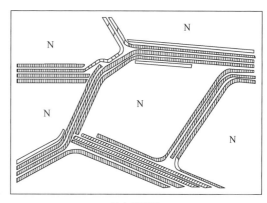
（b）冷冻后

图 4.26　黏土胶体示意图

N—冰结晶核；B—边至面的键

第九节 聚 合 物

本章中讨论的聚合物都是由类似纤维素单体(图 4.27)一样的单体单元组成的有机胶体,这些单体以直链或支链形式连接形成大分子。一个大分子可能含有成百上千个单体单元,其大小仍然在胶体尺寸范围之内。

聚合物被分类为天然、改性或合成聚合物。天然聚合物来源于自然界(淀粉、瓜尔豆胶,黄原胶)并轻微加工用于工业用途,但未经化学改性反应。改性天然聚合物(CMC/PAC,CM-淀粉,HP-瓜尔胶)是化学处理以达到所需的功能强度。

当通过膨润土胶粒不能实现所需的钻井液性能时,就需要在钻井液体系中加入聚合物。例如,淀粉是第一种在钻井液中用于控制盐水泥浆体系失水性能的胶体,因为在盐水中膨润土不稳定,而淀粉则很稳定。改性淀粉已经开发出来以增强其在不同的盐水基液中的分散性,并且具有更高的温度稳定性。

开发黄原胶以大大提高水基钻井液的剪切稀释能力,在实验室研究中显示其能大幅提高钻进速度(Deily 等,1967)。与黏土钻井液相比,许多聚合物悬浮液具有相对低的塑性黏度屈服点,并且没有真正的凝胶强度。然而,用黄原胶生物聚合物可以获得结构强度,它的高分子量(>2000000)和交联的聚合物赋予钻井液高非牛顿流体结构强度,其他聚合物交联依赖的是硬葡聚糖和一些改性淀粉。

许多合成聚合物已经被开发用于各种用途,并且不断推出新的产品。本章只研究其主要类型和作用机理。更多的内容可以在第五章"水分散性聚合物",第十一章"完井液、修井液、封隔液和储层钻井液"以及技术评论文献中见到(Carico 和 Bagshaw,1978;Chatterji 和 Borchardt,1981;Lauzon,1982)。

羧甲基纤维素(CMC/PAC)是由纤维素与氯乙酸和 NaOH 反应制成的,用 $CH_3COO^-Na^+$ 代替 H,如图 4.28 所示。请注意,每个纤维素单元上有三个 OH 基团能够替代。术语取代度(DS)指的是单位晶胞上链上羧基的平均数。CMC 和 PAC 之间的区别是取代度的不同。

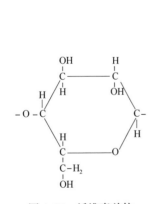

图 4.27 纤维素单体   图 4.28 羧甲基纤维素钠单体

羧基官能团有两个重要的功能:第一是它使那些非水溶性纤维素聚合物具有水溶能力(严格的说是在水中的分散能力)。第二是 Na^+ 的电离使得分子链带上了负电荷,电荷间相互作用的斥力将原本随机弯曲的分子链变为线性延展形态，这样也就增加了溶液的黏度。可溶性盐尤其是多价盐，由于对这种电离起抑制作用，所以可以让分子链更多的发生弯曲。带有静电荷的聚合物叫作聚合电解质。因为 CMC 带有负电荷，所以它是一种阴离子聚合电解质。

大分子中单体数量决定其分子量，单体数量多少通常也称为聚合度。通过改变聚合物的取代度和聚合度可以满足不同功用的需要。高聚合度意味着较高的黏度，高取代度同样也会造成高黏度效应（这就是电滞现象），并且增加对可溶性盐类的电阻。CMC 常作为增黏剂和降滤失剂来使用（Kaveler，1946）。根据黏度不同可将 CMC 分为三级，而聚阴离子纤维素作为一种特殊产品可以在盐水中使用。

聚丙烯酰胺和聚丙烯酸盐的共聚物是另外一种阴离子聚电解质，它通过将聚丙烯酰胺分子链上的部分酰胺基转化为羧基制成（图 4.29），这个过程叫作水解。水解程度则取决于最终的用途。70%水解的共聚物用于控制失水；30%水解的共聚物则用于井眼稳定（Clarke 等，1976）（参见第八章）；而 10%发生水解的产物则用于清水钻井液的絮凝（Gallus，1962；La Mer 和 Healey，1963）。

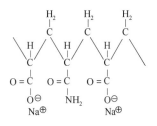

图 4.29　聚丙烯酰胺和聚丙烯酸钠共聚物

对于 30%水解度的共聚物具有稳定页岩功能的最佳解释机理是：该共聚物附着在井壁暴露的页岩表面，因此对页岩破裂进行抑制；同样的道理，当其附着在岩屑表面时，发生的就是所谓的包被作用。附着包被作用是由于在聚合物分子链上的负电荷和在膨润土晶片边缘的正电荷相互吸引造成的。30%水解度的共聚物对于页岩抑制具有最佳效果很可能是因为其分子链上的带点端刚好和膨润土晶片上的空间相互匹配。

水的净化机理非常有趣。共聚物本身并不能造成絮凝，发生絮凝的前提是溶液中要有足够的盐，之后聚合物分子链才会将溶液中的发生絮凝的微粒连接在一起（Ruehrwein 和 Ward，1952）。通过调整向清水配成的膨润土悬浮液中加入盐和共聚物的顺序可以证明上述机理（图 4.30）。如果先加入共聚物，共聚物的分子链将围绕每个膨润土晶片进行吸附，因此再加入盐的时候晶片之间也就不存在相互连接。所以当盐的浓度稀释到絮凝点之下，晶片将会发生分离。另一种情况是当先加入盐时，聚合物分子链在悬浮液被稀释时将会把临近和发生絮凝的膨润土晶片都连接在一起。

如果要聚合电解质产生絮凝作用，那么其加量需要控制在很小比例，一般在 0.001%~0.01%之间；如果加量过大的话，将提高体系的絮凝点，起到护胶的作用。当加量在 0.01%以上时，膨润土晶片边缘将被聚合电解质分子链所充填，因此具强大的斥力（图 4.31）。

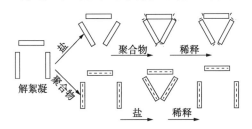

图 4.30　盐和聚合物先后加入顺序的影响示意图

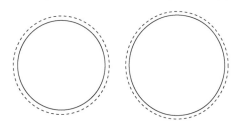

图 4.31　黏土颗粒相互排斥示意图

　　另外一种由乙酸乙烯酯和马来酸形成的丙烯酸共聚物用来作为膨润土增效剂(Park，1960)。当加量在 0.1%~2%时，它可以提高商用膨润土的动切力。当膨润土在清水中分散时，这种共聚物分子链可以在分散的晶片之间形成连接，从而提高体系的黏度和动切力。

　　钻井液中为达到一些性能控制目标也会使用一些非离子型聚合物。非离子型聚合物没有可以电离的无机原子团，因此也不携带任何静电荷，这也让它们在高矿化度液体中具有更高的稳定性。前面提到的淀粉就是一种非离子型聚合物，它主要作为降滤失剂用在盐水钻井液中，具有价格便宜的优点，但缺点是容易生物降解，必须要与杀菌剂配合使用。

　　其他的非离子聚合物有羧乙基纤维素(HEC)、瓜尔胶等。HEC 是通过纤维素制得的，它的官能团是乙烯基醚。HEC 的两个最大的优点是：在多价盐水溶液中非常稳定，在酸液中完全溶解。因此它在完井液和修井液中使用非常广泛(参见第十章)。瓜尔胶也同样用于修井液中，但它是通过酶而不是酸来降解。天然树胶的胶体活性在高浓度的一价盐水溶液中将会被削弱，在高价盐水溶液中会被抑制。但通过与氧化乙烯或氧化丙烯反应后即便是在饱和多价盐水溶液中也会非常稳定(图 4.32)。

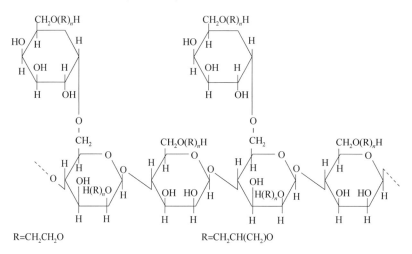

图 4.32　瓜尔胶羟烷基分子

　　阳离子聚合物分子链上带正电，它们可以通过不电离的无机阴离子制得。阳离子聚合物主要在钻井液中作为乳化剂和润湿剂使用，相关内容在第七章中有详细介绍。最近有一种特制的聚胺已被引入到完井液和修井液中，主要用于稳定地层中的黏土矿物(Williams 和 Underdown，1981)。聚胺的阳离子基团有力的吸附在黏土上，降低了黏土的负电性，因此也有效地抑制了黏土的膨胀和分散。

　　热降解是限制有机聚合物在钻井液使用的一个主要因素。当然可以通过补充新的聚合物来缓解这一问题，但降解速率将会随着温度升高而增加，在达到一定温度后降解速率将极度增加。Thomas(1982)在反应速率动力学的基础上发明了一种可以得出不同温度下降解速率的方法。通过这种方法他得出了淀粉基聚合物在 107℃ 以上，纤维素聚合物在 149℃ 以上，降解速率将会急剧增加。这个结论表明在对应温度之上使用该聚合物将不是一种经济性的选择。这一方法也同样可以在其他聚合物上适用。

参 考 文 献

Barclay, L. M., Thompson, D. W., 1969. Electron microscopy of montmorillonite. Nature 222, 263.

Borst, R. L., Shell, F. J., 1971. The effect of thinners on the fabric of clay muds and gels. J. Petrol. Technol. 23 (10), 1193-1201.

Bradley, W. F., 1940. The structure of attapulgite. Mineralogist 25, 405-410.

Brindley, G. W., Roy, R., 1957. Fourth Progress Report and First Annual Report. API Project 55.

Caenn, R., Darley, H., Gray, G., 2011. Composition and Properties of Drilling and Completion Fluids. Gulf Professional Publishing, Elsevier, Inc, Amsterdam.

Carico, R., 1976. Suspension properties of polymer fluids used in drilling and workover operations. Paper 5870, presented at the California Regional Meeting of the SPE, Long Beach, CA.

Carico, R. and Bagshaw, F., 1978. Description and use of polymers used in drilling, workoverand completions. Paper 7747 presented at the AIME Production Technology Symposium, Hobbs, NM.

Carney, L. L., Meyer, R. L., 1976. A new approach to high temperature drilling fluids. SPE Paper6025. Annual Meeting, New Orleans.

Chatterji, J., Borchardt, J. K., 1981. Application of water-soluble polymers in the oilfield. J. Petrol. Technol. November, 2042-2056.

Clarke, R. N., Scheuerman, R. F., Rath, H., van Laar, H., 1976. Polymerylamide-potassium chloridemud for drilling water-sensitive shales. J. Petrol. Technol. June, 719-727, Trans. AIME 261.

Darley, H. C. H., 1957. A test for degree of dispersion in drilling muds. Trans. AIME 210, 93-96.

Deily, F. H., Lindblom, P., Patton, J. T., Holman, W. E., 1967. New biopolymer low-solids mudspeeds drilling operations. Oil Gas J., June 26, 62-70.

Dyal, R. S., Hendricks, S. B., 1950. Total surface areas of clays on polar liquids as a characteristicindex. Soil Sci. 69 (June), 421-432.

Engelmann, W. H., Terichow, O., Selim, A. A., 1967. Zeta potential and pendulum sclerometerstudies of granite in a solution environment. U. S. Bur. Mines. Report of Investigations 7048.

Gallus, J. P., 1962. Method for drilling with clear water. U. S. Patent No. 3, 040, 820 (June 26).

Garrison, A. D., ten Brink, K. C., 1940. Some phases of chemical control of clay suspensions. Trans. AIME 136, 175-194.

Gray, G. R., Foster, J. L., Chapman, T. S., 1942. Control of filtration characteristics of salt watermuds. Trans. AIME 146, 117-125.

Grim, R. E., 1953. Clay Mineralogy. McGraw Hill Book Co, New York.

Grim, R. E., 1962. Applied Clay Mineralogy. McGraw Hill, New York.

Hauser, E. A., Reed, C. E., 1937. The thixotropic behavior and structure of bentonite. J. Phys. Chem. 41, 910-934.

Hendricks, S. B., Jefferson, M. E., 1938. Structure of kaolin and talc-pyrophyllite hydrates andtheir bearing on water sorption of the clays. Am. Mineral. 23, 863-875.

Hendricks, S. B., Nelson, R. A., Alexander, L. T., 1940. Hydration mechanism of the clay mineralmontmorillonite saturated with various cations. J. Amer. Chem. Soc. 62, 1457-1464.

Hight, R., Higdon, W. T., Darley, H. C. H., Schmidt, P. W., 1962. Small angle scattering frommontmorillonite clay suspension. J. Chem. Phys. 37, 502-510.

Hofmann, U., Endell, K., Wilm, O., 1933. Kristalstructur und quellung von motmorillonit. Z. Krist 86, 340-348.

Jackson, M. L., 1957. Frequency distribution of clay minerals in major great soil groups asrelated to factors of soil formation. Clays Clay Miner 6, 133-143.

Jessen, F. W., Johnson, C. A., 1963. The mechanism of adsorption of lignosulfonates on claysuspensions. Soc. Petrol. Eng. J. 3 (3), 267-273, Trans. AIME 228.

Kahn, A., 1957. Studies in the size and shape of clay particles in aqueous suspension. ClaysClay Miner. 6, 220-235.

Kaveler, H. H., 1946. Improved drilling muds containing carboxymethylcellulose. API Drill. Pred. Prac. 43-50.

La Mer, V. K., Healey, T. W., 1963. The role of filtration in investigating flocculation andredispersion of colloidal suspensions. J. Phys. Chem. 67, 2417-2420.

Lauzon, R. V., 1982. Water-soluble polymers for drilling fluids. Oil Gas J April 19, 93-98.

Leonard, R. A., Low, P. F., 1961. Effect of gelation on the properties of water in clay systems. Clays Clay Miner. 10, 311-325.

Loomis, A. G., Ford, T. E., Fidiam, J. F., 1941. Colloid chemistry of drilling fluids. Trans. AIME142, 86-97.

Low, P. F., 1961. Physical chemistry of clay-water interaction. Adv. Agron. 13, 323.

Marshall, C. E., 1935. Layer lattices and base exchange clays. Z. Krist. 91, 433-449.

Marshall, C. E., 1949. The Colloid Chemistry of Silicate Minerals. Academic Press, New York.

McAtee, J. L., 1956. Heterogeneity in montmorillonite. Clays Clay Miner. 5, 279-288.

McAtee, J. L., Smith, N. R., 1969. Ferrochrome lignosulfonates (1) X-ray adsorption edge finestructure spectroscopy; (2) interaction with ion exchange resin and clays. J. ColloidInterface Sci. 29 (3), 389-398.

Melrose, J. C., 1956. Light scattering evidence for the particle size of montmorillonite. Symp. Chemistry in Exploration and Production of Petroleum, ACS Meeting Dallas, pp. 19-29.

Mering, J., 1946. On the hydration of montmorillonite. Trans. Faraday Soc. 42 B, 205-219.

M'Ewen, M. B., Pratt, M. I., 1957. The formation of a structural framework in sols of Wyomingbentonite. Trans. Faraday Soc. 53, 535-547.

Norrish, K., 1954. The swelling of montmorillonite. Discuss. Faraday Soc. 18, 120-134.

Norrish, K., Rausell-Colom, J. A., 1961. Low-angle X-ray diffraction studies of the swelling ofmontmorillonite and vermiculite. Clays Clay Miner. 10, 123-149.

Norrish, K., Rausell - Colom, J. A., 1963. Effect of freezing on the swelling of clay minerals. ClayMiner. Bull. 5, 9-16.

Park, A., Scott, P. P., Lummus, J. L., 1960. Maintaining low solids drilling fluids. Oil Gas J. May30, 81-84.

Ross, C. S., Hendricks, S. B., 1945. Minerals of the montmorillonite group. Professional Paper205B, U. S. Dept. Interior, p. 53.

Ruehrwein, R. A., Ward, D. W., 1952. Mechanism of clay aggregation by polyelectrolytes. SoilSci. 73, 485-492.

Scanley, C. S., 1959. Acrylic polymers as drilling mud additives. World Oil, July, 122-128.

Schofield, R. K., Samson, H. R., 1954. Flocculation of kaolinite due to oppositely charged crystalfaces. Discuss. Faraday Soc. 18, 135-145.

van Olphen, H., 1977. An Introduction to Clay Colloid Chemistry, second ed. John Wiley &Sons, New York.

Weaver, C. E., Pollard, L. D., 1973. The Chemistry of Clay Minerals. Elsevier Scientific Publ. Co., New York.

Williams, F. J., Neznayko, M., Weintritt, D. J., 1953. The effect of exchangeable bases on thecolloidal properties of bentonite. J. Phys. Chem. 57, 6-10.

Williams, L. H., Underdown, D. R., 1981. New polymer offers effective, permanent clay stabilizationtreatment. J. Petrol. Technol. July, 1211-1217.

第五章　水分散性聚合物

有许多水基钻井液添加剂被称为"聚合物"。它们通常被称为"水溶性"，但实际上它们是水分散性和胶体性的。一个用于油田钻井液和完井液聚合物的分类标准是：分子量在 200 以上的有机物且大于 8 次单体聚合。重复单体构成主要的长链称为主链，及该聚合物独有的连接到主链上的是化学侧链。如果聚合物的主链被破坏，聚合物的功能也被破坏。如果侧链因温度或化学反应而改变，部分功能可能保持或改变、丢失。侧链对于聚合物的复杂性和耐受性至关重要，决定了聚合物的化学反应特性性，如沉淀、絮凝、交联等。

聚合物在功能和基本性能上差别很大，流体功能变化包括：

(1) 流变学改变：体积黏度、低剪切流变性、膨润土膨胀；

(2) 失水控制：滤饼改变、渗流控制、漏失最小化；

(3) 化学反应性：表面包被、黏土吸附、絮凝/解絮凝、污染物去除。

分子性质的变化包括：

(1) 温度稳定性；

(2) 化学稳定性；

(3) 生物稳定性；

(4) 电荷密度和类型；

(5) 分子量；

(6) 表面活性。

第一节　聚合物分类

本章讨论的聚合物包括任何钻井液体系的添加剂、淡水或盐水，以控制特定的性能。一种所谓的聚合物钻井液是主要依赖于水分散性聚合物的钻井液体系来替代膨润土、化学稀释剂和其他常见钻井液添加剂。使用合适的聚合物来控制合适的性能非常重要。例如，不要使用降失水聚合物来控制低剪切速率黏度。和聚合物功能有关的更多信息可以在第六章"钻井液流变学"，第七章"钻井液滤失性能"，第九章"井眼稳定性"，第十章"与钻井液有关的钻井问题"中找到。

聚合物可以分类为天然材料(有时称为树胶)、改性天然材料或制造的合成材料。天然聚合物来自植物材料、细菌或真菌发酵，或生物体。它们是多糖，意思是由多糖组成许多碳水化合物/糖分子。糖类是糖的同义词。

改性天然聚合物使用自然产生的材料，通过改变侧链进行改性，以获得增强的功能或化学稳定性。顾名思义，合成聚合物就是在化工厂中生产的聚合物，通常使用石油作为原料。

天然和改性天然聚合物更具化学性和结构性，本质上比合成材料复杂。他们的骨干和侧链由各种糖分子组成，因此它们被称为多糖。化学家在有机合成时无法复制天然树胶的化学结构。另一方面，合成聚合物可以被设计和制造以具有特定的功能，例如，温度和化学稳定性以及反应活性。在从 100℃ 到 150℃ 温度下大多数天然聚合物主链料都会被破坏。而合成聚合物可以被承受高达 315℃ 的温度。

聚合物温度稳定性——本节所给出的聚合物的抗温温度是指其在水分散溶液中的温度，并且在没有任何降解发生的前提下。通过使用氧气扫描仪盐水、固相与其他添加剂测定聚合物温度降解点。另外，在钻井液循环式聚合物不会经受最高井底温度。从一个实际的角度来看，大多数聚合物可以使用的温度比本章列出的温度要高得多。许多研究都有表明，甲酸酯基钻井液具有保护聚合物主链的作用，拥有更高的温度稳定性（Annis，1967；Downs 1991）。

第二节　聚合物的类型

以下是油田当前使用的聚合物类型的列表。油田用聚合物主要用于流变性、钻井液滤失性和井壁稳定控制。另外一些聚合物被用于水泥浆和压裂液、储层保护钻井液和废物处理（固体絮凝）。

（1）淀粉：淀粉是由玉米或马铃薯生产的天然聚合物，但可以由其他植物淀粉制成。它是交联型的（水分散性）粉末。天然淀粉通常用防腐剂处理。改性淀粉可以是阳离子型、阴离子型或非离子型，钻井液添加剂中最常见的是阴离子型的。

代表产品：淀粉、cm-淀粉、hp-淀粉、cmhp-淀粉。

用途：各种钻井液体系的失水控制，特别是用在盐水系统中。天然淀粉在钻井液中需要杀菌剂搭配使用。改性淀粉用于储层钻井液中。

（2）瓜尔胶：来自瓜尔豆的种子。普通的瓜尔胶含有加工瓜尔豆时留下的残渣，可能会导致地层伤害。HP-瓜尔胶用羟丙基侧链进一步加工清除了多余的残留物。

用途：在大多数钻井液中不使用（固体反应性）。在浅井中作钻井液快速提黏剂。作 HP-Guar-primary 压裂液增黏剂和降失水剂。

（3）生物聚合物：由细菌或真菌制造的发酵多糖。它们具有非常复杂的结构及高分子重量（$500 \sim 2 \times 10^6$，超过 2×10^6）。它们的侧链是低分子量的阴离子。例如：黄原胶、韦兰胶、diutan、硬葡聚糖。

用途：流变控制。具备高剪切速率黏度悬浮和承载能力。

基于植物纤维素骨架的 CMC-A 多糖线性聚合物用羧甲基（CM）侧链改性以用于水分散性体系。羧酸侧链是阴离子的。它的功能取决于取代度（DS）、羧甲基侧链的数量和分子量（MW）。

实例：高分子量——普通 CMC 或高黏度 CMC；

　　　低分子量——低黏度 CMC。

技术等级：通常高分子量，可抗 40% 的盐污染。

聚阴离子纤维素（PAC）：取代度比普通 CMC 高。

用途：钻井时的降失水剂；高分子量是一种塑性增黏剂，具有最低的低剪切黏度和最小的悬浮能力。

基于植物纤维素主链的 HEC-A 多糖线性聚合物用羟乙基侧链聚合。它的侧链是非离子的。其功能取决于其分子量大小。通常作为一个提供高分子量产品，分子量大于 250000。

用途：用于高密度盐水的增黏剂，如饱和氯化物和溴化物盐水。通常不在钻井液中使用，但用于清洁完井液、封隔液和压裂液。它没有固体悬浮能力。

（4）合成材料：许多合成聚合物可以在化工厂设计并生产。钻井液中最常见的两种合成添加剂是丙烯酸酯和聚丙烯酰胺。

（5）丙烯酸酯：由丙烯酸制造的合成材料。不如天然聚合物在结构上复杂。通常具有直链碳作为主链，但可以有许多不同的侧链，具体情况取决于最终希望得到的产品。通常是阴离子型的。

实例：聚丙烯酸酯、乙烯基聚合物、共聚物、乙酸乙烯酯、马来酸酐。

用途：低分子量（小于 1000）——稀释剂、反渗透剂；

中等分子量——降失水剂、絮凝剂、页岩稳定剂；

高分子量——膨润土填充剂、絮凝剂。

（6）聚丙烯酰胺：各种丙烯酸和丙烯酰胺的比共聚物，通常称为部分水解聚丙烯酰胺（PHPA）。通常用作钻井液添加剂为阴离子型；用作脱水絮凝剂可以是阴离子型、非离子型或阳离子型。

用途：絮凝剂、表面黏度增黏剂、页岩稳定剂。

（7）阳离子聚合物：一种共聚物，丙烯酸酯或丙烯酰胺多次与铵（酰胺、胺）阳离子侧链共聚。

用途：絮凝剂、页岩稳定剂。

表 5.1 是油田用聚合物类型的汇总，表 5.2 是聚合物应用汇总。

表 5.1　聚合物种类

天然	半天然	合成
淀粉	CMC/PAC	聚丙烯酸酯
瓜尔胶	羟内基瓜尔胶	聚丙烯酰胺
黄原胶	CM/HP 淀粉	乙烯共聚物
韦兰胶	羟乙基纤维素	苯乙烯共聚物
Diutan		AMPS 共聚物
硬葡萄糖		

表 5.2　不同聚合物的基本作用

流变性	滤失性	化学活性
改性淀粉	CMC/PAC	聚丙烯酸酯（高 MW）
黄原胶	聚丙烯酸酯（中 MW）	聚丙烯酰胺
硬葡萄糖	淀粉	合成物（高温）
Diutan	改性淀粉	
羟乙基纤维素	水泥	
改性瓜尔胶		
聚丙烯酸酯（低 MW）		

第三节　瓜　尔　胶

图 5.1 显示了瓜尔胶重复单元的示意图。瓜尔胶是一种多糖，由半糖乳糖和甘露糖组成，称为半乳甘露聚糖。半乳甘露聚糖具有半乳糖的甘露糖主链[更具体地说，（1.4）-连接

的 β-D-吡喃甘露糖主链]从它们的 6 位分支点连接到 α-D-半乳糖，即 1-6 连接的 α-D-吡喃半乳糖)。

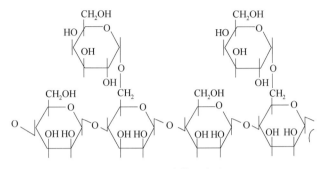

图 5.1　瓜尔胶单体的合成图

按照甘露糖与半乳糖比例增加的顺序：
(1) 胡芦巴胶，甘露糖：半乳糖=1：1；
(2) 瓜尔豆胶，甘露糖：半乳糖=2：1；
(3) 他拉胶，甘露糖：半乳糖=3：1；
(4) 刺槐豆胶或角豆胶，甘露糖：半乳糖=4：1。

瓜尔胶的最大生产国是印度，其他生产商来自巴基斯坦、美国、澳大利亚和非洲。

瓜尔胶通常不用于大多数常规钻井液体系(固体反应性)。已被用于作浅层钻井的快速提黏剂。HP 瓜尔胶，被用作主压裂液增黏剂和降失水剂。瓜尔胶和 HP-瓜尔胶通常交联以使压裂流体凝胶化，以用于悬浮和放置支撑剂并减少储层伤害。

瓜尔胶分子在水力压裂过程中有聚集趋势，主要是由于分子间氢键的作用。由于这类聚集物堵塞了裂缝，因此不利于采油，限制油的流动。交联瓜尔胶聚合物链可防止通过形成金属 β 羟基络合物而聚集。第一类交联瓜尔胶在 20 世纪 60 年代问世。有几种金属添加剂曾用于交联，其中有铬、铝、锑、锆和更常用的硼。硼，存在的形式 B(OH)$_4$，分两步与聚合物上的羟基反应将两个聚合物链连接在一起以形成双—二醇复合物的过程。直链瓜尔胶需要较低浓度的瓜尔胶凝剂。请参见第十二章"压裂液介绍"，了解更多关于压裂液的信息。

第四节　淀　　粉

图 5.2 显示了两种多糖直链结构淀粉和支链淀粉。20 世纪 30 年代后期，淀粉首先用于做降失水材料(Gray 等，1942)。许多蔬菜作物含有淀粉成分，尤其是根部。大多数油田用淀粉来自加工过的玉米或马铃薯。常规淀粉不能在冷水中分散。它必须改性使其可分散。另外，淀粉对细菌高度敏感易降解。在使用前，油田用淀粉需预先改性并用杀菌剂处理。改性淀粉，羧甲基、羟丙基淀粉在制造过程中已被处理。另外，改性淀粉在钻井液正在循环流动时不需要使用杀菌剂。如果储存的话，确实需要防腐剂处理。

抗温性：天然淀粉具有较低的温度稳定性，在 100℃ 左右。改性淀粉有更高的温度稳定性，可抗温高达 125~150℃。在饱和盐水中可获得较高温度稳定性，特别是在甲酸盐盐水溶液中。

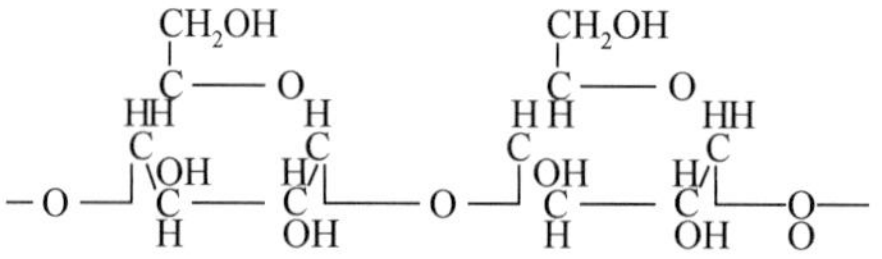

图 5.2 直链淀粉和支链淀粉的示意图

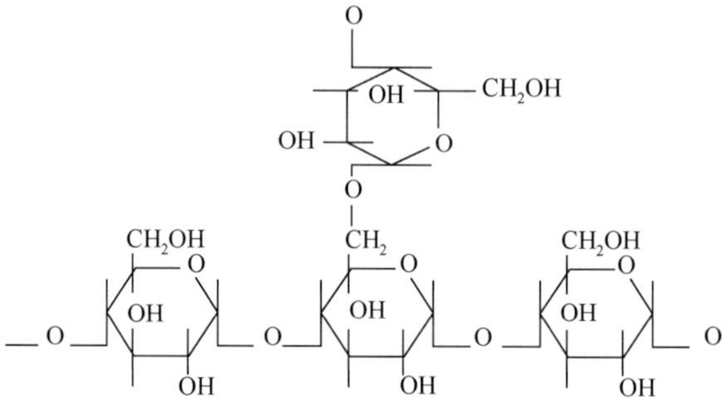

普通淀粉和改性淀粉的分子量在 $(10\sim50)\times10^4$ 之间。

淀粉的主要用途是控制体系失水,或者增加膨润土水化,或者用盐水体系代替膨润土。改性后的淀粉可以提高大多数水基钻井液体系的低剪切速率黏度(LSRV)。

第五节 发酵生物聚合物

发酵生物聚合物在容器发酵工艺中分批制造,类似于啤酒和葡萄酒的制造。在制造油田用生物聚合物时,在适当的温度、氧气和食物来源(主要是玉米糖浆)条件下培养活的有机体生长。有机体然后在其周围建立一个聚合物包裹层,然后收获,干燥并研磨粉末用于各种食品和工业应用,其中之一为油田钻井液和完井液。

黄原胶(XC):自 1964 年黄原胶问世以来,由于其独特的流变特性,在石油工业中广泛用作不同的增黏剂(Kang 和 Petit,1993)。这些应用包括钻井液、储层保护液、完井液、连续油管工作液和压裂液。其特性是作为流变性调节剂,显著增加低剪切速率黏度(LSRV),有利于增强井筒清洁和固相悬浮。这些生物聚合物增加的 LSRV 特性是由于聚合物分子的复杂性质,来自复合物侧链和高分子量。另外,当水化时无论是清水还是盐水钻井液,它们都倾向于与长链相关联主链彼此缠绕,从而形成相对较大的分散的分组,这显著增加了体系的悬浮能力。

图 5.3 是 XC 分子结构图。它是来自细菌(Xanthomons campestris)发酵的高分子量的多糖。它的分子重量大于 2×10^6。侧链显然更多且比植物基聚合物更复杂,比如淀粉、瓜尔胶和纤维素等。分散时,XC 呈双螺旋分子排列。

黄原胶具有出色的耐剪切性和耐温性。黄原胶是第一个用于替代膨润土以提高钻井时的机械钻速(Eckel,1967)。黄原胶在非常高的盐水浓度下完全水化比较困难(CP Kelco,2008),但它确实在温度高于 120℃ 及高剪切速率下快速水化(Sinha 和 Shah,2014)。

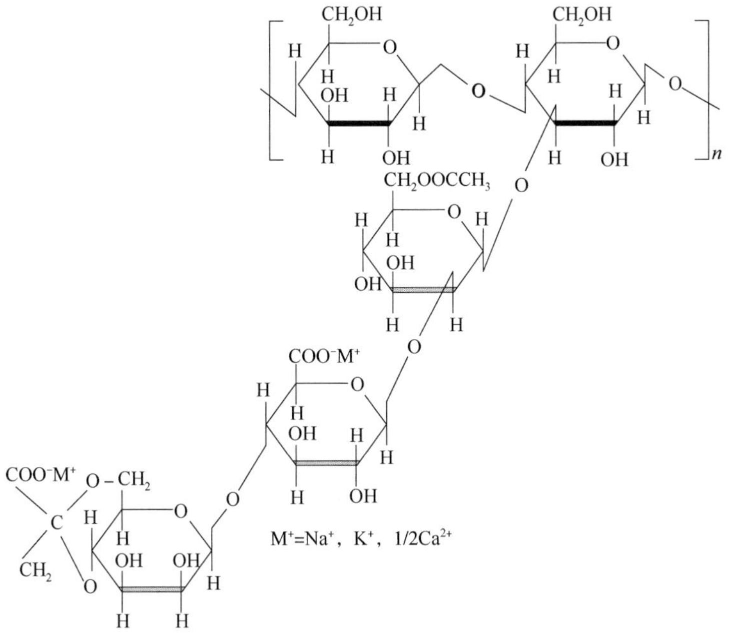

图 5.3　黄原胶单体示意图

黄原胶具有中等的温度稳定性(120~150℃)。循环时通常不需要防腐剂。黄原胶在高于 10.5 的高硬度水中容易受到影响产生沉淀(水泥污染,饱和钙盐水)。有不可聚合的黄原胶 (NPX)可以用来增稠高密度 $CaCl_2$ 盐水(图 5.4)。NPX 在所有其他方面结构相似,除了没有 丙酮酸之外,还包括黄原胶降低其阴离子性质的酸基团。

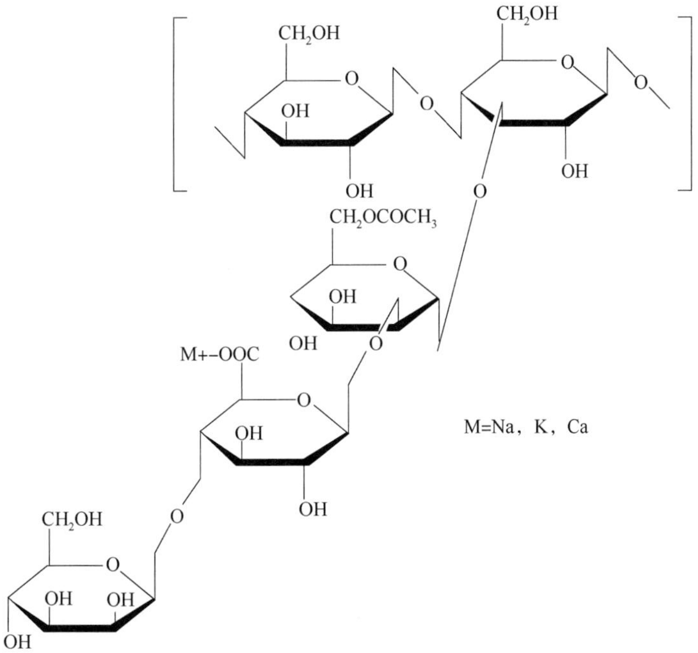

图 5.4　不聚合黄原胶单体示意图

Diutan 特种胶聚合物是由 Sphingomonas 属的菌株自然产生的。化学单体的结构见图 5.5。Diutan 结构更接近于 Welan 胶，Diutan 胶的平均分子量为 $5×10^6$，远高于 Welan 和黄原胶。这就是为什么 Diutan 分子的长度比较大，相比 Welan 或黄原胶，LSRV 更高。Diutan 也形成了一个分散的双螺旋结构。Diutan 胶有更高的黏度和剪切稀释比和一个较高的温度稳定性，但未用于钻完井液体系。

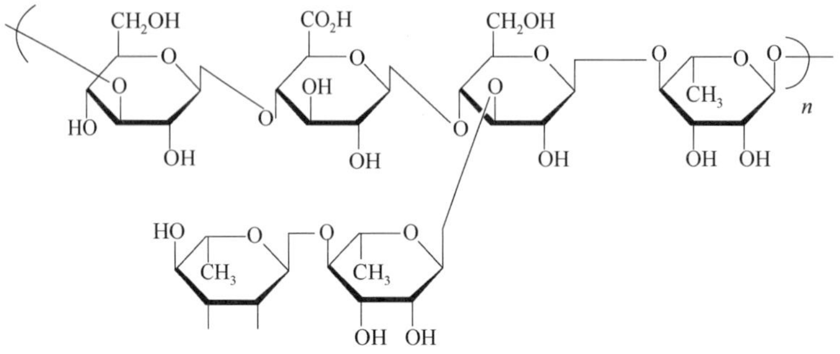

图 5.5   Diutan 胶单体示意图

与黄原胶相比，Diutan 结构更接近 Welan 胶。然而，有一些重要的区别。Diutan 的平均分子量为 $500×10^4$，远高于 Welan 和黄原胶。这就是为什么 Diutan 分子的长度比 Welan 或 Xanthan 分子的长度大，从而使其具有更高的 LSRV。当分散时，也形成和双螺旋。图 5.6 和图 5.7 显示了 Diutan 与澄清的 XC 黏度分布图。Diutan 比 XC 具有更高的黏度和更强的剪切稀释性(Navarrete 等，2001)。它也是有一个较高的温度稳定性(165℃)。

Diutan 比 XC 具有更高的黏度和更强的剪切稀释性(Navarrete 等，2001)。它也有一个较高的温度稳定性(165℃)。

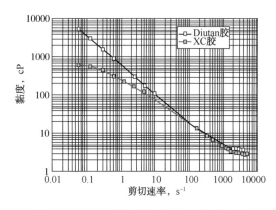

图 5.6   Diutan 胶与黄原胶 XC 的黏度对比
（浓度为 0.5lb/bbl）

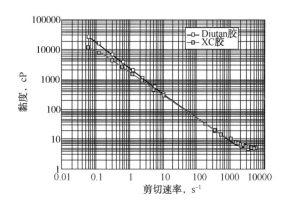

图 5.7   Diutan 胶与黄原胶 XC 的黏度对比
（浓度为 1lb/bbl）

Welan 是一种胞外多糖，在水泥制造等工业应用中用作流变调节剂，在油田固井作业中用作堵漏控制。它还没有被用于钻井液或完井液中。它是由一种 Alcaligenes 属细菌发酵产生的。该分子由具有 1-甘露糖或 Ⅰ-鼠李糖单分枝的重复四糖单元组成(图 5.8)。在溶液中，胶在高温下表现出黏度保持，在 pH 值范围内，在有钙离子和高浓度的糖醇存在的情况下保持稳定。图 5.9 比较了不同浓度下 XC、Diutan 和 Welan 的相对黏度。

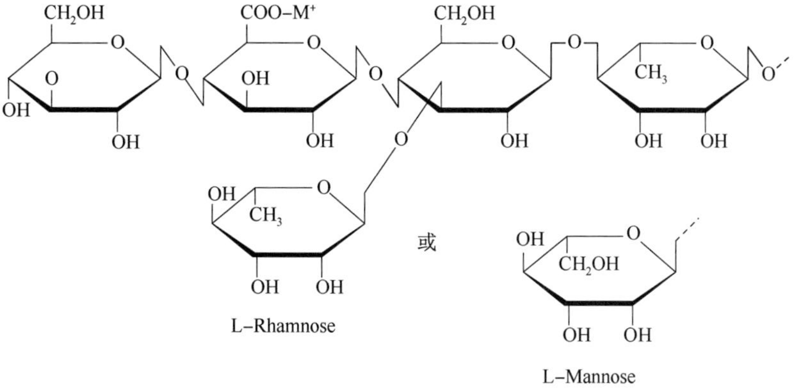

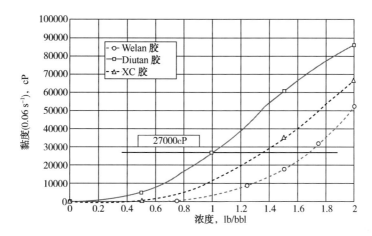

图5.8　Welan胶单体示意图

图5.9　XC胶、Diulan胶、Welan胶溶液黏度对比图

　　硬葡聚糖是通过菌核属植物病原菌真菌发酵产生的生物聚合物。它已经得到广泛应用以提高石油采收率（Galino等，1996）。图5.10显示了一个硬葡聚糖多糖的单体结构图和水分散胶体的分子结构图。尽管单体结构不像黄原胶那样复杂，但其分散性特点导致了更高的低剪切速率黏度。它也具有较高的温度稳定性，抗温高达180℃。据悉，硬葡聚糖分散时为三螺旋结构。

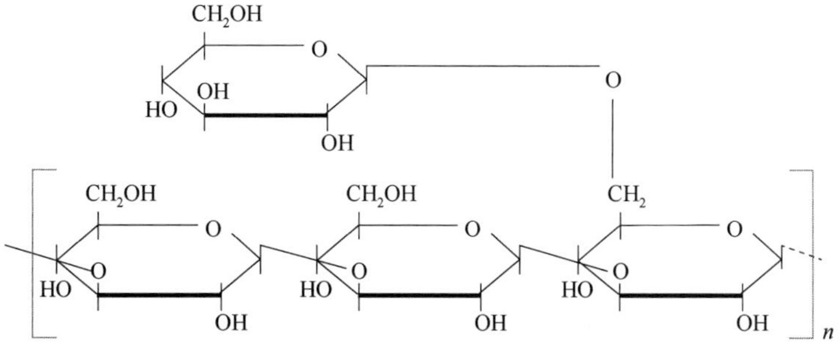

图5.10　硬葡聚糖多糖单体示意图

第六节 纤 维 素

羧甲基纤维素(CMC)在 20 世纪 40 年代首次用作钻井液降失水剂(Kaveler，1946)和钻井液增黏剂。油田纤维素产品由植物天然纤维素加工而成，短石化侧链包括羧甲基(CM)、羟丙基(HP)、和羟乙基(HE)。改性是必要的，因为天然纤维素不溶于水。

纤维素可以通过各种分子量范围和替代度合成(侧链的数量)。最大替代度是每个侧链具有三个取代基。具有更高替代度的 CMC，大约在超过 2.0，被称为 PAC，聚阴离子纤维素。图 5.11 是一个具有 CM 侧链的纤维素结构的示意图。

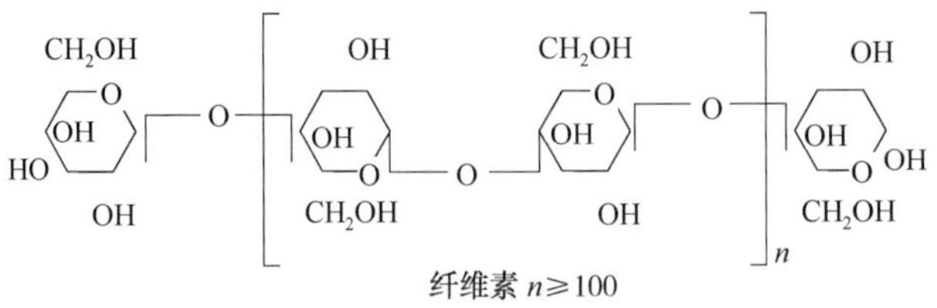

纤维素 $n \geqslant 100$

图 5.11 纤维素单体示意图

较高的纤维素分子量导致钻井液中较高的体积黏度。CMC 和 PAC 可分为低黏度(LV)，中等黏度(MV)和高黏度(HV)产品。一般而言，PAC 在饱和盐水中表现更好，包括饱和氯化钙盐水。大多数纤维素具有适中的温度稳定性(120℃以内)。

CMC 不像发酵生物聚合物那样具有剪切稀释性和可以忽略不计的悬浮能力。他们是优秀的降失水材料。HECs 完全是作为氯化物和溴酸盐盐水的提黏剂，主要用于完井液。在环空层流状态下，其没有悬浮能力及携砂能力。表 5.3 是各种油田用纤维素产品的列表。

表 5.3 改性纤维素类材料区别与应用

油田纤维素	CMC(羧甲基纤维素)	PAC(聚阴离子纤维素)	HEC(羟乙基纤维素)
特点	低固相	高固相	高固相
	阴离子	阴离子	非离子
	遇钙沉淀	抗钙	使高密度、饱和的卤水增稠
应用	常规失水控制	在清水和盐水体系中控制失水	饱和高密度盐水提黏剂

第七节 合成材料

合成材料由石化单体加工生产。合成材料可以加工成不同分子量及带电荷量，同时具有阴离子和阳离子表面电荷。他们可以被制造成具有极高的抗温性，最高可达 200~300℃。胺/酰胺脂肪酸共聚物是用作井壁稳定的普通合成添加剂。图 5.12 显示了 AA-AMPS 油田用单体合成聚合物。

丙烯酸酯和丙烯酸酯共聚物是最常见的水基钻井液合成材料，它们是由丙烯酸制成的丙

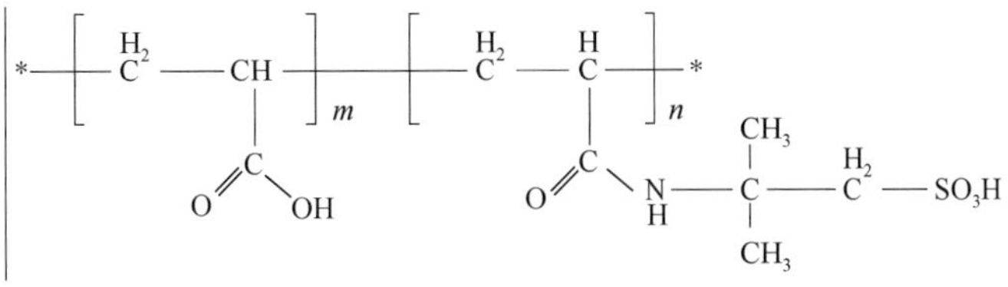

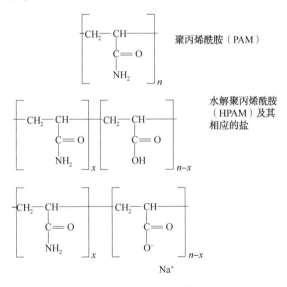

图 5.12　常见的 AA-AMPS 单体示意图

烯酸酯共聚物单体。

（1）低分子量（10000）——稀释剂/抗絮凝剂，液体或粉末。

（2）中等分子量（100000）——降失水材料，通常是粉末。

（3）高分子量（1000000）——用于降低固相膨润土含量，未加重的钻井液。

马来酸酐和苯乙烯共聚物被开发用于地热钻井作业。温度高于 315℃时依然稳定。

聚丙烯酰胺首先在 20 世纪 60 年代用作流变调节剂，然后作为 Shell 聚合物钻井液体系中的井筒膨润土稳定剂（Clark 等，1976）。图 5.12 显示了聚丙烯酰胺的单体示意图。聚丙烯酰胺的水解度特征取决于它们的取代度——用烃基取代酰胺基，以及在各种分子量中的电荷类型和电荷密度。他们在超过 150℃时稳定（图 5.13）。

除了用作井眼稳定性的成膜材料之外，在氯化钾钻井液中，它们被用作絮凝剂——实现循环利用或钻井液零排放。

聚丙烯酰胺（PAM）

水解聚丙烯酰胺（HPAM）及其相应的盐

图 5.13　聚丙烯酰胺类单体示意图

参 考 文 献

Annis，M. R.，1967. High temperature properties of water-base drilling fluids. J. Petrol. Technol. 1074-1080，Trans AIME 240.

Clark，R.，Scheurmann，R.，Rath，H.，van Laar，H.，1976. Polyacrylamide/potassium chloridemud for drilling water-sensitive shales. J. Petro. Technol. 719-727，Trans AIME 261.

CP Kelco 2008. Xanthan handbook，eighth ed.，2001-2008.

Downs, J., 1991. High Temperature Stabilisation of Xanthan, in Drilling Fluids by the Use of Formate Salts. Published in Physical Chemistry of Colloids and Interfaces in Oil Production, Editions TechNet, Paris.

Eckel, J. R., 1967. Microbit studies of the effect of fluid properties and hydraulics on drillingrate. J. Petrol. Technol. 541–546, Trans AIME 240.

Gallino, G., Guarneri, A., Poli, G., Xiao, L., 1996. Scleroglucan Biopolymer Enhances WBMPerformances. Paper 36426 presented at the SPE Annual Technical Conference Denver, Colorado, October 6–9.

Gray, G. R., Foster, J. L., Chapman, T. S., 1942. Control of filtration characteristics of salt watermuds. Trans. AIME 146, 117–125.

Kang, K. S., Petit, D. J., 1993. Xanthan, Gellan, Welan, and Rhamsan. In: Whistler, R. L., BeMiller, J. N. (Eds.), Industrial Gums, Third ed. Academic Press, New York, NY, pp. 341–397.

Kaveler, H. H., 1946. Improved drilling muds containing carboxymethylcellulose. API Drill. Prod. Pract. 43–50.

Navarrete, R. C., Seheult, J. M., Coffey, M. D., 2001. "New BioPolymers for Drilling, Drill-In, Competions, Spacer Fluids and Coiled Tubing Applications," paper IADC/SPE 62790, presentedat the 2000 IADC/SPE Asia Pacific Drilling Technology Conference, Kuala Lumpur, Malaysia, September 11–13.

Sinha, V., Shah, S. N., 2014. Rheological Performance of Polymers in Heavy Brines forWorkover and Completion. AADE Fluids Technical Conference and Exhibition held at theHilton Houston North Hotel, Houston, Texas, April 15–16.

第六章 钻井液流变学

流变学是研究物质变形形式及流变特性的学科，流变学研究的领域是流动压力与流速之间的关系以及它们对液体流动特性的影响，主要有如下两个不同的基本关系：

（1）在低流速下层流是主要的，流动是有规则的，而压力与速度的关系是流体黏性的一个函数。

（2）在高速下紊流是主要的，流动是不规则的，它主要受流体运动的惯性制约，流动方程是经验的。

流体有4种基本流动类型，即牛顿流体、宾汉塑性流体、假塑性流体及膨胀性流体。前3种是与钻井液技术有关的。

大多数钻井液并不完全符合这些模式，并能有足够精确度来预测钻井特性。通常利用流变曲线使流动模式形象化。这些流变曲线是流动压力对流速的曲线图，也可以是剪切应力对剪切速率的关系曲线图(图6.1)。

本章的第一部分，我们将讨论与钻井液技术有关的4个流动模式流动特性的理论；首先讨论层流，然后是紊流。在这一部分里，对流动方程没有给出任何单位，因为任何一套一致单位都可以用，但实际上，压力、应力与密度类的术语经常以质量为单位书写，而术语黏度是以力的单位书写，需要的时候重力转换系数包括在方程式里。确定钻井井眼里流动压力与速度的实用液力方程将在本章的第二部分给出。最后，将讨论与钻井液流变学有关的几个问题如井眼的情况，抽吸与波动压力等。

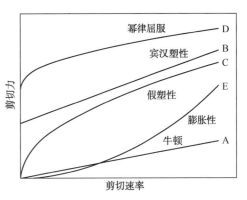

图 6.1 不同数学流动模型的连续曲线

本章只讨论液体流变学，泡沫流变学所提出的一些不同问题，将在本书第八章讨论。

第一节 层 流

用假想的一叠放在一个平面表面上的卡片最容易理解层流。如果在上部的卡片的端部施加一个力 F(图6.2)，由于摩擦阻力，每个下面接续卡片的运动速度将以一个常量 dv 递减，从 v 至零，因此：

$$F/A = \tau = -\mu(dv/dr) \tag{6.1}$$

式中：A 为卡片接触表面面积；r 为叠合卡片的厚度；dv 为相邻卡片的速度差；而 dr 为它们之间的距离；μ 为卡片之间运动的摩擦阻力，在流变学术语叫黏度；τ 为剪切应力；dv/dr 为剪切速率或速度梯度，由速度剖面的斜率规定。

牛顿流体的稠度曲线(常常叫作流动模式)是一条穿过原点(图 6.3)的直线。曲线的斜率定为黏度,因此:

$$\mu = \tau / \dot{\gamma} \tag{6.2}$$

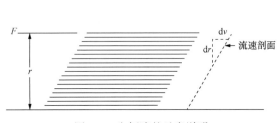

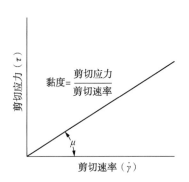

图 6.2 牛顿液的示意说明   图 6.3 牛顿流体的稠度曲线

式中:$\dot{\gamma}$ 是剪切速率。由上式可见,μ 不随剪切速率变化,因此它是表示牛顿流体特性的参数。

在公制单位里黏度的单位是 P,其定义为分开 1cm 的两层液体,并使之产生 1cm/s 速度梯度所需要的应力,泊(P)的 1/100 叫厘泊(cP)。

牛顿流体在圆管内层流时可以形象地看成是一组套筒式的同心圆筒,如图 6.4(a)所示。圆筒的速度从管壁处的零到管子轴线处的最大值,从而形成一个抛物线状的速度剖面[图6.4(b)]。在半径上任意一点的剪切速率就是那一点抛物剖面的斜率,注意在管壁处是最大值,在轴线处为零。

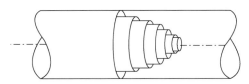

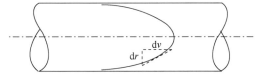

(a)在圆管内一种牛顿流体层流的示意图   (b)流体的速度剖面
(流速从管壁出的零增加到管子轴线的最大值)   (在任意一点的剪切速率是剖面在该点的斜率)

图 6.4 牛顿流体在圆管内层流情况示意图

压力与流速之间的关系推导如下:如果一种流体流经一根长为 L,半径为 R 的管子,在圆柱半径 r 端部上的力是管子两端压差 p 与圆管横截面积之乘积,剪切应力则是:

$$\tau = \frac{F}{A} = \frac{\pi r^2 p}{2\pi r L} = \frac{rp}{2L} \tag{6.3}$$

代入式(6.1),得到:

$$\frac{rp}{2L} = -\frac{dv}{\mu dr}$$

这就是牛顿流体在圆管内层流流动的 Poiseulle 方程:

$$Q = \frac{g\pi R^4 p}{8L\mu} \tag{6.4}$$

式中：Q 为流体流量；R 为管子半径。

通常泊肃叶方程用平均速度 v，与管子直径 D 来表达。因为 $Q = v\pi R^2$，方程(6.4)变成：

$$p = \frac{32v\mu L}{gD^2} \tag{6.5}$$

对于在内径 D_1，外径 D_2 的同心环空里的流动。方程(6.3)可写成：

$$\tau = \frac{\pi / \left[4(D_2^2 - D_1^2) p \right]}{\pi(D_2 + D_1)L} = \frac{(D_2 - D_1)p}{4L}$$

式中：$\dfrac{D_2 - D_1}{4}$ 叫作平均液力半径，并在许多液力方程里代替 $\dfrac{D}{4}$。

这样 Poiseulle 方程就变成：

$$p = \frac{48v\mu L}{g(D_2 - D_1)^2} \tag{6.6}$$

利用毛细管黏度计在一个标准压力下排出标准体积的时间来确定牛顿流体的黏度。黏度值可以从方程(6.4)计算或用与已知黏度的液体进行校正的办法或根据黏度厂家的一个常数计算而得。有各种尺寸的毛细管黏度计，就可以方便地测得广大范围的黏度值。

第二节　宾汉流体的模型

宾汉首先认识塑性流体，因而将这种液体称为宾汉塑性流体或宾汉流体。它们与牛顿流体的不同点在于需要一个力才能开始流动。图 6.5(a)表示理想宾汉塑性流体的稠度曲线，其方程为：

$$\tau - \tau_0 = -\mu_p \frac{dv}{dr} \tag{6.7}$$

式中：τ_0 为流体开始流动时所需要的应力；μ_p 为塑性黏度，计算如下：

$$\mu_p = \frac{\tau - \tau_0}{\dot{\gamma}} \tag{6.8}$$

宾汉塑性流体的剪切应力可以用在剪切速率处的表观黏度来表达。牛顿液的有效黏度就是在牛顿液相同剪切速率处具有相同的剪切应力。图 6.5(a)表示在剪切速率 $\dot{\gamma}_1$ 处有效黏度，即

$$\mu_{e1} = \frac{\tau_1 - \tau_0}{\dot{\gamma}_1} + \frac{\tau_0}{\dot{\gamma}_1} = \mu_p + \frac{\tau_0}{\dot{\gamma}_1} \tag{6.9}$$

因此有效黏度由两部分组成：塑性黏度以及由于颗粒倾向于形成某种结构所造成剪切应

力的结构黏度。如图 6.5(a)所示，$\dfrac{\tau_0}{\dot{\gamma}}$ 随着剪切速率的增加形成对剪切总阻力减少部分，所以随着剪切速率的增加有效黏度降低。

有效黏度值是规定的剪切速率下的黏度，如图 1.5 所示，不能用有效黏度来比较两种液体的黏性。有效黏度是由两个参数构成的。在剪切速率已知时，在水力学方程里有效黏度是一个非常有用的参数，这将在后面讨论。

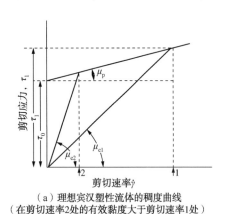
（a）理想宾汉塑性流体的稠度曲线
（在剪切速率2处的有效黏度大于剪切速率1处）

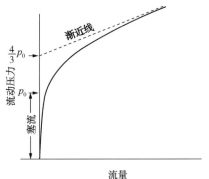
（b）观察到的一种宾汉塑性流体的稠度曲线
（p_0 是实际的屈服点，忽略了塑性变形，$\frac{4}{3}p_0$ 是视屈服点）

图 6.5　宾汉塑性流体稠度曲线

图 6.5(a)表示的塑性黏度在实践中永远看不到。当施加的外力低于屈服点时，看到的是一种慢的塑性变形，如图 6.5(b)所示。Green 用显微镜观察了一个玻璃毛细管内悬浮液的流动，他证实在这种类型的流动里没有剪切作用。悬浮液像一个固体柱塞那样流动，它在毛细管管壁处有一薄膜帮助润滑。悬浮液的颗粒由它们之间的引力联系在一起。降低外压力，仍然总会有些流动，尽管流动可以慢到 100 年流 1cm^3。因此他得出结论：没有绝对的屈服点，并把宾汉屈服点定义为使悬浮液发生层流流动时所需应力。

Green 证实在一根圆管内宾汉塑性流动如下：如果压力从零逐渐增加，悬浮液开始像柱塞那样流动(如上所述)，速度剖面是一条垂直于管子轴线的直线[图 6.6(a)]。由于剪切应力等于 $rp/2L$[式(6.3)]，当式(6.10)成立时层流在管壁处开始：

$$\frac{Rp_0}{2L} = \tau_0 \tag{6.10}$$

式中：p_0 是塑性流动开始所需要的压力。在压力大于 p_0 时，层流向管子轴线发展，这样流动就包括管子中心部分的塞流，它的周围部分是层流，流速剖面如图 6.6(b)所示。不管压力有多大，塞流永远不会完全消除，因为随着 r 变得极小，p 必然变得非常大(因为 $rp/2l$ 必须等于 τ_0)，当 $r=0$，p 变为无穷大。严格地讲宾汉塑性流在一圆管内的稠度曲线不管剪切速率多大总是非线性的。但是，从曲线的渐近线可以得到压力与流量之间的关系，这条渐近线与压力轴线在 $\frac{4}{3}p_0$ 相交，如图 6.5(b)所示。宾汉(Buckingham)是从线的相交中得到这个关系的，其 Poiseulle 方程是：

$$Q = \frac{\pi R^2}{8\mu_p L}\left[p - \frac{4}{3}p_0\left(1 - \frac{p_0^3}{4p^3}\right)\right] \tag{6.11}$$

从式(6.10)中取代 p_0 值，这样式(6.11)就可以写成：

$$V = \frac{D^2 p}{32\mu_p L}\left[1 - \frac{4}{3}\left(\frac{4\tau_0 L}{Dp}\right) + \frac{1}{3}\left(\frac{4\tau_0 L}{Dp}\right)^4\right] \tag{6.12}$$

式中：$\frac{1}{3}\left(4\frac{\tau_0 L}{D_p}\right)^4$ 代表曲线与渐近线之间部分。

在高流量下，这一项可以忽略。但对于精确解不能用省略的形式，除非 $\dfrac{\frac{D_p}{4L}}{4L}$ 超过屈服应力值至少 4 倍。

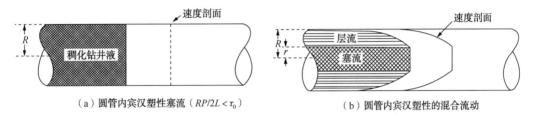

（a）圆管内宾汉塑性塞流（$RP/2L < \tau_0$）　　　（b）圆管内宾汉塑性的混合流动

图 6.6　圆管内宾汉塑性流动

在流量非常低时式(6.12)里应包括一个塞流表达式，根据宾汉关系，塞流可描述如下：

$$V = \frac{\pi DKp}{2\mu L} \tag{6.13}$$

式中：K 为常数；μ 为在井壁处润滑层的黏度。在钻井作业中塞流对流量的影响通常是不重要的。

液力半径定义为 $\dfrac{D_2 - D_1}{4}$ 在确定环空的流动关系时，它通常代替式(6.12)中的 $D/4$。当然，这个方法不能得出一个精确答案。如果需要精确答案则需采用由 Melrose、Savins 与 Parish 书写的计算机程序。

第三节　同心回筒旋转黏度计

宾汉塑性流的塑性黏度与屈服点是在同心圆筒旋转黏度计上测得的。这个仪器的突出优点是在某一转速以上，消除了塞流，稠度曲线成为直线。

旋转黏度计的主要部件如图 6.7 所示。仪器有两个转筒，外筒环绕内筒或浮子，同心旋转浮子悬挂在金属丝上。金属丝与刻度盘上的指针相连，浮子与外筒之间的环空约为 1mm。指针用来指金属丝旋转角度。

当外筒旋转时，浮子与之同时旋转(不考虑微小的滑动)，直到在金属丝里产生的扭矩与流体塑性结构剪切强度相等时，在相等时的那一点存在如下关系：

$$\frac{T_0}{2\pi R_b^2 h} = \tau_0 \tag{6.14}$$

式中：T_0(图 6.8)为在屈服点处的扭矩；R_b 为浮子的半径；h 为浮子的有效高度，即浮子的实际高度与浮子底部效应的修正值。层流现在开始在浮子表面并且向外随着连续的运转扩展向外，直到环空内所有的液体都变成层流，此时：

$$\frac{T_1}{2\pi R_c^2 h} = \tau_0 \tag{6.15}$$

式中：T_1 为临界的扭矩；R_c 为外筒的内半径。当外筒以一个常速转动时，扭矩达到平衡值，这个值取决于液体的流变特性。

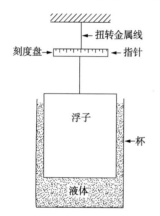

图 6.7 扭矩黏度表的示意图
（杯是旋转的）

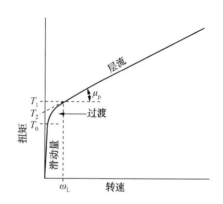

图 6.8 在一个直接指示的黏度计里宾汉
塑性稠度曲线（当转数高于 ω_L 时）

对于任何大到足以使环空内液体维持层流的速度，扭矩与转子速度之间的关系是线性的，这是由 Refiner Riwlin 方程决定的：

$$\overline{\omega} = \frac{T}{4\pi h \mu_p}\left(\frac{1}{R_b^2} - \frac{1}{R_c^2}\right) - \frac{\tau_0}{\mu_p}\ln\frac{R_c}{R_b} \tag{6.16}$$

式中：$\overline{\omega}$ 是角速度，rad/s；T 是对应的扭矩。式(6.16)中屈服点 τ_0 定义为截距，T_2 为扭矩轴上曲线线性部分的外推截距。当 $\overline{\omega} = 0$ 时，式(6.16)里的 T_0 由式(6.16)求出，因而：

$$\frac{T_2}{4\pi h}\left(\frac{1}{R_b^2} - \frac{1}{R_c^2}\right) = \tau_0 \ln\frac{R_c}{R_b} \tag{6.17}$$

临界角速度以上直线的斜率 w_1，定义了塑性黏度 μ_p。

金属丝上的扭矩值可由刻度盘的偏转角度及金属丝的常数 C 取得：

$$T = C\theta \tag{6.18}$$

式中：T 的单位是 dyn·cm；θ 是刻度盘偏转度数。金属丝常数是由黏度计的制造厂家给出的或者用牛顿流体校正，由于这些液体没有屈服点，C 可以由式(6.16)及式(6.18)得到：

$$\overline{\omega}=\frac{C\theta}{4\pi h\mu}\left(\frac{1}{R_{\mathrm{b}}^{2}}-\frac{1}{R_{\mathrm{c}}^{2}}\right) \tag{6.19}$$

本书第三章叙述了商品旋转黏度计，它可以用在钻井液中。它与图 6.7 的黏度计原理相似，但不是使用金属丝而是使用弹簧。根据 Savins 与 Roper 设计的这种黏度计可以使塑性黏度与屈服点由 600r/min 与 300r/min 的刻度读数计算出来。在本章里，它们称为直读黏度计。

根据 Savins 与 Roper 的理论，Reiner-Riwlin 方程[式(6.16)]可写成：

$$\mu_{\mathrm{p}}=\frac{A\theta-B\tau_{0}}{\omega}$$

式中：A 与 B 是常数，包括仪器尺寸、弹簧常数与所有转化因素；ω 是转子转速，r/min。则：

$$\mu_{\mathrm{p}}=\overline{PV}=A\left(\frac{\theta_{1}-\theta_{2}}{\omega_{1}-\omega_{2}}\right) \tag{6.20}$$

式中：θ_{1} 与 θ_{2} 分别为转速 ω_{1}(r/min)和 ω_{2}(r/min)时的刻度读数。$\overline{PV}$是塑性黏度。

$$\tau_{0}=\overline{YP}=\frac{A}{B}\left[\theta_{1}-\left(\frac{\omega_{1}}{\omega_{1}-\omega_{2}}\right)(\theta_{1}-\theta_{2})\right] \tag{6.21}$$

式中：$\overline{YP}$是屈服点；A、B、ω_{1} 与 ω_{2} 关系为：$A=B=\omega_{1}-\omega_{2}$，及 $\omega_{1}=2\omega_{2}$，在这些条件下：

$$\frac{A}{\omega_{1}-\omega_{2}}=1,\ \frac{A}{B}=1,\ \frac{\omega_{1}}{\omega_{1}-\omega_{2}}=2$$

式(6.20)与式(6.21)则简化成：

$$\overline{PV}=\theta_{1}-\theta_{2} \tag{6.22}$$

$$\overline{YP}=\theta_{2}-\overline{PV} \tag{6.23}$$

为了满足以上这些要求，R_{b} 与 R_{c} 要使环空宽度约为 1cm，$A=B$ 的数值是 300。ω_{2} 因而变为 300r/min，而 ω_{1} 为 600r/min。$A=300$ 时需要的弹簧常数为 387dyn·cm。式(6.22)给出塑性黏度单位是 cP，式(6.23)给出屈服点单位为 lb/100ft²。从 Savins-Roper 黏度计读数可以计算出有效黏度如下：

1°的刻度读数=1.067lb/100ft²=5.11dyn/cm²(剪切应力)；1r/min=1.703s⁻¹(剪切速率)。

$$\mu_{\mathrm{e}}=\frac{\tau}{\dot{\gamma}}=\frac{5.11}{1.703}\mathrm{P}/[(°)\cdot(\mathrm{r/min})]$$
$$=300\mathrm{cP}/[(°)\cdot(\mathrm{r/min})]$$
$$=\frac{300\times\theta}{\omega} \tag{6.24}$$

式中：θ 是在 ω(r/min)时的刻度读数。

在评价钻井液时，测定 600r/min 时的有效黏度，叫表观黏度 $\overline{AV}$，由式(6.25)给出：

$$\overline{AV} = \frac{300 \times \theta_{600}}{600} = \frac{\theta_{600}}{2} \qquad (6.25)$$

注意有些作者把表观黏度也作为有效黏度。确定塑性黏度、屈服点及表观黏度的原理如图 6.9 所示。

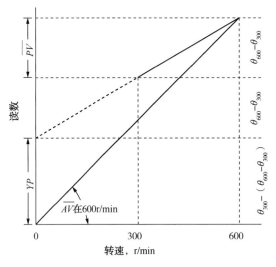

图 6.9　在一个双速直读黏度计里确定流动参数的图形描述

第四节　在低剪切速率下的钻井液特性

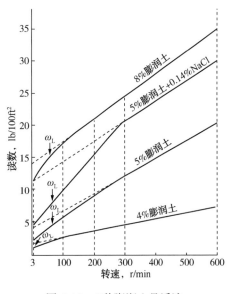

图 6.10　4 种膨润土悬浮液的稠度曲线

如前面一节所述,宾汉塑性流体在旋转黏度计里的稠度曲线在高于环空层流的转速时是线性的。但钻井液不是理想的宾汉塑性流体,在低剪切速率下,它们偏离直线。这种偏差特性在范氏多速黏度计才可以表现出来,两速黏度计得不出来。参见图 6.10 表示的 4 种膨润土悬浮液的稠度曲线。根据 Savin 与 Roper 理论,在环空里的流动完全层流时,其条件为:

$$\frac{T}{2\pi R_c^2 h} > \overline{YP} \qquad (6.26)$$

把式(6.26)代入式(6.16),得:

$$\overline{\omega_L} = \frac{\overline{YP}}{2\overline{PV}}\left(\frac{R_c^2}{R_b^2} - 1 - 2\ln\frac{R_c}{R_b}\right) \qquad (6.27)$$

再代入仪器常数,得:

$$\omega_{L} = 20.62 \frac{\overline{YP}}{\overline{PV}} \tag{6.28}$$

式中：ω_{L} 是完全层流的临界转速。

对 4 种膨润土悬浮液的每一种临界转速作了计算，其条件是假定它们是宾汉塑性流体，在图 6.10 上，可以看到曲线只有在比较高的转速下为线性，外推 600r/min 与 300r/min 转速的刻度读数表明实际的屈服点是相当低的。

钻井液的特性可以作如下的解释：图 6.5(a) 与图 6.8 显示的是理想宾汉塑性流体稠度曲线，是基于高浓度近似等维粒子的悬浮液的行为，如印刷油墨和油漆。在这样的悬浮液里固相的浓度高到颗粒与颗粒形成结构。这种结构抑制剪切是颗粒间引力作用和颗粒之间摩擦提高到一定程度所致。外力一旦超过屈服点，层流便开始。假定颗粒仅仅由它们的体积来影响黏度，颗粒之间作用力再不起作用。爱因斯坦方程为：

$$\mu_{e} = \mu + 2.5\phi \tag{6.29}$$

式中：μ 是液体介质的黏度；ϕ 是固相体积。

如本书第四章所述，在钻井液里黏土颗粒尺寸是很不相同，在极低固相浓度下，黏土表面引力与表面斥力之间的相互作用形成一个结构。在低剪切速率下，黏土颗粒的特性仍然受这些力的影响，因此，黏度是比较高的，但随着剪切速率的增加，颗粒逐渐排成流动方向，使黏度在很大程度上取决于钻井液内的所有固相的浓度。

由于这些现象，在旋转黏度计里钻井液的流变曲线偏离直线的程度因钻井液而不同，这取决于颗粒的浓度、尺寸与形状。对于高含量黏土颗粒钻井液或含有长链聚合物的低固相钻井液，这种偏差特别明显。这种偏差同样受电解质的影响，如本书第四章所讨论的那样，电解质决定了颗粒间的力。在图 6.10 中，由 NaCl 絮凝的膨润土曲线显示出与直线最大的偏差。

除非用多速旋转黏度计否则没有方法确定流变曲线的线性。因此，流变参数 $\overline{PV}$ 与 $\overline{YP}$ 的用途是有限的。实际上这些参数常用于现场评价钻井液性能，特别是作为钻井液维护处理的根据。$\overline{PV}$ 与固相颗粒的浓度有关，可以表明是否需要稀释；$\overline{YP}$ 对电化学介质敏感，因而可表明是否需要化学处理。$\overline{PV}$ 与 $\overline{YP}$ 对钻井液的处理是需要的，因为在这种情况下，流变曲线的形状是不重要的。

$\overline{PV}$ 与 $\overline{YP}$ 即为式(6.12)里的 μ_0 与 τ_0，用于判别管内的层流特性，但这只适用于高剪切率的流动。判别低剪切速率的流动特性时，要计算在管内占主导剪切速率的有效黏度，它可在以后的 Poiseulle 方程(6.5)中被取代。有效黏度所需的值最好由幂定律来确定，这将在本章后面讨论。

如前面所述，$\overline{YP}$ 不能代表真实的屈服点。实际上，由于滑动流变曲线逐渐接近应力轴。这样 Green 定义的真实屈服点(即开始层流所需的应力)是不能确定的。对于实用来说，初切力，即当流动停止后立即用手旋转杯子所看到的最大偏转角，可能是真实屈服点的最佳测量。

在高的转速下离心效应变得重要了，所以旋转黏度计在极高剪切速率下是不能用来确定流变性质。为此,应使用能测量大量程剪切速率黏度的加压毛细管黏度计。这个仪器对于确定幂律参数是特别有用的,这将在本章后面加以讨论。

第五节　钻井液的触变效应

如果在钻井液搅拌后,立即测量切力,并且在静止一个周期后进行重复的测量,所获得的最大切力值速率逐渐降低。这种特性最初是由 Freundlich 提出的触变现象。它是胶质溶液转换成凝胶的一种可逆等温转换。钻井液的这种效应是由于黏土片晶表面静电慢慢地向最小自由能排列(本书第四章)。在静止一段时间后触变性钻井液就不会流动,除非施加的应力大于结构强度。换言之,胶凝强度即是屈服点 τ_0。如果钻井液受到不变剪切速率作用,片晶组合逐渐调整至以剪切为止的情况,而有效黏度随时间降低,直到一个不变值。在这点上,结构形成与结构破坏处于平衡。剪切速率增加,黏度就会减少,直到剪切速率达到某一平衡值。如果剪切速率增加,那么黏度就会随时间进一步减少,直到剪切速率达到标准的平衡值。如果剪切速率降低到第一速率时,黏度就会慢慢增加,直到又达到该剪切速率下的平衡值。由于这些现象,Freundlich 原来的触变性定义已扩展到包括一个在不变剪切速率下黏度随时间可逆的等温变化。

触变性与塑性是两大概念。如我们已经看到的那样,宾汉塑性流体的有效黏度与剪切速率有关,塑性流体的结构黏度随着剪切速率增加而减少。触变液体的黏度既与剪切速率有关又与剪切时间有关。因为结构部分根据过去流体的剪切历史随时间而变化。因此触变性流体是"具有过去经历"的流体。宾汉塑性流体可以是触变性的也可以是非触变性的,这取决于液体组分及电化学特性。触变性试验可以用带记录器的黏度计来做,其办法是先增加转速后,再降低转速以进行测量和记录。如果在记录器上得到一个滞后的环形曲线,这种流体就是触变性流体。

与触变性相反的是震凝现象。震凝性流体的黏度在一定的剪切速率下随时间而增加,在钻井液里还未报道过震凝现象。

Jones 与 Babson 首先研究了触变性对钻井液流变参数的影响。他们在 Mac Michael 黏度计中发现塑性液在一定的剪切速率下经过一段时间后扭矩发生了变化,在图 6.11 上的曲线 1 显示的结果是当一种胶凝钻井液以 189r/min 速率剪切时,扭矩在 15min 内,剧烈地下降,然后逐渐降低,直到 1h 后达到平衡。曲线 2 显示的是当剪切速率增加到 279r/min 后的钻井液特性(维持这个转速直到平衡),然后又降低至 180r/min。这时扭矩逐渐恢复到曲线 1 的平衡值。曲线 4 与 5 在 81r/min 显示了同一近似的平衡值而不管钻井液是否在 1192/min 或 279r/min 都经过了预剪切。这些结果确认触变性钻井液有剪切平衡值,该平衡值对于所测量的剪切速率是特有的,并且这个剪切速率是与剪切随时间变化无关。

在 21~189r/min 转速范围的钻井液平衡黏度由图 6.12 上的曲线 1 来表示。Jones 与 Babson 强调塑性黏度与屈服点的概念不能应用到这条曲线,因为每一个点代表一个不同程度的结构破坏,换言之,平衡曲线使应力与剪切速率及时间效应发生关系,而同时流动方程只使应力与剪切速率发生关系。有意义的塑性黏度与屈服点数值,只能在规定转速下通过剪切达到平衡的办法取得,然后在任何触变发生前,在低转速下尽快地做出扭矩读数。在图 6.12 上的曲线 2 与 3 显示的是分别在 189r/min 与 279r/min 预剪切后的瞬时值。对于每一个预剪切速率，平衡与瞬时曲线之间的面积规定了在任何点的较低剪切速度下的流动条件。

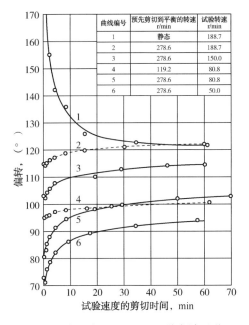

曲线编号	预先剪切到平衡的转速 r/min	试验转速 r/min
1	静态	188.7
2	278.6	188.7
3	278.6	150.0
4	119.2	80.8
5	278.6	80.8
6	278.6	50.0

图 6.11　在一个 Mac Michael 黏度计里黏土钻井液的流动特性

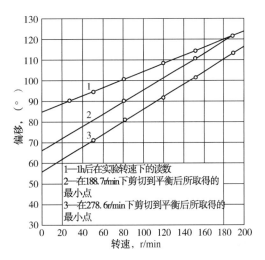

1—1h后在实验转速下的读数
2—在188.7r/min下剪切到平衡后所取得的最小点
3—在278.6r/min下剪切到平衡后所取得的最小点

图 6.12　黏土钻井液的平衡与瞬时流动曲线（塑性黏度与屈服点由曲线 2 与曲线 3 规定）

Cheng 等也证实了剪切随时间变化对黏度的影响，他们以 $20\sim700s^{-1}$ 变化速率预剪切膨润土悬浮液至平衡。在每种情况下瞬时曲线是在剪切速率不大于 $700s^{-1}$ 得到的。在图 6.13 里显示了 4.8% 的膨润土悬浮液的结果，它们表示在 700r/min 的瞬时有效黏度根据预剪切速率从 11cP 变到 63cP。

上述讨论的原则与实验结果证实剪切随时间变化的效应在确定触变钻井液的流动参数时必须予以考虑。例如，当与不同的钻井液流动性能进行比较时，各种钻井液必须预剪切到标准速率下的平衡。当流动参数是用于计算一口井内的压降时，钻井液必须预剪切到井内普遍存在的压降相对应的状态。

注意：剪切到平衡所需要的时间可能不是 Jones 和 Babson 报道的 1 人。图 6.14 表示了一种极端情况，即预剪切一种絮凝单离子蒙脱土悬浮液需要极长的时间，从井上带到实验室的钻井液同样可能需要较长时间，以便使它们降低到一种类似于井内的剪切状态。

Slibar 与 Paslay 发展了一组包含 5 个物理参数的基本方程，这些参数可以用来预测剪切随时间变化对触变材料的影响。他们的预测与 Jones、

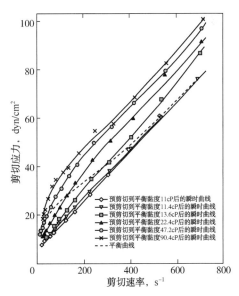

◇—预剪切到平衡黏度11cP后的瞬时曲线
●—预剪切到平衡黏度11.4cP后的瞬时曲线
□—预剪切到平衡黏度13.6cP后的瞬时曲线
▲—预剪切到平衡黏度22.4cP后的瞬时曲线
○—预剪切到平衡黏度47.2cP后的瞬时曲线
×—预剪切到平衡黏度90.4cP后的瞬时曲线
- - - 平衡曲线

图 6.13　一种 4.8% 膨润土悬浮液的平衡与瞬时曲线

Babson 的实验结果之间取得对比良好的结果。

在长时间静止后，触变钻井液所形成的高胶凝强度对钻井工程师又产生了另外的问题。长时间形成的胶凝强度是在起下钻后再次恢复循环时所需要的压力以及产生抽吸压力的一个主要影响因素。然而胶凝强度与时间的关系因钻井液不同而变化很大，这种关系取决于组分、絮凝的程度等(图 6.15)，并且没有预测长期胶凝强度的方法。在这方面 Garrson 走出唯一重要的一步。他从观察加利福尼亚膨润土的胶凝速率后建立了下述方程：

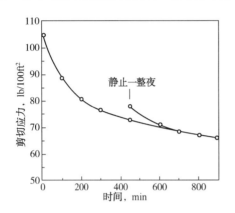

图 6.14　剪切含 50meq/L NaCl 的 4%纯钠蒙脱土浆液所引起胶凝结构的缓慢破坏情况(剪切速率为 480s⁻¹)

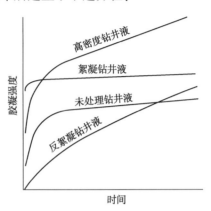

图 6.15　不同钻井液胶凝强度随时间的变化

$$\frac{S'Kt}{1+Kt}=S \tag{6.30}$$

式中：S 为在任何时间 t 的胶凝强度；S' 为最终的胶凝强度；K 为胶凝速率常数。方程 (6.30) 可写成：

$$\frac{t}{S}=\frac{t}{S'}+\frac{1}{S'K}$$

它表示 $\frac{t}{S}$ 与 t 是一条直线，方程的斜率为 K，截距为 $\frac{1}{S'K}$。图 6.16 是表示几种膨润土悬浮液胶凝强度(S)与时间(t)关系的曲线图，而图 6.17 表示同样悬浮液的 $\frac{t}{S}$ 对时间的关系曲线图，表 6.1 给出了根据方程(6.30)计算的最终胶凝强度与胶凝速率数据。

表 6.1　由图 6.16 计算的胶凝速率常数

曲线	悬浮液组分	S'	K	pH 值
1	4.5%膨润土	34.4	0.047	9.2
2	5.5%膨润土	74.4	0.75	9.2
3	6.5%膨润土	114	0.79	9.2
4	5.5%膨润土, 1%丹宁酸钠	104	0.0089	9.2
5	5.5%单离子钠蒙脱石	99.7	0.033	9.2

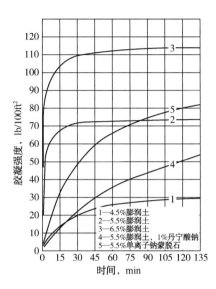

图 6.16　加利福尼亚膨润土的胶凝
强度与时间的关系

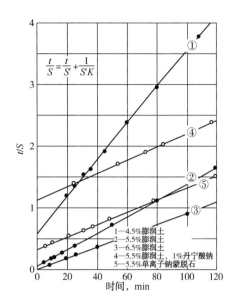

图 6.17　加利福尼亚膨润土的
胶凝速率常数

方程(6.30)是否能适用于 Garrison 试验膨润土以外的钻井液,很少有文献报道。Weintritt 与 Hughes 用旋转黏度计测量含有硫酸钙与铁铬木质素磺酸盐的某些现场钻井液在静置一天后的胶凝强度。其数据方程在开始 2h 内符合方程(6.30),但在 2h 后数据点就散乱了。

这些研究者的工作表明,评价静置 10s 与 10min 时的胶凝强度的方法目前是不足的。例如,图 6.16 表示在剪切刚停止后胶凝强度可以非常迅速增加,所以静切力对时间是非常敏感的,这一有意义的数值很难获得。图 6.16 同样表示 10min 胶凝强度并不是最终的切力值。表 6.1 曲线 1 与曲线 4 表示同样是 10min 的胶凝强度,但曲线 1 钻井液的最终切力值是 34,曲线 4 钻井液的最终切力值却是 104。

胶凝强度试验点明显散乱的原因是施加的外力有速率的变化。这个因素的重要性由 Lord 与 Menzies 得到证明,他们在一个改进了的范氏旋转黏度计以 0.5 ~ 100r/min 变化的速率测量 10%膨润土悬浮液的胶凝强度,并且记录应力随时间的变化值。图 6.18 表示了所得到的各种类型曲线。记录的最大应力应当是胶凝强度,曲线第一部分的斜率应当是施加外力的速率。图 6.19 表示所观察的胶凝强度(Y)均随施加外力速率(τ)的增加而剧烈地增加。使用管式黏度计,Lord 与 Menzies 得出破坏钻井液胶凝的力是随着施加的泵压的速率而增加的相似结论。

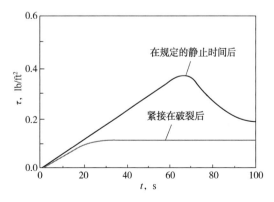

图 6.18　标准的剪切应力载荷曲线

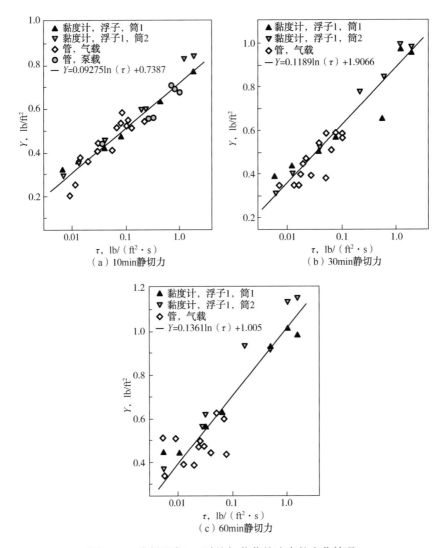

图 6.19 胶凝强度(Y)随施加载荷的速率的变化情况

因此，需要一种预测长期胶凝强度的方法，用来更精确地评价恢复钻井液循环所需的压力。

第六节　假塑性流体

假塑性流体没有屈服点，其流变曲线通过原点。曲线是非线性的，但在高的剪切速率下接近线性。因此，如果将在高剪切速率下得到的应力值外推与纵轴相交，就会得出类似宾汉塑性流体的屈服点，因此，这种流体叫假塑性流体(图 6.20)。

长链高聚物悬浮液是标准的假塑性流体。在静止时高分子长链缠绕在一起，但它们没有形成结构，这是因为静电力主要是排斥力。当流体运动时，链倾向于按照流动主方向重新平行排列，这种倾向随着剪切速度的增加而增加，因而降低了有效黏度。

假塑性流体的流变曲线是用一个经验方程来描述的，即幂律方程。

$$\tau = K\left(\frac{\mathrm{d}v}{\mathrm{d}r}\right)^n \tag{6.31}$$

式中：K 是在剪切速率为 $1\mathrm{s}^{-1}$ 时的流体黏度，其单位是 $\mathrm{dyn/(cm \cdot s)}$，油田上一般使用 $\mathrm{lb/100ft^2}$；n 是流动特性指数，它表示剪切稀释的程度越小稀释的特点就越明显。

实际上，幂律方程描述了三种流型，这取决于 n 值：

（1）假塑性流体：$n<1$，有效黏度随剪切速率增加而减小；

（2）牛顿流体：$n=1$，黏度不随剪切速率变化而变化；

（3）膨胀性流体：$n>1$，有效黏度随剪切速率增加而增加。

方程(6.31)可以写成：

$$\lg\tau = \tau K + n\lg\dot{\gamma} \tag{6.32}$$

假塑性流体剪切应力与剪切速率对数关系曲线是一条直线，如图 6.21 所示，曲线斜率为 n，在 $\dot{\gamma}=1$ 时应力轴上的截距定为 K（因为 $\lg 1 = 0$）。

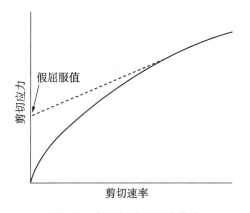

图 6.20　假塑性流的稠度曲线　　　　图 6.21　理想的幂律液体黏度曲线的对数图

K 与 n 可以直接从曲线图上求出或从两个应力值计算出来：

$$n = \frac{\lg\tau_1 - \lg\tau_2}{\lg\dot{\gamma}_1 - \lg\dot{\gamma}_2} \tag{6.33}$$

$$\lg K = \lg\tau_1 - n\lg\dot{\gamma}_1 \tag{6.34}$$

或

$$K = \frac{\tau_1}{\dot{\gamma}_1^n}$$

如果测量值是在直读黏度计上的 $600\mathrm{r/min}$ 与 $300\mathrm{r/min}$ 得到的，那么：

$$n = \frac{\lg\theta_{600} - \lg\theta_{300}}{\lg 1022 - \lg 511} = 3.32\lg\frac{\theta_{600}}{\theta_{300}} \tag{6.35}$$

$$\lg K = \lg\theta_{600} - 3.0094n$$

或

$$K = \frac{\theta_{600}}{1022^n}\mathrm{lb/100ft^2} \tag{6.36}$$

由图 6.22 中给出的曲线图可见,幂律流体的有效黏度为:

$$\mu_e = \frac{\tau}{\dot{\gamma}} = \frac{gK(\dot{\gamma})^n}{\dot{\gamma}} = gK(\dot{\gamma})^{n+1} \tag{6.37}$$

当 K 的单位是 dyn/cm 时, $\dot{\gamma}$ 的单位是 s^{-1} , μ_e 单位为 P。

牛顿液 $n=1$,在对数图上流变曲线的斜率总是 45°,若应力单位为 $\mathrm{dyn/cm^2}$,则 $\dot{\gamma}=1$ 处应力轴上的截距给出的黏度为 P,如图 6.23 所示。

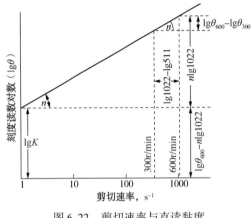

图 6.22 剪切速率与直读黏度
计读数的关系

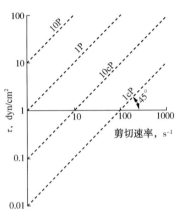

图 6.23 牛顿流体流变性
曲线的对数图

假塑性流体的速度剖面存在流核,像宾汉塑性流体的剖面[图 6.6(b)]一样,尽管假塑性流体没有屈服值,因此应没有通常那些剪切变形物质的流核存在。发生流核是因为管子的中心剪切速率减少,因而流体的黏度随之增加。流核的形状随 n 的减少而增加,如式(6.38):

$$\frac{\nu}{V} = \frac{1+3n}{1+n}\left[1-\left(\frac{r}{R}\right)^{\frac{n+1}{n}}\right] \tag{6.38}$$

式中: ν 是圆管半径为 r 处的流体流速, V 是平均速度。图 6.24 给出由式(6.38)计算的几个不同 n 值的速度剖面。

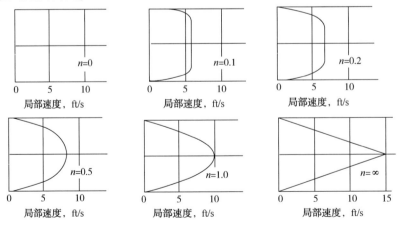

图 6.24 平均速度为 5ft/s 的速度剖面与流动特性的指数关系曲线图

在圆管内的假塑性流体的流动方程可用幂律方程对圆管半径积分得到，其表达式为：

$$P = 4K\left(\frac{6n+2}{2}\right)^n \frac{V^n L}{D^{n+1}} \tag{6.39}$$

这个方程限于能给出线性对数流变性曲线的幂律流体。

第七节 广义的幂律流体

大多数钻井液流型曲线是理想宾汉塑性流体与理想假塑性流体之间的流体流型。用多速黏度计在低转速时取得的数据曲线图与 Refiner-Riwlin 方程相反，它不是线性的。由图 6.25 可见(除了一种聚合物—盐水流体外)，对数曲线也与理想的幂律相反，同样不是线性的，Speers 发现以 600r/min 与 300r/min 读数来计算 n 与 K 值并进行了线性回归，对膨润土悬浮液不能得到良好的结果，这是因为对数—对数曲线是非线性的。低固相及聚合物流体，用大量稀释剂处理的黏土钻井液，以及油基钻井液都倾向于假塑性特性；高固相及未处理的及絮凝的黏土钻井液的作用更像宾汉塑性液。

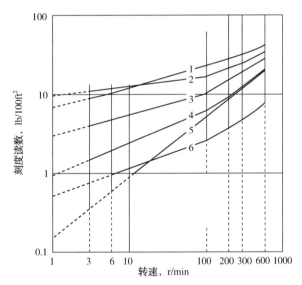

图 6.25 用多速直读黏度计测量的各种标准钻井液的流变曲线图

1—在 10%KCl 盐水中，加 0.3%XC 聚合物，加 10%膨润土；2—8%膨润土；3—5%膨润土+0.14%NaCl；

4—5%膨润土；5—在 NaCl 盐水中加 0.5%羟乙基纤维素；6—4%膨润土

式(6.31)包括了这些各种各样流体的流动特性，称为广义的幂律等式。其非线性的对数流变曲线表明了 n 与 K 值不是常数，因此，式(6.39)不能用来确定这些流体在圆管里的流动特性。Metzner 与 Reed 建立了广义的幂律方程。他们的工作是基于 Rabinowitsch 及 Mooney 最初建立的概念。Mooney 指出，对于任何流体的层流，流体的剪切应力只是剪切速率的一个函数，流动特性完全由在管壁处的剪切应力与管壁处剪切速率的比来规定。Metzner 与 Reed 重新推导了 Rabinowitsch-Mooney 方程，其形式如下：

$$-\left(\frac{dv}{dr}\right)_w = \frac{3n'+1}{4n'} \cdot \frac{8v}{D} \tag{6.40}$$

$$n' = \frac{d\left(\lg\dfrac{DP}{4L}\right)}{d\left(\lg\dfrac{8V}{D}\right)}$$

用近似法，幂律方程就变成如下形式：

$$\tau_w = Dp/4L = K'\left(\frac{8V}{D}\right)^{n'} \tag{6.41}$$

n' 在数字上等于 n，

$$K' = \left(\frac{3n+1}{4n}\right)^n K \tag{6.42}$$

式(6.41)是对式(6.31)做了积分，因此 n' 及 K' 是否是常数就无关紧要了。这两个参数可以从对数 $Dp/4L$ 与 $\lg 8V/D$ 关系曲线得到。当曲线是非线性时，曲线上某一点的切线即得到 n' 与 K'，如图 6.26 所示。

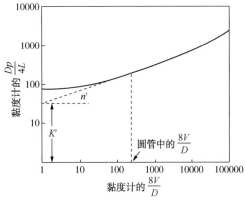

图 6.26　用毛细管黏度计来确定 n' 与 K' 值

在圆管内已知流动速率的流体压力可以用加压式毛细管黏度计进行测量，出液的速率与所施加的压力有关，以 $8V/D$ 与 $DP/4L$ 的关系可以画出曲线，此处 D 是毛细管的直径，L 是其长度。在管内 $8V/D$ 等于黏度计里 $8V/D$ 点处的曲线切线，即给出了 n' 与 k' 值，如图 6.26 所示。

用旋转黏度计来确定准确的。n' 与 k' 值非常复杂，Savins 根据 k' 与黏度计的关系，叙述了一种测定方法，但实际上确定 n 与 K 要比确定 n' 与 k' 更方便一些，然后以式(6.41)来计算广义的幂律液在管内的压力损失，其方程为：

$$\tau_w = \frac{DP}{4L} = K\left(\frac{3n+1}{4n}\right)^n\left(\frac{8V}{D}\right)^n \tag{6.43}$$

当然 n 与 K 必须在井内主要剪切速率下确定。因此，需要一个试算的程序，范氏多速黏度计可确定适当速度范围内的 n 与 K，如本章后面所叙。作为一种检查，钻杆壁处的剪切速率可由式(6.40)计算。如果发现与评价 n 与 K 时的剪切速率很不相同，那么 n 与 K 就应当重新评价，并重新计算压力损失。

在钻杆内的有效黏度由下式给出：

$$\mu_e = \frac{\tau_w}{\dot{\gamma}_w} = g\frac{K\left(\dfrac{3n+1}{4n}\right)^n\left(\dfrac{8V}{D}\right)^n}{\dfrac{3n+1}{4n} \cdot \dfrac{18V}{D}}$$

$$= gK\left(\frac{3nH}{4n}\right)^{n+1}\left(\frac{8V}{D}\right)^{n-1} \tag{6.44}$$

对于环空里的流动,管壁处的剪切速率由下式给出:

$$\dot{\gamma}_w = \frac{2n+1}{3n} \cdot \frac{12V}{D_2-D_1} \tag{6.45}$$

这样式(6.43)就变成:

$$\frac{(D_2-D_1)P}{4L} = K\left(\frac{2n+1}{3n}\right)^n\left(\frac{12V}{D_2-D_1}\right)^n \tag{6.46}$$

和
$$\mu_e = gK\left(\frac{2n+1}{3n}\right)^{n-1}\left(\frac{12V}{D_2-D_1}\right) \tag{6.47}$$

当 n 与 K 对剪切速率不是常数时,压力损失与环空里有效黏度必须以环空里主要的剪切速率来确定,而 n 与 K 必须在一个多速黏度计里确定。在范氏 35A 型旋转黏度计里,转速 $6\sim100r/min(10.2\sim170s^{-1})$ 可以代表环空流体的剪切速率,由下式给出:

$$\frac{\lg\theta_{100}-\lg\theta_6}{\lg170-\lg10.2} = 0.819\lg\frac{\theta_{100}}{\theta_6}$$

而 K 由下式给出:

$$K = \frac{\theta_{100}}{170^n}\text{lb}/100\text{ft}^2 \ \text{或} \ K = \frac{\theta_{100}}{170^n}\times4.788\text{dyn}/(\text{cm}\cdot\text{s})$$

流体在钻杆里流动的剪切速率在范氏黏度计 $300\sim600r/min$ 范围;在这个范围确定 n 与 K 的方程在本章前面已经给出。

可以用旋转黏度计计算在钻杆壁处或环空壁处测量物有效黏度,Robertson 与 Stiff 提出一个 3 个常数的流动模型。将有效黏度代入泊肃叶方程来计算压力损失。

第八节 紊 流

一、牛顿流体的紊流

处于紊流流动的流体其质点的运动速度与方向都是不规则的,因此,在流动方向上只存在平均速度。某一平均速度是指从管壁处的零增加到管子轴线处的最大值的平均值。当平均流速达到某一临界速度时,紊流就开始。管子横断面上有 3 个流动形态。即靠近管壁速度低于临界速度的层流,中心部分的紊流以及管壁与管中心之间的过渡区域。

图 6.27 表示处于紊流的牛顿流体速度剖面。特别要注意的是这个剖面代表在圆管直径方向上各点的平均局部速度。由于实际上局部速度是不规则的、波动的,所以速度剖面的斜率不能代表剪切速度。实际的剪切速率是不能确定的,所以不能像层流范畴所属的那样,从剪切应力对剪切速率的变化里得到流动压力—速率的关系。取而代之的是,紊流特性参数通常是由两个无量纲的参数组合来描述的。即:

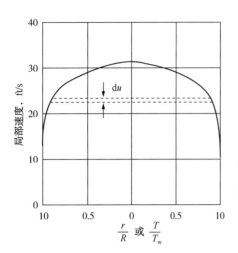

图 6.27 牛顿紊流流速分布

($N_{Re} = 20000$，$d = 10\text{in}$，水温 200℃)

范氏摩阻系数：

$$f = \frac{gD\rho}{2V^2L\rho} \qquad (6.48)$$

雷诺数：

$$N_{Re} = \frac{DV\rho}{\mu} \qquad (6.49)$$

范氏摩阻系数是管壁处对流体流动的阻力。这个系数通过 Von Karman 提出的方程与雷诺数发生关系，即：

$$\sqrt{\frac{1}{f}} = A\lg(N_{Re}\sqrt{f}) + C \qquad (6.50)$$

A 与 C 为常数，其值取决于管壁的粗糙度，而且是经验值。图 6.28 给出 Von Karman 方程中几种钢级管子的曲线。牛顿流体的紊流压力可以通过雷诺数来计算，从图(6.28)找出对应的 f 数值，然后从式(6.48)计算压力损失。注意黏度影响流动压力，只有在流体黏度符合雷诺数的范围时才能这样来计算。

从式(6.48)、式(6.49)及泊肃叶方程(6.4)可以推导出，在层流里范氏摩擦系数与雷诺数的关系式为：

$$f = \frac{16}{N_{Re}} \qquad (6.51)$$

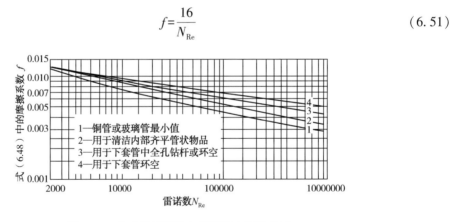

图 6.28 范式摩擦系数与雷诺数之间的关系

管壁的粗糙度不影响层流特性，所以对于所有钢级的管子 N_{Re} 的关系相同，如果需要的话，从式(6.51)与式(6.48)中可以计算层流压力。

实验发现从层流到紊流的变化，数值接近 2100 时，就开始过渡到紊流，总是几乎在同一雷诺数发生。对于牛顿液，当体系的雷诺数达 3000 以上时，流动就变成紊流。

二、非牛顿流体的紊流

在适当的流动参数条件下，范氏摩擦系数与雷诺数同样可以用来确定非牛顿流体的紊流特性。过去，把什么样的参数用在雷诺数为单位的黏度曾有些问题。这个问题对于牛顿流体不存在，因为牛顿流体的黏度不随剪切速率变化，所以，确定层流的黏度可以用在紊流。但是，正如我们所知，对于非牛顿流体，黏度随剪切速率变化而变化，而紊流的剪切速率不能确定，Metzner 与 Reed 指出利用广义的幂律方程常数 n' 与 k' 可以从毛细管黏度计数据来确定有效黏度的数值，这样就可以以雷诺数取代有效黏度，即：

$$N'_{Re} = \frac{DV\rho}{gK'\left(\frac{8V}{D}\right)^{n-1}} = \frac{D^{n'}V^{2-n'}}{gK'8^{n-1}} \tag{6.52}$$

注意，在毛细管里流体的流动必须是层流。为了赋予广义雷诺数以价值，Metzner 与 Reed 从大量毛细管流动试验结果评价雷诺数，这些流动试验是用各种牛顿流体进行的，并绘制了范氏摩擦系数与雷诺数的关系曲线(图 6.29)。他们发现非牛顿流体的 f 与 N_{Re} 的关系与标准的牛顿流体 $f=16/N_{Re}$ 关系极为相似，并且与临界雷诺数符合，牛顿流体的紊流雷诺数为 2100，这与 Von Karman 的紊流方程不太相符。

为了使非牛顿流体紊流方程与 Von Karman 方程一致，Dodge 与 Metzner 把 VonKarman 方程推导如下：

$$\sqrt{1/f} = A_{1n}\lg\left(N'_{Re}f^{1-\frac{n'}{2}}\right) + C'_n \tag{6.53}$$

式中：A_{1n} 与 C'_n 是 n 的无量纲函数。注意对于牛顿流体 $n=1$，并把式(6.53)简化成 Von Karman 的方程(6.50)。利用毛细管黏度计求出几种理想幂律流体的 n' 与 k' 值，然后在管式黏度计里求 f 的对应值。A_{1n} 的值应为 $\frac{4.0}{(n')^{0.75}}$，C'_n 应为 $\frac{-4.0}{(n')^{1.2}}$。

式(6.53)是理想幂律流体的紊流方程，不能严格地应用于宾汉塑性流体与中心流体，因为 n' 是随剪切速率变化的。但是，Dodge 与 Metzner 证实圆管的平均流速不受管子中间部分 n' 的变化(圆管中心部分的速度剖面是平板型的，见图 6.30)的影响，因此，方程(6.53)能近似表明这些流体紊流特性。但是首先必须假定 n' 与 k' 是在管壁为主的应力处评价的。

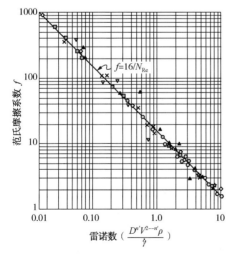

图 6.29　对于适用范围的非牛顿液的摩擦系数—雷诺数的关系

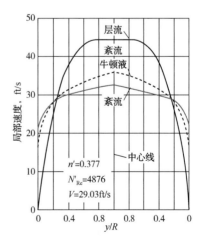

图 6.30　预测的典型速度剖面(所有的曲线都是在相同的平均速度下计算的)($y=R-r$)

为了证实这个结论,有必要采用一个试算体系以便找到评价 n' 与 k' 的圆管壁应力。这种方法并不麻烦,因为大多数幂律流体在很大的区域里,n 与 k' 是近似不变的,而它们在相反方向上是变化的,因此 N'_Re 在 n' 与 k' 评价处对剪切应力是比较不敏感的。

试验用幂律与非幂律液体在 3 种尺寸的圆管里(直径为 $\frac{1}{2}$in、1in 与 2in)做了大量试验。图 6.31 是在毛细管黏度计中测得的 f 值与在管内流动试验里测量的数值进行比较的曲线图。山软木土黏土悬浮液与聚合物凝胶(理想的幂律体)之间近似符合(最大偏差 8.5,平均误差 1.9%),这显示出如果在壁应力占主要的管子里评价流动参数,式(6.53)对于黏土悬浮液是有效的。

为方便起见 Dodge 与 Metzner 绘制了 f、N'_Re 与 n 关系的曲线,如图 6.32 所示。这个曲线图是在钻井时为计算钻井液水力参数,确定 f 提供最佳方法。n' 与 k' 最好在毛细管黏度计里测定,但如果 n' 与 k' 随剪切速率变化不大时用一个同心圆筒黏度计可以得到满意的结果。钻井液在剪切速率大于约 300s 时,n' 与 k' 随剪切速率变化不大。一种方便的方法是从 600r/min 与 300r/min 的读数计中获得 n 与 K[式(6.35)与式(6.36)],而从式(6.44)与式(6.47)里计算有效黏度。钻杆内流动的广义雷诺数由下式给出:

$$N'_\mathrm{Re}=\frac{DV\rho}{\mu_\mathrm{e}}=\frac{DV\rho}{gK\left(\dfrac{3n+1}{4n}\right)^{n-1}\left(\dfrac{8V}{D}\right)^{n-1}} \tag{6.54}$$

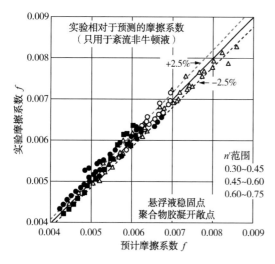

图 6.31 实验摩擦系数与预测摩擦系数的比较

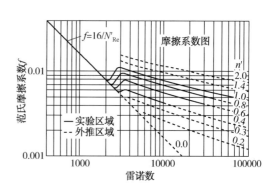

图 6.32 f、N'_Re 与 n 关系曲线

而对于环空流动:

$$N'_\mathrm{Re}=\frac{(D_2-D_1)V\rho}{\mu_\mathrm{e}}=\frac{(D_2-D_1)V\rho}{gK\left(\dfrac{2n+1}{3n}\right)^{n-1}\left(\dfrac{12V}{D_2-D_1}\right)^{n-1}} \tag{6.55}$$

Fontenot 与 Clark 以旋转黏度计的 600r/min 与 300r/min 的读数确定了有效黏度,并从式(6.54)与式(6.53)分别计算了 N'_Re 与 f,这样预测的在钻杆内压力损失与井下用压力计测量的数据符合良好。它们的结果在本章的后面将进一步讨论。

Dodge 与 Metzner 的发现与过去的文献有所不同，还没有被普遍接受，以往所假定的牛顿流体与非牛顿流体 f–N_{Re} 关系是相同的，已经证实这样的假设将导致 f 值有很大的错误，特别是当雷诺数在临界值以上时。使用牛顿流体的 f 与 N_{Re} 关系将导致对紊流非牛顿流体黏度的各种错误认识，如将非牛顿流体的黏度解释为塑性黏度或塑性黏度的倍数或液相黏度或固相浓度的函数等，这样得到的值一般太低并且不随流速变化。某些学者推荐在钻井水力计算中使用的紊流黏度为 3cP。实际上，根据 Dodge 与 Metzner 的实验数据证实，紊流黏度可能在 3~5 倍雷诺数范围变化。黏度的巨大变化并不引起 f 值相当大的误差，因为，正如图 6.32 所指出的那样 f 相对于 N'_{Re} 值不敏感。

三、紊流的开始

图 6.32 表示在 n 值为 0.4 的非牛顿流体里紊流要到雷诺数为 2904 时才开始，相比之下牛顿流体到 2100 就开始紊流。这个差别是重要的，因为这意味着非牛顿流体的流速应当比牛顿流体高出 38% 才达到紊流。这些数字强调在确定一种非牛顿流体是否是紊流时使用广义雷诺数的重要性。体系的广义雷诺数可以由式(6.54)或式(6.55)确定，临界值及流体的 n 值可以由图 6.32 确定。

Ryan 与 Johnson 用 Z 稳定性指数来代替紊流临界值。它的主要好处是 Z 临界值是相同而与 n 值无关。Ryan 与 Johnson 的理论是紊流开始于管子半径上参数 Z 的点，在该点雷诺数应大于 2100。对于所有流体 Z 的最大值都是 808。牛顿流体 $\frac{r}{R}$ 在最大值 z 处为 $\frac{1}{\sqrt{3}}$。对于非牛顿流体随着 n 值的减少，$\frac{r}{R}$ 增加。这样临界 Z 值 808，虽然与 n 值无关。但根据 Dodge 与 Metzner 的结论，紊流所需要的平均速度随着 n 值的减少而增加。Ryan 与 Johnson 的理论是用试验数据核实的。

参数 Z 的计算很复杂，但 Walker 给出了适用环空流动的近似计算方法。

这种方法考虑了钻杆的旋转，方程是：

$$Z = \frac{(D_2 - D_1)^n V^{2-n}}{K} \psi \qquad (6.56)$$

式中：ψ 是钻杆转速的函数，如图 6.33 所示。

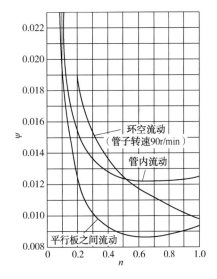

图 6.33　n 与 ψ 的关系曲线

第九节　减　阻　剂

某些长链聚合物具有明显降低水紊流黏度的优良性质，图 6.34 是 0.3% 羧甲基纤维素悬浮液的摩擦系数曲线，在具有相同流动特性系数的假塑性流之下，注意实际的减少量，最大的减少大约是 50%。许多普遍用于钻井液的长链聚合物(如树胶聚丙烯酰胺、生物凝胶及羟基乙基纤维素)也有类似的效应。因此，这些聚合物大大降低了在钻井与修井作业里水与盐水的流动压力。减少的量取决于聚合物的分子结构、浓度、流速及管子直径，可以用毛细管黏度计测定聚合物在紊流条件下的压力损失。首先建立起 f—N_{Re} 的关系，然后利用式(6.48)计算某一条件下井内的压力损失。试验证明减摩剂可以减少压力损失 3 倍。但如果流体含有许多黏土时聚合物的这种优越性能就会丧失。

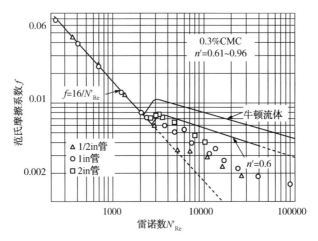

图 6.34 羧甲基纤维素悬浮液摩擦系数曲线

根据全尺寸实验室设备所做试验得到的数据，Randall 与 Anderson 建立了有关 f 与 N_{Re} 及范氏黏度计 600r/min 与 300r/min 读数关系的方程式，对于测定聚合液及其他钻井液的压力损失具有可允许的精度。

"减摩"与"剪切稀释"有区别，它们是两种完全不同的概念。剪切稀释是结构黏度降低的结果。减摩低的机理知道的不确切，但它表现的结果是长链聚合物的塑性使聚合物本身储存有促使紊流的能量。

第十节　温度与压力对钻井液流变性的影响

在井下条件下，钻井液的流变性能可能与地面环境压力与温度下测量到的流变性能很不相同。

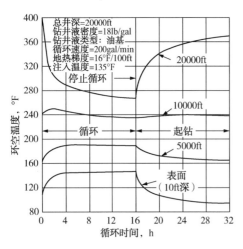

图 6.35 在一口模拟井内不同深度的温度情况

在井下钻井液柱作用的压力可以高达 20000psi(1400kg/cm^2)，温度取决于地温梯度，可能超过井下静止时 500℉(260℃)。图 6.35 表示在正常的钻井周期内，一口 20000ft(6100m)井内估算的钻井液温度。从图中可知，中等温度对钻井液的流变性也有重要的，而且在很大程度有不可预测的影响。钻井液可能要比在地面上稠或稀，在地面上减小黏度的添加剂，在井下实际上可能是增黏剂。

高温与高压能以下列的方式影响钻井液的流变性：

(1) 物理方面：温度的增加减少液相的黏度；压力的增加，增加了液相的密度，从而增加了黏度。

（2）化学方面：所有的氢氧化物大约在高于200℉（94℃）时与黏土矿物反应。对于低碱性钻井液，如经过丹宁酸钠或木质素磺酸盐处理过的钻井液，对钻井液流变性的影响不严重，除非由于碱性的损失减弱了稀释剂的有效性。但是对于高碱性钻井液，这种影响可能是严重的，这取决于温度与氢氧化物金属离子的种类，在温度大约高于300℉（150℃）时，石灰处理的高固相的钻井液里，形成水化的铝硅酸盐，凝结成似水泥的流变性。

（3）电化学方面：温度增加，任何一种电解质的离子活动能力增加，钻井液里可溶性盐的溶解度增加。离子与碱性交换平衡改变了颗粒之间的引力与斥力之间的平衡，导致分散程度与絮凝程度之间的平衡的改变，见本书第四章。这些变化的量值与方向以及它们对钻井液流变性的影响随钻井液特定的电化学性能变化而异。

由于变化是多方面的，因此，在高温下钻井液的特性，特别是水基钻井液是不可预测的，因而目前还不完全理解。在组分上即使有微小的不同，也可以造成特性方面相当大的不同，因此有必要单独测试每一种钻井液以保证数据的可靠性。

在高温高压下使用了各种各样的黏度计来研究钻井液的流变性。稠度仪是其中最方便的一种。它用电磁阀控制一个浮子来控制钻井液取样的时间。对于众多变量效应的比较，它是一种有用的仪器。但是，由于它不能确定剪切速率所得到的数据，只是经验性的。为了进行水力计算需要测定钻井液的宾汉或幂律流动参数，有必要使用高压与高温的毛细管管子式或旋转黏度计。旋转黏度计要有一个能经受液相沸点以上温度以及大于一个大气压压力的精巧仪器。

Annis研究了水基钻井液在高温时的流变性。Hitler也研究了高压对钻井液流变性的影响效应，但发现这种效应很小。他们研究温度的效应如下：

如果一种悬浮液是非絮凝型的，随着温度高达350℉（177℃），塑性黏度与屈服点降低。而如果钻井液是絮凝型的，在100℃以上时，只有塑性黏度下降，屈服点剧烈增加。图6.36为不同情况下4%单离子钠蒙脱石悬浮液温度对塑性黏度与屈服点的影响。同样地，如果这种悬浮液用稀释剂反絮凝，那么屈服点就不会随温度的增加而升高，其条件是稀释剂本身不会降解，黏土矿物与荷性碱之间的反应没有把pH值降到稀释剂不溶解的程度。

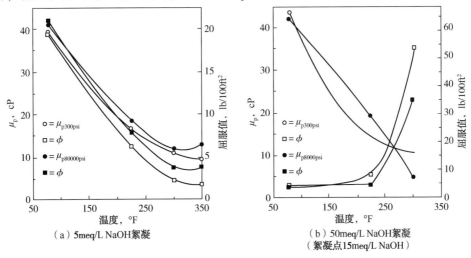

图6.36　温度对塑性黏度μ_p及屈服点（YP）的影响（4%单离子钠蒙脱石悬浮液）

在高剪切速率下，黏土悬浮液的塑性黏度随温度的降低而降低，因为水的黏度降低。图 6.37 显示了膨润土悬浮液塑性黏度与温度的关系。由图可见，黏度的变化几乎完全符合水的正常黏度变化规律。在特定温度下的水黏度乘上悬浮液的初始黏度，即为该悬浮液在该温度下的黏度。在低剪切速率下，相同悬浮液的有效黏度，在同样温度范围内却增加了，这是由于高温引起颗粒间引力的增加，见图 6.38，在低剪切速率下有效黏度是受颗粒间的引力影响，但在高剪切速率下则不是如此(本章在前面的有关流变曲线形状一节已叙)。

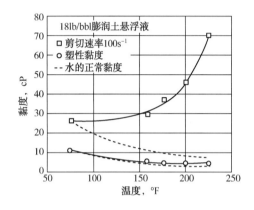

图 6.37　温度与剪切速率对 18lb/bbl
膨润土悬浮液黏度的影响

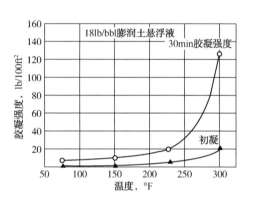

图 6.38　温度对初切与 30min 终切的影响

实践证明，钻井液在动态下分散加剧。这样图 6.39 膨润土悬浮液在高温下转动后，有效黏度在高与低剪切速度都是增加的。在高剪切速率下黏度的增加归因于分散程度的增加；在低剪切速率下的有效黏度的较大增加是由于絮凝程度与分散程度都增加。

在高温下钙黏土悬浮液特性与钠黏土悬浮液不同且更复杂。钙黏土颗粒间的斥力要比钠黏土的弱得多，因此，高温絮凝程度比较强，即使是塑性黏土增加也是如此，如图 6.40 所示。

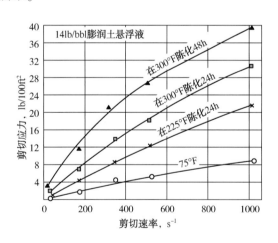

图 6.39　热滚动对剪切速率—
剪切应力的影响

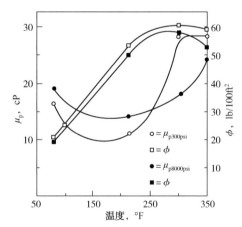

图 6.40　温度与压力对添加有 5meq/L
CaCl$_2$ 的 13% 纯钙蒙脱石悬浮液屈服点 ϕ 与
塑性黏度 μ_p 的影响

高温絮凝作用对黏度及切力的影响是随黏土浓度的增加而增加的。图 6.41 显示在 300℉(150℃)时，10min 切力与黏土浓度关系(未处理的膨润土悬浮液和用最佳量木质素磺酸盐处理悬浮液)。一系列的用木质素磺酸盐处理过的现场钻井液与黏土含量关系，也表示出来了，这里所说的黏土含量是以膨润土的当量来表示的(甲基蓝试验，见本书第三章)。注意给出的结果对比十分好，小的分散大约是由于现场钻井液没有完全反絮凝。

高温特性随钻井液类型变化很大。例如，盐水钻井液比较稳定，因为高的电解质含量防

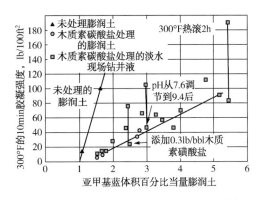

图 6.41　黏土浓度对膨润土悬浮液与木质素磺酸盐现场钻井液的 10min 切力的影响

止了黏土的分散。石膏–CLS 钻井液的特性与图 6.40 中显示的钙蒙脱石悬浮液类似。石灰钻井液因为氢氧化物与黏土矿物之间的反应而形成高切力，但钙活性剂钻井液在温度高达 350℉(见本书第九章)都十分稳定。

Hiller 与 Annis 的研究证实水基钻井液在高温下的精确流变参数只有在该温度下直接测量才能得到。但图 6.41 给出的结果表明对每一类型的钻井液可用对比的方法得到常温测定的结果，近似井下的数值。

在高温下油基钻井液要比水基钻井液钝化得小一些，能承受较高的温度。与水基钻井液相比，其黏度受压力的影响比较大，如图 6.42 所示。

温度与压力对油逆乳化钻井液的影响几乎完全是物理的，高温与压力对连续相，通常是对柴油黏度有影响。Combs 与 Whitmire 用毛细管黏度计测定了几种温度与压力下的油基钻井液有效黏度后发现，当黏度与柴油在相同温度与压力下的黏度相同时，对每种温度下(图 6.43)的所有各点都落在一条单一的曲线上。他们把各曲线之间的微小差别归因于在较高温度下乳化程度的降低。这些结果说明这种类型的油基钻井液的井下黏度可以用常温测得黏度加以修正系数进行预测。这个修正系数是在假定各种钻井液基本维持稳定的条件下根据柴油在有关温度与压力下的黏度得出的。

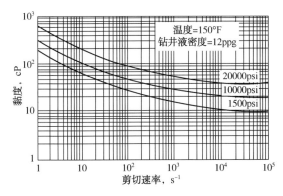

图 6.42　在几种压力下油基逆乳化钻井液的有效黏度

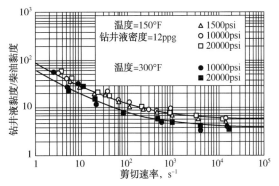

图 6.43　与柴油黏度相同的逆乳化钻井液的有效黏度

沥青油基钻井液显示出某种更复杂的特性。图 6.44 显示出 McMordie 在一个高温高压旋转黏度计里测量沥青悬浮体在柴油内塑性黏度与屈服点的各种变化。在高温下黏度与屈服点随压力增加,而增加量比低温下大一些,因此,在温度与压力之间就出现了某种协调的作用。

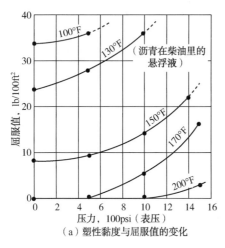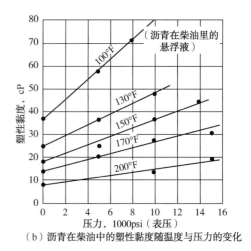

(a) 塑性黏度与屈服值的变化　　　　(b) 沥青在柴油中的塑性黏度随温度与压力的变化

图 6.44　塑性黏度的各种变化

McMordie 等指出在一定温度与压力下的油基钻井液特性可以由指数定律加以调整来描述,即

$$\ln\tau = \ln K' + n\ln\dot{\gamma} + Ap + \frac{B}{T} \tag{6.57}$$

式中:A 是压力常数,而 B 是温度常数,两者对每一种钻井液都必须分别地确定。图 6.45 显示用实验确定的剪切应力对剪切速率的关系同用式(6.57)计算的关系之间符合极好。表 6.2 列出了 3 种不同油基钻井液组分在增加温度与压力下,根据式(6.57)计算的 2 种剪切速率下的有效黏度,注意在地面上具有最低黏度的钻井液在井下不一定具有最低黏度。

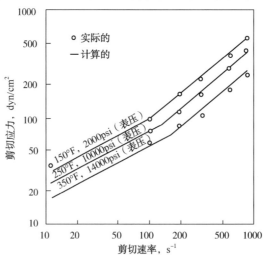

图 6.45　14lb/gal 沥青油钻井液的实际与计算流动性质比较

表 6.2　14lb/gal 油基钻井液的计算黏度

配　　方		沥青配方 1	沥青配方 2	沥青配方 3
在 500s⁻¹的计算 黏度，cP	150℉，表压 0psi	75	56	37
	200℉，表压 3633psi	51	44	34
	250℉，表压 7266psi	38	36	32
	300℉，表压 10899psi	31	31	32
	350℉，表压 14532psi	28	39	33
	平均黏度	45	39	34
在 50s⁻¹的计算 黏度，cP	150℉，表压 0psi	170	118	110
	200℉，表压 3633psi	124	99	110
	250℉，表压 7266psi	96	87	112
	300℉，表压 10899psi	79	80	115
	350℉，表压 14532psi	67	75	120
	平均黏度	107	92	113

第十一节　钻井条件下的流动方程的应用

在本章第一部分所给出的各流动方程基于两个假定：第一，在整个体系内流体的温度维持不变；第二，流体的流变性能不是触变性的。事实上，钻井不符合这两个假定，但是如果流变参数是在井内某一点上主要流动条件下确定的，那么这两者都会得到满足。若钻井液的温度继续不断地变化，如图 6.35 所示，那么在循环管路里某一特定点及钻井周期内特定时间里，循环管路里钻井液精确值取决于变量的数目。同样剪切速率在某些点有巨大变化，并且剪切状态达到近似平衡前有着一定的时间滞后，当然，也可能完全没有这种情况(见本章的前面部分"对钻井液的触变效应")。除了这些不确定之处外，还有几个未知的因素，如井眼扩大部分的环隙的宽度以及钻杆的旋转效应。

由于这些限制，在一口钻进的井内流动压力或速度不能像工厂的管路体系那样精确预测。这就出现一个问题：在某些情况下严密的方程与计算机程序也不能确切计算流动压力或速度。从时间与费用的角度考虑来说，用简化的不太精确的方程式给出同样良好结果是合理的。在这一节里根据实验室和实际钻井井眼流动管路，尽力给出这些问题的答案。

一、井内的流动性质

钻井液在钻杆内的流动通常是紊流，因此只在很小的程度上受到钻井液黏度性质的影响。在管壁处的有效剪切速率通常是在 $200\sim1000s^{-1}$ 之间，这是由毛细管黏度计及式(6.40)确定的。由于毛细管管道的尺寸很精确，这样压力损失就可以十分精确地加以计算。唯一不确定的因素是管壁的粗糙度。钻杆内的压力损失大约是整个回路压力，即为立管压力损失的 $20\%\sim45\%$。

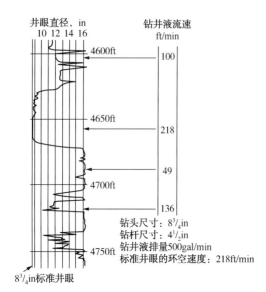

图 6.46　在页岩层段里的典型井眼扩大

通过钻头喷嘴的流速极高，对应的剪切速率约在 $100000s^{-1}$ 范围。喷嘴截面的压力损失可以精确计算，因为它取决于流量系数。流量系数与钻井液黏度无关。压力损失大约是立管压力的 50%~75%。

环空里的流动通常是层流，因此，它是钻井液黏度的一个函数。剪切速率一般在 $50~150s^{-1}$ 之间。从钻头至地面的环空压力损失只占立管压力的 2%~5%。环空不同截面的压力与流速对于诸如井眼清洁、诱发压裂、井眼侵蚀这些问题特别重要。但是由于各种未知因素及不确切点，精确预料各种流动关系一般是困难的，并且常常是不可能的。最大的未知量是井眼直径。在井眼扩大部分井眼直径有可能是标准直径的两倍，从而使上返速度至少降低 5 倍(图 6.46)。

钻杆旋转对速度剖面的影响同样是很难说明的。推导出的旋转流动方程是钻杆在垂直井眼内同心旋转得到的，而实际上，钻杆是在一个任意倾斜井眼里转动的。同样，在偏心环空里当钻杆靠在井眼的低边时(像定向井眼)环空速度就大大降低了，而根据同心环空流动方程就可能有严重误差。目前，还没有实用的方法来描述当钻井液在环空内上返时，触变性对钻井液黏度的影响。钻杆与钻头喷嘴内的高剪切速率把结构黏度部分降低到一个极低值。在环空内的剪切速率要低得多，但在不同截面有所变化，这取决于钻铤、钻杆及套管尺寸以及井眼扩大程度。把黏度调整到符合每种剪切速率，需要很长时间，并且除了在标准井段或下了套管的井内是不可能达到平衡的。

归结一点，在钻杆与钻头内的精确压力损失可以可靠地预测，但环空里的压力损失就比较难预测。当然，整个管路十分精确的压力损失是可以预测的，因为环空的压力损失只占总压力损失的很小百分比。Fontenot 与 Clark 现场试验结果证实了这些结论。图 6.47 是犹他州一口井，对水基钻井液预测的压力损失(曲线)与井下压力表测量的数值的比较。预测的与计算的立管压力符合良好，这个计算是基于钻井液性质不变，即在 150℉(45℃)或变化的情况(即在估计的井下温度下确定的)。另外，钻井液性质的变化使预测与测量的环空压力损失符合不佳。在密西西比的一口井使用逆乳化油包水钻井液所得到的环空压力损失的符合较好(图 6.48)，这可能是由于这种钻井液的井下黏度较容易预测(如已讨论的那样)，以及这种钻井液触变性较差。

Politte 建立了预测逆乳化钻井液总循环压力的方程。办法是使钻井液塑性黏度的变化取决于柴油黏度的变化。计算值与立管压力之间符合良好，并且在井下黏度差别不大。

Houwen 与 Gechan 研究了在一个类似于 McMordie 黏度计的逆乳化钻井液在温度高达 284℉(140℃)，压力高达 $14500lb/gal$($1.019kg/cm^2$)的流变性能变化。他们计算了宾汉、Hershel–Bulkey 及 Casson 流动模式，发现 Casson 流动模式符合性最好。对于现场使用，对已知钻井液的黏度必须在两个或更多的温度下测量。

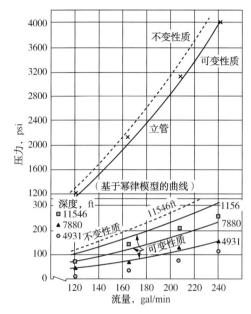

图 6.47 犹他州井的 3 号试验测定的与
计算的立管与环空压力的比较

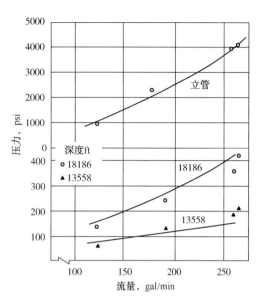

图 6.48 实验 3–密西西比井测定的和计算
的立管压力与环空压力对比

二、在井场所做的水力学计算

在本章第一部分中，讨论的精确流动方程及试验程序仅适合实验室研究用，但不能为井上进行水力学计算用。在实验室里有足够的技术人员，有精密的设备以及有充分的时间。

相比之下，在井场上进行水力学计算时，时间受限制。设备一般只限于双速旋转黏度计。做井场试验都是为了解决特定问题。为此目的，就有必要确切知道井下条件。正如我们所知道的那样，这个要求不是总能满足的。在井场条件下，理想的情况是使用能给出有意义答案的最简化与最快速的试验程序，并使用那些能输入正确数据的而又不太复杂的方程式。

有关在井场进行液力计算的许多方法已经出版。根据使用者要求的精确度不同来决定计算的复杂性是否合理。在考察了以上程序后，推荐使用下列程序来进行环空压力计算。

在所钻井眼严重扩大的地层中，首先要计算钻杆内与钻头喷嘴内的压力损失，然后从立管压力里减去它们之和，这样就得出环空里的压力损失。这个方法的缺陷是当钻杆与钻头内的压力损失占主管压力的绝大部分时，那么小误差就会造成环空压力换失的巨大误差。由Capon 与 Chenevert 进行的现场试验所取得的井下压力表读数与用这种方法计算的环空压力损失之间符合良好。他们发现这种方法特别适用于在一次起下钻循环中断以及由于温差与触变性影响，井底钻井液性能与地面钻井液性能大不相同时。

裸眼段的压力损失可以用下述方法进行，首先计算下完套管井眼部分的压力损失，然后，从总的环空损失中减去此损失就得出裸眼段损失。

由 Randall 与 Aonderson 建立的经验方程能用于计算钻杆内低固相聚合物流体的压力损失。

为了直接计算具有足够精确的环空内尺寸以及钻井内的有效黏度与雷诺数，使用广义的幂律模式要优于宾汉塑性模型，这是由于前者较简单并对所有的流动模型(即牛顿流体与非牛顿流体)都适合。为了取得有意义的结果，应当考虑下列各点：

(1)幂律模式参数 n 与 K 随剪切速率变化，计算它们时应当由管壁或井壁处近似的剪切速率来确定。为此目的，最好使用多速黏度计，如范氏 35A 型或更好一点，使用改进的范氏 34 型(Walker 与 Korry 描述的)。这种改进型所包括的环空剪切速率范围更均匀。如果只有双速黏度计，那么环空的 n 与 K 值应当由 300r/min 读数与初凝强度之间的一条直线来确定。

(2)范氏摩擦系数应当由适当的 n 值及有关的 n，N'_{Re} 及 f 在图 6.32 里的各曲线来确定。程序就如从牛顿液曲线上确定 f 那样简单，并且显然更精确一些。

(3)在环境温度下测量的流变参数应当用实验室的对比数据修正到所估的井下温度。油基钻井液的参数应当进行温度与压力的调整。

API 公报 13D 推荐在进行液力计算前把所有数据转化成相应的公制单位。这种方法值得推荐，因为它简化了计算并减少了发生错误的可能，并且它与目前世界上通行的公制相一致，常用的单位转换系数列在表 6.3 里。

表 6.3 现场使用单位与公制单位(cm，g，s)的转换

现场单位	转换系数	相当的公制单位
in	2.54	cm
ft	30.48	cm
bbl	0.159	m^3
gal	0.0037	m^3
ft/s	3.048	m/s
ft/min	0.35	m/min
psi	68900	dyn/cm^2
lb/100ft²	4.78	dyn/cm^2
psi/ft	2262	$dyn/(cm^2 \cdot cm)$
lb/gal	0.120	g/cm^3
lb/ft³	0.0162	g/cm^3
cP	0.01	P
gal/min	63.09	cm^3/s
bbl/min	0.265	m^3/min

下面给出了根据上述建议所做的例题计算。在计算里使用的钻井液密度 11lb/gal(密度 1.32g/cm³)，6%的膨润土悬浮液。用范氏 A 型黏度计确定的性能列在表 6.4 中。井的数据假定为：钻杆内径，3in(7.62cm)；外径 3.25in(8.25cm)；井眼直径 8in(20.32cm)；流量，300gal/min(18.927cm³/s)。

表 6.4 用范氏黏度计确定的 6%膨润土悬浮液(密度 11lb/gal)的流变数据

转速，r/min	剪切速率($\dot{\gamma}$)=转速×1.703	读数，lb/100ft²	应力(τ)=表读数×5.11
600	1022	30	153
300	511	19.5	100
200	340	16	82

续表

转速，r/min	剪切速率($\dot{\gamma}$)＝转速×1.703	读数，lb/100ft²	应力(τ)＝表读数×5.11
100	170	13	66
6	10.2	7.3	37
3	5.1	7.0	36

求钻杆内的压力梯度

（1）平均速度：

$$V = Q \times \frac{4}{\pi D^2} = \frac{18977 \times 4}{\pi \times 7.62^2} = 415 \text{cm/s}$$

（2）对数表上画出图 6.49 表示的剪切应力对剪切速率关系。从 300~600r/min 曲线的斜率上找出 n，$n = 0.65$。

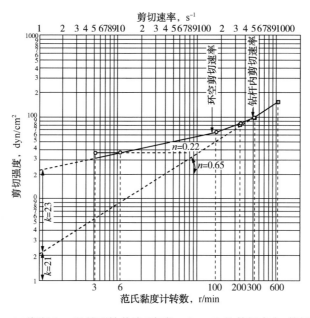

图 6.49　6%膨润土—重晶石钻井液(密度 11lb/gal)的剪切应力/剪切速率图

（3）式(6.40)求管壁处的剪切速率。

$$\gamma = \frac{3n+1}{4n} \times \frac{8V}{D}$$

$$= \frac{3 \times 0.65 + 1}{4 \times 0.65} \times \frac{8 \times 415}{7.62}$$

$$= 494 \text{s}^{-1}$$

（4）确定在 494s⁻¹时的有效黏度。从图 6.49 得 τ 在 494s⁻¹时为 98dyn/cm²：

$$\mu_e = \frac{\tau}{\gamma} = \frac{98}{494} = 0.198 \text{P}$$

（5）确定 N'_{Re}，由方程(6.54)看是否流动属于紊流：

$$N'_{Re} = \frac{DV\rho}{\mu_e} = \frac{7.62 \times 415 \times 1.32}{0.198} = 21100$$

当 $n = 0.65$ 时，由图 6.32 得 N'_{Re} 临界 $= 2600$，因此流动属于紊流。

(6) 式(6.48)找出压力梯度：

$$\frac{gp}{L} = \frac{2fV^2\rho}{D}$$

由图 6.32，在 $N_{Re} = 2100$ 时，$f = 0.005$：

$$\frac{gp}{L} = \frac{2 \times 0.005 \times 415^2 \times 1.32}{7.62}$$

$$= 298 \text{dyn}/(\text{cm}^2/\text{cm})$$

$$= \frac{298}{2262} = 0.132 \text{psi/ft}$$

注：如果流动属于层流，既可以由方程(6.48)，求 $\frac{gp}{L}$（此处 $f = \frac{16}{N'_{Re}}$)，也可以由泊肃叶方程式(6.5)，求 $\frac{gp}{L}$：

$$\frac{gp}{L} = \frac{32V\mu_e}{D^2}$$

确定在环空里的压力梯度。

(1) 求环空里的平均速度：

$$V = Q \times \frac{4}{\pi(D_2^2 - D_1^2)}$$

$$= 18927 \times \frac{4}{\pi(20.32^2 - 8.225^2)}$$

$$= 69.8 \text{cm/s}$$

(2) 从图 6.49 里曲线 6~100r/min 的斜率上求 n：

$$n = 22$$

(3) 由式(6.45)求出井壁处的剪切速率：

$$\dot{\gamma} = \frac{2n+1}{3n} \times \frac{12V}{D_2 - D_1}$$

$$= \frac{(2 \times 0.22) + 1}{3 \times 0.22} \times \frac{12 \times 69.8}{12.1}$$

$$= 151 \text{s}^{-1}$$

(4) 确定在 151s^{-1} 时的有效黏度。

由图 6.49 可知，在 151s^{-1} 处的 $\tau = 6.4 \text{Pa}$：

$$\mu_e = \frac{\tau}{\gamma} = \frac{64}{151} = 0.424 \text{P}$$

（5）确定 N'_{Re} 判定是否是紊流，由式（6.55）得：

$$N'_{Re} = \frac{(D_2 - D_1)V\rho}{\mu_e} = \frac{12.1 \times 69.8 \times 1.32}{0.424} = 2629$$

图 6.32 显示，当 $n = 0.22$ 时，N'_{Re} 的临界值在 40000，因此流动是层流而不是紊流。
注：牛顿流体的雷诺临界值是 2100，此处不能用此值判断。
（6）由方程（6.48）确定的压力梯度：

$$\frac{gp}{L} = \frac{2fV^2\rho}{D_2 - D_1}, \text{ 此处 } f = \frac{24}{N'_{Re}} = 0.0091$$

$$\frac{gp}{L} = \frac{2 \times 0.0091 \times 69.8^2 \times 1.32}{12.1} = 9.7 \text{dyn}/(\text{cm}^2/\text{cm})$$

当然也可以由 Poiseulle 方程确定压力梯度：

$$\frac{gp}{L} = \frac{48V\mu_e}{M^2} = \frac{48 \times 69.8 \times 0.424}{(20.32 - 8.225)^2} = 9.7 \text{dyn}/(\text{cm}^2/\text{cm})$$

$$= \frac{9.7}{2262} = 0.00428 \text{psi/ft}$$

为了显示在环空计算里估价 n 在井壁处为主的剪切速率的重要性，假定上述计算是由 600r/min 与 300r/min 读数给出的 n 值（即 $n = 0.65$）做出的：

$$\dot{\gamma} = \frac{(2 \times 0.65) + 1}{3 \times 6.5} \times \frac{12 \times 69.8}{12.1}$$

$$= 81.6 \text{s}^{-1}, \text{ 而不是 } 151 \text{s}^{-1}$$

且 τ 在 81.6s^{-1} 处等于 56dyn/cm^2：

$$\mu_e = \frac{56}{81.6} = 0.686 \text{P}, \text{ 而不是 } 0.424 \text{P}$$

因此，在剪切速率方面有 46% 的误差，而在有效黏度方面有 62% 的误差。

在钻杆内的剪切速率一般接近于在旋转黏度计内在 300~600r/min 之间主要的剪切速率，而在环空内的剪切速率接近于在旋转黏度计内 6~100r/min 之间的剪切速率。如果这样计算的井内剪切速率低于所确定 n 的黏度计剪切速率范围，那么就应当使用表示较低剪切速率范围的 n 值进行另一次计算。同样，如果计算的剪切速率高于黏度计剪切速率范围，那么就应当使用较高的范围以确定 n。当然，许多钻井液具有线性或近线性的曲线，在此情况下有可能使用黏度计的 300~600r/min 范围所给出的值，而不会有大的误差。

为了得到最大的精确度，在环空里各个不同段的压力损失应当根据环空的不同尺寸分别进行计算。井的总压力损失应当是钻杆内、通过钻头喷嘴以及环空内压力损失的总和。通过喷嘴的压力损失由下式给出：

$$p = \frac{\rho}{2g}\left(\frac{Q}{CA}\right)^2 \tag{6.58}$$

式中：C 是喷嘴常数，可取 0.95；A 是所有喷嘴的总面积。

总的环空压力梯度加上液体密度通常以当量循环密度表示(缩写 $\overline{ecd}$)：

$$\overline{ecd}=\rho+\frac{gp}{L} \tag{6.59}$$

因此，在上述给出的计算里，预计压力梯度是：

$$\frac{gp}{L}=9.7\mathrm{dyn}/(\mathrm{cm}^2/\mathrm{cm})$$

钻井液的密度是 1.32g/cm³ 即，

$$\overline{ecd}=1.32+\frac{9.7}{980}$$

$$=1.33\mathrm{g/cm^3}$$

$$1.33\times8.345=11.09\mathrm{lb/gal}$$

钻井液在给定深度作用的总压力可以用当量循环密度乘上深度。这样在深度 1000m 时：

$$p=1.33\times\frac{1000\times100}{1000}=133\mathrm{kg/cm^2}$$

或者深度在 10000ft 时：$p=1.33\times10000\times0.433=5758\mathrm{psi}$(0.433 是以 psi/ft 为单位时的压力梯度)。

第十二节　最佳性能所需的流变性

钻井工程师需要控制钻井液性能以便：
(1) 降低泵耗；
(2) 提高钻头机械钻速；
(3) 提高钻屑悬浮效率；
(4) 降低抽吸压力以及降低恢复循环的压力；
(5) 在地面分离固相和侵入的气体；
(6) 降低井眼腐蚀。
这些不同的流变性要求常常是矛盾的，因此为了达到最佳的总体表现，需要最优化钻井液的性能。不同目的所需的性能会在下面分别讨论。

一、泵排量

泵排量必须足够大以便维持最大环空上返效率来有效地悬浮钻屑。做到这一点的泵的功率，几乎完全取决于钻杆内以及通过钻头喷嘴的流动条件。流变性不影响通过钻头喷嘴的压力损失，而且对钻杆内的压力损失也影响较小，这是因为这里的流动通常是紊流。就流变性而言，只有两种方法能降低钻杆内的压力损失。一种方法是增加钻井液的携带能力(本章后面将要讨论)，这样可以降低循环速率。另一种是使用地固相聚合物钻井液，这种钻井液的减摩性会降低紊流压力损失。但这种方法在实际情况中只适用于某些有限的井况。

二、钻井液性能对机械钻速的影响

本题目将在第九章进行详细的讨论。这里阐述的是维持低黏度促进高钻速的主要因素。在钻头处于剪切速率相关的黏度是有效黏度，剪切速率大概为 100000s^{-1}。

三、井眼清洁

在讨论悬浮钻屑所需的最佳流变性之前，首先需要回顾一下所涉及的基本的机械原理。液柱向上携带钻屑的速率取决于流体向上的速度与固相颗粒在重力作用下下降的速度差。在静止的液体里，下降的颗粒能很快获得一个持续的沉降速度，我们称之为临界沉降速度。这个临界沉降速度是由颗粒和液体之间不同的密度、颗粒的大小和形状、液体的黏度，以及下降的速率是否足以在靠近颗粒附近处造成紊流而决定的。

以通过牛顿流体沉降的球形颗粒为例，它的雷诺数由下式给出：

$$N_{\mathrm{Re,p}} = \frac{d_{\mathrm{p}} v \rho_{\mathrm{f}}}{\mu} \tag{6.60}$$

式中：d_{p} 是球形颗粒的直径；v 是临界沉降速度；ρ_{f} 是液体的密度；μ 是黏度。在层流条件下，临界流速由斯托克(Stokes)定律给出：

$$v_{\mathrm{t}} = \frac{2g d_{\mathrm{p}}^2}{36} \times \frac{\rho_{\mathrm{p}} - \rho_{\mathrm{f}}}{\mu} \tag{6.61}$$

式中：ρ_{p} 是颗粒密度。在紊流条件下，临界沉积速度由 Retlinger 的公式给出：

$$v_{\mathrm{t}} = 9 \sqrt{\left(\frac{d_{\mathrm{p}} (\rho_{\mathrm{p}} - \rho_{\mathrm{f}})}{\rho_{\mathrm{f}}} \right)} \tag{6.62}$$

预测钻屑的临界速度是比较困难的。其一，是因为颗粒大小的范围较广，而且颗粒的形状也不规则；其二，是因为大多数钻井液并不是牛顿流体。

在紊流时，临界沉积速度比较容易预测。这是由于颗粒下落的速度不受流变性的影响。Walker 与 Mayes 为扁平颗粒面朝下(正常紊流沉降方向)提出了以下公式：

$$v_{\mathrm{f}} = \sqrt{\frac{2g d_{\mathrm{p}} (\rho_{\mathrm{p}} - \rho_{\mathrm{f}})}{1.12 \rho_{\mathrm{f}}}} \tag{6.63}$$

由此公式预测出的临界速度与用平均大小和形状的人造岩屑做出实验的数据较为吻合。

然而，最简单的测定步骤是用直接实验法来测定钻屑的临界沉降速度。确定钻屑在钻井液内沉积速度时需要在沉积柱的底部放置一层比钻井液密度大一些的透明液体，这样沉积颗粒在到达底部时就可以被观察到。图 6.50 显示了页岩钻屑在水中沉降时的沉积速度。

在钻井时，循环停止时，钻屑在静态条件下沉降。在牛顿流体里沉降速度是一个定值，不由液体的黏度决定。但由于沉积液柱长度较长，除非黏度接近水，否则只有一小部分钻屑能沉积到底部。在非牛顿流体中，沉降速度是由重力差($\rho_{\mathrm{p}} - \rho_{\mathrm{f}}$)所产生的应力($\tau$)与钻井液胶凝强度($S$)之间的差所决定的。当 $\tau < S$ 时，v_{t} 是零，钻屑是悬浮的。大多数钻井液的初切力太低以致无法使大钻屑悬浮，而且胶凝强度随时间而增长。

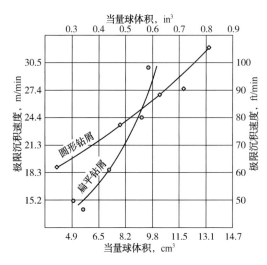

图 6.50 页岩钻屑在水里的临界沉积速度

在上返的液柱里，如果液体上升速度大于颗粒的沉降速度，颗粒就会向上运动。但是，在上返的液柱里，颗粒是会滑动的，因此钻屑的上升速率要大于环空的速率。Sifferman 等将经验清洗效率用"输送比"来确定，规定如下：

$$\nu_c = \nu_a - \nu_s$$

式中：ν_c 是钻屑净上升速率；ν_a 是环空速率；ν_s 是钻屑的滑动速度。方程的两边除以 ν_a：

$$输送比 = \frac{\nu_c}{\nu_a} = 1 - \frac{\nu_s}{\nu_a}$$

Sifferman 等测量了在模拟井的条件下人造模拟钻屑的输送比是随环空速率的增加而减少的。图 6.51 可看出随着环空速度的增加，输送比趋于水平，而在给定的速度下，输送比收到钻井液黏度的巨大影响。Hussaini 与 Azar 使用实际的钻屑进行了类似的实验。实验证实只有当环空速度小于 120ft/min(38m/min)时，钻井液的流变能才对钻屑的输送比有着巨大的影响。假定通常涉及的环空速度都大于 120ft/min，所以，只有在井眼扩大部分流变性才影响钻屑的输送比。

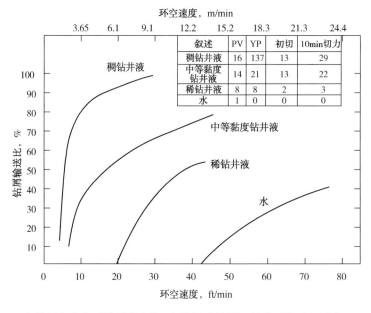

图 6.51 在低环空速度下钻屑的去除(中等尺寸钻屑，钻具无转动，3½~12in 环空，12lb/gal 钻井液，人工钻屑 1/8in×1/4in×1/8in，输送比=ν_c/ν_a)

Hussaini 与 Azar 的实验是在表观黏度为 20~40cP 的钻井液下开展的。Zeidler 发现在加拿大的 Swan Hill 与 Ferrier 油田为了清洗井眼使用的环空速度有必要达到 164ft/min。显然，Hussaini 与 Azar 得出结果是钻井时不能用极低密度。

Williams 与 Bruce 用实验证明，输送不良的一个原因是扁平的钻屑趋向于产生局部的重复循环，如图 6.52 所示。这种重复循环的作用，是由于层流的抛物线形特性造成的。它使扁平的钻屑受到不相等力的作用（图 6.53）。因此，钻屑随着棱转动并向环空的侧边运移，然后顺着管壁下滑一段距离，再向中心运移。下降是由于井壁处的低速造成的，部分是由于钻屑以棱转动方向下降造成的。

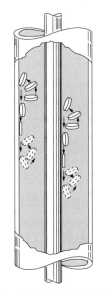

图 6.52　扁平钻屑在环空里重复　图 6.53　当钻井液为层流时扁平钻屑（钻杆静置）
　　　　　循环作用的不相等力　　　　　　　　　受到的不相关作用力

一般而言，钻杆的转动提高了输送比，因为在钻杆的附近给钻屑一个螺旋的运动（图 6.54），但 Sifferman 等已证实这种效应是比较小的（图 6.55）。理论上，紊流是能改善输送比的，因为紊流的速度剖面是平行的，清除了转动力矩（图 6.56），但是关于这一点，由于实验条件不同，如钻屑的尺寸与形状等没有得到完全的实验证实。Thomas 等最近在一个模型井内进行的实验证实在较低的上升速度下，增加转速就增加了钻屑输送速度。但这种效应在较高的上升速度下是可以忽略的。偏心转动对钻屑运移的影响不大。

四、最佳环空速率

尽管理论上任何大于最大钻屑沉降速率的环空速率最终都会使所有的钻屑上升到地面，但环空速率太低会使环空钻屑的浓度过高。由于钻屑的滑动，钻屑的浓度取决于输送比，体积流量以及钻头产生钻屑的速度。经验证实，在钻屑浓度超过 5% 时，不管任何原因而停止循环，将会造成缩颈或者卡钻。图 6.57 证实了各种井形中，钻屑浓度低于 5% 时，理论上所需的维持钻屑上升的速率。图 6.58 是 Zamora 经计算得出的各种钻井液维持低于 4% 的钻屑浓度所需的最低环空速率。为了维持产生钻屑与钻屑运送之间的平衡，以便对所需的钻屑上升速度进行预测，Zeidler 建立了经验的方程式，但他的工作是在透明的树脂液体内进行试验而得出钻屑特性。其后，由其他人所进行的工作证实对大多数条件下的钻井液来说，Zeidler 方程式有效的。

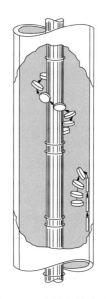

图6.54 当钻杆转动时，
扁平钻屑的螺旋运动

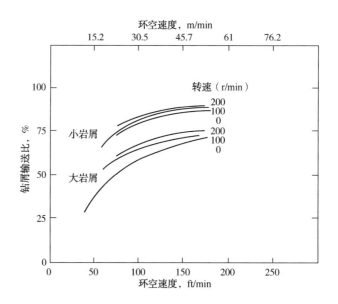

图6.55 转速对钻屑输送的影响(中等尺寸岩屑 8in×4in
环空，2lb/gal 钻井液，小尺寸钻屑
1/16in×1/8in×1/3in，大尺寸钻屑 1/4in×1/2in×1/8in)

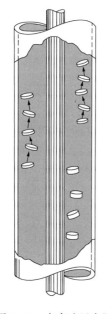

图6.56 在紊流里扁平
钻屑的输送

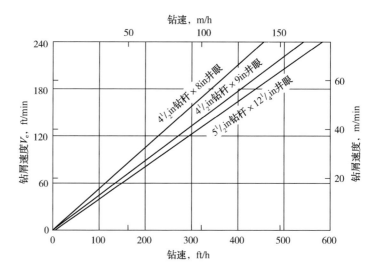

图6.57 使环空钻屑浓度小于5%的钻屑上升速率
(例如 4½in 钻杆在 8in 井内钻速 100ft/h，
钻屑上升的速度必须是 55ft/min)

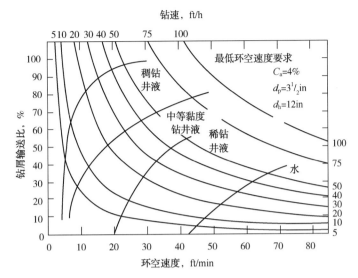

图 6.58　使环空钻屑浓度维持在 4% 以下时的最小环空速度(例如，使用一种稀钻井液，
钻速 50ft/h 时需要的环空速度应为 42ft/min)

由于钻速是随着黏度的增加而减少的，所以最好是用提高环空速率的办法，而不是用提高钻井液黏度的办法，来使井眼充分的清洗。但是环空速率不受下列因素限制：

(1) 在高环空速率下(图 6.51)，输送比增加的速率变慢。

(2) 在钻杆内的压力损失随紊流速度平方而增加，所以提高的循环速度成本高。

(3) 高环空速率会造成井眼冲蚀，液体在井壁所造成的剪切应力约在每平方英尺几磅左右，而同时硬岩石与页岩的剪切强度在每平方英寸数千磅左右(见第十章)。因此，在某些区块可以用清水紊流钻进而不会导致井眼扩大。不幸的是，在大多数地区，底层由于构造运动形成层理或裂缝，由于钻井液的物理化学作用削弱了其结构应力。在这种情况下，井眼的扩大将随着环空速率的增加而增加。

由此得出最佳的环空速度与钻井液黏度应取决于能否保持标准的井径。可以用水，也可以用最低黏度的钻井液来使 1 个标准井眼保持清洁，但是如果井眼严重扩大，那么在扩大部分的流速就会降低，所以在标准井眼与扩大部分之间速度变动差别很大(图 6.46)。为了取得足以清洗扩大部分的速度需增加体积流量，但这可能造成在标准井段内过大的流速。在这种条件下，钻井液的流量性能必须加以调整，以便提高输送比。

五、井眼清洁的最佳流变性

按照一般原则，一种以结构为主的钻井液是由屈服点与塑性黏度的高比值或者一个低的流动特性指数 n 来表示，对井眼的清洁是理想化的。这种钻井液是一种剪切稀释钻井液，为此在井眼的扩大部分有效黏度会增加，同时流速较低；而在标准井段流速较高，有效黏度却降低。

具有高结构黏度的钻井液升举钻屑能力要比牛顿流体或接近牛顿流体更有效。但是关于这一点实验证据是相反的。Hopkin 发现钻屑与屈服点之间的关系，要比其他的流变参数密切(图 6.59)。Brien 与 Dobson 报道的现场经验证实 Hopkin 的结论。他们发现在俄克拉荷马州大井眼井壁的掉块在钻井液的屈服点小于 $30 \sim 40lb/100ft^2$ 是不能清洗干净的。他们还发现在花岗岩井段钻井时,屈服点随钻屑尺寸的增加而增加。例如,最大的颗粒尺寸是 0.5in,此时屈服点是 $19lb/100ft^2$;当最大的颗粒尺寸是 1.1in 时,此时的屈服点是 $55lb/100ft^2$;最大的颗粒尺寸是 1.6in 时,屈服点是 $85lb/100ft^2$。而 Sifferman 等却发现屈服点在 $20lb/100ft^2$ ($102dyn/cm^2$)左右时的钻井液输送比,不比等黏度的牛顿流体类好。原因在于,一方面他们的实验没有完全模拟井下的条件:在他们的实验里,用一个离心泵把钻井液泵送到管柱的底部,这样就必然把结构黏度降低到一个极低值,像在钻头处所发生的那样,在井内,在钻井液沿环空上升时结构黏度得到恢复,但在比较短的实验环空里做到这一点的时间较少。Hussaini 与 Azar 发现 YP/PV 值、表观黏度、屈服点及切力是控制流变性的因素(但如前所述,这些因素对于上升速度 120ft/min 以上者无重大影响)。

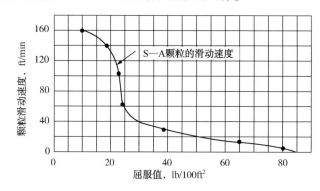

图6.59　外径为 0.954in 球状颗粒的滑动速度与屈服点的关系曲线

已建议过低值 n 的钻井液是合理的,其剖面比较平(图6.24),因此,在环空半径的较大部分主要是低剪切速率和高局部黏度。但没有好的实验证明,在 n 变化而所有其他因素不变时,这个理论的正确性。Williams 与 Bruce 观察到平板速度剖面是有优点的,它减少了钻屑的重复循环,但由于 $\mu_e = K \dot{\gamma}^{n-1}$,降低 n 就降低了平均有效黏度。

六、斜井段

钻屑在大角度倾斜井内的特性是与垂直或小角度倾斜井的特性完全不同的。在垂直井内,滑动速度时与井的轴线平行的。在倾斜的井内,滑动速度有两个分量,一个是轴向的,一个是径向的。轴向分量随着井眼角度的增加而减少。在水平井眼里,轴向分量为零。因此,钻屑趋向于沉积在大角度井眼的低边。为了限制钻屑平置于底层,有必要使用高环空钻井液流速。

由 Okrajni 与 Azar 在模拟井条件下所进行的广泛实验室实验证实:

(1)在井斜达45°的井里,层流所提供的钻屑输送要优于紊流;在斜度超过55°时,紊流较好。在45°与55°之间使用两种流态的任一种,其差别不大。

(2)当维持层流时,斜度低于45°时,钻井液的屈服值越高,钻屑输送越好;但在斜度大于55°时,屈服值的影响几乎没有或很小。

(3)在所有的斜度井内,高 YP/PV 值能提供较好的钻屑输送。

(4)低环空速度下屈服值与 YP/PV 比值的影响较大。

(5)正如预料的那样,钻井液在紊流时流变性能对钻屑的输送能力影响较小。

　　注意，尽管紊流在大斜度下提供较好的钻屑输送能力，但是由于它对井眼的扩大有不利作用。因此在大多数情况下不使用。在这种情况下，使用的最高环空速度不能造成紊流。有效黏度高的钻井液会增加临界雷诺系数，从而能在没有造成紊流的条件下维持一个较高的环空速度。

　　基于动量平衡，Gavignet 与 Sobey 建立了一个模型。该模型可以用来计算临界流量，高于这个流量就不会形成钻屑的沉积。它的数值是由钻杆、井眼及颗粒尺寸所决定的[图 6.60 (a)和(b)]。钻杆的偏心度有着重要影响。即使在紊流条件下，低于临界值流速也会形成钻屑的沉积。这个模型的计算结果比较好地符合 Iyoho 用水与羧乙烯聚合物做实验的结果[图 6.60(a)与(c)]。

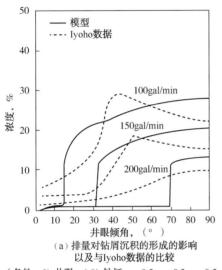

（a）排量对钻屑沉积的形成的影响
以及与 Iyoho 数据的比较

（条件：5in井眼，1.9in钻杆，$\varepsilon=0.5$，$\eta=0.2$，$c=0.5$，水）

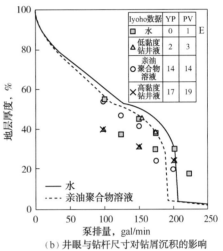

（b）井眼与钻杆尺寸对钻屑沉积的影响

（条件：5in井眼，1.9in钻杆，$\varepsilon=0.5$，$\eta=0.2$，$c=0.5$）

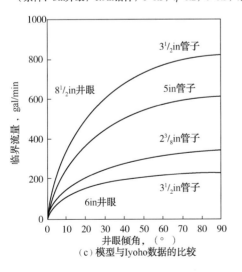

（c）模型与 Iyoho 数据的比较

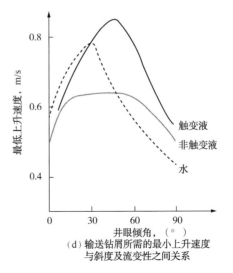

（d）输送钻屑所需的最小上升速度
与斜度及流变性之间关系

图 6.60　模型与实验对比情况

Martin 等在实验室内研究了钻井液性能，流量以及钻柱在圆形钻杆及环空内旋转的影响，并把它们的结果与现场数据对照。他们的结果证实：

(1) 输送钻屑所需的最小平均上升速度[在图 6.60(d)里的 $V_{\lim}$]在 30°~60°之间的斜度达到最大值。

(2) 在斜度大于 10°时使用触变性钻井液很不理想[图 6.60(d)]，因为它们几乎不能移动靠近井壁的钻屑沉积。

(3) 在垂直井内，高表观黏度与高 YP/PV 比值有利于钻屑的输送，但在斜度大于 10°时不利于钻屑的输送。这个发现是与上面 Okrajni 与 Azar 的实验结果不同的。

(4) 高钻井液密度提高钻屑的输送比。

(5) 钻柱的旋转有助于钻屑的输送，因为它撞击沉积的钻屑使之回到钻井液流中。

七、钻屑及其携带气体在地面上的分离

结构黏度阻碍了钻屑及其携带气体在地面上的分离。在静止的液体里，颗粒既不下沉，气泡也不上升，除非颗粒或气泡与液体之间密度差所产生应力大于钻井液的切力。在机械式分离器与除气器里高剪切速率由于降低了结构黏度而促进了固相与气体的分离。

八、井内激动压力

目前我们已经讨论了由稳定状态流动所产生的压力，但没有讨论在正常钻井周期内，必须减少的各种激动压力。这些激动压力影响到井的安全。图 6.61 画出了液体静态密度为 11.8lb/gal(密度 1.41)，当量密度所引起的典型激动压力。在向井内下入钻杆时就会产生正压力波动，这是因为钻杆就像落下的活塞，迫使钻井液挤出井眼。当钻头达到井底时恢复循环所需的压力，引起了另一个压力激动。钻进时，最大的激动压力产生于接钻具前，开泵向下快速划眼时。最后，在起钻时由于抽吸作用产生负的压力波动(或通常叫作抽吸压力)，没能将液体抽吸出环空或进入钻杆，但产生这种作用时压力降低是较大的。

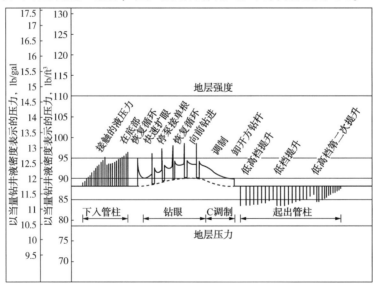

图 6.61　在钻井过程中激动压力的发生情况

在正常或中等地质压力层，如图 6.61 所示，激动压力是无害的；在高地质压力底层，孔隙压力较高，需要控制底层流体的钻井液密度与压裂底层的钻井液密度之间只有很小的余量(见本书第十章)。在这种条件下，抽吸压力可能足以引起井喷，而正压力激动可能导致井漏。抽吸压力与实际井喷及波动压力与井漏之间的相互关系已通过实例研究得到证实。

Burkhardt 提出引起压力波动的 3 个因素：坡缓胶凝所需的压力，钻井液的催化与反催化及钻井液的黏滞阻力。在现场试验中，他测量了钻柱下落速度以及对应的地下压力。结果(图 6.62)证实，最大的正波动压力产生于钻柱下落速度最快时，并由黏滞阻力引起波动压力的峰值。

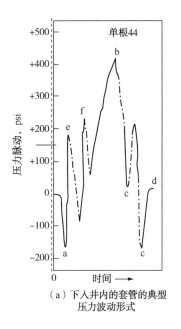
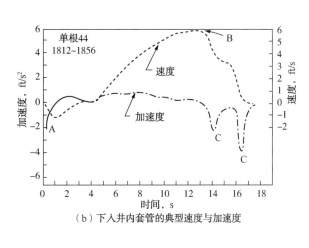

（a）下入井内的套管的典型
压力波动形式

（b）下入井内套管的典型速度与加速度

图 6.62　下入井内套管的压力、速度、加速度情况
注：大的波动压力 b 点[图 6.62(a)]产生在钻杆速度的峰值 B 点[图 6.62(b)]

　　Burkhardt 根据这一前提，即移动钻杆穿过一段静止的液体所引起的压力差与流动液体以同一速度穿过静止的钻杆所引起的压力相同，推导出有关波动压力对钻杆速度的方程式。

　　在钻井压力波动的方程式里，由于钻杆与液体两者都运动而变得复杂。因此，钻井液对于移动的钻杆有一个速度，而对于静止的井壁则有另一个速度。为方便起见，Burkhardt 只计算了单个的有效速度。

　　另一个复杂之处是，如果钻杆是开口的，部分的钻井液流入环空，而另一部分则流入钻杆内，流入的多少与通道的相对阻力成比例。同一钻井液有效流速对于正负的压力波动来说，压力—速度关系是相同的。

　　这些方程式的精确解答需要用到计算机。Burkhardt 设计的程序使用的是宾汉模式，而 Schuh 写的程序用指数模式，Fontenot 与 Clark 则用到了指数模式与井下钻井液性能。尽管这些程序并不适用于现场工程，但对于钻井设计是有用的。例如，确定井眼尺寸是否能确保抽吸与波动压力在安全范围内，如图 6.63 所示。

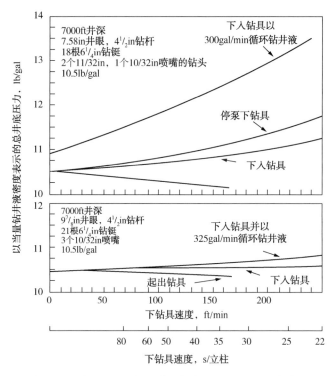

图 6.63 对于可以选择的井眼规划, 预测出的压力波动
(如果钻的是 9⅞in 井眼, 压力波动会小得多)

Burkhardt 推导出近似解, 此处给出这些解释为了说明钻井液流变参数的影响。对于层流方程式是:

$$p_s = \frac{B\mu_p V_p + \tau_0}{0.3(D_2 - D_e)} \qquad (6.64)$$

而对于紊流:

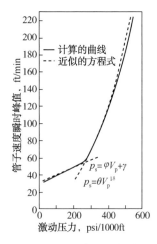

图 6.64 近似解与精确
解对比曲线

$$P_s = A\mu_p^{0.21}\rho^{0.806}V_p^{1.8} \qquad (6.65)$$

式中: V_p 是钻杆速度, ft/min; μ_p 是塑性黏度, cP; ρ 是密度, lb/gal; τ_0 是屈服点, lb/100ft^2; D_2 是井眼直径, in; A、B 与 D_e 是钻杆形状参数; P_s 是波动压力, psi/1000ft(钻杆)。对于开口与封闭的管子, A、B 与 D_e 是不同的。图 6.64 是近似解与精确解对比曲线。

钻井液的黏滞阻力决定了最大波动压力, 但钻井液在井下的凝胶强度仍是一个引起压力波动的重要因素。

因为它决定了式(6.64)里的 τ_0 值。Burkhardt 在实验里使用 3min 的切力作为在地面上测量 τ_0 的量值, 实际上井下的切力与这个值偏差相当大, 这取决于井深、温度梯度及钻井液的触变性能。在一次起下钻之后, 钻井液已静止了几小时。由于在井眼底部的钻井液不受干扰的时间要比靠近地面的钻井液长得多，而且还受较高的温度影响，因此随着井的加深，切力会逐渐增长。

每次下一个立柱，在钻头以上的钻井液柱收到大于 $15 \sim 30s$ 的扰动，但在接下一个立柱时胶凝又部分恢复。当大量的立柱已下入井内时，靠近地面的钻井液收到的扰动多，切力降低的较多。而在钻头处没有受到扰动的钻井液切力将维持在钻头起出井眼时的切力。因此钻头达到井底时，钻井液柱的平均切力将比在井里排出来的钻井液切力大很多。黏滞阻力引起的波动与钻使在循环开始后，平均有效黏度也较高，直到钻井杆速度之间的精确破解与近似解对液从井底到达地面。图 6.65 显示了由 Carlton 与 Chenevert 在现场测量的环空压力损失一直在正常值以上直到钻井液从井底返出地面，这可以从循环开始后大约 95min 切力的上升来看出。

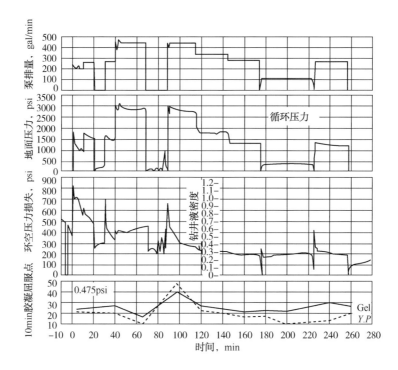

图 6.65   中断循环后环空压力损失随时间而降低

当钻头达到某一深度，在这个深度的底层就会受到最大的正压力波动。式(6.64)的 τ_0 值将位于该深度处钻井液实际切力与流出井眼钻井液初切之间的某处。钻井液切力的最好测定办法是把钻井液取样放入密闭的容器内，在适当的温度下，经过适当的时间，再用切力计测定其切力值。

抽吸压力要比正波动压力低，一个原因是钻杆在起出时速度比较低；另一个原因是当钻杆开始起出井眼时 τ_0 在最低值。然而，Cannon 的实验证实由井底压力表测量的切力值在决定抽吸压力方面比黏度更重要(图 6.66)。

式(6.65)证明在紊流条件下，钻井液性能对波动压力影响很小，而波动压力主要取决于钻杆速度。图 6.64 表明在使用典型的钻井液及井眼条件在钻杆速度稍大于 200ft/min

(60/min)时紊流开始。对于临界钻杆速度的这个数值被 Goins 等进行现场试验结果证实，在钻杆速度大于 200ft/min 时，这个数值在正波动压力方面有显著增加，如图 6.67 所示。

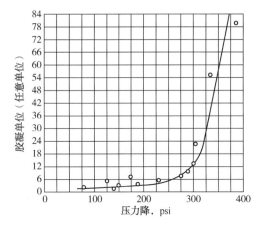

图 6.66　在 7in 套管内钻井液静切力与
抽吸压降的关系

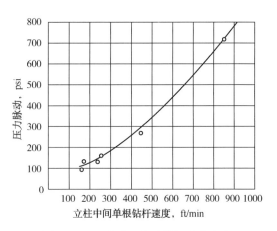

图 6.67　正波动压力随钻杆速度变化
（钻杆速度超过 200ft/min 时的高
波动压力是由紊流造成的）

最近，Lal 在不稳定流和可压缩流体的基础上为抽吸压力和波动压力假设出一个模型。电脑程序使随时间变化的压力可以被预测出。由于这个电脑程序运行速度快，因此，当起下钻时，特定钻井液正压的最大安全钻杆速度可以确定下来。

基于多种假设条件下运行的样本电脑表明，两个对波动压力有主要影响的变量是最大钻杆速度和钻井液的屈服点。钻杆加速度，钻井液密度和塑性黏度的影响较小。井下钻井液的触变性影响并未计算在内。Lal 并未提供计算出的压力和实际现场测量的井下压力之间的对比。Mitchell 建立了一个考虑了钻杆弹性、底层与水泥的动态抽吸/波动模型，同时也考虑了温度与压力这两个对钻井液性能有影响的参数。

第十三节　实用钻井液流变学

现场流变学控制技术的研究超出了本书的范畴。最佳钻井和最小化非生产时间（NPT）的准确参数调整取决于当时的钻井工况。钻井液技术专家通过观察工况，环空返出，切屑量和形状，起下钻情况，以及在接钻具时出现的任何异常情况，通过钻井液性能测试给出适当的调整措施。通常，以下是推荐的流变学操作指南。

一、水基钻井液

在淡水中，黏土体系要获得高 YP/PV 值，最好通过降低塑性黏度而不是增加屈服值。保持尽可能低的塑性黏度通过机械分离并在地面去除钻井固相。在胶体黏土中钻井时，屈服点通过添加化学稀释剂控制，在其他地层钻井时添加膨润土控制。凝胶需要保持低水平，不进一步增强。此外，用聚合物添加剂增强了环空和悬浮能力的控制，比如黄原胶和 cm-淀粉。在盐水钻井液中，包括海水，环空和悬浮黏度最好由聚合物添加剂控制，保持固体含量尽可能低。屈服力法则模型最适合用于计算环空液柱压力和悬浮特性，即 LSRV。

二、非水基钻井液

塑性黏度，屈服点比率不是准确指导井眼清洁或悬浮特性的指标。非水基流体更严格遵循幂律或屈服幂律模型。

动态加重材料 SAG—非水基流体特有的问题是动态加重材料 SAG (Savari 等，2013；Hanson 等，1990；Saasen 等，1991；Jamison 和 Clements，1990)。最小化重晶石沉降是一个 LSRV 特性的功能。增加 3r/min 和 6r/min 读数是控制沉降最重要的读数。另一个用于监测潜在沉降问题的参数称为低剪切速率屈服值，以下等式计算 LSR-YP：

$$LSR\text{-}YP = 2 \times \theta_3 - \theta_6 \qquad (6.66)$$

三、环空有效黏度

估算环空黏度的相对简单的方法是根据来自多速黏度计的环空速度和数据，通过计算或图形分析完成。

API 推荐的多速黏度计每个转速下的剪切速率都是固定的，如表 6.5 所示。读数因子列用于转换黏度计刻度盘读数 lbf/100ft² 至 cP。我们使用该黏度计数据来构建钻井液黏度轮廓。一个特定钻井液分析实例如表 6.5 所示。重要的是要意识到黏度计读数不是黏度，它是剪切应力。式(6.2)是用于计算每转的黏度。可以观察到该值读数随着转速的减慢而减小，而黏度增加。因此，剪切稀化钻井液在较高剪切速率下黏度减小。

表 6.5 API 推荐黏度计读数与黏度之间的转换因素

转速，r/min	剪切速率，s⁻¹	读数因子	实际读数，lbf/100ft²	黏度，cP
600	1022	0.5	45	22.5
300	510	1.0	29	29
200	340	1.5	21	31.3
100	170	3.0	15	45
60	102	5.0	10	50
30	51	10	8	80
6	10.2	50	6	300
3	5.1	100	4	400

环空剪切速率通常为转速 6~100r/min 对应的剪切速率。

来自多速黏度计的黏度数据可绘制在黏度轮廓图上，如图 6.68 所示，图 6.69 显示了一些来自 6 速黏度计的 3 种不同钻井液的黏度曲线图的实例。该图清楚地显示了这些钻井液的剪切稀释特性。

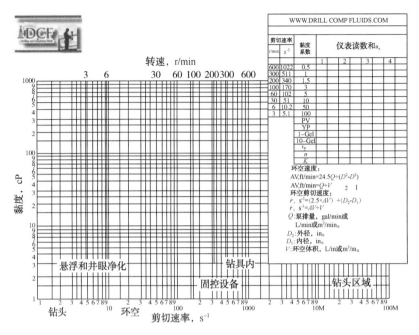

图 6.68　在空白表格输入 6 或 8 速黏度计读数来绘制当前工况下的黏度曲线

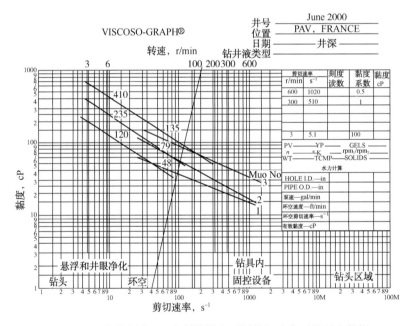

图 6.69　6 速黏度计 3 组实例数据和不同剪切速率下的环空数据

一旦我们得到黏度曲线，可以使用以下两个公式来计算环空剪切速率：

$$环空速度(ft/min) = 24.4Q/(D_o^2 - D_i^2) \tag{6.67}$$

$$环空剪切速率(s^{-1}) = 2.4V/(D_o - D_i) \tag{6.68}$$

式中：Q 为泵排量，gal/min；V 为环空速度，ft/min；D_o 为外径，in；D_i 为内径，in。

在图 6.69 中，在 $11s^{-1}$ 和 $58s^{-1}$ 处绘制的两条垂直线显示了在这两种剪切速率下不同的环空黏度。除了向钻井液中加入 0.25lb/bbl 黄原胶外，钻井液样品 1 和 2 是相同的。这种处理降低 n 因子，更具剪切稀释性，并使有效黏度大幅提升。在 $11s$ 处，黏度几乎翻了一番，在环空速度不变的情况下，该钻井液无疑具有更强的悬浮力和更大的井眼净化能力。

符号解释

$\overline{AV}$——旋转黏度计在 600r/min 时的表观黏度；

D——直径；

D_1——钻杆或钻铤的外径；

D_2——井眼或套管的内径；

F——力；

f——范式摩擦系数；

g——重力常数，$32.2ft/s^2$ 或 $980cm/s^2$；

h——旋转黏度计内筒的矫正高度；

K——幂律流体的稠度系数；

K'——广义的稠度指数；

L——长度；

M——平均的液力半径；

n——幂律流体的流动特性指数；

n'——广义的流动特性指数；

N_{Re}——雷诺数；

N'_{Re}——广义的雷诺数；

P——压力；

p_0——宾汉塑性流体起始流动的压力；

μ——牛顿黏度；

μ_p——宾汉塑性流体的塑性黏度；

μ_e——非牛顿流体的有效黏度；

ρ——密度；

τ——剪切应力。

μ_e——在屈服点的剪切应力；

$\overline{PV}$——双速旋转黏度计确定的塑性黏度；

Q——体积流量；

R——半径；

r——局部半径；

R_c——旋转黏度计的外筒内径；

R_b——旋转黏度计的内筒半径；

S——胶凝强度；

t——时间；

V——流速；

v——局部速度；

v_t——在静止流体里颗粒的临界速度；

V_u——在上升液柱里的颗粒净速度；

v_s——在上升液柱里的颗粒滑动速度；

YP——屈服点，由双速旋转黏度计确定；

$\dot{\gamma}$——剪切速率；

$\dot{\gamma}_w$——在管壁处的剪切速率；

θ——在旋转黏度计上刻度盘读数；

τ_w——管壁处的剪切应力；

φ——固相体积被悬浮液总体积除的百分数；

$\bar{\omega}$——角速度，r/min；

ω——角速度，rad/s；

参 考 文 献

Annis, M. R., 1967. High temperature properties of water-base drilling fluids. J. Petrol. Technol. 1074-1080, Trans AIME 240.

API Subcommittee 13, 2010. The Rheology of Oil-Well Drilling Fluids, API Bulletin, 13D. American Petroleum Institute, Washington, DC.

Bartlett, L. E., 1967. Effect of temperature on the flow properties of drilling muds, SPE Paper1861, Annual Meeting, October 6-9, Houston.

Becker, T. E., 1982. The Effect of Mud Weight and Hole Geometry Variations on CuttingsTransport in Directional Drilling, MS Thesis. University of Tulsa, Tulsa, Okla.

Binder, R. C., Busher, J. E., 1946. Study of flow of plastics through pipes. J. Appl. Mech. 13 (2), A-101.

Bingham, E. C., 1922. Fluidity and Plasticity. McGraw-Hill, New York, NY.

Bobo, R. A., Hoch, R. A., 1958. Keys to Successful Competitive Drilling. Gulf Publishing Co, Houston.

Buckingham, E., 1921. On plastic flow through capillary tubes. Proc. ASTM 21, 1154-1156.

Burkhardt, J. A., 1961. Wellbore pressure surges produced by pipe movement. J. Petrol. Technol. 595-605, Trans. AIME 222.

Caldwell, D. H., Babbit, H. E., 1949. Laminar flow of sludges with special reference to sewagedisposal. Bull. Univ. Illinois (12).

Cannon, G. E., 1934. Changes in hydrostatic pressure due to withdrawing drill pipe from thehole. API Drill. Prod. Prac. 42-47.

Carlton, L. A., Chenevert, M. E., 1974. A new approach to preventing lost returns, SPE Paper No. 4972, Annual Meeting, October 6-9, Houston.

Cheng, D. G. H., Ray, D. J., Valentin, F. H. H., 1965. The flow of thixotropic bentonite suspensions. Through pipes and pipe fittings. Trans. Inst. Chem. Eng. (Lond.) 43, 176-186.

Clark, E. H., 1956. A graphic view of pressure surges and lost circulation. API Drill. Prod. Prac. 424-438.

Combs, G. D., Whitmire, L. D., 1960. Capillary viscometer simulates bottom hole conditions. OilGas J. 108-113.

Crowley, M., 1976. Procedures updates drilling hydraulics. Oil Gas J. 59-63.

Darley, H. C. H., 1969. A laboratory investigation of borehole stability. J. Petrol. Technol. 883-892, Trans. AIME 246.

Darley, H. C. H., Generes, R. A., 1956. The use of barium hydroxide in drilling muds. Trans. AIME 207, 252-255.

Darley, H. C. H., Hartfiel, A., 1974. Tests show that polymer fluids cut drill-pipe pressure losses. Oil Gas J. 70-72.

Dodge, D. W., Metzner, A. B., 1959. Turbulent flow of non-Newtonian systems. AIChE. J. 5 (2), 194.

Dunn, T. H., Nuss, W. F., Beck, R. W., 1947. Flow properties of drilling muds. API Drill. Prod. Prac. 9-21.

Eckel, J. R., 1967. Microbit studies of the effect of fluid properties and hydraulics on drillingrate. J. Petrol. Technol. 541-546, Trans AIME 240.

Fontenot, J. E., Clark, R. K., 1974. An improved method for calculating swab, surge, and circulatingpressures. Soc. Petrol. Eng. J. 451-462.

Freundlich, H., 1935. Thixotropy. Herman & Cie., Paris, p. 3.

Garrison, A. D., 1939. Surface chemistry of shales and clays. Trans. AIME 132, 423-436.

Gavignet, A. A., Sobey, I. J., 1986. A model for the transport of cuttings in highly deviated wells, SPE Paper 15417, Ann. Tech. Conference, October 5-8, New Orleans, LA.

Goins, W. C., Weichert, J. P., Burba, J. R., Dawson, D. D., Teplitz, A. J., 1951. Down hole pressuresurges and their effect on loss on circulation. API Drill. Prod. Prac. 125-131.

Goodeve, C. F., 1939. A general theory of thixotropy and viscosity. Trans. Faraday. Soc. 25, 342.

Gray, G. R., Neznayko, M., Gilkeson, P. W., 1952. Some factors affecting the solidification oflime-treated muds at high temperatures. API Drill. Prod. Prac. 73-81.

Green, H., 1949. Industrial Rheology and Rheological Structures. John Wiley & Sons, NewYork, NY, pp. 13-43.

Hall, H. N., Thomson, H., Nuss, F., 1950. Ability of drilling mud to lift bit cuttings. Trans. AIME 189, 35-76.

Hanks, R. W., Trapp, D. R., 1967. On the flow of Bingham plastic slurries in pipes and betweenparallel plates. Soc. Petrol. Eng. 342-346, Trans. AIME 240.

Hanson, P. M., Trigg, Jr., T. K., Rachal, G., and Zamora, M., Investigation of barite "sag" inweighted drilling fluids in highly deviated wells, SPE paper No. 20423, 65th AnnualTechnical Conference, New Orleans, Sept. 23-26, 1990.

Havenaar, I., 1954. The pumpability of clay-water drilling muds. J. Petrol. Technol. 49-55, Trans. AIME 201, 287-293.

Hedstrom, B. O. A., 1952. Flow of plastic materials in pipes. Ind. Eng. Chem. 44, 651-656.

Hiller, K. H., 1963. Rheological measurements of clay suspensions at high temperatures and pressures. J. Petrol. Technol. 779-789, Trans AIME 228.

Hopkin, E. A., 1967. Factors affecting cuttings removal during rotary drilling. J. Petrol. Technol. 807-814, Trans AIME 240.

Houwen, O. H., Geehan, T., 1986. Rheology of oil-base muds, SPE Paper 15416, Ann. Tech. Conference, October 5-8, New Orleans, LA.

Hughes Tool Company, 1954. Hydraulics in Rotary Drilling, Bull., 1A (Rev.). Hughes Tool Co., Houston.

Hussaini, S. M., Azar, J. J., 1983. Experimental study of drilled cuttings transport using commondrilling muds. Soc. Petrol. Eng. J. 11-20.

Iyoho, A. W., 1980. Drilled-Cuttings Transport by Non-Newtonian Fluids Through Inclined, Eccentric Annuli, PhD Dissertion. University of Tulsa, Tulsa, OK.

Iyoho, A. W., Azar, J. J., 1981. An accurate slot-flow model for non-Newtonian fluid flowthrough eccentric annuli. Soc. Petrol. Eng. J. 565-572.

Jamison, D. E., and Clements, W. R., A new test method to characterize setting/sag tendencies ofdrilling fluids used in extended reach drilling, ASME 1990 Drilling Tech Symposium, PDVol. 27, pp. 109-13, 1990.

Jones, P. H., Babson, E. C., 1935. Evaluation of rotary drilling muds. Oil Wkly. 25-30.

Kelly Jr., J., Hawk, D. E., 1961. Mud additives in deep wells. Oil Gas J. 145-155.

Koch, W. M., 1953. Fluid mechanics of the drill string. J. Petrol. Technol. 9-11.

Lal, M., 1984a. Better surge/swab pressures are available with new model. World Oil 81-88.

Lal, M., 1984b. Study finds effects of swab and surge pressures. Oil Gas J. 137-143.

Lord, D. L., Menzie, D. E., 1943. Stress and strain rate dependence of bentonite clay suspensiongel strengths, SPE Paper 4231, 6th Conference Drill. & Rock Mech., January 22-23, Austin, pp. 11-18.

Martin, M., Georges, C., Bisson, P., Konirsch, O., 1987. Transport of cuttings in directionalwells, SPE/IADC Paper 16083, Drill. Conference, March 15-18, New Orleans, LA.

McMordie, W. C., 1969. Viscometer tests mud to 650-F. Oil Gas J. 81-84.

McMordie Jr., W. C., Bennett, R. B., Bland, R. G., 1975. The effect of temperature and pressureon oil base muds. J. Petrol. Technol. 884-886.

Melrose, J. C., Savins, J. G., Parish, E. R., 1958. Utilization of theory of Bingham plastic flow instationary pipes and Annuli. Trans. AIME 213, 316-324.

Metzner, A. B., 1956. Non-Newtonian technology: Fluid mechanics and transfers. Advances inChemical Engineering. Academic Press, New York, NY.

Metzner, A. B., Reed, J. C., 1955. Flow of non-Newtonian fluids-correlation of laminar, transitionaland turbulent flow regimes. AIChE J. 1, 434-440.

Mitchell, R. F., 1987. Dynamic surge/swab pressure predictions, SPE/IADC Paper 16156, Drill. Conference, March 15-18, New Orleans, LA.

Mooney, M., 1931. Explicit formulas for slip and fluidity. J. Rheol. 2, 210-222.

Moore, P. E., 1974. Drilling Practices Manual. The Petroleum Publishing Co., Tulsa, pp. 205-228.

Moore, P. L., 1973. Annulus loss estimates can be more precise. Oil Gas J. 111-113.

O'Brien, T. B., Dobson, M., 1985. Hole cleaning: some field results, SPE/IADC paper 13442, Drilling

Conf., March 5-8, New Orleans, LA.

Okrajni, S. S., Azar, J. J., 1986. Mud cuttings transport in directional well drilling, SPE Paper14178, Annual Meeting, Las Vegas, September 22-25; and SPE Drill. Eng. (August), 291-296.

Piggott, R. J. S., 1941. Mud flow in drilling. API Drill. Prod. Prac. 91-103.

Politte, M. D., 1985. Invert mud rheology as a function of temperature and pressure, SPE/IADCPaper 13458, Drilling Conference, March 5-8, New Orleans, LA.

Rabinowitsch, B., 1929. On the viscosity and elasticity of sols. Zeit. Physik. Chem. 145A, 1-26.

Randall, B. V., Anderson, D. B., 1982. Flow of mud during drilling operations. J. Petrol. Technol. 1414-1420.

Raymond, L. R., 1969. Temperature distribution in a circulating fluid. J. Petrol. Technol. 333 - 341, Trans AIME 246.

Reiner, M., 1929. The theory of plastic flow in the rotational viscometer. J. Rheol. 1, 5-10.

Robertson, R. E., Stiff Jr., H. A., 1976. An improved mathematical model for relating shear stressto shear rate in drilling fluids and cement slurries. Soc. Petrol. Eng. J. 31-36, Trans. AIME261.

Ryan, N. W., Johnson, N. W., 1959. Transition from laminar to tubulent flow in pipes. AIChE J. 5 (4), 433-435.

Saasen, A., Marken, C., Sterri, N., Jakobsen, J., 1991. Monitoring of barite SAG important indeviated drilling. Oil & Gas J. August 26, 1991.

Savins, J. G., 1958. Generalized Newtonian (pseudoplastic) flow in stationary pipes and annuli. Trans. AIME 213, 325-332.

Savins, J. G., 1964. Drag reduction characteristics of solutions of macromolecules in turbulentpipe flow. Soc. Petrol. Eng. J. 203-214, Trans. AIME 231.

Savins, J. G., Roper, W. F., 1954. A direct indicating viscometer for drilling fluids. API Drill. Prod. Prac. 7-22.

Savins, J. G., Wallick, G. C., 1966. Viscosity profiles, discharge rates, pressure and torques for arheologically complex fluid in helical flow. AIChE J. 12 (2), 357-363.

Schuh, F. J., 1964. Computer makes surge-pressure calculations useful. Oil Gas J. 96-104.

Sifferman, T. R., Myers, G. M., Haden, E. L., Wall, H. A., 1974. Drill-cutting transport in full scale-vertical annuli. J. Petrol Technol. 1295-1302.

Silbar, A., Paslay, P. R., 1962. The analytical description of the flow of thixotropic materials. Symp. on Second-order Effects in Elasticity, Plasticity, and Fluid Dynamics, Internat. Unionof Theoretical and Applied Mechanics, Haifa, pp. 314-330.

Sinha, B. K., 1970. A new technique to determine the equivalent viscosity of drilling fluids underhigh temperatures and pressures. Soc. Petrol. Eng. J. 33-40.

Savari, S., Kulkarni, S., Maxey, J., Teke, K. 2013. A Comprehensive Approach to Barite SagAnalysis on Field Muds. 2013 AADE National Technical Conference and Exhibition held atthe Cox Convention Center, Oklahoma City, OK, February 26-27.

Thomas, R. P., Azar, J. J., Becker, T. E., 1982. Drillpipe eccentricity effect on drilled cuttingsbehavior in vertical wellbores. J. Petrol. Technol. 1929-1937.

Tomren, P. H., 1979. The Transport of Drilled Cuttings in an Inclined Eccentric Annulus, MSThesis. University of Tulsa, Tulsa, OK.

Tomren, P. H., Iyoho, A. W., Azar, J. J., 1986. An experimental study of cuttings transport indirectional wells, SPE Paper 12123, Annual Meeting, San Francisco, CA, October 5-8, andSPE Drill. Eng. (February), 43-46.

van Olphen, H., 1950. Pumpability, rheological properties and viscometry of drilling fluids. J. Inst. Pet.

(Lond.) 36, 223–234.

Walker, R. E. , 1971. Drilling fluid rheology. Drilling 43–58.

Walker, R. E. , 1976a. Annular calculations balance cleaning with pressure loss. Oil Gas J. 5, 82–88.

Walker, R. E. , 1976b. Hydraulics limits are set by flow restrictions. Oil Gas J. 86–90.

Walker, R. E. , Korry, D. E. , 1974. Field method of evaluating annular performance of drilling-fluids. J. Petrol. Technol. 167–173.

Walker, R. E. , Mayes, T. M. , 1975. Design of muds for carrying capacity. J. Petrol. Technol. 893–900.

Weintritt, D. J. , Hughes, R. G. , 1965. Factors involved in high temperature drilling fluids. J. Petrol. Technol. 707–716, Trans. AIME 234.

Williams, C. E. , Bruce, G. H. , 1951. Carrying capacity of drilling fluids. Trans. AIME 192, 111–120.

Willis, H. C. , Tomm, W. R. , Forbes, E. E. , 1973. Annular flow dynamics, SPE Paper 4234, 6th Conference, Drill. & Rock Mech. , Austin, January 22–23, pp. 43–54.

Zamora, M. , 1974. Discussion of the paper by Sifferman et al. J. Petrol. Technol. 1302.

Zeidler, H. U. , 1972. An experimental analysis of transport of drilled particles. Soc. Petrol. Eng. J. 39–48.

Zeidler, H. U. , 1974. Fluid and Particle Dynamics Related to Drilling Mud Carrying Capacity, PhD Dissertation. University of Tulsa, Tulsa, OK.

Zeidler, H. U. , 1981. Better understanding permits deeper clear water drilling. World Oil167–178.

第七章　钻井液滤失性能

为了防止地层流体进入井筒，钻井液柱的静液柱压力必须大于地层孔隙内的流体压力。因此，钻井液就有侵入渗透性地层的趋势。大量的钻井液的滤失通常不会发生，这是由于钻井液的固相在井壁上形成一个渗透率较低，只有滤失液才能穿过的滤饼。为了维持井眼的稳定以及减少滤失液对潜在生产层的侵入与伤害，必须处理钻井液，使滤饼的渗透率尽量低。并且，高的滤饼渗透率会使滤饼变厚，这样就会减小井的有效直径，从而造成各种问题，如在旋转钻杆时就会有过大的扭矩，起钻时遇阻及高的抽吸与激动压力。厚滤饼滤会造成众所周知的压差卡钻，使钻杆被卡，这可能导致昂贵的打捞作业。

在钻油井时有两种滤失存在：当钻井液不循环时存在静滤失，此时不妨碍滤饼加厚；当钻井液循环时滤饼被钻井液的流动冲蚀，限制了它的加厚，这叫动滤失。动滤失速率远比静滤失速率高，大多数的井下滤液侵入是在此种情形下发生的。滤液通常是在动态条件下用 API 失水量试验进行的，这是一种静态试验。但它不能可靠地表明井下滤失的特性，除非静态与动态之间的滤失相差明显，且其试验结果要作相应的解释。

在本章，我们将要讨论静态滤失与动态滤失的原理以及它们之间的关系。前面提到的滤失性能对各种钻井与采油问题的影响将不在本章讨论，因为其中包括了许多其他因素，这些因素将在涉及特定问题的章节进行讨论。

第一节　静　滤　失

一、静滤失的理论

如果单位体积的悬浮液固相在一个渗透性地层上的滤失，滤液的体积以 X 表示，$1-X$ 就表示沉积在地层上滤饼的体积(固相加液体)。因此，如果 Q_c 是滤饼体积，而 Q_w 是滤液体积，那么：

$$\frac{Q_c}{Q_w} = \frac{1-x}{x} \tag{7.1}$$

单位时间单位面积滤饼厚度(h)为：

$$h = \frac{1-x}{x} Q_w \tag{7.2}$$

用达西定律表示：

$$\frac{\mathrm{d}q}{\mathrm{d}t} = \frac{Kp}{\mu h} \tag{7.3}$$

式中：K 为渗透率，D；p 为压差，at；μ 为滤液黏度，cP；h 为滤饼的厚度，cm；q 为滤液体积，cm^3；t 为时间，s。

因此，

$$\frac{dq}{dt} = \frac{Kp}{\mu Q_w} \times \frac{x}{1-x}$$

积分得：

$$Q_w^2 = \frac{2Kp}{\mu} \times \frac{x}{1-x} t \tag{7.4}$$

从式(7.1)与式(7.4)可得：

$$Q_w^2 = \frac{2Kp}{\mu} \times \frac{Q_w}{Q_c} t \tag{7.5}$$

如果滤饼的面积是 A，则：

$$Q_w^2 = \frac{2KpA^2}{\mu} \times \frac{Q_w}{Q_c} t \tag{7.6}$$

它是描述静态滤失的基本方程。

二、滤液体积与时间的关系

Larsen 发现如果一种钻井液在常温常压下通过一张纸而滤失，那么 Q_w 正比于原不考虑零的小误差。由此可得，对于一种已知钻井液，在式(7.6)里的 $\frac{Q_w}{Q_c}$ 与 K 相对于时间是常数。尽管这个发现对于所有钻井液来说不是严格正确的，但对于实际应用来说已足够近似并且构成了目前解释静态滤失机理的基础。

图 7.1 画出了一个典型的累积滤液体积对时间平方根关系的曲线。在 Y 轴上的截距标了"零误差"。所谓"钻井液漏出"的"零误差"在很大程度上是由于较小钻井液颗粒通过滤纸直到滤纸的孔隙被堵塞为止。此后在曲线上才表示滤液的时间关系，曲线变成了直线。对于大多数钻井液"零误差"是小的，且常常忽略，但当滤失发生在多孔岩层上时，它可能是相当大的。有些钻井液几乎是立刻堵塞滤纸，此时"零误差"是负数，它代表了滤纸与流出口之间的体积。

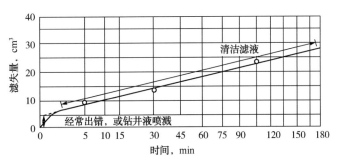

图 7.1　滤失体积与时间的关系

Larsen 的实验结果证明，在已知的压力下，式(7.6)可以写成：

$$Q_w - q_0 = A\sqrt{C \times t} \tag{7.7}$$

式中：q_0 为"零误差"时，而常数 C 由下式表示：

$$C = \frac{2Kp}{\mu}\frac{Q_w}{Q_c} \tag{7.8}$$

这样，各种钻井液的滤失特性可以用在一个标准时间及标准条件下累积的滤失液体积来测定。API 推荐的条件是：

时间：30min；

压力：100psi(6.8at，7kg/cm²)；

滤失面积：近似 7in²(45cm²)。

在 30min 内累积的滤液体积可以用在时间 t_1 观察到的 Q_w 体积来推算，公式如下：

$$Q_{w30} - q_0 = (Q_{w1} - q_0)\frac{\sqrt{t_{30}}}{\sqrt{t_1}}$$

例如，30min 滤液体积可以用在 7.5min 测定的滤液体积测量，然后把取得的数值加倍，因为 $\sqrt{30}/\sqrt{7.5} = 2$。

三、压力与滤失液体积的关系

根据式(7.6)，Q_w 应当正比于 $\sqrt{p}$，且 Q_w 对 p 的双对数曲线应当是斜率为 0.5 的直线，此时假定所有因素不变。实际上，这种情况永远碰不到，因为钻井液滤饼或多或少是可压缩的，所以渗透率就不是常数，但随着压力的增大而减少。即：

$$Q_w \propto p^x$$

式中：指数 x 因钻井液不同而不同，但总是小于 0.5，如图 7.2 所示。

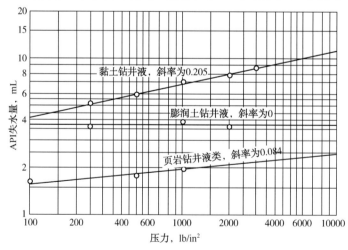

图 7.2　压力对滤失量体积的影响

指数 x 在很大程度上取决于组成滤饼的颗粒尺寸与形状。例如，膨润土滤饼由于其具有可压缩性使得指数 x 为零，而 Q_w 相对于 p 是常数。这种特性是由于膨润土几乎完全是由细小的蒙脱石微晶片组成。随着压力的增加，这些微晶片平行于地层排列。这样滤饼渗透率要大大低于刚性小球，组成的滤饼渗透率。对于其他的钻井液黏土，通过实验已发现指数 x 为 $0\sim0.2$，由此可见 x 表现出滤失速率对压力不敏感。

Outmans 建立了一个可以用来预测滤液体积随滤失压力变化的理论方程。假定方程中滤饼的压缩性是已知的。实际上，通常在特定的压力下做滤失试验要更直接些。对于油基钻井液，另外一个因素需要被考虑进去：油基钻井液滤失液黏度(一般是柴油)随绝对压力的增加而增加。根据方程此黏度有减少失水的倾向：

$$Q_{w1} = Q_{w2}\sqrt{\frac{\mu_1}{\mu_2}} \qquad (7.9)$$

式中：μ_1 与 μ_2 是在试验里分别对于 Q_{w1} 与 Q_{w2} 滤失压力的黏度。

四、温度与滤失液体积之间的关系

增加温度能以多种方式增加滤液体积。首先，升高温度能降低滤液黏度，由式(7.9)可知，滤液的体积也将增加。水与6%盐水的黏度随温度变化的范围见表7.1，而水的黏度随温度在更大范围内的变化见图7.3。显然，温度的变化对滤液体积有很大影响，这是由于滤液黏度的变化所引起的。例如，在 $212\,^\circ\!F$ 时($100\,^\circ\!C$)

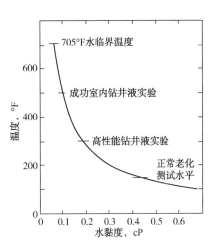

图 7.3 不同温度下水的黏度

滤液体积大约是 $\sqrt{\dfrac{1}{0.284}} = 1.88$ 倍于 $68\,^\circ\!F$($20\,^\circ\!C$)时的滤液体积。

表 7.1 不同温度下水与 NaCl 盐水的黏度

温度，℃	温度，℉	水黏度，cP	盐水黏度，cP
0	32	1.792	—
10	50	1.308	—
20.2	68.4	1.000	1.110
30	86	0.801	0.888
40	104	0.656	0.733
60	140	0.469	0.531
80	176	0.356	0.408
100	212	0.284	—

温度也可以通过控制絮凝与聚结程度的电化学平衡来影响滤液的体积，这主要是通过改变滤饼的渗透率来实现。所以，滤液体积比由式(7.9)预测的要高一些或低一些，但通常要高一些。例如，Byck 发现在他试验的 6 种钻井液里其中 3 种钻井液在 $175\,^\circ\!F$($70\,^\circ\!C$)的失水比在 $700\,^\circ\!F$($21\,^\circ\!C$)预测的失水大 $8\%\sim58\%$，后者是通过改变式(6.9)的滤液黏度而计算得到

的。滤饼的渗透率也相应地变化，其最大变化是从 2.2mD 增大到 4.5mD，涨幅达 100%以上。其他三种钻井液的滤失速率与预测值相差只有±5%，它们的滤饼渗透率基本维持不变。在更深入的试验里，Shremp 与 Johnson 证实没有任何方法能够把在较低温度所做的测量用来预测较高温度下的失水。因此，有必要在一个高温釜里在特定的温度下，对每种钻井液分别进行试验。

一种或多种处理剂的化学降解是高温影响滤失性能的第三种机理。很多种有机降滤失剂在温度高于 212℉ (100℃)时就开始降解，且随着温度的升高降解速率也增加，直到体系的滤失性能得不到很好的控制。这个问题将在本书第九章的高温钻井液一节里进一步讨论。

第二节　滤　饼

一、滤饼厚度

一般文献里很少提到滤饼厚度这一项指标，尽管该指标与井眼缩小，管子扭矩与阻力及

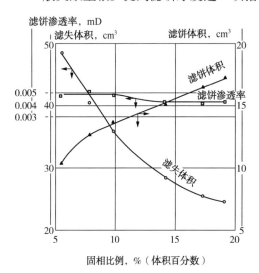

图 7.4　滤失量、滤饼体积和渗透率随 Altwarmbuchen 土悬浮液固相浓度的变化

压差卡钻相关联。假定滤饼厚度与失水成比例，则只需确定失水。实际上，尽管滤饼厚度与失水有关，但这种特定关系却因不同钻井液体系而不同，这是因为在式(7.6)里的 Q_w/Q_c 值取决于钻井液内固相的浓度和滤饼中的含水量。由图 7.4 可知，随着固相含量的增加，体系的滤失量下降，滤饼的体积增加。如果操作者为了减少失水添加额外的黏土到钻井液里，他可能认为减少了滤饼厚度，但实际上却增加了滤饼厚度。

在以不同黏土构成的钻井液里，滤饼的含水量取决于构成钻井液黏土矿物的膨胀性能。例如，膨润土具有很强的膨胀性能，因此，膨润土滤饼具有较高的水/固比值，而对应的 Q_w/Q_c 比值较低。表 7.2 比较了 3 种钻井液滤饼的含水百分比与通过膨胀试验得出的干黏土吸收水量的关系。在这里滤饼内的含水量只比膨胀黏土的含水量稍微少一点而且显然与悬浮液内固相的百分比无关。因此，滤饼的含水量是黏土基滤饼膨胀性能的极好量度。

表 7.2　干黏土吸附的水量和留在滤饼中的水之间的相互关系

黏土类型	膨胀试验，固相在膨胀土中含量，%	滤失实验		
		悬浮固相,%	100psi 下固相含量,%	1000psi 下固相含量,%
膨润土	14.4	3.17	16.5	
		4.53	15.0	16.7
		6.8	15.2	

续表

黏土类型	膨胀试验，固相在膨胀土中含量，%	滤失实验		
		悬浮固相，%	100psi 下固相含量，%	1000psi 下固相含量，%
莫哈韦沙漠	62.0	23.4	64.5	64.5
沙漠		30.2	64.8	
黏土		39.6	65.4	
西得克萨斯黏土	40.7	2.42	45.1	53

滤饼的厚度与固相颗粒的尺寸和颗粒的分布关系不大。这些参数控制着滤饼的孔隙度，因此滤饼体积和晶粒体积相关。Bo 等测量混有 9 种不同尺寸玻璃球组成的滤饼的孔隙来证实这些效应的大小。结果如下：

（1）颗粒的尺寸均匀变化时（即图 7.5 里显示的一条线性颗粒尺寸分布曲线），得到最小孔隙度，因为较小的颗粒可以最致密地填充在较大颗粒孔隙之间。

（2）较大范围颗粒尺寸的混合物所具有的孔隙度要比同一尺寸分布低，但较窄范围颗粒尺寸的混合物孔隙度小些（图 7.5）。

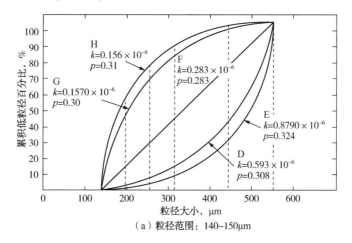

（a）粒径范围：140~150μm

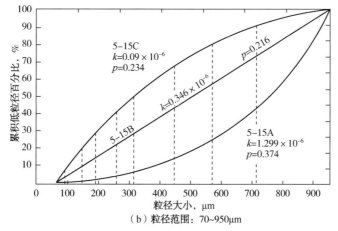

（b）粒径范围：70~950μm

图 7.5 玻璃球滤饼的渗透率与孔隙度

（3）小颗粒多要比大颗粒多所造成的孔隙度更低一些。

可以推测在钻井液里那些尺寸形状比较一致的惰性固相具有以上类似的现象。胶体细颗粒的特性更取决于颗粒的形状及静电力，如在有关滤饼压缩及滤饼渗透率各节里所讨论的那样。

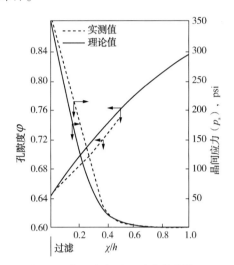

图 7.6 在一个白垩悬浮液的滤饼里，
孔隙度(φ)与有效应力(p_s)
的分布情况(滤失压力 = 350psi)

滤饼的厚度难于精确测量，主要是因为不可能精确区别钻井液与滤饼表面之间的边界。这是因为滤饼被通过它的孔隙的滤液的液压阻力而压实。液压阻力由滤饼表面向滤饼内部而增加，而滤饼的孔隙压力则是从滤饼表面上的钻井液压力逐渐减小到滤饼底部的零。任何一点的压实压力(及其导致的粒间应力)等于钻井液压力减去孔隙压力，因此在钻井液表面，压实压力等于零，而在滤饼底部等于钻井液压力。Outmans 使用超细碳酸钙悬浮液确定了粒间应力与密度(以孔隙度表示)的分布与滤饼厚度各距离间的关系，这些关系的理论与实验数值如图 7.6 所示。注意这些证实的分布不随滤饼厚度的增加而变化，所以滤饼的平均孔隙度相对于时间保持不变。

静滤饼厚度的精确值可使用由 Engelhardt 与 Schindewolf 建立的方法，方法如下：在滤失容器里放一定量的钻井液，当所有钻井液用完后，滤失也就停止，所以在容器里只有滤饼存在。停止滤失的临界时刻是用在短时间间隔内的滤液体积与对应的时间间隔的平方根的关系来确定的。当关系曲线偏离线性时即为临界时间，滤失试验立即停止。钻井液滤失的总体积为滤液和滤饼的重量总和除以原有钻井液的密度。然而，从滤失钻井液体积里减去滤液体积就得到滤饼体积。

二、滤饼的渗透率

滤饼的渗透率是控制静滤失与动滤失的一个基本参数。它比其他参数更真实地反映了井下的滤失特性。作为一个评估不同固相浓度钻井液滤失特性的参数，它与滤失液体积相比其优点是与固相浓度无关，如图 7.4 所示(在图 7.4 中，低固相浓度渗透率稍稍增加，可能是由于较粗颗粒沉积造成的)。此外，滤饼的渗透率为钻井液中的主要电化学情况提供了有用的资料。

在早期，研究者们测量了滤饼的渗透率。Williams 与 Cannon 得到了海湾钻井液在 8 个大气压下的滤饼渗透率在($0.2 \sim 0.6$)$\times 10^{-3}$mD 之间，而西得克萨斯州钻井液滤饼的渗透率为 72×10^{-3}mD。Byck 在 34 个大气压下测量的加利福尼亚钻井液滤饼渗透率在($0.46 \sim 7.42$)$\times 10^{-3}$mD 之间。对渗透率从 10mD 至 14000mD 的岩心，他证实滤失速率只依赖于滤饼的渗透率——只要它保持比地层的渗透率低几个数量级。Gates 与 Bowie 测量了 20 种油田钻井液和 40 种实验室钻井液的渗透率，并在 100psi(6.8 个大气压)下得到($0.31 \sim 250$)$\times 10^3$mD 的滤饼渗透率值。

上述的研究者在试验的末尾从滤失速率测定了滤饼渗透率以及从滤饼厚度测量了滤饼渗透率。Gates 与 Bowie 提到精确测量滤饼厚度是困难的。这个问题可以用 Engelhardt 与 Schindewolfe 的方法加以避免，首先确定滤饼的体积，然后从方程(7.6)计算渗透率，方程如下：

$$K = Q_w Q_c \frac{\mu}{2tpA^2} \tag{7.10}$$

式中：Q_w 与 Q_c 单位为 cm²，t 的单位为 s，p 的单位为 atm，A 的单位为 cm²，μ 的单位为 cP。式(7.10)在 API 标准下变成：

$$K = Q_w Q_c \mu \times 1.99 \times 10^{-5} \text{mD} \tag{7.11}$$

这种方法适宜静滤失的实验室研究。在井场上，在精确度要求不太严格时更方便的办法是人工测量滤饼(见本章最后一段)，如式(7.6)：

$$K = \frac{Q_w h \mu}{2tpA} \tag{7.12}$$

若 h 以 mm 为单位，则：

$$K = Q_w h \mu \times 8.95 \times 10^{-3} \text{mD} \tag{7.13}$$

使用淡水钻井液时 μ 在 68°F(20℃)接近于 1cP。

三、颗粒尺寸与形状对滤饼渗透率的影响

Krumbein 与 Monk 把河砂分成 10 个尺寸级别，然后重新组合成两套混合物。用这种方法研究了在河砂上形成的滤饼的渗透率。在其中的一套里，混合物颗粒的平均直径一级一级的增大，但所有混合物都具有同一范围的颗粒尺寸，这些颗粒尺寸根据图 7.7 中表示的参数 *phi* 来定。在另一组里，所有的混合物颗粒都具有同样的平均直径，但颗粒尺寸大。所得结果显示滤饼的渗透率随颗粒平均直径降低，随颗粒尺寸范围(图 7.8)的加宽而降低。

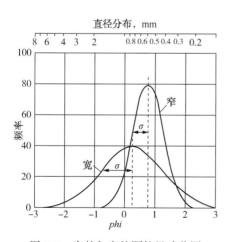

图 7.7　窄的与宽的颗粒尺寸范围

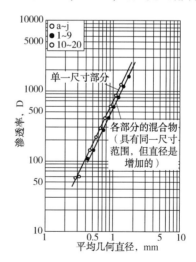

图 7.8　具有平均颗粒直径与颗粒尺寸范围
的砂滤饼渗透率变化
(小的圆圈代表各部分的混合物，都具有
同一平均直径；渗透率随尺寸范围的增加而减少)

　　可以预料颗粒尺寸均匀分级的滤饼有最小的滤饼渗透率。但是 Bo 等试验指出(图 7.5),最小渗透率只有在比例图的尖峰处有过量颗粒时才能获得,而不是在尺寸分布是直线时获得。因此,颗粒尺寸的均匀分级相对来说只有第二位重要性。但显然颗粒分布不能有大间隙,否则较细小颗粒就会通过较大颗粒之间的孔隙。

　　Krumbein 与 Mork 证实滤饼渗透率随颗粒尺寸减小而陡降。钻井液含有大量小至 $10^{-5}\,\mu m$ 以下的胶体颗粒。因此毫不奇怪,这些颗粒尺寸的滤饼渗透率几乎完全依赖于胶体颗粒的比例与性质。尽管 Gates 与 Bowie(1942)通过实验证实在颗粒尺寸与滤饼渗透率之间有一个粗略对应关系——不考虑絮凝,只考虑最大胶体部分[图 7.9(a)],$(1.5 \sim 0.31) \times 10^{-3}\,mD$ 的滤饼,而没有胶体的钻井液[图 7.9(b)]所具有的滤饼渗透率大到无法测定。

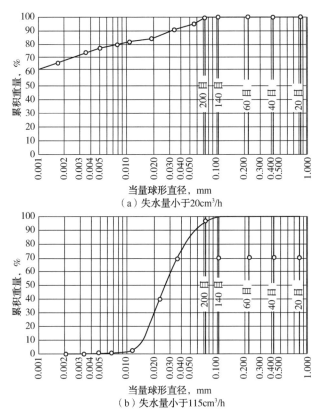

图 7.9　选择钻井液的颗粒尺寸分布

　　当然滤饼渗透率受到胶体种类、数量及颗粒尺寸的影响。例如,在淡水里膨润土悬浮液的滤饼具有极低的渗透率,因为黏土是扁平小片,薄膜状特点使这些小片能在流动的垂直方向将孔隙封死。

　　颗粒的平面定向理论与 Hartmann 等的工作相矛盾。他们使用一台扫描电子显微镜冷冻至干燥的滤饼结构,观察了淡水膨润土滤饼内表露的蜂窝状孔隙结构。在本书第四章"水化机理"一节里已经讨论过,随着胶凝的发生,迅速冻结的滤饼也会形成蜂窝结构,因此它们的发现没有多大价值。实际上是由于它们的电化学效应(见本书第四章),妨碍了滤液的流动。

四、聚合物降失水剂

有机大分子,如淀粉,应归功于它们有效的水解单体可变形性,以及它们的小尺寸。聚电解质,如羧甲基纤维素(Scanley,1962),是部分吸附在黏土颗粒上,部分被困在孔隙中,在物理上和通过电黏性效应阻碍液体流动(见第四章,黏土矿物学和钻井液胶体化学)。第十三章"钻井液组分"中提供了有关聚合物的更多细节信息。

在非水基钻井液中有沥青分散体的情况下,只有当沥青处于胶体状态时才能实现失水控制。如果悬浮油类的芳香族含量太低,在约150℉(65℃)时则失水控制会失效,因为沥青已凝固。如果悬浮油类的芳烃含量太高,低于约90℉(32℃)以下,也会失去控制失水作用,因为沥青进入真正的溶解状态。

在反相乳液体系中,通过有机-黏土获得失水控制,各种合成油类分散性共聚物(参见第十三章"钻井液组分"),以及精细分散的油包水乳液和颗粒分布规模。这些微小的,高度稳定的水滴就像可变形固体一样,产生低渗透性滤饼。

另一种降低 WBM 或 NADF 滤饼渗透性的方法是添加不同颗粒大小的碳酸钙。关键是最佳的粒度分布,通常由实验室测试决定。这已经在本书第二章"完井液介绍",进行了详细论述。

五、絮凝与聚集对滤饼渗透率的影响

如第四章所述的那样,钻井液的絮凝使得颗粒连接在一起,构成松散的有孔隙的网络。这种结构在滤饼里有限地维持着,从而使渗透率有一定的提高。滤失压力越高,这种结构就越差,所以孔隙度与渗透率两者都随压力的增加而减小。絮凝的程度越高,颗粒的引力就越大,其结构就越强,对压力的抵抗能力就越大(图7.10)。若聚结伴随着絮凝,这种结构还会强一些,因为这样就构成黏土细颗粒更厚的堆集。例如,图7.10中的悬浮液1的滤液里只含有0.4g/L的氯化物,它只能构成一个弱的絮凝结构。悬浮液2是在悬浮液1中添加35g/L的NaCl造成强絮凝及聚结。因此即使在高的滤失压力下,悬浮液2滤饼的孔隙度与渗透率也要比悬浮液1高。

相反,在钻井液里添加稀释剂,其反絮凝作用就会使滤饼的渗透率降低。此外,大多数的稀释剂是钠盐,钠离子可能交换黏土晶片上的多价阳离子,从而分散了黏土的聚结,进而降低了滤饼的渗透率。

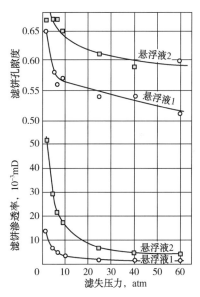

图7.10 滤失压力与滤饼孔隙度、渗透率之间的关系

(悬浮液1为0.3004g Altwarmbüchen 黏土/g 悬浮液;悬浮液2为0.2836g Altwarmbüchen 黏土+35g/L NaCl;滤失时间为60min)

因此,在钻井液里电化学性质是决定滤饼渗透率的一个主要因素。归纳起来可以讲絮凝钻井液的滤饼渗透率在 10^{-2} mD 的数量级,那些未处理的淡水钻井液在 10^{-3} mD 数量级,而那些用稀释剂处理的钻井液在 10^{-4} mD 数量级。

六、桥塞形成过程

正如已讨论的那样，在纸上做滤失试验时，在正常滤失开始以前，有钻井液的瞬时失水，并且滤液体积正比于时间平方根。在钻井时，在渗透性地层钻井液瞬时失水可能要大得多；事实上，它们可以是无限的(即循环漏失)，除非钻井液颗粒尺寸大到足以桥塞地层的孔隙，从而建立一个坚实的滤饼。只有相对于孔隙尺寸一定的颗粒尺寸才能桥塞。比孔隙大的颗粒尺寸不能进入孔隙，并且会被钻井液流冲走；比孔隙开口小的颗粒不会阻碍侵入地层；但一定临界尺寸的颗粒就卡在流道的狭窄处从而就在孔隙表面形成一个桥塞。一旦初步的桥塞形成，后继的较小颗粒直至细的胶体都被滞留住了，此后只有滤液能侵入地层。钻井液的瞬时失水期限非常短，为 1s，最多 2s。

桥塞形成的过程是：在渗透性地层表面上或里边形成钻井液颗粒的三个区域(图 7.11)：

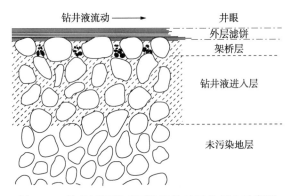

图 7.11 钻井液固相对可渗透性地层的侵入示意图

(1)在井壁上形成一个外层即表面滤饼。

(2)深入到地层内并交联在一起的微粒形成了内滤饼。

(3)在钻井液瞬时失水期间微细颗粒侵入了地层。正常情况下，侵入地层的深度为 1in 时，Krueger 与 Vogel 的试验结果认为这些微小颗粒开始不会引起渗透率很大的降低。但在滤失进行数小时之后，都可能如此，这是由于运移及随后造成的孔隙堵塞。

当适合孔隙的桥塞颗粒的量不够时，API 滤失试验可能给出错误的结果。钻井液在滤纸上做的滤失可被忽略掉而在井下渗透性地层上滤失可能很大。Beeson 及 Wright 所得到的试验数据很好地说明了这一点。这些试验结果示于表 7.3 中。注意在滤纸上与未固结的孔隙介质上总滤失量之间的差别要比固结岩层大一些，即使固结岩层的渗透率高一些。注意在同样条件下在滤纸上和孔隙介质上的净滤失量差别在于后者是随瞬时失水的增加而增加的。显然钻井液的瞬时失水引起岩心堵塞，使岩心内的压降变化很大，因而降低了滤饼的压降及压缩力。类似的是，Pedan 等在粗粒的人造滤失介质上所得到的动滤失速度比砂岩的大。

Coberly 得出了桥塞所需的临界颗粒尺寸为孔道开口尺寸的 1/3。Abrams 所做的试验证实对于 5D 的中等直径砂质的人造岩心桥塞颗粒尺寸应为孔隙直径的 1/3。为了能构成滤饼坚实的底层，钻井液必须含有初级桥塞颗粒，其尺寸范围为所钻地层最大孔隙开口到孔隙开口的 1/3。此外，还必须有一些尺寸范围小到胶体尺寸那样的较小颗粒，以便堵塞地层较小孔隙及较粗桥塞颗粒所不能堵塞的孔隙。

表7.3　滤失介质对钻井液瞬时失水的影响

钻井液体系影响		滤失介质			
		API whatm 50 滤纸	砂层[(219~299)mD]	岩石(520mD)	岩石(90mD)
膨润土 (相对密度1.04)	过滤损失总量	11.5	53	23.4	15.3
	钻井液—喷射	—	29	5.6	3
	净过滤损失	11.5	24	17.8	12.3
当地黏土 (相对密度1.15)	过滤损失总量	11.5	17		
	钻井液喷射	—	6		
	净过滤损失	11.5	11.0		
油基 (相对密度0.93)	过滤损失总量	0	12.3		
	钻井液喷射	0	9.6		
	净过滤损失	0	2.7		

　　确定初级桥塞颗粒尺寸的最佳办法是反复试验有关地层的岩心。从已出版的文献里可以得到有关桥塞尺寸与渗透率关系的资料。已发现直径小于 $2\mu m$ 的颗粒会桥塞渗透率小于 100mD 的岩层；$75\mu m$（200 目）颗粒可桥塞高至 10D 的砂层；而 $10\mu m$ 的颗粒将桥塞渗透率在 100~1000mD 之间的固结岩层。含有大至 $74\mu m$ 的组合桥塞颗粒的钻井液，除了对大孔隙开口地层形成堵塞外，还可堵塞在本书第十章井漏一节里讨论的砾石层及裂缝地层，此外还将在所有地层上桥塞，形成滤饼。

　　桥塞颗粒的浓度越大，桥塞发生得越快，钻井液瞬时失水也小些。在 100~1000mD 范围渗透率的固结岩石上，含有约 11lb/bbl（2.8kg/m³）符合尺寸范围颗粒的钻井液足以防止它瞬时失水进一步侵入岩层并将侵入深度控制在 1in。在不固结砂层大约可能需要 5~10lb/bbl（14~28kg/m³）的桥塞颗粒钻井液。

　　在正常条件下钻井液中可以含有需要尺寸范围的桥塞颗粒及上述规定的量（这些钻井液用于钻超过几英尺的井）。在钻不固结砂层时长期地使用除砂器，除泥器就会使粗颗粒减少。在采油修井作业时，由于使用钻井液不存在钻井作业，因此在钻井液里必须添加桥塞的颗粒（见本书第十一章）。

第三节　动滤失

　　在动滤失条件下，滤饼的增长受到钻井液流冲蚀作用的限制。当岩层的表面最初暴露时，滤失速率是极高的，此时滤饼增长快，但是随着时间的推移，滤饼的增长速度减小了，直到最终等于冲蚀速率；此后滤饼的厚度就不变了。因此在动态平衡条件下，滤失速率取决于滤饼厚度与渗透率，符合达西定律[式（7.3）]，而在静止条件下滤饼厚度可无限地增加，滤失速率符合式（7.6）。动滤失滤饼与静滤失滤饼的不同点在于静滤饼有一软的表面层而动滤饼没有，这是因为动滤失滤饼的表面被钻井液冲蚀到一定程度，其程度取决于钻井液流动作用的剪切应力与滤饼各层的剪切强度。

图 7.12 表明了动滤失各个不同阶段状况。从 T_0 到 T_1，滤失速率逐渐降低而滤饼厚度增加。从 T_1 到 T_2 滤饼厚度不变，但滤失速率继续下降，因为根据 Outmans 所述，滤饼继续被压实(可以假定，沉积速率等于压实速率)，Prokop 解释为滤饼表面被钻井液流冲蚀后桥塞颗粒重新沉降时，使滤饼的渗透率降低。在时间 T_2 达到平衡，滤失速率及滤饼厚度两者都为常数。滤失速率由下列方程给出：

$$Q = \frac{K_1 (\tau/f)^{-v+1}}{\mu \delta (-v+1)} \tag{7.14}$$

式中：K_1 是在 $1\mathrm{lb/in}^2$ 压力下的滤饼渗透率；τ 是钻井液流作用的剪切应力；f 是滤饼表面层的内摩擦系数(此参数的定义见本书第九章)；δ 是受到冲蚀时滤饼的厚度，而 $(-v+1)$ 是滤饼可压缩的函数。

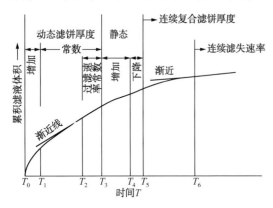

图 7.12　井内的相对静止与动滤失

Prokop 在实验室测量了动滤失速率。在这个仪器里，钻井液通过一个圆柱形人造岩心里的同心内孔。表 7.4 给出试验室所得到的冲蚀平衡时的滤饼厚度。

表 7.4　动滤失平衡时的滤饼厚度

钻井液体系	API 滤失量，mL/30min	钻井液厚度		钻井液平衡速度	
		英制单位，in	国际单位，mm	英制单位，ft/min	国际单位，m/min
膨润土	19	1/32	0.8	125	38
钙土、重晶石	8	3/32	2.4	48	15
钙土	10	6/32	4.7	72	22
凹凸棒石和膨润土	85	19/32	15.1	220	67
凹凸棒石和膨润土	148	21/32	16.6	530	161

注：钻井液在固结砂层里通过 2in(5.08cm)井眼进行循环。素流，滤失压力 350psi(24.6kg/cm²)。

Ferguson 与 Klotz 在模拟试验架上用 5¼in 与 5⅜in 的钻头在人造砂岩块上钻孔获得了有关动滤失速率的一些极有说服力的数据。图 7.13 至图 7.16 给出 4 种钻井液在不同的循环速度下动滤失速率随时间的变化状况。注意动滤失速率要比静滤失速率大一些，这是从 API 失水量试验推知的。同时，注意达到动失水不变量的时间是从 2h 到 25h 以上，这取决于钻井液类型及钻井液的流动速度。在图 7.17 上各钻井液的曲线上标记了 API 失水量以表示失水量与动滤失速率缺

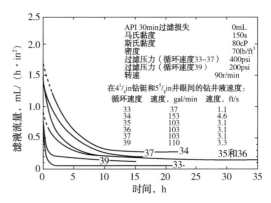

图 7.13　从油基钻井液得到的动滤失

乏相应的关系。

Vaussard 等用图 7.18 所示的容器得到了在动态条件下滤失速率明显增加的状况(注：做滤失试验时管道要居中)，模拟条件是 6¼in 的管道在 8½in 的井眼里。

Pedan 等发现当 KCl 聚合物钻井液在模拟井内循环时，动滤失速率随环空速度趋向于冲蚀掉较粗的颗粒，却增加了聚合物的沉积，这样就降低了滤饼的渗透率。需要指出的是在最高环空速度下流动的钻井液是紊流，而在两个较低速度下的剪切速率要比正常情况井壁所受剪切速率高得多。

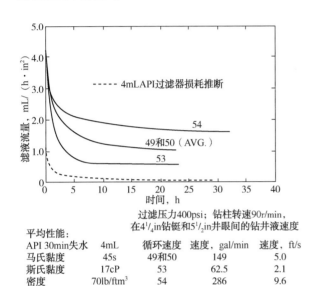

过滤压力400psi；钻柱转速90r/min，
在4¼in钻铤和5½in井眼间的钻井液速度

平均性能：

API 30min失水	4mL	循环速度	速度, gal/min	速度, ft/s
马氏黏度	45s	49和50	149	5.0
斯氏黏度	17cP	53	62.5	2.1
密度	70lb/ftm³	54	286	9.6

图 7.14　从乳化钻井液得到的动滤失

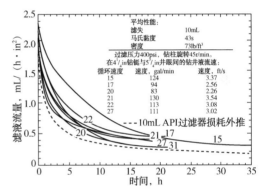

图 7.15　从膨润土钻井液得到的动滤失

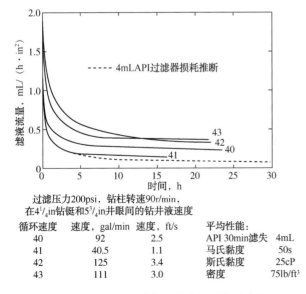

过滤压力200psi，钻柱转速90r/min，
在4¼in钻铤和5¾in井眼间的钻井液速度

循环速度	速度, gal/min	速度, ft/s	平均性能：	
40	92	2.5	API 30min失水	4mL
41	40.5	1.1	马氏黏度	50s
42	125	3.4	斯氏黏度	25cP
43	111	3.0	密度	75lb/ft³

图 7.16　从石灰—淀粉钻井液得到的动滤失

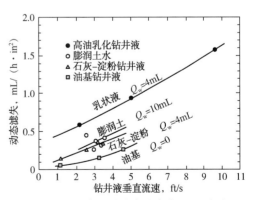

图 7.17　平衡的动滤失速率在 75°F 时对
钻井液流动速度依赖性

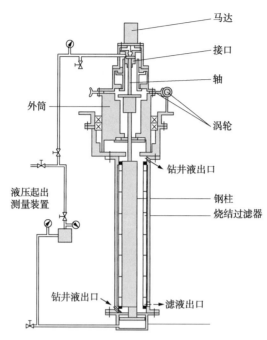

图 7.18 滤失与粘卡模拟器

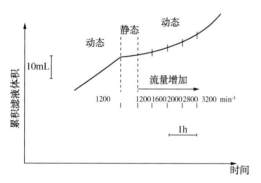

图 7.19 滤失相对于流量的变化关系
(模拟井眼尺寸 6¼~8½in)

Vaussarrd 等另外还发现：

（1）滤失速率被一段时间的静态滤失所降低。但若环空流动速度增加，动滤失速率也增加，在大约 1800L／min 产生紊流时，动滤失速率显著增加（图 7.19）。

（2）逆乳化钻井液的滤饼易于受冲蚀，从而使动滤失速率要高于从 API 失水量试验推算得到的动滤失速率。当固相含量低时，钻井液的瞬时失水量增高。

（3）除粗的多孔状黏土介质外，动滤失速率与岩层性能无关。

第四节　井内的滤失

一、钻井中的失水周期

在一口打钻的井里，钻井液循环时动态条件下形成动滤失，在接单根、换钻头等钻井液停止循环时的静态条件下又产生静滤失。因此，静滤饼覆在动滤饼的上面，这样滤失速率降低而滤饼厚度增加，如图 7.12 中的 T_3 与 T_4 之间所示。在这种条件下侵入地层滤失液量可以近似地用式(7.6)计算，其假设条件是：动滤饼是在静止条件下构成的，且所得到的数值 Q_w 与 T 对应于静态试验数据的动滤饼厚度。这些计算证实在静态条件下侵入地层的滤失液量是比较小的，即使在持续很长的关井期间里，如图 7.20 所示。

当循环恢复时,静滤饼上软的部分被冲蚀,滤饼的厚度减少了(图7.12中的 $T_4 \sim T_5$),但静滤饼的绝大部分还保存着,此时滤失速率降到一个新的平衡值。因此,每一个动—静循环滤饼的厚度都增加,但增加量是小的。

滤饼的增长在钻杆旋转被机械磨损及被起下管子时的磨蚀所限制,但这些影响无法定量。

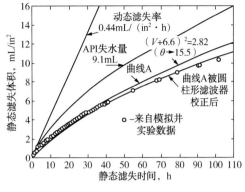

图7.20 膨润土钻井液的静滤失

二、钻头下面的滤失

在井底,滤饼形成的机会极少,因为钻井液喷射产生的冲蚀作用极强,并且每当钻头牙齿撞击井底时就会有岩层新表面暴露出来。过去曾经有人认为滤液浸入主要是发生在钻头下面,但已有几位研究者证实在钻头下面滤失极有限,这是由于紧挨钻头的岩层的孔隙里形成了内滤饼。实际上,即使钻井液是水,滤失液还是有限的(尽管程度上比上述差一些),因为钻出的固相堵塞了孔隙。Ferguson 与 Klotz 在模拟试验里测量了流经井底周围的液体损失。损失在井壁径向为 0.04~0.64in 内发生。与之相比在没有孔隙堵塞时液体侵入可达 0.3~14.3in。

Ferguson 与 Klotz 还估算了在不同的钻井与完井阶段滤液的侵入量。假定井深在 7000ft 处有一砂层,总井深为 7500ft。结果显示(见表7.5),大约有 95% 的侵入液体在钻井时是在动态条件发生的,而只有 6% 是在起下钻与完井时的静态条件发生的。

表7.5 钻井程序与滤失液侵入

作业程序		时间, h	滤液体积, mL/in²	侵入半径, in	侵入带厚度, in
以 5ft/h 的速度钻过地层			7.3	3.5	
以 5ft/h 的速度钻到下面的区域		50	120	18.4	14.6
更换钻头的往返行程		8	3.5	18.6	14.8
以 5ft/h 的速度钻到下面的区域		50	61.5	21.1	17.3
拉管、测井、放管		12	2.9	21.3	17.5
下套管	钻井液循环	2	2.9	21.5	17.7
	拉钻杆	4			
	运行套管	12	2.9	21.7	17.9
	水泥套管,端部钻井液过滤	—	—	—	—
	钻井液过滤总量	138	192	21.7	17.9

Havenaar 推导出钻井时穿过井底的滤失的方程:

$$Q = \pi D^2 \sqrt{\frac{nm}{C}} \qquad (7.15)$$

式中:Q 为渗滤速度,cm³/s;n 为钻头的牙轮数;m 为每秒的转数;而 C 为 API 滤失试验所得到的数据,由式(7.7)确定。表7.6列出用这个方程计算的渗滤速度与 Ferguson 及 Klotz 的试验数据。对于油基钻井液来说这种对应关系不好,这是因为油基钻井液的滤饼易于被冲蚀,而且式(7.15)忽略了钻井液喷射的冲蚀。

表 7.6   计算的与试验的井底渗滤速度之间的比较

钻井液	体积 V_{30}, mL	C, s/cm²	钻速, ft/h	井底渗滤速度 Q, cm³/s	
				计算	试验
现场	10.1	7.2×10⁴	11.3	1.6	3.7
凝胶	10.5	6.7×10⁴	11.6	1.6	3.6
	10.5	6.7×10⁴	6.2	1.6	2.5
油基	0.2	1.8×10⁸	32	0.04	0.52
石灰淀粉	4.1	4.4×10⁵	19	0.73	0.60
	4.1	4.1×10⁵	43	0.73	0.6~4

Hassen 建立了一套描述井下滤失各个阶段的方程。这些方程的参数可由试验室内的动态试验来确定。这些方程可以用来计算在有关条件下井下的渗滤速度。对于确定的一种水基钻井液滤液进入特定地层的深度,这种方法是特别有用的。用这种方法获得的数据与电测推导的数据对应良好。

从图 7.17 的讨论可以预料,钻头下面的渗滤速度与 API 失水没关系。Horner 等清楚地证实这种不对应的情况,他们在几乎所有滤失液都是来自钻头底部(图 7.21)的条件下测量了在微型钻头钻井试验期间动态的渗滤速度。试验结果还证实钻头底部的渗滤速度不像通过井壁的渗滤速度,因为井壁受到了地层渗透率的影响(图 7.22)。同样,Lawhon 等的微型钻头钻井试验也证实渗滤速度与 API 失水无关。

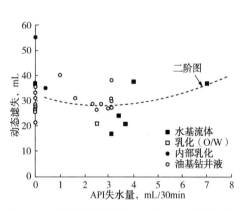

图 7.21   钻头底部渗滤速度与 API 失水关系

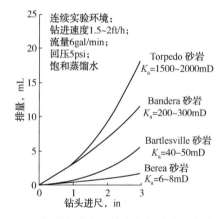

图 7.22   岩层渗透率对钻头底部渗滤速度的影响

三、井下渗滤速度评价

图 7.17 中表明 API 失水与动渗滤速度之间缺乏对应关系,以 API 试验来推算井下渗滤速度值得怀疑。Krueger 证实了这些怀疑,Krueger 在标准黏土钻井液中不断增加各种不同降失水剂的量,然后测量与 API 失水相当的平衡动渗滤速率。在动试验里,钻井液通过砂岩岩心的表面。试验用的砂岩岩心装入带有同心轴的圆柱容器上。滤失压力 500psi(36kg/cm²),温度170℉(77℃),而液体流速为 110ft/min(33m/min)。结果表明,对于每一种介质,动渗滤速度与 API 失水之间有着不同关系(见图 7.23)。API 失水随每次增加的淀粉、CMC 及聚丙烯酸

酯的量而降低，但动渗滤速度是先降低到最小值后再增加。相比之下，添加木质素磺酸盐及丹宁制剂不会将 API 失水降低很多，但动渗滤速度却几乎与添加淀粉时的一样低，而且要比添加 CMC 及聚丙烯酸酯时还低得多。静滤饼形成后测量的动渗滤速率(图 7.24)以及在 500psi 及 170°F（77 ℃）条件下测量 API 失水的相似动渗滤速度(图 7.25)有着很相同的渗滤速率关系。Krueger 还发现柴油乳化到钻井液后降低了 API 失水，但使动渗滤速率剧烈增加。Black 等发现乳化油降低了失水，但增加了模拟井内用贝雷砂岩钻井时的动渗滤的速率。

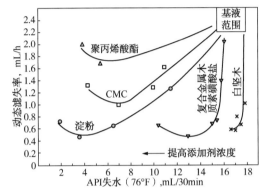

图 7.23　在 1in 直径砂岩岩心上的
动态滤失率与 API 失水比较

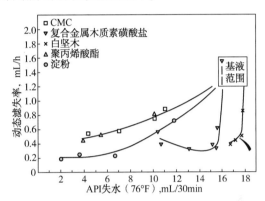

图 7.24　在 1in 直径砂岩岩心上的
动态滤失率与 API 失水比较(用各种添加剂处理的
黏土胶凝基钻井液，静滤饼沉积在动滤饼上)

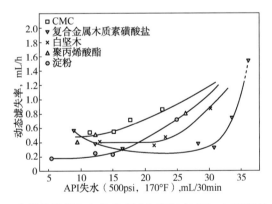

图 7.25　在 1in 直径砂岩岩心上的动态滤失率与在 500psi 170°F 的 API 失水比较
(用各种添加剂处理的膨润土钻井液，静滤饼沉积在动滤饼上)

　　在评价上述结果时记住处理剂只能添加到一种基底黏土里。其结果不能看成是处理剂效率的额定性能。Chesser 等(1994)开发了一种动态失水测试仪来比较静态 API 从南路易斯安那州过滤到现场钻井液的动态速率。

　　API 失水与动失水之间缺乏对应关系，可能是由于下面的原因：

　　(1) 滤饼可冲蚀性不同，对于油钻井液，有较高的动渗滤速度，而这种钻井液的滤饼比较软，即式(7.14)里的 f。在含有木质素磺酸盐及丹宁制剂的钻井液，动渗滤速度比较低，正如我们在第四章看到的那样，这些添加剂被强烈地吸附在黏土颗粒上。

　　(2) 液体积/滤饼体积之比的不同影响了 API 失水[见式(7.6)]，但不影响动渗滤速度。只有滤饼渗透率与厚度这些与钻井液有关的变量影响动渗滤速度。对于一定的滤饼渗透率，滤饼的平衡厚度取决于滤饼的可冲蚀性。例如，悬浮液里黏土浓度增加，API 失水就减少，但动失水却不变。

Outmans 指出黏度的不同对动滤失与 API 失水对比不好也有关，因为钻井液流影响了钻井液流作用在滤饼表面的剪切应力[方程(7.14)里的 τ]。但 Prokop 与 Homer 等指出黏度与动渗滤速度之间没有任何重要关系。

以 API 失水作为井下动渗滤速度的标准是很有害的。根据 API 试验推荐的处理剂在井下的动渗滤速度可能高于另一种具有较高 API 失水的处理剂。更严重的是一种降低 API 失水的处理剂有可能增加井下的渗滤速度。

Wyant 等比较了高温动态与静态情况下密度为 131b/gal 加有多种滤失控制剂的逆乳化钻井液的高压滤失速度。动滤失速度是在图 7.26 的管里试验的。两个这样的管代替了图 7.14 表示的多功能循环系统里的动态管。结果证实在高温—高压下的静失水与短时间(30min)的动失水有良好的对应关系，但显然与长时间(平衡)动失水没有关系(图 7.27~图 7.30)。

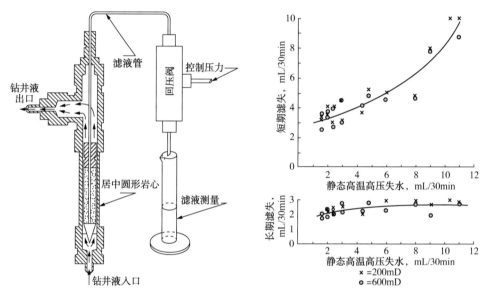

图 7.26　动失水管与滤出液收集器　　图 7.27　动滤失与静态高温—高压滤失对比

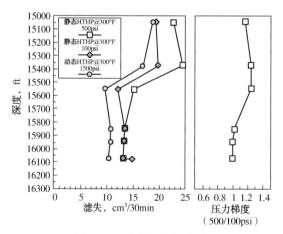

图 7.28　滤失与井深关系

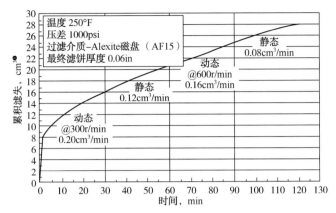

图 7.29　14.0 lb/gal（相对密度 1.67）钻井液滤失

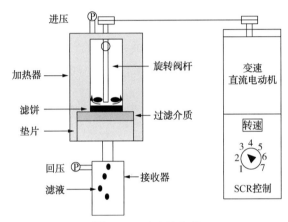

图 7.30　动态滤失仪

　　API 失水在现场是控制滤失的唯一实用的试验，但这些试验结果应当根据实验室里做的 API 失水与动渗滤速度之间的对比关系（如 Krueger 做的对比）来加以解释，但应当使用当地的钻井液与处理剂。如果滤饼的渗透率确定，对数据的解释就可能很有帮助。滤饼的渗透率可以由 API 失水、滤饼厚度及式(7.13)极简单地计算出来。在测量滤饼厚度时，将软的表面层除去，因为在动滤饼里这些软状物不存在。当然在不知道井下滤饼的厚度的情况下，如果采用一些标准程序是可以得到相近似的数据。一种方法是使用滤饼厚度测量表，表的活塞可以加重以便钻透具有一定稠度的滤饼层。钻透所需要的程度可以在实验室里用对比静态与动态滤饼厚度的方法来确定。这样，确定的滤饼渗透率不是定量的，但是它对控制井下动渗滤速度要比 API 失水提供的数据好。对于诸如缩径、压差卡钻等问题，静滤饼厚度是最佳的控制参数。大多数问题都发生在液体不循环的时候，此时应当测量滤饼的总厚度（包括滤饼上的软层）。

符 号 解 释

A——滤失面积；　　　　　　　　　　　　　f——内摩擦系数；

C——式(6.8)中的常数；　　　　　　　　　　h——滤饼厚度；

---

❶ 原文为 cm^2——编辑注。

K——渗透率；　　　　　　　　　　q_0——钻井液瞬时失水体积；

P——滤失压力；　　　　　　　　　t——时间；

Q——渗滤速度；　　　　　　　　　δ——受到冲蚀的滤饼厚度；

Q_c——滤饼体积；　　　　　　　　μ——滤液黏度；

Q_W——累积滤液体积；　　　　　　τ——流体动力的剪切应力。

参 考 文 献

Abrams, A., 1977. Mud design to minimize rock impairment due to particle invasion. J. Petrol. Technol. 29 (5), 586-592.

Beeson, C. M., Wright, C. W., 1952. Loss of mud solids to formation pores. Petrol. Eng. August, B40-B52.

Black, A. D., Dearing, H. L., Di Bona, B. G., 1985. Effects of pore pressure and mud filtration on drilling rate on permeable sandstone. J. Petrol. Technol. 37 (9), 1671-1681.

Bo, M. K., Freshwater, D. C., Scarlett, B., 1965. The effect of particle-size distribution on the permeability of filter cakes. Trans. Inst. Chem. Eng. (Lond.) 43, T228-T232.

Byck, H. T., 1939. Effect of temperature on plastering properties and viscosity of rotary drilling muds. Petrol Technol. of AIME November, 1116.

Byck, H. T., 1940. The effect of formation permeability on the plastering behavior of mud fluids. API Drill. Prod. Prac. 40-44.

Chesser, B. G., Clark, D. E., Wise, W. V., 1994. Dynamic and Static Filtrate-Loss Techniques for Monitoring Filter-Cake Quality Improves Drilling-Fluid Performance. Society of Petroleum Engineers publication Drilling & Completion, pp. 189-192., September 1994.

Coberly, C. J., 1937. Selection of screen openings for unconsolidated sands. API Drill. Prod. Prac. 189-201.

Cook, E. L., 1954. Filter Cake Thickness Gage. U. S. Patent No. 2, 691, 298. (October 12).

Cunningham, R. A., Eenik, J. E., 1959. Laboratory study of effect of overburden, formation, and mud column pressures on drilling rate of permeable formations. J. Petrol. Technol. January, 9-17, Trans. AIME 216.

Darley, H. C. H., 1965. Design of fast drilling fluids. J. Petrol. Technol. April, 465-470, Trans. AIME 284.

Darley, H. C. H., 1975. Prevention of productivity impairment by mud solids. Petrol. Eng. 47 (10), 102-110.

Ferguson, C. K., Klotz, J. A., 1954. Filtration from mud during drilling. J. Petrol. Technol. 6 (2), 29-42, Trans AIME 201.

Gates, G. L., Bowie, C. P., 1942. Correlation of Certain Properties of Oil-Well Drilling Fluids with Particle Size Distribution. U. S. Bureau of Mines Report of Investigations, No. 3645(May).

Glenn, E. E., Slusser, M. L., 1957. Factors affecting well productivity. II. Drilling fluid particle invasion into porous media. J. Petrol. Technol. May, 132-139, Trans AIME 210.

Haberman, J., Delestatius, M., Hines, D., Daccord, G., Baret, J-F., 1992. Downhole Fluid-Loss Measurements From Drilling Fluid and Cement Slurries. Journal of Petroleum Technology, August, 44. http://dx.doi.org/10.2118/22552-PA.

Hartmann, A., Oॱzerler, M., Marx, C., Neumann, H.J., 1986. Analysis of Mudcake Structures Formed under Simulated Borehole Conditions. Annual Tech. Conference, New Orleans, LA, October 5-8, SPE Paper 15413.

Hassen, B. R., 1982. Solving filtrate invasion with clay-water base systems. World Oil. 195 (6), 115-120.

Havenaar, I., 1956. Mud filtration at the bottom of the borehole. J. Petrol. Technol. May, 64, Trans. AIME

207, 312.

Horner, V., White, M. M., Cochran, C. D., Deily, F. H., 1957. Microbit dynamic filtration studies. J. Petrol. Technol. June, 183-189, Trans. AIME 210.

Krueger, R. F., 1963. Evaluation of drilling-fluid filter-loss additives under dynamic conditions. J. Petrol Technol. 15 (1), 90-98, Trans. AIME 228.

Krueger, R. V., Vogel, L. C., 1954. Damage to sandstone cores by particles from drilling fluid. API Drill. Prod. Prac. 158-168.

Krumbein, W. C., Monk, G. D., 1943. Permeability as a function of the size parameters of unconsolidated sand. Trans. AIME 151, 153-163.

Larsen, D. H., 1938. Determining the filtration characteristics of drilling muds. Petrol. Eng. September, 42-48. (November), 50-60.

Lawhon, C. P., Evans, W. M., Simpson, J. P., 1967. Laboratory drilling rate and filtration studies of clay and polymer drilling fluids. J. Petrol. Technol. 19 (5), 688-694, Also Laboratory drilling rate studies of emulsion drilling fluids. J. Petrol Technol. (July), 943-948. Trans. AIME 240.

Milligan, D. J., Weintritt, D. J., 1961. Filtration of drilling fluid at temperatures of 300_ F, and above. API Drill. Prod. Prac. 42-48.

Outmans, H. D., 1963. Mechanics of static and dynamic filtration in the borehole. Soc. Petrol. Eng. J. 3, 236-244, Trans. AIME 228.

Peden, J. M., Avalos, M. R., Arthur, K. G., 1982. Analysis of Dynamic Filtration and Permeability Impairment Characteristics of Inhibited Water Based Muds. 5th Symposium Formation Damage, Lafayette, LA, March 24-25, SPE Paper 10655.

Peden, J. M., Arthur, K. G., Avalos, M., 1984. The Analysis of Filtration Under Static and Dynamic Conditions. 6th Symposium Formation Damage, Bakersfield, CA, February 13-14, SPE Paper 12503.

Prokop, C. L., 1952. Radial filtration of drilling mud. J. Petrol. Technol. January, 5_ 10, Trans. AIME 195.

Scanley, C. S., 1962. Mechanism of Polymer Action in Control of Fluid Loss from Oil Well Drilling Fluids. Amer. Chem. Soc. Meeting, Washington, DC.

Schremp, F. W., Johnson, V. L., 1952. Drilling fluid filter loss at high temperatures and pressures. J. Petrol. Technol. June, 157-162, Trans. AIME 195.

Simpson, J. P., 1974. Drilling Fluid Filtration under Simulated Downhole Conditions. Symposium on Formation Damage, New Orleans, February 7-8, SPE Paper 4779.

Vaussard, A., Konirsch, O. H., Patroni, J. -M., 1986. An Experimental Study of Drilling Fluids Dynamic Filtration. Annual Tech. Conference, New Orleans, LA, October 5-8, SPE Paper 15412.

von Engelhardt, W., Schindewolf, E., 1952. The filtration of clay suspensions. Kolloid Z 127, 150-164.

Williams, M., Cannon, G. E., 1938. Filtration properties of drilling muds. API Drill. Prod. Prac. 20-28.

Wyant, R. E., Reed, R. L., Sifferman, T. R., Wooten, S. O., 1985. Dynamic Fluid Loss Measurement of Oil Mud Additives. Annual Meeting, Las Vegas, September 22-25; and SPE Drill. Eng. (March), 63-74. SPE Paper 14246.

Young Jr., F. S., Gray, K. E., 1967. Dynamic filtration during microbit drilling. J. Petrol. Technol. 19 (9), 1209-1224, Trans AIME 240.

第八章　钻井液表面化学

我们已知道表面张力在很大程度上控制了黏土悬浮液的特性。表面张力还影响了钻井液的许多其他性能，如乳化液及泡沫的形成、黏土的塑性造成的钻头泥包以及钻井液滤液对地层的伤害。因此，在本章我们将讨论表面化学的基础。

第一节　表面张力

一种液体与一种气体的交界面就像是一张拉伸的弹性膜。这张设想膜的收缩力称为表面张力。表面张力还存在于固体与气体之间、固体与液体之间和两种不相混溶的液体之间。最后一种情况的表面张力叫界面张力。

表面张力的收缩本质上可以用分开两块中间夹有水膜的玻璃板(图 8.1)必须施加一定的力才能使其分开的状况来说明，这是因为在板的周边有收缩液面。这种现象叫毛细管引力。

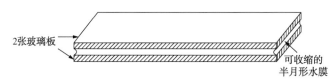

图 8.1　界面张力的说明(围绕周边液面的收缩力使板片贴在一起)

表面张力的定义是垂直作用于长 1cm 表面部位的力，单位为 dyn/cm。绝对的表面张力必须在真空中测量，但更方便的办法是在气化液或空气里测量。Bikerman 详细描述了各种测量表面张力的方法。最常用的方法是使用一个 DuNouy 张力计。它能测量从液表面拉起一个金属环所需要的力。另一种方法是测量液体在毛细管内(图 8.2)自发爬升的高度。弯液面的收缩力与液柱静压头相平衡时，有如下关系式：

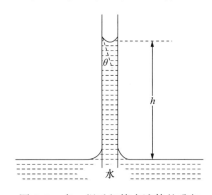

图 8.2　在一根毛细管内液体的升起

$$\pi r^2 gh\rho = 2\pi r\gamma\cos\theta \qquad (8.1)$$

式中：g 是重力常数，h 是液柱平衡时高度，ρ 是液体密度；γ 是表面张力，θ 是接触角，而 r 是毛细管半径，表面张力的计算如下：

$$\gamma = \frac{gh\rho r}{2\cos\theta} \qquad (8.2)$$

各种物质的表面张力由表 8.1 给出，式(8.1)可以写成：

$$gh\rho = \frac{2\gamma\cos\theta}{r} \qquad (8.3)$$

表 8.1 各种物质对干空气的表面张力

物质	温度,℃	表面张力, dyn/cm
水	0	75.6
	20	72.7
	50	67.9
	100	58.9
乙醇	20	22.3
n—乙烷	20	18.4
甲苯	20	28.4
水银	15	48.7
饱和 NaCl 溶液	20	8.3
油酸	20	32.5
山梨糖醇醉脂	25	40
铝	700	840
锌	590	708
聚四氟乙烯①		18.5
聚乙烯帕①		31
环氧树脂①		47

①温润的临界表面张力。

$gh\rho$ 项就是使液体能进入毛细管的力,称为毛细管压力。对于在玻璃板表面上的一滴水银也适用上述方程。

第二节 润 湿 性

在表面放置一滴液体,它可能在表面上分布(即它可能被润湿,也可能不被润湿),取决于图 8.3(a)所表示的各力的平衡。水润湿玻璃是因为:

$$\gamma_{1,3} > \gamma_{1,2} + \gamma_{2,3}\cos\theta \tag{8.4}$$

式中:$\gamma_{1,3}$ 是空气与玻璃之间的表面张力;$\gamma_{1,2}$ 是水与玻璃之间的表面张力;$\gamma_{2,3}$ 是空气与水之间的表面张力;而 θ 是空气—水界面与玻璃之间的接触角。

水银不湿润特氟隆(Teflon),因为水银的表面张力高;水不能润湿特氟隆,因为特氟隆的表面张力较低。在这两种情况里有[图 8.3(b)]:

$$\gamma_{1,3} + \gamma_{2,3}\cos\theta < \gamma_{1,2} \tag{8.5}$$

注意,当液体不湿润固体时,θ 大于90°,因而 $\cos\theta$ 是负值。

如果把两种不相溶混的液体放置在一个固体表面上,根据液体与固体之间的表面张力及两种液体之间的界面张力,一种液体比另一种液体更易于湿润表面。使用式(8.4)时,$\gamma_{1,3}$ 与 $\gamma_{1,2}$ 分别是两种液体与固体之间的张力,而 $\gamma_{2,3}$ 是两种液体之间的界面张力。角 θ 表示优先的湿润性。在图 8.4 中,当 θ 从 0 增加到 90°时水的湿润性不断降低;在 90°时两种湿润性相等,大于 90°时固体就优先成为油湿性。

水自发地在一根毛细玻璃管里爬升,这是由于玻璃板在有空气存在时被水湿润。那些不能使玻璃湿润的液体(如水银),不能在毛细管内自发地爬升,必须对液体施加压力才能爬升,换言之,毛细管压力是负值。

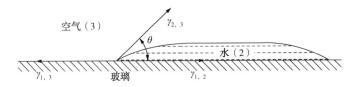

(a)在空气/水/玻璃界面处力的分布(水分布在玻璃面上,因而$\gamma_{1,3} > \gamma_{1,2}+\gamma_{2,3}\cos\theta$)

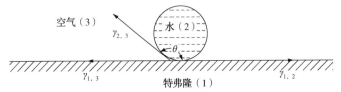

(b)在空气/水/特弗隆界面处力的分布(水不分布在玻璃板表面,
因为$\gamma_{1,3}+\gamma_{2,3}\cos\theta < \gamma_{1,2}$,对于在玻璃板表面上的一滴水银也适用上述方程)

图8.3　在空气/水/特氟隆界面处力的分布

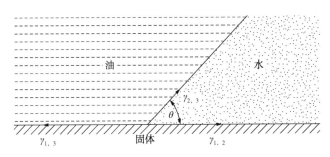

图8.4　优先润湿性($\theta<90°$,固体优先被水润湿)

同样,玻璃对于大多数油类来说,它是优先水湿的。水会在一根玻璃毛细管里自发顶替油,而要用油顶替水时则必须施加压力。如本书第十章所述的那样,这些现象对油藏与气藏的相对渗透率及对钻井液滤失液造成的产量降低有重要关系。

第三节　表面自由能

表面现象同样也可以用表面自由能来讨论。存在于各个表面上的表面自由能是因为在界面处周围分子缺乏电荷的平衡。如果液体湿润一个表面,它就降低了这个表面的自由能,因而它作了功,如水在一个玻璃管内的爬升。另一方面产生新表面意味着增加了自由能。例如,当一个固体裂开,化学键被破坏,从而产生了表面静电荷。因此,为了使一个固体裂开或者为了以其他方式产生新的表面必须做功。

比表面能的定义为表面能与表面积的比。单位与表面张力相同,以 dyn/cm 表示,数值与表面张力相等。

第四节 粘 附 力

如果液体分子对固体表面的分子引力大于它们彼此的引力，此种液体就会粘附在固体上。换言之，粘附力所做的功必须大于内聚力所做的功。从理论动力学来讲，这个条件表达如下：

$$W_{adh} = F_s + F_1 - F_{sl} \tag{8.6}$$

式中：W_{adh}是粘附力所做功；F_s是固体表面自由能；F_1是液体表面自由能；F_{sl}是新形成界面的表面自由能。一种液体内聚力所做的功是分布在它自身上的功，如式(8.6)所示，它等于$2F_1$。因此，粘附力的标准是：

$$W_{adh} - W_{coh} = F_s - F_1 - F_{sl} \tag{8.7}$$

式中：W_{coh}是内聚力所做的功。因此液体会粘附，如果：

$$F_s > F_1 + F_{sl} \tag{8.8}$$

在两种固体表面之间也存在着引力，但是当把两种固体表面压在一起时，两个表面并不粘附，这是因为这种引力只能在极短距离内作用(大约几个 Å 范围)，且两相接触的面积极小。即使两个抛光的光滑表面也存在微小的不规则起伏，接触仅限于凸出部分，如图 8.5 所示。胶粘剂使固体表面结合在一起，是因为它们在液体状态下填充了两个表面的不规则之处，然后由于凝固与镶嵌在表面之间建立起足够的内聚力而产生强度。如果固体表面有足够的可延性以至两个固体表面紧密接触，那么这样的固体也可以结合在一起。例如，古时候的锻工把两条钢棒加热到白热状态，然后锤打使两条钢棒焊合到一起。同样，如果在钻柱的重量下，页岩的塑性足以使其与钻头或钻铤的表面形成紧密接触，那么页岩就会粘附在钻头上或钻铤上(见本书第十章中的"钻头泥包"一节)。

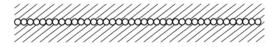

图 8.5 显示极小接触面积下的两种固体微观截面

第五节 活 性

活性剂是表面活性剂的缩写，它能吸附在各种表面及界面上，从而降低表面自由能。它们在钻井液里被用作乳化剂、湿润剂、发泡剂、除泡剂以及降低黏土表面水化作用的处理剂。

活性剂可以是阳离子型的、阴离子型的或者是非离子型的。阳离子活性剂分解成一个大的有机阳离子与一个简单的无机阴离子。它们通常是一种脂肪胺或聚胺的盐。如三甲基十二烷基氯化铵：

$$\left[C_{12}H_{25} - \overset{\overset{\displaystyle CH_3}{|}}{\underset{\underset{\displaystyle CH_3}{|}}{N}} - CH_3 \right]^+ \left[Cl \right]^-$$

图中化学式阴离子活性剂能离解成一种大的有机阴离子与一个简单无机阳离子。典型的例子是脂肪酸皂：$[C_8C_{17}CH：CH(CH_2)_7COO]^-[Na]^+$

非离子活性剂是一些不能离解的长链聚合物，例如，30 个碳原子的乙烯苯酚醚：

$$C_6H_5-O-(CH_2CH_2O)_{30}H$$

在钻井工艺上它叫作 DMS。

由于黏土矿物与大多数岩层表面都是带负电的，因此由于静电引力作用，阳离子表面活性剂能较牢靠地被吸附在岩石表面上。阴离子表面活性剂吸附在黏土晶格的正电端或者油—水的界面上。非离子活性剂(如 DMS)能与水争夺，从而吸附在黏土晶体的层面上，限制了黏土(如膨润土)的膨胀。

非离子活性剂能吸附在油—水界面上。这些化合物由亲油的原子链与亲水的原子链相连。亲油部分溶于油而亲水部分则溶于水。这种化合物可大量地由多元醇酐与聚氧乙烯人工合成，以便满足各种应用需求。两个因素有助于确定针对特定应用的适用性：两个链的化学特性及 HLB 值。HLB 值定义是：活性剂亲水部分的重量与亲油部分的重量比；HLB 值越大，分子的水溶性就越好。图 8.6 显示聚氧乙烯的链增长了，分子更多地被拉向水相，从而 HLB 值增加了。注意上述两个因素即 HLB 值与化学特性只能作为选择非离子活性剂的准则。最终的选择必须根据实验数据。

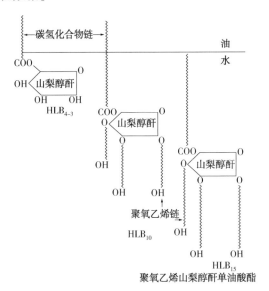

图 8.6　亲水—亲油平衡对聚氧乙烯山梨醇酐单油酸酯溶解度的影响

表 8.2　HLB 特性及其使用的一般范围

HLB 范围	作用	HLB 范围	作用
4~6	W/O 乳化剂	13~15	洗涤剂
7~9	润湿剂	10~18	增溶剂
8~18	O/W 乳化剂		

许多活性剂起着双重作用，例如，它们既可以作为乳化剂，也可以作为润湿剂。另一方面，几种相容活性剂的混合物可以用来达成几种功效。

第六节 乳 化 液

油与水之间的界面张力是极高的，因此，如果为了减少界面，液体是用机械方法混合的，那么搅拌一旦停止，它们就立即分开。用一种活性剂降低界面张力，使得一种液体能在另一种液体内形成微小液滴的稳定分散。界面张力越小，液滴就越小，在乳化液里也就越稳定。矿物油与水之间的界面张力大约是 50dyn/cm，而一种乳化液的界面张力会降至大约 10dyn/cm。在大多数乳化液里，油是分散相，水是连续相(图 8.7)，但在"逆乳化液"里水是分散相，它可以用一种适当的乳化剂来制备。除了降低界面张力外，乳化剂可以稳定乳化液，因为乳化剂的分子吸附在油水界面上，在液滴周围形成表层膜(图 8.8)。薄膜的作用像有形的栅栏，当液滴碰撞时防止了它们的聚结。

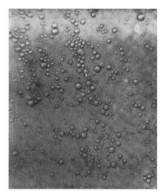

图 8.7 两种百分比的油乳化
钻井液(放大 900 倍)

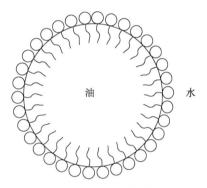

图 8.8 在油滴周围形成的表面
活性剂保护层

乳化液滴带有小的静电荷，继而产生的相互斥力构成了乳化液的稳定性，但电荷只能在低矿化度(即低导电性)水里保持。乳化液的稳定性随连续相黏度的增加而增加，因为在这时液滴之间碰撞的次数减少。同样乳化液的稳定性随温度的增加而减少，这是因为碰撞的次数增加了。

乳化液的黏度随分散相的增加而增加，但只有当分散相超过 40% 时才可能发生大量的增加。例如，水包油的乳化液，当油的含量是 40% 时，它的黏度是 12cP，当油的含量是 60% 时，它的黏度是 35cP，而当油的含量是 70% 时，它的黏度是 59cP。

尽管均匀直径球体最大填充体积是总体积的 74%，但实际分散相的比例可以超过这个极限，部分原因是液滴的尺寸不均匀，同时因为它们是可以变形的，但是当分散相的体积比增加到 75% 以上时，形成稳定乳化液就越来越困难了。

由于产生新的表面涉及做功，所以需要一定程度的机械搅拌以构成一种乳化液，但界面张力越低，所需要做的功就越小。在一定情况下，乳化剂能使界面张力降低许多，以至于仅仅把各组分灌注在一起就能提供足够搅动形成乳化液。在其他情况下，则需要给予高的能量。混合器的最重要要求是有高的剪切速率。用一个在叶片与壳体之间具有窄间隙的高速转子，或者使各组分在高压下强制通过一个小孔的办法可以获得高的剪切速率。

不论是水包油乳化液，还是油包水乳化液的形成都取决于在两相里乳化液的相对溶解度。因此，一种优先在水中溶解的表面活性剂，如油酸钠可形成水包油乳化液，这是因为它降低了油水界面水一侧的表面张力，而界面曲线弯向表面张力较大的一侧，从而形成水包围油滴的情况。另一方面，油酸钙与镁优先溶于油，从而形成油包水乳化液。同样，带有一个大亲水分子团的非离子活性剂(HLB 值为 10~12)大部分优先溶在水相，从而形成水包油乳化液。同时，带有一个大亲油分子团的非离子活性剂(HLB 值大约为 4)会形成一个油包水乳化液。

典型的用在淡水钻井液里的水包油乳化剂是烷基碱金属磺酸盐与硫酸盐，聚氧乙烯脂肪酸，酯类及醚类。一种以各种商标名称出售的聚氧乙烯山梨糖醇酐妥尔油酯用在盐水的水包油乳化液里，而基乙烯醚化物衍生物即 $C_9H_{19}C_6H_4O(CH_2-CH_2-O)_{30}H$ 称为 DME，用于钙处理的钻井液里。脂肪酸皂、聚胺、胺化物或它们的混合物用于制备油包水乳化液。

水包油的乳化液可用加入少量油包水乳化剂的办法来加以分解，反之亦然。不论哪一种情况，如果添加较多的相反乳化剂，乳化液都会发生逆转。

对于乳化液是水包油的，还是油包水，可以很容易地用把一点乳化液加入一杯水中的办法来确定。由于其连续相是水，水包油乳化液很容易分散到水里，而油包水乳化液则不能分散。

在没有活性剂的情况下，用极细的颗粒，如黏土、CMC、淀粉及其他胶体材料可以形成稳定的乳化液，这是因为细颗粒能在油水界面上吸附。这些固相膜将分散介质包裹从而防止液滴的聚结。颗粒不能大幅度地降低界面张力，因此这种乳化液叫作机械式乳化液。

水湿严重颗粒将在水相里被包裹，而油湿严重的颗粒将在油相中被包裹，因此，不论哪一种情况它们的作用都是一种机械式乳化作用。为了形成稳定的乳化液颗粒必须在稍微油湿与稍微水湿之间，这样颗粒在每种相都存在一部分，如图 8.9 所示。理想的情况为最稳定的乳化液的接触角是 90°。

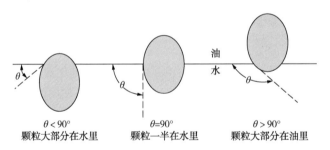

图 8.9　显示接触角对颗粒沉没的理想示意图(最稳定的乳化液是在 $\theta=90°$时形成的)

大多数水基钻井液含有形成机械式乳化液所需的微小颗粒，而电化学特性是颗粒被吸附在水—油界面上。分散的黏土及各种胶体添加剂，尤其是碱性溶液中木质素磺酸盐，它们作用就像是机械式乳化剂，通过加油或者提供足够机械搅拌就可以形成十分稳定的水包油乳化液。但是，通常机械式乳化液没有化学乳化液那样稳定。为了获得足够的稳定性，添加少量的适当化学乳化剂可使乳化液稳定。

第七节　乳　化　剂

带有长链的氮化物是最常用的乳化剂。N-烷基三乙二胺氯化物是一个典型例子，它在盐水里离解出一个大的有机阳离子及两个氯阴离子：

$$\left[R - \underset{\underset{H}{|}}{\overset{\overset{H}{|}}{N}} - \underset{\underset{H}{|}}{\overset{\overset{H}{|}}{C}} - \underset{\underset{H}{|}}{\overset{\overset{H}{|}}{C}} - \underset{\underset{H}{|}}{\overset{\overset{H}{|}}{C}} - \underset{\underset{H}{|}}{\overset{\overset{H}{|}}{N}} - H \right]^{++} [Cl]^- [Cl]^-$$

式中：R 是带有 18 个碳原子的烷基。二胺既起一个水包油乳化剂的作用，也起一个润湿剂作用。阳离子非极性端溶解在油相里，而氮的极性端延伸到水里，从而给油滴带来正电荷。由于大多数金属与矿物表面有负的表面电荷，所以油滴就在表面吸附，分开后沉积一层油膜，如图 8.10 所示。许多其他的碳氢-氮化物可以组合用作润湿剂与乳化剂，条件是碳氢链的长度超过 10 个碳原子。在润湿与乳化作用之间必须取得平衡，即乳化作用太强，油就不会湿润；润湿作用太强，损失的油就太多。两种作用的相对强度取决于各种条件，如待包裹表面的特性，在水相里的电化学特性，pH 值，温度等，活性剂要根据这些情况来选取。例如，若油润湿剂多了，使用一种二胺的乙烯氧化物的加合物，其降低润湿与所添加环氧乙烷摩尔数成正比。或者，可以使用辅助乳化剂，它既可以是阳离子的，也可以是非离子的。润湿不充分时可以添加油溶性的降低表面活性的活性剂，如一种脂肪酸盐与一种聚胺的盐。

为了使钻柱油润湿，有时在水包油乳化液钻井液里添加润湿剂，从而减少了扭矩，防止了钻头的泥包，抑制了腐蚀。该方法存在的问题是油也包裹钻井液固相，因此，如果钻井液中存在相当量的黏土微粒，那么损失的油量就很多。

在所有油基钻井液里，添加油润剂可以防止重晶石与钻屑的水湿润。卵磷脂对此是有效的。卵磷脂的结构是：

$$\left[\begin{array}{l} C_{17}H_{35} \cdot COO \cdot CH_2 \\ C_{17}H_{35} \cdot COO \cdot CH \quad\quad O \\ \quad\quad\quad\quad\quad | \quad\quad\quad | \\ \quad\quad\quad\quad CH_2 \cdot O \cdot P \cdot O - (CH_2)_2 \\ \quad\quad\quad\quad\quad\quad\quad \| \\ \quad\quad\quad\quad\quad\quad\quad O \end{array} \right] [N(CH_3)_3]^+$$

磷酸盐基团带有 1 个负电荷，而 4 元胺带有 1 个正电荷，非极性的碳氢支链端部溶解在油相里，而其极性端部溶解在水相里。如果添加的卵磷脂过量，界面的张力就减少。

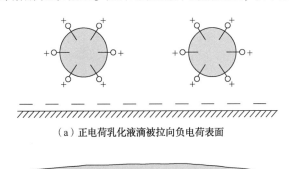

（a）正电荷乳化液滴被拉向负电荷表面

（b）表面接触后，乳化液破裂，在表面沉积一层油膜

图 8.10　水包油乳化剂的油润机理

黏土与油润湿剂的反应产物，可用来制备油基钻井液的分散剂。那些用在水基钻井液里

的黏土，如膨润土与山软木土可用与鎓盐进行阳离子交换反应的办法制成油分散的添加剂，鎓盐离解产生：$[C_{14}H_{29}NH_3]^+[Cl]^-$

在黏土表面的无机阳离子被鎓盐上的有机阳离子交换，从而使黏土是油分散的。若加到油钻井液中，这样的有机黏土将大大提高悬浮性能（图8.11）。同样，褐煤也可以制成油分散的，并且可以用来降低油钻井液的滤失量。

油润湿剂还可以用来与微细的白垩制成一种机械逆乳化剂。白垩颗粒通常是水湿润的，但添加少量的含有油酸与亚油酸的妥尔油，白垩颗粒就可部分地变成油润湿。在搅拌时颗粒就吸附在水滴周围的油水界面处，从而形成一种连续相为油的机械乳化液。

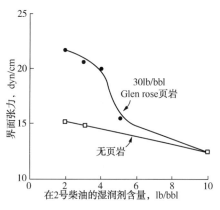

图 8.11 用柴油对水的界面张力来说明在油里的页岩颗粒被湿润剂的吸附

第八节 泡　沫

在空气或天然气钻井中若遇到了水，需要添加发泡剂以便消除水。泡沫的形成是十分简单的事情：它只需要向气流里注入一种活性剂，活性剂可以充分降低水的表面张力。但是由于体系的表面自由能降低了，所以泡沫在短时间内倾向于破裂。在钻井选择一种发泡剂时必须考虑其耐久性。

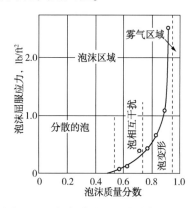

图 8.12 泡沫质量对泡沫黏度的影响

泡沫与雾气都是一种含有气体与液体两相的胶体体系。两相的分布取决于每一相的相对量。这个比例通常可用气体的体积分数（泡沫质量）或者液体的体积分数（LVF）之比表示。泡沫质量约在 0~0.54 范围，泡沫由分散在气体里的各个独立泡组成（图8.12）；在 0.54~0.96 范围内就得到类似以气体为内相，以液体为外相的乳化液。高于 0.96 时泡沫体系就将含有分散在气体里的特别微小的水滴，称为雾或气溶胶。

控制泡沫形成与稳定性的各种因素还未充分研究。显然由于发泡使表面积增加很多，所以添加一种活性剂以减小表面张力是重要的。但是表面张力的降低不是唯一的相关因素。活性剂分子结构也是很重要的。一种理论认为阴离子是垂直于表面取向的，而阳离子分布在膜壁之间的溶液里。因此，膜壁带有一个静电荷，而这些电荷之间的斥力阻碍了聚结。由于缺乏理论基础，发泡剂必须根据试验来加以评价（见本书第三章）。

在钻井中泡沫有三种用途：(1)在空气钻井时，用泡沫清除进入井内的地层水；(2)在枯竭油藏完井或修井时泡沫作为低密度流体清除钻屑与其他固相；(3)在极地的井中，作为保温介质。

如果在使用空气钻井时遇到含水砂层。流入井内的水就会累积在井底，从而需要增加空气体积并同时增加回压，降低了钻速。此外，它会使岩屑粘在钻头及钻柱，造成泥包。向空气流里注入适当的发泡剂，使之以泡沫形式把水与钻屑带出井眼。其中最有效的是能将进入井内的地层水都转变成泡沫，而且泡沫能维持足够稳定，直到它刚好达到地面。活性剂的选择取决于水的矿化度及是否含油。适当的活性剂是阴离子型皂类，非离子型烷基聚氧乙烯化合物及阳离子型胺的衍生物，它们在商店都有出售。

泡沫携带钻屑的能力取决于环空速度的平方以及泡沫的流变性能。流变性能主要取决于空气与液体的黏度及泡沫的质量，见图 8.12 与图 8.13。当泡沫的质量在 0.6~0.96 之间时，泡沫特性就像宾汉—塑性流一样。如果修正后满足泡沫沿着管壁滑动，并且泡沫中空气与水的比随压力变化（即泡沫黏度随压力变化），那么 Buckingham 方程[式(6.12)]能用来确定流动压力与流速关系。Beyer 等利用中试确定了泡沫在管壁处滑动时剪切应力与 LVF 之间以及黏度与 LVF 之间的关系。从这些关系及 Buckingham 方程式，他们建立了一个泡沫在垂直管及环空里流动的数学模型。根据这个流动模型设计的计算机程序，可以用来确定在预期进行的修井作业里的最佳气体与液体流速、压力、循环时间及固相举升能力。每当新现场或在新条件下进行作业时都应当进行细致的分析(图 8.14~图 8.18)。

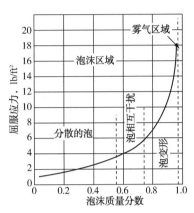

图 8.13　泡沫质量对泡沫屈服应力的影响

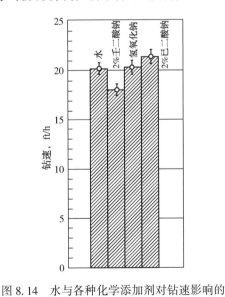

图 8.14　水与各种化学添加剂对钻速影响的比较(用一个双牙轮微型钻头在 50r/min 及 1000lb 钻压下对印第安纳石灰岩钻进)

注：(1)把所有液体的 pH 调节到 10.3(除了参考的水外)。(2)循环排量为 7.3gal/min，地静压力为 2200psi；井眼压力为 2000psi；地层压力为 0。

(3)可能误差的指示范围

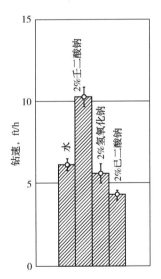

图 8.15　水与各种添加剂对钻速的影响比较(用一个三片的刮刀钻头在 50r/min 及 1000lb 钻压下对印第安纳石灰岩钻进)

注：(1)把所有钻井液的 pH 值调节到 10.3(除了参考的水外)。(2)地静压力为 2200psi；地层压力为 0。

(3)可能误差的指示范围

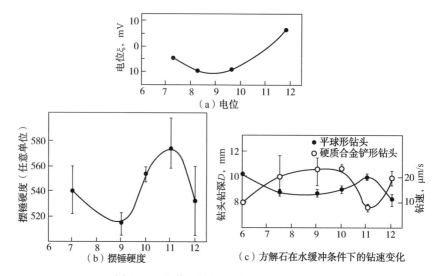

图 8.16 电位、摆锤硬度、钻速变化情况

(刮刀钻头的钻速是作为在第一阶段 60s 内所钻的总深度给的)

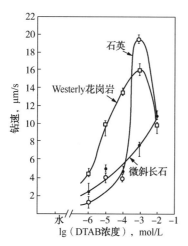

图 8.17 金刚石取心钻头在水的
DTAB 条件下(2200r/min)钻石英、微斜
长石及西方花岗岩的钻速变化

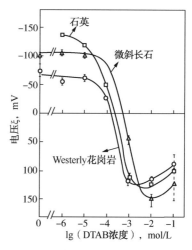

图 8.18 在水的 DTAB 条件下的石英、
微斜长石及西方花岗岩的电位 ξ 变化

在正常的气体钻井作业中,泡沫的流变性能不是很重要,这是由于环空速度足以清除井眼,这在经济上可行的。但在修井作业中,对于易塌地层采用最小的井底压力是有利的,在井眼里对于易塌地层使用高的环空速度是不利的。在这种情况下,可使用预制的硬泡沫。它是用活性剂加膨润土及聚合物制备的。

第九节　消　泡　剂

消泡剂的作用机理不太清楚,必须根据实验选取。通常使用的是大分子量的醇及硬脂酸铝。气侵钻井液是一种硬泡沫,但形成泡沫作用主要是机械式的。气泡被胶凝结构所包裹,可用搅拌或者添加稀释剂使胶凝破裂，从而使气体逸出，如果作业是在减压条件下进行，那么效果可以得到提高。

符 号 解 释

F_s——固体表面自由能；

F_l——液体表面自由能；

F_{sl}——在固体/液体交界面处的表面自由能；

g——重力常数；

θ——接触角；

r——毛细管半径；

W_{coh}——内聚力所做的功；

W_{adh}——附着力所做的功；

γ——表面张力；

ρ——密度。

参 考 文 献

Anderson, G. W. , 1971. Near-gauge hole through permafrost. Oil Gas J. 129-142.

Anderson, G. W. , Harrison, T. F. , Hutchison, S. O. , 1966. The use of stable foam as a lowpressure completion and sand-cleanout fluid. API Drill Prod. Pract. 4-13.

Beyer, A. H. , Millhone, R. S. , Foote, R. W. , 1972. Flow behavior of foam as a well circulating fluid. SPE Paper No. 3986, Annual Meeting, October 8-11, San Antonio.

Bikerman, J. J. , 1958a. Surface Chemistry; Theory and Applications, second ed. Academic Press, New York, pp. 8-13.

Bikerman, J. J. , 1958b. Surface Chemistry; Theory and Applications, second ed. Academic Press, New York, p. 99.

Bikerman, J. J. , 1958c. Surface Chemistry; Theory and Applications, second ed. Academic Press, New York, p. 340.

Browning, W. C. , 1955. Lignosulfonate stabilized emulsions in oil well drilling fluids. J. Petrol. Technol. 9-15.

Burdyn, R. F. , Wiener, L. D. , 1957. Calcium surfactant drilling fluids. World Oil 101-108. CRODA, Inc 2012. The HLB System.

Darley, H. C. H. , 1972. Chalk emulsion_ a new completion fluid. Petrol. Eng. 45-51.

David, A. , Marsden, S. S. , 1969. The rheology of foam. SPE Paper No. 2544, Annual Meeting, September 1, Denver.

Foster, W. R. , Waite, J. M. , 1956. Adsorption of polyoxyethylated phenols on some clay minerals. Amer. Chem. Soc. , Symp. on Chemistry in the Exploration and Production of Petroleum, April 1956, Dallas, pp. 8-13.

Griffin, W. C. , 1954. Calculation of HLB values of non-ionic surfactants. J. Soc. Cosmetic Chem. 5 (4), 1-8.

Hutchison, S. O. , Anderson, G. W. , 1972. Preformed stable foam aids workover drilling. Oil Gas J. 74-79.

Jackson, R. E. , Macmillan, N. H. , Westwood, A. R. C. , 1974. Chemical enhancement of rock drilling. In: Proceedings of the 3rd Cong. Internat. Soc. Rock Mechanics, September 1-7, Denver.

Krug, J. A. , Mitchell, B. J. , 1972. Charts help find volume, pressure needed for foam drilling. Oil Gas J. 61-64.

Mallory, H. E. , Holman, W. E. , Duran, R. J. , 1960. Low-solids mud resists contamination. Petrol. Eng. B25-B30.

Millhone, R. S. , Haskin, C. A. , Beyer, A. H. , 1972. Factors affecting foam circulation in oil wells. SPE Paper 4001, Annual Meeting, October 8, San Antonio.

Mitchell, B. J. , 1971. Test data fill theory gap on using foam as a drilling fluid. Oil Gas J. 96-100.

Pickering, S. U. , 1907. Emulsions. J. Chem. Soc. 91.

Robinson, L. H. , 1967. Effect of hardness reducers on failure characteristics of rock. Soc. Petrol. Eng. J. 295-300, Trans. AIME 240.

Sharpe, L. H. , Schohorn, H. , Lynch, C. J. , 1964. Adhesives. Int. Sci. Technol. 26-37.

Simpson, J. P. , Cowan, J. C. , Beasley, A. E. , 1961. The new look in oil-mud technology. J. Petrol. Technol. 1177-1183.

Wikipedia 2016a. Tensiometers. <www. Wikipedia. com>.

Wikipedia 2016b. Wettability. <www. Wikipedia. com>.

第九章 井眼稳定

钻井过程中常遇的一种主要难题是保持井眼稳定。如果井眼不能保持通畅，就必须需要下套管。很显然，一个井筒所能下套管的级数是有限的。井眼失稳主要有以下几种形式：软塑性地层受压挤向井筒，硬脆性地层受应力作用剥落，最常见的是泥页岩垮塌，伴随井眼扩大、掉块架桥和起下钻期间堵塞井眼。这些问题造成了钻井时间（NPT）及成本的大大增加，甚至导致如卡钻、侧钻等更大的井下事故。

本章中，我们将从两个方面来讨论井眼稳定性：（1）井眼稳定性的机理，主要涵盖作用在井壁的应力和压力，以及井眼抵抗这种应力的能力；（2）由于钻井液与井壁裸露地层之间的物理—化学作用导致的井眼失稳。井眼不稳定可能单独由过大的应力作用、也可能由物理化学反应作用，也可能是以上两种因素的综合作用造成。受拉伸应力作用井眼破坏即诱发性裂缝将会在第九章井下稳定这一节详述。

第一节 井眼稳定的机理

一、沉积盆地的地质及地球物理简述

在已发现的沉积盆地油藏中，绝大部分是由河流搬运而来的沉积物沉积形成的。砂子靠近河岸沉积、泥沙相对靠近河岸沉积、淤泥则在深水处沉积。沉积初始，沉积物松软且含水量较高。随着后期沉积物的不断压实，底部沉积物水就会被挤出含水量降低。浅层的地层压实效应是完全可逆的，即地面收货到的钻屑或岩心很容易分散成单个颗粒，其被称作为未固结性沉积物。在较深的地层，由于压实机成岩作用，沉积物就逐渐变成固结物质(成岩作用指的是在地下温度、压力及电化学条件的影响下所发生的矿物学与化学的变化)。最终，沉积的颗粒和硅质或钙质的地层水终矿物质胶结一起，形成砂岩，和坚硬的泥、页岩。当最终固结之后，岩石很难会被破坏分散，除非受到直接的机械性冲击，如研磨。由砂、泥组合形成的地层被称作为砂质地层。黏土、黏土及淤泥混合物被称作为泥质地层。

在地质倾斜的条件下会发生快速沉积，即在那些地球表面缓慢下滑的地区(如目前正在发生的墨西哥湾地区)。由于地壳内的构造力，地球表面会周期性起伏运动。结果，可能造成古代沉积盆地高出海平面，且可能覆盖或混杂其他类型的沉积物，如碳酸岩、硫酸岩及盐岩，这些陆相沉积物是由于内陆咸水湖饱和溶液蒸发后沉积而成。

二、上覆岩层压力梯度

地层某一深度的沉积物必须承受该处以上的地层沉积物的总重量。由于上覆地层演示沉积物和流体的总重力所产生的压力成为上覆地层压力，用 S 表示，物理方程式如下：

$$S = \rho_B Z \qquad (9.1)$$

式中：ρ_B 是沉积物的平均密度；Z 是地层深度。ρ_B 通常取值 $144 lb/ft^3$（相对密度 2.3）。上覆岩层压力梯度 $S/Z = 1 psi/ft [0.23 (kg/cm^2)/m]$。但如前所述，近代的沉积盆地中，地层的平

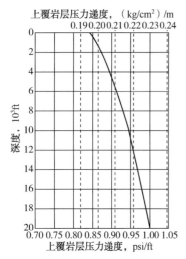

图 9.1 对所有正常压实墨西哥海湾地区地层的上覆岩层压力梯度变化（来源于 SPE-AIME, 1969）

均密度随地层深度的增加而增加。对墨西哥湾地区平均上覆岩层压力梯度与地层深度的关系曲线，如图9.1所示。

三、地层静液柱压力梯度

沉积基质一旦被充分压实以后，基质颗粒之间相互接触完全形成，则上覆岩层重力就全部传递给基岩和孔隙中的流体，即：

$$S = \sigma + p_f \qquad (9.2)$$

式中：σ 是颗粒间的内应力；p_f 是孔隙流体液柱压力，通常称为地层压力或孔隙压力。p_f 随地层深度和流体密度的增加而增加，因此：

$$p_f = \rho_f Z \qquad (9.3)$$

式中：ρ_f 是孔隙流体密度，在中部大陆地区孔隙流体是淡水，因此，$p_f/Z = 0.433 \text{psi/ft}[0.1 \text{kg}/(\text{cm}^2 \cdot \text{m})]$。在海湾沿岸地区，孔隙流体的矿化度大约是 80000ppm，而 $p_f/Z = 0.465 \text{psi/ft}[0.107 \text{kg}/(\text{cm}^2 \cdot \text{m})]$。在北科它州的 Williston 盆地，矿化度大约是 366000ppm，$p_f/Z = 0.512 \text{psi/ft}[0.118 \text{kg}/(\text{cm}^2 \cdot \text{m})]$。

四、异常或超压压力梯度

异常压力，即沉积物质压实后排出的流体无法自由运移至地表而产生的封闭压力。厚的泥质系列地层是典型的状况，因为压实作用后，黏土的渗透率变的很低。例如，膨润土在埋深 8500ft(2600m) 或承受 8500psi(600kg/cm²) 压力时，其渗透率仅为 2×10^{-6}mD。页岩的渗透率数量级在相同的水平，而大多数砂岩的渗透率则在 $1 \sim 10^3$mD 的范围。

当泥质地层与砂层发生胶结，该砂层将提供一个通向地表的渗透性通道，泥质受压后水分首先排出来。然而，若一层低渗透率的黏土和砂岩邻近时，那么黏土中的水分就很难流走。因此，在一个厚的黏土层里(水)排出的速度跟不上压实的速度，因而孔隙压力增加到正常埋深的压力之上，这样的页岩称为地质受压的或异常受压的，加入砂体本体受压到尖灭或为断层隔开，那么不管他是夹层还是岩层原生者都将会形成地质压力(图9.2)。地质压力在地质时间的进程里会降到正常的压力，但页岩越厚，所需的时间就越长。

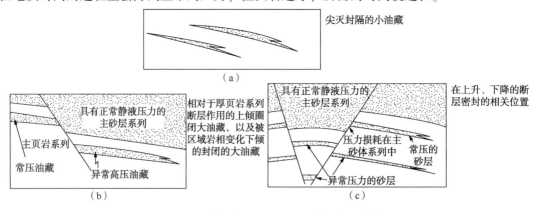

图 9.2 维持异常压力所必要的各种密闭条件

地质压力可以高达覆盖物总重量的任何值，而钻井液的密度必须因此而增加。因此，为了控制低压低层流体(油、气、水)，可能需要密度大于 19.2lb/gal(相对密度 2.3)的钻井液才能奏效。图 9.3 显示在墨西哥湾地区典型的地下压力和应力场。由于地质受压页岩层的异常高的含水量，其综合密度对深度的图将鉴别出地质受压地层及其大小，如图 9.4 所示。

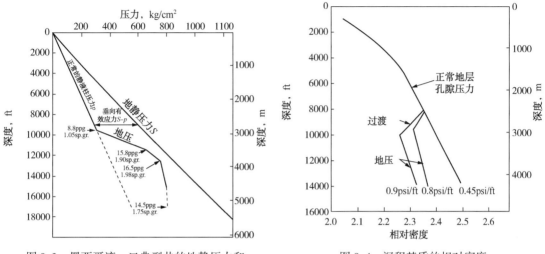

图 9.3　墨西哥湾一口典型井的地静压力和
孔隙压力(有效应力是颗粒间的内应力，$S-p_f$
在孔隙压力曲线上的数字相当于钻井液密度)

图 9.4　沉积基质的相对密度
(路易斯安那州近海地区)

在浅地层也有可能遇到地质压力层，例如，在北海的 FORTIES 油田 4000ft(1200m)就出现高压层，但一般情况下地层受压层只能在中等深度找到，通畅地质受压作用是与蒙脱石转化为伊利石的成岩作用相伴随的。伊利石含有的水化水要比蒙脱石少得多，因此伴随成岩作用从黏土晶体中排出水，从未增加地质压力。在墨西哥湾沿岸地区大约在 10000ft 深处，所发现的地质压力层毫无疑问地证实了它是与成岩作用有关的。若电化学条件适当，大约在 200℉(94℃)时处于受压下的岩石就会发生蒙脱石向伊利石转化。在海湾地区大约在 10000ft 以下就具备这些必要条件。此外，把从海湾沿岸井中取来的沉积物与模拟的海水在压力桶里加热进行人工的成岩作用，发现它与现场的数据符合良好。在 10000ft 深度岩心，主要黏土矿物是蒙脱石，单在其深度以下，它的量就逐渐减少。而在 14000ft(4300m)深处几乎完全被伊利石所替代。

异常高压还可能在那些以前由于地壳构造里上升到海平面以上的正常受压地层里找到，而某些表面层却被冲蚀掉。在这种地层里，隔绝的砂体相对于他们在表面下的深度会有高的孔隙压力。

五、受应力作用岩层的特性

受应力作用岩层的特性可以用三轴应力实验仪加以研究，如图 9.5 所示。1 个圆柱形的试样被圈闭在一个挠性的外套里，一个活塞施加轴向载荷，并用外套周围的液体保持外部围压，此外，还施加一个背部孔隙压力。

通常的程序在维持不变的围压与孔隙压力条件下增加轴向载荷，并测量导致的轴向变

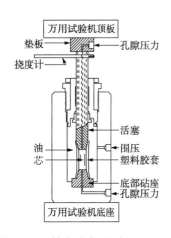

图 9.5　三轴实验台(出自 Robinson，1956，版权属于 SPE-AIME，1969)

形，即应变。

这些实验结果(Robinson，1956；Hubbert and Willis，1957)证实岩石的变形取决于颗粒之间的应力而不取决于孔隙压力。因此，有效颗粒间或基岩应力等于施加的载荷减去孔隙压力。轴向与颗粒间应力的差在试样里导致了剪切应力。图 9.6 标示了三种类型岩石应力与应变之间的关系。关系是线性的，这表示在弹性限度内变形是弹性的，在这边的剪切力就叫屈服应力，超过屈服应力则发生两种类型的变形：

(1)脆性破坏：岩石突然破碎，硬的固结岩石，如砂岩[图 9.6(a)]，具有这种破坏。

(2)塑性变形：应力的微小增加或降低使应变迅速地增加，直至试样最终破坏。这种类型的破坏表现为延性岩石，如盐岩、页岩。如图 9.6(b)与图 9.6(c)所示。

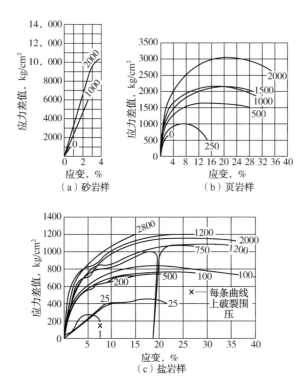

图 9.6　砂岩、页岩、盐岩三轴试验中应力与应变的关系曲线

特别要注意极限强度、极限形变与破坏之间的区别，极限强度是指在应力/应变曲线上的最大应力。当达到极限应变时就会发生破坏，岩石破碎、在脆性破坏时极限强度与极限应变，实际上是在相同应力条件下达到的。对于脆性与塑性岩石，极限强度与延展性是随着围压的增加而增加。因此，地下岩石的强度与延展性是随埋藏深度增加的。

六、应力场

正如前所述，地下岩石必须承受上覆地层的重量，即固体加孔隙中流体的重量，式(9.2)表示由这个载荷产生的有效应力梯度为：

$$\frac{\sigma}{Z}=\frac{S-p_{\mathrm{f}}}{Z} \tag{9.4}$$

由于岩石黏弹性的，因此，垂直应力产生水平分量。根据 Eaton 的理论，水平分量是两侧对称的，可用 Poisson 率确定，该率等于横向尺寸的单位变化除以长度的单位变化，尽管该理论假设沉积物坚硬地聚集在一起，但是并没有发生横向运动。

Hubbert 和 Willis 指出，贯穿地质历史时期的构造应力可以确定水平应力。他们把作用在地下岩石的有效应力分成 3 个不相等的彼此垂直的主应力。这样，不管其他方向如何，σ_1 是最大主应力，σ_2 为第二大主应力，σ_3 是最小主应力。图 9.7 表示了这些应力的 3 种可能的组合。当 σ_1 与 σ_3 之差大于岩石强度时，断层就发生，应力释放，然后再逐渐建立。断层的条件可以用建造一个莫尔图来确定，建造的莫尔图所使用的数据来自有关岩石的三轴应力实验，对于图 9.8，在应力—应变曲线上的最大应力处的轴向与圈闭应力(分别代表 σ_1 与 σ_3)作为横坐标划出，而围绕它们划出一个圆，在几个圈闭压力处，重复这个程序步骤，被这些圆切线所圈闭的面积规定了稳定性的条件。在 y 轴上的破坏线截距给出岩石的胶结强度 C，而线的斜率 ϕ 是作为延展性量度的内摩擦角度。

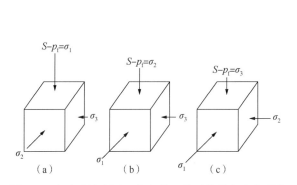

图 9.7　在地球地壳里，存在的三种可能的主应力形态

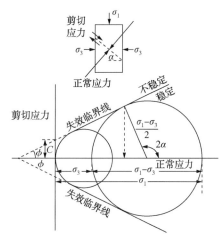

图 9.8　塑性破坏的莫尔包络线

从莫尔图的集合学上可以证实在断层作用的最小主应力可由式(9.5)给出：

$$\sigma_3=\sigma_1\left(\frac{1-\sin\varphi}{1+\sin\varphi}\right)\left(-\frac{2C\cos\varphi}{1+\sin\varphi}\right) \tag{9.5}$$

Hubbert 与 Willis(1957)证实了非胶结砂岩的 C 为零，而 φ 为30°(图9.9)。在这种情况下。式(9.5)就简化成 $\sigma_3=1/3\sigma_1$，而此式对于砂岩与硬石膏几乎维持相同的关系。于是，他们得出结论，墨西哥湾沿海地区构造应力已释放，而张力断层是普遍存在的[图9.10(a)]，σ_3 可能是水平的，其值在 $\frac{1}{3}\sigma_1 \sim \frac{1}{2}\sigma_1$ 之间变化，这取决于应力的规律。在那些有活跃压缩构造应力的地区，如逆掩断层所表明的那样[图9.10(a)]，σ_1 是水平的，而

σ_3是垂直的。

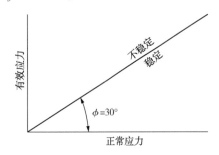

图 9.9 一种不固结砂岩的莫尔包络线
（内聚力强度为零，当 $\sigma_3 = 1/3\sigma_1$
时发生断层作用）

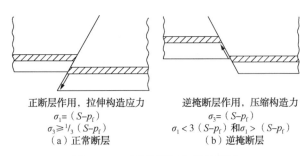

图 9.10 正常的断层与逆掩断层

记住 Hubbert 与 Willis 给出的 σ_1 与 σ_3 之间的关系，只对固定的 C 与 φ 值有效，对于具有许多不同值得 C 与 φ 的岩石，两个应力之间的关系可以由式(9.5)导出。例如，对于非胶结的黏土，φ 是零(图 9.11)，式(9.5)简化成：

$$\sigma_3 = \sigma_1 - 2C \qquad (9.6)$$

七、周围应力

当把地下岩石钻开一个井眼时，水平应力即释放出来而井眼受到压缩，直到在井壁处的径向应力等于钻井液柱的压力 p_w 减去孔隙压力

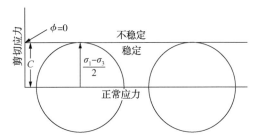

图 9.11 不固结黏土的摩尔包络线
（在一种具有完全延展性材料里，
内摩擦角 ϕ 是零，当 $\sigma_1 - \sigma_3$
两倍于内聚力强度 C 时发生破坏）

p_f 载荷被传送一个环状应力区域，这些环状应力在井眼周围产生切向剪切应力。在井壁处环状应力最大，并随进入地层的径向距离而减少。如果接触径向应力所产生的应变没有超过岩石的弹性极限，变形将是弹性的，通常是可以忽略的。但是在某些条件下——例如深井，接近标准尺寸的井眼——变形可能足以造成钻头的被卡，一旦把变形用扩眼扩掉，就不会再遇到困难。

如果应变超过弹性极限，由于在地下有关的深度处占主要的围压使得所产生的变形是塑性。因此，在井眼周围(见图 9.12)就会形成一个塑性变形岩石的圆环。井眼的半径减少，而塑性层的外半径就增加直到井壁处的径向应力等于 $(p_w - p_f)$。

如果没有超过极限应变，那么井眼是稳定的。处于稳定塑性层的内外径取决于岩石的延展性 φ，岩石的胶结强速 C 及在塑性层与弹性层两者里的应力分布。因为在两个层里的两个应力随井深而增加，所以稳定所需要的塑性层宽度也随井深增加。对三种类型岩石确定的原始水平应力处稳定所需要的塑性层外半径显示在图 9.13 中。如果在塑性层所需的宽度达到之前超过了岩石的极限应变，那么井眼就会发生坍塌。

图 9.12 井眼的塑性变形(r_w
为井眼的原始半径，r_0 为变形后
的井眼半径，r 为塑性地层的外径，
井内流体的压力为 p_w)

注意，由于所涉及的质量巨大，井内下岩层以一个减小的速率慢慢变形，这种现象叫蠕变。

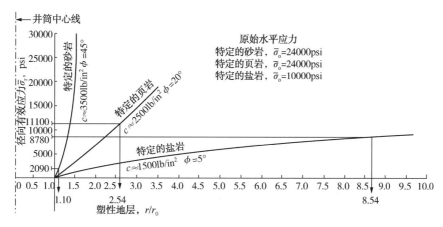

图 9.13　确定砂岩、页岩以及岩盐地层井眼稳定性的塑性地层深度
（ϕ 和 C 是由莫尔图决定，使用图 9.6 表示的三轴试验的数据）

对于井眼稳定而言，切线剪切应力 σ_θ 是最大的主应力；而有效围压 p_c 是最小的主应力。p_c 是地球有效主应力 σ_1，σ_2，σ_3 及 $(p_w - p_f)$ 的一个函数。因此，井眼稳定性取决于 σ_θ 与 p_c 之间的差别，以及周围介质的分布。若 σ_θ 相对于 p_c 画图，如果各点落在有问题地层的莫尔破坏曲线以下，井眼将是稳定的。如果这些点落在有问题的莫尔破坏曲线以上（图 9.14），那么井眼将是不稳定的。莫尔破坏曲线是由地层试样做的三轴试验获得的。注意，增加 $(p_w - p_f)$ 就增加了围压，那么增加钻井液密度就增加了井眼稳定性。但是，密度的巨大增加会造成地层破裂，继而造成井漏（见本书第十章"诱发裂缝"一节）。

图 9.15 显示了在原有水平应力相等 $p_w = p_f$，而且没有流体流入或流出地层的条件下，井眼周围的应力分布在假定这些条件时，Brooms 计算了三种岩石的弹性极限与极限应变图 9.6 里的三种演示的弹性极限与极限应变。在评定表 9.1 与表 9.2 显示的结果时，记住两个表内的数值，都是在不太实际的假定下取得的，而实际的标准深度与表上所表示的有很大差异。

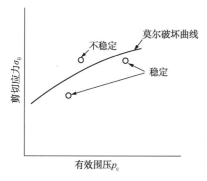

图 9.14　挤压破坏的标准（σ_θ 与 p_c 是由 3 个地球主应力与 $p_w - p_f$ 得到的，莫尔破坏曲线是由该地层岩心的三轴试验建立的）

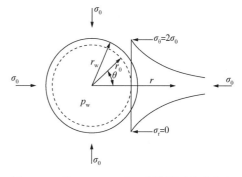

图 9.15　当 $p_w - p_f = 0$ 时，井眼周围的诸应力（r_w 为标准井眼的半径；r_0 为变形后的井眼半径；σ_0 为原来水平有效应力。假定 $\sigma_2 = \sigma_3$，σ_θ = 环向应力，σ_r = 在半径 r 处的水平应力）

表 9.1　在井壁的弹性极限处的原始水平有效应力与深度

岩石	在弹性极限处的 σ_0	相应深度	
		水平应力 = $\frac{1}{3}$×垂直应力	水平应力 = 3×垂直应力[①]
oil Creek 砂岩	17000psi	94000ft	10500ft
	1190kg/cm^2	28600m	3200m
Green River 页岩	7160psi	40000ft	4400ft
	500kg/cm^2	12200m	1340m
Hockley 岩盐	820psi	4550ft	500ft
	60kg/cm^2	1390m	150m
假定	地层孔隙压力梯度 0.46lb/(in^2·ft)		
	水平有效应力相等		
	没有滤饼，没有流体流动和温度效应		
	井眼内没有空气		

①数据来源于壳牌公司。

表 9.2　原始水平有效应力与井壁劈坏的对应地层深度

岩石	围压为零时的应变压力	对应的 σ_θ	假定的等效深度	
			水平应力 = $\frac{1}{3}$×垂直应力	水平应力 = 3×垂直应力[①]
oil Creek 砂岩	0.7	24000psi	133000ft	14800ft
		1687kg/cm^2	40525m	4510m
Green River 页岩	8.3	24000psi	133000ft	14800ft
		1687kg/cm^2	40525m	4510 m
Hockley 岩盐	16.1	6000psi	33000ft	3700ft
		422kg/cm^2	10055m	1127m
假定	地层孔隙压力梯度 0.46lb/(in^2·ft)			
	水平有效应力相等			
	没有滤饼，没有流体流动和温度效应			
	井眼内没有空气			

①数据来源于壳牌公司。

更复杂条件下井眼稳定性能机理已为许多学者所分析，Cheatham 已考察了目前的技术状态。Desai 与 Reese 所取得的 Green River 值与 Brooms 取得的值基本相同，但他们使用了有限单元法。

Mitchell 等人使用单元法分析井眼在砂岩与石灰岩里的运动，并在量值上与现场得到的数据相符。Maury 与 Sauzay 修正了 Mohr-Coulomb 的理论，以便使用于井眼周围各种不同的井眼条件，他们假定了 8~10 个破坏参数，但发现对任何已知的钻井问题只取决于他们之中的 2 个或 3 个，在图 9.16 表示了各种类型的破坏。图上顶部左边的类型对应于在模拟井里观察到的剥落(图 9.17)，而右边上顶部的类型对应于图 9.18 表示的各向异性破坏。

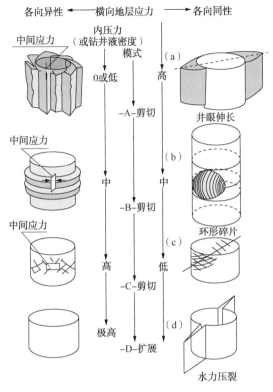

图 9.16　在井壁处的各种破坏方式

图 9.17　模型井眼中可再生的页
岩试样碎片[Atoka 页岩，密度为
2.52g/cm³，最大承受应力为
4400psi(309kg/cm²)，屈服值
2800psi(190kg/cm²)，井眼存
在空气。注意：过量的环应力
将导致典型切向裂缝碎片的产生]

（a）初始的裂纹碎片出现在最大主应力处

（b）随时间增加，掉块出现相同应力处

图 9.18　应力集中导致的垮塌破碎
（天然试样取自 Mitchell Courtesy 页岩的岩心）

　　Nordgreen 获得了在主水平应力不相等条件下 σ_θ 与 p_c 的表达式。这种情况发生在断层活跃地区，这在本章前面已经讨论。如果水平应力相等，那么 σ_θ 就不均匀分布在井眼的周围

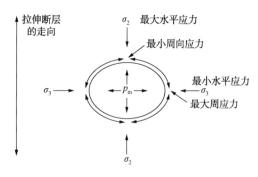

图 9.19 在一个拉伸的断层作用地区的应力集中
(在一个挤压断层作用地区相对于地层走向的
最大与最小应力位置是可逆的)

上——最大值平行于最小水平应力,而最小值平行于最大的水平应力。因此,断层作用正常拉伸时 σ_θ 是在斜向的最大值(图 9.19);而在逆断层(挤压)的断层作用情况下,它在地层走向上是最大值。图 9.20 表示对于 3 个主水平应力 σ_A 与 σ_B 的假定下,在井眼周围上 σ_θ 的变化。注意围压只向地层内拉伸了几个井眼直径的距离。

遗憾的是通常不知道最大的水平应力,而最小的水平应力只有在已开发的地区,从诱导的压裂数据里推导出来。但是,Hottman 等从阿拉斯加海湾的两口探井,根据记载钻井液密度各种变化及孔隙压力对井眼稳定性能的影响,推导出这两种应力,并绘出 p_c 与 σ_θ 两者以及有疑问的地层的三轴试验数据的莫尔破坏曲线。这个地区是活跃的逆掩断层,并且他们发现两个水平应力都大于上覆应力:

$$\sigma_1 = 1.3 \sim 1.4 \text{psi/ft} [0.299 \sim 0.322 (\text{kg/cm}^2)/\text{m}]$$
$$\sigma_2 = 1.03 \sim 1.3 \text{psi/ft} [0.237 \sim 0.299 (\text{kg/cm}^2)/\text{m}]$$

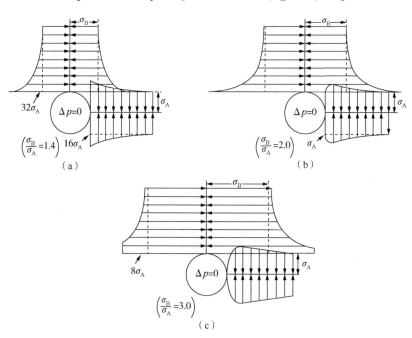

图 9.20 应力描述——井眼附近的区域性应力比 σ_B/σ_A 为 1.4、2 和 3

当井眼严重偏斜时,稳定性决定于井眼相对于主水平应力的角度及这些应力值。Bradley 建立了一个应力云的概念,以便能用图解说明大量变量的效应,如图 9.21 所示。任何穿过莫尔破坏曲线的应力云部分都表示不稳定条件。图 9.22 表示了钻井液密度与井眼角度对稳定的影响。Bradley 还证实应力云方法能用来说明盐丘附近的应力场。

八、梯度对井眼稳定性的影响

至今,我们都略去了流体流出与流入地层对井眼周围应力场的影响,然而,已在理论上与实验上证实液压梯度对井眼稳定性产生的很大影响。

在地层孔隙里流动的大小与方向是钻井液柱作用压力 p_w 与地层孔隙压力 p_r 之间的压差(即 $\Delta p = p_w - p_r$)的函数。

地层被钻穿后,Δp 作用在井眼面上,在地层孔隙里建立起压力梯度,当达到平衡条件时,在任何半径 r 的孔隙压力 p_r(r 是距离井眼中心的距离)由很熟悉的径向流动方程给出:

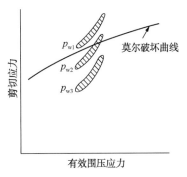

图9.21 其他条件保持相同,三种井眼应力 $p_{w3} > p_{w2} > p_{w1}$ 的应力云

$$p_r = \frac{\mu q}{2\pi K} \ln\left(\frac{r}{r_w}\right) \tag{9.7}$$

式中:μ 是流体的黏度;q 是单位垂直厚度的流速;K 是地层的渗透率;r_w 是井眼半径。

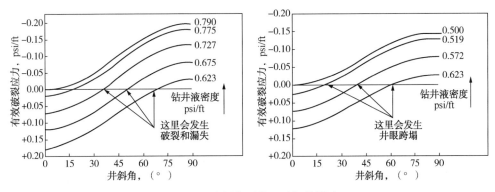

图9.22 井斜角对挤压破坏的影响

当用过空气钻井时,井眼壁处 $\Delta p = -p_f$。在高渗透地层所造成的流体向内流动是很大的,空气钻井必须停止,但对于低渗透率地层,向地层内流动的速度可以忽略。在两个时间间隔内所得到的 p_r 分布如图9.23(a)所示,这个液力梯度是增加环形应力梯度从而破坏了井眼稳定。在空气钻井的情况下,这种液力梯度不会有大的影响,因为向内流入量很小,但在采油井里可以建立相似的梯度,而在流入量低时它将是影响井眼稳定的一个主要因素。

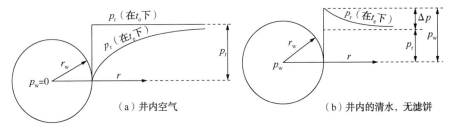

图9.23 用空气、清水钻井时流入与流出液体的压力梯度

(在 t_o,p_r = 钻井时压力梯度;在 t_e,

p_r = 达到平衡条件时的压力梯度)

在用液体钻井时，正常是钻井液柱的密度足够大以保证 p_w 以一个安全余量超过 p_f，这样流体的流动就是从井眼流向地层，从而降低了环形应力。如果使用盐水钻井没有形成滤饼时，液压梯度随 r 增大而减小，如图9.23(b)所示，但是穿过一单元井壁的压力降是小的。但是如果在井里有钻井液，就有滤饼存在，显然整个压力降就在地层面上，这样就防止了砂粒及被压裂页岩碎片的塌落。

九、变形在油田的产生

在本章的前面已讨论纯塑性变形只可能发生在两种情况：盐岩与软的非胶结页岩。除了在盐丘附近的地球应力场的不规则情况外，在浅层遇到的钻盐层问题很小。即使如果超过了屈服应力，变形速率也很低，而井眼可以利用扩眼而保持标准。扩眼不会对井眼强度有很大影响，因为扩眼量相对于塑性层的宽度来说很小，并很容易被外径的微小增加而补偿。由于盐床的高塑性，其慢慢变形在岩层暴露时会一直继续下去。

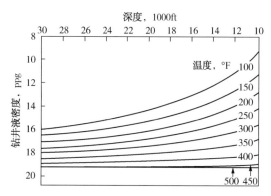

图9.24 控制岩层塑性流动所需要的钻井液密度
（所给予的钻井液密度是理论密度，它所允许的
蠕变速度在有关深度的特定温度下不大于0.1%/h）

在钻深部的盐层时，会出现很多问题，如图9.6所示，随围压的增加，盐的极限强度增加相对较小。另一方面，强度随温度的增加而急剧减小，且塑性增加。在深度10000ft(3000m)以下时围压的效应要大于温度效应的补偿量，而实际上强度随深度的增加而减小。由于其高塑性，盐层几乎可以传递上覆地层的全部重量，为控制塑性流动（图9.24），可能需要钻井液密度超过19lb/gal（相对密度2.3）。

盐层既可以用饱和盐水钻井液，又可以用油基钻井液钻进，使用饱和盐水钻井液是错综复杂的，因为盐水可以在地面饱和，而在地下高温时则不饱和。微弱的不饱和是有益的，因为盐水可以从井壁上溶解一些盐，从而阻止盐层蠕变。若矿化度太低溶解的盐太多，井眼扩大严重。岭南一个复杂的问题是某些盐层含有相当量的钾、钙、镁的氯化物，他们溶解在饱和的氯化钠盐水里。这些盐在北海油田的zechstein盐层出现过，但是，问题已被用来自Zechstein地层产的饱和盐水所克服。

内相为饱和盐水的油基钻井液不溶解盐岩地层；因而他们消除了井眼扩大。另一方面，他们增加了卡钻的危险，但用循环20bbl淡水的办法通常可以使钻具解卡，有时还出现了与重晶石润湿及其他钻井液成分润湿相关问题，有必要用润滑剂与胶凝剂处理。

在钻井液沉积的浅层，如墨西哥湾与北海遇到过的那些沉积，在钻井时产生的塑性变形。在这些沉积里主要的黏土矿物是钠蒙脱石，且这些沉积物具有很高的含水量，在下一节讨论。由于它们软而像油灰状，因此它们通常被称为黏泥页岩。

假设非胶结页岩具有一个内摩擦角为零，且其莫尔圆表示每当剪切应力超过它们的内聚力强度时，它们就会塑性变形，如图9.11所示。这种类型的塑性变形在图9.25(a)里描述。实验所用的试样是压实一种容重为2的Miocene钻屑浆液制备的，如图9.26所示，并在一个均质载荷1700psi(120kg/cm²)下变形。即使软泥质页岩的屈服应力没有被超过，也会产生塑性变形。在这种情况下从淡水钻井液里吸收水分造成井壁膨胀与变形，如图 9.25(b)所示。

（a）井内单位体积重量2g/cm³，
井内为空气，破坏应力1700psi
（120kg·cm²）

（b）单位体积质量2.22g/cm³，5%的
膨润土钻井液，施加的应力1000psi
（70kg·cm²）

图 9.25　模型井眼的塑性变形

在钻井中，软泥页岩的塑性变形会造成钻屑与碎片体积增大，有时其量足以堵塞振动筛，有时在环空中上升时，它们会结块，形成泥环，大到足以堵塞流动管线，为防止卡钻，需经常扩眼。在钻屑与碎片沿环空上升时，它们的膨胀与分散会使钻井液性能恶化。软泥页岩可以钻得极快，但从井眼的清洁上考虑必须限制钻速，最大、允许的钻速取决于循环速度。即使采用限制的钻速的办法，在保护性套管坐放之前使用低密度抑制性钻井液所暴露井段所用的时间还是相当短，在本章后面将讨论各种抑制性钻井液。

塑性变形，根据定义，地质受压页岩相对于它们的埋藏深度具有高的含水量。例如，图 9.4所示，在 10000ft 处孔隙压力梯度为 0.9lb/(in²·ft)的页岩密度与在大约 5000ft 正常压力页岩的密度相同。地质受压的页岩需要承受上覆 10000ft 岩层的载荷，因而易于向井内塑性变形。在正常情况下，变形被避免，因为钻井液密度可以提高以阻止流体从地层孔隙流出，密度的增加也防止页岩的挤入。但是当页岩不夹有层间砂层时，可能地层地质受压就不好识别，钻井液密度也不便提高，此时页岩将被挤入井内。Gill 与 Gregg 提出在北海井里几百磅力每平方英寸的欠平衡——钻井液密度 1lb/gal 或更小——就可能产生塑性流动。

十、塑性变形

我们在前面已提到所有在地下的岩石都是塑性的，这由高压造成。但是钻头钻进使得井壁的径向应力减小到 p_w-p_f。因此，在紧挨井眼附近的变形可能是脆性的，而深入地层变形可能是随着围压的增加而是塑性的。这种类型的变形多半发生在空气钻进的井眼，因为 p_w-p_f 是负的。这种现象已在模拟井里描述过（图 9.26）。不管是天然还是人造的胶结页岩试样在一口预先钻的井里，使用空气使其承受不断增加的三轴应力，当应力超过屈服应力时，在井眼周围出现剥落现象，如图 9.17 所示。在试验结束时将试样切成薄片，同心的滑落环可以表示在剥落区域周围的塑性变形。在另外的试验里，试样承受到的力超过屈服应力，径向变形的速率随时间而减少，如图 9.27 所示。其他的试验证实蠕变无限期地继续着。

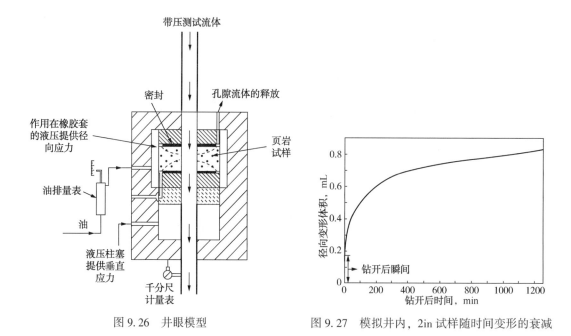

图 9.26　井眼模型　　　　　图 9.27　模拟井内，2in 试样随时间变形的衰减

如前所述，在一大地构造应力区域的井壁上剪切应力将是最大的平行的最小主应力；我们可以预料这些点会发生剥落。这个假设已被 Hottman 等证实，他们报道了一个具有很高鉴别能力的方法；4 臂井径仪测量了以前在阿拉斯加海湾提到的井，结果显示在剥落发生的地方，井眼直径是 18½in(47cm)，并平行于最小水平应力，并与标准井眼(12¼in，31cm)平行。

不圆的井眼也可以造成应力集中，例如键槽、狗腿与非均质的岩性，如层面与定向的裂纹体系。在特定点处的剥落产生不圆的井眼，从而增加了应力集中。这个永存的机理在模拟井 Mitchell 页岩岩心上切割的试样证实了。Mitchell 页岩由于有旧的平行裂纹线，它具有各向异性的岩石性质。试样在试验器里的应力条件相同，随着暴露时间的加长，剥落已很严重。留在试验器几天的试样终究要被破坏的(图 9.18)，剥落的点对应于旧的裂纹线。

克服剥落的常见办法是提高钻井液的密度。问题是经常没有足够的数据来确定剥落是由于过大的应力引起的，还是由于钻井液滤失液的侵入使得地层强度下降或是由于两者的组合作用而引起的地层强度下降，在这种情况下，按本章后面建议的方法，通常优先尝试提高钻井液的页岩稳定性能。如果注意钻柱的设计、钻压与钻速，因在狗腿及钻槽处的应力集中所造成的剥落是可以避免的。

十一、井眼扩大

井眼不稳定的最普遍形式是地层受钻井液滤失液与地层的相互作用而强度下降，而屈服应力没有被超过就发生了井眼扩大。滤液浸入井眼周围的地层，地层就开始剥落与坍塌，同时暴露出滤液浸入的新表面，这样井眼就逐渐扩大，唯一维护办法就是使用抑制性的稳定页岩的钻井液，这将在本章后面介绍。

十二、无胶结强度的地层

图9.9表示当一个地层(如胶结砂层)无胶结强度时,莫尔破坏圆通过原点。因此,在用空气或一种在同井壁上没有围压作用的纯流体钻井时,砂层会塌向井内。但是,若用一种具有良好滤失性能的钻井液钻井时,得到标准或近似标准的井眼,穿过滤饼的压降能得到内聚力强度。此钻井液必须具有足够的桥塞固相(见本书第七章"桥塞形成过程"一节),以保证很快形成滤饼,否则井眼将被钻头附近的紊流条件冲蚀一段距离。

在活跃地区断层钻井时,还经常遇到一种类似而复杂的情况。在这种情况下,断层的研磨作用使地层破碎成松散的碎片。有时这些地层还有抛光程度很高的页岩部分,此时页岩被叫作镜面页岩。

由于缺乏胶结强度,破碎地层的坍塌难以避免。使用一种具有良好滤失性能的钻井液是很重要的,因为破碎地层有裂缝渗透率。用一种低渗透率的滤饼密封裂纹开口使钻井液压力能过量地施加在地层表面上,常常在钻井液需添加特殊的密封剂。

在碎裂层钻井时,良好的钻井实践是重要的,使环空返速降低以避免流体的冲蚀。并且当钻头在碎裂层时,不要中止钻井液循环。

十三、煤层

煤是一种具有低抗压强速的极脆物质,它常常带有许多天然裂缝。在大地构造应力高的地区,如在加拿大丘陵地带,当钻头把水平应力消除时,煤层几乎迅速向井内扩张,这常常会造成卡钻。大块破裂煤在地面上被回收。井眼测井常常显示煤层段井眼尺寸不够,这表示地层有蠕变。

钻煤层的最佳技术是使用使井眼清洗良好的钻井液极慢地钻过去,其YP/PV高于7:1,由于压裂梯度低,所以不能使用高密度钻井液。

第二节 与页岩地层之间相互作用所造成的不稳定

一、黏土与页岩的吸附与解吸

由钻井液与泥质地层之间相互作用所引起的各种形式井眼不稳定,都与水化现象有关。如本书第四章所讨论的那样,水是由于两种机理吸附在黏土上的:单分子层的水吸附在黏土晶体基面,中间及表面上(通常指的是黏土结晶膨胀或表面水化膨胀),以及由黏土表面上的离子与溶液中的离子浓度差所造成的渗透水化膨胀,所有的黏土都有表面水化膨胀,膨胀的压力高,但总体积的增加相对小。层间的渗透膨胀只发生在某些蒙脱石族的黏土(特别是钠蒙脱土),并造成巨大的总体积增加,但膨胀压力低。如果使干燥黏土封闭,但有机会接近自由水,那它就会建立起一个膨胀压力。同样,如果使一种可以与自由水相平衡的黏土被压实,水就会排挤出来,建立起膨胀压力。根据下列公式,膨胀压力与页岩平衡状态下水的蒸汽压力有关:

$$p_{\mathrm{s}} = -\frac{RT}{V}\ln\frac{p}{p_0} \tag{9.8}$$

式中：p_s 为大气下的膨胀压力；T 为绝对温度，K；V 为水的克分子体积，L/mol；R 为气体常数，L·atm/(mol·K)；p/p_0 为与页岩平衡时的相对水蒸汽压，近似等于水在页岩里的活度。因此，一种已知水含量的压实页岩的潜在膨胀压力，可以从页岩吸附与解吸等温线上预测(图 9.28)。等温线是根据在常温及已知湿度的大气压力下，水与页岩试样相平衡的过程而确定的。图 9.29 显示靠近黏度表面结晶体水层的膨胀压力是很高的，但是排在后面的结晶水层膨胀压力迅速降低。

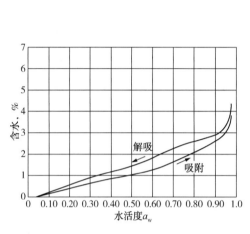

图 9.28 吸附与解吸等温线[Wolfcamp 页岩，$T=75\,°F\,(24\,℃)$]

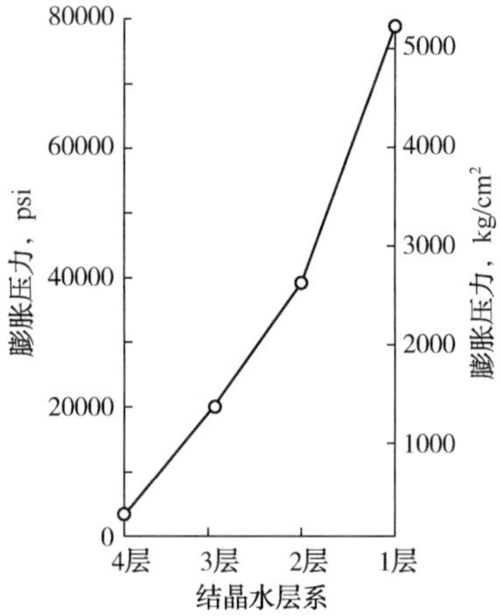

图 9.29 蒙脱石的近似结晶膨胀压力

膨胀与压实压力之间的关系可以用图 9.30 的装置来实验研究。图 9.31 画出了从露出地面的膨润土矿岩层上切割下钠与钙膨润土试样的水含量与有效应力平衡的关系。试验试样是垂直于层理切割的。由于钠蒙脱土具有渗透压，而钙蒙脱土没有，曲线表示在应力小于大约 2400psi (140kg/cm²) 时，钠黏土的高水含量是由于渗透膨胀。在较高的应力下两种黏土的结晶水都解吸了。

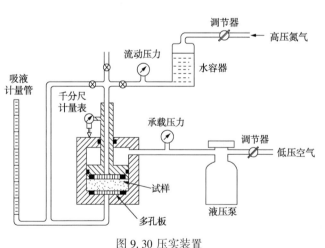

图 9.30 压实装置

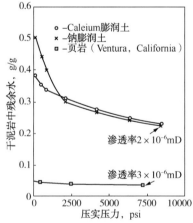

图 9.31 黏土的平衡含水量与压实压力的关系(液压缸施加压力，如图 9.29 所示，在零的孔隙压力时水被挤出)

如果在上述压实装置里的试样含有纯蒙脱土以及所有的黏土结晶体，以它们基底表面平行于层理面方式沉积，那么在达到平衡条件时渗透压力等于压实压力。实际上，膨胀压力小于压实压力，如图9.32所示，该图比较了由吸附等温线计算的密度与压实数据计算的密度。Chilingar与Knight用一个商购试样(此试样与过量的蒸馏水首先达到平衡。获得类似的压实数据图也显示在图9.32上。显然，在两个压实实验里，黏土晶体在某种程度上是任意定向的排列并含有孔隙水及水化水。

二、井眼的水化

在泥质沉积物被上覆沉积物重量的压实处，黏土矿物吸附的水与孔隙水都被挤出。保留在地下沉积物的水量取决于埋藏深度，在沉积物里沉积矿物的种类与数量，阳离子交换容易以及地层的地质年代。在图9.33里显示了各地质年代的平均计算密度。在页岩被钻头钻透时，井壁上的水平地质应力被消除，且页岩与钻井液接触，根据页岩里的水相对活度，渗透作用使水进入或排出地层。在压实页岩里的水以氢键结合在黏土晶体表面上及由静电力维持在双层里相反离子的水化而降低(见本书第四章)。水的活度随深度而减少，因为层间隙随压实作用的增加而减少。

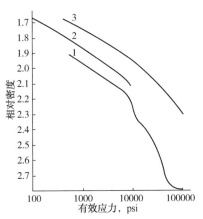

图9.32 解吸与压实数据的比较
(取膨润土的颗粒密度为2.8g/cm³)
1—由解吸等温线计算出来；
2—由图9.30中的压实曲线计算出来；
3—由Chilingar与Knight的压实数据计算出来

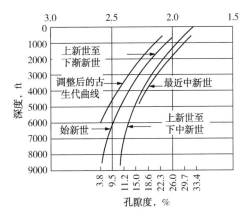

图9.33 地质年代与深度对页岩密度的影响(假设颗粒密度2.7g/cm³)

吸附与解吸两者都可能使井眼不稳定：如果合成的膨胀压力超过井眼的屈服应力，那么吸附会造成井眼变形[图9.25(b)]。解吸会造成井眼周围产生收缩裂缝。当井内的流体侵入裂纹区域时就发生了坍塌，以使裂缝的压力与井内的压力平衡。一种清盐水自由地浸入裂缝从而使井眼迅速扩大[图9.34(a)]。一种低滤失量的钻井液趋向于以滤饼堵塞裂缝，这就大大地降低了压力平衡的速度，而且使大部分的过载钻井液压力能施加在井壁上。从而，大大减少了坍塌[图9.34(b)]。

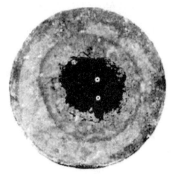

(a) NaCl盐水饱和过的井眼液体　　　　(b) 与(a)相同, 但加2%的水解淀粉

图 9.34　在模拟井内蒙脱石的坍塌[重新构成的中新

世纪式样, 体积密度 2.22g/cm³, 施加的应力为

1000psi(70kg/cm²), 流速为 150ft/min(46m/min)]

三、脆性页岩

坍塌与井眼扩大经常发生在较老的、不含蒙脱土胶结页岩里。过去认为在这些所谓的脆性页岩里膨胀不是发生坍塌的原因, 因为坍塌的部分是硬的, 而且没有膨胀的迹象。但Chenevert 证实当这些页岩被水围住与接触后, 它们可以获得极高的膨胀压力。在钻一口井时, 膨胀压力增加了井眼周围的环形应力。当井壁处的环形应力超过页岩的屈服应力时, 就产生了水化剥落。在实验室里, Chenevert 观察到膨胀压力随时间而增加, 并且最终造成井眼的迅速扩大。相似的是在现场已观察到只有在钻头穿过页岩几天后才会发生严重的坍塌。

许多页岩都含有旧裂缝与不可见的微细裂缝, 随着时间的延长与高的围压使一些裂缝闭合, 所以地面回收的试样看起来十分坚固, 但当与水接触时, 水沿着这些裂缝线进入, 其引起的膨胀压力破坏了联结键, 于是页岩分解(图 9.35~图 9.37)。在井下毫无疑问地会发生类似过程, 从而促进井眼的不稳定。

(a) 从岩心上取下的页岩试样　　(b) 在试样基底放置水　　　　　　(c) 试样分解

图 9.35　由于合拢裂缝的水化而使页岩试样不稳定

图 9.36　由于水沿着微裂缝的进入，　　　图 9.37　在短期接触水后，图 9.35(a)
页岩试样不稳定(在空气钻井里由打捞　　　　　中的试样照片(注意：只有试样的
篮提出的试样显然是结实的)　　　　　　　外表面湿，里面还是干的)

四、控制井眼水化

因为在许多情况下井眼的水化是井眼不稳定的主要原因，因此要尽一切可能控制它。首先采用了由硅酸钠与饱和的氯化钠盐水组成的硅酸盐钻井液。这些钻井液在控制水化及分散作用方面是如此成功，以至从地面回收的钻屑上还能看清钻头牙齿的特征。遗憾的是由于硅酸盐钻井液的流变性难以控制，因此停止使用；新一代硅酸盐体系和降低固体含量的技术正在成功地应用于井筒稳定。第十三章讨论了硅酸盐体系，钻井液组分。

五、非水基钻井液井眼稳定

从那以后，防止页岩地层水化最成功的钻井液是以浓缩盐水作为其内相的油钻井液。正如 Mondshine 与 Kerchville 最初假定的那样，如果水相的矿化度等于页岩孔隙水的矿化度，水化可以防止。其后 Mondshine 修正了这种方法，以便用于膨胀压力，他从有关深度页岩上的有效应力近似地确定了膨胀压力。但 Chenvert 指出重要因素是在页岩里水的活度(活度是在实验室里根据岩心水的相对蒸汽压确定的)。因为，如果在钻井液内相里的水的活度等于原处页岩地层里水的活度，那么膨胀是可以防止的。这个要求可以用从密度测井(见本书第十章"诱发裂缝"一节)或从精确度较高的图 9.33 来确定原地层页岩的含水量的方法来实现，水的活度可以从相应水含量(图 9.28)页岩的吸附等温线上读出来，然后再把钻井液水相活度用添加氯化钠或氯化钙的办法调整到相同的值。现场结果表明，实验室测定的活度与井下由于温差而引起变化的差别甚小，无须调整。

Chenevert 的方法已在现场成功地防止了由于水化造成的不稳定，但他原来要求钻井液的活度不应少于页岩里水的活度，这一点已被认为没有必要了。现场经验已证实当连续相是油时，没有因为钻井液矿化度过高而使井眼不稳定。而在模拟井内的实验室试验已证实，解吸作用实际上增强了页岩强度。原因可能就是钻井液的连续相是油，而油是不能进入初始裂纹，这是由于高毛细压力的缘故。在裂缝区域的流体压力维持在地层孔隙压力，而整个过载的钻井液压力 $p_w - p_r$ 施加在井壁上。同时，另一方面与水基钻井液压力平衡。

尽管控制活度的油基钻井液是防止地层黏土水化的最好方法，但是它们的成本太简，有时用它很难得出满意的地层评价，而且它们还有其他一些缺点(在本书第一章已讨论过)近年来，维持井眼稳定的特殊水基钻井液已经发展起来了。在某些地区这些钻井液提供了充分的井眼稳定，而钻井液的成本比油基钻井液低，但有时节约的钻井液成本大部分被较高的钻井成本所抵消。

在水基钻井液里使用了可溶性盐来控制页岩膨胀，而不同种类的聚合物提供各种流变性能，并控制了分散。

盐类是利用两个机理控制膨胀的：降低水的活度及阳离子交换。降低水的活度只能在有限的程度上起到稳定页岩的作用，如钻井液的矿化度会降低渗透性膨胀。但当连续相是水时，若钻井液的矿化度高于平衡矿化度，会引起页岩产生收缩裂缝及必然的不稳定。如前所述，保持平衡的活度不是一个实际的主张。

六、阳离子交换反应

用阳离子交换反应的办法通常足以起到稳定页岩的作用，常常是以 K^+ 替换 Na^+。表9.3及图9.38证实 KCl 在降低线性膨胀方面要比相同浓度的其他盐更有效。Bol 也证实在封闭的 Pierre 页岩试样上的体积膨胀试验里，有着相似的现象。钾离子更有效是因为其水化能量低一级尺寸小，这就使它能填塞到黏土晶体硅氧层眼里，这样就降低了层间膨胀(表4.4)。

表9.3　盐浓度对页岩膨胀的影响

泥页岩	页岩中黏土矿物含量	盐水	对应清水的膨胀量降低率,%
Anahuac	40%蒙脱石	3% KCl	19
	5.5%伊利石	4% NaCl	8
Midway	35%伊利石	淡水	21
	15%层间伊利石		
	15%绿泥石	3%KCl	64
		5%KCl	69
		sat. KCl	79
		3% NaCl	36
Wolfcamp	15%伊利石	3%KCl	57
	3%绿泥石	3%NaCl	21

注：用测量仪进行膨胀量的测量；以上所有配制的盐水均含 1 ppb 浓度的黄原胶聚合物。

抑制膨胀所需要的 KCl 浓度取决于页岩离子交换的能力，以及有关的离子交换常数。Steiger 发现蒙脱石高的页岩需高达 90lb/bbl(256kg/cm³) 的 KCl，同时含伊利石高的页岩只需 20lb/bbl(57kg/cm³) 的 KCl。由于聚阴离子纤维素在高矿化度盐水的稳定性，他常常在 KCL 钻井液里用作失水控制剂，淀粉也作同样用途。Steiger 报道了使用一种聚阴离子纤维素与淀粉的符合混合物的优良结果。黄原胶或预水化的膨润土用来提供钻屑携带能力。

KCl 钻井液的特性由于添加某些长链包被剂的阴离子聚合物而大大地增强了，从而保护了井壁不被分裂(图9.39)。包被作用的最适当解释是聚合物链上的负电荷与黏土晶体边缘上的正电荷互相吸引，Clark 在模拟晶体的试验证实部分水解的聚丙烯酰胺—聚丙烯酸酯的共聚物(PHPA)是在伊利石页岩(Atoka)里保持井眼稳定的最佳聚合物。为了防止膨胀，添加了 10.5lb/bbl(3%)KCl(表9.4)。Bol 在一台相似设备里做的试验，证明 PHPA 是防止一种 Pierre 蒙脱石页岩侵蚀的最佳聚合物，但需要用 10% 的 KCl 来防止膨胀。应力表试验已证实 PHPA 不抑制膨胀，这是 KCl 的功能。正如所述，KCl 的最佳浓度取决于页岩的 CEC。井眼的稳定性常可单独地使用 KCl 来维持，但如果不用 PHPA，所需要使用的 KCl 浓度要更高。

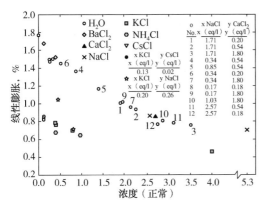

图 9.38　阳离子浓度与种类对线性膨胀的影响(页岩的黏土矿物分析：9.2% 蒙脱石；11.2% 混合层；35% 伊利石；5.5% 绿泥石；4.4% 高岭土)

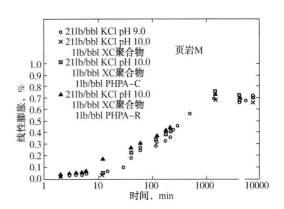

图 9.39　KCl 及聚合物溶液对线性膨胀的影响(和图 9.36 的页岩相同)

表 9.4　聚合物对页岩保护效果的评定

聚合物	实验浓度，ppb	盐	实验浓度，ppb	实验时间①，min	样本侵蚀，%
聚丙烯酰胺：水解度 30%，分子量大于 3×10^6	0	KCl	10.5	5	20.7
	0.063	KCl	10.5	14034+	<1.0
	0.50	KCl	10.5	14204+	<1.0
	0.50②	KCl	10.5	86404+	1.8
聚丙烯酰胺：水解度 5%，分子量大于 10^6	0.50	KCl	10.5	104	12.2
聚丙烯酰胺：水解度小于 1%，分子量大于 12×10^6	0.50	NaCl	10.5	50	—
聚丙烯酸钠	4.0②	KCl	10.5	172+	—
改性淀粉	5.0	KCl	10.5	110	8.6
	17.5	KCl	10.5	1370+	<1.0
聚阴离子纤维素	0.50	KCl	10.5	38	9.1
黄原胶	0.50	KCl	10.5	21	10.7
聚氧乙烯	0.50	KCl	10.5	55	11.6
共聚物	1.11	KCl	10.5	6	16.7

注：实验条件：Atoka 页岩，3500psi，流速 800ft/min。

①表示在试验结束时没有试样破坏。

②用不同的 Atoka 页岩试验，应力 2500psi。

PHPA 的水解度是很重要的(表 9.4),这是因为它的负电荷的排斥作用使得链子伸展,这样它们就能靠氢键或静电吸力吸附到黏土上。

KCl 钻井液与 PHPA 配方的另一个重要优点是 PHPA 包被了钻屑,从而抑制它们的分散而混入钻井液。表 9.5 表示了各种添加剂对 Pierre 页岩钻屑分散速度的影响,以热滚以后钻屑回收率表示。注意 PHPA 是最有效的聚合物,而 KCl 单独使用效果很小。

表 9.5 钻屑分散实验数据

基浆	PHPA,%	KCl,%	原始尺寸钻屑回收率,%
2.86%膨润土	0	0	12
	0.21	0	76
	0	2.86	21
	0	10	36
	0.21	2.86	84
	0.21	10	86
淡水	0.21% PHPA		90
	0.75%黄原胶		63
	1.5% CMC-HV		23
	0.6% PAC		22

用 KCl 可以得到的密度高达 10lb/gal 的钻井液;如果需要更高的密度,必须添加重晶石。在密度高于 16lb / gal(密度 1.92g/cm²)以上时,为了控制胶凝,有必要添加少量的木质素磺酸盐或其他稀释剂。为了避免钠离子的分散作用,一般要用 KOH 代替 NaOH 来控制pH 值。KCl 钻井液已经成功地在硬脆性页岩里维护了井眼的稳定,通常能节约相当的钻井液与钻井成本。但在软蒙脱石页岩中使用有些问题,需要的 KCl 的浓度较高,且其维护费用,因为 KCl 与聚合物的消耗而较高,在某些情况下总的钻井费用与油基钻井液一般高,而KCl 钻井液对维护井眼稳定性效果比油基钻井液差一些,但是 Clark 与 Daniel 报道在路易斯安那州与得克萨斯州的墨西哥湾沿岸地区有 300 多口井降低了总钻井成本,因为它有较高的钻速,较少的卡钻,较少的钻屑分散以及比其水基体系更好的流变性质,所以提高了效益。

石灰—木质素磺酸盐或石膏—本质素磺酸盐钻井液常用来钻分散性强的蒙脱石黏土与页岩,它们的有益作用仅取决于阳离子交换,主要是 Ca²⁺ 替换 Na⁺。图 9.31 表示钙膨润土的渗透膨胀要远小于钠膨润土,而晶体的膨胀不受钙离子的重大影响。因此,石灰钻井液帮助稳定具有渗透膨胀的页岩,但对于那些只有晶体膨胀的页岩(如伊利石)没有效果。渗透膨胀是黏土分散的原因(见第四章"黏土膨胀机理"一节);因此,石灰钻井液在分散性页岩里具有抑制井眼扩大性质的同时,它们还抑制钻屑的分散,从而也维持了低黏度与较高的钻速。

一种最近发展的钾石灰钻井液(KLM)是在普通石灰钻井液的基础上改进而成的,它用KOH 代替 NaOH,改进了钻井液的页岩稳定作用,其理由前面已述,同样一种多糖反絮凝剂替换木质素磺酸盐降低了钻屑的分散性,在实验室的滚动试验中,在含有 KOH 不含有NaOH 的钻井液里,南方膨润土分散的小片要少得多。用 KLM 钻井液钻的井比邻近用普通水基钻井液钻的井井眼扩大率较小，维持费用低，在井底温度 300°F（149 ℃）以上的井中，使用并未发现有高温胶凝现象。在白令海 Navarin 盆地的一口井的钻井中，使用 KLM 钻井液在恶劣的条件下获得了显著的成功。

钻易分散页岩的其他配方包括各种聚合物与钾褐煤或 KOH—木质素磺酸盐，或 KOH—钙褐煤，或一种腐植酸的钾基衍生物。当为了测井的目的需要使用低矿化度时，一种含有磷酸氢二铵、聚阴离子纤维素及膨润土的钻井液（DAP—PAC）可以使用；另一种低矿化度抑制钻井液包括分子量为 10×10^6 的 PHPA（与 Clark 使用分子量 3×10^6 的 PHPA 相比）及少至 1% 的 KCl；一种淡水 PHPA（分子量>15×10^6）加有少量 KOH 的钻井液已在南得克萨斯州用来替换木质素磺酸铬钻井液，由于样品剥蚀很小以及降低黏土的水化速度，井眼的稳定性提高了。钻井液成本是高一些，但是由于机械钻速的提高以及钻头寿命的延长，总的钻井成本降低了。

七、扩散渗透和甲基葡萄糖苷

Simpson 和 Dearing（2000 年）指出，先前的研究记录了关于将水转移到页岩中的两个驱动力。一个是钻井液与页岩孔隙流体之间的压差。另一个是化学渗透力，取决于在井下条件下，它们之间钻井液的水活度（蒸汽压）和页岩的水活度（蒸汽压）的孔隙流体的差异。他们假设了另一种驱动力，称为扩散渗透。这取决于钻井液和页岩孔隙流体中的溶质浓度的差异。扩散渗透则导致溶质和相关液体从较高的浓度转移至每个类别较低的浓度，与化学渗透中水流方向相反。如果扩散渗透力超过化学物质渗透力，离子和水的侵入可以增加孔隙压力和井壁表面附近页岩的含水量。另外，侵入离子会引起阳离子反应，改变页岩中的黏土结构。所有这些影响往往会破坏页岩的稳定性。

Simpson 和 Dearing 提出这些不稳定的离子反应通过使用合适的非离子多元醇（例如甲基葡萄糖苷）以降低淡水钻井液的活性。在某些情况下，向这种淡水钻井液中加入盐以进一步降低水的活性会导致扩散渗透力的增加，从而抵消部分或全部所需的化学渗透力的增加。

Simpson 和 Dearing 表示化学渗透效果可以通过在钻井液中乳化非水相来改善。一个含有甲基葡萄糖苷的淡水钻井液，用于活性控制和乳化季戊四醇油酸酯防止水合并保持来自墨西哥湾的第三纪页岩稳定性。这样的钻屑在海上排放或土地掩埋是环境可接受的。

八、防塌钻井液类型的选择

这一章已清楚表明井眼的不稳定性是一个复杂的问题，井眼不稳定的实质取决于井眼周围的情况。因此，能提供最大井眼稳定性的钻井液类型随地区而不同；没有一种钻井液能适应所有地区。某些研究者企图根据黏土矿物组分与结构对黏土矿物进行分类，然后据此选择钻井液。这种方法的困难是变量太多，同时，井眼稳定性还受到其他因素的影响，如构造应力、孔隙压力、地层倾角及压实程度。例如，在俄克拉荷马州东南的 Atoka 页岩是在有名的不稳定的逆断层 Choctaw 的附近，然后再向北几英里相同的页岩都较平静，问题较少。为了减少井眼问题，设计钻井液之前，第一步应当是收集尽可能多的资料，即有关地质、应力规律及地区的各种断层类型、温度梯度、孔隙压力梯度及当地页岩水含量等，应当从最近井的测井图上得到这些。对有问题的页岩应当进行实验室试验，试样的最佳来源应是保护良好的岩心，如果得不到岩心，就必须使用钻屑。最好使用岩心，因为许多有价值的信息可以从岩心的岩性、构造、裂纹的存在，水化程度等方面得到。取心成本是高的，但是如果在一个油田的早期获得岩心并做适当试验，那么在以后的钻井所节约的将是取心成本的许多倍。钻屑的缺点是在返至地面的过程中被钻井液浸泡而被水化，并且已发生了阳离子交换反应。来自空气钻井的尘土避免了污染问题。

九、实验

(1) 用 X 射线衍射法进行黏土矿物分析，阳离子交换容量及交换性阳离子类型(见本书第四章"离子交换"一节)。在没有这些试验器材的地方，可用亚甲基蓝试验代替(见本书第四章"黏土矿物学"一节)，这个试验可以粗略地估计存在的蒙脱石量。正如所述，要控制膨胀所需要的 KCl 浓度在很大程度上取决于存在的蒙脱石量。

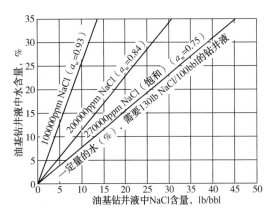

图 9.40 平衡活动性钻井液 NaCl 的需要量

(2)岩活度测定：确定平衡地下页岩活度的钻井液中矿化度的试验。除非油基钻井液的水相矿化度保持在高于所需要平衡矿化度，否则使用油基钻井液是很浪费的。Chenevert 的试验是把干燥的页岩切片放在各干燥器里，然后在干燥器中放各种饱和盐溶液(表 9.6)，经过一天可以达到 90%的平衡，然后移去切片秤重，计算其水含量并画出与相对湿度的关系曲线。水在页岩里的活度由吸附等温线查出。这个数值表示了页岩从钻井液吸收水的潜在膨胀压力—活度越低，可能的最大膨胀压力就越大。需要平衡页岩活度所需要油基钻井液的盐含量可以从类似图 9.40 中计算出来。注意页岩含水量的可靠数据不能从钻屑的密度中得到，但可以从一个保护良好的岩心中部切下来的试样上得到，或者从密度测井上估计出来。

表 9.6 各种饱和盐水的活度

序号	盐	p/p_0活度
1	$ZnCl_2$	0.100
2	$CaCl_2$	0.295
3	$Ca(NO_3)_2$	0.505
4	$NaCl$	0.755
5	$(NH_4)_2SO_4$	0.800
6	$Na_2C_4H_4O_6 \cdot 2H_2O$	0.920
7	KH_2PO_4	0.960
8	KCr_2O_7	0.908

有时不用做吸附等温线实验，用比较方便的办法，使它们与一系列不断增加浓度的氯化

钙溶液平衡。画出平衡水含量相对于矿化度的曲线，那么平衡页岩膨胀压力所需要的钻井液矿化度就可以直接从水含量曲线处读出，见图9.41。正如所述，不可能配制一种平衡矿化度的水基钻井液。尽管如此，平衡矿化度试验应当做，因为得到的数值可用于诊断。

（3）测量页岩的水化膨胀性必须把页岩试样浸泡在试验液里，这样阳离子交换才可能发生。线性膨胀可以用一个应变仪测量。在测定体积膨胀时可以把试样圈闭在一个带有活塞的缸里，并且当流体通过缸底的一个渗透性圆板而吸入时观察活度的位移。另一方面，还可以用图9.42表示的装置里的一个活塞的线位移来测量。

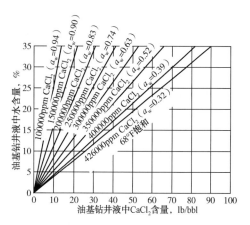

图9.41　平衡活动性钻井液 CaCl₂ 的需要量

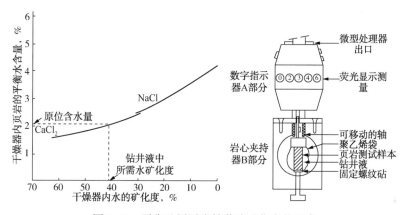

图 9.42　平衡地层活度钻井液矿化度的要求

（4）分散试验：用这个试验比较钻屑在钻井液里的分散程度。将称量好的粗颗粒干燥钻屑或岩心碎片在一定温度下，在钻井液中热滚一定的时间，然后将钻井液过筛，将筛过的钻屑或岩心干燥并秤重。用重量损失的百分比作为分散作用的度量。这个试验是根据经验进行的，并且可根据当地的页岩或问题选择任何一组条件。例如，如果问题是由于钻屑分散造成钻井液黏度增加，可选择4~10目的钻屑，在钻井液里滚动8h，并过325目筛子。另一种是由 Nesbitt 等制定的方法，当他们观察到在页岩里活动性材料都处在裂缝网络里时，把大块岩心在钻井液里滚动并确定留在5目筛上的剩余量。分散试验对钻井液的选择是有价值的，它快而简单，一个很大的优点是几种待选的钻井液可以同时进行试验。

（5）现场试验：Osisanya 与 Chenevert 描述了6种可以在现场做并有助于解决井塌的试验，即页岩的膨胀、分散、阳离子交换能力、水化能力、页岩密度及毛细管吸收时间，前两项特别重要。

当选择钻井液配方或确定最佳钻井液配方时，在模拟井下条件下进行室内钻井液试验是有益的，只作页岩的浸泡实验可能会给出错误的结果，因为在没有围压条件下，即使膨胀压力很小也可能分裂。而在井下，除非膨胀压力大到屈服应力以上，页岩才会分裂。

页岩特性试验既可以在图9.26所示的模拟装置里做，也可以在微型钻头钻机里做。在施加应力时，有效应力是载荷减去孔隙压力(即压差)，所以最简便的办法是把孔隙压力定在零，而把井内有关深度分别具有的垂直应力、圈闭应力及钻井液压力值减去该深度的孔隙压力。

试样既可以切自岩心，也可以用粉末页岩在压实装置(如图9.30所示)里重新压制构成。天然试样代表的地下情况更真实，但没有两个天然的试样是完全一样的——每一种试验必须用数个试样重复地做，而把结果平均，压制的试样重复性好得多，但只能给出定性的结果，因为来自地下几百万年的情况不能在实验室几天内就能重复得到。

压实一个试样所需要的时间随着试样高度的增加而大大增加，因为基面首先被压实，这样就大大限制了水从试样的中心部分外流。1个2in高的均质几乎平衡的试样可以在1d内压制而成。页岩试验可以用来比较钻井液对下列各项的效果：(1)破坏方式，试样是塑性屈服还是坍塌，剥落；(2)井壁的水化，可以从井眼周围的水化区域取试样，并与原来的试样水含量比较来加以确定；(3)井眼直径，可以通过测量填满井眼所需要油的体积来确定。如果井眼扩大得太多，以至试样已崩塌，那么崩塌的时间可以作为一个参数。

根据全世界钻井作业估计，由于井眼不稳定的井下事故造成了数十亿美金的经济损失，而绝大多数的井眼失稳都是由钻井液引起的页岩失稳产生的。大量研究工作正在逐步发展成井眼稳定控制管理的有效途径和方法。一系列的区块和工程操作上的关键参数直接影响井眼稳定性(表9.7)。为了更好地管理井眼稳定的问题以及减少相关的学习路径，工程操作必须理解关键参数之间的内在联系和设计中各项参数协调统一。在做井眼设计时，尽管这些因素已经考虑进去了，现场工程师仍然要持续跟踪监测整个钻井液体系并作出适当参数调整。

表 9.7 影响井眼稳定的各项参数因子

钻井液	岩石性质	钻井作业	应力情况	钻具
组分	强度	井眼方位	过量载荷和水平应力	钻具组合
压力	渗透性和孔隙度	裸眼时间	孔隙压力	震动
排量和流变性	岩石造浆反应	起下钻		
温度				

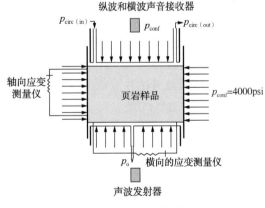

图 9.43 孔隙压力传输试验

另外一个关键是研究出一套超级有效的水基钻井液从而可以替代油基钻井液。相比现有的水基钻井液，油基钻井液能够更好地保持井眼稳定，因为油基钻井液能够在井壁上建立一层有效的半渗透膜。所以，水基钻井液研究方向就是加强其膜效率以减缓或停止页岩暴露在钻井液中。持续进行的地层压力传递实验，就是通过测量页岩上的膜效率来比较各种钻井液相对稳定效果。图9.43表明地层压力传递实验装置的草图。使用的是保存的页岩岩心直径25.4mm，长度6~8mm，可以同时做多个岩心的实验。地层压力传递实验和传统的页岩稳定性实验对比情况，详见表9.8。

表 9.8 页岩试验特性比较

传统的页岩稳定性测试方法	用孔隙压力传输进行页岩膜效率测试方法
硬度	化学渗透流量
含水量	化学渗透压力发展
尺寸	水力渗透流量
可伸缩长度	水力渗透压力发展
可挤压性	净流量体积和流向
磨损程度	页岩渗透率
盐度变化	页岩和流体的传导性
用钻井液浸泡热滚	水、油含量

传统页岩稳定试验经常饱受质疑，原因它们没能模拟井下实际状况条件。该孔隙压力传输试验，另一方面，更加贴切地展示出井眼与钻井液相互作用和影响。根据页岩与钻井液相互作用的结果，可以产生三种不同类型的渗透膜：

（1）第一种类型：页岩稳定处理剂，如糖类及派生物，碳水化合物，丙烯酸共聚物，硅氟烯，高浓度木质素磺酸盐，聚乙二醇及派生物；

（2）第二种类型：非渗透性沉淀，如硅酸盐和一些铝化合物处理剂；

（3）第三种类型：非水基钻井液中水相从水填充的页岩孔隙中分离出来。

在相关联的工作中，钻井工程协会加入的工业项目，DEA-113，已经完成。从这项学习看来，钻井液与页岩的相互作用可视化的页岩渗透膜使用模拟实际井眼，这项研究操作的完成在 OGS 休斯敦实验室。在一系列试验中发现水基钻井液含有可溶性硅酸盐形成膜是最好的。所以，硅酸盐钻井液所形成的第二种膜，继续表明该钻井液体系对于稳定井眼非常好。该体系在 Gulf Coast 区块中没有取得重大成功，因为这个区块底层页岩造浆性严重，带来很大的钻井困难。硅酸盐钻井液作为非水基钻井液的一种替代体系，一直在美国和加拿大许多地区广泛应用。

十、有利于页岩稳定型的水基钻井液

许多公司一直置身研究开发一种最好的有利于页岩稳定型的水基钻井液。总体来讲，多项研究发现通过维护以下的性能可以将页岩稳定时间显著增强：

（1）合适正确的密度：优化钻井液比重以平衡页岩孔隙压力和破裂压力梯度。

（2）有效控制钻井液的渗透性：水相盐度/活度通过氯酸盐或甲酸盐来调节。

（3）泥岩稳定：盐类型，如 K^+ 盐，Ca^{2+} 盐，Al^{3+} 盐，硅酸盐。

（4）控制增长：加入两性离子钻速增强剂或表面活性润湿剂，如清洁剂/氨基化学剂/硅酸盐等。

（5）渗透膜形成剂：通过甲酸盐，乙二醇，聚甘油酯，合成基油，硅酸盐，天然黑沥青和沥青粉，降低页岩渗透性或孔隙空间尺寸。

（6）密封剂：通过 PHPA 和表面活性剂而包被页岩表面。

制定钻井液方案是最困难的，但也是最重要的，这是由于在新发现的地区，许多必要的资料，如岩性、孔隙压力及压裂梯度得不到，而且可能很难弄到页岩试样。采收充足试样

(最好是岩心)及实验室试验应在最早钻的井上进行。累积的资料对以后钻井将具有重大意义,可节约许多时间和费用。

除非你选择的钻井液性能与地层相符,否则很难说某一钻井液可以维持井眼稳定。因此,需在现场进行实验加以验证。当使用聚合物钻井液时,尤其重要的是聚合物的浓度要维持在所需要的水平上,由于聚合物吸附在钻屑上,聚合物损失非常快,特别当钻速很快时。由于聚合物的浓度下降,钻屑分散的速度下降了,从而进一步加快了聚合物的吸附。聚合物的吸附一直继续到聚合物的浓度接近零,这样井眼就不稳定。

要很好地钻井,其中很重要的一点是要使井眼稳定。实践已证实:如果钻的井眼直,而且无狗腿,那么在不稳定页岩层井眼扩大的现象就少得多;起下钻的速度也相应低,以便减小激动压力;当钻井通过碎石区及高应力剥落地层时,钻井液上返速度高会造成井眼扩大,而且由于页岩与钻井眼的相互作用,会使井眼进一步扩大,如果钻井液是紊流,侵蚀会严重得多。环空流速可以通过降低排量或者安装较小的喷嘴而维持相同泵压的办法来达到;可能需要调整钻井液的流变性能,以提高钻屑的携带能力或改变流动方式即从紊流变为层流(见本书流变性章节)。

符 号 解 释

C——胶结强度;
K——拉伸强度;
p_w——钻井液的液静压力加上环空的液力或激动压力;
p_f——地层孔隙里流体的压力;
Δp——$p_w - p_f$;
r——相关点的半径;
S——上覆载荷;
r_w——标准井眼半径;
r_o——变形井眼半径;
Z——深度;

μ——黏度;
ρ_o——计算密度;
ρ_f——地层水密度;
σ——晶粒间的有效应力;
σ_o——在未开发岩石里的有效水平应力;
σ_1——最大主应力;
σ_2——中间主应力;
σ_3——最小主应力;
σ_θ——环形应力;
σ_r——井眼周围的径向圈闭应力;
ϕ——内摩擦角。

参 考 文 献

Allred, R. B., McCaleb, S. B., 1973. Rx for Gumbo shale. SPE Paper No. 4233, 6th Conf. Drill. and Rock Mech., Austin, TX, January 22-25, pp. 35-42.

Baker, C. L., Garrison, A. D., 1939. The chemical control of heaving shale. Part 1. Petrol. Eng. 50_ 58, Part 2. Petrol. Eng. (Eng.), 102-110.

Bland, R. G., Waughman, R. R., Tomkins, P. G., Halliday, W. S., 2002. Water-based alternatives to oil-based muds: do they actually exist? IADC/SPE 74542, IADC/SPE Drilling Conference Dallas, Texas, February 26-28.

Bol, G. M., 1986. The effect of various polymers and salts on borehole and cutting stability in water- base drilling fluids. IADC Paper No. 14802, Drilling Conference, Dallas, TX, February.

Boyd, J. P., McGinness, T., Bruton, J., Galal, M., 2002. Sodium silicate fluids improve drilling efficiency and reduce costs by resolving borehole stability problems in Atoka shale. AADE-02-DFWM-HO-35, AADE 2002 Technology Conference Houston, Texas, April 2-3.

Bradley, W. B. , 1979a. Mathematical concept—stress cloud—can predict borehole failure. Oil Gas J. 77, 92-97.

Bradley, W. B. , 1979b. Predicting borehole failure near salt domes. Oil Gas J. 77, 125-130.

Broms, B. , Personal communication to H. C. H. Darley.

Burst, J. F. , 1969. Diagenesis of Gulf Coast clayey sediments and its possible relation to petroleum migration. AAPG Bull. 53 (1), 73-93.

Chaney, B. P. , Sargent, T. L. , 1985. Low colloid polymer mud provides cost effective prevention of wellbore enlargement in the Gulf of Mexico. SPE Paper No. 14243, Annual Meeting, Las Vegas, NV, September 1985; and SPE Drill. Eng. 1986, 466-470.

Cheatham, J. B. , 1984. Wellbore stability. J. Petrol. Technol. 36, 889-896.

Chenevert, M. E. , 1969. Adsorptive pressures of argillaceous rocks. 11th Symp. Rock Mech. , Berkeley, CA, June, pp. 16-19.

Chenevert, M. E. , 1970a. Shale alteration by water adsorption. J. Petrol. Technol. 22, 1141-1148.

第十章　与钻井液有关的钻井问题

在钻井过程中，经常会遇到井下各种与钻井液性能有关的复杂问题，比如：机械钻速低或钻具扭矩过大直接影响到钻井时效；发生卡钻或井漏有可能会造成几周没有钻井进尺，甚至导致井的报废弃井。总的来说，导致钻井作业复杂等停时间称为非生产时间(NPT)，导致NPT因素包括：管具阻卡；扭矩过大；溢流；坍塌；定向工具因素；挤水泥；钻井液/化工材料问题/流变性；井漏；井筒不稳定；等待天气状况；井控失效；钻机维修；设备故障；浅层气或水流动。钻井复杂NPT造成的成本可能非常高(图10.1)。

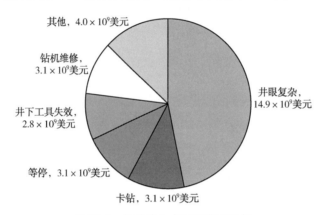

图 10.1　钻井非生产时间费用比例

本章主要涵盖了由于钻井液技术问题导致成本增加的因素如机械钻速慢，扭矩和阻力过大，卡钻、井漏等复杂。井壁失稳在第九章已经有相关介绍，涉及钻井液导致NPT的问题包括化工材料等后勤保障滞后、钻井液性能调整、意外事故导致悬重增加，钻井液效率低下的置换问题等。本章主要研究高温对钻井液的影响、钻井液性能对钻速的影响、卡钻、堵漏及钻具腐蚀问题等。

第一节　钻具扭矩和阻力

因为没有井眼是绝对垂直的，并且钻具是柔性的，所以旋转的钻具在许多点处是贴在井壁上的。由于摩擦阻力的产生，需要额外的扭矩才能使得钻头旋转，同样在钻具上提下放时也会产生摩擦阻力——一种称为阻力的问题。在某些情况下——大斜度井眼，方向变化频繁的井眼，不规则井眼或钻具动力较差——钻具的扭矩和阻力大幅度提高，此时在钻井液里添加一些润滑剂就可以降低扭矩和阻力。

在一般工程作业中，可在移动金属部件之间放一层油膜或润滑脂以减少摩擦，润滑剂可以对降低摩擦系数

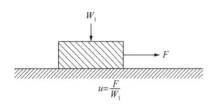

图 10.2　摩擦系数的测定

的效果来评价。摩擦系数的定义是表面之间的摩擦力和作用在其表面上的垂直力之比。用数学公式表示(图10.2):

$$\mu = \frac{F}{W_1} \tag{10.1}$$

式中：μ 是摩擦系数；F 是平行于接触面的力；W_1 是垂直接触面的力。对于均质表面，μ 是常数，因此，对于已给的 W_1，F 是与接触面积无关的。

为了评价润滑剂降扭矩效果，Mondshine 使用了图10.3所示的仪器。该仪器用钢制模块模拟井壁，它用一个扭矩臂压在试验环上，测定摩擦力时将试验环与模块侵入实验钻井液内，并用一个已知转速(rpm)转动测试环，读取所需要的安培数。使用同一个钢制模块，可得到相同结果。Mondshine 发现，尽管用钢制模块测定的摩擦系数与使用砂岩或石灰岩模块测定的摩擦系数是有区别的，但用不同钻井液所得到的相对结果基本上是一样的。

使用这种仪器所得到的测试结果与过去某些见解不同，例如，过去认为膨润土能降低扭矩，因为它具有滑动性能。但试验结果表明只有在低载荷下(小于100psi)才具有这种效果，而在高载荷下摩擦系数大幅度增加。同样，过去认为把乳化油加入具有油润湿表面活性剂的钻井液中可以降低扭矩，而实验结果证明把油轻微搅拌加入钻井液里可以在一定程度上减少摩擦，但只乳化时就没有降摩阻效果。

图10.3 钻井液润滑性能试验仪

表10.1表示各种添加剂对水和两种淡水钻井液降摩阻系数的效果，这些结果是在模拟现场条件：60r/min 及150in·lb(720psi)载荷下取得的。此表显示了许多添加剂能够降低水的摩擦系数；其中大多数对膨润土钻井液效果甚微，只有一种脂肪酸，一种硫化脂肪酸以及一种甘油三酯和醇类混合物能够降低所有钻井液的摩阻，也可以降低海水钻井液的摩阻。

表 10.1 各种钻井液润滑剂对比

润滑剂	浓度，lb/bbl	润滑系数		
		水	钻井液 A	钻井液 B
无		0.36	0.44	0.23
柴油	0.1	0.23	0.38	0.23
沥青	8	0.36	0.38	0.23
沥青与柴油	8与0.1	0.23	0.38	0.23
石墨	8	0.36	0.4	0.23
石墨与柴油	8与0.1	0.23	0.4	0.23
硫化脂肪酸	4	0.17	0.12	0.17
脂肪酸	4	0.07	0.14	0.17
长链醇	2	0.16	0.4	0.23
重金属脂肪酸盐	2	0.28	0.4	0.23

润滑剂		浓度，lb/bbl	润滑系数		
			水	钻井液 A	钻井液 B
重烷化物		4	0.17	0.36	0.23
石油磺酸盐		4	0.17	0.32	0.23
钻井液洗涤剂	商标 X	4	0.11	0.32	0.23
	商标 Y	4	0.23	0.3	0.26
	商标 Z	4	0.15	0.38	0.23
硅酸盐		4	0.23	0.3	0.26
商用洗涤剂		4	0.25	0.38	0.25
氯处理的石蜡		4	0.16	0.4	0.25
改进的三酸甘油酯与醇混合物		4	0.07	0.06	0.17
磺化沥青		8	0.25	0.3	0.25
磺化沥青与柴油		0.1	0.07	0.06	0.25
胡桃壳细粉		10	0.36	0.44	0.26

注：柴油浓度单位是 bbl/bbl，其他润滑剂浓度单位是 lb/bbl。

甘油三酯混合物是一种经济有效的水溶性润滑剂，目前常用于水基钻井液来降低扭矩。油基钻井液降扭矩效果更加突出，这可能是因为它们的油润性所致，但成本高，并且潜在的污染妨碍了它的使用。

脂肪酸化合物指的是上述极压(EP)润滑剂。它们最初是由 Rosenberg 和 Tailleur 引入用于降低钻头轴承磨损。EP 润滑剂的作用与普通润滑剂不同，在极端压力下，普通的润滑剂能够从轴承表面挤出来，从而使得金属与金属接触，造成磨损或撕裂。根据 Browning 的观点，EP 润滑剂的润滑性能是在金属与金属之间摩擦产生的高温下，润滑剂与金属表面发生了化学反应所致，反应产物牢固地粘附在金属表面上，形成一层膜，从而起到润滑作用。

钻井液 A：在 350mL 水里加 15g 膨润土；钻井液 B：在 350mL 水里加 15g 膨润土，60g 的 Glen Rose 页岩，3g 木质素磺酸铬，0.5g 烧碱。

目前已证明玻璃球能降低扭矩与阻力，在现场试验中，在钻井液中含量 4lb/bbl，直径 44~88μm 的玻璃球能把阻力从 37000lb 降到 25000lb，玻璃小球有可能起了球轴承作用或可能镶嵌在滤饼里面从而降低了滤饼的摩擦系数。

Bol 研究了钻井液组分对工具接头与套管之间磨损和摩擦的影响。他发现小量程 API 润滑性试验仪不能代表套管或工具接头的接触条件。因此，他发明了一种全刻度试验仪，使用工具接头和油田套管进行试验，结果证实：膨润土悬浮液的磨损非常高，但随着重晶石的不断添加，磨损而减少。添加 0.5%~2% 的优质润滑剂，也可以减少与添加重晶石大约相同的磨损。

摩擦系数可以由实验数据算出，试验结果如下：油乳化钻井液 0.15；不加重水基钻井液 0.35~0.5；加重水基钻井液 0.25~0.35。聚合物添加剂，柴油及玻璃小球没有效果。润滑剂的实验结果没有规律，但一般来说，它们能使不加重低密度钻井液的摩擦系数降到大约 0.25。

在审查 Bol 的试验结果时，要记住它们不适用于裸眼井内的扭矩与阻力，在裸眼情况下，决定因素是钻具与加入添加剂的滤饼之间的摩擦。

一种更接近模拟井眼和套管接触的设备是完全自动化的润滑油评价监视器(LEM-NT)(Slater 和 Amer，2013)。采用新技术如图 10.3 所示。这个装置是改进过的，如图 3.24 所示的润滑性测试仪。LEM-NT 的计算是相对的，通过测量旋转 bob 和侧钻之间的摩擦系数来获得润滑性侧向加载，模拟井筒浸泡在钻井液中。转矩是由非接触式旋转扭力计测量，流体循环 bob 和样品。计算机控制，气动应用侧面负载周期性地释放，使地层与地层之间的流体得到补充 bob 液体。模拟井眼包括筒体、砂岩和外壳材料。这种仪器可接受多种直径，其他的井筒材料也可以使用，只要它们尺寸合适。

第二节　钻柱的压差卡钻

一、压差卡钻的机理

卡钻是钻井作业中最常见的事故之一。主要发生在起下钻作业中，常因缩颈、键槽或井壁坍塌而引起。上述的情况是容易解卡的，而压差卡钻却是难以控制的，其特点是常发生在钻具因故停止转动，以及钻井液停止循环的时候。这种现象首先由 Hayward 在 1937 年认识到的，而其机理是由 Helmick 与 Longley 于 1957 年在实验室验证的。

压差卡钻的机理简述如下：钻柱的一部分靠在斜井的井眼低边。钻柱旋转时，它被一层钻井液薄膜所润滑，钻柱各边的压力相等的。但是当钻柱停止旋转时，有一部分原来和滤饼相接触的钻柱与钻井液柱相隔绝，在钻柱两侧之间产生压差，于是增加了上提钻具时的阻力，如果阻力超过钻机的提升能力，就造成了卡钻。因此，起钻时阻力不断增大预示着卡钻风险不断增加。

Outmans 对压差卡钻的机理作了严谨分析，总结如下：

钻柱的重量分布主要是在钻铤上，使得钻铤总是靠在井眼的低边，因而压差卡钻总是发生在钻铤部分。当钻柱旋转时，钻铤有部分自身重量施压在井壁上，因此，钻铤嵌入滤饼的深度取决于井斜及钻铤对井壁的机械磨蚀速率以及钻井液对井壁的冲蚀速率。只有井斜不大或转速非常高时，钻铤嵌入的深度才会比较浅。如图 10.4(a)所示。

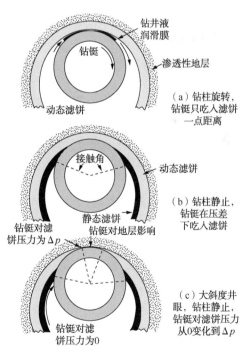

（a）钻柱旋转，钻铤只吃入滤饼一点距离

（b）钻柱静止，钻铤在压差下吃入滤饼

（c）大斜度井眼，钻柱静止，钻铤对滤饼压力从0变化到 Δp

图 10.4　压差卡钻机理

当钻具静止时，其重量压在隔绝的滤饼区域，迫使滤饼内的孔隙水流入地层，滤饼的孔隙压力减小，而滤饼内的有效应力则随孔隙压力的减小而增加。当钻具较长时间停靠在井壁上，滤饼内的孔隙压力变得与地层内的孔隙压力相等，而有效应力等于钻井液在井眼内压力

与地层孔隙压力之差 p_m-p_f。因此，欲提起钻具所需要的力如下:

$$F=A(p_m-p_f)\mu \tag{10.2}$$

式中: F 是上提钻具所需的力; A 是接触面积; μ 是钻铤与滤饼之间的摩擦系数。

由于在正常现场条件下, F 根本就达不到最终值, Outmans 计算 F 值时, 把 F 定义为 F 最终值的一半。他发现随着 μ 的增加, A、F 也随着滤饼的厚度与压缩性, 井斜及钻铤直径的增加而增加。这个力随着井眼直径的增加而减小。

在钻井时, 起出钻具的力同样随着钻具停靠在井壁时间的增加而增加, 这是因为在静态条件下失水一直持续着, 在钻铤周围形成一个静态滤饼, 从而增加了滤饼与钻铤之间的接触角[图 10.4(b)]。

Courteille 与 Zurdo 用模拟装置研究了卡钻现象, 如图 10.5 所示。他们测量了滤饼与钻井液交界面之间以及在滤饼与滤失介质间的不同点上流体压力。他们发现:

(1) 主要的压力降发生在横跨滤饼的内部(图 10.6)。

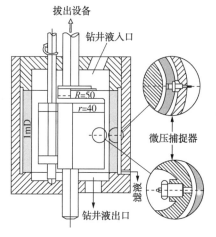

图 10.5　钻柱卡钻试验仪(转动偏心轮可以把钻柱模拟器逐渐推送到滤饼内)

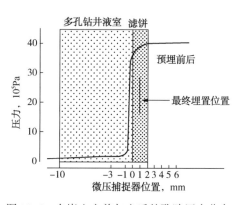

图 10.6　在嵌入之前与之后的孔隙压力分布[钻井液压力 40×10^5Pa(580psi), 在未受污染的滤失介质里的大气孔隙压力, 滤饼厚度 2mm]

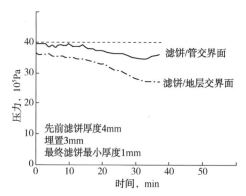

图 10.7　在钻具嵌入后, 孔隙压力随时间的变化(初始的滤饼厚度是 4mm, 嵌入后, 最小厚度是 1mm)

(2) 对于一个薄滤饼(2mm API)在嵌入期间或在嵌入之后, 孔隙压力在滤饼/钻柱交界处没有孔隙压力变化(图 10.7)。

(3) 对于较厚滤饼(4~6mm), 在最大嵌入后, 滤饼/钻柱交界处的压力随着时间的增加而减小, 但从未达到没有被污染孔隙介质的孔隙的值(图 10.7)。

这些试验结果表明被卡钻具的压力差不可能达到 p_m-p_f 的最大值。

Outmans 假定压差卡钻总是发生在钻柱的钻铤部分。这个假定没有被现场经验所证实。在一项对 56 个施工记录中, Adams 发现有 31

个案例是钻杆卡了，其余的不是只有钻铤卡了，就是钻铤和钻杆都卡了。这些结果不能为 Outmans 的基本机理作证；它们只是说明当钻柱靠在一个带有滤饼的渗透性地层时，卡钻可能会发生在钻柱的任何点上。根据钻柱的重量分布情况，发生在钻铤部分卡钻的概率增加，但要保证钻铤部分总是贴在井眼的低边，随着井眼周围滤饼变薄，卡钻的概率就降低了。滤饼变薄可能是因为在钻铤周围窄小环空里高剪切速率造成的冲蚀所致。

滤饼的压实以及由 Outmans 描述的它对摩擦系数的影响，已由 Annis 和 Monaghan 用试验证实了。他们用图 10.8 的仪器测量了一块平钢板与滤饼之间的摩擦。他们发现摩擦随时间达到最大值(图 10.9)，然后又变为常数，而且在摩擦系数达到最大值后没有再产生滤失。

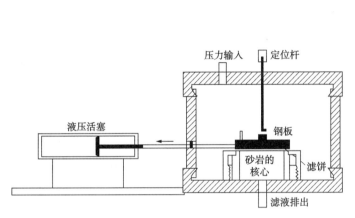

图 10.8　测量粘卡系数的仪器

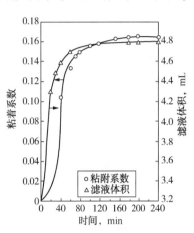

图 10.9　坐放时间对粘卡系数的影响

正如在本书第八章"粘附力"一节里讨论的那样，如果使两个固体表面紧密地接触，那么它们就会粘附在一起。Hunter 与 Adams 用试验证明粘附力是与提升卡钻钻具的总摩擦力有关的，并且润滑剂能够降低粘附力，因此也就降低了提升力。显然有些表面活性剂同样能降低粘附力。例如，在用图 7.24 仪器测量摩擦时，Wyant 等观察到，当把一块苯乙烯丁二烯共聚物添加到一种逆乳化好的油基钻井液中时，就不会粘附在滤饼上。一个粘附力大小的例子可以从 Courteille 与 Zurdo 的工作里推导出来。他们测量了图 10.5 中的钻柱模拟器完全嵌入滤饼时的提升力。表 10.2 说明当钻井液压力是零时，对这三种厚度滤饼单位面积钻柱与滤饼接触的提拉力几乎是相同的——大约 0.1dyn/cm^2(1.4psi)。当对钻井液施加压力时，上提拉力随滤饼厚度的增加而增加，这是由于在滤饼/钻柱交界面上孔隙压力降低所造成的。

表 10.2　最大嵌入滤饼后的上提拉力

钻井液	提升压力，dyn/cm^2(psi)	
	钻井液压力 0	钻井液压力 $40\times10^5\text{Pa}$(580psi)
低失水 10mL，2mm(API 失水)	0.09(1.305)	0.13(2.45)
中失水 70mL，4mm(API 失水)	0.1(1.45)	0.23(3.33)
高失水 120mL，4mm(API 失水)	0.1(1.45)	0.30(4.35)

在海洋平台钻大斜度井时特别容易发生压差卡钻。在这种情况下，钻铤部分重量作用在井壁上，在钻铤高侵蚀下，有可能形成不了外部的滤饼[图 10.4(c)]。钻铤的重量作用地层

上，当钻柱停止旋转时，钻铤与地层之间滤饼将不会被压实。作用在钻铤上的摩擦力部分来自钻铤与地层之间的摩擦，以及部分来自滤饼与钻铤之间的有效应力。在本书第六章"斜井眼"一节指出，当环空返速较低时，就容易在井眼的低边形成岩屑床。Wyant等做了这方面的证实，并且他们提出下述看法：这样的钻屑会嵌入滤饼，从而大大增加卡钻的可能性。

二、压差卡钻的预防

预防压差卡钻的一种方法是采用合理的钻柱设计，减小钻柱与井眼的接触面积，可使用非圆形钻铤，带槽的或螺旋的钻铤，以及钻柱扶正器。长钻铤或特大尺寸的满井眼钻铤会增加与井眼接触面积，增大卡钻的概率，但是这种钻柱组合可以使所钻井眼更直。

另一种方法是维持适当的钻井液性能。Outmans证实，上提出钻具的力随压差、接触面积、滤饼厚度、摩擦系数的增加而增加。在井安全的情况下，可以通过保持钻井液密度尽量低的办法使压差减到最小。要减小接触面积与滤饼厚度，必须使滤饼保持最低渗透率，并且要严格控制钻井液中固相含量。滤饼厚度不一定与失水相对应(见本书第七章"滤饼厚度"一节)，因而应当在发生压差卡钻时直接测量滤饼厚度。滤饼的摩擦系数取决于钻井液的组分。有关这个问题已发表过一系列文章。但由于试验方法与试验程序的不同找出它们的对应关系是比较困难的。有些研究者测量了扭矩和提升力，而另一些学者用图10.3的润滑性测试仪测量滤饼的摩擦系数。后者的试验数据是值得怀疑的，因为钻井液组分对两个钢制模块表面之间的摩擦效应与钢材滤饼之间的摩擦效应不尽相同。结果总结如下：

(1)油基钻井液的摩擦系数要比水基钻井液低得多。由于它们有极薄的滤饼，它们是避免压差卡钻比较好的钻井液。Adams在现场研究中明显地证实了这一结论。他发现，在路易斯安那州的310例卡钻事故中只有一例是使用油基钻井液时发生的。

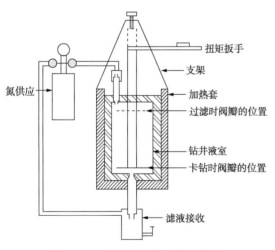

图 10.10　压差卡钻静态试验仪器

扭矩扳手
支架
加热套
过滤时阀瓣的位置
钻井液室
卡钻时阀瓣的位置
氮供应
滤液接收

(2)没有充分的根据能够确定哪一种水基钻井液具有最低滤饼摩擦系数。Simpson获得了最佳的数据，他在高温静态与动态两种滤失条件下测量了一个嵌入标准厚度滤饼内的圆盘所需要的扭矩(图10.10与表10.3)。

(3)重晶石的含量增加使所有钻井液的摩擦系数增加。

(4)向水基钻井液里添加乳化油或减摩剂可降低解卡力。在一个近似模拟井下条件的仪器里，Krol比较了柴油及各种工业用的添加剂对解卡力的影响。他发现2%的柴油可使解卡力降低33%，而添加较大量的柴油并不能进一步降低解卡力。只有少数几种添加剂能把解卡力降低33%以上，其他的一些添加剂则降的比较少。大幅度降低解卡力所需要的添加剂的量取决于钻井液中固相含量及其分散程度。例如，用重晶石把密度从11.75lb/gal(1.41g/cm^3)提高到16lb/gal(1.92g/cm^3)，需要使用添加剂的从2%增加到4%。Krol断定最好的添加剂必须具有改进滤失、包被固相及润滑金属表面的性能。Kerchville等测量了柴油、无污染的矿物油及减摩剂对一块嵌入滤饼不同时间的钢片的解卡力的影响，结果证实，矿物油和柴油一样有效，而不产生污染的添加剂比油类效果更好。

表 10.3　压差卡钻试验

钻井液[所有钻井液用重晶石加重到14lb/gal(1.68g/cm³)]		静止 30min 后的扭矩，in·lb
实验室制备的钻井液	淡水木质素磺酸铬	75
	石膏木质素磺酸铬	0
	逆乳化油基钻井液	0
现场钻井液	淡水木质素磺酸铬	114
	石膏木质素磺酸铬	64
	石膏木质素磺酸铬+8%油	4
	木质素铬/木质素磺酸铬	10
	逆乳化油基钻井液	0
	沥青油基钻井液	0

注：在 200°F(93℃)条件下，滤饼动态沉积 1/32in(0.8mm)厚，压差达 500psi(35kg/cm²)。

三、解卡

解卡的一种方法是降低压差，可以用降低钻井液密度或安放钻柱测试器的办法。更常用的方法是在被卡的井段注油，油对水基钻井液滤饼的毛细管压力达到几千磅，钻井液液柱压力也作用在滤饼表面上，使滤饼压缩从而降低接触角(图10.11)。过去认为用油解卡的机理是由于油渗入钻具与滤饼之间，从而降低摩擦系数。Annis 与 Monaghan 的试验与该理论不相符，他们发现注油是没有效果的。很显然油不能够渗入滤饼与钢板之间，如果它确实能渗入，由于钻具的几何形状，将不可能降低接触面积。但是，在井底条件下是有可能的，由于滤饼被压缩，油可以沿着滤饼凹凸的地方渗入，尤其是当活动钻具时，油有助于解卡。但在注液时不能使用过多的油润表面活性剂，因为它们降低了毛细管压力。

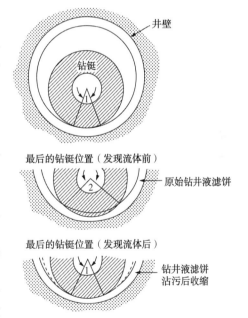

图 10.11　注油前后的接触角

注油前，必须首先测定卡点的位置。通常是在一定的提升力下，测定钻具所产生的伸长量，然后根据钻具计算系数表中的数值，就可以算出卡点深度。有几种测井方法也可以用来确定卡点位置。其中最好的是钻具恢复测定法，它是利用声阻尼法确定钻柱的自由段和被卡段，即使几段钻柱被卡也能测出卡点位置。

如果在某段注入油后需要泡一段时间的话，油段塞必须要加重到与钻井液相同密度。根据现场经验 Adams 建议注入液要有一定附加量并至少静止 12h，以便滤饼得到压缩。

第三节 慢 钻 速

一、室内钻井试验

长久以来大家都熟知钻井液的各种性能对于钻头钻速有着显著的影响,从空气钻井变化到用水钻井,总会使钻速显著下降;从水钻井变到钻井液钻井又会使钻速下降许多。再者,在钻速降低与井深之间有一对应关系,随着井深的增加,地层逐步变硬,钻速不断降低。为了理解为什么钻井液对钻速有如此影响,审视基本的钻井机理是有必要的。一些研究者使用微型或全面实验室钻井装置得出有关的主要因素。在这些试验里使用的演示试样受到模拟井下的垂直于水平应力的作用,有时施加孔隙压力,但一般都定为零,正如我们看到的那样零是允许的,有效应力是载荷减去孔隙压力(见第九章"井眼稳定"一节)这些试验毫无异议地得出:制约钻速的关键因素是钻井液液柱压力的作用,而不是岩石所承受的各种应力。钻井液液柱压力影响钻速的机理是:钻头所产生的钻屑沉在井底。

二、静态岩屑压持压力

钻井液液柱与地层孔隙压力之间的压差(p_m-p_f)造成钻头下部的钻井液滤入地层,但滤失速率与 API 失水或与井眼周围的滤失速率无关(见第七章"钻井液滤失性能"一节)。在钻头下滤饼被钻头牙齿连续地除去,如果一个三牙轮钻头以 100r/min 转动,牙齿大约每 0.2s 敲击相同的点。在这个时间间隔内,滤失仍然处在钻井液的初滤失阶段,而浸入地层的流体量取决于桥塞颗粒的浓度,以及它们相对于岩层孔隙的尺寸而不取决于钻井液的胶体性质(见第七章"桥塞形成过程"一节)。

桥塞颗粒在紧挨井底的岩层孔隙里形成以内滤饼,而较小的颗粒则侵入地层更深些。这个过程随着一层层的岩石被除去而不断重复着。在钻头前面形成的压力梯度大小由 Young 与 Gray 用一微型钻机进行测量。在他们的装置里,侵入的液体向下流动,而随着井底接近压力分流时就观察到孔隙压力的变化。同样地,岩层里渗透率的分布由达西定律计算。图 10.12 里显示在井底大约第一个 1m 左右内滤饼的压力梯度是极高的,然后压力梯度在侵入区内几乎降到零。因为钻头牙齿将钻入侵入区,所以满压差 p_m-p_f 将作用在钻屑上(图 10.13)。

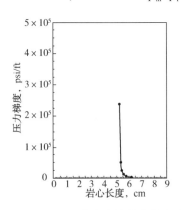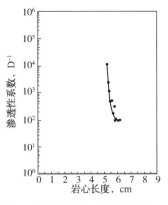

图 10.12 高失水钻井液的渗透性与压力梯度对岩心长度关系
(垂直的 Berea 砂岩, 表压 $p_b = 1000psi$)

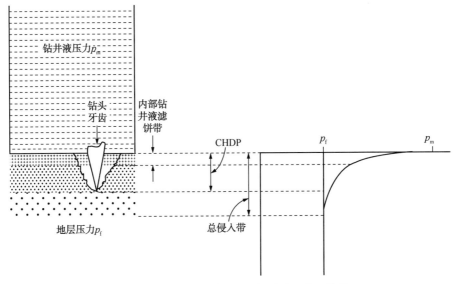

图 10.13 钻头前面的压力分布(压下钻屑的压力显然等于 $p_m - p_f$)

穿透内滤饼的压降是影响钻速的主要因素,这一观点被 Black 等人在一个全尺寸井眼模型里用实验证明。他们测量了在钻 Berea 砂岩以及循环时的滤失速率,这两个速率的差给出了钻井时通过井底的滤失速率。通过达西定律以及砂岩孔隙渗透率就可以计算出在没有被污染砂岩中的压力降。从穿透砂岩的总压力降里减去这个压力降,就得出穿透内滤饼的压力降。试验是用 4 种水基钻井液,在井眼钻井液压力及各种砂岩里回压不变的条件下进行的。图 10.14 显示在两种钻压下钻速与穿透内滤饼压力降之间的关系,用其他的钻井液也得到类似的结果,不管是在滤纸上还是在 Berea 砂岩片上都没观察到与 API 失水的关系。

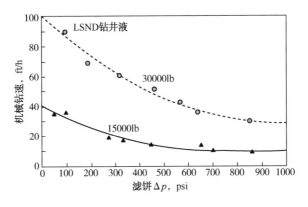

图 10.14 对于 15000lb 与 30000lb 的钻压穿透内滤饼钻速与压差的关系

Vaussard 等研究了在一个全尺寸模拟井眼里钻石灰岩岩层时压差对钻速的影响,他们发现对于一个 10mD 的石灰岩,钻速是随压差增加的,而对于一个 0.5mD 的石灰岩,压差对钻速的影响较小。

Garnier 与 Vanlingen 已证实静态岩屑压持压力(CHDP)是由于两个机理限制了钻速(图 10.15),首先它的作用就像一个密闭的压力,从而能提高了岩石强度,这个作用的重要性随岩层的种类变化而变化,对于非胶结的砂岩尤为显著。例如,在大气压下钻松散的砂岩时测不到任何阻力，而在 5000psi($351kg/cm^2$) 时钻起来就像岩层一样，如图 10.16 所示。

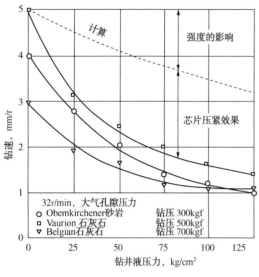

图 10.15 孔隙压力为大气压时
钻速与钻井液压力的关系

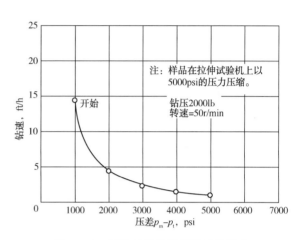

图 10.16 压差对松散砂岩钻速的影响

第二个机理是作用在岩屑上的压差阻碍它的移动。这种效应的大小随钻头的类型而变。对于刮刀钻头，由于它是刮削动作，这种效应最强。这种效应随切屑角(前角)的增大而增大。对于主要是震击破碎的牙轮钻头，这种效应最小。

室内试验证实即使使用水钻进也会产生岩屑压持压力，只是效应比较小(图 10.17)。这种现象是由于钻井液中的细颗粒进入岩石的表面孔隙而形成一层假想的内滤饼造成的。

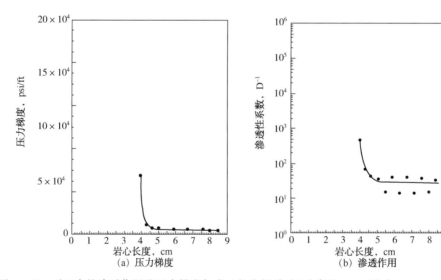

图 10.17 对于水的渗透作用及压力梯度与岩心长度的关系(垂直的 Berea 砂岩，p_b = 1000psi)

在渗透性岩层的钻速取决于 $p_m - p_f$，而不取决于 p_m，这一点已经被 Cunningham 与 Eenik 证实，他们测定了各种 p_m 与 p_f 值下的钻速。发现这些结果与 $p_m - p_f$ 有关(图 10.18)。

上述讨论的结果证实，通过井底的滤失会造成岩屑的顶部与底部之间的压力差。在低渗透性岩层，初始的滤失速率是低的，所以静态岩屑压持压力不能充分形成。在特低渗透性岩层，比如页岩，没有滤液进入地层，也没有滤饼形成，因此在切片顶部与底部没有压力降。影响钻速的唯一因素是作用在井底表面的 $p_m - p_f$ 使得岩石强度提高的缘故。Warren 与 Smith 证实在同样条件下，页岩里的 $p_m - p_f$ 要比渗透性岩层大，在这两种情况下随着上覆压力被钻头去除，岩石都会膨胀，但是在页岩中，由于其渗透率低，孔隙压力相等的情况不会再有限时间内发生，因此 p_f 降低了，而 $p_m - p_f$ 则大于渗透性岩层动态、岩屑压持压力。

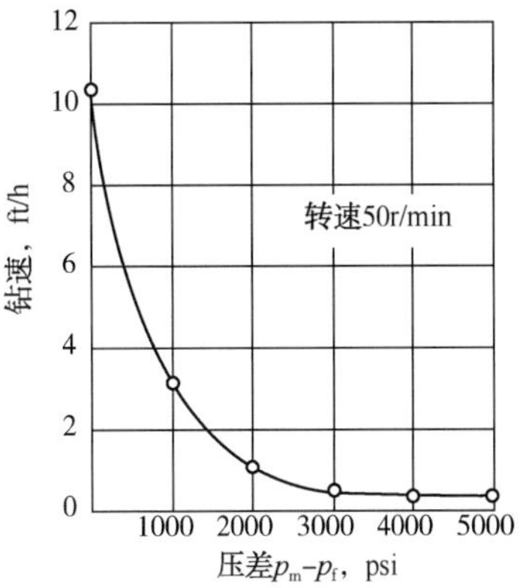

图 10.18　压差对印第安纳州石灰岩钻速的影响(上覆岩层 $\sigma_0 = 6000\text{psi}$)

三、动态岩屑压持压力

Garnier 与 Vanhingen 已证实静态岩屑压持压力随着岩石渗透率的降低而降低，另一种岩屑压持压力称为动态岩屑压持压力。这个压力的产生是由于钻头牙齿吃入并切下岩屑的同时，牙齿撞击地层使周围岩层产生了裂缝，但为了使钻屑能够很快上举，就必须有足够的流体充填裂缝。由于岩石的渗透率低，流体只能通过裂缝流入，而裂缝起初的宽度很小。如果流体流入不够快，在钻屑下面就会产生瞬时真空，同时整个钻井液柱的重量就会作用在钻屑的顶部。

动态岩屑压持压力的大小取决于钻头的转速、岩石的渗透率与钻头类型。对于给定的钻头及岩石，转数增加，动态岩屑压持压力增加而钻速降低，直到钻屑下达到完全真空，然后动态岩屑压持压力在转数进一步增加时维持不变，因此最大的动态岩屑压持压力为 1atm 加上钻井液液柱压力 p_m。图 10.19 显示了再钻 Belgiam 石灰岩渗透率 0.5mD 时，各种钻头钻速与转速的关系，各种类型钻头的性能差别是与钻井液通过钻头水眼的速度有关(如喷射钻头的优良特性)，这表明钻井液的滤失特性影响动态岩屑压持压力，可能是因为钻井液滤失性能控制了流体流入裂缝的速率。

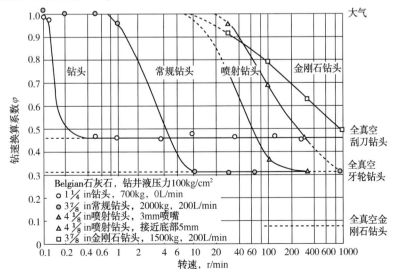

图 10.19　动态岩屑压持压力与转速的关系

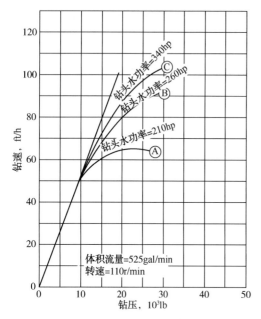

图 10.20 水功率不足时对泥包及钻速的影响

四、井底泥包

如果钻头下面的岩屑不能及时清除，那么它们就会重新研磨，会在钻头与真实井底之间形成一层"垫层"。Speer 由现场所得数据，绘制了一个钻速与钻压的曲线图，开始是直线性关系，到一定钻压后，这个关系就迅速偏离了。在较高的钻头水功率的条件下(图 10.20)，钻速降低较少。Speer 归结这个现象是由于钻头下面的岩屑未充分清除所致，在实验室里观察到在高的钻压下，试验结束时，在井底有一层压碎的岩石与钻井液混合的固相。

Maurer 提出了井眼清洁的重要性，并推导出在井底完全清洁的条件下，钻速可由下式表达：

$$R = \frac{CNW^2}{D^2 S^2} \tag{10.3}$$

式中：R 是钻速；C 是可钻性常数；N 是钻头转速；W 是钻压；D 是钻头直径；S 是岩石可钻性强度。

在室内试验中，使用了全尺寸钻头及近乎能完全清除垫层的条件——大气压，水作为钻井液以及非渗透性的 Beeksmantown 白云岩，除了在转速超过 300r/min 时，R/N 的比不是线性的——显然原因是动态岩屑压持压力。另一方面，当使用压力相当于 3000ft(914m) 的钻井液液柱钻井时，其他的各项条件相同，他所得到的 R/N 与 R/W 曲线很不相同，如图 10.21所示。由于钻井使用的钻压大多在曲线上的 c~d 部分，显然井底不清洁是现场影响钻速的主要因素。

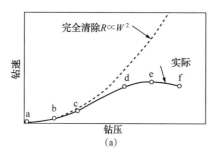

(a)

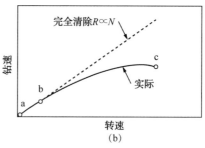

(b)

图 10.21 井底清除不干净时钻速与钻压和转速的关系

五、钻头泥包

像井底泥包那样，在高钻压下，当在硬地层钻进时，牙齿部分被钻屑堵住而产生钻头泥包。它对钻头钻速影响的程度不清楚，因为它与井底泥包是难以区分的。Garnier 与 Van Lingen 假定由于钻屑里的孔隙压力与钻井液压力之间的差，使得钻屑压在钻头表面时，它们就黏死在一起,其机理类似压差卡钻。最后,钻屑被释放,因为滤失中和了压差。

软页岩特别是黏泥页岩及膨胀页岩,从钻井液里吸水之后,钻头泥包就更严重了。在这种情况下压实页岩形成球形。泥包着整个钻头,从而妨碍了钻头的钻进,此后,司钻必须试图把泥包顿掉或下入一个新钻头。为了避免钻头泥包,在钻软泥岩时常常使用较小的钻压。

在软页岩里钻头严重泥包是由两个因素造成的:(1)由于软泥岩的水作用使 Garnier 与 Van Lingen 假定的压差扩大了(见本书第九章"井眼的水化"一节)。(2)由于页岩具有延展性而变形,使得页岩与钻头表面紧密接触,从而使胶粘力起了作用,正如本书第八章"表面自由能"一节所讨论的那样。当固相之间的接触紧密时,短程的引力就变得有效。此外,软泥岩或与水基钻井液接触后变软的页岩,如前所述,都有较低的内聚力,胶粘作用取决于胶粘力与内聚力之差。

钻头泥包的机理可能是由于氢键的作用。页岩与其表面吸附水的氢键作用扩展到与钢表面吸附水的氢键吸附作用,使得页岩紧包在钻头上。Chesser 与 Perricone 建议使用木质素磺酸铝螯合物来防止钻头泥包,这种化合物,通过铝与页岩表面上硅酸盐层里的氧原子之间连接而吸附在页岩的表面,因此这些连接破坏了氢键,由于铝是螯合在水相里,铝离子的浓度是极低的,不会使钻井液产生絮凝。

六、钻井液性能对钻速的影响

在钻井液性能中密度对钻速的影响最为重要。对于任何已知的地层压力,密度越高,压差就越大,静态岩屑压持压力越大,同样井底泥包与钻头泥包就越严重。图 10.22 总结了上述研究者在实验室观察到的压差对钻速影响;图 10.23 是 Vidnne 与 Benit 在现场研究中所得到的类似结果。注意,在这两个图中当压差从 0 增加到 1000psi($70kg/cm^2$)时钻速减少了70%以上。此外,钻井液密度降低,动态岩屑压持压力则降低,从而允许有较高的转速,并且由于降低了钻杆内的压力损失,从而增加了钻头处的水功率。

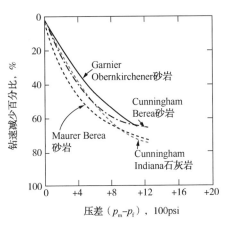

图 10.22　实验室数据,随着压差的增加钻速降低

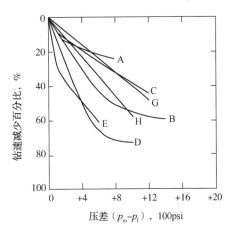

图 10.23　随着压差增加钻速降低
(字母表示不同的井)

因此得出结论,应当尽可能地使用最低钻井液密度。在可能的地方,使用空气、天然气、泡沫或欠平衡钻井。在正常压力的地层,要使压差低于在非固结砂岩上沉积成滤饼所要的值(100~200psi),注意,如果钻井液密度与地层压力梯度不变,压差随井深的增加而增

加。例如，钻井液密度为10lb/gal，在井深1000ft产生的压差为70psi；而如果地层压力梯度维持0.45psi/ft不变，那么在井深10000ft的压差为700psi。在异常压力的地层，首先要考虑的是井控安全，但不能胡乱增加钻井液密度；例如，不要因为起下钻气侵而提高钻井液密度，相反，要减小钻井液切力或降低起钻速度。如果能连续检测是否有气侵或者安装了钻柱遥测设备，就可以使用较低的压差。钻井液黏度是影响钻速的另一因素。

低黏度能够促进快速钻进，其主要原因是钻头下面的钻屑能够及时携带出来，黏度是钻井液在钻头水眼处剪切速率下的有效黏度，而不是塑性黏度或漏斗黏度。高剪切速率下黏度的确定在本书第六章"广义的幂律流体"一节里已讨论，Eckel得出了运动黏度(黏度/密度)与钻速之间较好的对应关系，如图10.24所示。但是，只有在黏度小于10cS时，钻速才会得到明显增加，这些试验是在微型钻头钻井装置上用水、盐溶液、甘油、水基与油基钻井液做的，黏度是在钻头喷嘴处的剪切速率下测量的。

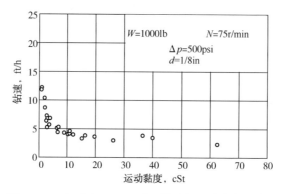

图10.24 在$3\frac{1}{2}$gal/min时，钻速与运动黏度的关系

在高转速下低黏度是特别重要的，因为动态岩屑压持压力较小。当钻头牙齿撞击地层时，开始在地层中形成的裂缝是极小的，滤液黏度可能是影响钻速的因素，但是钻屑清除后，钻井液的黏度就会影响钻速了。

由于油基钻井液的黏度高于水基钻井液，因此普通油基钻井液的钻速较低。Simpson描述了一种特殊的低黏度逆乳化钻井液，它能得到与水基钻井液同样或更高的钻速。在油基钻井液里使用不超过大约15%的水作为分散相，再用一种低黏度油及少量的添加剂如有机膨润土、油分散褐煤、妥尔油皂及各种沥青类，就可以得到低黏度。

钻井液性能影响钻速的另一个因素是细颗粒固相的浓度。高浓度的固相降低钻速是因为他们提高了钻井液的密度和黏度。使用密度大于重晶石的加重剂，如钛铁矿与铁英岩可以使钻速更快，因为对于一定的钻井液密度，它的固相体积较小，因而黏度较低。同时，这些加重材料要比重晶石硬，因此在钻井过程中磨耗较小，从而黏度增加较小。

当固相的百分比接近零时，要比黏度微微降低所得到的钻速高得多，其原因如后面所讨论的那样，是由于降低了岩屑压持压力。可能维持的实际固相浓度取决于井的条件及所使用钻井液的类型，当钻进低渗透砂岩与碳酸盐地层时，井眼比较稳定，就可以使用清水钻进。

这里强调清水，因为现场经验证明，极少量的固相可以导致钻速大幅度降低。为此，在钻井液出口处添加少量的絮凝剂，如10%的水解的聚丙烯酰胺共聚物并配以适当的沉降装置，在吸入管线处就可以得到清水。通常使用的沉降装置是大的土池子，因为絮凝量大，并且它们的密度仅略高于水，因此它们的沉降速率低，并且水的流动对它们的分散是敏感的。

如果土池子用墙隔开，使流动均匀分布在整个土池表面，并且在土池子排出端放置低坝以便从表面撇去淡水，沉降效果会大大增加。如果固相体积含量升高到1%以上，沉降效率降低非常快。

另一种用于钻硬地层的超低固相钻井液（常称乳白色乳状液）是水或盐水，在其中加入5%的柴油，用一种油润湿表面活性剂乳化。油的乳化可以局部地起到降滤失的作用并防止钻屑被油润湿而分散，图10.25表明在西部得克萨斯州使用这种钻井液已经取得了较快的钻速，并降低了钻头磨损。

在大多数井里，控制滤失是必要的，因此钻井液必须具有胶体性能，这就使得维持低固相含量更加困难。有些钻速的降低是不可避免的，但如果钻井液中的固相含量维持在4%以下就可以得到相当高的钻速。如果架桥固相浓度足够低，那么钻井液瞬时失水不可能在钻头与地层间建立一个连续的内滤饼，因而降低了静态的CHDP。但是在井眼侧边的滤失时间是不限的，从而可受到正常滤饼的保护。图10.26表示向2%的淀粉悬浮液里添加固相，而其他因素维持不变时，静CHDP增加。注意，当固相增加到4%时，CHDP迅速增加，而在这之后增加就慢多了。图10.26同样表明在一台微型钻机里同样的淀粉悬浮

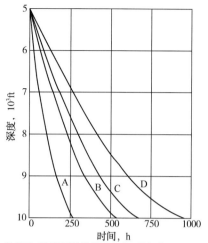

钻井液对硬地层钻进的影响（二叠纪盆地500~1000ft）

种类	A	B	C	D
钻井液	天然气、空气	水及油乳化液	水	胶凝
起下钻与转盘旋转时间, h	250	520	650	940
用过的钻头数	12	39	58	82

图10.25 水包油乳化液对总钻井时间的影响

液测量的钻速与CHDP对应良好。Doty模拟井下条件，做了一系列全面的钻井试验，他发现用清洁的13lb/gal(1.56g/cm³) CaCl₂/CaBr₂聚合物盐水钻穿Berea砂岩的钻速是相同钻井液加上6%细固相所得到钻速的5~10倍。他还用常规的木质素磺酸盐钻井液和一种低黏度的油基钻井液进行了试验。测量了在钻进时与只循环时通过砂岩的滤失速率；这两项的差给出了钻进时通过井底滤失速率的量度。结果如表10.4所示，钻速与通过井底滤失速率之间的对应关系表明：CHDP是控制机理。用清洁盐水循环时的滤失速率与其他液体的基本一样，这说明在井壁上已沉积了一层有效滤饼。API失水与钻速之间没有发现对应关系。

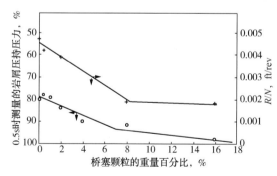

图10.26 固相对钻速及CHDP的影响
[实验条件：(1)Berea砂岩；(2)在2%的淀粉悬浮液中加入钻井液架桥固相(67% 10~2μm)；(3)1¼in微型钻头，钻压2000lb，60r/min，8gal/min]

表 10.4　在 Berea 砂岩里钻井时的滤失速率与钻速

钻井液	滤失速率，mL/s		钻速，ft/h
	循环	钻进	
清洁盐水/聚合物	1.97	28.3	70
相同组分+6%固相	0.95	4	10
木质素磺酸盐	2.5	6.9	15
逆油乳化	2.17	3.9	6

　　为能用清洁盐水聚合物钻井液钻井以取得极快的钻速，显然当钻井液返到地面时，就必须把所有的固相清除掉。当在硬地层钻井时，为了实现这个目的，可以使用除砂器、除泥器（如果有效果的话），或用大土池子沉淀的办法，如在上述有关"清洁盐水"叙述的那样，聚合物的唯一功能，是限制向井壁的滤失从而保持规则的井眼。显然应当选择一种非黏性、零屈服点的聚合物，因为黏性聚合物会妨碍钻井固相的有效分离。同样低黏度利于井底清洁并减少动态 CHDP。选择聚合物的另一出发点是某些聚合物在紊流时可起减摩剂作用（图 6.33 与图 10.27），从而降低钻杆内的压力损失，增加钻头处的水功率。

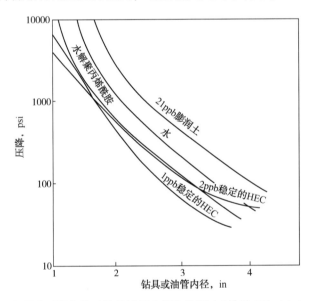

图 10.27　在紊流时聚合物对钻井液压力损失的影响（排量 250gal/min，10000ft）

　　使用 KCl 或 NaCl 通常可以使密度达到 10lb/gal（密度 1.2g/cm³），使用 CaCl₂，密度可以达到 11.5 lb/gal（密度 1.2g/cm³），使用 CaCl₂ 和/或 CaBr₂ 密度可以达到 15.2 lb/gal（密度 1.82g/cm³），但密度越高，钻井液成本越高，经济上不一定划算。并且只有羟乙基纤维素或羟烷基树脂可以与多价的盐一起使用。

　　清洁聚合物钻井液同样可以在页岩里得到很快的钻速。例如，Clark 等在加拿大的山脉丘陵地带使用本书第九章提到的 KCl—聚丙烯酰胺清洁钻井液钻硬脆性页岩时，所得到的钻速要比邻近井钻的快 50%~100%。同时，在上面提到的全尺寸钻井试验里，Doty 发现清洁盐水钻井液在所有条件相同，只是高钻压与高钻井液液柱压力除外，钻 Pierre 页岩（一种软蒙脱石页岩）最快。但是有两个难题限制清洁盐水聚合物钻井液在页岩中使用：

（1）钻屑的分散：钻井液很难保持足够低的固相含量，用聚合物包被钻屑，在钻固结页岩时可使固相含量维持在比较低的范围之内，但钻软的非固结页岩时，由于造浆比较严重，很难预防。

（2）井眼扩大：如果井眼扩大得很多，就必须添加黄原胶或预水化的膨润土，以清洁井眼。钻井液的高黏度和高切力妨碍固相在地面的充分分离，从而使固相含量变的更高。因此要预防井眼扩大，一是良好的钻井方法；二是使用页岩稳定剂，如本书第九章提到的 KCl 聚合物钻井液。

当使用高固相钻井液钻井时，钻井液性能对钻速的影响很小。黏度与固相含量的变化对钻速的影响相对较小（图 10.24 与图 10.26）。尽管与滤失性能没有直接对应关系（图 10.28），尽管两者都有一个方向变化的趋势，两者都随胶体粒子的增加而减少。唯一对钻速有较大影响的是密度（在本节前面已讨论）。

在页岩钻进时，可用抑制钻头泥包的钻井液或钻井液添加剂来提高钻速，为此目的，用石灰或木质素磺酸钙钻井液效果比较好，因为它们能抑制页岩的软化。Canningham 与 Goins 发现在微型钻头试验中，油的乳化增加了 Vicksburg 与 Miocene 页岩里的钻速，原因可能是减少了钻头的泥包（图 10.29）。已在本节前面讨论过。铝与木质素磺酸盐的螯合物的使用可防止钻头泥包。

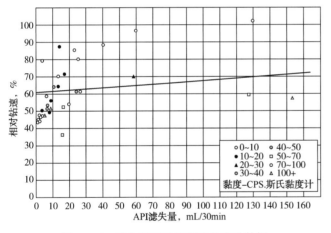

图 10.28　滤失量对钻速影响的实验数据

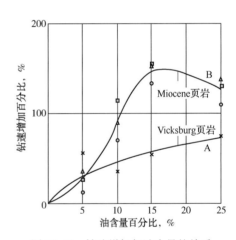

图 10.29　钻速增加与油含量的关系

第四节　井　漏

在钻井中，由于钻井液液柱压力过大而使钻井液漏入诱发裂缝、原生裂缝、高渗地层或溶洞内。

一、诱发裂缝

诱发裂缝类似于完井时的水力压裂，唯一不同的是水力压裂是故意的，而前者是无意的，是不受欢迎的。当钻井液压力与地层孔隙压力之差 $p_m - p_f$，超过地层的拉伸强度加上围绕井眼的压缩应力时，井壁就产生裂缝，由于岩层的拉伸强度，通常是小于抗压强度，因此在计算中不予考虑(有时是不合理的)。裂缝的方向正常情况下是垂直于最小主应力。除了在活跃的造山运动地区，最小主应力是水平的，因而产生的裂缝是垂直的。如本书第九章"周围应力"一节讨论的，最小主应力σ_3与上覆有效压力$S-p_f$存在对应关系，用系数k_1表示，k_1的值取决于该地区的地壳构造史。因此地层产生裂缝的条件是：

$$p_w-p_f>S-p_f \tag{10.4}$$

式中：在静止时，p_w为钻井液的静液柱压力p_m；在循环时，p_w为p_m加上液柱上升的压力损失；在下钻时，p_w为p_m加上激动压力。

在地层中最初压开的一条缝所需的压力与裂缝扩展所需的压力是有区别的。正如本书第九章讨论过的那样，在井眼周围有环形应力带。应力数值取决于两个主水平应力σ_2与σ_3之间的比，并且这些应力可能在井眼周围上分布不均匀。为了开启一条裂缝，p_w-p_f必须大于σ_3，为了扩大裂缝超过环形应力区域，它必须大于σ_3，而最小的环形应力为$0\sim2\sigma_3$，所以裂缝的开启压力可能大于或小于裂缝的扩大压力，如图10.30所示。

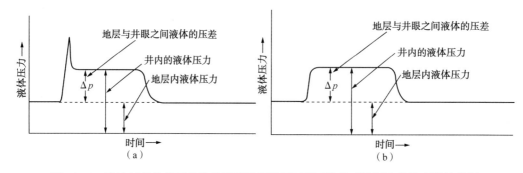

图10.30 取决于各种井下条件的压裂处理期间两种可能类型的压力特性理想简化图

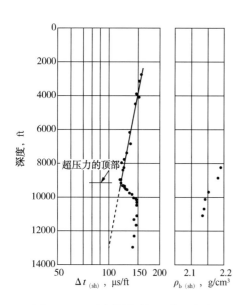

图10.31 页岩传导时间和容积密度
与埋藏深度关系

在钻井时钻井液密度必须大到足以控制地层流体，但不能大到造成裂缝，在一个正常压力地层，密度安全范围更广一些，但在异常压力地层，破裂压力与地层流体压力之间的差值，随着地质压力的增加而减小，因此预测地层压力与破裂压力就显得非常重要，这样设计的钻井液与套管方案就可以减少许多事故。

地层的孔隙压力可以由临近井页岩的电阻率测井或声波测井来确定。页岩单位容积的密度直接与页岩的电阻率及页岩的声波传递时间有关。因此不论是页岩电阻率还是声波时差的不正常变化，都反映了地层孔隙压力的不正常现象(图10.31)。精确的关系取决于地质区域，并且必须根据实验来测定层间砂体的地层流体压力。图10.32表示了流体压力梯度与页岩声波参数关系的例子。一旦建立了这种关系，就可以用来预测未来井的地层流体压力。

一种不太精确但比较方便的方法取决于钻速和深度的关系。钻速与 p_m-p_f 有关，正如前面一节表示的那样。当钻井参数正常时，钻速可用下列方程表示：

$$\frac{R}{N} = a\left(\frac{W}{D}\right)^d \tag{10.5}$$

式中：a 与 d 是常数。对一特定地区，指数 d 与 p_m-p_f 之间的关系可以直接测到（图10.33）。Fontenot 与 Berry 讨论了现场经验，并加以改进。

对页岩内孔隙压力的预测可以由一个数学模型得到，这个数学模型把压力与电阻率及密度测井数据直接联系起来，从而消除了首先建立对应关系的需要。

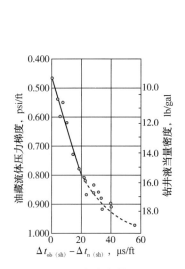

图 10.32 页岩声波参数 $t_{ob(sh)}-t_{n(sh)}$
与油藏流体压力梯度（FPG）关系

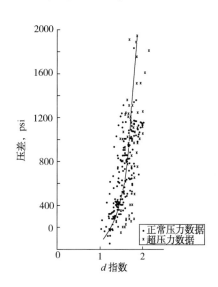

图 10.33 d 指数与压差关系
（钻头运转数据）

孔隙压力同样可以由伽马射线测井确定。这些测井曲线反映了地层页岩化的程度；因此，在伽马射线与页岩压实之间有一种局部对应的关系。如前所述，页岩密度与孔隙压力对应，因此任何与正常伽马射线—深度曲线的偏离都反映了地层孔隙压力的异常。在钻进时，伽马射线值可以用 MWD 装置测量，从而提供地层孔隙压力的实时信息。

任何有关深度的破裂压力可以用孔隙压力代替预测，假定局部的值 k_1 是已知的，孔隙压力由式（10.4）确定。Eaton，Matthens 与 Kelly 发表了用实验确定 k_1 的各种方法。尽管它们的原理不同，两种方法本质上是根据页岩的压实程度（这是由电阻率或声波测井确定），以及压实程度与压裂梯度的关系来确定的。图 10.34 表示海湾地区用这两种方法预测裂缝开启压力梯度，这些曲线不能用于其他地区，因为 k_1 随当地的地下应力而变化。喷射压裂梯度曲线是由 Hubburt 与 Wills 假定的 σ_3 的理论极限。

如前所述，裂纹开启压力由最小环应力确定，环应力可能大于或小于最小水平应力。为了在环应力区域扩大裂缝，注入压力必须大于最小水平应力。瞬时关闭压力是最小水平应力的最佳量度。因此，Breckels 和 van Eekelen 根据瞬时关闭压力建立了最小水平应力与深度的关系。这种对应关系取决于孔隙压力，对于正常与不正常的压力，这种关系是不一样的，但是 Breckels 和 van Eekelen 建立了组合的对应关系，具体如下：

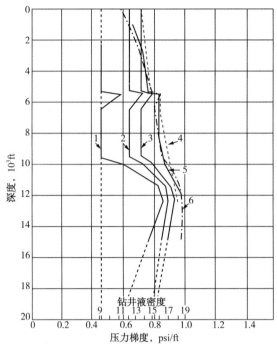

图 10.34　海湾地区，孔隙与破裂压力梯度

1—孔隙压力梯度；2—Hubbert 与 Willis 喷射压裂梯度在
$\sigma_3 = \dfrac{1}{3}(S-p)$ 条件下；3—Hubbert 与 Willis 喷射压裂压力
梯度在 $\sigma_3 = \dfrac{1}{2}(S-p)$ 条件下；4—Matthews 与 Kelley 喷射
压裂梯度；5—Gold smith 与 Wilson 压裂梯度(没有
发表推导)；6—Eaton 裂缝开启压裂梯度

对于海湾沿岸，深度小于 11500ft 时：

$$S_{\mathrm{Hmin}} = 0.197Z^{1.145} + 0.46(p_{\mathrm{f}} - p_{\mathrm{fn}})$$

深度大于 11500ft 时：

$$S_{\mathrm{Hmin}} = 0.167Z - 4596 + 0.46(p_{\mathrm{f}} - p_{\mathrm{fn}})$$

对于委内瑞拉深度在 5900~9200ft 之间：

$$S_{\mathrm{Hmin}} = 0.210Z^{1.145} + 0.56(p_{\mathrm{f}} - p_{\mathrm{fn}})$$

对于文莱深度小于 10000ft：

$$S_{\mathrm{Hmin}} = 0.227Z^{1.145} + 0.49(p_{\mathrm{f}} - p_{\mathrm{fn}})$$

式中：S_{Hmin} 为最小的总水平应力(有效应力加孔隙压力)；p_{fn} 为正常孔隙压力，假定梯度为 0.465psi/ft。

Warpinshi 等已对科罗拉多州的 Mesa Verde 层位底部岩石做了 S_{Hmin} 垂直分布的各种测量。通过重复射孔形成小容量的微裂缝，就可以得到精确的可重复的瞬时关闭压力。结果表明 S_{Hmin} 的数值取决于岩性。在页岩里水平应力接近于垂直应力，而压裂梯度大于 1psi/ft，在砂岩里，压裂梯度却为 0.85~0.9psi/ft。

S_{Hmin} 的理论值由下列方程计算：

$$S_{\text{Hmin}} = \frac{\upsilon}{1-\upsilon}(S - p_{\text{f}}) + p_{\text{f}}$$

式中：υ 是泊松比，它是由长间距声波测井取得的，并且通过实验确定了杨氏模量，计算的数值与在页岩里测量的数值偏差较大，这说明页岩没有表现出弹性——可能是因为蠕变。

Daines 创造的方法是用一口探井里的第一次压裂试验所取得的数据预测破裂压力。他的水平应力模型包含两个应力：一个由上覆压力产生的压缩压力；第二个如果有的话，是由大地构造应力所产生的重叠压力 σ_1。欲产生裂缝需满足：

$$p_{\text{frac}} = \sigma_{\text{t}} + \sigma_1\left(\frac{\upsilon}{1-\upsilon}\right) + p_{\text{f}}$$

在第一次压裂试验后，从破裂压力里减去弹性分量就得到 σ_{t}。泊松比是由试验数值（表 10.5）获得，岩性是由钻屑确定的，孔隙压力则是由前面讨论过的常规方法确定的。假定 $\dfrac{\sigma_{\text{t}}}{\sigma_1}$ 随深度变化保持不变，那么任何深度下的破裂压力可以由那个深度的岩性及孔隙压力计算出来。这种方法是有局限性的，因为 $\dfrac{\sigma_{\text{t}}}{\sigma_1}$ 只有在地层接近水平，且其结构不变、深度变化时，才随着深度的变化而保持常数。

表 10.5　不同岩性推荐的泊松比

岩性		数值
黏土，很湿		0.5
黏土		0.17
砾石		0.2
白云岩		0.21
硬砂岩	粗	0.07
	细	0.23
	中	0.24
石灰岩	细，微晶质	0.28
	中，砂屑	0.31
	多孔	0.20
	缝合	0.27
	含化石	0.09
	层状化石	0.17
	页岩	0.17
砂岩	粗	0.05
	粗胶合的	0.10
	细	0.03
	极细	0.04
	中	0.06
	极难分选的，含黏土的	0.24
	含化石	0.01

续表

岩性		数值
页岩	钙质(<50%CaCO₃)	0.14
	白云岩	0.28
	硅质	0.12
	粉砂(<70%粉砂)	0.17
	砂纸(<70%砂)	0.12
	油母质	0.25
	粉砂岩	0.08
	板岩	1.3
凝灰岩	极好的玻璃	0.34

Daneshy 等测量了钻井作业中井底产生微裂缝的瞬时关闭压力及裂缝方向。将一个封隔器安放在离井底数英尺以上,然后以极低排量向井内泵入少量钻井液,通过取出的岩心就可以确定裂缝方向,但没有观察到瞬时关闭压力与杨氏模量,泊松比或拉伸强度有显著关系。

在异常高压地层(如前面所提),为防止井喷与压裂地层,钻井液液柱安全范围比较窄,例如,地层孔隙压力梯度是 0.95psi/ft,k_1 为 0.5,那么破裂压力梯度是:

$$\frac{p_w}{Z} = 0.5(1-0.95) + 0.95 = 0.975\text{psi/ft}$$

式中:Z 是井深,因此,为了防止井喷,钻井液液柱自身的压力梯度至少 0.95 psi/ft,但又必须小于 0.975 psi/ft 以避免发生井漏。在 10000ft(3047m)深度,作业极限压力为 250psi(17.5kg/cm²),由于岩石的拉伸强度给地层提供了安全余量(表 10.6),但如果岩石有天然裂缝,拉伸强度可能为零。因此,在钻异常高压地层时必须要降低循环压力及环空的激动压力。

表 10.6 岩石的平均强度

岩石	最终抗压强度, psi	最终拉伸强度, psi	最终剪切强度, psi	泊松比
砂岩	13000 (910kg/cm²)	450 (31kg/cm²)	1300 (91kg/cm²)	0.27
大理石	9000 (630kg/cm²)	300 (21kg/cm²)	1350 (94kg/cm²)	0.27
石灰岩	11000 (770kg/cm²)	200 (14kg/cm²)	1200 (84kg/cm²)	0.23
花岗岩	20000 (1400kg/cm²)	650 (45kg/cm²)	2000 (140kg/cm²)	0.21

至此,我们已讨论了在有滤饼存在,即钻井液没有大量侵入地层时的压裂情况;在没有滤饼存在时,钻井液的侵入降低了井眼周围的应力集中,从而降低了临界压力。然而,室内试验也已证实,钻井液侵入的效果取决于岩石类型与水平应力。也发现钻井液侵入降低了低孔隙岩石的临界压力,如页岩应力高于 1000~2000psi(70~140kg/cm²),而对高孔隙度岩石的临界压力,应力高于 5000~10000psi。

当裂缝一旦开启就会继续扩大，钻井液就会继续漏失，直到裂缝末梢的压力降到裂缝注入压力为止。这可能由裂缝长度方向上的摩擦或失水引起的，或者因为停泵，钻井液漏失会继续直到井内的钻井液液柱压力降到裂缝注入压力之下为止。

二、天然裂缝

天然裂缝存在的条件是在某深度下一个主应力为拉伸应力。以前认为地下压实地层中不存在绝对应力作用，但是 Secor(1965 年)从 Griffith 与 Moar 破裂包络线的几何学上证实(图 10.35)应力裂缝可以扩展到 $\sigma_1 = 3K$(此处 K 为拉伸强度)的深度，并保持敞开到 $\sigma = 8K$ 的深度。

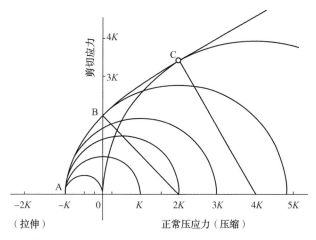

图 10.35　A 点得莫尔圆应力切线族和 B 点及 C 点的莫尔应力圆切线组成损坏包络线

有效压力随孔隙压力减小而减小。因此，对于敞开裂缝最大允许深度，在地质受压地层要大于正常受压地层。图 10.36 展示了 p_f 逐步递增的效果，且图 10.37 表示天然裂缝可能存在的最大深度时不同 K 值与 p_f/S 的反比关系。

钻井过程中，一般钻井液液柱压力 p_m 超过地层压力 p_f，因此如果遇到开启裂缝，就会发生井漏，直到 p_m 降低到小于 p_f 才可以防止诱发裂缝的继续扩大。

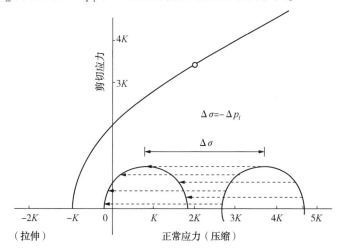

图 10.36　表明液体压力增加对莫尔应力圆位置影响的破坏包络线图

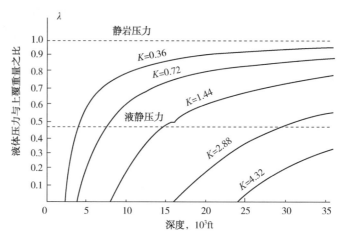

图 10.37　地层中最大深度处的纵向应力 σ_1 图

三、具有结构强度的裂缝

当地层没有拉伸应力时，只有在它们的结构强度足以承受地层的压力时，孔隙才能存在，存在这种孔隙的例子有：

（1）几百万年以来地层水穿过碳酸盐地层形成的通道，这些通道的尺寸可以小至针眼大至洞穴。石灰岩地层常常带有这些溶液通道相连形成的孔洞(小穴)，这些洞穴的结构强度随着尺寸的增大而降低，所以大型洞穴只能在较浅的地层存在。

（2）粗颗粒地层，比如砾石层。

（3）受后来的地层应力影响已经关闭的天然裂缝，但它们由于被一些不规则部分或它们侧边晶体生长或疏松碎片所制成，还保留一定的渗透性。这些裂缝可以在任何地方出现，大小从几微米到几毫米不等。其他非渗透性地层具有一定的渗透率同样是因为多个微裂缝的存在。

在存在天然裂缝的地层，只要 p_m 超过 p_f，就会出现漏失，除非钻井液中含有可以桥塞堵住裂缝的足够大的颗粒材料。受压地层中的裂缝与受拉地层中的裂缝是有区别的，因为他们不会扩大，除非 p_w 超过 p_{frac}。

四、堵漏材料

堵漏过程中所用到的堵漏材料种类繁多，大致可分为以下四类：

（1）纤维类材料：甘蔗渣、棉纤维、猪毛、碎轮胎颗粒、木纤维、锯末和纸浆。这类材料的刚性较强，易进入大的裂缝。如果将含有高浓度纤维类堵漏材料的钻井液泵入漏层，通过桥塞作用能起到密封堵漏的作用。如果裂缝太小纤维类材料进不去的话，这类材料可在井壁上形成一层松散的滤饼保护层，在洗净的时候很容易去除。

（2）片状材料：如碎玻璃纸、云母片、塑料薄片与木屑。这类材料的堵漏机理一般认为是平整地覆在井壁上，进而封堵裂缝。如果他们的强度可以承受住钻井液液柱压力，就可以在井壁上形成一层结实的滤饼。如果强度不够的话会被挤进裂缝中，这种情况下，其堵漏机理就与纤维材料类似。

（3）颗粒材料：比如加工破碎过的核桃壳，或玻化、膨胀的页岩颗粒。后者是磨碎的页岩在高达 1800℉（982℃）温度下烧结而成。这些材料有一定的强度和刚性，如果尺寸选择正确，类似于本书第七章描述的"正常多空地层桥塞"，粒度大小与地层裂缝尺寸相当的颗粒可以在裂缝内部桥塞密封，但必须有一些较小尺寸的颗粒进行填充。Howard 与 Scott 实验证实钻井液内堵漏材料的浓度越大，桥塞的裂缝就越大（图 10.38），而强度大的颗粒材料，比如核桃壳，对大裂缝的封堵作用要比纤维类或片状材料的效果好。然而，强度低的颗粒材料，比如膨胀珍珠岩封堵效果一般（图 10.39）。

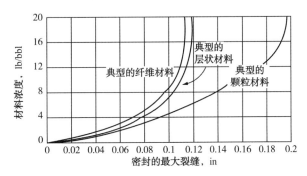

图 10.38　堵漏材料浓度对封堵效果的影响

材料	类型	描述	浓度 lb/bbl	密封的最大裂缝 in
坚果壳	粒状	50%–3/16+10目 50%–10+100目	20	
塑料	粒状	–	20	
石灰石	粒状	–	40	
硫黄	粒状	–	120	
坚果壳	粒状	50%–10+16目 50%–30+100目	20	
膨胀珍珠岩	粒状	50%–3/16+10目 50%–10+100目	40	
玻璃纸	层状	3/4in片	0	
锯末	层状	1/4in颗粒	10	
干草	层状	1/2in纤维	10	
树皮	纤维状	3/9in纤维	10	
棉子壳	纤维状	细粒	10	
草	粒状	3/8in颗粒	12	
玻璃纸	纤维	1/2in片	0	
木屑	层状	1/4in纤维	0	
锯末	纤维	1/16in颗粒	20	

图 10.39　材料评价试验总结（Howard 与 Scott 做的漏失循环的分析与控制）

（4）泵入后强度增加或者可固化的堵漏浆，比如水泥、柴油—膨润土—钻井液混合物、高失水钻井液。纯水泥通常用来在套管鞋处挤入地层。如果在裸眼段打水泥塞的话，水泥固化后的强度可能因混浆污染而降低。同样，在钻水泥塞的时候也存在钻出新井眼的风险。柴油—膨润土浆液（DOB）的原理是用大量的膨润土——300lb/bbl（850kg/m³）——与柴油充分混合，当 DOB 浆液遇水或钻井液的时候，膨润土水化形成高强度的稠塞，其剪切强度由钻井液与 DOP 的比例决定。在 DOB 中添加水泥可以提高其强度，简称 DOBC。

MESSENGER 研究了 DOB 与 DOBC 浆液的效果及把一定比例的钻井液添加到上述两种

浆液里面的效果。为了模拟一个外力造成的裂缝，使用的装置是使浆液通过两片带有弹簧的圆片。浆液的剪切强度由弹簧上的力表示。他推荐钻井液与DOB的混合比例为 1∶1 到 1∶2，不然浆液内气体太多无法凝固。如果在后续的钻井作业中遇到压力波动，可能会变形而失去封堵作用。浆液剪切应力不超过 5psi($0.35kg/cm^2$) 可以在地面配浆，由钻杆泵入地层，对于封堵小型裂缝效果明显。强度高而能密封大裂缝的浆液必须在井下漏失点附近混合，通过在钻具内泵入 DOB 而在环空泵入钻井液的方法实现。

另一种在井下使浆液稠化的方法是在水里先加入聚丙烯酰胺，然后加入石蜡矿物油里乳化分散，用聚胺做乳化剂，再加入膨润土使其处于外相(油)中。在正常剪切速率下膨润土与水接触少，因此通过钻杆入井的时候黏度并不高。到了钻头处，剪切速率升高，破乳，膨润土与水混合，聚丙烯酰胺交联产生一种半固体状态材料而封堵裂缝并进一步固化。除了堵漏外，该技术还可用于控制其他非正常流体侵入，比如气侵。这种技术自问世以来已在不同情况下应用多大 10 次，绝大多数是成功的。

高失水浆液适合于封堵渗透性地层的裂缝与通道，快速滤失形成的滤饼最终填满了裂缝或者小的洞穴。其中一个配方是由凹凸棒石、核桃壳及棉纤维组成，根据需要添加重晶石。该浆液的 API 失水量大约是 36ml，另外可通过加入石灰来增加失水量。另一种由凹凸棒石、硅藻土、颗粒与纤维类堵漏材料构成，用 10lb/bbl 的氯化钙溶液絮凝时，所得混合浆液的失水量可达几百毫升。

五、建立循环

当出现井漏时，首先应当弄清楚井漏发生的原因，并确定井漏位置及漏层的性质等。这些资料常常可以由间接方法得到。例如，在正常压力地层钻井而钻井液性能又没有变化时发生井漏，可以确定钻遇了存在裂缝的漏失地层。若在下钻时出现井漏，则可能是下钻产生的激动压力压裂地层，引起井漏。

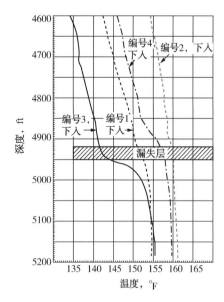

图 10.40 井温测定法确定漏失位置

当漏层不确定的时候，应采取措施确定漏层的位置，这是下一步顶替堵漏浆的关键参数。地质师会提供该井某一深度的地质岩性资料。一种方法是向井内泵入冷却后的钻井液，然后进行井温测井，温度曲线的拐点即是漏层位置，如图 10.40 所示。另一种方法是下入一个传感器检测钻井液在井下的流动情况，向下运动的钻井液通过膜片产生一个压力差，然后通过电缆把信号传递到地面。第三种方法是把含有放射性示踪剂的钻井液泵入井内，然后通过 λ 射线测井确定。

如果已知底层孔隙压力与地层破裂压力梯度。可以用回声探测仪或近似填满井眼所需的泵冲数来确定井内液面，然后推测漏失位置。井漏的诊断需要时间和费用，但通过它可以很快确定出正确的处理方法而避免盲目推断，因此这样仍然具有经济性，下面给出不用情况下井漏的征兆及对应的处理方法。

六、孔洞漏失

当钻井液漏失到洞穴、高孔隙地层、有支撑的裂缝或其他空间时,环空钻井液液面下降到钻井液液柱压力等于地层孔隙压力的位置。测量钻井液液面的下降速率可以估算出裂缝开口尺寸的大小。下降速度在溶洞型石灰岩地层较快,而循环时仍有钻井液返出时,说明漏失速度慢,为细小裂缝漏失,随着井深的增加,裂缝开口越来越小。

只有在浅层才会出现大的溶洞型漏失,并且到遇到这种情况时,钻头一般会放空几英尺。这种溶洞漏失很难堵住,泵入大量的 LCM 堵漏浆泵压一般不会增加,堵漏效果甚微。非常规的方法,比如把整袋的水泥扔进去有时还能成功。但常常需要把井内液柱压力降低到 p_m 降低到地层孔隙压力 p_f 以下,采取充气钻井液或泡沫钻井然后完钻下技术套管。这种办法也存在不足之处,如果钻井液密度下降的太多会发生井涌,须用井口回压加以控制。有时也用清水钻井,使上返的钻井液混有钻屑流进漏失地层。

当漏层裂缝相对较小时,大颗粒材料起不到桥塞堵漏的作用,可以用 LCM 浆液或剪切稠化浆液来堵漏。不需要也没有必要施加高的挤注压力,因为这样存在压漏地层的风险。

封堵溶洞石灰石、砾石层、敞开裂缝的最佳方法是钻井液中加入颗粒堵漏材料进行循环,直到堵漏剂把地层缝隙填满。需要堵漏剂的浓度和粒度大小根据经验确定。一般开始时优先使用低浓度堵漏剂,如 5lb/bbl(15kg/m³)细颗粒材料,而在需要时再添加较大量或粗颗粒的堵漏材料。在非产层堵漏磨细的核桃壳比石灰石更具优势,其不易腐蚀且密度是其40%,因此用原来40%的材料可以提供足够的封堵体系和效果,另外悬浮这些固相材料所需的切力也较低。然而在采油层必须使用石灰石,因为它的酸溶性可以消除对地层渗透率的伤害(见第十一章)。Cason 详细地研究了封堵溶洞性地层的材料和程序并对事故进行分析,对各种材料和定位技术进行了讨论。

七、由循环压耗过大引起的井漏

当钻进过程中出现井漏,但停泵后井内液面保持稳定(或者稍等片刻后保持稳定),这是由环空钻井液循环压耗引起的井底压力增大产生的井漏。换句话说,p_w 超过 p_{frac},但是 p_m 没有。当停泵的时候,裂缝关闭,钻井液中的固相封住裂缝。同样,当 p_w 接近 p_{frac} 时,下钻时产生的激动压力,或者下钻完开泵时产生的启动压力使井底压力增加,都可能引起短暂井漏。

处理这种暂时漏失的最好方法是调整钻井参数和钻井液性能,而不是使用堵漏材料,推荐使用下列程序:

(1)在保证井下安全的情况下尽量降低钻井液密度。

(2)在能充分清洁井眼的条件下,使用最低的上返速度。

(3)调整钻井液性能,以最小环空压降最大限度清洁井眼。

(4)防止钻头和钻铤泥包(见本章前面关于"钻头泥包"一节)。

(5)慢速下钻,尤其避免快速开泵向下划眼。

(6)下钻时要分段循环钻井液,下到底时要缓慢开泵,同时提升钻具。

(7)降低钻井液切力。

如果在最佳的操作条件下依然出现了井漏,那么必须使用堵漏材料。控制井漏最简单和实用的方法是在钻井液循环时加入磨细的核桃壳。Howard 和 Scott 研究发现，这类材料在出现裂缝时能及时封堵并防止进一步扩大。另一种方法是挤注柴油—膨润土软塞，在前面提到过这可以调节缓冲压力。需重复使用上述方法应对新产生的裂缝。

八、钻井液静液柱压力超过地层破裂压力引发的井漏

在此情况下 p_M 超过 p_{frac}，停泵时液面下降，直到井内钻井液液柱压力等于地层破裂压力。出现这种漏失的典型情况是为了控制下部井段井涌而提高钻井液密度，使得上部某处液柱压力超过地层破裂压力，导致井漏。通常是在靠套管鞋的位置产生了裂缝，因为此处 p_m 与 p_{frac} 之间的压差最大(图 10.41)。除了再下一层套管外，唯一的解决办法是向裂缝处打堵漏浆直到挤注压力超过钻井恢复时所能产生的最大激动压力。已报道的最大挤注压力可达 1000psi($70kg/cm^2$)。高的挤注压力通过扩大裂缝而增加了井壁强度，从而增加了井壁收缩应力(图 10.42)。注意挤注压力会在原来裂缝的下方诱发新的裂缝并封堵，这种裂缝的产生可以由注入压力的波动得到证实。

纤维材料与颗粒材料的混合物，水泥—柴油—膨润土及高滤失浆液，可以用于高压挤注。主要是要求它们在地层中能建立起足够的剪切强度，当去掉挤注压力后不会返流到井内。

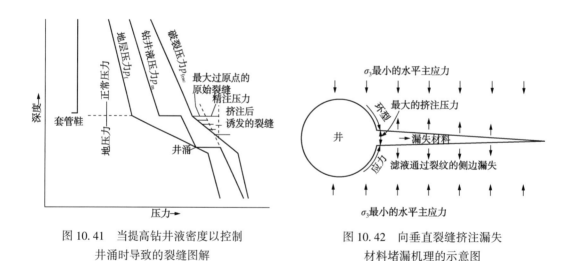

图 10.41　当提高钻井液密度以控制
井涌时导致的裂缝图解

图 10.42　向垂直裂缝挤注漏失
材料堵漏机理的示意图

九、天然裂缝

开启裂缝是在有主应力是张力的情况下产生的。钻井时由于无法测量地下岩石的应力，因而也无法区分天然裂缝和诱发裂缝。封堵的方法相同——通过挤注堵漏浆的方法提高地层的承压能力，天然裂缝可能经常遇到，但到目前还没有认识清楚。

第五节　提高井筒承压能力

"井筒膨胀"这个术语是在 20 世纪 80 年代创造出来的，用来描述井筒似乎在地层中井

漏，然后地层又再吐出钻井液现象，很多时候，回流看起来像溢流，只要油井疑是溢流，钻井队就会关井和检查井涌，这可能造成 NPT。膨胀这个词被使用了，因为这意味着井筒是有弹性的，可以像气球一样进出，事实并非如此。

在 20 世纪 90 年代，在深水钻井作业中遇到了一系列严重的漏失事件，这些事故造成数百万美元的损失，包括钻井液损失和 NPT 钻井平台的损失成本。联合工业项目由钻井工程发起探讨研究深水钻井循环漏失问题。结果表明，非水基钻井液多次压裂后裂缝扩展率较低，压力比水基大。此外，由于钻井窄窗口密度(Lee 等，2012)，等效循环密度(ECD)计算精度不准确，导致循环漏失。这部分问题是非水基钻井液在循环经过井底温度 250℉ 后，钻井液增加温度约 40℉。

在此基础上开发了更精确的计算机算法定律/屈服应力模型，更准确地确定 ECD。钻井液服务公司还开发了精确的 PVT 数据为他们的基本流体使用新软件，再次获得更准确的 ECD 信息。这就促进了非水基流变学的发展，从而使非水基 ECD 最小化温度变化(Young 等.2012)

同时，利用地质信息对地层进行了研究，可钻性、泊松比、杨氏模量对裂缝产生和扩展压力的计算精度较高。利用该信息和前面讨论的围应力模型(图 10.42)，研发堵漏材料，通过加入一定堵漏材料提高了井眼承压能力。

包括：可变形的石墨；超细碳酸钙；小坚果壳；粉末纤维素；超细纤维。

颗粒粒径分布对有效强化井筒承压能力具有重要意义，用美国的石油开发了一种实验室试验。

建立标准颗粒堵塞装置(PPA)和开槽金属盘(PPA 用于测定钻井液中颗粒在过滤介质中有效桥接孔隙的能力)。许多服务公司是已经开发出软件，通过在钻井服务中输入实时数据，设计出正确的颗粒粒径分布尺寸，以提高井眼承压能力。

以下几点有利于提高井眼承压能力 (IADC，2013)：

(1) 提前在钻井液中加入细颗粒状的材料封堵地层的裂缝，以防漏失；这包括材料石灰石、坚果壳和锯末等；

(2) 高滤失浆液堵漏，通过高滤失产生的厚滤饼减少进一步漏失；

(3) 化学凝胶堵漏，经过化学反应生成一种体形结构胶体，具有很好的黏弹性，可堵塞漏失通道；

(4) 提高井筒温度；

(5) 涂抹效应——这发生在钻具旋转时，挤压钻井液钻屑到井壁形成滤饼这样可以护壁；

(6) 混合桥塞堵漏浆，在混合时，会转变成交联聚合物、胶乳橡胶、水泥等，进入漏层裂缝堵漏；

(7) 剪切稠化液堵漏。

第六节　高　　温

一、地温梯度

随着地层深度的增加，温度的增加量叫地温梯度，以 ℉/100ft(℃/4m) 表示。上部地层的热量来源于 2 个方面：（1）从下部地层向上传导的热量；（2）上部地层的辐射热。在古地壳地层的传导热低，如美国西部的多个地区（图 10.43）。在每个区域内地温梯度大小主要取决于以下因素：

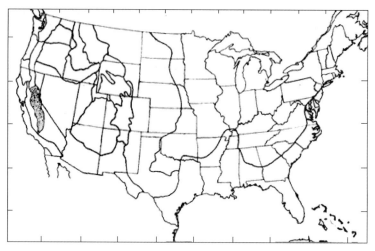

图 10.43　美国地热区，正常区与低温区范围示意图

（1）上部地层辐射热量大小。

（2）构造特征，结构强度高的地层梯度高。

（3）地层的热传导性，在传导性地层，如砂岩，温度梯度低；在低传导性地层，如页岩，温度梯度高。

（4）对流，在较厚的渗透性地层，地层水的对流循环使浅层温度升高。

（5）孔隙压力，在地质受压地层温度梯度较高。

在美国根据位置的不同，地温梯度在 $0.44^\circ\text{F}/100\text{ft}(0.8^\circ\text{C}/1000\text{m}) \sim 2.7^\circ\text{F}/1000\text{ft}(5^\circ\text{C}/1000\text{m})$ 范围内变化。墨西哥湾沿岸地温梯度在 $1.2^\circ\text{F}/100\text{ft}(2.2^\circ\text{C}/100\text{m}) \sim 2.2^\circ\text{F}/100\text{ft}(4^\circ\text{C}/100\text{m})$（图 10.44）。

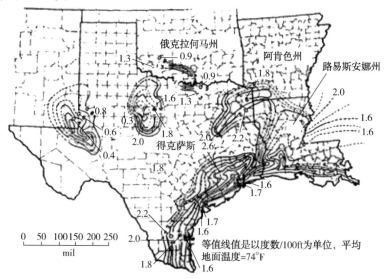

图 10.44　美国西南等温梯度的等高图

加利福尼亚 Salton Sea 地区的蒸汽井内温度梯度极高。这是由于在火成岩的上断层处有一较厚的含水层,依靠水的对流循环,在大约 5000ft(1500m)处温度可达 680℉(360℃),相当于从地面到含水层顶部的地温梯度为 12.5℉/100ft(23℃/100m)。

经过详细调查证实,地温梯度与深度不是线性关系,而是依上述因素变化的,即随地层、孔隙压力等变化。例如,在路易斯安那的 Manchester 油田,在 10500ft(3200m)以上正常受压地层的温度梯度为 1.3℉/100ft(2.36℃/100m),而在此地层以下地质受压地层,地温梯度为 2.1℉/100ft(3.8℃/100m)。墨西哥湾沿岸某些地方,在地质受压地层已发现温度梯度高达 6℉/100ft(10.9℃/100m)。

钻井时井底温度总低于底层原始温度,例如,在加利福尼亚州的 Imperial Valley 所钻的一口 4600ft 的地热井,关井 8h 后测得的最高温度为 430℉(221℃),但是后来所生产的蒸汽温度高达 680℉(360℃)。

井底温度与地层温度差异的原因是钻井液循环冷却了井底地层,把热量传递到井眼上部地层,并在地面把热量释放到大气中。

图 10.45 显示当地层的原始温度为 400℉时,根据 Raymond 计算的钻井液与地层温度随循环时间的变化规律。在起下钻周期内,井底钻井液温度上升,但在正常条件下,钻井液来不及达到地层的原始温度(图 10.46),另外,只有在井筒下半部分钻井液是升温的,而在其他部分和地面钻井液温度是下降的。因此钻井液的平均温度总是大大低于井底所测量的温度(在进行高温稳定性评价试验时应充分考虑这一因素)。

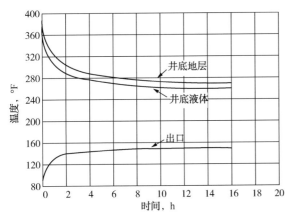

图 10.45 在模拟井内温度变化
(深度为 20000ft,钻井液密度为 8ppg,
钻井液类型为油基,循环流量为 200gal/min,
地层温度梯度为 1.6℉/100ft,
入口温度为 135℉)

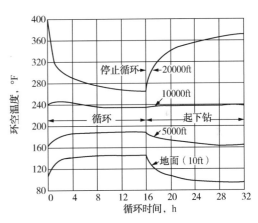

图 10.46 在模拟井内不同深度的温度变化
(深度为 20000ft,钻井液密度为 18ppg,
钻井液类型为油基,循环液量为 200gal/min)
地层温度梯度为 1.6℉/100ft,
入口温度为 135℉)

井内钻井液的静液柱压力取决于井内钻井液的密度,这个温度不用于在地面上的温度,因为密度和压力是随深度增加的。因此,根据地面温度计算钻井液的静液柱压力是不准确的。

McMordie 等在一个可变压力的高压釜内测量了密度随压力和温度的变化。图 10.47 显示了淡水膨润土钻井液与低黏油基钻井液(油水比 85:15)的测试结果。两个体系都采取 3 种不同的密度进行试验(大约为 11lb/gal、14lb/gal、18lb/gal,1.32g/cm³、1.68g/cm³、2.16g/cm³),实验结果显示密度变化与初始密度无关。

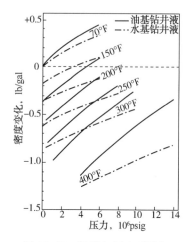

图 10.47　温度与压力对油与
水基钻井液密度的影响

Hoberock 等从密度随深度的变化关系计算井底压力。他们用一种物质平衡来说明油与水压缩性的不同。假定固体材料是不可压缩的，计算出了井深、温度梯度、排量及钻井液组分的影响。表 10.7 展示几类典型的结果，在最后的纵行里表示的压力差是由地面钻井液密度计算的井底压力与井底实际压力之间的近似压差。油基钻井液与水基钻井液没有太大的区别。表 10.7 表示的压差证实：由地面钻井液计算的深热井的实际井底压力产生的负压可能会达到引起井喷的后果。

有一个计算机程序可以从钻井液性能、地面作业数据、钻柱、陶罐与井眼尺寸中预测井下的钻井液温度，但至少要近似地知道当地的地温梯度及井下地层的导热情况。井下钻井液温度可以直接由随钻测量(MWD)技术来测定。

表 10.7　由于钻井液密度变化造成的井底压力的压差

总井深		温度梯度		循环排量		压差	
ft	m	℉/100ft	℃/km	gal/min	m³/min	psi	kg/cm²
10000	3030	20	37	300	114	0	0
15000	4545	—	37	300	114	−100	−7
20000	6060	—	37	300	114	−300	−21
25000	7575	—	37	300	114	−650	−45
—	7575	1.2	22	300	114	−125	−9
—	7575	1.6	29	300	114	−350	−24
—	7575	2.0	37	0	0	−825	−58
—	7575	2.0	37	150	57	−725	−51

二、高温钻井液

本书第七章已经证实：当温度高于 250℉(121℃)时膨润土钻井液的絮凝程度开始急剧增加。可以通过添加稀释剂来控制动切力的增加，但是，稀释剂本身也会在高温下降解。降解的添加剂可以重新补充替换，但随着降解速度的增加，成本也增加。并最终超出预算。例如，铁铬木质素磺酸盐通常用于维持膨润土钻井液的高温流变性和降失水性能。Kelly 在温度为 350℉(177℃)的实验条件下连续循环，这种钻井液，为了维持其流变性保持不变，需要不停地根据需要添加更多的木质素磺酸盐，他的试验结果表明铁铬木质素磺酸盐在 250℉(121℃)开始降解，通过添加少量铬酸钠可以使其稀释性能保持到温度 350℉(177℃)以上，在温度低于 350℉(177℃)时，不管有没有铬酸钠，滤失量都不会增大。

如第六章所述，降解过快发生的温度可以从反应机理计算出来。一般根据经验确定，但也可从实验室实验得出。

褐煤的高温性优于铁铬木质素磺酸盐。含有褐煤与DMS(见本书第八章描述表面活性剂内容)的钻井液,在静态条件下,在400℉(204℃)温度下加热325h后仍维持原来的流变和滤失性能。膨润土—褐煤—DMS钻井液广泛用来钻地热井,一般井底的关井温度在450℉(234℃),但钻井液的切力和成本均较高。

基层岩石由于渗透率低,通常采用空气或水做循环介质钻进,空气和水(特别是空气)对于钻硬地层具有良好的热稳定性,钻速高的特点。Nitchell发明了一种计算空气温度、压力和速度的改进方法。在新墨西哥州的地热试验场,用清水钻井液钻了2口15000ft深的试验井。在垂深10400ft以下井斜达到35°,以50桶高黏膨润土浆清扫井底,用三甘油酯和乙醇类材料配润滑浆减低摩阻,地层温度超过600℉(316℃)。

相比水基钻井液,油基钻井液高温稳定性显著增强,它已用于钻探井底温度高达550℉(287℃)的高温井。油基钻井液非常适合于中东和密西西比州的高温超深井。由于地层压力高,钻井液密度达到18lb/gal(2.15g/cm³)。如果用水基钻井液的话,高温和高固相含量的综合作用使钻井液切力、黏度升高,如果被盐水或其他絮凝剂污染的话,就会出现流变性能无法控制的后果。

油基钻井液面临的一个问题是当温度超过350℉(170℃)后体系内提供结构黏度的有机土开始分解,携砂性能降低。为了解决该问题,Portnoy等最近介绍了一种轻磺化度的聚苯乙烯(磺化苯乙烯与苯乙烯的低比例聚合物)SPS。室内试验证实,在温度高达400℉(204℃)时,SPS仍能提供良好的流变性能,并在现场井底温度高达432℉(222℃)的条件下获得良好的性能。SPS在井底温度超过300℉(149℃)时才被激活,在低温情况下最好与有机土配合使用以更好控制流变性。

Remont等评价了几种商业钻井液的高温性能,为了模拟他们循环时的特性,在温度350℉(117℃)下热滚64h,再测定其流变性和滤失性能。图10.48与图10.49显示9lb/gal(1.1g/cm³)水泥钻井液的动切力及高温高压失水性能。这些钻井液除了样品E含有海泡石和一种未知聚合物外,主要是膨润土和褐煤组成,注意样品E具有极低的动切力和最高的失水量。图10.50与图10.51显示18lb/gal的油基钻井液的高温高压失水量大大低于350℉下长期滚动加热的水基钻井液(注意比例不同)。

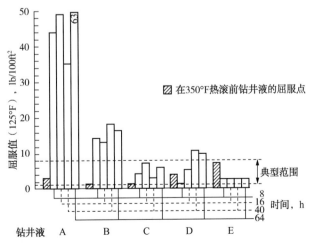

图10.48　9lb/gal的水基钻井液在350℉、300psi下热滚后的屈服值

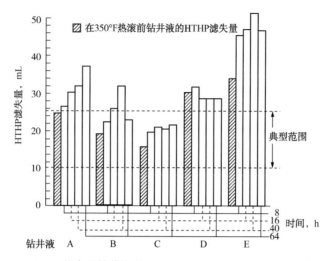

图 10.49　9lb/gal 的水基钻井液在 350℉、300psi 下热滚后的高温高压滤失量

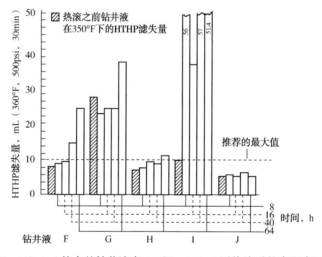

图 10.50　18lb/gal 的水基钻井液在 350℉、300psi 下热滚后的高温高压滤失量

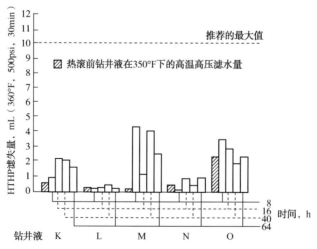

图 10.51　18lb/gal 的油基钻井液在 350℉、300psi 下热滚后的高温高压滤失量

为了模拟在井底长期静止的钻井液特性，将钻井液在温度 500℉（260℃）、压力 15000psi（1055kg/cm²）的条件下静置，图 10.52 与图 10.53 显示只有 3 种油基钻井液在这种条件下是稳定的。

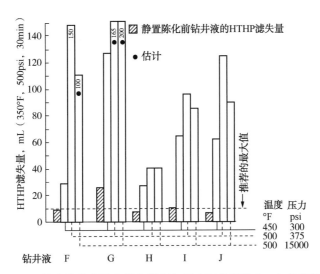

图 10.52　18lb/gal 的水基钻井液在指定温度与压力下静置陈化 24h 的高温高压滤失量

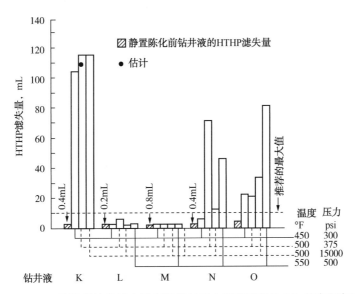

图 10.53　18lb/gal 的油基钻井液在指定温度与压力下静置陈化 24h 的高温高压滤失量

由于对开发地热能的兴趣，最近对于抗高温钻井液体系进行了大量的研究。评价结果告诉我们：高温及高温作用时间是相关因素，对于在高温下作用几个小时的钻井液应小心处理。

由于污染问题，油基钻井液并不适合地热钻井，因而研究集中在水基钻井液上。如 Remont 等的工作所证明的那样，认为海泡石是合适的增稠剂。海泡石钻井液在高剪切速率下束状的纤维就会分开成无数的纤维。这些纤维之间的机械作用是影响流变性的主要原因，因而海泡石钻井液受电化学介质的影响较小。至少到 700℉（371℃）时，矿物悬浮性能依然是稳定的。

海泡石是棒状,对降低失水不起作用。然而 Carney 和 Meyer 提出,含有少量膨润土和两种未知聚合物的海泡石钻井液的高温高压失水性能良好。膨润土的添加比例较小,不会使钻井液的静切力太高。表 10.8~表 10.11 表示一种配方的组分与性能。

表 10.8　使用海泡石与各种滤失控制剂的典型的特殊高温钻井液配方

成分	含量,lb/bbl	成分	含量,lb/bbl
海泡石	15	聚合物 B	0.5
怀俄明膨润土	5	NaOH	0.5
聚合物 A	2		

表 10.9　在各种温度下静置陈化对表 10.8 所示钻井液配方的影响❶

项目		数值					
		—	陈化温度 350℉	陈化温度 400℉	陈化温度 450℉	陈化温度 500℉	陈化温度 560℉
陈化时间,h		—	24	24	24	24	24
剪切,lb/100ft²		—	25	28	30	60	0
塑性黏度,cP		12	13	13	13	10	9
屈服值,lb/100ft²		3	7	5	4	5	3
切力,lb/100ft²		2/2	2/2	2/2	0/0	0/0	0/16
pH 值		11.8	9.5	9.3	9.2	8.6	9.2
API 滤失量,cm³		8.2	8.5	8.8	8.7	8.4	12.7
高温、高压滤失量,cm³	500psi,300℉	32.0	36.0	37.4	36.2	33.0	34.0
	500psi,400℉	—	—	—	—	29.8	33.2
	500psi,450℉	—	—	—	—	31.6	37.4

表 10.10　钻井液(表 10.8 配方)在特高温、高压稠化仪中测试的性能

时间,min	黏度(稠度单位)	温度,℉	压力,psi
0	5	80	500
15	4	280	2500
30	5	413	5000
45	4	528	10000
60	6	618	15000
75	5	632	17500
90	5	648	20500
120	5	683	20000
150	5	700	20000
180	5	700	20000

---

❶　此表原书未给单位。

表 10.11 钻井液(表 10.8 配方)在 7000℉特高温、高压稠化仪中测试的性能

项目		数值
塑性黏度，cP		40
屈服值，lb/100ft²		38
切力，lb/100ft²		0/18
pH 值		8.8
API 滤失量，cm³		11.9
高温滤失量，cm³	500psi，350℉	28
	500psi，400℉	35.2

注：用 4lb/bbl 硬沥青加到上述钻井液中，使 450℉时的滤失量降到 22mL/30min。

Bannerman 和 Davis 描述了海泡石钻井液的现场应用情况。典型配方组成见表 10.12。在加利福尼亚 Imperial Valley 的地热井，使用这种钻井液要比过去使用的膨润土—褐煤钻井液体系所得的流变性好控制的多。起初发现为了提高黏度需要增加剪切时间，这个问题可以通过专门设计的高速搅拌器解决。

表 10.12 两种海泡石钻井液

项目		体系1	体系2
组分	海泡石，lb/bbl	15	15
	NaOH，lb/bbl	1	1
	改性褐煤，lb/bbl	5	0
	磺化褐煤，lb/bbl	0	5
	聚丙烯酸钠，lb/bbl	2	2
	钻出的固相，lb/bbl	25	25
性能	表观黏度，cP	66	25
	塑性黏度，cP	46	41
	屈服值，lb/100ft²	40	34
	切力，lb/100ft²	8/25	6/22
	pH 值	9.5	9.0
	API 滤失量，cm³	10.0	20.0
	高温高压滤失量，cm³	19.6	20.0

注：钻井液在 460℉的热滚炉内陈化。

有 2 种低分子量聚合物可以在 400℉（204℃）保持稳定，可以在高温井中做絮凝剂来控制较低流变性。一种是聚丙烯酸钠，其分子量小于 2500，适合于清水钻井液体系，但对钙离子污染敏感。另一种是磺化苯乙烯马来酸酐共聚物（SSMA），分子量在 1000~5000 之间，可以在清水和海水中使用。SSMA 分子链具有高的电荷密度，因为它每个单元还有 3 个离子化的羧基。高的电荷密度使它可以在高温下仍然可以吸附在黏土颗粒上。而木质素磺酸盐在 350℉（177℃）以上时严重解吸。在实验室内用稠化仪在 400℉（204℃）与 500℉（260℃）两种

温度下用实验证实：以 SSMA 与木质素磺酸盐复配使用可以得到最低的黏度。在某些现场实验里，已发现 SSMA 添加在木质素磺酸盐钻井液里，即使在地热井井底温度高达 700°F (371℃)的条件下也消除了以往测井工具下井时出现的困难。

低分子量聚合物可以在高温下保证良好的流变性，但是滤失性能控制不好，欲控制滤失必须使用长链聚合物。Son 等研究了一种分子量在(1~2)×10^6 之间的乙烯基酰胺/乙烯基磺酸盐共聚物，该物质在 400°F (204℃)能维持良好的流变性和滤失性。试验还证实，共聚物可防止 10%NaCl 钻井液和 10%CaCl$_2$ 钻井液的絮凝，并增加了 KCl 钻井液对岩屑的固相容量。在现场 2 口井的试验中，在井底温度超过 400°F (204℃)，井深超过 20000ft 的井里，维持了良好的流变与滤失特性。

Perricone 等考查了另两种乙烯基磺酸盐的共聚物，其分子量在 75000~1500000 之间。通过室内试验将其加入淡水、海水及木质素磺酸盐的现场钻井液中，热滚 16h，高温高压——500psi(35kg/cm^2)、300°F(149℃)下，失水量都非常低。但在同样条件下木质素磺酸盐现场钻井液的流变性却高于没有处理的基浆。

其中一类现场共聚物的现场试验结果值得注意：在超过 30 口地热井保持了低高温高压失水量，许多井的井底温度超过 500°F(260℃)。其中一口井的高温高压失水在 72h 测井后只增加了 2ml。该共聚物也加入膨润土—褐煤反絮凝体系，用 SSMA 做反絮凝剂。另一种共聚物已在北海油田一口井底温度为 350°F(177℃)的井里使用，用于在低伤害钻井液里控制失水。

第七节　钻具腐蚀

虽然一般水基钻井液的组分不具有腐蚀性，但在高温或细菌的作用下，有机处理剂会降解产生腐蚀性成分。同样，酸性气体(如二氧化碳、硫化氢)以及地层盐水的污染也可引起严重的腐蚀。这种情况下，更换被腐蚀的钻具会造成经济负担。更严重的是，如果被腐蚀的钻具没有及时发现，在钻进过程中，会出现断钻具事故。

本节将简要地介绍几种腐蚀产生的原因及必要的防腐措施。

一、电化学反应

如果一种金属放置在该金属的盐溶液中，那么金属离子就倾向于进入溶液中，从而使金属相对于溶液带负电。只有少量的阳离子离开金属，而它们又被其负电荷吸附在金属表面附近。这样就形成静电双电层(类似本书第四章讨论的静电双电层)，其电位值取决于金属及其盐的浓度或者盐溶液的活度。

表 10.13 为各种金属浸没在它单元活度溶液中的 Nernst 电位，相对于相同条件下的氢的电极电位叫电势。一种金属电离的倾向越大，它的电位越倾向于负值，并且在含水介质内活性越大。例如，钾在清水里反应剧烈，而锌在酸溶液内反应剧烈，但银即使在浓酸里也是惰性的。其原理是金属阳离子置换了溶液中电势较低的阳离子。如锌置换氢，但银却不能。

表 10.13　电动势序

(各种金属沉没在它自身单元活度盐溶液里相对于标准氢电极时各种金属表面的电位)

金属	电动势, V	金属	电动势, V
钾(K^+)	-2.92	铅(Pb^{2+})	-0.13
钠(Na^+)	-2.72	铜(Cu^{2+})	+0.34
镁(Mg^{2+})	-2.34	汞(Hg^{2+})	+0.80
铝(Al^{3+})	-1.67	银(Ag^+)	+0.80
锌(Zn^{2+})	-0.76	金(Au^+)	+1.68
铁(Fe^{2+})	-0.44		

　　利用这个原理可用来制造电流。例如，把锌和铜的金属棒放在硫酸铜溶液中，并用一根导线连接起来，如图 10.54 所示，锌离子进入溶液形成硫酸锌，而同时金属铜沉积在铜棒上。在锌离子进入溶液时给出 2 个电子，它们沿着导线到铜棒上被铜离子所接受，从而形成分子铜。利用这种方法能把化学能转化为电能。其机理由下列方程式表示：

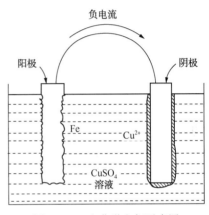

图 10.54　电化学电解示意图

$$Zn^{2+}+CuSO_4 = ZnSO_4+Cu^{2+}\longrightarrow Cu \qquad (10.6)$$

　　这个反应装置叫电化学电解槽，金属棒叫电极。锌是阳极，铜是阴极，因为锌的电势高于铜，相对于铜，它是负的。

　　根据相同的原理，在电解质溶液中放随意 2 个金属电极，并用导线将 2 个电极相连构成电解槽。常见的例子有闪光灯和汽车电瓶。锌—硫酸铜—铜的电解反应是可逆的，如在反方向用电瓶输上电流，铜以铜离子的形式进入溶液，而金属锌在锌棒上解析出来。但如果电解槽里装的是硫酸，而不是硫酸铜，生成的氢以气体形式排出，这样的电解反应是不可逆的。由于电极电位取决于离子活度，所以电化学电解槽也可以用相同金属做电极浸入不同离子活度的溶液内进行反应。金属间用导线相连，该种叫浓度电解槽。

　　电化学反应是腐蚀的基本原理。金属的不均匀造成表面的局部电位不同，从而提供了阳极和阴极，金属本身就是导体。如上面锌-铜电化学反应所描述腐蚀总发生在阳极，而反应的产物，比如氢气，是经阴极排出。

　　钻具是由铁和碳化铁晶体的合金组成，也构成电化学反应。铁是阳极，碳化铁晶体是阴极，在水基钻井液内发生电化学反应，引起钻具表面的一般性腐蚀。沉积物聚集在阴极位置，从而引起局部腐蚀或点蚀。即使光滑的钻杆，由于离子活度的不用，可以形成浓度电解槽，同样会引起局部腐蚀。

　　另一种电化学反应是因氧化条件的不同而形成。其原理是氧化时发生电子转移，如二价铁转化为三价铁时：

$$Fe^{2+} = 1e + Fe^{3+}$$

　　这种作用产生的电位差叫氧化还原电势。在钻井作业中，钻井液流动及维护处理时氧气必然进入钻井液。致使钻杆表面暴露在氧化条件下，但在锈蚀或其他条件下，还原反应是主要的。可形成阳极，如：

$$Fe-2e = Fe^{2+} \tag{10.7}$$

而在钻具表面形成一阴极：

$$O_2 + 2H_2O + 4e = 4OH^- \tag{10.8}$$

并根据下列方程式，形成氢氧化铁：

$$4Fe^{2+} + 6H_2O + 4e = 4Fe(OH)_3 \tag{10.9}$$

如图 10.55 所示，在这种情况下形成点蚀。注意只要在隔离物下有氧气存在，腐蚀就会发生。主要原因是隔离物下面的氧少于金属表面的氧，建立不用氧浓度的电化学反应。

如果腐蚀的产物堆积在阴极，电子流动受到阻碍，可以降低腐蚀反应进行的速度。然后阴极就被极化了。例如，H^+ 可以使阴极极化一层氢原子，而氢原子如果组成气态的氢分子则成为去极化。溶解氧可以作为去极化剂，它可以与氢反应生成水，从而加快腐蚀速率。

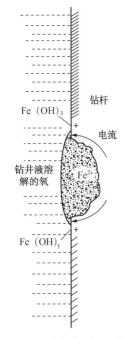

图 10.55　氧腐蚀交换槽

二、应力裂纹

当金属承受重复应力时，即使施加的应力大大低于正常的屈服应力，它最终也会失效。这种破坏是由裂纹引起，裂纹始于高应力集中点或其他表面缺陷处。在重复应力作用下裂纹加深，这种类型的破坏成为疲劳破坏，通常在冶金工程里遇到。

刚才在破坏前可以承受一定的重复应力。随着外力、钢的硬度和腐蚀环境的增强，承受重复应力的能力降低(图 10.56)。在钻井中，溶解的盐、氧气、二氧化碳及硫化氢大大促进了钻杆的疲劳破坏，因为在裂纹底部形成一个阳极，而在表面产生一个阴极(图 10.57)。裂纹底部的金属离子进入钻井液中加速裂纹的扩张，腐蚀疲劳破裂是钻具刺漏和失效的主要原因。

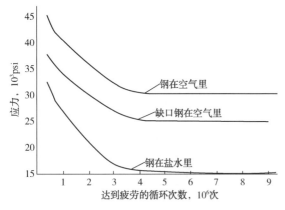

图 10.56　典型的疲劳损坏曲线

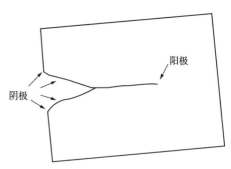

图 10.57　在疲劳应力裂纹里电化学腐蚀电解槽的体现

　　另外一种形式的应力破坏现象称为氢脆。在这一节前面已经叙述在电化学反应阴极上，氢离子释放它们的电荷生成气态分子氢。但仍有一部分氢以原子形式存在，并能渗透到钢体中。正常情况下，渗透的深度很小，不会造成伤害。但在有硫化氢存在的情况下，原子态氢增多，渗透钢的氢增多，它们集中在最大应力点上。当氢的浓度达到一临界值时，裂纹发展迅速，最终导致破坏。这种形式的破坏称为硫化物应力破坏。

　　达到破坏的时间取决于以下 3 个变量：

　　(1) 不管是残余应力，还是外加应力，应力越大，产生破坏的时间越短。根据钢的强度，当应力低于某一值时，不会出现破坏。

　　(2) 拉伸强度或刚的硬度。对于拉伸应力小于 90000psi($6000kg/cm^3$) 洛氏硬度为 C22 的钢，通常不会有硫化物应力破坏问题，如图 10.58 所示。

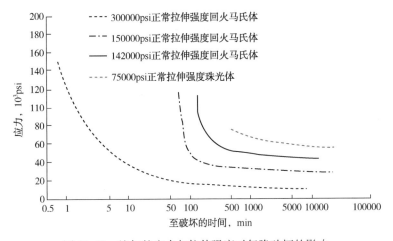

图 10.58　施加的应力与拉伸强度对氢脆破坏的影响

　　(3) 氢的含量越高，破坏时间越短。

　　当钻井液受到硫化氢污染时，就会产生氢脆的严重问题。图 10.59 表明在钻具应力高时，破坏发生的时间很短。硫化物含量浓度高时，在不到 1h 的时间内就会产生破坏，在浓度很低时，一周左右也会出现破坏。

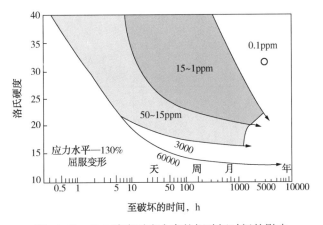

图 10.59　H_2S 浓度对应力高的钢破坏时间的影响

三、腐蚀的控制

控制腐蚀最简单和最常用的方法是使用强碱性钻井液。但这种方法有许多限制：当温度超过200℉(93℃)且pH值大于10的时候氢氧根会破坏黏土的稳定性。如本书第七章所述，氢氧化钙在温度高于300℉(149℃)时可引起钻井液稠化，在这个温度下所有的氢氧化物会发生裂解或稠化。在许多井上，最聪明的办法是把pH值控制9~10之间，这样可以控制腐蚀程度在可接受的范围内，同时可以使丹宁、木质素磺酸盐更有效地发挥稀释作用。如果证实这种方法不足以控制腐蚀，或者装在钻具上的腐蚀环显示腐蚀过大，那么就必须针对腐蚀的原因加以适当的处理(见本书关于"腐蚀试验"的一节)。表10.14总结了一般的腐蚀类型、现场鉴别及通用处理方法。各种污染物的破坏原理及控制细节如下：

表 10.14　钻井液腐蚀的故障排除

原因	主要来源	可见的腐蚀形式	腐蚀副产品	试验	处理办法
氧	添加水	浓度电离单元在隔板或沉积下的点蚀	主要是 Fe_3O_4	在15%HCl内不溶解	氧净化剂：开始处理时用2.5~10lb/b当量的亚硫酸钠，维持20~300mg/L的亚硫酸残余。工程师要减少在凹坑里的空气截留，钻井液除泡
空气截留	混合与固相控制设备	凹坑里填有黑色磁性副产品		磁铁吸引的副产品	为了减少大气腐蚀以及覆盖浓度电离沉积，在起下钻期间用抑制剂的膜包覆管子
矿物水垢沉积	地层与钻井液材料	在沉积下的腐蚀电离凹坑	在矿物沉积下的铁产品	白色的矿物水垢；钙，钡和/或镁化合物	若矿物水垢沉积在钻杆上，以5~15mg/L或大约以25~75lb/d慢慢而连续地添加进行水垢清除剂处理。在磷酸盐残余超过15ml/l后，水垢的处理可以降低。在正常的钻井条件下，1gal/(1000bbl·d)钻井液的处理量可以用于维持正常情况有机磷酸盐化合物
气体钻井液	注入空气	严重的点蚀	铁的氧化物	黑至红的铁锈	用铬酸盐化合物或铬酸锌化合物，维持铬酸盐浓度500~1000mg/L。维持高的pH值，用水垢清除剂使钻杆免除矿物水垢沉积，在起下钻时使钻杆覆盖薄膜

续表

原因	主要来源	可见的腐蚀形式	腐蚀副产品	试验	处理办法
CO_2(气)	地层受热退化钻井液产品	局限于凹坑,深棕色至黑色膜	碳酸铁	在 15% HCl 里慢慢发泡	用苛性钠维持碱性 pH 值以中和酸性气体。由于碳酸与钙的亚稳反应可以形成矿物水垢沉淀。可需要 5~15mg/L(25~75lb/d)水垢清除剂进行处理。在起下钻期间,在钻杆上喷涂清除剂
硫化氢气体	地层	局限于尖锐凹坑深蓝至黑色膜覆在设备上。硫化物应力腐蚀裂纹对高强度金属(通常是工具接头,钻头)产生迅速脆性破坏	硫化铁	砷酸溶液产生一种浅黄色沉淀,它溶于 15% 的 HCl。臭鸡蛋味,在暴露的设备上覆有深蓝色至黑色的膜。醋酸铅试验	用苛性钠维持高 pH 值。用金属化合物如 Fe_3O_4 与/或锌的化合物 $ZnCO_3$ 或 ZnO 沉淀方法清除硫化铁,0~100ppm 硫化物。3~5lb/bbl Fe_3O_4,0.1~0.5lb/bbl 锌的化合物,氧化铁与锌化合物的组合处理,在大多数的钻井液里提供了较低的硫化铁污染
大气	普通的地方到局部的位置	氧化铁锈	可见的铁锈	清洗设备没有盐及钻井液产物,并用大气膜清除剂喷洒设备	

（1）二氧化碳，其可以溶解在水里形成碳酸降低 pH 值。用氢氧化钠把 pH 值控制在 9~10 可以最好地控制腐蚀。但如果进入的气体多，过量可溶性碳酸盐的形成使黏度升高，在这种情况下可使用氢氧化钙来进行中和。但所生成的碳酸钙沉淀会引起电化学反应。针对这类腐蚀可以使用缓释剂或在起下钻过程中清洁钻具。

（2）硫化氢，酸性硫化氢气体的突然溢流可对钻井液造成严重污染，或者硫化物还原菌、高温下木质素磺酸盐的降解等产生硫化氢污染。木质素磺酸盐大约在 330℉(165℃)开始热降解。一直到 450℉(232℃)发生一次重要分解，反应产物为 H_2S，CO_2 和 CO。

H_2S 是一种有毒气体。当遇到硫化氢，即使只有很低的浓度，也要尽最大可能保护钻井现场作业人员。在水溶液中呈弱酸性，与铁反应生成硫化铁，有下列反应方程式近似描述为：

$$H_2S + Fe^{2+} \rightleftharpoons FeS_x\downarrow + 2H^+ H_2^0\uparrow \tag{10.10}$$

硫化物为黑色粉末沉积在钻具上。硫化物分两步电离，即：

$$H_2S \longrightarrow H^+ + HS^- \tag{10.11}$$

$$HS + OH^- \longrightarrow S^{2-} + H_2O \tag{10.12}$$

这些可逆反应由 pH 值决定，如图 10.60 所示，硫以硫化氢分子形式存在的 pH 值为 6，pH 值 8~11 的时候以 HS^- 存在，当 pH 值大约 12 时，以 S^{2-} 存在。因此硫化物应力破裂是由第一电离阶段里的原子氢与 HS^- 形成引起，从而得出维持 pH 值在 8~11 之间并不是一种最佳的处理方法。当 pH 值高于 12 时，H^+ 得到抑制，但维持这么高的碱性并不理想，因为这

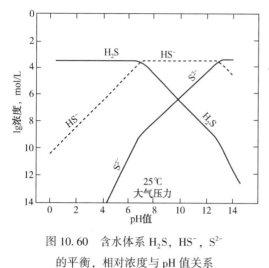

图 10.60　含水体系 H_2S，HS^-，S^{2-}
的平衡，相对浓度与 pH 值关系

意味着 S^{2-} 在钻井液内聚集。如果 pH 值的突然下降由较多 H_2S 突然浸入或其他原因所致，由于电离反应是可逆的，而大量的氢原子可能引起 H_2S 的产生。当然，高 pH 值同样在高温井中并不理想，因为有前面提到的矿物黏土裂解。因此，控制 H_2S 最好的方法是添加除硫剂，还不是维持高 pH 值。

早期使用铜盐作除硫剂，但后来发现会引起双金属腐蚀(即图 10.54 所示的过程)。为了防止双金属腐蚀，除硫剂的阳离子必须在电势上高于铁，锌符合这个条件，现在经常使用的是碱性的碳酸锌。注意必须使 pH 值维持在 9~11 之间。在较高或较低的环境下，碳酸锌的溶解度剧烈增加而锌离子絮凝膨润土浆。如图 10.61 表明钻井液的屈服值、切力和滤失量的必然增加。显然在 pH 值为 9 时，钻井液性能最佳。

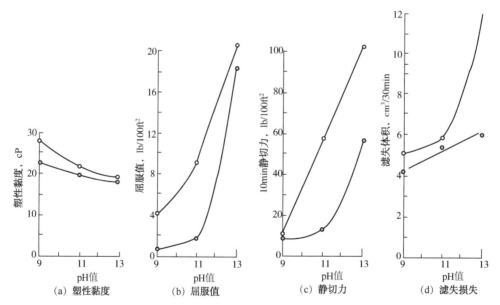

图 10.61　在 pH 值为 9~13 时，6lb/bbl 的碱性碳酸锌对 11.8lb/gal 反絮凝现场钻井液性能的影响
○—锌处理钻井液；●—碱性现场钻井液

使用锌的螯合物可以避免锌粒子的絮凝，锌以螯合物的形式存在，所以溶液中锌离子的浓度非常低，但是如果需要，锌很容易与硫化物反应。

同样，铁矿粉也作为 H_2S 的除硫剂使用。例如，H_2S 与氧化铁反应，生成不溶的硫化铁。由于反应在金属表面发生，发应的速率取决于金属在溶液中的暴露面积。一种人造的 Fe_3O_4 由于其多孔性，具有很大的比表面积，适合于工业应用；反应产物为黄铁矿，但从化学角度讲，它是络合物，取决于很多变量：如 pH 值、钻井液剪切速率与温度。在低的 pH

值条件下，反应时间极快，因此在处理中等或大量 H_2S 突然浸入时非常有效。在低 pH 值下除去 H_2S 的能力也是在高温井内的一大优点。这种材料的另一个优点就是它的不溶性，它不影响钻井液的流变性和滤失特性。

（3）氧气。

在钻井液里总有溶解氧存在，它是在搅拌或处理钻井液时浸入的，浓度有百万分子几就会引起严重的腐蚀。氧腐蚀的电化学反应是在小块锈或水垢下面形成凹槽(图 10.55)，这是氧腐蚀的特点。

氧腐蚀随温度的增加而剧烈增加，并受矿化度的影响。盐水与盐水钻井液要比淡水钻井液更具腐蚀性，因为盐溶液增强了导电性。在极高的矿化度条件下，因溶液氧的较少腐蚀速率降低。温度、矿化度与氧腐蚀的关系如图 10.62 所示。低固相聚合物钻井液比普通的高固相钻井液更具有腐蚀性，因为控制流变性而添加的丹宁酸盐和木质素磺酸盐，可以起到除氧的作用。通常，氧的腐蚀随着 pH 值增加而减小，但在 pH 值高于 12 以后，腐蚀性又增加了(图 10.63)。

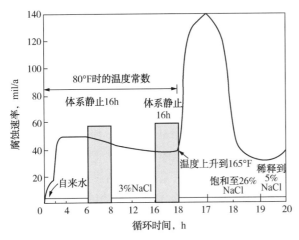

图 10.62　温度与矿化度对腐蚀速率的影响

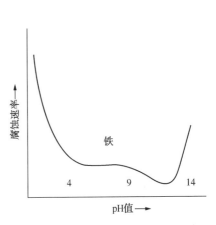

图 10.63　腐蚀速率随 pH 值变化的关系

防止氧腐蚀的最好方法是避免氧气在地面进入钻井液体系。使用沉没式的钻井液枪把钻井液控制在液面下面，并使返出的钻井液通过除砂器与除泥器等。漏斗是空气进入的主要途径，只有在添加固体材料时才使用。图 10.64 是停止处理钻井液后氧含量的减少示意图。

应当连续检测钻井液腐蚀的状态防止过快腐蚀的出现，以便及时采取处理措施。现在可以安装腐蚀检测表，以便现场作业人员及时观测腐蚀状况。可以在钻杆和钻铤上放置腐蚀环检测腐蚀速率，因为氧气在钻具内流动时被腐蚀反应消耗，所以在较高处和较低处两个腐蚀环的重量差是氧腐蚀的衡量依据。

如果钻井液中氧含量太高，就需要使用除氧剂。通常用亚硫酸盐化合物作为除氧剂。它们与氧作用形成硫酸盐，例如：

$$O_2 + 2Na_2SO_3 \longrightarrow 2Na_2SO_4 \tag{10.13}$$

图 10.65 表明，加入除氧剂后氧含量显著下降。

用铵或铵盐增加钻具的亲油性可以降低腐蚀速率，这些化合物的作用已在本书第九章讨论过。如果连续添加，其中大部分会被黏土颗粒吸附而消耗。较好的办法是每隔一段时间添

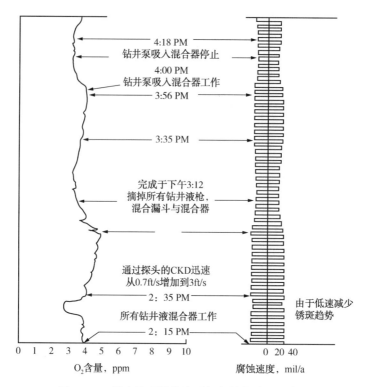

图 10.64　停止处理钻井液后氧含量的减少示意图

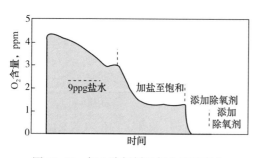

图 10.65　加入除氧剂后氧含量的变化

加少量材料,如每 30min 添加 4gal 的柴油,或者起下钻时直接喷洒在钻具上。

另一种方法是用塑料性质的保护膜覆盖在钻具上,这种技术在高固相钻井液里效果明显。因为大多数的氧在钻具内向下流动时被有机处理剂消耗了,但是当钻井也为盐水或低固相聚合物体系时,氧很难被消耗。同样,起钻后钻具暴露在空气中容易被氧气所腐蚀。

(1) 细菌腐蚀。

水基钻井液内有许多细菌组成菌落,形成腐蚀单元。有一种叫硫酸盐还原菌的细菌能引起严重的伤害,它出现在完全厌氧的条件下。它们使钻井液中的硫酸盐与阴极的氢反应生成 H_2S,从而使钻井液中的硫酸盐含量降低。具体如下:

$$SO_4^{2-} + 10H^- \longrightarrow H_2S + 4H_2O \tag{10.14}$$

这样不仅产生的 H_2S 引起腐蚀,而且阴极的去极化以及钻井液添加剂的降解(如木质素磺酸盐)也引起腐蚀。细菌危害了钻井液的流变性和滤失性能。

微生物对钻具腐蚀的影响程度还不清楚,一般的认识是如果钻井液的物理性能没有受到影响,细菌腐蚀就不是问题。

加入杀菌剂可以控制微生物腐蚀。常用的杀菌剂有很多,但要求杀菌剂不要对钻井液的性能产生有害的影响,并且其本身不能是腐蚀性的。例如,由于双金属腐蚀的关系,不能使用铜盐,而苯的氯化物和多聚甲醛是最适宜的杀菌剂,所需要的量取决于钻井液中的固相浓度，可以加至 2lb/bbl(6kg/m³)。

（2）用油基钻井液控制腐蚀。

因为油基钻井液不导电且还有大量亲油材料，能有效地防止腐蚀。在腐蚀严重的情况下，即使成本高也值得，比如钻探含有酸性气体的深度储层时。当钻井液作封隔液使用时，也可以考虑油基钻井液。

符 号 解 释

A——面积；

p_m——静液柱压力；

D——井眼直径；

p_w—— p_m+环空压耗及任何激动压力；

d——使 $\dfrac{R}{N}$ 与 $\dfrac{W}{D}$ 发生关系的指数；

S——上覆压力，固体加孔隙压力；

F——平行于滑动表面的力；

S_{Hmin}——最小水平总应力；

K——拉伸强度；

W——钻压；

k_1——垂直与水平应力关系常数；

W_1——垂直于滑动表面的力；

N——钻头转速；

Z——深度；

p_f——地层流体孔隙压力；

σ_1——最大主应力；

P_{frac}——地层破裂压力；

σ_2——中间主应力；

σ_3——最小主应力。

参 考 文 献

Adams, N., 1977. How to control differential pipe sticking. Part 3. Pet. Eng. 44-50.

Anderson, E. T., 1961. How world's hottest well was drilled. Pet. Eng. 47-51.

Annis, M. R., Monaghan, R. H., 1962. Differential pipe sticking—laboratory studies of friction between steel and mud filter cake. J. Pet. Technol. 537-542, Trans AIME. 225.

Bannerman, J. K., Davis, N., 1978. Sepiolite muds for hot wells, deep drilling. Oil Gas J. 86, 144-150.

Bardeen, T., Teplitz, A. J., 1956. Lost circulation info. with new tool for detecting zones of loss. J. Petro. Tech. 36-41, Trans AIME. 207.

Baumgartner, A. W., 1962. Microbiological corrosion—what causes it, and how it can be controlled. J. Pet. Technol. 1074-1078, Trans AIME. 225.

Black, A. D., Dearing, H. L., Di Bona, B. G., 1985. Effects of pore pressure and mud filtration on drilling rate in permeable sandstone. J. Pet. Technol. 1671-1681, Trans AIME. 248.

Blattel, S. R., Rupert, J. P., 1982. Effect of weight material type on rate of penetration using dispersed and non-dispersed water-base muds. In: SPE Paper No. 10961, Annual Meeting, New Orleans, LA, September.

Bol, G. M., 1985. Effect of mud composition on wear and friction of casing and tool joints. In: SPE/ IADC Paper No. 13457, Drilling Conf., New Orleans, LA, 5-8 March.

Bradley, B. W., 1970. Oxygen cause of drill pipe corrosion. Pet. Eng. 54-57.

Breckels, I. M., van Eekelen, H. A. M., 1982. Relationship between horizontal stress and depth in sedimentary basins. J. Pet. Technol. 2191-2199, Trans AIME. 245.

Browning, W. C., 1959. Extreme-pressure lubes in drilling muds. Oil Gas J. 67, 213-218.

Burdyn, R. F., Wiener, L. D., 1957. Calcium surfactant drilling fluids. World Oil. 34, 101-108.

Bush, H. E., 1973. Controlling corrosion in petroleum drilling and packer fluids. In: Nathan, C. C. (Ed.), Corrosion Inhibition. NACE, Houston, TX, p. 109.

Bush, H. E., 1974. Treatment of drilling fluid to combat corrosion. In: SPE Paper No. 5123, Annual Meeting, Houston, TX, 6–9 October.

Bush, H. E., Barbee, R., Simpson, J. P., 1966. Current techniques for combatting drill pipe corrosion. API Drill. Prod. Prac. 59–69.

Caenn, R., 2013. Enhancing wellbore stability, strengthening and clean-out focus of fluid system advances. American Oil and Gas Reporter, October 2013.

Canson, B. E., 1985. Loss circulation treatment for naturally fractured, vugular, or cavernous formations. In: SPE/IADC Paper No. 13440, Drilling Conf., New Orleans, LA, March.

Carden, R. S., Nicholson, R. W., Pettitt, R. A., Rowley, R. C., 1985. Unique aspects of drilling hot dry rock geothermal wells. J. Pet. Technol. 821–834, Trans AIME. 248.

Carney, L., 1980. New inverts give good performance but for wrong reasons. Oil Gas J. 88.

Carney, L. J., Meyer, R. L., 1976. A new approach to high temeprature drilling fluids. In: SPE Paper 6025, Annual Meeting, New Orleans LA, 6 March.

Carney, L. L., Jones, B., 1974. Practical solutions to combat detrimental effects of H$_2$S during drilling operations. In: SPE Paper 5198, Symp. on Sour Gas and Crude, Tyler, TX, 11–12 November.

Chesser, B. G., Enright, D. P., 1980. High temperature stabilization of drilling fluids with a lowmolecular-weight copolymer. J. Pet. Technol. 243, 950–956.

Chesser, B. G., Perricone, A. C., 1970. Corrosive aspects of copper carbonate in drilling fluids. Oil Gas J. 78, 82–85.

Chesser, B. G., Perricone, A. C., 1983. A physiochemical approach to the prevention of balling of gumbo shales. In: SPE Paper 4515, Annual Meeting, Las Vegas, NV, September.

Clark, R. K., Scheuerman, R. F., Rath, H., van Laar, H., 1976. Polyacrylamide-potassium chloride mud for drilling water-sensitive shales. J. Pet. Technol. 719–727, Trans AIME. 261.

Courteille, J. M., Zurdo, C., 1985. A new approach to differential sticking. In: SPE Paper No. 14244, Annual Meeting, Las Vegas, NV, 22–25 September.

Cowan, J. C., 1959. Low filtrate loss and good rheology retention at high temperatures are practical features of this new drilling mud. Oil Gas J. 67, 83–87.

Cox, T. E., 1974. Even traces of oxygen can cause corrosion. World Oil. 51, 110–112.

Cox, T., Davis, N., 1976. Oxygen scavengers. Drilling 68.

Cromling, J., 1973. How geothermal wells are drilled and completed. World Oil. 50, 42–45.

Cunningham, R. A., Eenik, J. G., 1959. Laboratory study of effect of overburden, formation, and mud column pressure on drilling rate of permeable formations. Trans AIME 216, 9–17.

Cunningham, R. A., Goins Jr., W. C., 1957. Laboratory drilling of gulf coast shales. API Drill. Prod. Prac. 75–85.

Daines, S. R., 1982. Prediction of fracture pressures in wildcat wells. J. Pet. Technol. 245, 863–872.

Daneshy, A. A., Slusher, G. L., Chisholm, P. T., Magee, D. A., 1986. In-situ stress measurements during drilling. J. Pet. Technol. 249, 891–898.

Darley, H. C. H., 1965. Designing fast drilling fluids. J. Pet. Technol. 465–470, Trans AIME. 234.

Darley, H. C. H., 1976. Advantages of polymer fluids. Pet. Eng. 48, 46–48.

Dawson, D. D., Goins Jr., W. C., 1953. Bentonite-diesel oil squeeze. World Oil. 30, 222–233.

Diment, W. H., Urban, T. C., Sass, J. H., Marshall, B. V., Munroe, R. J., Lachenbruch, A. H., 1975. Temperatures and heat contents based on conductive transport of heat. Assessment of Geothermal Resources of the United States, Geological Survey Circular 726. Dept. Interior, Washington, DC, pp. 84–103.

Doty, P. A., 1986. Clear brine drilling fluids: a study of penetration rates, formation damage, and wellbore stability in full scale drilling tests. In: SPE/IADC Paper No. 13441, Drilling Conf., New Orleans, LA, 5 - 8 March; and SPE Drill. Eng. 17-30.

Eaton, B. A., 1969. Fracture gradient prediction, and its application in oilfield operations. J. Pet. Technol. 1353-1360, Trans AIME. 246.

Eckel, J. R., 1954. Effect of mud properties on drilling rate. API Drill. Prod Prac. 119-124.

Eckel, J. R., 1958. Effect of pressure on rock drillability. Trans AIME 213, 1-6.

Eckel, J. R., 1967. Microbit studies of the effect of fluid properties and hydraulics on drilling rate. J. Pet. Tech 541-546, Trans AIME. 240.

Fontenot, J. E., Berry, L. M., 1975. Study compares drilling-rate-based pressure-prediction methods. Oil Gas J. 83, 123-138.

Gallus, J. P., Lummus, J. L., Fox, J. E., 1958. Use of chemicals to maintain clear water for drilling. J. Pet. Technol. 70-75, Trans AIME. 213.

Garnier, A. J., van Lingen, N. H., 1959. Phenomena affecting drilling rates at depth. J. Pet. Technol. 209, 232-239.

Garrett, R. L., Clark, R. K., Carney, L. L., Grantham, C. K., 1978. Chemical scavengers for sulphides in water-base drilling fluids. In: SPE Paper 7499, Annual Meeting, Houston, TX, 1-3 October.

Gatlin, C., Nemir, C. E., 1961. Some effects of size distribution on particle bridging in lost circulation and filtration tests. J. Pet. Technol. 575-578, Trans AIME. 222.

Gockel, J. F., Gockel, C. E., Brinemann, M., 1987. Lost circulation: a solution based on the problem. In: SPE/IADC Paper 16082, Drill. Conf., New Orleans, LA, 15-18 March.

Goins Jr., W. C., Dawson, D. D., 1953. Temperature surveys to locate zone of lost circulation. Oil Gas J. 61, 170, 171, 269-276.

Goins, W. C. Jr., Nash, F. Jr., 1957. Methods and composition for recovering circulation of drilling fluids in wells. U. S. Patent No. 2, 815, 079 (3 December).

Gravely, W., 1983. Review of downhole measurement-while-drilling systems. J. Pet. Technol. 246, 1439 -1445.

Haden, E. L., Welch, G. R., 1961. Techniques for preventing differential sticking of drill pipe. API Drill. Prod. Prac. 36-41.

Haimson, B. C., 1973. Hydraulic fracturing of deep wells. 2nd Annual Report of API Project 147. American Petroleum Institute, Dallas, TX, 35-49.

Hamburger, C. L., Tsao, Y. H., Morrison, M. E., Drake, E. N., 1985. A shear thickening fluid for stopping unwanted flows while drilling. J. Pet. Technol. 248, 499-504.

Hayward, J. T., 1937. Cause and cure of frozen drill pipe and casing. API Drill. Prod. Prac. 8-20.

Helmick, W. E., Longley, A. J., 1957. Pressure-differential sticking of drill pipe, and how it can be avoided. API Drill. Prod. Prac. 55-60.

Hoberock, L. L., Thomas, D. C., Nickens, H. V., 1982. Here's how compressibility and temperature affect bottom-hole mud pressure. Oil Gas J. 90, 159-164.

Hottman, C. E., Johnson, R. K., 1965. Estimation of pore pressure from log-derived shale properties. J. Pet. Technol. 717-722, Trans AIME. 234.

Howard, G. C., Scott, P. P., 1951. An analysis of the control of lost circulation. Trans AIME 192, 171-182.

Hubbert, M. K., Willis, D. G., 1957. Mechanics of hydraulic fracturing. J. Pet. Technol. 153-166, Trans AIME. 210.

Hudgins Jr. , C. M. , 1970. Hydrogen sulphide corrosion can be controlled. Pet. Eng. 33-36.

Hudgins Jr. , C. M. , McGlasson, R. L. , Medizadeh, P. , Rosborough, W. M. , 1966. Hydrogen sulphide cracking of carbon and alloy steels. Corrosion 238-251.

Hunter, D. , Adams, N. , 1978. Laboratory test data indicate water base drilling fluids that resist differential-pressure pipe sticking. In: Paper OTC 3239, Offshore Technology Conf. , Houston, TX, 8-11 May.

IADC 2013. Advances in high-performance drilling fluids enhance wellbore strength, help curb loss. Drilling Contractor magazine, 9 January, 69.

Johnson, D. P. , Cowan, J. C. , 1964. Recent Developments in Microbiology of Drilling and Completion Fluids. Am. Inst. Biological Sci. , Washington, DC.

Jones, P. H. , 1969. Hydrodynamics of geopressure in the northern Gulf of Mexico Basin. J. Pet. Technol. 246, 803-810.

Jorden, J. R. , Shirley, O. J. , 1966. Application of drilling performance data to overpressure detection. J. Pet. Technol. 243, 1387-1394.

Kelly, J. , 1965. How lignosulfonate muds behave at high temperatures. Oil Gas J. 73, 111-119.

Kercheville, J. D. , Hinds, A. A. , Clements, W. R. , 1986. Comparison of environmentally acceptable materials with diesel oil for drilling mud lubricity and spotting formulations. IN: IADC/SPE Paper No. 14797, Drilling Conf. , Dallas, TX, 1986.

Krol, D. A. , 1984. Additives to cut differential pressure sticking in drillpipe. Oil Gas J. 92, 55-59.

Kruger, P. , Otte, C. , 1974. Geothermal Energy. Stanford Univ. Press, Stanford, CA, p. 73. Lammons, R. D. , 1984. Field use documents glass bead performance. Oil Gas J. 92, 109-111.

Lee, J. , Cullum, D. , Friedheim, J. , Young, S. , 2012. A new SBM for narrow margin extended reach drilling. In: IADC/SPE Drilling Conference and Exhibition, San Diego, CA, 6-8 March.

Lummus, J. L. , 1965. Chemical removal of drilled solids. Drill. Contract. 21, 50-54, 67.

Lummus, J. L. , 1968. Squeeze slurries for lost circulation control. Pet. Eng. 59-64.

Mallory, H. E. , 1957. How low solids fluids can cut costs. Pet. Eng 1321-1324.

Matthews, W. R. , Kelly, J. , 1967. How to predict formation pressure and fracture gradients. Oil Gas J. 75, 92-106.

Maurer, W. C. , 1962. The "perfect cleaning" theory of rotary drilling. J. Pet. Technol. 1270-1274, Trans AIME. 225.

Mauzy, H. L. , 1973. Minimize drill string failures caused by hydrogen sulphide. World Oil. 50, 65-70.

McMordie, W. C. , Bland, R. G. , Hauser, J. M. , 1982. Effect of temperature and pressure on the density of drilling fluids. SPE Paper No. 11114, Annual Meeting, New Orleans, LA, September.

Messenger, J. U. , 1973. Common rig materials combat severe lost circulation. Oil Gas J. 81, 57-64.

Mettath, S. , Stamatakis, E. , Young, S. and De Stefano, G. 2011. The prevention and cure of bit balling in water-based drilling fluids. In: 2011 AADE Fluids Conference Paper 11-NTCE-28, Houson, TX, 7-9 April.

Mitchell, R. F. , 1981. The simulation of air and mist drilling for geothermal wells. In: SPE Paper No. 10234, Annual Meeting, San Antonio, TX, October.

Mondshine, T. C. , 1970. Drilling mud lubricity. Oil Gas J. 78, 70-77.

Montgomery, M. , 1985. Discussion of "the drilling mud dilemma _ recent examples". J. Pet. Technol. 248, 1230.

Moore, T. F. , Kinney, C. A. , McGuire, W. J. , 1963. How Atlantic squeezes with high water loss slurry. Oil Gas J. 71, 105-110.

Moses, P. L. , 1961. Geothermal gradients. API Drill. Prod. Prac. 57-63.

Murray, A. S., Cunningham, R. A., 1955. Effect of mud column pressure on drilling rates. Trans AIME 204, 196-204.

Outmans, H. D., 1958. Mechanics of differential sticking of drill collars. Trans AIME 213. 265-274.

Outmans, H. D., 1974. Spot fluid quickly to free differentially stuck pipe. Oil Gas J. 82, 65-68.

Patton, C. C., 1974a. Corrosion fatigue causes bulk of drill string failures. Oil Gas J. 163-168.

Patton, C. C., 1974b. Dissolved gases are key corrosion culprits. Oil Gas J. 82, 67-69.

Perricone, A. C., Enright, D. P., Lucas, J. M., 1986. Vinyl-sulfonate copolymers for high temperature filtration control of water-base muds. In: Drilling Conf. SPE/IADC Paper 13455, New Orleans, LA; and SPE Drill. Eng. 358-364.

Portnoy, R. C., Lundberg, R. D., Werlein, E. R., 1986. Novel polymeric oil mud viscosifier for high temperature drilling. In: IADC/SPE Paper No. 14795, Drilling Conf., Dallas.

Ray, J. D., Randall, B. V., 1978. Use of reactive iron oxide to remove h2s from drilling fluid. In: SPE Paper 7498, Annual Meeting, Houston, TX, 1-3 October.

Raymond, L. R., 1969. Temperature distribution in a circulating drilling fluid. J. Pet. Technol. 333-341, Trans AIME. 246.

Remont, L. J., Rehm, W. A., McDonald, W. J., 1977. Maurer, W. C. Evaluation of commercially available geothermal drilling fluids. Sandia Report No. 77-7001, Sandia Laboratories, Albuquerque, NM, pp. 52-75.

enner, J. L., White, D. E., Williams, D. L., 1975. Hydrothermal convection systems. Assessment of Geothermal Resources of the United States, Geological Survey Circular, No. 726. Dept. Interior, Washington, DC, pp. 5-57.

Rosenberg, M., Tailleur, R. H., 1959. Increased drill bit use through use of extreme pressure lubricant drilling fluids. J. Pet. Technol. 195-202, Trans AIME. 216.

Ruffin, D. R., 1978. New squeeze for lost circulation. Oil Gas J. 86, 96-97.

Rupert, J. P., Pardo, C. W., Blattel, S. R., 1981. The effects of weight material type and mud formulation on penetration rate using invert oil systems. In: SPE Paper No. 10102, Annual Meeting, San Antonio, TX, 5 October.

Samuels, A., 1974. H_2S need not be deadly, dangerous, destructive. In: SPE Paper 5202, Symp. on Sour Gas and Crude, Tyler, TX, 11-12 November.

Sartain, B. J., 1960. Drill stem tester frees stuck pipe. Pet. Eng. B86-B90.

Scharf, A. D., Watts, R. D., 1984. Itabirite: an alternative weighting material for heavy oil base muds. In: SPE Paper No. 13159, Annual Meeting, Houston, TX, 16-19 September.

Schmidt, G. W., 1973. Interstitial water composition and geochemistry of deep gulf coast shales and sandstones. AAPG Bull. 57 (2), 321-337.

Secor, D. T., 1965. Role of fluid pressure jointing. Am. J. Sci. 263, 633-646.

Simpson, J. P., 1962. The role of oil mud in controlling differential-pressure sticking of drill pipe. In: SPE Paper 361, Upper Gulf Coast Drill and Prod. Conf., Beaumont, TX, 5 April.

Simpson, J. P., 1978. A new approach to oil muds for lower cost drilling. In: SPE Paper 7500, Annual Meeting, Houston, TX, 1-3 October.

Simpson, J. P., 1979. Low colloid oil muds cut drilling costs. World Oil. 56, 167-171.

Simpson, J. P., 1985. The drilling mud dilemma_ recent examples. J. Pet. Technol. 248, 201-206.

Skelly, W. G., Kjellstrand, J. A., 1966. The thermal degradation of modified lignosulfonates in drilling muds. In: API Paper 926-1106, Spring Meeting, Div. of Prodn., Houston, TX, March.

Slater, K., Amer, A. 2013 New automated lubricity tester evaluates fluid additives, systems and their application. In: 11th Offshore Mediterranean Conference and Exhibition paper in Ravenna, Italy, 20-22 March.

Sloat, B., Weibel, J., 1970. How oxygen corrosion affects drill pipe. Oil Gas J. 77-79, API Div. Prod.

Rocky Mountain Dist. Mtg. , Denver, CO, April.

Son, A. J. , Ballard, T. M. , Loftin, R. E. , 1984. Temperature-stable polymeric fluid-loss reducer tolerant to high electrolyte contamination. In: SPE Paper No. 13160, Annual Meeting, Houston, TX, September.

Speer, J. W. , 1958. A method for determining optimum drilling techniques. Oil Gas J. 66, 90-96.

Stein, N. , 1985. Resistivity and density logs key to fluid pressure estimates. Oil Gas J. 81-86.

Thomson, M. , Burgess, T. M. , 1985. The prediction and interpretation of downhole mud temperature while drilling. In: SPE Paper No. 14180, Annual Meeting, Las Vegas, NV, September.

Topping, A. D. , 1949. Wall collapse in oil wells as a result of rock stress. World Oil. 26, 112-120.

van Lingen, N. H. , 1962. Bottom scavenging—a major factor governing penetration rates at depth. J. Pet. Technol. 187-196, Trans AIME. 225.

Vaussard, A. , Martin, M. , Konirsch, O. , Patroni, J-M, 1986. An experimental study of drilling fluids dynamic filtration. In: SPE Paper 15142, Ann. Tech. Conf. , New Orleans, LA, 5-8 October.

Vidrine, D. J. , Benit, B. J. , 1968. Field verification of the effect of differential pressure on drilling rate. J. Pet. Technol. 231, 676-682.

Warpinski, N. R. , Branagan, P. , Wilmer, R. , 1985. In-situ measurements at US DOE's multiwall experimental site Mesaverde Group, Rifle, Colorado. J. Pet. Technol. 248, 527-536.

Warren, T. M. , Smith, M. B. , 1985. Bottomhole stress factors affecting drilling rate at depth. J. Pet. Technol. 248, 1523-1533.

Wyant, R. E. , Reed, R. L. , Sifferman, T. R. , Wooten, S. O. , 1985. Dynamic fluid loss measurement of oil mud additives. In: SPE Paper No. 13246, Annual Meeting, Las Vegas, NV, 22-25 September; and SPE Drill. Eng. (1987), 63-74.

York, P. A. , Prichard, D. M. , Dodson, J. K. , Dodson, T. , Rosenberg, S. M. , Gala, D. , et al. , 2009. Eliminating non-productive time associated with drilling through trouble zones. In: Offshore Technology Conference Paper 20220, Houston, TX, 4-7 May.

Young Jr. , F. S. , Gray, K. E. , 1967. Dynamic filtration during microbit drilling. J. Pet. Technol. 1209-1224, Trans AIME. 240.

Young, S. , Friedheim, J. , Lee, J. , Prebensen, O. I. , 2012. A new generation of flat rheology invert drilling fluids. IN: SPE Paper 154682, Prepared for Presentation at the SPE Oil and Gas India Conference and Exhibition Held in Mumbai, India, 28-30 March 2012.

Zoeller, W. A. , 1984. Determine pore pressure from MWD logs. World Oil. 61, 97-102.

第十一章 完井液、修井液、封隔液和储层钻井液

石油企业通常从勘探和生产两个领域来划分工程师的职责。有钻井工程师专门从事设计和实施钻井计划，有生产或完井工程师在井已经下好套管和固井作业结束后接替钻井工程师。也有评估工程师从事评估各种岩层，通过透彻分析确定是否有烃类存在。

钻井工程师和钻井作业人员的目标往往是非常不同于评估和完井工程师的。钻井工程师希望尽快和尽可能便宜地打一个井眼到储层，至于与较差井眼相关的评估和完井问题则不是他们所考虑的。评价和完井工程师则想要一个尽可能好的井眼，也就是没有被冲蚀过的井眼，并且有一个完好的生产区。在一口井如何钻进的问题上，这些工程师的意见总是不一致，导致最终的钻井程序一直是一个折中方案。

如果工程管理和安排很好，那么工程师们将会设计出一个满足评价和完井工程师需要的勘探井的钻井程序。如果不是，他们就会太专注于"省钱"，导致井往往是在恶劣的条件下进行评价。这是最困难的，并且在某些情况下是不可能的。对一个不良的井眼进行完井是非常具有挑战性的，特别是有多个区域需要进行测试时。如果是在恶劣条件下完成的井眼固井作业，那么固井通常是无效的，并且不可能隔离生产区域，因为烃类可在套管与井眼之间流动。

第一节 投入与产出

在过去的几十年中，油田开发商已经意识到在井眼的投入部分和产出部分可以找到一个折中点。钻进得更深、更快、更便宜可能只是虚假的经济学表象。现在，钻井和完井工程师都认为确保不伤害储层对他们来说是最重要的目标。井的产出部分证明增加储层井段的钻井成本是可行的。

确保从钻进油藏钻井液中获得最大的价值的第一步是识别和理解导致特殊地层的渗透率降低的伤害机理。这个过程本身就是费时而昂贵的。它包括从许多来源采集信息，如地震、实验室的岩心评价、补充钻井和生产信息。有了这些信息，便可以计算或估计某一储层钻井液造成的潜在伤害。整体伤害被称为表皮效应，可以通过各种不同的机制引起。

第二节 表皮效应

油藏工程师已从压力下降的资料里计算出许多井的生产量低于潜在的产量（Hurst，1953；van Everdingen，1953）。井眼周围存在表皮伤害或者障碍物，从而削弱了油气产量，如图 11.1 所示。表皮伤害是井眼周围渗透率降低的区域造成的，它是由钻井液颗粒或滤液的污染引起的。在某些井内，由于完井作业不良，如射孔间隔太大或者穿透深度不够，也会造成油井的表皮现象（Matthews，Russel，1967）。

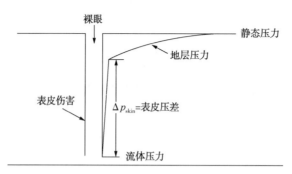

图 11.1　具有表皮现象的油藏压力分布示意图

(引用 1953 年 10 月《国际石油工程师》刊物上的图)

尽管被伤害的地层只向油藏内渗透几英尺，但是能造成很大的产量下降。这是因为油藏内流体的流动是径向的，因此压降和 $\ln \dfrac{r}{r_w}$ 成正比（r_w 为井的半径，r 为泄油半径）。Muskat（1949）得出了受伤害井与不受伤害井的产量之比：

$$\frac{Q_d}{Q}=\frac{\ln\dfrac{r_e}{r_w}}{\dfrac{K}{K_d}\ln\dfrac{r_d}{r_w}+\ln\dfrac{r_e}{r_d}} \tag{11.1}$$

式中：Q 为未受伤害井的产量；Q_d 为受伤害井的产量；r_e 为排泄面积的半径；K 为原始油层渗透率；K_d 为受伤害后的油层渗透率；r_d 为受伤害区域半径。

图 11.2 所示为随着与井眼距离的减少，地层渗透率降低对生产井产量的影响。钻井液固相和滤液降低井产量的机理很多，大概总结如下：

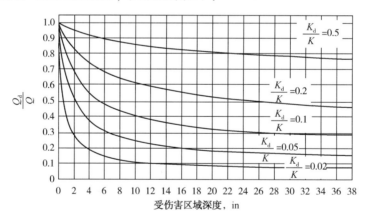

图 11.2　由于有害流体侵入井眼周围而造成的井产量下降曲线图

[引用 Tuttle 和 Barkman(1974)发表在 Courtesy J. Petrol. Technol. Copyright 1974 by SPE-AIME 的图]

（1）毛细管现象——由孔隙内水、油与气的相对量变化引起的相对渗透率变化效应，润湿性效应及滤液对孔隙的水锁堵塞效应；

（2）钻井液滤液对油层内原生黏土的水化膨胀与分散性的影响；

（3）钻井液的颗粒和滤饼侵入地层，堵塞地层孔隙；

（4）钻井液滤饼造成砾石填充，堵塞尾管和筛管；

（5）钻井液滤液与地层水产生的盐沉淀；

（6）松散砂岩层的垮塌出砂和井眼表面的缩径。

在这一章里，我们将首先详细讨论这些机理，然后介绍各种修井液和完井液以及减少和避免地层伤害的最佳方法。

一、毛细管现象

当水基钻井液的滤液侵入储油层时，就会产生水驱油效应。然而，在某种条件下进行油井开采时，不是所有的水都能被采出来，这样油产量就受到了损害。这就是要认识的第一种地层伤害类型机理，通常叫作水锁效应。

正如在本书第八章介绍的那样，玻璃易被水润湿而不易被空气或油润湿，因此水将从玻璃毛细管内顶替空气或油。反过来，如果用空气或油驱替玻璃毛细管内的水，那么就必须施加一个压力(称为最小驱替压力)。渗透性岩层与一组不同直径的毛细管相似(Purcel，1949)。实际上，流体流过一个岩层要比流过一组毛细管复杂得多。岩石孔道是曲折的，并且是三维空间分布的，但是毛细管效应这个概念依然是适用的。大多数岩层的实际孔隙结构是不规则的、通过一些狭窄通道连接成的三维网络孔隙结构。岩层孔隙结构的毛细管性能可以通过不断增加压力把水银压入岩层试件的做法来进行试验，测得并绘制出水银占岩层孔隙体积百分比与注入压力的曲线图，如图11.3 所示(Swanson，1979)。

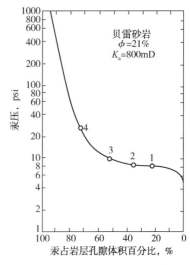

图 11.3　施加于图 11.4 里孔隙铸件的水银毛细管压力曲线

（引用 Swanson 1979 年发表在 SPE-AIME 的图）

为了看到流体通过岩层的曲折通道，1979 年，Swanson 把与水银一样不湿润岩石表面的熔化的 Woods 金属压入岩石试件里。然后用酸溶解岩石，得到岩石的孔隙结构——Woods 金属铸体。图 11.4 与图 11.5 是用扫描电子显微镜观察到的高和低两种渗透率砂岩的铸件图。在这里我们能看到许多大的孔隙之间是由小的毛细管连接的。

大多数情况下，水都会自发地从岩石试件中顶替油或气，因此可以很明显地判断出在正常情况下岩石是水润湿的。水润湿的程度可以由自吸试验确定。试验测定水自发地从一个试件里顶替出的油量或者在一定的压力下油从试件里顶替出的水量(Amott，1958)。

当两种不互溶的流体同时流过一种渗透介质时，介质通道优先选择易于润湿的流体通过。在油和水(或气)流过水润湿岩石的情况下，水沿着颗粒表面从小毛细管流过，油则从孔隙的中心及较大的通道流过。流体的相对渗透率[即一种流体的渗透率相对于单一流体(一般为空)渗透率的比值]取决于岩石的润湿性及每种流体的饱和度。如图 11.6 所示为典型的油相和水相相对渗透率与饱和度的关系曲线。可以预料，在一个已知饱和度下油的相对渗透率要大于在当量水饱和度下水的相对渗透率。残余水饱和度(图 11.6)是指油在某一压差下通过孔隙时的最小水饱和度；而残余油饱和度则相反，是水在某一压差下通过孔隙的最小油饱和度。

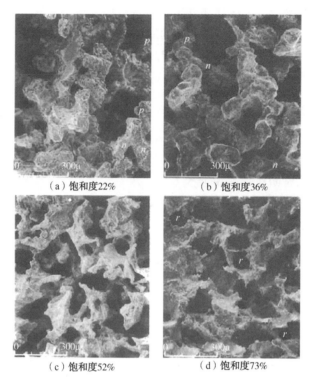

（a）饱和度22%　　　　（b）饱和度36%

（c）饱和度52%　　　　（d）饱和度73%

图 11.4　Berea 砂岩的 Woods 金属孔隙铸件

（引用 Swanson1979 年发表在 SPE-AIME 上的图）

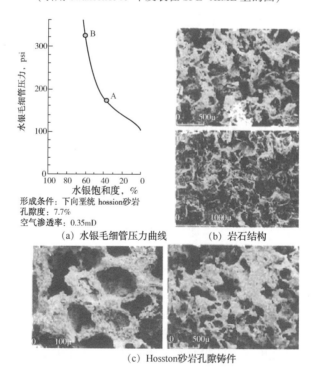

（a）水银毛细管压力曲线　　　（b）岩石结构

形成条件：下向亚统 hossion 砂岩
孔隙度：7.7%
空气渗透率：0.35mD

（c）Hosston 砂岩孔隙铸件

图 11 5　水银毛细管压力曲线、岩石结构及 Hosston 砂岩的孔隙铸件

（引用 Swanson1979 年发表在 SPE-AIME 上的图）

一个油藏的原始压力等于残余水饱和度时的压力。钻井液滤液的侵入产生驱油效果使油趋向于残余油饱和度，并且当该井投入生产时，油驱滤液使水趋近于残余水饱和度。然而，如图 11.6 所示，当接近残余水饱和度时，岩石的水相相对渗透率就变得很低了。因此若要达到原始的产量，把所有的滤液都排出去就可能需要相当长的时间，特别是油水黏度比较低时更是如此（Ribe，1960）。对于大多数原始油藏，油层压力高到最终足以排出所有的滤液，所以由相对渗透率引起的伤害是暂时的。但是，在低压、低渗透油藏及修理井里，毛细管压力就变得很重要了。毛细管压力与毛细管半径成反比，而岩石的毛细管半径很小，以至于毛细管压力可达到每平方英寸数百磅力。毛细管压力促进了滤液对油的顶替，但是

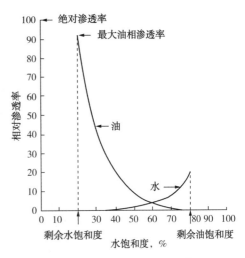

图 11.6　在一个水润湿的油藏里油和水的相对渗透率

阻碍了油的回流对滤液的顶替。这时，压差可能不会高到足以把较小毛细管中的滤液顶替出来，特别是在井壁邻近处油水界面压差趋近于零。这个机理称之为水锁效应。在一些几近枯竭的油藏里，水锁效应会造成永久性的伤害甚至是完全隔断。在过去，气藏里的水锁被称为贾敏效应（Yuster，Sonney，1944）。

使用油基钻井液可以避免水锁效应，这是因为油基钻井液在井下的滤液里没有水。但是油基钻井液有两个局限性：首先，它不能在干的气砂层使用，因为不是所有的油都能循环回流出来，这样就产生了第二残余相；其次，在油基钻井液的生产中使用阳离子表面活性剂作为乳化剂降低颗粒表面水润湿程度，如果钻井液配制不好甚至会使表面转化成油润湿状态。在一个油润湿的岩层里，显示在图 11.6 里的相对渗透率曲线是相互对换的，因此在低水饱和度下对油的相对渗透率就大大地减小了。

当水包油乳化钻井液滤液中含有相当多乳化剂的时候，原孔隙内油的乳化作用就是另一个可能造成毛细管伤害的原因。即使滤液的流量很小，但是在流道缩径处的剪切速率是很高的，因此还是能够乳化的。如果形成一种稳定的乳化液，其液滴被圈闭在孔隙里，从而减小了有效渗透率。如果乳化钻井液里有过多的乳化剂成分，那么乳化剂就会进入滤液。因此，如果在配制和维护乳化钻井液时加以注意的话，乳化作用是可以避免的。

二、原生黏土矿物所造成的渗透率伤害

几乎所有的砂层和砂岩中都含有能显著影响岩石渗透率的黏土。这些黏土可能有两个来源：（1）零星分布的黏土是随地层沉积的砂粒而沉积的黏土；（2）成岩的黏土是从地层水中沉淀的，或由地层水与原生黏土矿物的相互作用而形成的。有些地层的本体是黏土，有些黏土粘附于岩面孔隙壁上或松散地分布在孔隙里。成岩黏土常以黏土片在孔隙壁沉积，其取向垂直于颗粒表面[图 11.7（a）（b）]。黏土可以同样作为薄层或隔层存在于砂层里。碳酸盐地层很少含有黏土，如果有黏土，它们也混在本体内。

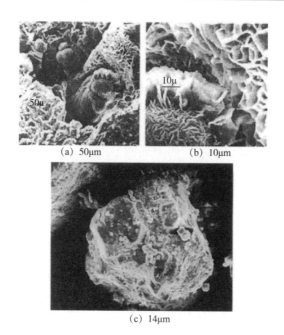

图 11.7 黏土及其他细材料包覆颗粒表面的影响

含有水的滤液对原生黏土的水化作用严重地降低了岩石的渗透率，但只有黏土是处于孔隙里时才这样。Nouak 与 Krueger 发现含有蒙皂石的干岩心的空气渗透率为 60mD。而同一地层的含有隙间水的岩心只有 20mD。对于其他盐水，渗透率随盐水矿化度的减小而减小；对于蒸馏水，它只有 0.002mD。实验数据表明渗透率的降低是由蒙皂石的水化膨胀与分散造成的，其后的孔隙堵塞是由运移的颗粒造成的。渗透率被含水流体降低的地层称为水敏感地层。

其他一些研究者已证实在有蒙皂石与混合层的黏土存在时，渗透率伤害达到最大值。在有伊利石时伤害较小，而在有高岭土与绿泥石时伤害最小。Basan 根据在岩石孔隙里的黏土性质与位置，把可能存在的油藏潜在伤害按次序分类，渗透率的伤害可以同样地由细矿物，如云母与石英的运移所造成。Muecke 报道不固结的墨西哥湾沿岸砂层含有 39%石英、32%无定型材料及 12%黏土。细材料吸附在较大颗粒的表面，如图 11.7(c)所示。

三、吸附黏土伤害机理

下面讨论的是含水流体伤害水敏岩层的机理，试验是对单相体系做的。通常，浓缩的 NaCl 盐水首先流过岩心或石英砂人造岩心，然后通过较低矿化度的液体蒸馏水。Bardon 与 Jacquin 的研究特别受启发，因为这一研究把由晶体膨胀引起的渗透率伤害与由黏土分散及由反絮凝所引起的渗透率减小分开，并且规定了这些现象发生的矿化度范围。在某些含有蒙皂石的人造砂岩岩心里，他们发现 Norrish 报道的低于 20g/L NaCl 的溶液矿化度会对黏土晶格膨胀造成岩心渗透率的减少[图 11.8(a)]（见本书第五章有关黏土膨胀机理一节），可以用以下关系方程表达：

$$\sqrt[5]{K} = \sqrt[5]{K_o} \left[1 - P \left(A + \frac{B}{\sqrt{C}} \right) \right] \tag{11.2}$$

式中：K 为伤害后的渗透率；K_0 为原始渗透率；P 为黏度百分比；C 为 NaCl 的浓度（g/L），A、B 为常数。

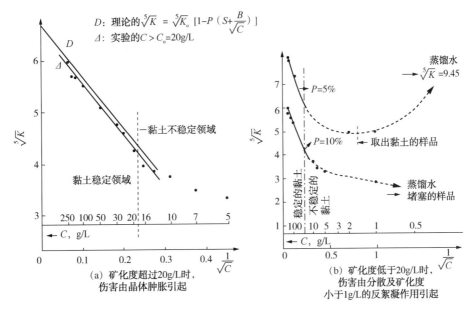

图 11.8　含有 10% 蒙皂石的砂质人造岩心渗透率随 NaCl 盐水的矿化度减小而降低

在矿化度小于 20g/L 时，黏土变得"不稳定"（即分散）。Bardon 与 Jacquin 指出 20g/L NaCl 几乎就是 Norrish 在黏土晶格间距方面观察到的突然膨胀的同一浓度，此浓度也接近标志着由聚合到分散变化的矿化度，这是根据黏土体积与光密度试验测定的 23g/L（本书第四章"聚集与分散"一节）。

最后，他们观察到，如果人造岩心含有 10% 蒙皂石时，蒸馏水通过人造岩心时被完全堵塞；但若人造岩心只含有 5% 的蒙皂石时，渗透率却增加了，黏土从端部被排出[图 11.8（b）]。

要记住低于大约 1g/L 矿化度的黏土颗粒，被反絮凝和分散，因此要比絮凝与分散时活动得多，这些变化是可以理解的（本书第四章）。

用含有伊利石或高岭石的天然砂岩岩心所做的类似试验与用砂质蒙皂石人造岩心所得的结果定性地相符。

大多数砂层与砂岩所含有的黏土要比 Bardon 与 Jacquin 试验的人造岩心里的黏土要少。例如，在南加利福尼亚州的砂层只含有 1%~2% 的黏土矿物，因此，由于晶格膨胀所引起的渗透率降低要比图 11.8（a）中表示的少得多。晶体膨胀造成的蒙皂石体积膨胀，不会大于原体积的 2 倍（本书第四章"黏土膨胀机理"一节）；如果黏土只是在孔隙壁上覆着一层薄膜，体积加倍对渗透率影响会很小。另一方面，通过天然砂层与砂岩地层的流动通道要比人造岩心通道曲折得多。因此，分散的与反絮凝的黏土颗粒通常被圈闭在孔隙里，从而渗透率急剧降低。图 11.9 中的曲线是由天然砂层与砂岩取得的典型结果（其中有蒙皂石）。

（a）含伊利石为Vosges砂岩（E样品）　（b）含伊利石为Vosges砂岩（F样品）　（c）含高岭石的Hassi-Messaoud砂岩

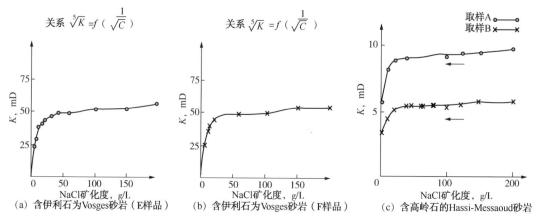

图 11.9　随 NaCl 盐水矿化度的减少，砂岩的渗透率减小

其他研究者的研究证明：在低矿化度下，渗透率的降低是由于侵入流体从孔隙壁的黏土或微粒的位移和分散及此后在孔隙出口的圈闭造成的(图 11.10)。这个机理通常称为黏土堵塞。这个机理类似于外部滤饼的形成。但在这种情况下，大量的微型内部滤饼在孔隙的出口形成。在蒸馏水驱反絮凝条件下，观察到的极低渗透率类似于与絮凝钻井液渗透率相比的反絮凝钻井液滤饼的低渗透率。反絮凝的效应可以同样用含有反絮凝剂，如六偏磷酸钠的 NaCl 盐水的蒙皂石砂柱办法来表示。如本书第四章所示，六偏磷酸钠使得蒙皂石在 NaCl 溶液里的絮凝点上升到 20g/L，这样在较低矿化度下颗粒即被反絮凝了，也被分散了。因此，在没有添加六偏磷酸盐时渗透率要低得多(图 11.11)。这一点在实用中是相当重要的，因为它说明诸如复合的磷酸盐和丹宁酸盐的反絮凝剂在钻进通过水敏性地层时永远不能添加到分散的钻井液里。

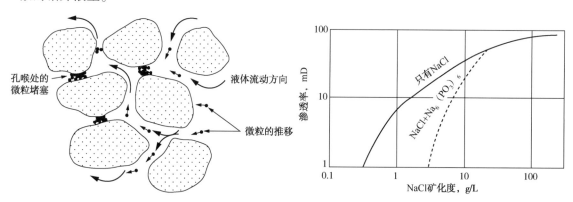

图 11.10　随侵入滤液的运动黏土及其他细颗粒被桥塞在孔隙的孔喉部分

图 11.11　含与不含六偏磷酸钠的 NaCl 盐水的矿化度对 Berea 砂岩岩心渗透率的影响

另一个产生黏土堵塞的因素是矿化度减少的速率。Jones 所做的实验证实，如果注入的盐水的矿化度逐步地降低，而不是突然从浓缩盐水变为淡水，那么渗透率的减少要慢得多。Mungan 证实，如果 NaCl 盐水极慢地注入一个 Berea 砂岩岩心，且其矿化度会逐渐而连续地减小，渗透率受到的伤害几乎完全可以避免(表 11.1)。但是，如果 NaCl 盐水的浓度突然从 30000mg/L 变到淡水，在 Berea 砂岩岩心只注入 1.2 倍孔隙体积之后，渗透率从 190mD 降到低于 1mD，显然，这是急剧的变化促进了颗粒分散的结果。

表 11.1 矿化度连续减小引起 Berea 岩心渗透率的减小

时间[①], h	试验 1($C = C_0 e^{-0.05}$)		试验 2($C = C_0 e^{-0.05}$)	
	矿化度, mg/L	渗透率, mD	矿化度, mg/L	渗透率, mD
0	$C_0 = 30000$	190	$C_0 = 30000$	190
1	18200	180	28500	187
2	11200	175	27100	187
4	4050	170	24500	188
8	550	100	20100	188
10	200	50	18200	187
20	1	25	11000	186
40			4050	183
60			1500	180
80			550	180
100			200	179
150			17	178
210			1	177

① 注入速率=1 孔隙体积/h=120mL/h。

四、阳离子交换反应对黏土堵塞的影响

当一种黏土—盐水体系中存在一种以上的阳离子时，黏土的特性是由阳离子交换反应来决定的。从本书第四章可知阳离子交换常数有利于多价阳离子吸附单价阳离子。而当多价阳离子处于交换位置时，黏土是聚集而不分散的，即使在蒸馏水里也是如此。因此在水敏性岩层里的黏土上交换的离子主要是多价阳离子时，淡水滤液对渗透率的伤害是可以避免的。例如，在 Berea 砂岩里，黏土上的交换离子主要是 Ca^{2+}，所以用蒸馏水注入于岩心时，观察不到渗透率的降低。但是，干岩心开始注入 NaCl 盐水时，黏土就会转化为钠基，其后注入蒸馏水时黏土会堵塞岩心。当 NaCl 盐水含有足够比例多价阳离子时，分散就被抑制了。Jones 证实假如矿化度逐渐减少(图 11.12)，十分之一的 $CaCl_2$ 或 $MgCl_2$ 相对于 NaCl 能防止对 Berea 砂岩的伤害。黏土上的阳离子与滤液中的阳离子交换是按质量作用定律进行的，而交换常数能促进多价离子的吸附(本书第四章"离子交换"一节)。

尽管 K^+ 是单价的，但它被牢牢地固定于黏土晶格内，斥力有所增加。Steiger 报道稳定页岩(本书第九章)聚合物—KCl 钻井液可以大大降低地层伤害。

井下地层内的阳离子与层间水里的阳离子平衡时，在地层中通常会含有浓度高于 20g/L 的 NaCl，还有相当量的钙盐和镁盐，正是这样黏土才稳定在孔隙壁上。钻井液滤液的侵入破坏了这种平衡，且钻井液的组分决定能否造成黏土的分散和伤害。为了确定钻井液的最佳组分，需要从相关的土层选取岩心做大量的实验室实验。这将在后面讨论。表 11.2 给出的是只引起晶格膨胀而不引起黏土伤害的盐水矿化度。为了控制黏土膨胀，Griffin 建议根据地层黏土不同的阳离子计算出原生水的活度，来选择含有适量相同阳离子的盐加入聚合物钻井、完井液里的方法来平衡活度。淡水钻井液的滤失会引起黏土伤害，特别是当含有稀释剂的时候，如丹宁酸盐和复合的磷酸盐存在的情况下。但是如果在含有大量的 Ca^{2+}/Na^{2+} 时足以抑制黏土分散，含有石灰和木质素磺酸钙的滤液不会引起伤害。可以这样假定，若这个比值高到足以使黏土在钻井液里受到抑制，那么就会使地层里的黏土受到抑制。

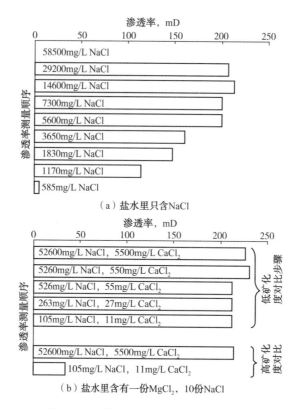

图 11.12 随矿化度的减小,渗透率减小

表 11.2 在水敏地层为防止黏土伤害所必需的盐水矿化度

地层里黏土矿物的种类	NaCl 盐水, mg/L	CaCl₂ 盐水, mg/L	KCl 盐水, mg/L
蒙皂石	30000	10000	10000
伊利石			
高岭土	10000	1000	1000
绿泥石			

重要的是要防止地层黏土分散,因为一旦发生了分散,就不能用注入高矿化度盐水的方法来使之逆转。虽然盐水的絮凝作用会改善一些分散作用,但实验室已证实其渗透率只有通过干燥岩心,使黏土缩合在孔隙壁上才能恢复。酸液能清除黏土堵塞,但对渗透率的影响也只是暂时的。

已经证实即使没有阳离子的交换反应,微粒的运移也将造成渗透率的伤害。这个现象已由 Bergosh 和 Ennis 证实。试验方法是用一个油藏模拟孔隙水通过同一油藏的岩心,由于剪切力或者碳酸盐水泥溶液的作用,运移的微粒从本体上松脱。

Gruesbeck 与 Collins 建立并用实验证实的一个理论是在孔隙介质内矿物微粒的输送与沉积[图 11.7(c)]取决于最小间隙速度、孔隙尺寸、颗粒粒径分布及油藏流体性能。Sharma 等建立的在微粒分离后制约微粒运移的特性方程表明微粒在孔隙狭窄处的桥塞取决于释放的颗粒数量、流体排量及孔隙介质的尺寸分布。

五、pH 值的影响

黏土分散受 pH 值的影响，因为 pH 值影响了阳离子交换，但 pH 值对特定体系的影响取决于这个体系内的电化学条件。如果本体的黏土是非晶质硅，滤液的 pH 值可能是其他机理导致伤害的原因。具有极高 pH 值的滤液会使硅分解，并将本体分离成微小颗粒，从而堵塞孔隙。

到目前为止，我们已讨论过黏土在单相流体内的堵塞。实际上，我们更关心双相流体内黏土堵塞对油气渗透率的影响。在实验室内研究的方法是使以岩心具备残余水饱和度，并将岩心暴露在钻井液里，确定油的相对渗透率(K_1)。然后再对岩地以相反的方向使油反驱直到取得不变的渗透率 K 伤害程度为 $K_{o2}/K_{o1} \times 100$。

由此确定的渗透率伤害大小于在单相流体所取得的渗透率伤害。例如，在 Novak 与 Krueger 的试验中对于一个曾被蒸馏水伤害的岩心，油的初始相对渗透率恢复了 20%。被钻井液滤液伤害过的岩心可以取得较高的恢复值，特别是抑制性钻井液滤液伤害的值（图 11.13）。在得到最大的渗透恢复率前，油必须反驱作用相当长的时间。例如，Bertness 发现渗透率恢复稳定以前需要多达 62h 才能稳定（表 11.3）。如此长时间相对于中途测试结果会造成误差。

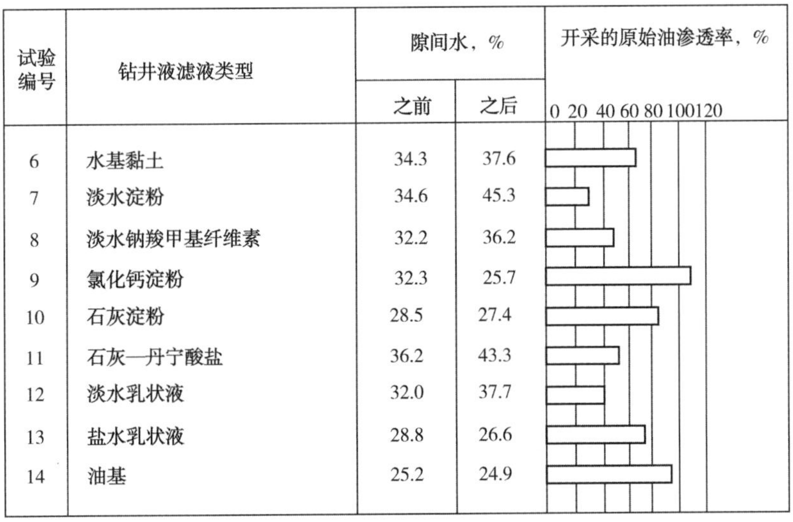

试验编号	钻井液滤液类型	隙间水，% 之前	隙间水，% 之后	开采的原始油渗透率，%
6	水基黏土	34.3	37.6	
7	淡水淀粉	34.6	45.3	
8	淡水钠羧甲基纤维素	32.2	36.2	
9	氯化钙淀粉	32.3	25.7	
10	石灰淀粉	28.5	27.4	
11	石灰—丹宁酸盐	36.2	43.3	
12	淡水乳状液	32.0	37.7	
13	盐水乳状液	28.8	26.6	
14	油基	25.2	24.9	

图 11.13　现场钻井液滤液对 Paloma 岩心油渗透率的影响

表 11.3　油田 A 的 Stevens 层砂层的流动特性渗透率

试件编号	对空气渗透率 K_a，mD	带有间隙水的油渗透率，mD	直接淡水伤害后油渗透率，mD	油流动总小时数，h	最大压力梯度，psi/in	最终油渗透率 K_o，mD
1	25	6.4	0.0	44	12	3.8
2	26	5.6	0.4	35	8	5.6
3	36	9.5	0.2	26	8	9.8
4	38	25	1.8	42	12	21
5	82	61	1.3	54	12	58.5

续表

试件编号	对空气渗透率 K_a，mD	带有间隙水的油渗透率，mD	直接淡水伤害后油渗透率，mD	油流动总小时数，h	最大压力梯度，psi/in	最终油渗透率 K_o，mD
6	88	67	2.8	44	8	69
7	128	99	4.5	51	8	99
8	142	107	6.1	42	8	105
9	234	192	9.0	56	8	197
10	259	198	11.3	62	6	199
11	299	243	7.4	61	6	241
12	306	203	6.8	61	10	207

运动微粒的湿润性是引起两相流体系流动特性变化的一个重要因素。微粒通常是亲水的，因此只有水相运动时微粒才能运动。在一个处于残余水饱和的原始油藏里，砂岩周围原生水系统内的微粒是不动的。如图 11.14 所示，当含水滤液侵入油藏时，水相就能变得运动。像在单相流体系已经讨论过那样，微粒运移并在流动到狭窄处时形成桥塞。在完井后油以相反方向流动，桥塞被破坏而微粒沿着油水交界面流动。有些微粒会流到井里，有些微粒在相反方面形成桥塞，有些微粒仍滞留在水膜里。微粒的特性取决于油藏的性质及生产速率。现场的调查已证实，在高生产率下生产量下降，显然高的生产率增加了微粒的浓度，从而有助于堵塞地层。Muecke 从微型模型发现油水界面流过模型后，不会排除更多微粒。但是如果油和水同时流过模型，微粒会继续无限期的运移，因为多相流体流动引起了局部压力的扰动。

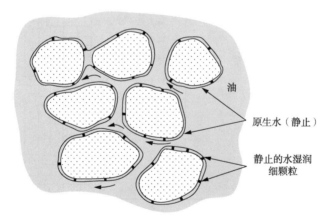

图 11.14　在油驱替了含水滤液后，滞留在原生水内的微粒不活动

六、钻井液内颗粒所造成的渗透率伤害

现已知钻井液内的颗粒可以侵入地层，并堵塞流道狭窄处从而造成伤害。但正如在本书第七章所述的那样，在钻井液初损期间，即滤饼形成前，钻井液颗粒能穿入地层。一旦滤饼完全形成，由于其结构及极低的渗透率（约为 10^{-3} mD），它只能过滤出极细的胶体颗粒。渗透率可以继续减少，但减少不是由颗粒造成而是由钻井液的初失水带入的颗粒运移与重新排列造成的。

控制钻井液颗粒伤害的方法是在钻井液中添加合适尺寸，而且必须有较小尺寸范围的颗粒，其尺寸小于胶体颗粒。桥塞颗粒的数量越大，岩石的渗透率越低，颗粒桥塞得越快，钻井液初伤害也就越小。

因为只有在地层最初暴露在钻头下时，才会产生钻井液的初失水。钻井液颗粒的穿透试验应当在外滤饼不断地被清除下进行。即使在这种条件下，充足的桥塞颗粒进入岩层的距离也是极短的。例如，Glenn 与 Slusser 的试验证实钻井液颗粒进入铝氧粉岩心的深度为 2~3cm。Young 与 Gray 的微型钻头表明钻井液颗粒进入具有最大渗透率为 105mD 的 Berea 砂岩岩心深度为大约 1cm。Krueger 列举的研究表明颗粒进入的深度为 2~5cm。

大多数颗粒侵入地层的伤害是在岩石表面的几毫米范围之内。例如，Young 与 Gray 发现 Berea 砂岩岩心表面 1cm 的渗透率减少到大约 10^{-2}mD，而岩心的剩余部分基本上没有受到伤害。在渗透性岩层里，表面 1cm 层段的渗透率可以减少到原有渗透率的 70%~80%。Klotz 等已证实进入地层大约几厘米的伤害可由射孔作业消除。此外，射孔的孔道深度（通常大约是 8in，20cm）应超过被伤害层的深度至少 50%（图 11.15）。因此如果完井液含有足够的桥塞颗粒并射孔完成的话，那么可以得出这样的结论：钻井液颗粒造成的伤害不需要考虑。

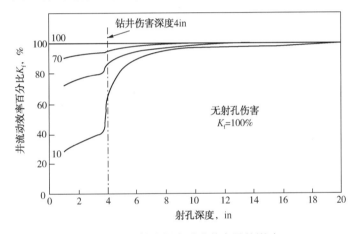

图 11.15　射孔深度对油井产量的影响

另外，如果没有足够的桥塞颗粒，那么会造成不可逆伤害。Abrams 的一项试验是利用一种含有桥塞颗粒而不足以堵塞地层孔道的盐水，盐水还有 1% 小于 12μm 的颗粒，并且被连续地径向注入 5D 砂层人造岩心。图 11.16 给出了渗透率的减少与颗粒进入深度的关系。用油进行驱替时对恢复渗透率的作用甚少。而 Abrams 计算了一口井的损害，此井在 500ft 泄油半径内产量减少到原来的 14%；相比之下，使用一种含有桥塞颗粒的流体可以使产量只减少到 99%，即只减少了 1%。

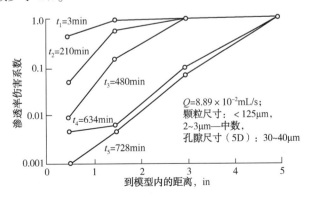

图 11.16　在没有桥塞剂存在时钻井液颗粒侵入所造成的产量损失

Krueger 为了防止渗透率伤害进行了一项试验。试验使用了一种过滤的盐水或一种含有足够量桥塞颗粒的钻井液，如图 11.17 所示，脏盐水会引起严重伤害。

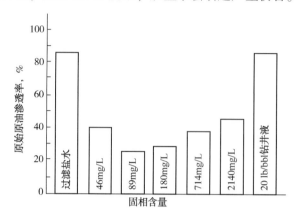

图 11.17 含有微量固相的过滤盐水和含有桥塞固相的 KCl 钻井液对 3in Berra 岩心所造成的渗透率伤害

七、现场钻井液颗粒的地层伤害

钻过超过几英尺的钻井液将会含有 $1ft/bbl(kg/m^3)$ 的固相颗粒，其尺寸范围为 2 ~ 50μm，这个尺寸范围固相颗粒能对渗透率小于 1D 的固结岩层形成桥塞。因此这样的地层不需要任何特别的保护措施，通常的生产层段只需要使用与上部井段相同的钻井液钻进就行了。但是，一些地层需要的桥塞颗粒大于 50μm。在下面给出的条件下，必须保证足够的桥塞颗粒。如果不能保证桥塞颗粒，最好使用一种特殊的完井液或修井液。在完井作业后，固体颗粒会分解或溶解。

(1)未固结砂层。

未固结砂层常需要大于 50μm 的颗粒来桥塞。由于颗粒与孔隙的尺寸及形状难确定，因此，难以规定桥塞的尺寸与数量。但是除了砾石层及裂缝或孔洞的地层外桥塞颗粒最大尺寸在 150μm(100 目)，加量为 5~10lb/bbl(15~30kg/m³) 是能满足所有的地层需要的。钻井液有时缺乏大于 50μm 的桥塞颗粒，并且如果进行有效的除砂与除泥，情况就更是如此。因此，在钻未固结砂层时要密切注意颗粒尺寸分布。使机械式分离器到钻井液内维持足够多的粗桥塞颗粒，必要时可以加进磨碎的粗颗粒，如 $CaCl_2$ 等。

缺乏足够桥塞颗粒的钻井液会侵入地层深部，除造成产量降低之外，还会造成固结砂层的坍塌与井眼扩大。如在本书第九章里叙述的那样，未固结砂层的内聚力系数为零。因此当没有形成滤饼时，井壁会坍塌到井内。穿过滤饼的压力降增加到地层的内聚应力并减少了井眼周围的压缩应力，其中重要的是滤饼要形成得快，因为钻头周围的紊流会产生很高的冲蚀效应，井眼扩大得很快。若不能使滤饼很快形成，不仅会造成产量下降，而且会导致出砂、套管破裂及其他与井眼扩大有关的一系列问题。对于一特定地层，维持钻井液内的颗粒尺寸与井径测井之间的相互关系，就会满足最佳的堵塞要求。

(2)裂缝性油藏。

有些油藏，特别是碳酸盐地层，其本体的渗透率极低，产量取决于流体经过的微裂缝，裂缝的宽度小于 10μm，有些稍宽一些。由于裂缝的尺寸及其几何形状不确定，桥塞裂缝要比桥塞孔隙困难。如果裂纹没有被桥塞，微小的钻井液颗粒就会侵入裂缝，并在裂纹内的侧面上沉积,直到裂缝被形成的滤饼填满。这种油藏应当用分解了固相的钻井液钻进。

(3)射孔时钻井液的伤害。

用普通钻井液进行射孔时所造成的伤害,早已被人们认识。即使射孔使用的是完全没有伤害的流体,产量仍然会因由于射孔道周围破裂形成岩层区域而降低(图11.18)。钻井中,如果由于钻井液固相或失水污染使得产层的渗透率进一步降低,那么油井的产量将严重下降。根据试验数据,Klotz 等计算了上述两个方面造成的严重伤害,即钻井时钻井液固相及滤失液造成的地层伤害和射孔周围伤害所造成的产量下降。图11.19表明如果一口井用无伤害的流体射孔,并且如果在钻破裂区域地层的原始渗透率($K_f = 100\%$)没有受到伤害,它的渗透率 K_p 是原始岩层渗透率的20%。图11.20表明,如果在

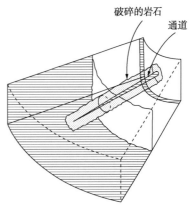

图 11.18 射孔道周围破裂岩层示意图

井内有伤害性流体时射孔,破裂区域的渗透率可以减至原始渗透率的5%,从而预期的最大产量为45%(即使在钻井期间没有伤害)。这些结果表明使用非伤害流体射孔是极其重要的。

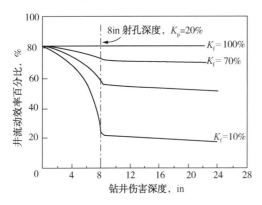

图 11.19 用非伤害性流体射孔时钻井期间
钻井液伤害对油井产量的影响
(K_f 为原始渗透率;K_p 为射孔道周围破裂区域的
渗透率,它是 K_f 的一个百分数)

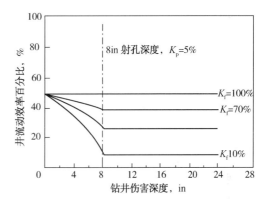

图 11.20 用伤害性流体射孔时钻井期间
钻井液伤害对油井产量的影响

八、修井液

用于修井的修井液不同于钻井的钻井液,因为修井液内的固相必须进入地层,因此它们一般不必带出井内的桥塞固相。过去并没有认识到桥塞颗粒的重要性。当时修井液里只含有胶体材料,常常使用淀粉、CMC、瓜尔胶或膨润土。这些流体具有所需要的流变性,并且因为试验是用滤纸做的,所以其有可以接受的滤失特性。然而,在井内,这些流体深深地侵入中等渗透与高渗透地层里,导致产量显著下降。如还发生井漏,则还会引起很大的产能损失。而今常用办法是在修井液里添加桥塞颗粒。但由于某些原因,修井时特别容易造成地层伤害。首先,由于过去的生产所打开的流道尺寸未知,所以桥塞颗粒的正确尺寸亦未知;再则,井周围的应力变化尤其是在出砂的情况下,可能已经使得孔隙结构发生变化。

另外一个问题是当修井时油藏压力通常很低，有时低于液静压力。因此，钻井液柱与地层间的压差往往较高。由于动力的影响，这个高压差会使得钻井液的初损失量增大，同时也增大了诱发裂缝导致井漏的机会。最后，在整个修井作业期间，射孔道暴露在修井液里，因而使地层受到了伤害。由于以上种种问题，在修井作业中最好使用一种可降解的钻井液。

九、加砂作业

在加砂作业中，地层外表面上的滤饼中的砂石堵塞是一个问题。当裸眼砾石堵塞中，当井生产时，滤饼会堵塞砾石，除非滤饼在产出的液体内易于分解或者滤饼的最大颗粒尺寸小于砾石之间开口尺寸不依赖此机制，一个较好的办法是在加砂填充以前，扩眼时使用含有可降解的固相钻井液。显然在扩眼时，含有钻屑的钻井液没有被污染。因此，在地面上必须有有效的除砂装置，且必须使用那些既能提高钻屑消除能力，同时又能留住桥塞固体颗粒的钻井液。

十、注水井的完井

注水井特别容易受到钻井液固体颗粒的伤害。因为完井时，流动方向是从井里向地层，因此，洗井后任何留在井中的固相都将被注入水带入地层，或者在井眼表面滤出。所以，在注水井完井或修井中最好使用可降解的材料。

第三节　地层伤害的预防

防止钻井液固相或滤液对地层造成伤害最保险的办法是使用一个负平衡钻井液柱进行作业，这样就没有固相或滤液可以侵入地层了。遗憾的是，这种作业在高压井中是危险的，这种方法需要使用特殊的设备及训练有素的钻工，并且在经济上不合理。在具有静水压力层的井里，使用油基钻井液可能获得负压钻井液。但在钻井时，由于有钻屑进入钻井液，因此其难于维持必需的低密度。然而，在某些类型的修井作业中，使用油基钻井液或原油是能维持负压液柱的；在极低压力的井内，可以使用气或泡沫(本书第七章"泡沫"一节)。

在大多数井内，必须维持超平衡的液柱，并且需要使用非伤害液体防止污染。如前所述，使用抑制性钻井液或盐水可以防止水敏性地层的伤害。表 11.2 列出了推荐的 NaCl，KCl 与 $CaCl_2$ 盐水的最小浓度。注意 Ca^{2+} 与 K^+ 的氯化物大约具有相同的抑制能力，但是 $CaCl_2$ 的缺点是会与碳酸盐或硫酸盐形成沉淀而造成污染，而这些盐常常存在于地层水中。

因此，当所需要的盐水密度小于 9.7lb/gal 时，并且可能存在 Ca^{2+} 危害时，通常用 KCl 作为完井液或修井液；如果要求密度大于 9.7lb/gal，且要求无钙的盐水时，可以使用溴化钠或溴化钾，此时密度可达到 12.5lb/gal。很少使用溴化锌盐水来提高无钙完井液的密度，其原因是锌离子的酸性将防止与碳酸盐或硫酸盐等阳离子的沉淀。在下列有关液体选择一节中给出了各自盐水的成分。

非伤害液体由什么组成不仅取决于液体性能，而且取决于完井或修井方法。当一口井射孔或砾石填充时井内应不含固相或为绝对清洁的流体。同样，如果可能应当进行负压射孔，问题是选用高失水的无固相盐水还是选用满载固相的液体。

通常射孔在纯净的盐水中进行。为了维持无固相盐水的清澈，当盐水在井中循环时必须进行过滤。过滤盐水最常用的办法是使用以硅藻土为助滤剂和 1 个绝对精密的标准滤失芯子的过滤器。这个装置可以把任何盐水滤到浑浊度小于 5NTU(注：NTU 不直接与 ppm 的固相含量对应，但是可以根据标准的 API 方法制定校正曲线)。Maly 特别强调要注意在地面上清除污染的固相。但即使这样，油管下部足量的固相仍会造成相当大的伤害。目前，使用上述过滤设备降低固相含量到这一指标是可能的。

在完井与修井程序中应当尽可能避免大量盐水向地层的漏失。那么为了阻止失水又能做什么呢？采用适当尺寸的颗粒进行桥堵可能是最好的办法。记住，在射孔或砾石填充作业期间，井内任何固相都可能造成一定伤害，各种类型的可溶或可降解的桥塞材料可以大批地得到，而对它们的选择取决于油藏条件及作业的类型。一定颗粒尺寸的油溶树脂或蜡可作为油层的桥塞剂，在井投产后这些留在地层里或地层上的颗粒都可以被溶解。显然这些颗粒在干燥的气藏或注水井内是不适用的。有机颗粒比矿物桥塞剂优越之处是其密度低，大约只有钻屑的一半。因此，在生产层钻井或扩眼时可以用重力分离的办法来除去钻屑而桥塞颗粒不至于被除去。

磨细的碳酸盐(石灰岩、虫毛壳、白云岩)是首先用于修井液中的可降解的桥塞颗粒，并且一直使用至今。在工作完成后，若有必要可以用酸清除它们。碳酸盐不贵，而且适用于任何类型的油层，但它们具有下列缺点：

(1)酸化是一项额外的作业，并且是一项额外费用项目。

(2)酸在下入井内途中可以溶解铁及地层内铁的化合物。当酸用完后，pH 上升，$Fe(OH)_2$ 沉淀，会造成一定程度的伤害。

(3)所有的碳酸盐颗粒可能不与酸接触(酸是倾向于沿着最小阻力的通道流动的)。为了避免这样的问题，有必要交替使用各种酸及导流剂。

(4)本体胶结材料为方解石的油藏里，酸倾向于溶解方解石，并分离出微粒。

除了这些缺点以外，碳酸盐是最适宜在干气藏的可降解颗粒。再者，那些无论如何必须酸化的碳酸盐油藏不具上述缺点。

在可降解钻井液里使用长链聚合物以获得必需的流变性，在某些情况下还可以控制滤失。遗憾的是这些聚合物在大多数最佳情况下也只是部分降解。文献里推荐的一些聚合物是非伤害的聚合物，即有时我们在文献或产品规范范围内谈到的"可水溶的"聚合物。事实上没有一种是能变成真溶液的，它们的颗粒尺寸在胶体范围内，链长可能超过 0.1μm，与中等尺寸的黏土片的宽度相当。如果颗粒深深侵入地层，它们就会造成一定伤害，而且难于从地层返排出来，因为它们已被吸附在硅的表面以及黏土晶格的棱角上(本书第四章)

Tuttle 与 Barkman 验证聚合物造成的伤害，他们把不含桥塞剂的聚合物悬浮液注入 450mD 的砂岩岩心里，使用瓜尔胶回流后，其渗透率只有原渗透率的 25%；如果用羟乙基纤维素(HEC)[图 11.21(a)]回流后的渗透率为原有渗透率的 43%。实际上，为了防止聚合物更深的侵入，需要往悬浮液内添加桥塞剂。但是在需要可降解钻井液的各种作业里，不能确保有效堵塞。为了防止深深侵入的可能性，应当使用可降解的聚合物。HEC 几乎完全溶于酸，而 Tuttle 与 Barkman 在向被 HEC 污染的岩心[图 11-21(b)]注入酸后，所得到的渗透率恢复值为 90%~100%；如果在瓜尔胶的组分里添加一种酶，它就会在一定时间内降解，但在降解后仍有 9% 残余物存在。这个残余物足以引起严重的伤害。例如，Tuttle 与 Barkman

在瓜尔胶破坏后只得在50%的渗透率恢复值。然而,瓜尔胶的衍生物,如羟乙基与羟丙基是可降解的,只留下1%~2%的残余。同样,虽然淀粉本身可溶于酸,但淀粉的衍生物,如羟烷基化及酯化的淀粉是酸溶性的,可被酶降解。

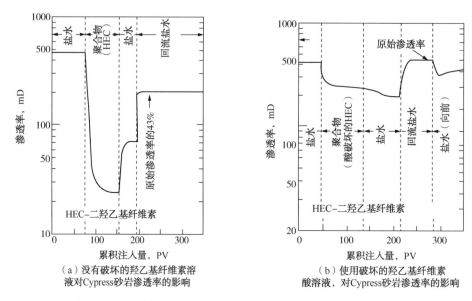

图 11.21　不同类型羟乙基纤维素溶液对 Cypress 砂岩渗透率的影响

第四节　完井液与修井液的选择

选择合适的完井液与修井液需考虑以下几个方面:
(1) 确定作业所需盐水的体积,包括消耗和可能的损失;
(2) 根据井底压力和真实的垂直深度确定所需的流体密度;
(3) 根据需要调整确定选择的盐水和结晶温度;
(4) 确定腐蚀性、黏土敏感性、形成盐水不配伍等。

一、深水完井液选择

深水钻井还需加强其他标准(Jeu 等,2014),除了上述标准外,还需根据以下方面设计深水完井液:
(1) 密度控制地层压力且密度变化对结晶和聚合物抑制性无影响。
(2) 最大预期压力下的结晶点海底温度。
(3) 在海底温度和最大预期压力下的聚合物抑制性。
(4) 储层配伍性、储层岩石和页岩层理。
(5) 与地层水配伍性。
(6) 盐水和以下流体之间配伍性:
①砾石充填或压裂充填流体、刺激的化学物质和酸;
②腐蚀抑制剂和隔离液;
③堵漏材料和 LCM。

（7）完井液配伍性。

陆地完井液和海上完井液的主要区别在于甲烷水合物的抑制性和与控制流体的相容配伍性。如果使用隔水管，温度的突变会从循环管中释放出来，超过钻井液线的井底必须能被识别。

特别重要的是，许多盐水能引起固体沉淀物，这会阻碍水下控制。Jeu 发现氯化钙和氯化锌溴化物会堵塞 SCSSV 控制线、化学注入阀或环空排气阀。

二、无固相盐水

用作完井液与修井液的盐见表 11.4。

表 11-4　通常作为完井液使用的盐水

类型	无机盐	有机盐
单价	氯化钠，NaCl	甲酸钠，NaCHO$_2$
	溴化钠，NaBr	甲酸钾，KCHO$_2$
	氯化钾，KCl	甲酸铯，CeCHO$_2$
	溴化钾，KBr	醋酸钠，NaC$_2$HO$_2$
二价	氯化钙，CaCl$_2$	醋酸钾，KC$_2$HO$_2$
	溴化钙，CaBr$_2$	醋酸铯，CeC$_2$HO$_2$
	溴化锌，ZnBr$_2$	

改变可溶性盐的浓度可调节盐水的密度。由于这些盐是可以溶解于水的，不能直接地推荐盐水的成分。因此，根据经验混图表制备盐水，混图表可从盐水的制造厂家及供应商处得到。注意所有的盐水都是由几种主要原料构成的，这些材料包括库存的盐水，如 CaBr$_2$ 及干燥的盐，如 CaCl$_2$ 或 KCl。这些材料混合在很大程度上取决于密度及所要求的结晶温度。结晶温度与周围环境条件相适应。密度与结晶温度是根据 API 标准程序确定的。

由于盐水进入地层可能造成地层伤害用于完井或修井中的高渗透层盐水需加入桥塞固相以控制失水。含有未固结砂层的生产层不宜使用盐水，因为盐水不能防止坍塌与冲蚀，如本书第八章所述，只能靠在井壁形成滤饼来防止坍塌，所以对地层的表面要施加超平衡的压力。当必须清出井眼中的钻屑与碎片时，纯净的盐水黏度低，且没有屈服值，携砂能力低，所以需要提高黏度或者使用黏性的片剂。

三、黏性盐水

使用黏性盐水是为了避免上述酸性滤饼的各种缺点。为了限制盐水浸入地层，用 HEC 增稠，提高盐水的黏度(高达几百厘泊)。这些黏性盐水不含桥塞颗粒，因此外部不会形成滤饼也不会有绝对的封闭。然而高黏度降低了侵入速率，根据 Scheuerman 推断，在某些情况下，为了得到所需黏度 HEC 的最低含量为 4.2lb/gal(12kg/m^3)(图 11.22)。

实际上，含油黏性稠浆的盐水点注在射孔层上方或横断在孔上。稠浆的体积至少要进入地层 3ft。为了使稠浆能在作业结束时流出地层，应添加降黏剂。但是大多数常用的 HEC 降黏剂只能在几小时到一天时间内有效,因此只能作为短期使用。对于较长时间作业,传统上则依靠 HEC 的热降解。然而根据图 11.23 的数据,在大多数地层作业的时间范围内,HEC 的破裂是不太可能的,只是在过高温度(>275℉)或者在低密度盐水(<11.6lb/gal)中应用。记住如果聚合物维持稳定,即使在低黏度的 HEC 流体中也可以造成渗透率伤害[图 11.21(a)和图 11.21(b)]。一种黏性丸剂可以成功控制漏。以低密度盐水作为丸剂的介质,低密度黏性盐水实际上会被挤入地层,而不是点注在井内,这就使其可以用在没有压力控制问题的较高密度盐水中。同样,在极高渗透地层已使用交联的 HEC 聚合物控制渗漏。

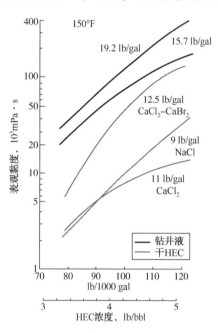

图 11.22　HEC 的低含量对表观黏度的影响

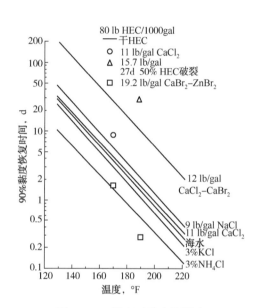

图 11.23　温度对黏度的影响

在密度大于 12lb/gal(相对密度为 1.4)盐水中,HEC 提黏是很慢的。即使在加热时达到最大黏度,仍需要高达 5h 的混合时间。尤其是在钠盐和钙盐中。现场使用 HEC 重盐水时要首先使聚合物在一种惰性溶剂(如异丙基醇)中预先水化,然后混入盐水。这种方法与加热基本一样。在某些含有锌的盐水中,即使加热或预先水化,HEC 仍然不变。对于这种情况,必须把锌浓度增加到相对于其他盐类足够高的水平,这样才能使 HEC 预水化(注:锌的最小浓度大约是重量的 7.5%~9.0%)。

四、含油溶性颗粒的水基钻井液

几种液体使用油溶性有机颗粒,如蜡与树脂作为桥塞剂用。其中某些液体,在低到足够的温度时颗粒是具有可变性的,即可起到滤失控制作用也可以作为桥塞剂使用。这些体系在 150~200℉ (65~95℃)之间效果最佳。在温度低于 150℉ 时颗粒刚性变得极好;而在温度高于 200℉ 时,颗粒又变得极软。在 Fischer 等描述的体系内,有机颗粒包括蜡、表面活性剂及一种乙烯基共聚物。用这些颗粒可以获得低至 24mL 的 API 失水,添加铬褐煤,能使失水降至 7cm³。如果需要用 HEC 与黄原胶控制其流变性,用 KCl 可使密度提高至 10lb/gal(1.2g/cm³)。

Crowe 和 Cryar 等(1976)发现热塑性树脂颗粒充分变形可以降低失水至 $7cm^3$，无须额外添加降失水材料。但渗透率大于 900mD 的岩层段会产生井漏。该体系在饱和盐水中保持稳定。

Suman 描述了一个体系，其中具有很高软化点[360 ℉(182℃)]的热塑性树脂只起桥塞作用，而不影响滤失控制。用淀粉衍生物或其他聚合物控制滤失，必要时使用 HEC 以获得携砂能力。在所有的盐水里(高至饱和)这个体系温度高达 300 ℉(149℃)时仍能稳定。

五、可酸溶与可生物降解体系

在此体系内，通常使用磨细的碳酸钙作为堵塞剂。它完全溶于酸，而且能得到很大范围的颗粒尺寸，从几毫米到百分之一微米，并且可以用于任何温度的油井中。Tuttle 与 Barkman 发现，如果尺寸选择得当，碳酸钙悬浮液可以用于射孔井的短期维修工作中。但是，大多数情况下需要添加聚合物以控制滤失提高携带钻屑能力。通常用的聚合物是不溶于酸的 CMC 与聚丙烯腈、黄原胶及瓜尔胶。如前所述，它们都可以用酶降解。当然还有几乎完全不溶于酸的淀粉衍生物与 HEC。注意，为了提高热稳定性，必须在 HEC 中加入 MgO，在需要时木质素磺酸钙可作为辅助滤失控制剂作用，瓜尔胶与 HEC 两者具有低的动塑比，并且无毒。这对于提高分离气体与多余固相的效率方面是一个大优点。对于那些需要高携带以及悬浮性能的应用，磺原树脂聚合物是一种较好的选择。

饱和的 NaCl 与 KCl 盐水可以用磨细的 $CaCO_3$ 加重到 $15lb/gal(1.8g/cm^3)$。$CaCO_3$ 的颗粒尺寸范围在 $1\sim40\mu m$，$6\sim10\mu m$ 尺寸颗粒可以最佳地悬浮固相与滤失。同样，用 $FeCO_3$ 可加重到 $1.5lb/gal(1.8g/cm^3)$。但必须注意，在酸洗期间如果 pH 超过 7 有可能产生 $Fe(OH)_3$ 沉淀。$FeCO_3$ 应用在无钙的盐水里，即 NaCl 或 KCl 盐水中。因为在有钙离子存在条件下，$FeCO_3$ 转化成类似于针铁矿或褐铁矿的氧化铁的氢氧化物。同样，为了防止对金属商品(如缸套与凡尔)的磨损，其颗粒尺寸必须非常小。

六、带有水溶性固相的液体

最近介绍的一种完井液与修井液是使用一定尺寸的 NaCl 颗粒作为桥塞与加重剂，会有聚合物与分散剂(两者都没有规定)将颗粒悬浮于饱和盐水中，密度可以达到 $14lb/gal$ $(1.68g/cm^3)$。井投产后，盐颗粒被地层水清除或者用不饱和盐水冲洗干净。很明显这种液体特别适合于注水井。

七、一种射孔用的水包油乳化液

早些时候，射孔时强调使用非伤害液体的重要性。Priest 与 Morgan 及 Priest 与 Allen 特别为这一目的制备了一种无固相乳化液。通常，在 NaCl 或 $CaCl_2$ 盐水里有 40% 的乳化液。油相可以是煤油，也可以是四氯化碳或它们的混合物，这要根据所需要的密度来决定。最大的密度为 $12.5lb/gal(1.5g/cm^3)$。乳化液是稳定的，足以提供 24h 滤失控制需要。

为了减少成本，只向井内泵送一段乳化液，并且点注在欲射孔的井段，密度可在上述范围内调整，这样它就能维持在相应位置。现场结果证实，此种乳化液不仅在射孔作业中，即使在已射孔的修井作业期间，都不会造成伤害。

八、油基钻井液

在大多数情况下，普通的油基钻井液可以作为生产层的钻井液，它们首先是为这一目的制备的。由于钻井液初损低，减少了颗粒的侵入，滤液的油不会造成水敏性地层的水伤害。实验室和现场试验证明，对水敏性地层，油基钻井液所造成的伤害比普通水钻井液造成的伤害小。油基钻井液的局限性是它们可能引起湿润反转，并且不适合用在干气藏中。

但是普通钻井液不易降解，从而不能用在要求降解钻井液的条件下。油基钻井液的设计是为了保证钻井时最大限度稳定井眼，钻井液中存在的任何水都是由强有力的表面活性剂高度乳化的。如果桥塞失败或整个钻井液深深进入地层中，就会存在乳化液堵塞。可以预料，低黏度的油基钻井液会比较少地引起乳化液堵塞，因为其含有较少的表面活性剂，且具有较高的油水比。

在含有芳香烃的油层中，由沥青油钻井液中的沥青造成的伤害在油井投产时会自动清除。沥青是溶于芳香烃的，换种说法，沥青可以用芳香烃洗去，但是沥青钻井液不用在致密的油田中，因为轻的碳氢化合物会使沥青沉淀。

Code 等报道在消除各种类型的油钻井液所造成的伤害方面已经取得了一定成功。他们注入油基钻井液后用含有 2%KCl、柴油、互溶剂及一些表面活性的混合物进行回流。

在许多修井作业中使用原油，其优点是便宜又容易得到。但是原油含有很多特殊的可引起伤害的杂质，就如同纯净盐水中的颗粒一样。因此在修井液易于大量侵入地层的情况下，不能使用原油。

一种可以降解的油包水乳化剂可以用在具有滤失和流变性的油基液的条件下，乳化液的液点由一层很细的颗粒稳定。不是由有机表面活性稳定。当与酸接触时，白垩颗粒就溶解，而乳化液就破乳成油和水，不留任何残余。这种组分的乳化液特别适用于修井，因为它代表可以与原油及水或盐水形成精致的乳化液产品。

第五节　完井液造成潜在地层伤害的实验

地质伤害的复杂性导致很难配制出一种非伤害的完井液，除非进行大量的室内实验。这样的实验需要相当的费用，它包括岩心的切割和室内实验时间。但是油田新增加的产品能提高一个小百分比，花费的成本和节约的钱相比是很少的。

一个不可避免的问题是，岩心受钻井液颗粒和滤液的污染。在其微型钻头的取心实验中，Jenks 等证实，滤液可以驱除 50%以上存在岩心里的原油。他们发现维持钻井液超平衡的压力不大于 200psi，并使用低初损和低失水钻井液就可以降低污染，而要得到这样的滤失特性，最好是使用油基钻井液，油基钻井液的好处是使其滤液不影响水敏性黏土。

在用橡胶筒及压力取心筒时(图 11.24，而不是用普通取心)，Webb 与 Haskin 观察了从钻井液及进入岩心的各种离子的尺寸分布。

所有的岩心应该包裹在塑料纸内，并在回收后立即密封起来。如果让岩心变干，残余油将会包覆再生的黏土，而岩心的性质也就变了。

实验室试验程序取决于当地的条件以及各自的选择，可遵循的只有几点。按直径钻取岩心，然后把受钻井液污染的两端切掉，以便最低限度消除取心污染的影响，尤其是切割大直径岩心时更应该这样。

在制定试验方案时，下列的方案是有用的：

（1）用芳香烃溶剂抽提岩心，干燥并测定岩心的空气渗透率和孔隙度。

（2）进行 X-衍射分析。以识别黏土矿物或者至少做亚甲基蓝试验，用来评估黏土矿物的活性。

（3）对来自极低渗透率的油层的岩心做压汞试验，以测定毛细管压力。

（4）分析地层水眼中的可溶性盐。

用于评价未来完井液对地层伤害的实验，应当用带有原有间隙水的新鲜岩心

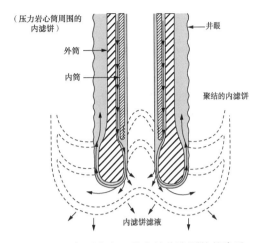

图 11.24　在压力取心筒中钻井液颗粒的渗透

棒，因为干燥盒抽提改变不了孔隙表面的湿润性能，通常的实验方法如下：

（1）使天然和人造的地层盐水通过岩心棒直至获得不变的渗透率。

（2）用油回流，直到获得不变的渗透率。

（3）将岩心浸泡在压差为 500psi 的压差实验中，直到至少有一个孔隙体积的钻井液滤失液通过岩心。使用岩心棒，浸泡 1d 左右是必要的，除非使用动滤失器。

（4）用油回流直至渗透率恒定。

在诊断任何观察到的伤害原因及涉及维修措施方面，下列的实验是有用途的：

（1）在没有钻井液固相干扰的条件下，用一台多级压滤机提取大量的滤液，以检验钻井液滤液对地层自身黏土的影响。重复上面的实验，但是步骤（3）的流动顺序里用滤液注入，调节压降以给出一适当的流量，并继续流动直到获得一不变的渗透率。

（2）在初始和最终的注油后，检验岩心的水饱和度。如果差别很大，做一下吸入实验，以确定是否有湿润变化。

（3）检查钻井液颗粒造成的伤害，抽提并干燥岩心，然后再 600℃ 至少燃烧 6h 以消除自身黏土的活性，在使用步骤（3）的流动顺序条件下，重复通常的注入顺序，那么任何渗透率的降低，即反映了钻井液颗粒造成的伤害。为了检查侵入地层的深度，连续的切下岩心片，开始切 0.25cm，以后每次切 1cm，检查剩余岩心棒的渗透率，直到它变为常数，用这个实验确定桥塞颗粒的最佳尺寸与数量。

（4）用钻井液滤液与地层水混合液检验其相互沉淀作用对岩心渗透率的影响。

第六节　封隔液与套管封隔液

一、功能与要求

当一口井完井时，在油管和油层套管之间安放封隔器，并用封隔液填满环空是一个好办法。这个程序是一个简单的安全措施，若不这样，在干气钻井中，套管头将承受油藏压力减去环空内的液柱压力，封隔液也降低了油管与环空之间以及套管外与环空之间的压差。封隔

液的密度可能会，也可能不会大到足以使液柱平衡油管底部的油管压力。但即使这样，在较浅层存在压差，随着深度的减小，压差增大。

因为封隔液始终保持在原处(不会超过几年)，直到有必要修井为止，因此对它的一些特殊要求如下：

(1) 它必须是机械稳定的，这样固相就不会沉积到封隔器上。

(2) 在井底温度与压力下，它必须是化学稳定的，以防止钻井液循环时产生高切力。

(3) 它应含有可以密封任何可能产生漏失的材料。

(4) 它本身必须不引起腐蚀，它必须保护金属表面免受可能漏失到环空的地层流体的腐蚀。

(5) 在完井与修井作业中，由于射孔将使地层暴露于封隔液中，因此封隔液绝对会伤害地层。

套管封隔液是留在井壁与套管之间环空里，在水泥表面的流体，它主要是保护套管免受地层流体的腐蚀，并有助于控制地层压力，而且需要的话，能增加回收套管的可能性。除了必须具有封隔液的所有特性外，它们还必须具有桥塞与滤失性能，以防止封隔液滤失及滤出液进入渗透性的地层。

各种类型封隔液及套管封隔液性汇总如下。对于详细的建议，读者可以参考 Chauvin 的参考资料。

二、水基封隔液

水基钻井液作为封隔液。已经用于钻井的水基钻井液常常留在井内作为封隔液，其优点是方便而经济。但是，其最大缺点是腐蚀性大。生产井中的油管及套管受到了与钻杆相同的腐蚀反应(本书第九章细节)。但在钻井中，需要常常进行维护与处理，因此必须不定期地向封隔液里添加处理剂。但这是不可能做到的。因此，把水基钻井液留在井内作为封隔液，可能的结果是长时间以后会引起套管或油管的漏失，所以这种方法不值得推荐，除非井内条件温和。同样，钻井液会长期随着温度上升而固化，从而使修井费用变得极高。

三、低固相封隔液

低固相封隔液通常由聚合物、提黏剂、腐蚀抑制剂及控制重量的可溶性盐组成，如果需要，还包括桥塞颗粒、滤失控制剂及密封材料(如石棉纤维)。这些简单体系要比高固相钻井液易于控制，对于木质素磺酸盐或黏土矿物的高温降解没有问题。而腐蚀可用油湿润剂抑制，因为抑制剂的损失被，低固相含量大大降低。一个不良的特点是聚合物具有假塑性，没有真屈服值，并且除交联的黄原胶外都没有触变性，因此固相粒子会慢慢沉积。但沉积固相只有少许，且没有重晶石，以至沉积时常产生困难。另外一个问题是聚合物在高温下会不同程度地不稳定。因此，把聚合物用于井上之前，应当对聚合物流做预期井底温度下的长期稳定试验。

Mayell 与 Stein 叙述了一种低固相封隔液，它由以下成分组成：在饱和的 NaCl 盐水中含有凹凸棒土，由铬酸钠抑制腐蚀，碳酸钠提高 pH 达 10.5。现场试验已证明此种液体具有极高热稳定性。

四、清洁盐水

清洁盐水可以用作封隔液,但不能用作套管封隔液,因为它们缺乏控制滤失的能力。如果将它们严格过滤,而又不被留在油管或套管内的钻井液所污染,那么它们实际上是无固相的,且具有所有附带的优点。从海水到溴化锌,各种盐水可用作封隔液,但选用类型及密度要根据压力控制、腐蚀性能及成本要求确定。

在设计封隔液时主要关心的问题是腐蚀。通常,盐水具有低腐蚀率,除了密度在18.0lb/gal以上的溴化锌盐以外,各种金属在大多数盐水里的静平衡腐蚀速率低少于 10^{-3} in/a。由各盐水供应商未发表的数据(包括 Dow 化学公司)证实在时间长达 300d,即使温度达 400°F,所有类型盐水具有极低的腐蚀速度(低于 $5\sim10^{-3}$ in/a),同时含有锌的高密度盐水具有较高的腐蚀速度($20\sim10^{-3}$ in/a),这些作为非抑制性的盐水,添加腐蚀抑制剂可以得到更低的腐蚀速度。抑制剂一般是根据使用温度进行选择的,在较低温度下(低于 300°F)通常使用的抑制剂是有机化合物胺类,对于较高温度使用无机化合物硫氰酸盐。

五、盐水性能

与任意的流体一样,盐水的井下密度随压力增加而增加,随温度的增加而降低。由 Thomas 等建立的一种模式可以预测其变化,由于压力的影响较小,井下密度的近似值可以由温度变化而得到,但是,对于要求严格以及高密度、昂贵的盐水里,最好寻求文献上的方法,并且在校正密度的计算时包括压力这一项。

在地面的结晶有时是盐水处理中的一个问题。当盐水的密度接近饱和盐水的密度时,若温度下降到某一个临界值以下[这个临界值取决于盐水的组分,例如,当温度降至 63°F(17.2°C)时,密度为 14.8lb/gal(1.77g/cm³)的 $CaCl_2/CaBr_2$]盐水会产生结晶,轻度的结晶会在地面缸与管线内产生沉积,而使较轻的盐水流向井下,严重的结晶会造成盐水完全变成淤浆或固化。

六、油基封隔液与套管封隔液

如本书第九章讨论的那样,油基钻井液是非腐蚀性的,并且比水基钻井液的热稳定好。这些特点使它们特别适用于作为封隔液使用,从而抵消了高成本与潜在污染的缺陷。在深的热井中,盐水和其他固相的沉积可能成为一个问题,但添加一种油分散膨润土可使其避免。

对于水基钻井液来说,每当温度太高时,或者预期的腐蚀严重时,例如,当地层含有 H_2S 的时候,应当使用油基钻井液,因为它的抗腐蚀性能及滤失性能极好。并且如果需要的话,因其具有使回收套管变得容易等优点,它可以作为理想的套管封隔液。在北极的冻土带的套管环空,一般用它们代替水基钻井液。

第七节　储层钻井液

储层钻进钻井液(RDF),也称为低伤害钻井液,兼具钻井液和完井液两者功能,主要是为了最大化开发井的产量。钻井液必须保持优良钻井液所需的各种性能,如密度、黏度、失水等，此外也要具有优良完井液所需性能，如对井壁和产层的孔喉没有伤害。这些特殊配方在 off-the-shelf 体系中常常没有，但为满足产层的特殊性质则必须精心选配。上部井段一般用常规钻井液钻进，水基或者非水基，然后在进入储层段之前用特定的储层钻井液体系顶替后继续钻进。

与常规钻井液和完井液一样，这些特殊的储层钻井液体系可以采取多种流体形式，已经开发出相关产品以满足其要求。储层钻井液的基本条件是：

（1）与地层水配伍性：无论是盐水还是合成油体系。

（2）最佳的黏度和失水量控制：可降解或可破胶的聚合物。

（3）体系中固相的适当粒度分布：通常是碳酸岩或盐类用于封堵和控制失水。

（4）可清除的滤饼。

（5）无伤害的加重材料：高密度盐水、颗粒盐、碳酸岩或超细的加重材料。

除了上述标准之外，还有其他任何添加到体系中的化学材料不得造成不必要的润湿性或乳化问题。

设计最佳的储层钻井液可能需要广泛的实验室测试以选择合适的流体系统和添加剂。这些体系通常比普通钻井液成本更高。

一、需要特殊的储层段钻井液的原因

目前已经有许多钻井液体系和不同的服务价格可供选择，那为什么还要使用储层钻井液体系呢？这不仅会给人们带来困惑，同时也会相应增加钻井成本。毕竟，钻井工程师是根据他们在预算成本和时间范围内来完成钻井任务。过去，油田开发作业商通常有独立的钻井和完井部门，并配备专门工程师从事这项工作。通常他们彼此之间的接触很少，几乎没有为对方的设计和作业过程考虑。

但近年来，越来越多的公司开展了跨学科研究以实现给定油田区块的最优化生产。部分原因是油价下滑已席卷业界，以及实现最佳回报投资需要确定前期规划和完整的参与钻井、完井和投产的合作各方。现已引入"建井工程"来描述这一过程。钻井作业过程还必须包括所有相关的服务公司以及各种内部工程、地质、化学、商业和工程管理人员。

二、投入与产出

使用特殊钻井液的推动力是认识到油气井钻探有两个阶段——投入阶段和产出阶段。

（1）产层上部井段钻进——投入阶段。

（2）在产层内钻进——产出阶段。

通常一口井的钻井费用是油田公司的纯支出，会影响其现金流和公司的运营。因此从会计学和工程设计经济学的角度很有必要优化钻井成本。但从生产的角度来看，成本不仅仅是最大限度的优化钻井成本，一段时间内钻井中的支出在很大程度上决定着该公司的投资回报。

因此，在钻井过程中，如大部分钻进地层是生产区，即水平井，需更加注意投资回报率而不是简单地考虑钻井总成本。成本昂贵的特殊钻井液可以优化油气井的产出。实现这一目的首要手段是减少产层的地层伤害。

三、储层钻井液性能

储层钻井液(RDF)必须同时具有钻井液和完井液性能。石油开发钻井液的性能可以分为四类大类：密度、黏度、失水量和反应性(参见第一章"钻井液概述")。对于储层钻井液，以下是常见的目前用于实现良好钻井液性能的方法。

(1) 密度。

① 无固相体系——清洁盐水和纯油基体系。

② 可溶性加重材料(如碳酸盐或其他盐类)或不溶性固体(如重晶石)。

③ 欠平衡钻井——纯气体(空气、天然气、氮气)和充气钻井(雾沫、泡沫、硬泡沫)。

(2) 黏性。

一定黏度的钻井液可用于净化井眼、悬浮固相和尽量减少钻井液向地层的浸入。储层钻井液始终要求通过添加聚合物来提高低剪切速率黏度，比如黄原胶、改性淀粉或羧甲基纤维素(CMC)等。聚合物的特殊处理可能需要确保在成品中不会有制造过程中的细小固体残留。

(3) 失水量。

通过黏度和超低渗透率滤饼来控制体系的失水量。另外，瞬时失水必须接近于零才能使侵入储层的基液流体最小化。滤饼必须薄、坚韧且可以轻松清除。一定黏度的滤液需最大限度地减少滤液的侵入深度。特殊情况下，如空洞、洞穴和裂缝，可以要求使用无伤害堵漏材料，如超细纤维素、低黏度(CMC)和改性淀粉。

(4) 反应性。

要控制的反应特性包括化学不相容性、黏土膨胀、颗粒迁移、乳液和润滑性。滤液化学性质也必须调整以确保与地层黏土和原生水相容，并且不会引起润湿性或乳化问题。

四、流体类型

目前用作储层钻井液的最常见流体类型包括：

(1) 气体：硬质泡沫和氮气，有或没有添加剂。

(2) 水基体系：颗粒盐类、碳酸盐、清洁盐水，MMH。

(3) 非水基体系：合成油、可以反转或纯油基体系。

五、钻井液设计

某些资料信息对于优化油井的开发价值是必须的。必要的资料包括：

(1) 井下情况：地层分析、孔隙流体分析、测井信息、使用的钻井类型和滤饼特性。此外，任何钻井操作概要都是有帮助的，特别是非生产性的描述内容，如循环漏失、井筒不稳定性和压力控制问题。

(2) 室内实验：完整的岩心实验分析和渗透率恢复实验。

可用信息越准确和完整就越具应用价值。需要三个不同的步骤才能正确选择用于钻井的最佳钻井液：

(1) 岩石和流体特征及潜在伤害识别。

(2) 潜在储层钻井液体系的实验室测试、配伍性和渗透率恢复模拟实验。

(3)钻井液设计、完善和模拟开发实验。

以下描述了所需的基本信息和要完成的实验室测试。

(1)井下信息：从这些来源尽可能多收集信息。

① 电测和钻井液录井。

② 偏移数据。

③ 岩心：恢复、保存、分析。

④ 现场钻井液：准确的井下状况。

⑤ 地层生产潜力。

(2)地质特征和水银注入实验。

① 对岩心碎片或类似岩样进行地质分析：SEM，XRD 和薄片。

② CT 扫描岩样，溶剂清洁，并确定气体性质，然后用饱和盐水测定孔隙度和渗透率。

③ 用最具代表性的汞注射法对所有岩样渗透性和孔隙率测试后的孔径进行测定。

④ 确定毛细管压力(气体/液体或油/盐水)以确定相圈闭潜力。

⑤ 将岩心恢复到油藏条件下：润湿性、流体饱和度和压力条件。

(3)储层条件测试——岩心初始化和钻井液伤害实验。

① 将岩心安装到多端口、高温高压岩心夹持器内。

② 确定储层条件下的渗透率。

③ 用纯碳氢化合物填充或离心以降低至 S_{wi} 并获得 K_{eo}。

④ 在两个方向上进行油区实验。

⑤ 时间 7~14d。

⑥ 确定生产方向、聚合度(DP)与施加的压力。

⑦ 用模拟实际井底压力条件下循环钻井液。

⑧ 重复进行，确定 DP 与施加的压力(或流量)曲线。

⑨ 比较两个 DP 与施加的压力曲线。

⑩ 取下岩心并使用 CT 扫描检查薄片部分。

(4)实验室测试。

因没有公认的渗透率恢复率或地层伤害试验标准，为了获得准确的数据，必须尽可能密切模拟井下条件。

① 将岩心返回到井下条件以进行渗透率测试。

② 测试流体在井下条件下的不相容性；预测和经验。

③ 在井下条件下进行表面堵漏。

④ 在井底条件下的流体返排实验。

(5)对比选择。

对所有测试钻井液系统的结果进行比较。如果是钻井液系统造成了相当大的伤害，实施增产方案。采用的激励方案由各利益相关者讨论确定，基于钻井液类型、滤饼特性及可能的破坏机理考虑操作者和服务公司。

(6)结果。

经过上述实验后，选择表现最好的体系在现场使用。使用后，分析评估结果，并根据需要修改体系(图 11.25)。

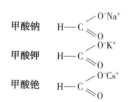

图 11.25　甲酸盐化学结构图

第八节　甲酸盐盐水

甲酸盐水溶液是甲酸盐碱金属的水溶液。这些盐易溶于水，并产生高密度盐水，具有低结晶温度。油田中常用的三类甲酸盐的化学结构如图 11.26 所示。

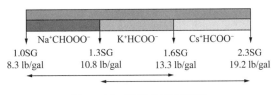

图 11.26　甲酸盐密度范围

甲酸根阴离子是羧酸族中最亲水的酸性阴离子，但相对卤化物仍保留显著的有机物特征。这种有机特征见于甲酸盐在有机溶剂中的溶解度，如甲醇或乙二醇。

甲酸根阴离子也是一种抗氧化剂，容易清除羟基自由基。这意味着甲酸盐盐水一般可以用作热敏感溶质，如水溶性聚合物，在抵抗高温下的氧化降解方面具有相当的保护作用（Clarke-Sturman 等，1986）。

碱金属阳离子（Na^+，K^+ 和 Cs^+）均为单价，他们同时与生物聚合物兼容及促成其在储层中的非伤害性。他们的摩尔量和在 20℃/68℉ 的水中溶解度的质量百分比显示在表 11.5。

表 11.5　甲酸钠、钾和铯盐水的基本性质

盐水	化学式	分子质量，g/mol	溶解度（20℃/68℉）		溶液密度	
			mol/L	%	相对密度	lb/gal
甲酸钠	NaCHOO	68.01	9.1	46.8	1.33	11.1
甲酸钾	KCHOO	84.12	14.5	76.8	1.59	13.2
甲酸铯	CsCHOO	177.92	—	—	2.3	19.2
一水甲酸铯	CsCHOO · H₂O	195.94	10.7	83	2.3	19.2
甲酸根离子	CHOO⁻	45.02	—	—	—	—

甲酸盐盐水涵盖了在钻探和完井作业中通常所需的全部流体密度范围。甲酸盐盐水溶液的密度范围见表 11.5。溶液中的碱金属甲酸盐也发挥结构作用影响周围的水分子，使水呈现出冰状特性。这种水结构化行为对溶解的大分子有益，使它们排列更有序、更坚硬，在高温下更稳定。抗氧化剂和水结构的结合性能赋予甲酸盐盐水延长许多常见钻井液聚合物使用寿命的可能性，提高其抗温性。其中一个例子是常用的增黏剂——黄原胶，它在浓甲酸盐盐水可以稳定在 356℉（180℃）左右 16h，这显著高于其他盐水。通过增加一些其他的抗氧化剂和除氧剂的稳定性可以进一步升高到约 400℉（204℃）（Messler 等，2004）。

与其他碱金属阳离子相比，铯阳离子密度更高和更具正电性。铯是 I 族元素中最重、稳定的，原子量为 132.9。铯也是所有正电金属中的最稳定的元素，使得甲酸铯成为最具离子性的甲酸盐。

完整的配方和测试程序可以在 Formate Brines 网站找到（Cabot，2016）。

一、甲酸盐测试程序

表 11.6 显示了根据 API 标准对甲酸盐盐水体系的推荐修改内容。与 API 推荐标准最严重的偏差是固体分析程序。

表 11.6 盐水 API 实验

性能	试验方法	备　注
pH 值	CSF	CSF 方式一样品用去离子水稀释
密度(钻井液)	APL-13B-1	用 CSF 温度校正方式
密度(盐水)	APL-13J	用密度计和用 CSF 温度校正方式
固相分析	CSF	甲酸盐钻井液禁用固相含量仪
氯	APL-13B-1	无变化
总硬度	APL-13B-1	缓冲甲酸盐体系无需测试,当试验时无缓冲溶液,可以不用处理次氯酸钠
钙	APL-13B-1	缓冲甲酸盐体系无需测试,当试验时无缓冲溶液,可以不用处理次氯酸钠
阳离子交换容量	APL-13B-1	无变化
浊度	APL-13J	无变化
API 失水	APL-13B-1	无变化,建议做 2 次以获得足够的溶液进行化学分析
高温高压失水	APL-13B-1	无变化
流变性	APL-13B-1	无变化
碱度石灰含量	APL-13B-1	在甲酸盐体系不能测量,见其他 CSF 测试方法应对缓冲溶液浓度
缓冲液溶度(CO_3^{2-} 和 HCO_3^-)	CSF	替代 API 碱度测试
K 含量	IDF 技术手册	次氯酸钠是一种氧化剂,在甲酸盐中不起作用

注意,要使用甲酸盐盐水进行 API 固相含量实验。标准 API 固相含量测试严禁应用于甲酸盐体系,因为冷凝管道可能被结晶盐堵塞,导致固相含量仪爆炸破裂。即使固相含量实验可以安全地进行,其结果仍然是无效的,因为大多数固体是由高度浓缩的甲酸盐盐水结晶形成的。

甲酸盐钻井液中的固体一般由钻屑和封堵材料碳酸钙组成(甲酸盐体系中不需要加重材料)。基于此,下面详细给出了另一种固相分析方法。

二、碳酸钙

在甲酸盐体系中测试碳酸钙加重材料的方法已被发明。该方法基于标准 API 总量硬度(Ca^{2+},Mg^{2+})测试方法,通过降低 pH 值去除碳酸盐组分,释放二氧化碳。该方法确定碳酸钙和碳酸镁组合的浓度,还确定了所有白云岩类加重材料。方法如下:

(1)将 1mL 甲酸盐钻井液加入 100mL 容量瓶中;

(2)加入 9mL 2N 或者 5N 盐酸;

(3)轻轻搅拌以确保所有的碳酸钙都已溶解;

(4)用去离子水将容量瓶内液体稀释到 100mL;

（5）从容量瓶中取 10mL 样品并放入较小的锥形瓶或烧杯容器中；

（6）加入 0.5mL 8N 氢氧化钾（KOH）；

（7）用 pH 试纸检查 pH 值是否为 14，如果不是则加入更多的氢氧化钾；

（8）加入 Calver 2 指示剂并用 EDTA 滴定（0.01M），记录下从红色变为蓝色所需的 EDTA 体积。

碳酸钙浓度计算如下：

$$\text{CaCO}_3 \text{ 浓度} = 10 \cdot V_{\text{EDTA}} \tag{11.3}$$

示例：如 EDTA 滴定量 5mL，可得出测定碳酸钙浓度将是 50g/L（因为使用了 100mL 制备样品中的 10mL 进行化学分析）。

三、钻井固相

通过确定钻井液中的固相总量来计算钻井固相的含量（包括钻井固相和碳酸钙等低密度固相），然后减去碳酸钙部分。钻井液中的低密度固相可以通过测量钻井液和滤液密度来计算，使用以下公式：

$$\text{LGS}(\%\text{V}) = \rho_{\text{mud}} - \rho_{\text{filtrate}} \rho_{\text{LGS}} - \rho_{\text{filtrate}} \cdot 100 \tag{11.4}$$

式中：ρ_{mud} 为钻井液密度；ρ_{filtrate} 为滤液密度；ρ_{LGS} 为低密度固相密度。钻井液的密度是用加压钻井液密度计测量的，高温高压试验所得钻井液滤液的密度可以使用密度计和 5mL 密度瓶测量。如果使用密度瓶，则首先称量空瓶子质量，然后装满滤液并重新称重。可以通过二者的质量差除以瓶自身体积计算出滤液的密度。温度也同样在考虑范围之内，并使用 DensiCalc II 将密度校正至标准温度（15.6℃/60℉）。通过假定低密度固相的密度为 2.5s.g./20.84lb/gal，流体中的低密度固相浓度可以计算为：

$$\text{LGS}(\text{g/L}) = 25 \cdot \text{LGS}(\%\text{V}) \tag{11.5}$$

$$\text{LGS}(\text{lb/bbl}) = 8.76 \cdot \text{LGS}(\%\text{V}) \tag{11.6}$$

因此钻井固相浓度计算如下：

$$\text{DS} = C_{\text{LGS}} - C_{\text{CaCO}_3} \tag{11.7}$$

式中：DS，C_{LGS} 和 C_{CaCO_3} 分别是钻井固相、低密度固相和碳酸钙的浓度。这个等式对所有的密度单位均成立。

参 考 文 献

Abrams, A., 1977. Mud design to minimize rock impairment due to particle invasion. J. Pet. Technol. 586 −592.

Adams, N., 1981. Workover well control conclusion_ how to use fluids to best advantage. OilGas J. 254−275.

Al−Otaibi, A. M., Ozkan, E., 2005. Interpretation of skin effect from pressure transient tests in horizontal wells. In: SPE Paper 93296 Middle East Oil & Gas Show and Conference, Bahrain, March 12−15.

Allen, T. O., Atterbury, T. H., 1958. Effectiveness of gun perforating. Trans. AIME 201, 8−14.

Almon, W. R., 1977. Sandstone diagenesis is stimulation design factor. Oil Gas J. 56−59.

Amott, E., 1958. Observations relating to the wettability of porous rock. In: SPE Paper No. 1167, Regional Meeting, Los Angeles, October 16.

API RP 13J, 2014. Testing of Heavy Brines.

Bardon, C., Jacquin, C., 1966. Interpretation and practical application of flow phenomena in clayey media. In: SPE Paper No. 1573, Annual Meeting, Dallas, October 25.

Basan, P. B. , 1985. Formation damage index number: a model for the evaluation of fluid sensitivity in shaly sandstones. In: SPE Paper No. 14317, Annual Meeting, Las Vegas, September.

Behrmann, L. A. , 1996. Underbalance criteria for minimum perforation damage. In: SPE Conference Paper 30081 -PA.

Bergosh, G. L. , Ennis, D. O. , 1981. Mechanism of formation damage in matrix permeability of geothermal wells. In: SPE Paper No. 10135, Annual Meeting, San Antonio, October 5.

Bertness, T. A. , 1953. Observations of water damage to oil productivity. API Drill. Prod. Prac. 287−295.

Bolchover, P. , Walton, I. C. , 2006. Perforation damage removal by underbalance surge flow. In: Society of Petroleum Engineers. SPE Paper 98220, International Symposium on Formation Damage, Lafayette LA, February 15−17.

Bruist, E. H. , 1974. Better performance of Gulf Coast wells. In: SPE Paper No. 4777, Symp. On Formation Damage Control, New Orleans, February 28, pp. 83−96.

Cabot Special Fluids, 2016. Formate Brine website. www. FormateBrines. com.

Chauvin Jr. , D. J. , 1976. Selecting packer fluids: here is what to consider. World Oil87−92.

Clarke − Sturman, A. J. , Pedley, J. B. , Sturla, P. L. , 1986. Influence of anions on the properties of microbial polysaccharides in solution. Int. J. Biol. Macromol. 8, 355.

Crowe, C. W. , Cryar Jr. , H. B. , 1976. Development of oil soluble resin mixtures for control of fluid loss in water base workover and completion fluids. In: SPE Paper No. 5662, Second

Symp. on Formation Damage Control, Houston, January 29, pp. 7−17.

Darley, H. C. H. , 1972. Chalk emulsion_ a new completion fluid. Petrol. Eng. 45−51.

Dodd, C. G. , Conley, F. R. , Barnes, P. M. , 1954. Clay minerals in petroleum reservoir sands. Clays Clay Miner. 3, 221−238.

Ellis, R. C. , Snyder, R. E. , Suman, G. O. , 1981. Gravel packing requires clean perforations, proper fluids. World Oil.

Fischer, P. W. , Gallus, J. P. , Krueger, R. F. , Pye, D. S. , Simons, F. J. , Talley, B. F. , 1974. An organic "clay substitute" for nondamaging drilling and completion fluids. In: SPE Paper No. 4651, Symp. on Formation Damage Control, New Orleans, February 7−8, pp. 7−18.

Fischer, P. W. , Pye, D. S. , Gallus, J. P. , 1975. Well completion and workover fluid. U. S. Patent No. 3, 882, 029 (May 6).

Fleming, N. , Moland, L. G. , Svanes, G. , Watson, R. , Green, J. , Patey, I. , Howard, S. , 2016. Formate drilling and completion fluids: evaluation of potential well−productivity impact, valemon. In: SPE Conference Paper 174217 − PA, SPE Production & Operations, February, 31. http: //dx. doi. org/10. 2118/ 174217−PA.

Githens, C. J. , Burnham, J. W. , 1977. Chemically modified natural gum for use in well stimulation. Soc. Petrol. Eng. J. 5−10.

Glenn, E. E. , Slusser, M. L. , 1957. Factors affecting well productivity. 11. Drilling fluid particle invasion into porous media. J. Petrol. Technol. 132−139, Trans. AIME 210.

Goode, D. L. , Berry, S. D. , Stacy, A. L. , 1984. Aqueous−based remedial treatment for reservoirs damaged by oil − phase drilling muds. In: Paper No. 12501, 6th Symp. Formation Damage Control, Bakersfield, CA, February 13.

Goodman, M. A. , 1978. Reducing permafrost thaw around wellbores. World Oil. 71−76.

Gray, D. H. , Rex, R. W. , 1966. Formation damage in sandstones caused by clay dispersion and migration. Clays Clay Miner. 14, 355−366.

Griffin, J. M. , Hayatvoudi, A. , Ghalambor, A. , 1984. Design of chemically balanced polymer drilling fluid leads to a reduction in clay destabilization. In: SPE Paper No. 12491, 6th Symp. Formation Damage Control,

Bakersfield, CA, February 13, p. 185.

Gruesbeck, C., Collins, R. E., 1982. Entrainment and deposition of fine particles in porous media. Soc. Petrol. Eng. J. 847-856.

Hamby, T. W., Tuttle, R. N., 1975. Deep, high-pressure sour gas is challenge. Oil Gas J. 114-120.

Holub, R. W., Maly, G. P., Noel, R. P., Weinbrandt, R. M., 1974. Scanning electron microscope pictures of reservoir rocks reveal ways to increase oil production. In: SPE Paper No. 4787, Symp. on Formation Damage Control, New Orleans, February 7-8, pp. 187-196.

Hower, W. F., 1974. Influence of clays on the production of hydrocarbons. In: SPE Paper 4785, Symp. on Formation Damage Control, New Orleans, February 7, pp. 165-176.

Hubbard, J. T., 1984. How temperature and pressure affect clear brines. Petrol. Eng. 58-64.

Hurst, W., 1953. Establishment of skin effect and its impediment to flow into a wellbore. Petrol. Eng. B6-B16.

Jackson, G. L., 1964. Oil-system packer fluid insures maximum recovery. Oil Gas J. 116-118.

Jackson, J. M., 1976. Magnesia stabilized additive for nonclay wellbore fluids. U. S. Patent No. 3, 953, 335 (April 27).

Jenks, L. H., Huppler, J. D., Morrow, N. R., Salathiel, R. A., 1968. Fluid flow within a porous medium near a diamond core bit. Can. J. Petrol. Technol. 172-180.

Jeu, S. J., Foreman, D., Fisher, B., 2014. Systematic approach to selecting completion fluids for deepwater subsea wells reduces completion problems. In: Conference Paper AADE-02-DFWM-HO-02.

Jones, F. O., 1964. Influence of chemical composition of water on clay blocking of permeability. J. Petrol. Technol. 441-446, Trans. AIME 231.

Jones, F. O., Neil, J. D., 1960. Clay blocking of permeability. In: SPE Paper No. 1515-G, Annual Meeting, Denver, October 25.

Keelan, D. K., Koepf, E. H., 1977. The role of core analysis in evaluation of formation damage. J. Petrol. Technol. 482-490.

Kersten, G. V., 1946. Results and use of oil-base fluids in drilling and completing wells. API Drill. Prod. Proc. 61-68.

Klotz, J. A., Krueger, R. F., Pye, D. C., 1974a. Effects of perforation damage on well productivity. J. Petrol. Technol. 1303-1314, Trans. AIME 257.

Klotz, J. A., Krueger, R. F., Pye, D. S., 1974b. Maximum well productivity in damaged formations requires deep, clean perforations. In: SPE Paper No. 4792, Formation Damage Symposium, New Orleans, February 7-8.

Krueger, R. F., 1973. Advances in well completion and stimulation during J. P. T. ' s first quarter century. J. Petrol. Technol. 1447-1461.

Krueger, R. F., 1986. An overview of formation damage and well productivity in oilfield operations. J. Petrol. Technol. 131-152.

Krueger, R. F., Vogel, L. C., Fischer, P. W., 1967. Effects of pressure drawdown on clean-up of clay or silt blocked sandstone. J. Petrol. Technol. 397-403, Trans. AIME 240.

Maly, G. P., 1976. Close attention to smallest detail vital for minimizing formation damage. In: SPE Paper No. 5702, Second Symp. on Formation Damage Control, Houston, January 24-30, pp. 127-145.

Matthews, C. S., Russell, D. A., 1967. Pressure buildup and flow tests in wells. In: Soc. Petrol Eng. of AIME Monograph, Dallas.

Mayell, M. J., Stein, F. C., 1973. Salwater gel pack fluid for high pressure completions. In: SPE Paper No. 4611, Annual Meeting, Las Vegas, August 30. Reprinted in Drilling, September 1974, pp. 86-89.

McLeod Jr., H. O., 1982. The effect of perforating conditions on well performance. In: SPE Paper No. 10649, Formation Damage Symposium, Lafayette, LA, March 24-25.

Messler, D., Kippie, D., Broach, M., 2004. A potassium formate milling fluid breaks the 400° fahrenheit barrier in deep Tuscaloosa coiled tubing clean-out. In: SPE Paper 86503, Formation Damage Control, Lafayette, LA, March 24-25.

Methven, N. E., Kemick, J. G., 1969. Drilling and gravel packing with an oil base fluid system. J. Petrol. Technol. 671-679.

Milhone, R. S., 1983. Completion fluids for maximizing productivity-state of the art. J. Petrol. Technol. 47-55.

Miller, G., 1951. Oil-base drilling fluids. In: Brill, E. J. (Ed.), Proceedings of the 3rd World Petrol, Conf., Sec. II, 2, Leiden, pp. 321-350.

Mondshine, T. C., 1977. Completion fluid uses salt for bridging, weighting. Oil Gas J. 124-128.

Muecke, T. W., 1979. Formation fines and factors controlling their movement through porous media. J. Petrol. Technol. 144-150.

Mungan, N., 1965. Permeability reduction through changes in pH and salinity. J. Petrol. Technol. 1449-1453, Trans. AIME 254.

Muskat, M., 1949. Physical Principles of Oil Production. McGraw - Hill Book Company Inc, New York, p. 243.

Ng, F. W., 1975. Process removes water-base mud from permafrost-zone well bores. Oil Gas J. 87-92.

Nowak, T. J., Krueger, R. F., 1951. The effect of mud filtrates and mud particles upon the permeabilities of cores. API Drill. Prod. Prac. 164-181.

Olivier, D. A., 1981. Improved completion practices yield high productivity wells. Pet. Eng.. Poole, G. L., 1984. Planning is key to completion fluid use. Oil Gas J. 90-94.

Priest, G. G., Allen, T. O., 1958. Non - plugging emulsions useful as completion and well servicing fluids. J. Petrol. Technol. 11-14.

Priest, G. G., Morgan, B. E., 1957. Emulsions for use as non - plugging perforating fluids. J. Petrol. Technol. 177-182, Trans. AIME 210.

Purcell, W. R., 1949. Capillary pressures_ their measurements using mercury and the calculation of permeability there from. Trans. AIME 186, 39-48.

Remont, L. J., Nevins, M. J., 1976. Arctic casing pack. Drilling 43-45.

Ribe, K. H., 1960. Production behavior of water-blocked well. J. Petrol. Technol. 1_ 6, Trans. AIME 219.

Scheuerrman, R. F., 1983. Guidelines for using HEC polymers for viscosifying solids-free completion and workover brines. J. Petrol. Technol. 306-314.

Schmidt, D. D., Hudson, T. E., Harris, T. M., 1983. Introduction to brine completion and workover fluids -part 1: chemical and physical properties of clear brine completion fluids. Petrol. Eng. 80-96.

Sharma, M. M., Yortos, Y. C., 1986. Permeability impairment due to fines migration sandstones. In: SPE Paper No. 14189, Formation Damage Symp., Lafayette, LA, February.

Simpson, J. P., 1968. Stability and corrosivity of packer fluids. API Drill. Prod. Prac. 46-52.

Slobod, R. L., 1969. Restoring permeability to clay-containing water damaged formations. In: SPE Paper No. 2683, Annual Meeting, Denver, September 29-October 1.

Somerton, W. B., Radke, C. J., 1983. Role of clays in the enhanced recovery of petroleum from some California sands. J. Petrol. Technol. 643-654.

Steiger, R. P., 1982. Fundamentals and use of potassium/polymer fluids to minimize drilling and completion problems associated with hydratable clays. Petrol. Technol. 1661-1670.

Stuart, R. W., 1946. Use of oil - base mud at Elk Hills naval petroleum reserve number one. API Drill. Prod. Proc. 69-75.

Suman, G. O., 1976. New completion fluids protect sensitive sands. World Oil55-58.

Swanson, B. F., 1979. Visualizing pores and nonwetting phase in porous rock. J. Petrol. Technol. 10-18.

Thomas, D. C., Atkinson, G., Atkinson, B. L., 1984. Pressure and temperature effects on brine completion fluid density. In: SPE Paper No. 12489, 6th Symp, Formation Damage Control, Bakersfield, CA, February 13, pp. 165-174.

Trimble, G. A., Nelson, M. D., 1960. Use of invert emulsion mud proves successful in zones susceptible to water damage. J. Petrol. Technol. 23-30.

Tuttle, R. N., Barkman, J. H., 1974. New non – damaging and acid – degradable drilling and completion fluids. J. Petrol. Technol. 1221-1226.

van Everdingen, A. R., 1953. The skin effect and its influence on well productivity. Trans. AIME 198, 171 -176.

Walton, I. C., 2000. Optimum underbalance for the removal of perforation damage. In: SPE Conference Paper 63108-MS.

Webb, M. G., Haskin, C. A., 1978. Pressure coring used in Midway-Sunset's unconsolidated cores. Oil Gas J. 52-55.

Young Jr., F. S., Gray, K. E., 1967. Dynamic filtration during microbit drilling. J. Petrol. Technol. 1209 - 1224, Trans. AIME 240.

Yuster, S. T., Sonney, K. J., 1944. The drowning and revival of gas wells. Petrol. Eng. 61-66.

第十二章 压裂液介绍

在早期使用高固相黏土钻井液进行油井钻井作业时，固相会对储层造成一定程度的伤害。此外，很多井的产层本身具有较低的渗透性，限制了油气产量的提高。这些井需要采取措施改善油在地层内的流动。一些常用的解决方法是射孔（通过炸药或者硝酸甘油等把射孔弹射入地层）、酸化等。第二次世界大战后，用于军用火箭筒的聚能射孔弹的应用，成为了射孔的首选方法，从而克服了固相颗粒对储层的伤害。

美国第一次水力压裂实验在 1947 年由 Stanolind 石油天然气公司（后来的美国石油、阿莫科）在堪萨斯州格兰特县的 Hugoton 气田实施。Stanolind 公司的 Floyd Farris 开发了第一个压裂液，由 1000gal 环烷酸和棕榈油增稠汽油（凝固汽油）以及阿肯色河的沙子构成（Montgomery 和 Smith，2010）。1949 年，Stanolind 公司获得专利，水力压力作业程序交予哈里伯顿油井固井公司。哈里伯顿随后进行了两次商业压裂施工，分别于 1949 年在俄克拉荷马州和得克萨斯州作业。

从那时起，具有不同基础流体的压裂液开始推广应用。自 20 世纪 90 年代水平钻井问世以来，低渗透地层的压裂，包括超低渗透性页岩压裂的数量急剧上升。直到页岩或天然气水平钻井具有经济效益后，垂直压裂和低渗透砂岩定向压裂、煤层气钻井生产和压裂完井程序得到快速发展（Gallegos 和 Varela，2012）。

水力压裂是使井筒压力升高到足够把周围地层压开。非有意压裂可以导致井眼膨胀、井漏、井筒流体静压力下降和可能的井喷事故。这些情况会导致非生产时间增加和成本上升（见第十章"与钻井液有关的钻井问题"）。

有意压裂（诱喷）包括泵送含有固相的流体及保持地层张开的固体（支撑剂），以提高裂缝渗透率带来更高的生产率，周围地层的渗透性没有改变。压裂操作产生高渗透性通道，允许油或气更容易地流动，更多进入井筒。

第一节 压裂液类型

在压裂作业中通常有两个阶段——领浆和尾浆阶段。领浆开始压裂，打开地层。由于上覆压力趋于使裂缝闭合，尾浆把支撑剂注入压开的裂缝中，并支撑裂缝。

压裂液的主要作用是传递压裂车的压力到需要压裂的地层。其涉及两个不同的压力——地层初始破裂和破裂传播压力。具有较高黏度的压裂液在泵送时会具有较高的摩擦损失，因此对地层施加的压力减小。具有较高固体含量的压裂液可能导致地层开裂，但是在裂缝扩展效率方面不高并可能堵塞产层，称为除砂或筛除。

但同样重要的，其次要目的是有效运输支撑剂进入裂缝使裂缝不闭合，维持渗透率高于天然产油层的渗透率。这两个目的有时互相矛盾。一般而言，以下是好压裂液必须拥有的特性（King，2010）：能打开一个宽大的裂缝；具有低摩擦压力以减少泵送过程中的摩擦压力损失；具有良好的降失水控制；能将支撑剂输送到裂缝中，并释放支撑剂以稳定裂缝；与地层岩石和流体相容，伤害最小；容易配制和混合；剪切稳定；具有经济性；所有化学添加剂均通过相应的环境机构认证；易破胶为低黏度流体，便于返排处理。

第二节　压裂液组分

Ghaithan 在 2014 年发布了压裂液的应用概述。以下内容摘自该论文的摘要，是对过去十年水力压裂液的发展简单回顾。石油工程师协会(SPE)还介绍了在其网络研讨会上的论文，可在其网络研讨会网站上找到(Ghaithan Al-Muntasheri，2015)。

瓜尔胶基聚合物仍然用于温度低于 148.9℃井的压裂作业。为了尽量减少与这些聚合物相关的伤害，工业上使用较低的聚合物浓度配制压裂液。另一种方法是改变交联剂化学性质，以在较低聚合物浓度下产生较高黏度负荷。商品瓜尔胶含有至少 5%质量分数的残留物，会破坏携带支撑剂。该行业然后转向使用清洁瓜尔胶的聚合物，主要是 HP-瓜尔胶。高温深井储层段压裂，需要一种新的热稳定的基于聚丙烯酰胺的聚合物。这些合成聚合物在温度高达 232℃时仍能提供有效的黏度。为了应对地面高压泵送的挑战，高密度盐水的应用将静水压力增加 30%。

引入了新的破乳剂，通过反应使凝胶交联剂降解。尽量减少使用大量的淡水对环境造成影响，并尽量减少与之相关的处理采出水的成本，在水力压裂中使用采出水压裂已开始实施。

使用滑溜水包括使用减阻剂试剂(聚丙烯酰胺为基础的聚合物)，以尽量减少摩擦的产生，这些减阻剂使得清理效率提高。

对于泡沫流体，与二氧化碳相容的新的黏弹性表面活性剂(VES)已开发应用。纳米技术被用于开发纳米胶体二氧化硅，降低了常规中作业使用的硼交联剂的浓度。纳米技术的另一个进展是瓜尔胶中的悬浮 20nm 二氧化硅颗粒技术的应用。

压裂液由以下部分组成：

(1) 基础流体——水、石油、天然气；

(2) 化学添加剂——见表 12.1；

(3) 支撑剂——沙子、陶瓷。

表 12.2 给出了各种常用的压裂液体系。一些流体，例如滑溜水流体，使用非常少的不同添加剂。其他，如交联体系，将使用许多不同的添加剂。另外，不同的作业目的需要不同的压裂液体系。例如，VES 体系可以用交联方式制造凝胶、非水性体系和泡沫。没有一种压裂液将包含所有这些添加剂。图 12.1 和 12.2 显示了典型的加拿大蒙特尼页岩和宾夕法尼亚州的 Marcellus 页岩压裂作业中添加剂差异(All Consulting，2012)。

表 12.1　常用压裂液添加剂

压裂液添加剂	压裂液添加剂	压裂液添加剂	压裂液添加剂
杀菌剂	降滤失剂	分流剂	阻垢剂
破胶剂	增黏剂	乳化剂	支撑剂
缓冲剂	破乳剂	发泡剂	表面活性剂
黏土稳定剂	石蜡抑制剂	减阻剂	抗温稳定剂

表 12.2　压裂液类型

基液	类型	成分
水基	滑溜水	水
		减阻剂(聚丙烯酰胺)
	线性凝胶水	瓜尔胶
		HPC(hdroxypropylguar)
		HEC(hydroxyethylcellulose)
		CMHPG(carboxymethylhydroxypropalguar)
	交联	交联剂—硼酸、钛、锆
		瓜尔胶
		HPG
		CMHPG
		HEC
	非聚合物	水
		黏弹性表面活性剂
氮气 二氧化碳	水基泡沫	水
		发泡剂
	酸基泡沫	酸
		发泡剂
		氮气
	醇基泡沫	甲醇
		发泡剂
		氮气
	加能流体	氮气、二氧化碳
非水基	线性	稠化剂
	交联	聚酯凝胶
	水乳液	水+油
		乳化剂

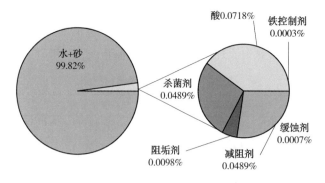

图 12.1　加拿大蒙特尼 Montney 页岩页岩压裂作业中添加剂比例

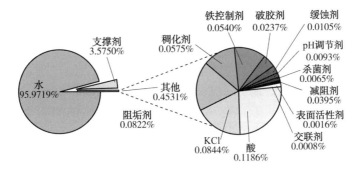

图 12.2 宾夕法尼亚州 Marcellus 页岩压裂作业中添加剂比例

第三节 压裂液体系的选择

Slickwater 压裂液可以由清水或盐水制备。盐水可以是 NaCl 溶液或 KCl 溶液,以抑制存在于地层中的黏土。它们的制备需要的添加剂数量最少。通常在这些流体中添加减阻剂。当使用盐水体系时,其他使用的添加剂有杀菌剂和可能的阻垢剂。

滑溜水的基本特征:低摩擦损失、低黏度(<50cP)、低残留、低支撑剂携带效率。这类流体的最大优点是低成本、低残留。

低黏度、低浓度支撑剂滑溜水压裂液在高泵冲压裂时会产生窄而复杂的裂缝(PetroWiki,2016)。泵冲必须足够高才能运输支撑剂通过长距离进入水平井裂缝,然后将支撑剂放入开放式裂缝以防止筛除。当支撑剂的运输效率低时,总会有筛除的可能性。

水是牛顿流体,在高压下泵送会处于紊流状态。聚合物的添加,主要是聚丙烯酰胺减阻剂倾向于抑制紊流。减阻剂不起作用,除非在紊流状态下。

滑溜水压裂液的缺点(PetroWiki,2016):通常需水量较大;更大的功率要求(保持高泵送速度,60~110bbl/min);有限的裂缝宽度(由于支撑剂浓度低);压裂液返排率低,压裂液进入裂缝网络;仅限于细颗粒支撑剂。较大的支撑剂沉降快,将增加被筛除的可能性。

线性凝胶——线性凝胶可以在清水或盐水中配制,通常使用的聚合物是 HP–瓜尔胶或 CMC。

线性凝胶液体基本特征:适中的摩擦力;可变的黏度(10~60mPa·s);高残留。

线性凝胶黏度比滑溜水高几个数量级并提高了支撑剂悬浮能力。使用未交联的凝胶在压裂液领浆中,压裂处理的后期压裂阶段使用滑溜水,通常被称为"混合"压裂处理,必须使用破胶剂促进返排。

交联凝胶——这些液体使用可交联的聚合物形成可以将支撑剂保持悬浮的弹性凝胶结构。交联结构必须在返排之前断开。但是,这种高黏度结构,在泵送过程中会导致较高的压降。

交联凝胶的基本特征:高黏度(>100mPa·s)、良好的支撑剂输送能力、高残留、昂贵、温度和 pH 值依赖性。

最常见的交联剂是硼酸盐化合物。压裂液的温度/时间设计对其成功至关重要。用于该交联凝胶流体的常见聚合物是瓜尔胶、羟丙基瓜尔胶、羧甲基羟丙基瓜尔胶。

胶状非水液体——根据环境法规和规定,基础流体可以是柴油、矿物油或合成流体。这些流体的基本特征包括:与油藏的兼容性(使用原油);在某些情况下,成本低(使用原油);

降低压裂液清理成本；固有危险；减少静水压力；复杂和了解不详的流变学；需要较强的质量控制。

充能流体——充能流体由一种或多种气体组分组成，无论是单独使用还是作为液体组分，它们通常被称为泡沫。泡沫压裂液可减少压裂处理使用的水量。然而，这些措施可能代价高昂，但比常规压裂液体系性能更好（Burke 等，2011；Jacobs，2016）。

充能压裂液使用 CO_2—H_2O 混合物，N_2—H_2O，CO_2—$MeOH$—H_2O 混合物或常规表面活性剂、空气、水基发泡液体。它们主要用于水敏性地层、负压井和低渗透气层。该充能压裂液的主要优点是最小化回流水，减少黏土—水相互作用和提高支撑剂携带效率。

纯液态 CO_2 或 N_2 气体和液化石油气特性包括（Watts，2014）：不需要其他添加剂；清洁体系，残留物最小；需要昂贵的特殊设备；对地层无伤害；化学性质类似于油凝胶。

泡沫压裂液的特点包括：最少的流体进入地层；自身携带能量；适度失水量；减少固体——液体损失添加剂（FLA）和聚合物。

泡沫的缺点：静水压头损失；充能材料及设备的费用高；生产的气体可能会长时间受到污染。

泡沫压裂基础油包括：水（清水和盐水）、水—甲醇混合物、甲醇、烃、氮、CO_2、CO_2/N_2 混合物、交联凝胶。

当温度高于 31℃ 和典型的压裂施工压力（1000psi 以上）时，CO_2 表现为超临界状态流体。在这种情况下，加压流体被认为是乳液（Gupta 和 Hlidek，2010；Arias 等，2008）。请注意，CO_2 具有比 N_2 高的静液柱压力，因此，更适用于高破裂压力地层。

合成 HpHT 聚合物——天然聚合物在温度高于 149℃ 时发生降解。合成材料的例子针对高达 204℃ 的较高温度稳定性开发的产品是 2—丙烯酰胺—2—甲基丙磺酸（AMPS）和部分共聚物水解聚丙烯酰胺（pHPA）—AMPS—乙烯基磷酸酯（PAV）。这些聚合物可用于清水或盐水体系，是天然减阻剂。它们可用于滑溜水或线性和交联凝胶中。二氧化碳作为一个充能系统，虽然 CO_2 流体的温度可能会限制到低于 127℃。

Holtsclaw 和 Funkhouser（2010）报道了使用 PAM 聚合物作为携带支撑剂的压裂液。该系统基于三元共聚物的 2—丙烯酰氨基—2—甲基丙磺酸（AMPS）和丙烯酰胺（AM）。Funkhouser 和 Norman（2003）报道这个体系在使用 60%AMPS，39.5%酰胺和 0.5%丙烯酸酯时表现最佳。他们还发现溴酸钠是最好的体系破胶剂。Holtsclaw 和 Funkhouser（2010）报道与 Zr4+交联的共聚物的黏度为 700cP 以上，能在 $40s^{-1}$ 的剪切速率及 204℃ 的温度下保持 1.5h。在相同的条件下，基于含有相同浓度的 CMHPG 凝胶的聚合物和交联剂在剪切 22min 后失去显著的黏度。

Gupta 和 Carman（2011）开发了一种高温压裂凝胶，是基于部分水解的聚丙烯酰胺（PHPA）的共聚物-AMPS-乙烯基磷酸酯（PAV）。该共聚物通过锆交联。据报告说，该体系可在 218℃ 下 $100s^{-1}$ 剪切 2h 后保持 1000cP 的黏度。

Gaillard 等（2013）使用三种 PAM 基聚合物用于 HPHT 压裂。这些聚合物相对分子质量为 $(5\sim1500)\times10^4$ 是基于 PAM 的减阻剂。它们都含有至少 1.5%（摩尔分数）的疏水基团并具有 $10\sim25mol\%$ 的丙烯酸酯含量。第三种聚合物有 AMPS 含量为 $10\sim25\%$（摩尔分数）。聚合物表现出良好的支撑剂携带效果。

VES（黏弹性表面活性剂）——这些材料被认为所含的残留物量较少，所以不会损坏支撑剂层。另外，其不需要交联剂，简化了配方。表面活性剂可以使用各种包括季铵盐（Samuel

等，1999、2000）、酰胺 1100nm ZnO（Crews 和 Huang，2008；Huang 和 Crews，2008；Huang 等，2010）和两性离子（Sullivan 等，2006）表面活性剂。

Huang 等（2010）报道 VES 是低分子量分子，具有亲水性头部和长疏水性尾部，并且存在盐的情况下，例如氯化钾、氯化铵或铵硝酸盐，会形成细长的胶束结构。这些胶束在足够的浓度中，其结构会缠结以建立黏度。因为这种交联不是基于化学交联反应，而是这些流体具有较高的漏失率。高流失率阻止了它们在渗透率大于 100mD 的储层的使用。

虽然 VES 流体可以在实验室中高效破胶，但数据表明在 20 世纪 90 年代，20% 利用 VES 基流体的现场处理需要使用补救措施来恢复井的裂缝（CREWS 和 Huang，2008）。VES 流体在与碳氢化合物接触时或者当混合盐水中的盐含量降低时会断裂。这两个条件在所有情况下都不能满足。例如，当储层没有产生碳氢化合物时，那么 VES 不会破裂。CREWS（2005）报道宜使用 VES 流体的破胶剂。

酸化压裂液（改编自 PetroWiki，2016）——最常用的酸化压裂液是 15% 盐酸（HCl）。为获得更多的酸渗透度和更好的酸化效果，有时使用 28% 的 HCl 作为主酸液。有时，则使用甲酸（HCOOH）或乙酸（CH_3COOH），因为这些酸在高温条件下更容易发挥抑制作用。然而，醋酸和甲酸的成本比盐酸高。氢氟酸（HF）不应该在碳酸盐岩储层酸化压裂过程中使用，仅在页岩或砂岩中使用。

通常，使用胶凝水或交联凝胶体系作为前置流体填充井筒并破坏地层。然后是泵送水基压裂液以打开水力压裂所需的裂缝高度、宽度和长度。一旦创建裂缝尺寸的期望值实现，酸被泵送进入裂缝以腐蚀断裂的井壁面产生裂缝，提高渗透性。酸可以凝胶化、交联或乳化以保持裂缝宽度并使漏失量最小。由于酸与地层反应，流体损失量是在流体设计中主要的考虑内容。大量的 FLA 通常是添加到酸液中以最小化失水量。失水量控制在高渗透率和/或天然裂缝碳酸盐中多是重要的考虑因素。

在进行酸化压裂设计时需要考虑和了解几个独特的因素，主要关注的是酸液在裂缝内的渗透距离。前置液用于创建所需的裂缝尺寸，然后将酸泵入裂缝以腐蚀裂缝壁产生裂缝渗透性。当酸接触裂缝井壁时，酸和碳酸盐之间的反应几乎是瞬时的，特别是如果酸的温度是 200℉ 或更高时。那么就必须设计成打开一个分布广泛的裂缝的处理方法。黏性流体具有最小的失水量。如果想用黏稠的酸形成较大的裂缝并使体系具有最小失水量，那么一个惰性酸化产品能减少活性酸在裂缝井壁与地层接触的速度。然而，随着裂缝中的流动变得更湍流且层流更少，活酸将更容易地接触裂缝壁，而且在消耗之前，酸液不会穿透到裂缝的很远处。

甲醇压裂液—乙醇压裂液也可以配制成许多不同的压裂液，线性、交联和泡沫流体均可。将甲醇加入水基处理中可降低含水量，降低界面张力，并增强水基压裂液在储层中的清洗效率。

乙醇压裂优点：低表面张力；返排期间固有的挥发性；增强水分去除能力。

乙醇压裂缺点：固有危险性；难以降解；昂贵；最小的可用流变数据。

乙醇的浓度至关重要，以下是推荐的乙醇含量：

瓜尔胶　　　　≤25%；

HP-瓜尔胶　　≤60%；

HP-纤维素　　=100%；

高密度盐水——地层只能在井底压力超过地层破裂压力时破裂。一些非常规的储层位于深达 20000ft 和温度高达 179.4℃ 的地层（Bartko 等，2009）。压裂这种井需要井底压力达到

20000psi。一些井下完井设备的压力等级有限制，也有可能地面设备和压裂泵压力等级限制，最大压力不超过 15000psi(Qiu 等，2009)。

现场盐水制备的标准压裂液的密度通常大约 1.04g/cm³(Simms 和 Clarkson，2008)。因此，使用高密度盐水可以使静水压力增加 30%。

第四节 添 加 剂

滤失——降失水添加剂控制压裂液渗漏到裂缝基质或天然裂缝中。在不控制漏失的情况下，裂缝会短而宽，并且取决于会发生流体侵入的地层特征上。用降失水剂，压裂裂缝会长而细，流体的侵入也会减少。降失水剂包括：

(1)桥联剂——固体、100 目硅石粉、纳米二氧化硅。

(2)填充剂——软质材料、树脂、淀粉、胶体聚合物。

(3)多相烃乳液或混合气体。

减阻剂——牛顿流体(例如水和甘油)在湍流时泵压力很高。聚合物添加剂将通过控制分子迁移来抑制进入湍流状态。高分子量低黏度材料，在低浓度时能较好使管道内壁光滑。光滑管道中的黏度是有害的，但是中等浓度的凝胶在管材和套管中效果最好。减阻剂除非在实现湍流的情况下，否则不起作用。最常见的减阻剂是基于聚丙烯酰胺的化学材料。

细菌控制——细菌是单细胞的微生物，据估计，全世界有超过 1030 种细菌(Whitman，等，1998)。不同的细菌可以在各种环境中繁殖条件，如：

(1)氧气——既有厌氧菌也有好氧菌。

(2)温度——细菌可以在-10~104℃的温度条件下生存。

(3)压力——细菌可以在 0~25000psi 的压力下生存(172MPa)。

(4)盐度——细菌可以在 0~30%范围内的盐度下生存。

(5)pH 值细菌存活的 pH 值范围是 1.0~10.2。

具体的细菌问题包括：降解聚合物(酶分泌)；硫酸盐还原菌(SRBs)生产硫化氢；厌氧条件下的腐蚀；堵塞井下和地面。

戊二醛是最常见的油田杀菌剂。其他杀菌剂包括季铵盐、胺盐、醛类、氯化酚、有机硫、重金属、硫氰酸盐、氨基甲酸酯及以上的组合。

破胶剂——所使用聚合物、交联剂和任何暂堵材料在返排之前需要破胶剂。如果有残留材料仍然存在，井的产量可能会受到影响。破胶剂通常是几类材料的组合，包括氧化材料、酸和酶。

氧化破胶剂(Montgomery，2013)包括过硫酸铵、过硫酸钠、过氧化钙和镁。氧化破胶剂主要的缺点是它们的破胶效果和反应速度是由其使用量决定的。浓度的 0.5lb/1000gal 过硫酸盐破胶剂会破坏聚合物黏度使其达到水的黏度，但会损坏支撑剂，其渗透率只有原来的 20%。如果想获得最大限度的渗透性，需要的使用浓度(10~12)lb/1000gal，这会立即破坏压裂液黏度。为了应对该现象，需阻止过硫酸盐破胶剂的释放(Lo 和 Miller，2002)。有两种类型的包被破胶剂可用：第一类型的释放速率由静液柱压力，温度和压裂液的 pH 值控制；第二种释放方法是通过裂缝关闭时破坏胶囊保护层来实现。

酶破胶剂(Montgomery，2013)是充当蛋白质分子有机催化剂沿特定的网状聚合物主链附着和降解的聚合物。因为它们是催化剂，所以在使用过程中不会"耗尽"并坚持到没有聚合物降解。使用的典型酶包括半纤维素酶、纤维素、淀粉酶和果胶酶。当暴露于非常高或非常低的 pH 值时，这些酶易受热降解和变性，其仅限于低于 66℃ 的温和温度，压裂液 pH 值为 4~9。最近，Brannon 和 Tjon-Joe-Pin 开发的专有 GLSE(瓜尔胶催化专用酶)耐温超过 150℃ (Brannon 和 Tjon-Joe-Pin, 2003)。

黏土稳定剂——黏土稳定剂抑制黏土膨胀和可能的脱落而进入裂缝。以下化学品是在压裂液中使用的黏土稳定剂：氯化钾、氯化钠、氯化铵、氯化钙、丙烯酰胺、阳离子聚合物和四元化合物。

转向剂——分流的目的是当一个区域的压裂完成时将压裂液转移到另一个区域。物理转向器，如密封球、封隔器，球和挡板的技术效果最好。化学技术可以成功用于基浆处理，但是在压裂施工中不太成功。典型的转向化学品包括 Karaya 粉末、分级萘、油外乳剂、高浓度线性凝胶、牡蛎壳、聚合物涂层沙子、浮力颗粒、高品质的泡沫和片状硼酸。

参 考 文 献

All Consulting, LLC, 2012. The Modern Practices of Hydraulic Fracturing: A Focus on Canadian Resources. Petroleum Technology Alliance Canada and Science and Community Environmental Knowledge. Fund. , http: //www. all-llc. com/publicdownloads/ModernPracticesHFCanadianResources. pdf.

Al - Muntasheri, G. , 2014. A critical review of hydraulic fracturing fluids over the last decade. SPE 169552. This Paper Was Prepared for Presentation at the SPE Western North American and Rocky Mountain Joint Regional Meeting held in Denver, CO, 16-18 April.

Al-Muntasheri, Dr. Ghaithan A. , 2015. Fluids for Fracturing Petroleum Reservoirs. Web Events. SPE. , https: //webevents. spe. org/products/fluids-for-fracturing-petroleum-reservoirs.

Arias, R. E. , Nadezhdin, S. V, Hughes, K. , Santos, N. , 2008. New viscoelastic surfactant fracturing fluids now compatible with CO_2 drastically improve gas production in rockies. Paper SPE 111431 Presented at the SPE International Symposium and Exhibition on Formation Damage Control, Lafayette, LA, 13-15 February.

Arthur, J. , 2009. Modern shale gas development. Presented at Oklahoma Independaent Petroleum Association Mid - Contenent OBM & Shale Gas Symposium, Tulsa, OK, 8 December. , http: //www. oipa. com/page_images/1262876643. pdf.

Arthur, J. , Bohm, B. , Layne, M. , 2009. Considerations for development of Marcellus Shale gas. World Oil July.

Bartko, K. , Arocha, C. , Mukherjee, T. S. , 2009. First application of high density fracturing fluid to stimulate a high pressure and high temperature tight gas producer sandstone formation of Saudi Arabia. Paper SPE 118904 Presented at the SPE Hydraulic Fracturing Technology Conference, The Woodlands, TX, 19-21 January.

Brannon, H. , Tjon - Joe - Pin, 2003. Enzyme breaker technologies: a decade of improved well stimulation. SPE 84213 Presented at the SPE Annual Technical Conference, Denver, CO, 5-8 October.

Burke, L. H. , Nevison, G. W. , Peters, W. E. , 2011. Improved unconventional gas recovery with energized fracturing fluids: montney example. Paper SPE 149344 Presented at the SPE Eastern Regional Meeting Held in Columbus, OH, 17-19 August.

Crews, J. , 2005. Internal Phase Breaker Technology for viscoelastic surfactant gelled fluids. Paper SPE 93449 Presented at the SPE International Symposium on Oilfield Chemistry, Houston, TX, 2-4 February.

Crews, J. , Huang, T. , 2008. Performance enhancements of viscoelastic surfactant stimulation fluids with nanoparticles. Paper SPE 113533 Presented at the SPE Europec/EAGE Annual Conference and Exhibition, Rome, 9

-12 June.

Funkhouser, G. P. , Norman, L. , 2003. Synthetic polymer fracturing fluid for high-temperature applications. Paper SPE 80236 Presented at the SPE International Symposium on Oilfield Chemistry, Houston, TX, 5-7 February. Gaillard, N. , Thomas, A. , Favero, C. , 2013. Novel associative acrylamide-based polymers for proppant transport in hydraulic fracturing fluids. Paper SPE 164072 Presented at the 2013 SPE International Symposium on Oilfield Chemistry, The Woodlands, TX, 08-10 April.

Gallegos, T. , Varela, B. , 2012. Trends in Hydraulic Fracturing Distributions and Treatment Fluids, Additives, Proppants, and Water Volumes Applied to Wells Drilled in the United States from 1947 through 2010—Data Analysis and Comparison to the Literature By Scientific USGS Investigations Report 2014-5131.

Gupta, D. V. S. , Carman, P. , 2011. Fracturing fluid for extreme temperature conditions is just as easy as the rest. Paper SPE 140176 Presented at the SPE Hydraulic Fracturing Technology Conference and Exhibition, The Woodlands, TX, 24-26 January.

Gupta, D. V. S. , Hlidek, B. T. , 2010. Frac-fluid recycling and water conservation: a case history. SPE Prod. Facil. J. 25 (2), 65-69.

Holtsclaw, J. , Funkhouser, G. P. , 2010. A cross-linkable synthetic-polymer system for hightemperature hydraulic-fracturing applications. SPE Drill. Complet. 25 (4), 555-563.

Huang, T. , Crews, J. , 2008. Nanotechnology applications in viscoelastic surfactant stimulation fluids. SPE Prod. Oper. 23 (4), 512-517.

Huang, T. , Crews, J. , Agrawal, G. , 2010. Nanoparticle pseudocrosslinked micellar fluids optimal solution for fluid-loss control with internal breaking. Paper SPE 128067 Presented at the International Symposium and Exhibition on Formation Damage Control, Lafayette, LA, 10-12 February.

Jacobs, T, 2016. Shale revolution revisits the energized fracture. JPTFebruary.

2016. , http: //www. spe. org/jpt/article/10666-downturn-represents-stress-test-for-unconventional-hydraulic-fracture-modeling/.

King, G. , 2010. Thirty years of gas shale fracturing: what have we learned? Presented at the SPE Annual Technical Conference and Exhibition, Florence, 19-22 September. SPE-133456. , http: //dx. doi. org/10. 2118/133456-MS.

Lo S. -W. , Miller, M. , 2002. Encapsulated breaker release rate at hydrostatic pressure and elevated temperatures. SPE 77744 Presented at the Annual Meeting and Exhibition, San Antonio, TX, 29 September-2 October.

Montgomery, C. , 2013. Fracturing fluid components, Chapter 12. In: Bunger, A. , McLennan, J. , Jeffrey, R. (Eds.), Effective and Sustainable Hydraulic Fracturing book. ISBN 978-953-51-1137-5, Published: May 17, 2013 under CC BY 3. 0 license, Intech Open Science. , http: //dx. doi. org/10. 5772/56422. , http: //cdn. intechopen. com/pdfs-wm/44660. pdf.

Montgomery, C. , Smith, M. , 2010. Hydraulic fracturing. JPT December. PetroWiki, 2016. Fracturing fluids and additives. , http: //petrowiki. org/Fracturing_ fluids_ and_ additives.

Qiu, X. , Martch, E. , Morgenthaler, L. , Adams, J. , Vu, H. , 2009. Design criteria and application of high-density brine-based fracturing fluid for deepwater frac packs. Paper SPE 124704 Presented at the SPE Annual Technical Conference and Exhibition, New Orleans, LA, 4-7 October.

Samuel, M. , Card, R. J. , Nelson, E. B. , Brown, J. E. , Vinod, P. S. , Temple, H. L. , et al. , 1999. Polymer-free fluid for fracturing applications. SPE Drill. Complet. 14 (4), 240-246.

Samuel, M. , Polson, D. , Kordziel, W. , Waite, T. , Waters, G. , Vinod, P. S. , et al. 2000. Viscoelastic surfactant fracturing fluids: application in low permeability reservoirs. Paper SPE 60322 Presented at the SPE Rocky Mountain Regional/Low Permeability Reservoirs Symposium and Exhibition, Denver, CO,

12-15 March. Simms, L. , Clarkson, B. , 2008. Weighted frac fluids for lower-surface treating pressures. Paper SPE 112531 Presented at the SPE International Symposium and Exhibition on Formation Damage Control, Lafayette, LA, 13-15 February.

Sullivan, P. F, Gadiyar, B. , Morales, R. H. , Hollicek, R. , Sorrells, D. , Lee, J. , et al. 2006. Optimization of a viscoelastic surfactant (VES) fracturing fluid for application in high permeability reservoirs. Paper SPE 98338 Presented at the SPE International Symposium and Exhibition on Formation Damage Control, Lafayette, LA, 15-17 February.

Watts, R. , 2014. Hydraulic fracturing fluid systems energized with nitrogen, carbon dioxide optimize frac effectiveness. Am. Oil Gas Rep. 57 (February), 78-88.

Whitman, W. B. , Coleman, D. C. , Wiebe, W. J. , 1998. Prokaryotes: the unseen majority. Proc. Natl. Acad. Sci. USA 95, 6578-6583.

第十三章　钻井液组分

油田钻井液是天然及合成化合物的混合体，对钻井作业的顺利完成至关重要。一种高效的钻井液必须具备许多优良特性，例如所需的流变性能(塑性黏度、屈服值、剪切变稀性和胶凝强度)、滤失量控制、不同温度和压力条件下的稳定性及抗污染稳定性，比如遇到盐水、硫酸钙、水泥、碱性水和地层 CO_2 时。另外，添加剂可用于改善润滑性、减小扭矩和阻力、加固井壁、消除化学作用引起的井眼不稳定性和减轻腐蚀和使地层伤害最小化。

本章涵盖了许多用作钻井液添加剂的化学药品。这些添加剂通常会直接影响钻井液性能，主要影响方面有密度、黏度、失水和化学反应。

所需添加剂的化学性质完全取决于配制钻井液的基础流体。第一章"钻井液概述"部分介绍了水、非水液体或气基钻井液基础流体。每种基础流体可以配制出许多不同种类的钻井液体系。添加剂的使用是由被调整的钻井液性能决定，该性能调整是由当前钻井作业的需要或需要解决的问题决定。添加剂的化学性质由所使用的基液确定。图 13.1 至图 13.3 显示了大部分添加剂在水、盐水和非水基钻井液中具有的功能。

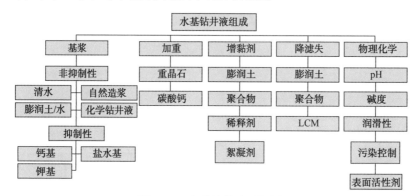

图 13.1　水基钻井液添加剂

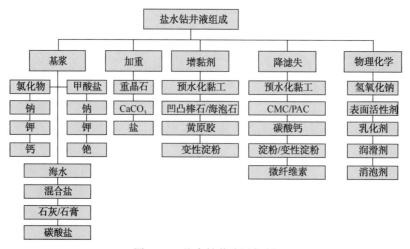

图 13.2　盐水钻井液添加剂

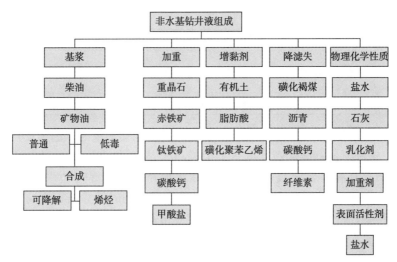

图 13.3　非水基钻井液添加剂

第一节　添加剂汇总

表 13.1 列举了常用钻井液添加剂的基本作用。如上所述，有的添加剂具有多种功效。在这一章，详细讲解添加剂的基本功能，对次要功能只做简单介绍。

表 13.1　添加剂汇总

添加剂	添加剂	添加剂	添加剂
碱度，pH 值调节剂	水化抑制剂	缓蚀剂	润滑剂/解卡剂
杀菌剂	堵漏剂	消泡剂	表面活性剂
除钙剂	页岩抑制剂	降失水剂	稀释剂
乳化剂	抗温稳定剂	发泡剂	加重剂
絮凝剂	增黏剂		

本书前面的章节已经介绍了许多添加剂，这些内容不会在本章中详细介绍。本节中的添加剂收集自各种出版物，许多来自专利。目前一些已经在商品化应用，另外的则不是。

第二节　加重材料

许多加重材料已经在钻井行业使用多年。自 20 世纪 20 年代以来斯特劳德专利，用于钻井液加重的主要材料是重晶石。相反，可以通过添加发泡剂和中空玻璃球来降低钻井液密度。近年来常用的钻井液加重材料汇总见表 13.2。

表 13.2　加重材料密度

材料	密度，g/cm³	材料	密度，g/cm³
重晶石	3.9~4.4	赤铁矿	4.9~5.3
氧化铁(工业级)	4.7	菱铁矿	3.7~3.9
钛铁矿	4.5~5.1	四氯化锰	4.7

续表

材料	密度, g/cm³	材料	密度, g/cm³
碳酸铅	6.6	方铅矿	7.4~7.7
方解石	2.6~2.8	白云石	2.8~2.9
天青石	3.7~3.9		

在某些情况下，可用可溶性盐来替代重晶石或其他固相加重剂。饱和氯化钾盐水密度可达 1.20g/cm³，饱和氯化钙盐水密度可达 1.41g/cm³。甲酸钠和甲酸钾同样可以在不增加固相含量的前提下提高钻井液密度。甲酸盐、氯化物和溴化物混合盐水可以把密度提高到 2.28g/cm³（详见第一章"钻井液概述"）。可溶性盐做加重剂的优势是在提高密度的同时不增加体系的固相含量。然而，需要考虑可溶盐加重对钻井液性能的其他影响。某些情况下，预期的密度是通过盐水和其他加重材料配合完成。在海洋石油钻井中，通常使用海水（密度 1.02g/cm³）来做基础流体。

一、重晶石($BaSO_4$)

用重晶石来做钻井液加重材料始于 20 世纪 20 年代。相比其他材料，重晶石具有密度高、开采成本低、低磨损、易操作等优势。重晶石生产厂家混合不同来源的重晶石况以达到符合 API 标准要求的密度 4.1g/cm³（API 规范 13A，2015）。如果钻井液体系保持较低钻井固相，可用重晶石提高至密度超过 2.4g/cm³。

重晶石矿石经粉碎和研磨加工成用于钻井液加重的重晶石粉。其粒径分布至关重要，大颗粒需要钻井液具备较大的静切力，且已被振动筛从体系中除掉。另一方面，太小的颗粒同样不理想，因为其会在钻井液中暴露较大的比表面积。API 规范声明钻井液重晶石粉通过 325 目的比例不超过 5%，不能通过 200 目的比例不超过 3%。

一些重晶石矿石含有可溶于碱的碳酸盐矿物，如碳酸铁（菱铁矿）、碳酸铅（白云石）和碳酸锌（菱锌矿）(Kulpa 等，1992)，对钻井液会带来负面影响。API 规范 13A 规定了重晶石可溶性碱金属在总硬度测试中不应超过 250mg/L[详见重晶石的化学分析，API RP 13K（2016）]。

大部分钻井液使用的重晶石产自中国，其矿石经海运至全世界各地靠近钻井现场的加工厂。2010 年中国重晶石产量占全世界的 51%，而印度占约 14%。

二、氧化铁(Fe_2O_3)

室内研究和现场应用情况证明赤铁矿是一种很好的重晶石替代品。赤铁矿的主要矿物组成是层状软赤铁矿和少量的石英。层状赤铁矿为薄片状或者不规则的叶状。赤铁矿看起来像云母岩。赤铁矿实际上没有杂质，且容易开采。

另外，赤铁矿较重晶石有三个主要的优点：

（1）密度更高；

（2）更好的粒子分布；

（3）低磨损率，在油田中使用，赤铁矿通过精制去除石英至含量小于 1%。

赤铁矿的相对密度为 4.9。相对密度是评价加重材料的关键指标。因其相对密度高，提高的相同相对密度所需的赤铁矿量较少，不仅降低了钻井液加重成本，也减少了体系固相的增量。体系中较低的固相含量同样能减少其他处理剂的用量。低固相意味着低塑性黏度、低静切力、薄而韧的滤饼及更好的固井质量。低塑性黏度同样能减低钻具内和水眼处的剪切损失，能提高水力破岩效率及清洁井底，有报告显示钻井提速可达30%。

三、钛铁矿(Fe-TiO₂)

钛铁矿的相对密度达到了5.1。Saasen等于2001年报道使用钛铁矿可以提高钻井速度，因为钻井液体系内的胶体结构减少。钛铁矿在1979和1980年应用于北海油田钻井作业中。相比目前使用的钛铁矿，地面上未开采的钛铁矿相当粗糙。相比使用重晶石而言，其钻井液性能更容易控制，因为钛铁矿不易研磨成极微小的颗粒。在环境保护方面同样提倡用钛铁矿来替代重晶石。然而，钛铁矿作为加重材料使用会带来严重的磨损问题。使用粒度分布窄的钛铁矿(10μm左右)可以把磨损程度降低到重晶石的磨损程度(Saasen等，2001)

四、方铅矿(PbO)

方铅矿是一个高相对密度的氧化铅加重材料(相对密度6.5)，相比重晶石(相对密度4.1)可以获得更高的机械钻速，因为加重到相同密度所需的固相颗粒更少。使用莫氏硬度为5~6的该材料会带来严重的磨损问题，因此只有遇到特殊条件时，要求密度超过2.3g/cm³时但要尽可能降低固相含量的情况下才能使用。

五、碳酸钙(CaCO₃)

当钻井液密度要求不高的时候，用石灰石，相对密度2.7，来替代重晶石或者铁基加重材料是一个非常可取的方法。相比重晶石，石灰石不但价格便宜，而且磨损小，尤其是在产层钻进的时候必须使用石灰石，因为石灰石可以在酸中快速溶解。石灰石粉的主要缺点是存在较大的颗粒及非碳酸盐杂质(Lipkes等，1995)

第三节　四氧化三锰

四氧化三锰(Mn₃O₄)已开始用作水基钻井液的加重材料。Mn₃O₄的相对密度为4.8，已被应用于超深天然气开发井，滤液滤饼中同样含有四氧化三锰(Moajil等，2008)

一些报告指出四氧化三锰对储层有一定的伤害作用，当钻井液在储层段使用该材料后地层渗透率明显降低，完井后需特殊而昂贵的增产措施。

与碳酸钙不同，四氧化三锰为强氧化剂，因此，不能使用盐酸作为钻井液清除剂。已在150℃下开展了有机酸、螯合剂及酶的滤饼清除实验。

最新研究表明四氧化三锰对储层的渗透率伤害最小，尤其是对低渗透地层，在未进行酸化的情况下渗透率恢复可达90%。

最初，空心玻璃微球在20世纪70年代用于处理乌拉尔山地区的井漏问题，现已经在其他地方开始应用。空心玻璃珠可以降低钻井液密度实现欠平衡钻井，已有这方面的现场应用报道。

第四节　黏度调节剂

本节涵盖了钻井液所用的增黏剂和降黏剂。有多种聚合物可以做增黏剂。第五章，水溶性聚合物，介绍了常用的黏度调节聚合物；第六章，钻井液流变学，介绍了钻井液的流变性调节内容。以下主要介绍黏度调节所常用的高分子材料。

一、pH 值敏感增黏剂

离子聚合物的黏度有时取决于所处溶液的 pH 值。尤其是 pH 值敏感增黏剂可以通过共聚制备丙烯酸或甲基丙烯酸乙酯或其他乙烯基单体、三苯乙烯基聚(亚乙氧基)、丙烯酸甲酯。这种共聚物在 pH 值低于 5.0 的酸性条件下变成稳定的胶态水分散体，在 pH 值为 5.5~10.5 或者更高时转化为增黏剂。

二、混合金属氢氧化物/硅酸盐(MMH/MMS)

通过添加混合金属氢氧化物，普通的膨润土钻井液被转化为优良剪切稀释性的流体(Lange 和 Plank，1999)。在静止时这些流体表现出非常高的黏度，但是当施加剪切应力时剪切稀释甚至变得流变性与水无异。理论上讲，剪切稀释是混合金属氢氧化物和膨润土流体形成混合金属氢氧化物的三维不稳定网络结构。带正电的混合金属氢氧化物颗粒附着它们自身的负电荷膨润土表面。典型的，使用氢氧化镁铝盐作为混合金属氢氧化物。混合金属氢氧化物在钻井作业中具有以下优点(Felixberger，1996)：高井眼净化率；高固相悬浮能力；低压耗；井壁稳定；高机械钻速；保护储层。

混合金属氢氧化物钻井液已成功应用于水平井钻井及穿越河流、公路、海湾的大尺寸井眼钻井。

混合金属氢氧化物可以由相应的氯化物用铵处理制备(Burba 和 Strother，1991)。多种钻井液体系与金属氢氧化物的复配实验证明，加入丙二醇后，对滤饼的伤害最小。热活化的混合金属氢氧化物，有天然存在的矿物质，尤其是水滑石，除镁、铝以外还含有少量或微量的金属杂质和组分，这对于活化特别有用(Keilhofer 和 Plank，2000)。

三、非水基提切剂

弱凝胶在存在剪切应力的时候容易被破坏或者稀释。但当剪切力减弱或者消失后，例如当钻井液停止循环后，会很快恢复胶凝强度。弱凝胶很容易被钻井过程中的压力波动或压缩波破坏。其可以被瞬间破坏，只需用很小的压力、时间就可以从凝胶转换为液体。金属交联磷酸酯赋予多种非水基钻井液渐变弱凝胶结构，无论是中性或酸性。

钻井液所需的磷酸酯和金属交联剂的量取决于钻井液类型和黏度要求。然而，通常使用更多的磷酸酯和金属交联剂用于形成或增加钻井液的黏度给钻井液赋予脆弱的渐变凝胶结构。因此，金属交联磷酸酯组合物增强了钻井液的黏度，在运输过程中将加重材料悬浮在钻井液中流体(Bell 和 Shumway，2009)。

四、稀释剂

（1）磷酸盐水基钻井液稀释剂。

磷酸盐只有在低浓度下才有效，钻井液温度不能高于55℃。体系内的氯化钠含量需低于500mg/L，同时钙离子含量应尽可能低。pH值应控制在8~9.5。一些磷酸盐会降低pH值，因此应根据情况适当补充烧碱。

（2）褐煤钻井液。

褐煤钻井液是高温钻井液体系，抗温可达230℃。褐煤可以调节黏度、静切力和失水量。但体系内允许的总硬度不能超过20ppm。

（3）栲胶钻井液。

栲胶是从在阿根廷和巴拉圭生长的红坚木树芯中提取的天然产品。栲胶的一大优点为多酚环，并且容易从木材中通过热水提取。栲胶被广泛用作鞣剂。它也被用作矿物作为钻井液中的分散剂，以及制作木材胶。栲胶是商业化的热水提取物，存在颗粒或干粉状态，经亚硫酸氢盐处理的干燥产品则完全溶于冷水。栲胶也有一个漂白的产品，用来替代深色栲胶不适用的领域（Shuey 和 Custer，1995）。

栲胶处理的清水钻井液体系使用于浅井作业，因其呈深红色也被称作为红色钻井液，栲胶为稀释剂。在使用栲胶时同样需添加聚磷酸酯。栲胶在低浓度下性能活跃。

（4）木质素磺酸盐钻井液。

木质素磺酸盐淡水钻井液含有铬铁木质素磺酸盐来控制黏度和凝胶强度。这些钻井液有较强的抗污染能力，因为木质素磺酸盐在高含盐和高硬度的体系内能发挥很好的稀释作用。

第五节　降失水剂

失水控制是钻井液的重要特性，特别是在渗透性地层钻进过程中静液柱压力大于地层压力的情况时。对钻井液来说，迅速形成一个有效减少流体损失的滤饼至关重要。但是，滤饼也应薄且容易去除以便在生产期间使油气顺利进入井筒（Jarrett 和 Clapper，2010）。下面总结了钻井液常用的几类降失水剂供参考。

目前已有多种方法来防止钻井液漏失。一些方法使用纤维、片状或颗粒物来封堵裂缝。堵漏剂材料汇总见表13.3。其他方法建议使用在裂缝中相互作用的材料，形成一个强度增加的胶塞。

表13.3　堵漏材料

材　料	参考文献
封装石灰	Walker(1986)
包被吸油聚合物	Delhommer and Walker(1987a)，Walker(1987，1989)
水解聚合物	Yakovlev and Konovalov(1987)
二乙烯砜，交联	
聚半乳甘露聚糖胶	Kohn(1988)
PU泡沫	Glowka et al.（1989）

续表

材　料	参考文献
部分水解聚合物 30% 水解，与 Cr^{3+} 交联	Sydansk（1990）
燕麦壳	House et al.（1991）
米制品	Burts（1992，1997）
废橄榄浆	Duhon（1998）
坚果壳	Fuh et al.（1993），Rose（1996）
纸浆残渣	Gullett and Head（1993）
石油焦	Whitill et al.（1990）
玻璃纸屑	Burts（2001）

一、吸水膨胀聚合物

某些有机聚合物可吸收相对大量的水，例如，碱金属聚（丙烯酸酯）或交联聚（丙烯酸酯）（Green，2001）。这种不溶于水和碳氢化合物的吸水性聚合物可以注入井中，目的是进入地层中的自然裂缝后膨胀，形成隔壁带，起到封堵效果，阻止钻进液继续进入地层而产生漏失。

碳氢化合物载体最初防止吸水性聚合物与水接触，直到该聚合物到达地层漏失位置。当进入漏失位置后，碳氢化合物载体释放出吸水膨胀聚合物，在漏失位置吸水膨胀，形成胶塞，最终起到封堵漏失层的目的。（Bloys 和 Wilton，1991；Delhommer 和 Walker，1987；Walker，1987，1989）。其作用机理类似于油基水泥。烃吸水溶胀型弹性体使用了相反的作用机理。

二、阴离子聚合物

另一种类型的堵漏剂是有机磷酸盐的组合酯和铝化合物，例如异丙醇铝。该系统作为堵漏剂的作用机理是磷酸烷基酯通过铝化合物交联形成一个阴离子聚合物，作为胶凝剂（Reid 和 Grichuk，1991）。

其他堵漏剂可以被包被。包被剂被溶解释放出吸水材料来封堵裂缝。微泡钻井液可以通过添加某些表面活性剂产生。而聚合物被称为单体（apHrons），是减少钻井液漏失的另一种方法（Ivan 等，2001）。

三、永久封堵

井漏可以通过注入堵漏浆来实现永久封堵，或者注水泥堵漏（Allan 和 Kukacka，1995；Cowan 和 Hale，1994），或采取有机聚合物在漏失层固化技术。

第六节　润滑剂

在钻井作业中，钻具旋转可能会产生超出承受范围的扭矩，或者在最坏情况下造成卡钻（详见第十章"与钻井液有关的钻井问题"）。当出现这种情况后，钻具不能上提下放和旋转。

造成该情况的主要因素有：钻屑清洁不利，在井底堆积；缩径；在井壁形成键槽；异常地层压力。

当钻具一侧紧贴于渗透性地层滤饼上时会引起压差卡钻。静液柱压力和地层压力的压差是引起卡钻的主要原因。压差卡钻也可以预防及解卡，使用油基钻井液或者油基、水基表面活性剂组分。这样的配方能减少摩擦，渗透钻井滤饼，破坏黏结滤饼，并降低压差。

一、极化石墨

石墨是一类传统的润滑剂（Zaleski 等，1998）。出于环境问题考虑，为了取代二硫化钼固体，润滑剂组合物已经被开发出来。这些润滑剂由石墨、钼酸钠和磷酸钠组成（Holinski，1995）。后来，已经将这类配方称为极化石墨。极化石墨可以用作钻头的润滑剂添加剂。不同于石墨，极化石墨是一种独特的材料，具有非常好的承载能力和抗磨性能。

石墨由层状结构碳原子组成，缺少极性抑制石墨粉末粘附到金属上表面形成润滑膜。石墨的极化带来良好的对金属材料粘附性和形成可承载极高负荷的润滑膜。普通石墨具有层状六方晶体结构和碳原子的闭环结构通常不具有任何电极化，因此石墨在这些层中具有良好的润滑性。然而，缺乏极性会导致粘附金属表面性能变差。

石墨可以用碱金属钼酸盐或钨酸盐来处理石墨表面的电极层，在表面形成交替正负电荷。处理过的石墨呈现超强抗负载能力和抗磨损性能，类似于二硫化钼。极化石墨展现出良好的在金属表面上的粘附性能和良好的成膜性能（Denton 和 Lockstedt，2006）。

极化石墨的粘附性能使其粘附到金属表面并形成具有物理隔离作用的保护膜。所以，极化石墨，不同于普通石墨，其发挥了表面吸附促进剂润滑剂的作用。因此，其可以支撑更重的负载，摩擦系数更低（Denton 和 Lockstedt，2006）。

二、椭圆玻璃球

用椭圆形玻璃球代替球形玻璃球是为了增加抗摩擦颗粒的接触表面积，降低进入滤饼的深度，并增加其结构强度（Kurochkin 和 Tselovalnikov，1994；Kurochkin 等，1990，1992a，1992b）。

三、石蜡

纯石蜡是无毒和可生物降解的（Halliday 和 Clapper，1998）。可生物降解的纯石蜡可用作润滑剂、钻井提速剂，或者水基钻井液的封闭液。

四、烯烃

含有 8~30 个碳原子的烯烃异构体是合适的乳化剂材料。但是，异构体少于 14 个碳原子的结构毒性大，并且异构体超过 18 个碳原子时黏度过大。因此理想烯烃异构体优选 14~18 个碳原子（Halliday 和 Schwertner，1997）。

五、磷脂

在水基钻井液中，磷脂是有效的润滑剂（Patel 等，2006）。磷脂是天然存在的化合物，例如，卵磷脂属于磷脂的一类。Hanahan(1997)给出了磷脂化学的简单定义。磷脂也被发现具有聚合物的作用(Nakaya 和 Li，1999)。

由于其离子性质，一些磷脂可溶于水。一个作为水基钻井液的润滑添加剂的优选化合物为椰油酰氨基丙基丙二醇二铵氯化物磷酸盐(Patel 等，2006)。磷脂或磷脂添加剂是对环境安全的润滑剂(Garyan 等，1998)。

六、醇类

早已发现硅酸盐类水基钻井液可抑制水对地层造成的伤害，但也发现其润滑性能不佳。在水基钻井液中常用的润滑剂不能在硅酸盐钻井液中提供良好的润滑性(Fisk 等，2006)。Chang 在 2011 年发现了一种降低硅酸盐钻井液摩擦系数的新材料(Chang 等，2011)。

已经开发了用于硅酸基钻井液的润滑剂配方，其组分包含 2-辛基十二烷醇和 2-乙基己基葡糖苷(Fisk 等，2006)。可供选择的醇包括油醇、硬脂醇和聚乙二醇。已经发现脂肪酸偏甘油酯是适用于低温水基和油基钻井液的润滑剂。

可以使用氨基醇代替醇类。例如，某润滑剂已经通过聚合的亚麻籽油与二乙醇胺在 160℃的反应条件下合成。一种黏度在 40℃条件下为 2700mPa·s 的润滑剂也已研制成功(Argillier 等，2004)。可以通过向反应产物中加入一些油酸甲酯来降低黏度。

合成聚阿尔法烯烃(PAO)是无毒且高效的海洋钻井用润滑剂，地层渗透率恢复能力强，也可做水基钻井液的暂堵剂。对无毒水基钻井液润滑剂的需求还在持续增加，其特点有润滑、提高地层渗透恢复率及暂堵。聚亚烷基二醇(PAG)(Alonso-Debolt 等，1999)和侧链聚合醇如聚乙烯醇(PVA)被推荐使用。这类物质对环境比较安全(Penkov 等，1999；Sano，1997)。

聚乙烯醇(PVA)可以以单体或以交联形式使用(Audebert 等，1996 年)。交联剂可以是醛，例如甲醛、乙醛、乙二醛和戊二醛，形成乙缩醛、马来酸或草酸形成交联酯聚(丙烯醛)、二异氰酸酯和二乙烯基磺酸盐(Audebert 等，1994，1998)。

第七节　醚和酯

2-乙基己醇可以用 1-十六烯环氧化物氧化。这种添加剂也有助于减少或防止起泡。通过去除其油基成分，该聚合物对海洋生物无毒、可生物降解、环境友好，不需要后续昂贵的处置程序(Alonso-Debolt 等，1995)。对具有生物降解性替代品的开发越来越引起行业的兴趣，尤其是酯类。

在水基钻井液中使用酯类，尤其是高碱性条件下，具有相当大的难度。酯类的分解产物容易起泡，这对钻井液体系非常不利。

(1)酯基润滑油。

几种酯基润滑油适合作为润滑剂(Durr 等，1994；Genuyt，2001)，比如支链羧酸酯(Senaratne 和 Lilje，1994)。妥尔油可以与乙二醇进行酯交换(Runov 等，1991)或与单乙醇胺缩合(Andreson 等，1992)。酯类还包括天然油脂，例如植物油(Argillier 等，1999)，向日葵油(Kashkarov 等，1997，1998；Konovalov 等，1993a，b)，和天然脂肪，例如磺化鱼脂(Bel

等，1998)。在水基钻井液体系中部分水解的甘油酯形成主要是不饱和的 C_{16}—C_{24} 脂肪酸，不会产生有害的泡沫。

偏甘油酯可以在低温下使用、可生物降解、无毒(Mueller 等，2000)。一种用于高温的新产品也同样面世(Wall 等，1995)，它是长链的混合物聚酯和聚酰胺(PA)的混合物。

(2)磷酸酯。

已经发现包含聚(醚)磷酸酯的混合物可以为一系列水基钻井液提供良好润滑性(Dixon，2009)。

可生物降解润滑剂的应用已逐步开始推广，该材料是由脂族烃油和脂肪酸酯组成(Genuyt 等，2006)。重要条件是碳氢化合物不是芳香族。该润滑剂在水基钻井液中以连续油相存在而实现了乳化反转，特别适用于深水海洋钻井、大斜度井或超深井。在深水钻井时，水温约为 4℃。因此，钻井液的黏度需要适应此低温条件。

实验室实验表明，淀粉烯烃共聚物润滑剂可降低 API 和 HTHP 失水，具体数据见表 13.4。摩擦系数较未经处理的钻井液降低 45%，已基本与油基钻井液类似。只需 0.5% 淀粉润滑剂的加量即可获得满意的结果(Sifferman 等，2003)。

表 13.4　含淀粉润滑剂对钻井液摩擦系数和失水量的关系

组分	摩擦系数		失水，mL	
	系数	降低，%	API	HTHP
基浆	0.3126	—	8.0	2.6
现场钻井液+3%润滑剂	0.2981	4.6	4.4	14
基浆+0.5%高分子量烯烃淀粉复合材料	0.2732	12.6	3.1	12
基浆+0.5%烯烃淀粉复合材料	0.2653	15.1	3.4	11
基浆+0.5%高子量烯烃淀粉复合材料+酯	0.2551	18.4	3.0	13
基浆+0.5%烯烃淀粉复合材料+酯—烯烃共聚物	0.2473	20.9	3.2	12
基浆+0.5%聚丁烯淀粉复合材料	0.1672	46.5	2.7	10

第八节　泥页岩稳定剂

钻井期间保持井筒稳定性特别重要，尤其是在水敏性页岩和泥岩地层。这些类型的地层会吸收钻井液中水分，导致地层吸水膨胀并可能引起井壁坍塌。黏土的膨胀及该现象带来的问题已经在文献中有具体描述(Durand 等，1995a，1995b；Van Oort，1997；Zhou 等，1995)。黏土稳定剂见表 13.5。

表 13.5　黏土稳定剂

钻井液助剂	参考文献
晶格聚合物	Stoweetal(2002)
部分水解聚醋酸乙烯酯[①]	Kubena 等(1993)
丙烯酰胺[②]	Zaitoun 和 Berton(1990)，Zaltoun 和 Berton(1992)

续表

钻井液助剂	参考文献
两性离子共聚物	Aviles-Alcantara 等(2000), Hale 和 Van Oort(1997), Patel 和 McLaurine(1993), Smigh 和 Thomas(1995a, b, 1997)
聚阴离子纤维素钾盐 PAC	Audibert 等(1992), Halliday 和 Thielen(1987)
阳离子淀粉和 PAGs	Branch(1988)
羟醛或羟基酮	Westerkamp 等(1991)
丙酮醛和三胺	Crawshaw 等(2002)
交联环氧树脂	Coveney 等(1999a, b)
季铵羧化物③④	Himes(1992)
苯乙烯基共聚物⑤	Sminth 和 Balson(2000)
羧甲基纤维素钾盐	Palumbo 等(1989)
水溶性聚合物和表面活性剂衍生物,两性离子表面活性剂	Alonso-Debolt 和 Jarrett(1994, 1995a)
辛酸基两性甘氨酸盐类表面活性剂	Alonso-Debolt 和 Jarrett(1995b)
两性甘氨酸盐类表面活性剂	Alonso-Debolt 和 Jarrett(1995b)
双性离子表面活性剂	Alonso-Debolt 和 Jarrett(1995b)
月桂基两性醋酸钠类表面活性剂	Alonso-Debolt 和 Jarrett(1995b)
磺酸钠类表面活性剂	Alonso-Debolt 和 Jarrett(1995b)
C_8 混合两性羧酸钠类表面活性剂	Alonso-Debolt 和 Jarrett(1995b)
磺酸盐类表面活性剂	Alonso-Debolt 和 Jarrett(1995b)
部分水解聚合物,PPG	Patel 等(1995)
三羟基季钠盐	Patel 等(1995)
氨基聚合物	McGlothlin 和 Woodworth(1996)
丙烯酰胺	Ballard 等(1994)
醋酸甘氨酸聚合酯	Jarrett(1997a)

①75%可水解 50kDa。

②剪切稀释剂,用于分散在沙包中的蒙脱土。

③可生物降解的。

④低毒性。

⑤顺丁烯二酸酐。

一、盐

通过添加 KCl 可以抑制黏土膨胀,只不过需要相对较高的浓度。其他黏度膨胀抑制剂都是不带电的聚合物和电解质(Anderson 等,2010)。

二、季铵盐

胆碱盐是欠平衡钻井作业的有效抑制剂(Kippie 和 Gatlin,2009)。胆碱被认为是一个含有 N,N,N-三甲基乙醇胺的季铵盐阳离子。卤化胆碱抑制剂的实质是氯化胆碱。

二甲基氨基乙基甲基丙烯酸酯季铵化聚合物已被了解。向含有二甲基聚合物的水溶液中加入甲基丙烯酸氨基乙酯，加入盐酸钠调节 pH 值至 8.9。然后再加入一些水，用十六烷基溴作为烷基化剂，再加入苄基十六烷基二甲基溴化铵作为乳化剂。然后将此混合物在加热至 60℃ 条件下搅拌 24 小时(Eoff 等，2006)。

三、马来酰亚胺胺盐

含有 MA 聚合物酰亚胺胺盐的组分是有利于黏土稳定。这些类型的盐，如通过反应形成 MA 与二胺(如二甲基氨基丙胺)在(EG)溶液中反应(Poelker 等，2009)。

另外，也可以加上 MA 双键。此外，EG 可以加成到双键上，也可能与酸酐本身缩合。以上这些反应的重复可以形成低聚化合物。

最后，用乙酸或甲磺酸中和至 pH 值为 4。在 Bandera 砂岩中测试性能。用甲磺酸中和的产物比用乙酸中和的少一些。该组合物特别适合于水基水力压裂液。

热处理的碳水化合物适合作为页岩稳定剂(Sheu 和 Bland，1992a，1992b，1992c)。它们可以通过加热碱性溶液而形成的碳水化合物，并且反应产物可以与阳离子基础反应。非还原糖的倒置可以首先进行选择碳水化合物，反转催化褐变反应。

四、甲酸钾

在钻进和处理过程中往钻井液中添加甲酸钾可以达到使黏土稳定的目的。此外，需要控制阳离子形成的添加剂。甲酸钾可由钾的氢氧化物和甲酸制成。阳离子添加剂基本上是含有季铵化胺聚合物单元，例如二甲基二烯丙基铵的氯化物聚合物或 AAm(Smith，2009)。

在黏土层流动测试中，在给定时间内更大的体积表示更好的黏土稳定性，加入少量的甲酸钾增加了给定聚合物浓度的体积量。例如，添加 0.1% 二甲基二烯丙基氯化铵在 10min 时的体积为 112mL。相同的聚合物，当与甲酸钾结合并以 0.05% 的聚合物处理，即原来聚合物浓度的一半，体积可达 146mL，甲酸钾添加剂的协同效应得到更好的黏土稳定性(Smith，2009)。

五、糖类衍生物

充当黏土稳定剂的钻井液添加剂是甲基葡糖苷和环氧烷如 EO，PO 或 1，2-亚丁基氧化物的反应产物。这种添加剂在常温条件下可溶于水，但是在高温下变得不溶(Clapper 和 Watson，1996)。由于它们在高温下的不溶性，这些化合物聚集在重要的表面，如钻头切割面、井壁以及钻屑的表面。

六、磺化沥青

沥青是一种固态的黑褐色至黑色的石油馏分，当加热时软化并在冷却时重新固化。沥青不溶于水，难以在水中分散或乳化。磺化沥青可以通过沥青与硫酸和三氧化硫反应得到。通过碱金属氢氧化物中和，比如用如 NaOH 或 NH_3，形成磺酸盐。只有有限的部分磺化产品可以从热水中提取。然而，由此获得的水溶性成分比例对质量来说至关重要。

磺化沥青主要用于水基钻井液体系，但也用于油基钻井液体系(Huber 等，2009)。除了降低滤失量和改善滤饼性能，良好的润滑钻头和较少的地层伤害同样是磺化沥青作为钻井液添加剂重要的特征(Huber 等，2009)。特别是在水基钻井液中，磺化沥青可以提高对黏土的抑制。如果膨胀性黏土不被有效抑制，膨胀性黏土就会吸水膨胀，这可能会带来严重的技术难题，可能引起井壁失稳甚至发生卡钻事故。

磺化沥青作为钻井液黏土抑制剂的作用机理是电负性磺化材料粒子吸附到带正电荷的黏土层，由此产生中性屏障抑制吸收进入黏土的水分。另外，因为磺化沥青是部分亲油的，因此具有防水作用。水分进入黏土受到物理因素的限制。如已经提到的那样，磺化沥青在水中的溶解度对于合理的应用是至关重要的。由引入水溶性阴离子性聚合物，不溶于水的沥青组分的比例可显著减少。

换句话说，通过引入聚合物组分增加水溶性部分的比例。特别适用于木质素磺酸盐以及磺化酚、酮、萘、丙酮和氨基塑化树脂（Huber 等，2009）。

七、交联共聚物

苯乙烯与 MA 交联共聚物的黏土稳定性已得到广泛研究（Smith 和 Balson，2004）。通过页岩滚动回收率实验来评价钻井液体系的页岩抑制性。测试使用牛津土钻屑和水敏性页岩材料完成，筛取目数为 2~4mm 样品。膨胀实验在 7.6%KCl 水溶液中进行。所用的交联共聚物是苯乙烯的交替共聚物和 MA。聚合物和不同分子量的 PEG 交联反应。各种 PEG 类型的页岩回收量见表 13.6。

已注意到与 PEG 交联的分子量存在一个最佳值。此外，表 13.6 的下半部分结果证明增加支链中苯乙烯的量也增加了页岩回收率。

表 13.6 页岩回收率

样品	KCl,%	页岩回收率,%
KCl	7.6	25
PEG	7.6	38
SMAC MPEG 200	7.6	54
SMAC MPEG 300	7.6	87
SMAC MPEG 400	7.6	85
SMAC MPEG 500	7.6	72
SMAC MPEG 600	7.6	69
SMAC MPEG 750	7.6	70
SMAC MPEG 1100	7.6	66
SMAC MPEG 1500	7.6	49
KCl	12.9	27
PEG	12.9	53
SMAC MPEG 500	12.9	85
SMAC 2：1 MPEG 500	12.9	95

八、聚氧化烯胺

在钻井液中添加盐类降低黏土膨胀的一种方法。盐类一般会减少黏土的膨胀。但是，盐类会使黏土絮凝导致较高的失水量和几乎完全的触变性失控。此外，增加盐类含量通常会降低其他钻井液添加剂功能特性(Patel 等，2007)。

另一种控制黏土膨胀的方法是在钻井液中添加有机页岩抑制剂分子。据信有机页岩抑制剂分子被吸附在黏土的表面上，有机页岩抑制剂与水分子在黏土表面发生排斥反应从而起到减少黏土膨胀的作用。聚氧化烯胺是一类含有聚(醚)主链连接的伯氨基的化合物，它们也被称为聚醚胺。它们有多种分子量可供选择，最高可达 5kDa。

已经提到聚氧亚烷基二胺作为页岩抑制剂，这些是由环氧乙烷化合物在氨基化合物的存在下开环聚合合成的。通过使 Jeffamine 与两个当量的 EO 反应合成这种化合物。或者，PO 与氧烷基二胺反应(Patel 等，2007)。聚(醚)主链是基于 EO，PO 或这些环氧乙烷化合物的混合物(Patel 等，2007)。典型的聚醚胺如图 13.4 所示。这类产品属于 Jeffamine 产品系列。一个相关的页岩水化抑制剂是基于 N-烷基化的 2，20—二氨基乙基醚。

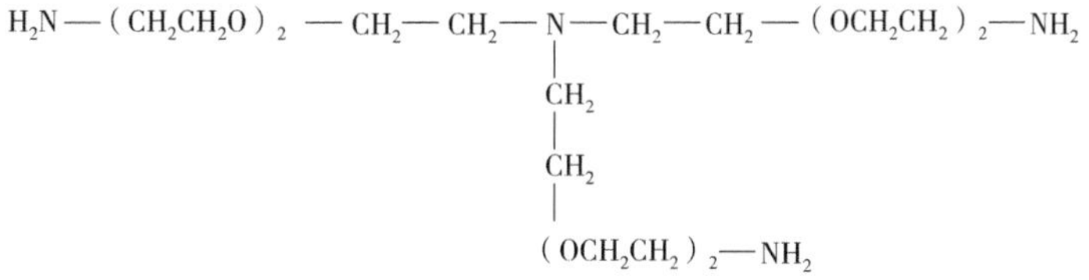

$$H_2N-(CH_2CH_2O)_2-CH_2-CH_2-N-CH_2-CH_2-(OCH_2CH_2)_2-NH_2$$

$$| \atop CH_2$$

$$| \atop CH_2$$

$$| \atop (OCH_2CH_2)_2-NH_2$$

图 13.4　聚氧化烯胺结构图

九、阴离子聚合物

阴离子聚合物通过其自身的负离子长链而吸附在活化黏土颗粒表面或通过氢键连接在水化黏土表面的正电荷点(Halliday 和 Thielen，1987)。黏土水化作用随着聚合物包被在黏土表面而降低。该保护层也起到密封或限制形成表面裂缝或孔隙，从而减少或防止滤液通过毛细管运动进入页岩内部。该作用过程由阴离子聚合物维持。氯化钾可以提高了聚合物吸附到黏土表面的速度。

十、页岩包被剂

在水基钻井液中添加页岩包被剂可以有效抑制地层的膨胀。页岩包被剂应具有部分水基的特性，以便在水作为连续相的钻井液体系中发挥作用。

最常用的包被剂是聚丙烯酰胺(PAM)。适用阴离子的示例包括卤素、硫酸盐、硝酸盐、甲酸盐等(Patel 等，2009)。

通过改变分子量和胺化程度，可以得到不同类型的聚丙烯酰胺产品。也可以在低矿化度，甚至清水钻井液体系中使用页岩包被剂(Patel 等，2009)。该重复季铵化醚化聚乙烯醇单元和季铵化 PAM 结构如图 13.5 所示。

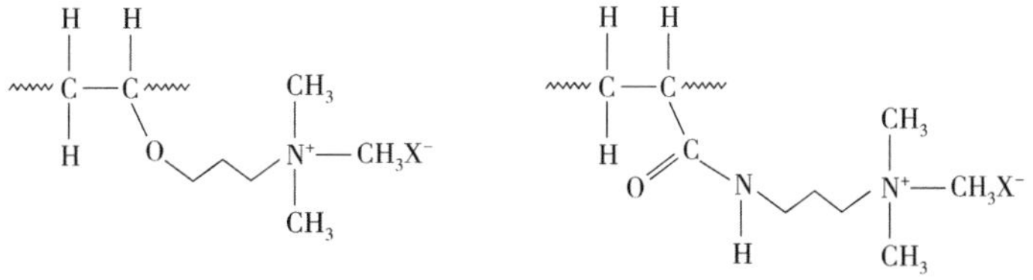

图 13.5　季铵化醚化聚乙烯醇单元和季铵化 PAM 结构图

十一、成膜材料

为了提高井眼稳定性，可以为水基钻井液提供在页岩地层上形成特定半渗透性的渗透膜(Schlemmer，2007)。这个膜允许水分自由通过页岩，但它明显限制了其他离子穿过膜从而进入页岩。

膜形成的方法是用两种反应物在原位形成一种相对不溶的 Schiff 基，在其上沉积页岩作为聚合物薄膜。这种 Schiff 膜吸附在黏土表面，以建立一个聚合物膜。第一种反应物是可溶性单体、低聚物或聚合物与酮或醛或醛醇官能团，具体有碳水化合物，例如糊精、直链的分支淀粉。第二种反应物是伯胺。这些化合物通过缩合反应形成不溶的交联聚合物产品。Schiff 基的形成如图 13.6 所示。

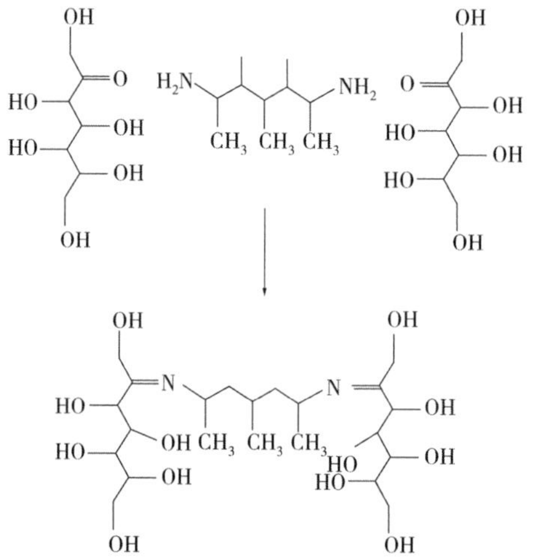

图 13.6　Schiff 基的形成

图 13.6 说明了糊精与二胺的反应，其他的伯胺和聚胺也会以相同的方式反应。长链胺，二胺或聚胺与胺相对较低比例可能需要使用如下材料进行补充 pH 调节，包括氢氧化钠、氢氧化钾、碳酸钠、碳酸钾或氢氧化钙(Schlemmer，2007)。Schiff 基必须在基本不溶于盐水载体才能沉积过程中钻井才能在页岩上的形成密封膜。

通过仔细选择主聚合物和交联胺，这些成分的相对浓度以及调整的 pH 值，交联和聚合反应以及沉淀组分产生，其有效地在暴露的岩石表面或内部形成有效的渗透膜。暴露的岩石表面上经聚合和沉淀形成的渗透膜会明显阻止水或离子进入或离开岩层，尤其页岩或泥岩地层。形成渗透膜会增加黏土或矿物的稳定性，使井壁周围的岩石结合起来(Schlemmer，2007)。

第九节　地层伤害的预防

钻井液浸入地层造成伤害是一个众所周知的钻井难题。钻井液侵入地层是由钻井液静水柱压力通常较高于地层压力的压力差引起的，特别是在低压或枯竭地层(Audibert 等，1999；Whitfill 等，2005)。岩石存在裂缝及钻井液在岩石中的渗透能力造成了对地层的伤害。当钻进过程为过平衡状态时，钻井液会渗透到地层内部，直到在井壁上形成滤饼对钻井液进行有效的封堵。

流动水相的存在会导致颗粒迁移并随后造成地层破坏，因此，需要尽量减少颗粒的迁移。因为颗粒阻塞流动吼道，会降低井的生产能力，以及造成井下和地表的设备伤害（Nguyen 等，2010）。

水平井钻井也会遇到裂缝发育好或高渗透性、低压或枯竭地层，这增加了钻具由于躺在井壁的低侧而发生卡钻的可能。已发生许多在低地层压力的裂缝或孔隙遇到井漏或造成储层伤害的问题（Whitfill 等，2005）。聚丙烯酸酯是常用来提高钻井液的黏度及降低钻井液对地层的伤害。

第十节　表面活性剂

表面活性剂用于改变界面性质。合适的表面活性剂在表 13.7 中给出。甲基—二乙基—烷氧基甲基铵甲基硫酸盐具有较高的泡沫灭火性能（Fabrichnaya 等，1997）。烷基聚（葡糖苷）（APGs）是高度生物降解的表面活性剂（Nicora 和 McGregor，1998）。在非常低的浓度下加入 APG 到聚合物钻井液，即使在高温下也能大幅降低流体损失温度。而且，流体流变性和耐温性都能有所改进。

表 13.7　钻井液表面活性剂

组　　成	参考文献
烷基多糖苷	lecocumichel 和 Amalric（1995）
两性表面活性剂	Dahanayake 等（1996）
缩醛或缩酮羟基聚氧乙烯醚加成物	Felix（1996）
两性乙氧基和丙氧基阴离子单元	Hatchman（1999a）
烷醇胺	Hatchman（1999b）

有非离子型烷醇酰胺链组成的特殊页岩稳定型表面活性剂（Jarrett，1996，1997b），例如乙酰胺单乙醇胺和乙酰胺单乙醇胺二乙醇胺。丙酮和乙醇胺如图 13.7 所示。

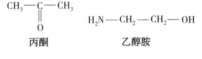

图 13.7　丙酮和乙醇胺结构图

第十一节　乳化剂

乳化剂在油田钻井液应用中起着重要的作用。其中最重要的是钻井液和处理液。其实在这些应用领域中，乳化剂不是这样被提到的，相反，它们被称为水基或油基钻井液体系，其本质是从乳化剂物理的角度来看。油田乳化剂有时是以动力学稳定性的程度为基础分类（Kokal 和 Wingrove，2000；Kokal，2006）：

低度乳化液：在几分钟内自然分离，分离出来的水称为自由水。

中度乳化液：在几十分钟内分离。

高度乳化液：在几小时、天或者周内分离，虽然分离不彻底。

乳化液也以连续相的液滴大小分类。当分散液滴直径大于 0.1μm 时，乳液为粗乳化液(Kokal，2006)。

从纯粹的热力学角度来看，乳化液体系是一个不稳定的体系。这是因为两个液相体系有自然分离的趋势以降低接触面积进而降低界面张力(Kokal 和 Wingrove，2000)。

第二类乳液被称为微乳液，是具有极低界面张力的两类不相溶的乳化剂结合后自发形成的乳液。微乳剂有非常小的液滴尺寸，小于 10nm，并且从热力学的角度来看是稳定的。微乳液与粗乳化液有着截然不同的形成因素和稳定性。

第十二节 乳化反转

反转乳液有一个油基的连续相，不连续相是一种至少部分不与油混溶的液体。实际上，反相乳液是油包水乳液。

反转乳液可能具有理想的颗粒悬浮性质，比如悬浮钻屑等，易于加重到所需的密度。众所周知，通过改变 pH 或质子化表面活性剂反相乳液可以逆转成常规乳液。就这样，连续相和不连续相的表面活性剂亲和力被改变(Taylor 等，2009)。例如，如果剩余的反相乳液仍然在井内，这部分可能会转变到正常的乳化液从井筒中清除乳液。反相乳液组合物可以在有机相凝胶化的地方使用。例如，当癸烷膦酸单乙酯和 Fe^{3+} 催化剂共同作用时柴油可以凝胶化(Taylor 等，2009)。聚合物通常用于增加水溶液的黏度。聚合物应该与这种流体相互作用，因为它应该表现出一种水化趋势。微乳剂可能有助于实现这一目标(Jones 和 Wentzler，2008)。

一、破乳剂

作为反相乳液的破乳剂，聚合的亚麻子油与聚乙烯醇反应已经提取出了二乙醇胺(Audibert-Hayet 等，2007)。破乳剂在第十一章有详细介绍。

二、钻井液体系

反转乳液体系具有较高的页岩抑制性能、井眼稳定性和润滑性。但是，反转乳液流体存在很高的井漏风险(Xiang，2010)。乳胶添加剂可以克服这个缺点，但是必须额外补充水分。油基钻井液体系成为具有不同的流变特性的不平衡的反转乳液系统，可以实现不平衡的反转乳液体系重新平衡。通常，一个不平衡的反转乳液体系可以在现场恢复平衡或运到处理厂进行重新平衡。

有些特殊的配方可以克服这个缺点。胶乳粒子在油基连续相中不分散，但是胶乳粒子可以分散在乳化的水相中。其实这就是反转乳液的优点其中之一，能实现至少含有一定水相而避免水相与井壁的直接接触(Xiang，2010)。

第十三节　泡沫

泡沫在油田钻井液中发挥着重要作用(Belkin 等，2005；Growcock 等，2007)。1998 年，首次在钻井液中使用了泡沫(Brookey，1998)。泡沫体表面被活性剂膜包围，如肥皂泡。这个词最早由塞巴(Sebba)提出(Sebba，1984，1987)。泡沫也被称为双液体泡沫。总之，泡沫也被称为双液，在两相之间建立一个液相膜。所以，与传统的空气泡是稳定的表面活性剂单层相反，一个泡沫的外壳由三层更强大的表面活性剂组成。

Sebba 提出的胶体气泡是由气体组成的内核和一层薄薄的表面活性剂含水薄膜组成的表面活性剂层，另外还有一个稳定的第三表面活性剂层结构(Watcharasing 等，2008)。胶体气泡结构如图 13.8 所示。

泡沫钻井液与传统的钻井液类似，只是提前把钻井液体系转化为泡沫钻井液体系(Kinchen 等，2001)。

当钻井液进入漏失地层时，气泡的运动速度比周围的液相速度快，在钻井液前面快速形成一层泡沫流体。这种前置泡沫及径向流动模式迅速降低剪切速率，提高钻井液黏度，降低钻井液的浸入量。而且，泡沫对其他介质没有亲和力，包括孔隙或矿物表面的裂缝。因此，形成的密封是具有弹性的。其缺乏附着力而在需要恢复的时候容易解除(Growcock 等，2007)。泡沫降低钻井液的密度，当气泡膨胀以填充裂缝时并提供桥接和密封作用，较少钻井液

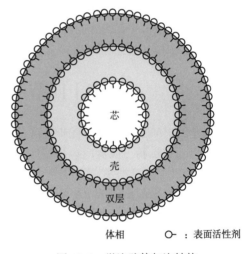

图 13.8　微泡胶体气泡结构

在地层裂缝内的解除面积。低剪切速率聚合物增强微泡可充当堵漏材料(Brookey，2004)，此举对预防井漏有一定的效果。

而且，钻井液和生产出的油或气之间的 IFT 很低，所以钻井液不具备破坏地层的趋势。枯竭的井采取欠平衡钻井或其他补救措施技术的成本非常昂贵，可以使用泡沫钻井液实现过平衡钻进(Growcock 等，2007)。

在水层状的泡沫中在表面活性剂稳定的薄膜中封入小油珠，并通过相互分离进一步形成薄薄的水。双液体泡沫基本上有两种类型(Sebba，1984)：油薄层和水薄层。

双液体油基泡沫由亲油的含水气泡组成并通过油层彼此分离。在这种类型中，油相对应于常规气体泡沫中的水相，气球对应于气室。第二类双液体泡沫不连续相是油或非极性液体的一种封装阶段是水或含氢的氢键液体，可溶性表面封装膜以及泡沫薄片都是通过表面活性剂稳定。在这两种类型中，细胞通过毛细管作用保持亲和力，就像气泡中的肥皂泡一样。一个水层双液体泡沫必须区别于水包油乳液，其中不连续的油相通过单个界面从连续的水相中分离出来。在中等气体浓度下，气泡的稳定性在水基介质中主要取决于分散钻井液的黏度和 IFT。更具体地说，稳定性是由在黏性水壳和本体相之间的运动速率决定的。这个运动被称为 Marangoni 对流(Bjorndalen 和 Kuru，2008)。卡罗·马兰戈尼在 1865 年他的博士论文中发

表了他在帕维亚大学的研究成果。

如果受到一些不稳定因素的影响，例如温度梯度、局部诱导表面张力，液体的对流或运动会发生。因此，Marangoni 对流有助于泡沫的分解。如果运动速率很高，则单体会变得不稳定。因此，外壳流体必须设计成具有一定的黏度以使其马兰戈尼效应最小化(Bjorndalen 和 Kuru，2008)。

一般通过添加聚合物和黏度来控制体积黏度。通常用表面活性剂降低 IFT 值。与典型的泡沫形成对比，通过第二个相非常高的界面黏度来加强泡沫稳定性(Brookey，2004)。低剪切黏度的流体是通过形成不渗透层来控制滤液在靠近裂缝处的渗透有帮助的。由于钻井液以非常低的速度移动，黏度变得非常高，以及滤液浸入地层的深度保持较浅。

常用的泡沫稳定剂是含有表面活性剂 PVA，比如椰油酰胺丙基甜菜碱或烷基醚硫酸盐(Growcock 和 Simon，2006)。稳泡改变了水层的界面黏度，达到一个建立弹性膜的程度。这种弹性膜使气泡单体呈现出增强的稳定性和密封能力。

形成泡沫所需的表面活性剂必须与其相容存在于钻井液中的聚合物配伍，产生需要的低剪切速率黏度。因此，表面活性剂一般是非离子或阴离子型(Brookey，2004)。

第十四节　低荧光乳化剂

柠檬酸基的 PA 型乳化剂具有非常低的荧光，已在钻井液中使用。按照惯例，PA 是首先使脂肪酸与二亚乙基三胺反应以形成酰胺，然后酰胺与柠檬酸反应。这些产品表现出较高的荧光，反应如图 13.9 所示。

另外，具有柠檬酸侧链的 PA 可以通过环状中间体合成咪唑啉结构。接下来是开环得到异构酰胺，反应如图 13.10 所示。通过图 13.10 所示的该反应合成产物表现出很多较低的荧光。排放的低荧光钻井液不太可能在海洋表面呈现出光泽(Cravey，2010)。这样排放行为将变得不那么明显。

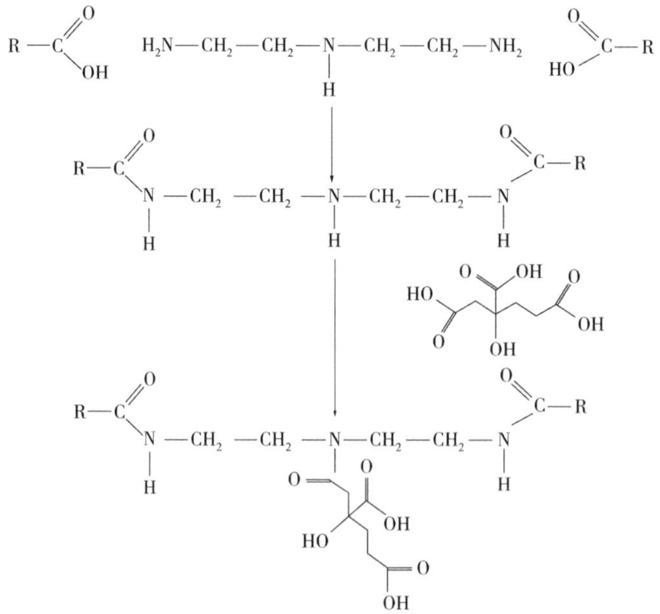

图 13.9　柠檬酸基的 PA 型乳化剂反应图

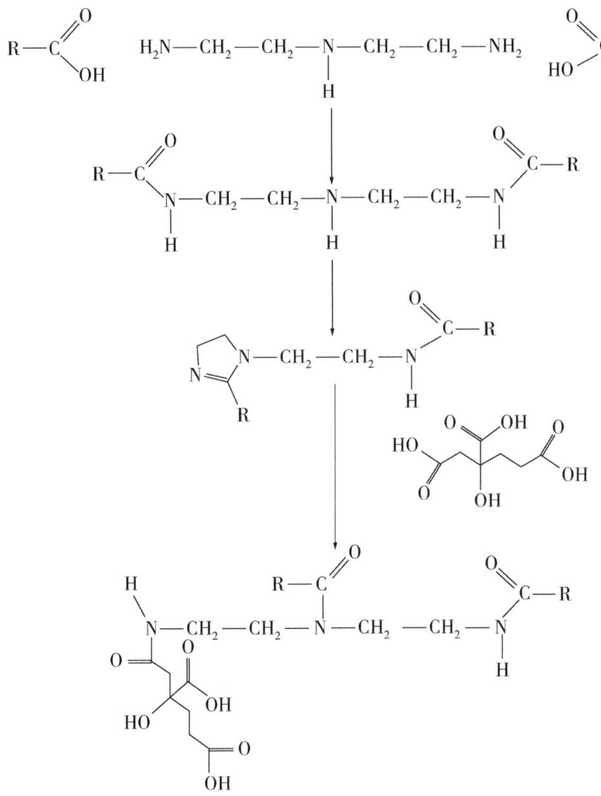

图 13.10　PA 反应合成的产物

第十五节　细菌控制

钻井液的细菌污染可以引发许多问题。许多钻井液在其配方中含有糖基聚合物，也为细菌种群的增长提供了有效的营养来源。这可能直接导致钻井液降解。另外，细菌代谢也可产生有害的副产物。

其中最值得注意的是硫化氢气体，它会出现钻井液聚合物分解、固体硫化铁形成，和对钻杆和钻井设备的腐蚀等问题(ElpHingstone 和 Woodworth，1999)。而且，硫化氢是一种有毒气体。

钻井液中使用许多聚合物作为降失水剂、增黏剂。由于钻井液中细菌对聚合物的降解作用，会导致钻井液失水量增加。全部天然聚合物都能够被细菌降解。但是，一些聚合物比其他更易受到细菌降解的影响。除了使用杀菌剂，一个解决方案是用聚阴离子木质素或其他抗酶聚合物取代低黏度的淀粉 PAC(Hodder 等，1992)。在深井作业中通过使用某些季铵盐添加剂可使钻井液不受生物降解的影响(Rastegaev 等，1999)。结果是所需添加剂的消耗量显著降低。

细菌的控制不仅在钻井液中至关重要，而且在石油和天然气开采其他方面也是很重要。一些值得推荐的钻井液常用杀菌剂总结在表 13.8 中，并在图 13.11 中体现出来。

表 13.8　钻井液用杀菌剂

杀菌剂	参考文献
二磷酸硫酸铵①	Elphingstone 和 Woodworth（1999）
二甲基四氢噻嗪硫酮	Karaseva 等（1995）
2-溴 4-羟苯乙酮②	Oppong 和 King（1995）
硫氰甲基硫代苯并噻唑②	Oppong 和 Hollis（1995）
二硫代氨基甲酸	Austin 和 Morpeth（1992）
羟基酸	Austin 和 Morpeth（1992）
1，2-苯甲异噻唑啉-3③	Morpeth 和 Greenhalgh（1990）
3，4-二氯苯基二甲基脲	Morpeth 和 Greenhalgh（1990）
二碘甲基-4-甲基苯基砜④	Morpeth 和 Greenhalgh（1990）
lsothiazolinones	Downey 等（1995），Hsu（1990，1995），Morpeth（1993）

① 固相吸附。
② 有机酸协同更佳。
③ 杀真菌。
④ 灭藻剂。

吡唑　　伊苏沙唑　　异噻唑　　1，2苯甲异噻唑啉-3

4，5二氧-2-正辛基-异噻嗪-3

图 13.11　biozide 组分

第十六节　缓蚀剂

缓蚀剂的发明和在石油行业的应用历史由费舍尔在 1993 年整理（Fisher，1993）。缓蚀剂早期应用在油井、天然气站、炼油厂及输油管道。

腐蚀和结垢是石油行业中最需资金投入的两个问题。表面腐蚀遍及生产、运输和炼油设备。腐蚀和控制手册给出了一个关于腐蚀问题和防腐方法的概述（Becker，1998）。

缓蚀剂也有许多不同的分类，如（Dietsche 等，2007）阴极和阳极缓蚀剂、无机和有机缓蚀剂、成膜和非成膜缓蚀剂、低分子量缓蚀剂经常改变水的表面张力。实际上，这些基团作为表面活性剂，因为它们在金属表面形成保护层（Dietsche 等，2007）。聚合物缓蚀剂与普通低分子量缓蚀剂发挥作用的方式相同。

聚合物成膜缓蚀剂不同于聚合物包被剂，因为它们在形成干燥膜之前有具体的内部化学反应。聚合物腐蚀抑制剂可能不会形成阻挡氧气和水的隔离层。相反，它们改变了金属的抗腐蚀潜力（Dietsche 等，2007）。从化学家的角度来看，缓蚀剂从广义上可以分为以下几类：

（1）酰胺和咪唑啉；

（2）氮分子与羧酸(即脂肪酸和脂肪酸环烷酸)盐；

（3）氮季铵盐；

（4）聚氧化胺、酰胺、咪唑啉；

（5）氮杂环。

图 13.12 给出了一部分缓蚀剂，进一步的化学组成汇总在表 13.9，一些成分示意图见图 13.13。

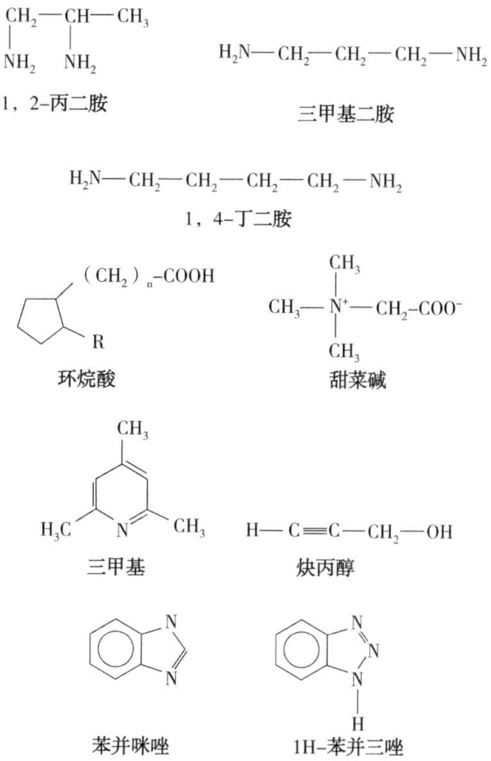

图 13.12　二胺类、酸类、醇类、唑类缓蚀剂

表 13.9　缓蚀剂

化学品	参考文献
乙烯醇[①]	Teeters(1992)
高油脂肪酸酐	Fischer 和 Parker(1995，1997)
三联苯化合物[②]	Growcock 和 Lopp(1988)
二环戊二烯二羟酸盐[③]	Darden 和 McEntire(1986，1990)
异羟肟酸	Fong 和 Shambatta(1993)
环己基苯甲酸酯	Johnson 和 Ippolito(1994，1995)
1，3，5-三嗪-三羟基乙基-过水酰基衍生物	Au 和 Hussey(1986，1989)
嘧啶硫酸盐	Ramanarayanan 和 Vedage(1994)
醇胺水溶液[④]	Schutt(1990)，Veldman 和 Trahan Aqueous(1999)
烷氧基化烷基的季铵盐脂肪酯	Wirtz 等(1989)
巯基乙醇	Ahn 和 Jovancicevic(2001)

化学品	参考文献
聚硫化物⑤	Gay 等(1993)
磺酸基苯甲酸盐⑥	Kreh(1991)
二磷酸基聚合物⑦	Sekine 等(1991)
羟基膦酰基乙酸基聚合物⑧	Zefferi 和 May(1994a, b)
水溶性杂环聚合物⑨	Alink(1991, 1993)
磺化烷基酚⑩	Babaian-Kibala(1993)
聚硫醚树脂	Incorvia(1988)
噻唑烷二酮	Alink 和 Outlaw(2001)
乙烯基取代聚合物	Minevski 和 Gaboury(1999)
苯磺基乙酸或苯磺基乙酸	Lindstrom 和 Mark(1987)
卤代羟烷基硫基取代二羟基硫基取代的多元羧酸	Lindstrom 和 Louthan(1987)
单环烷基硫脲	Tang 等(1995)
恶二唑类衍生物	Bentiss 等(2000)

① 结合 ClO_2 处理进行细菌控制。

② 盐酸水溶液。

③ 含糖醇等抗冻剂 0.16%。

④ 含 H_2S 或 CO_2 的气流。

⑤ 形成一层二硫化铁薄膜。

⑥ 相对无毒，可替代色相缓蚀剂、常规磷酸盐、有机磷酸盐缓蚀剂和锌基缓蚀剂。

⑦ 环境。

⑧ 氯化钙盐水。

⑨ 10~500ppm。

⑩ 用 5~200ppm 抑制环烷酸腐蚀。

⑪ 在钻井设备。

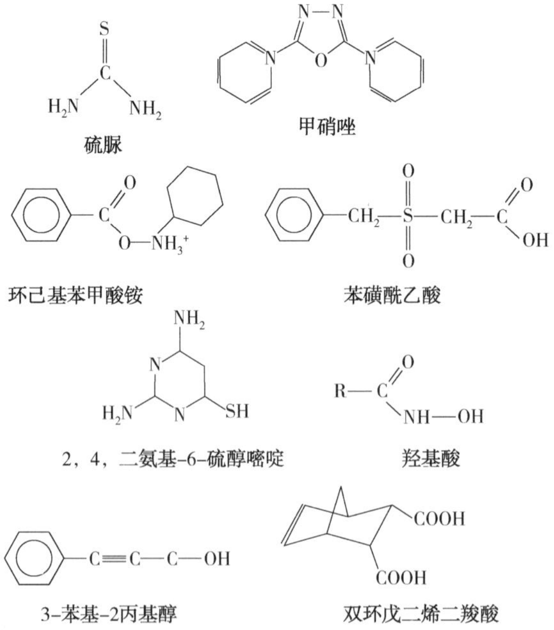

图 13.13 腐蚀抑制剂

第十七节 除氧剂

氧化腐蚀往往被低估。研究表明，合适的除氧剂的使用可以限制氧化腐蚀的发生。肼是主要用于除氧剂的化学物质组分。因为其特殊性能，用于加热系统以及钻井、修井和固井的防腐作业(Sikora，1994)。

第十八节 除硫剂

硫化氢由细菌分解溶解铁产生，释放到受保护的周边区域，进一步和铁反应产生硫化铁造成腐蚀(Martin 等，2005)。所以有时候必须从钻井液中去除硫化氢。已经开发了通过铁化合物形成微溶性硫化铁的工艺技术，例如草酸铁(Ⅱ)(Sunde 和 Olsen，2000)和硫酸铁(Prokhorov 等，1993)。硫以硫化铁的形式沉淀出来。葡萄糖酸亚铁是一种有机铁螯合剂，在 pH 值高达 11.5 时稳定(Davidson，2001)。

锌化合物和 H_2S 易发生反应，因此适用于定量去除钻井液中少量的 H_2S 气体(Wegner 和 Reichert，1990)。然而，其在高温条件下可能对钻井液的流变性产生不利影响。

第十九节 其他水基钻井液添加剂

一、提高抗温性

为了避免水基聚合物钻井液黏度降低的问题，通常添加甲酸盐以提高其抗温性，如甲酸钾和甲酸钠。然而，甲酸盐的成本较为昂贵。提高水基聚合物钻井液抗温性也可以使用甲酸盐的替代物(Malsh，2009)。

井筒内需要处理的钻井液的温度保持在 135~160℃，体系内可含有多类多糖聚合物。表 13.10 给出了含有黄原胶和聚丙烯酰胺的钻井液在 120℃热滚实验前后的表观黏度的变化。

表 13.10 含有黄原胶和聚丙烯酰胺的钻井液 120℃热滚实验前后表观黏度

成分	热滚前表观黏度 η, mPa·s	热滚后表观黏度 η, mPa·s
盐水/XC	13	3
盐水/PA	8.5	6
盐水/Filtercheck	4	4
盐水/FLC/XC	16	10.5
盐水/FLC/PA	14.6	9
盐水/XC/CLAYSEAL	12.5	3
XC/PA	30	28.5
XC/PA/FLC	38.5	16.5

续表

成分	热滚前表观黏度 η, mPa·s	热滚后表观黏度 η, mPa·s
XC/PA/FLC/CLAYSEAL	34	28
XC/PA/FLC/CLAYSEAL/Barite	38.5	38.5

注:本表来自 Maresh(2009)。

二、分散剂

四价锆与有机酸的络合物以及铝和铝的柠檬酸络合物可以用来做分散剂,有机酸包括柠檬酸、酒石酸、苹果酸和乳酸(Burrafato 和 Carminati,1994a,1994b,1996,Burrafato 等,1997 年)。这种类型的分散剂是特别适用于分散膨润土钻井液。钻井液 pH 值范围可以在微酸性至强碱性。

第二十节　合成聚合物

一、马来酸酐共聚物

磺化苯乙烯-MA 共聚物和聚合物的混合物用于制备 AA 或 AAm 及其衍生物(Hale 和 Lawson,1988),可用作钻井液分散剂。水基钻井液的流变特性可通过加入少量的磺化苯乙烯—衣康酸共聚物(Hale 和 Rivers,1988)和 AA 或 AAm 聚合物(Hale,1988)来改善流体性能。

磺化苯乙烯马来酰亚胺共聚物具有类似的活性(Lawson 和 Hale,1989)。马来酰亚胺单体的包括马来酰亚胺、N—苯基马来酰亚胺、N—乙基马来酰亚胺、N—(2-氯丙基)马来酰亚胺和 N—环己基马来酰亚胺(参见图 13.14)。N—芳基和取代芳基的马来酰亚胺单体是理想的。该聚合物通过自由基在溶液、气体或悬浮状态聚合获得。

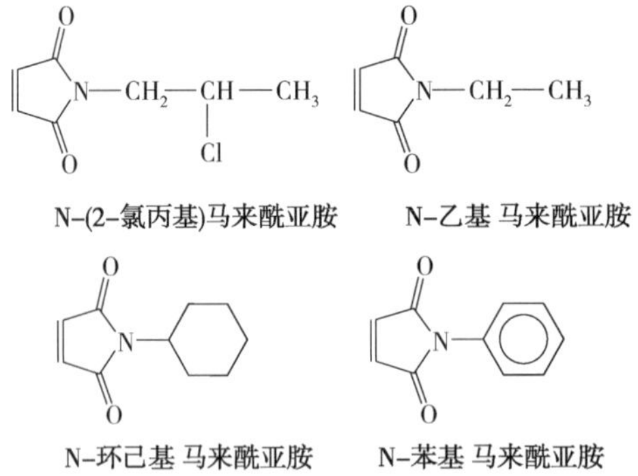

图 13.14　胺

在含有苯乙烯磺酸酯部分和 MA 单元的共聚物中,MA 单元可以用烷基胺官能化(Peiffer 等,1991,1992a,1992b,1992c,1993a,1993b)。水溶性聚合物增强了水基钻井液的抗絮凝特性。通常,解絮凝剂是由苯乙烯磺酸钠组成的相对低分子量以 MA 作为酸酐、二酸,以及两性离子官能团的聚合物单体。

通常，苯乙烯磺酸盐单元与总 MA 单元的摩尔比范围是从 3∶1 到 1∶1。磺酸盐的摩尔浓度和两性离子单位不一定相等，因为反絮凝这些水溶性聚合物的性质可以通过改变来控制它们的比例。

甲代烯丙基磺酸钠和 MA 的交替 1∶1 共聚物可用作水溶性分散剂(Gray，1993)。共聚物通过在乙酸溶液中的自由基聚合得到。因为他们在水中具有高溶解度和高含量的磺酸盐特性，这些交替聚合物可用作水基钻井液分散剂。

二、丙烯酸

低分子量 AA 和乙烯基磺酸盐的共聚物已被用作分散剂和高温抗絮凝剂稳定剂，水基黏土钻井液的流变特性已受到高含量钙离子污染的影响(Portnoy，1986，1987)。二价离子，如钙离子或镁离子，可能会导致不受控制的钻井液增稠和失水量的增加。

钻井液的絮凝可以在高温条件下发生。这种絮凝增加了某些化学污染物的增稠作用并降低或破坏了许多钻井液稀释剂的活性，这是常用于维持钻井液稳定性的添加剂。

聚丙烯酸(PAA)或水溶性盐，相对钠盐的分子量为 1.5~5kDa，分散性为 1.05~1.45，是可用于钻井液或完井液的分散剂(Farrar 等，1992)。AA 的共聚物或三元共聚物，其中含有 5~50mol 45% 的磺乙基丙烯酰胺，AAm 和磺乙基丙烯酰胺，丙烯酸乙酯和磺乙基丙烯酰胺 AAm 和磺苯基丙烯酰胺，以及 AAm 和磺甲基丙烯酰胺是用于钻井液的抗钙絮凝剂(Giddings 和 Fong，1988)。一般来说，每桶钻井液 0.1~2lb 聚合物足以防止添加剂在钻井液中絮凝。一种丙烯酸或 MA 的聚合物或共聚物的盐，其中酸是用链烷醇胺，烷基胺或锂盐中和而得(Garvey 等，1987)，适合作为分散剂。

三、硫化胺盐

硫化胺末端部分可以被和乙烯基聚合物使用胺硫醇作为催化剂进行水性自由基聚合(McCallum 和 Weinstein，1994)。该聚合物可用作矿物分散剂。其他用途是作为锅炉水冷却塔的水处理添加剂，反渗透应用和油井地热过程，作为助洗剂的添加剂、防污剂、分散剂、螯合剂和结壳抑制剂。

四、聚羧酸盐

可以制备多羧化聚烷氧基化物及其硫酸盐衍生物通过使乙氧基化或丙氧基化的醇与水溶性碱金属或不饱和羧酸的碱土金属盐(Chadwick 和 pHillips，1995)。与在无水条件下游离羧酸的反应相比较，该反应在自由基引发剂存在下在水溶液中发生并提供较高的产量和较低的杂质水平。该方法得到的产品易中和且效果明显，稀释后保持清晰均匀，在钻井和其他油田作业中用作清洗剂。

五、烯丙氧基苯磺酸盐

烯丙氧基苯磺酸盐单体的水溶性聚合物可以使用作为钻井液中的分散剂和作为蒸汽驱处理锅炉水和水钻井液的增塑剂(Leighton 和 Sanders，1988，1990)。优选的分子量范围是 1~500kDa。

六、磺化异丁烯马来酸酐共聚物

该共聚物可用于钻井液、隔离液、水钻井液、完井液以及钻井液和水钻井液的混合物体系，控制这些流体的流变特性并控制失水量。分散剂由来自单体的聚合物残余物组成，包括可能被磺化的低分子量烯烃膦酸化的不饱和二羧酸、不饱和的烯属酸酐、不饱和脂族一元羧酸、PVAs 和二元醇、和磺化或膦酸化苯乙烯。磺酸、膦酸并且聚合物上的羧酸基团可以以中和的形式作为碱金属或铵盐(Bloys 等，1993，1994)。

七、改性天然聚合物

(1) 多糖。

分子量为 1.5~40kDa 的磷酸化氧化淀粉，羧基取代度为 0.30~0.96，可用作钻井液分散剂(Just 和 Nickol，1989)。物理混合物包含可逆的交联和未交联的水胶体组合物。这些显示出增强的分散性质(Szablikowski 等，1995)。

(2) 磺化沥青。

磺化沥青可以通过以下途径生产(Rooney 等，1988)：

① 加热沥青材料；

② 将沥青与溶剂(如己烷)混合；

③ 用液体磺化剂磺化沥青，如液态硫三氧化二砷；

④ 用一种碱性中和剂如磺酸中和磺酸氢氧化钠；

⑤ 从磺化沥青中分离溶剂；

⑥ 回收蒸发的溶剂重新使用；

⑦ 将分离的磺化沥青通过转鼓式干燥器进行干燥。

这是一种分批式的过程，其中溶剂的流量、沥青材料、磺化剂和中和剂以及取消磺酸和磺化沥青的时间按照预定的周期进行调整。

然后干燥的磺化沥青可用于制备钻井液，包括水基、油基和乳液型。这样的钻井液具有优异的流变特性，如黏度和凝胶强度，并表现出较低的失水量或钻井液地层漏失量。

(3) 腐殖酸。

平均粒度小于 3mm 的煤与水混合，然后在一定温度下用氧气或氧气与空气的混合物氧化，温度范围为 100~300℃，氧气压力范围为 0.1~10MPa，反应时间为 5~600min(Cronje，1989)。在缺乏催化剂，如碱性氧化物的情况下主要产物是腐殖酸。

这些腐殖酸不会被溶解，因为其所在的液体 pH 值处于范围为 4~9，形成少量富里酸，并且是可溶的。以煤为来源的腐殖酸可用于钻井液分散剂和黏度控制剂，而以煤炭来源的富里酸可用于生产增塑剂和石化产品。

(4) 其他分散剂。

一种用于钻井液的无污染分散剂已被提到(Bouchut 等，1989，1990，1992)。该产品是基于聚合物或共聚物的不饱和酸，如 AA 或 MA 及合适的抗衡离子。

第二十一节　非水基钻井液特殊添加剂

一、聚(醚)环多元醇

聚(醚)环多元醇具有增强的分子性质和特性并允许制备强化钻井液来抑制钻井液形成气体水合物，防止页岩分散，并减少膨胀的地层来增强井筒稳定性，减少流体损失，减少滤饼厚度。

复合聚(醚)环状多元醇的钻井液在许多地区可以替代油基钻井液来使用(Blytas 和Frank，1995；Blytas 等，1992a，1992b；Zuzich 和 Blytas，1994，1995)。制备聚(醚)环状多元醇通过使多元醇(例如甘油)与低聚物热缩合产生。

二、深井钻井液乳化剂

使用非水基钻井液进行深井钻进时主要遇到两个问题(Dalmazzone 等，2007)。首先是乳液温度稳定性的问题：稳定的乳化剂乳液要求乳化剂的抗温性达到200℃的限度。如果乳化液通过水滴聚结而分离，钻井液则失去流变性。

第二个是环境问题：乳化剂不仅必须是高效的，而且必须是无毒的。

使用由 N—烷基化聚(醚)链组成的脂肪酸酰胺作为乳化剂。聚烷氧基化的超级酰胺已被创造出来(Le Helloco 等，2004)。作为助表面活性剂，妥尔油脂肪酸或其盐可以使用。

三、酯类和缩醛

$C_6 \sim C_{11}$ 一元羧酸酯(Mueller 等，1990d，1990e，1994；Müller 等，1990a，1990b)，酸甲酯(Mueller 等，1990a)和多羧酸酸酯(Mueller 等，1991b)及亲油单体和低聚二酯(Mueller 等，1991c)已被提出用于反转乳化钻井液的基础材料。天然油脂是甘油三酯(Wilkinson 等，1995)并且与合成酯类似。双酯也有已被提及(Mueller 等，1991c，1992，1993，1995)。

缩醛和亲油醇或亲油酯适用于制备反转乳化钻井液和乳化钻井液。它们可以替代基础油、柴油、纯化柴油、白油、烯烃和烷基苯(Hille 等，1996，1998a)。实例有异丁醛、二—2—乙基己基缩醛和二己基缩甲醛。此外，椰子醇混合物、豆油和α—甲基癸醇也是合适的。一些醛类结构图如图 13. 15 所示。

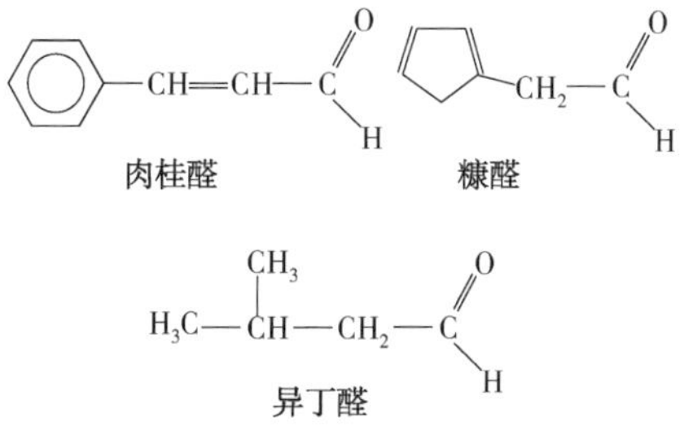

图 13.15　醛类结构图

反转乳化钻井液在井壁稳定、水敏性地层、定向井方面更具优势。它们具有很高的温度稳定性，并提供出色的防腐蚀保护。缺点是价格高；如果气藏枯竭，后续处理的风险会较大；具有潜在的更严重的环境问题。

直链醇的固化点高，生物降解性差的支化醇限制了它们作为环保型产品的使用来替代矿物油。高级醇仍然只是水溶性的，由于其对鱼类有较高的生物毒性而被限制用于海洋钻井液。酯和缩醛可以在海底无氧条件下降解，这种特性最大限度地减少了对海底环境的破坏性影响。当这些产品使用后，钻井结束后海底生态可以迅速恢复。缩醛类，其中有一个相对低黏度，特别是相对低的固化点，可以通过结合各种醛和醇制备（Hille 等，1998b；Young，1994）。

四、反沉降特性

用胺如三乙醇胺中和的乙烯—AA 共聚物或 N—甲基二乙醇胺可增强抗沉降性能（McNally 等，1999；Santhanam 和 MacNally，2001）。

五、糖苷

在内相使用糖苷的好处在于，不再需要考虑内相的离子特性。如果体系中水分被限制，页岩水化将大大降低。钻井液内相减少的水分活度和页岩渗透率的改善是糖苷直接相互作用的结果。这有助于降低页岩的含水量以增加岩石强度，降低有效平均应力，并起到稳定地层的作用（Hale 和 Loftin，1996）。

甲基葡萄糖苷也可用于水基钻井液，并有可能取代油基钻井液（Headley 等，1995）。使用这类钻井液可以减少对含油钻屑的处置，尽量减少健康和安全问题，并尽量减少对环境的影响。

六、润湿性

其他具有改善润湿性的材料包括季铵盐亲油烷基胺和羧酸的酯，可改善黏土的润湿性（Ponsati 等，1992，1994）。硝酸盐和亚硝酸盐可以代替氯化钙在反转乳化钻井液中的应用（Fleming 和 Fleming，1995）。

悬浮固体具有持续时间最长的生物毒性。其中包含膨润土、岩屑及可溶性组分。这种毒性已被认为是某种钻井液成分的化学毒性，其通过研磨或物理毒性阻塞上皮组织，即呼吸组织或消化系统表面。此外，海洋动物暴露于废弃钻井液带来危害也可能是由于化学毒性。进一步的细节介绍是超出了本文的内容范围，可参考相关文献资料（Kanz 和 Cravey，1985）。

在一项长期研究中，已经研究了石油碳氢化合物含量增加对土壤和植物的影响，该研究采用无污染土壤、含不同钻井液和原油的含量的土壤。土壤的一些化学变化参数，与植物密度和作物产量相关。钻井液的化学性质对所研究的土壤影响较大，而植物密度和产量受原油影响更强。石油碳氢化合物、矿物质的土壤含量油和多环芳烃在第一个实验年后明显降低（Kisic 等，2009）。

由于上述原因，需要注意废弃钻井液的管理。接下来，将对选择废弃物处置方案进行讨论。

七、表面活性剂

烷基酚乙氧基化物是已经广泛应用于钻井液行业的一类表面活性剂。这些表面活性剂的广泛使用是基于其成本效益、适用性和可获得的亲水—亲油平衡值(Getliff 和 James，1996)。研究表明烷基酚乙氧基化物表现出雌激素效应并且可以引起一些雄性水生物种的不育性。这可能会有不良后果，遂禁止使用，一些国家和协议在逐步停止使用。替代品含有烷基酚乙氧基化物的产品，并且在一些情况下他们显示出更好的技术性能。

用可生物降解的阳离子表面活性剂处理的有机膨润土可以用于钻井液而不用担心钻井表面活性剂可能在环境中聚集。如此，表面活性剂通常不会达到可能伤害周围环境的毒性水平及危害环境中的动植物等(Miller，2009)。

第二十二节　钻井液转化为水泥

水基钻井液可以使用水性高炉矿渣转化成水泥(Bell，1993；Cowan 和 Hale，1995；Cowan 等，1994；Cowan 和 Smith，1993；Zhao 等，1996)。水性高炉矿渣是一种独特的对流变性和失水性能影响很小的钻井液材料，它可以激活使用其他固化技术转化为水泥困难的钻井液。

水力高炉矿渣质量最优的为波特兰水泥，其来源广、产量大。硬化固体特性炉渣和用于固井作业的水钻井液混合物与传统波特兰水泥的性能相当。

参 考 文 献

Ahn, Y. S., Jovancicevic, V., 2001. Mercaptoalcohol corrosion inhibitors. WO Patent 0 112 878, assigned to Baker Hughes Inc., February 22.

Alink, B. A. O., 1991. Water soluble 1, 2-dithio-3-thiones. EP Patent 415 556, assigned to Petrolite Corporation, March 06.

Alink, B. A. O., 1993. Water soluble 1, 2-dithio-3-thiones. US Patent 5 252 289, assigned to Petrolite Corporation, October 12.

Alink, B. A. M. O., Outlaw, B. T., 2001. Thiazolidines and use thereof for corrosion inhibition. WO Patent 0 140 205, assigned to Baker Hughes Inc., June 07.

Allan, M. L., Kukacka, L. E., 1995. Calcium phosphate cements for lost circulation control in geothermal. Geothermics 24 (2), 269-282.

Alonso-Debolt, M., Jarrett, M. A., 1994. New polymer/surfactant systems for stabilizing troublesome gumbo shale. In: Proceedings Volume, SPE International Petroleum Conference in Mexico, Veracruz, Mexico, October 10-13, 1994, pp. 699-708.

Alonso-Debolt, M., Jarrett, M., 1995a. Synergistic effects of sulfosuccinate/polymer system for clay stabilization. In: Proceedings Volume, Vol. PD-65, Asme Energy-Sources Technology Conference Drilling Technology Symposium, Houston, January 29-February 1, 1995, pp. 311-315.

Alonso-Debolt, M., Jarrett, M. A., 1995b. Drilling fluid additive for water-sensitive shales and clays, and method of drilling using the same. EP Patent 668 339, assigned to Baker Hughes Inc., August 23.

Alonso - Debolt, M. A., Bland, R. G., Chai, B. J., Eichelberger, P. B., Elphingstone, E. A., 1995. Glycol and glycol ether lubricants and spotting fluids. WO Patent 9 528 455, assigned to Baker Hughes Inc.,

26 October.

Alonso – Debolt, M. A., Bland, R. G., Chai, B. J., Elchelberger, P. B., Elphingstone, E. A., 1999. Glycol and glycol ether lubricants and spotting fluids. US Patent 5 945 386, assigned to Baker Hughes Inc., 31 August.

Al-Yami, A. S. H. A. –B., 2009. Non-damaging manganese tetroxide water-based drilling fluids. US Patent 7 618 924, assigned to Saudi Arabian Oil Company, Dhahran, SA, 17 November.

Anderson, R. L., Ratcliffe, I., Greenwell, H. C., Williams, P. A., Cliffe, S., Coveney, P. V., 2010. Clay swelling: a challenge in the oilfield. Earth-Sci. Rev. 98 (3-4), 201-216.

Andreson, B. A., Abdrakhmanov, R. G., Bochkarev, G. P., Umutbaev, V. N., Fryazinov, V. V., Kudinov, V. N., et al., 1992. Lubricating additive for water-based drilling solutions-contains products of condensation of monoethanolamine and tall oils, kerosene, monoethanolamine and flotation reagent. SU Patent 1 749 226, assigned to Bashkir Oil Ind. Res. Inst. And Bashkir Oil Proc. Inst., 23 July.

API Standard, API RP 13K, 2016. Recommended Practice for Chemical Analysis of Barite. American Petroleum Institute, Washington, DC.

API Standard, API Specification 13A, 2015. Recommended Practice for Chemical Analysis of Barite. American Petroleum Institute, Washington, DC.

Arco, M. J., Blanco, J. G., Marquez, R. L., Garavito, S. M., Tovar, J. G., Farias, A. F., et al., 2000. Field application of glass bubbles as a density – reducing agent. In: Proceedings Volume, Annual SPE Technical Conference, Dallas, TX, 1-4 October, 2000, pp. 115-126.

Argillier, J. F., Audibert, A., Marchand, P., Demoulin, A., Janssen, M., 1997. Lubricating composition including an ester-use of the composition and well fluid including the composition. US Patent 5 618 780, assigned to Inst. Francais Du Petrole, 08 April.

Argillier, J. F., Demoulin, A., Audibert-Hayet, A., Janssen, M., 1999. Borehole fluid containing a lubricating composition-method for verifying the lubrification of a borehole fluid-application with respect to fluids with a high pH. WO Patent 9 966 006, assigned to Inst. Francais Du Petrole and Fina Research SA, 23 December.

Argillier, J. – F., Demoulin, A., Audibert – Hayet, A., Janssen, M., 2004. Borehole fluid containing a lubricating composition-method for verifying the lubrification of a borehole fluid-application with respect to fluids with a high pH. US Patent 6 750 180, assigned to Institut Francais du Petrole (Rueil-Malmaison Cedex, FR) Oleon NV (Ertvelde, BE), 15 June.

Au, A. T., 1986. Acyl derivatives of tris-hydroxy-ethyl-perhydro-1, 3, 5-triazine. US Patent 4 605 737, August 12.

Au, A. T., Hussey, H. F., 1989. Method of inhibiting corrosion using perhydro-s-triazine derivatives. US Patent 4 830 827, May 16.

Audebert, R., Janca, J., Maroy, P., Hendriks, H., 1994. Chemically crosslinked polyvinyl alcohol (PVA), process for synthesizing same and its applications as a fluid loss control agent in oil fluids. GB Patent 2 278 359, assigned to Sofitech NV, 30 November.

Audebert, R., Janca, J., Maroy, P., Hendriks, H., 1996. Chemically crosslinked polyvinyl alcohol (PVA), process for synthesizing same and its applications as a fluid loss control agent in oil fluids. CA Patent 2 118 070, assigned to Schlumberger Canada Ltd., 14 April.

Audebert, R., Maroy, P., Janca, J., Hendriks, H., 1998. Chemically crosslinked polyvinyl alcohol (PVA), and its applications as a fluid loss control agent in oil fluids. EP Patent 705 850, assigned to Sofitech NV, 02 September.

Audibert, A., Lecourtier, J., Bailey, L., Hall, P. L., Keall, M., 1992. The role of clay/polymer interactions in clay stabilization during drilling. In: Proceedings Volume, 6th Inst. Francais Du Petrole Exploration & Production Research Conference, Saint-Raphael, France, September 4-6, 1991, pp. 203-209.

Audibert, A., Argillier, J. F., Ladva, H. K. J., Way, P. W., Hove, A. O., 1999. Role of polymers on formation damage. In: Proceedings Volume, SPE Europe Formation Damage Conference, The Hague, Netherland, May 31—June 1, pp. 505-516.

Audibert-Hayet, A., Giard-Blanchard, C., Dalmazzone, C., 2007. Organic emulsion-breaking formula and its use in treating wellbores drilled in oil-base mud. US Patent 7 226 896, assigned to Institut Francais du Petrole, Rueil Malmaison Cedex, FR, June 5.

Austin, P. W., Morpeth, F. F., 1992. Composition and use. EP Patent 500 352, assigned to Imperial Chemical Inds Pl, August 26.

Aviles-Alcantara, C., Guzman, C. C., Rodriguez, M. A., 2000. Characterization and synthesis of synthetic drilling fluid shale stabilizer. In: Proceedings Volume, SPE International Petroleum Conference in Mexico, Villahermosa, February 1-3, 2000.

Babaian-Kibala, E., 1993. Naphthenic acid corrosion inhibitor. US Patent 5 252 254, October 12.

Ballard, T. J., Beare, S. P., Lawless, T. A., 1994. Shale inhibition with water-based muds: The influence of polymers on water transport through shales. In: Proceedings Volume, Recent Advances in Oilfield Chemistry, 5th Royal Society of Chemistry International Symposium, Ambleside, England, April 13-15, 1994, pp. 38-55.

Becker, J. R., 1998. Corrosion and Scale Handbook. Pennwell Publishing Co, Tulsa, OK.

Bel, S. L. A., Demin, V. V., Kashkarov, N. G., Konovalov, E. A., Sidorov, V. M., Bezsolitsen, V. P., et al., 1998. Lubricating composition-for treatment of clayey drilling solutions, contains additive in form of sulphonated fish fat. RU Patent 2 106 381, assigned to Shchelkovsk Agro Ent St C and Fakel Research Production Association, 10 March.

Belkin, A., Irving, M., O'Connor, R., Fosdick, M., Hoff, T., Growcock, F. B., 2005. How aphrondrilling fluids work, Annual Technical Conference And Exhibition, Vol. 5. Society of Petroleum Engineers, Richardsoon, TX.

Bell, S., 1993. Mud-to-cement technology converts industry practices. Pet. Eng. Int. 65 (9), 51-52, 54-55.

Bell, S. A., Shumway, W. W., 2009. Additives for imparting fragile progressive gel structure and controlled temporary viscosity to oil based drilling fluids. US Patent 7 560 418, assigned to Halliburton Energy Services, Inc., Duncan, OK, 14 July.

Bentiss, F., Lagrenee, M., Traisnel, M., 2000. 2, 5-bis(N-pyridyl)-1, 3, 4-oxadiazoles as corrosion inhibitors for mild steel in acidic media. Corrosion 56 (7), 733-742.

Bjorndalen, N., Kuru, E., 2008. Physico-chemical characterization of aphron based drilling fluids. J. Can. Pet. Technol. 47 (11), 15-21.

Bloys, J. B., Wilton, B. S., 1991. Control of lost circulation in wells. US Patent 5 065 820, assigned to Atlantic Richfield Company, 19 November.

Bloys, J. B., Wilson, W. N., Malachosky, E., Carpenter, R. B., Bradshaw, R. D., 1993. Dispersant compositions for subterranean well drilling and completion. EP Patent 525 037, 03 February.

Bloys, J. B., Wilson, W. N., Malachosky, E., Bradshaw, R. D., Grey, R. A., 1994. Dispersant compositions. comprising sulfonated isobutylene maleic anhydride copolymer for subterranean well drilling and completion. US Patent 5 360 787, assigned to Atlantic Richfield Company, 01 November.

Blytas, G. C., Frank, H., 1995. Copolymerization of polyethercyclicpolyols with epoxy resins. US Patent 5

401 860, assigned to Shell Oil Company, March 28.

Blytas, G. C. , Frank, H. , Zuzich, A. H. , Holloway, E. L. , 1992a. Method of preparing polyethercy-clicpolyols. EP Patent 505 000, assigned to Shell International Research Maatschappij BV, September 23.

Blytas, G. C. , Zuzich, A. H. , Holloway, E. L. , Frank, H. , 1992b. Method of preparing polyethercy-clicpolyols. EP Patent 505 002, assigned to Shell International Research Maatschappij BV, september 23.

Bouchut, P. , Rousset, J. , Kensicher, Y. , 1989. A non-polluting dispersing agent for drilling fluids based on freshwater or salt water. AU Patent 590 248, November 02.

Bouchut, P. , Rousset, J. , Kensicker, Y. , 1990. Non-polluting fluidizing agents for drilling fluids having soft or salt water base (agent fluidifiant non polluant pour fluides de forage a base d'eau douce ou saline). CA Patent 1 267 777, April 17.

Bouchut, P. , Kensicher, Y. , Rousset, J. , 1992. Non-polluting dispersing agent for drilling fluids based on freshwater or salt water. US Patent 5 099 928, March 31.

Branch, H. I. , 1988. Shale-stabilizing drilling fluids and method for producing same. US Patent 4 719 021, January 12.

Brookey, T. , 1998. Micro-bubbles: new aphron drill-in fluid technique reduces formation damage in horizontal wells. SPE Formation Damage Control Conference. SPE, Society of Petroleum Engineers, The Woodlands. TX.

Brookey, T. F. , 2004. Aphron-containing well drilling and servicing fluids. US Patent 6 716 797, assigned to Masi Technologies, LLC, Houston, TX, 6 April.

Burba, J. L. I. , Strother, G. W. , 1991. Mixed metal hydroxides for thickening water or hydrophilic fluids. US Patent 4 990 268, assigned to Dow Chemical Company, 05 February.

Burba, J. L. I. , Hoy, E. F. , Read Jr. , A. E. , 1992. Adducts of clay and activated mixed metal oxides. WO Patent 9 218 238, assigned to Dow Chemical Company, 29 October.

Burrafato, G. , Carminati, S. , 1994a. Aqueous drilling muds fluidified by means of zirconium and aluminium complexes. EP Patent 623 663, assigned to Eniricerche SPA and Agip SPA, 09November.

Burrafato, G. , Carminati, S. , 1994b. Aqueous drilling muds fluidified by means of zirconium and aluminum complexes. CA Patent 2 104 134, 08 November.

Burrafato, G. , Carminati, S. , 1996. Aqueous drilling muds fluidified by means of zirconium and aluminum complexes. US Patent 5 532 211, 02 July.

Burrafato, G. , Gaurneri, A. , Lockhart, T. P. , Nicora, L. , 1997. Zirconium additive improves field performance and cost of biopolymer muds. In: Proceedings Volume, SPE Oilfield Chemistry International Symposium, Houston, TX, 18-21 February 1997, pp. 707-710.

Burts Jr. , B. D. , 1992. Lost circulation material with rice fraction. US Patent 5 118 664, assigned to Bottom Line Industries In, June 02.

Burts Jr. , B. D. , 1997. Lost circulation material with rice fraction. US Patent 5 599 776, assigned to M & D Inds Louisiana Inc. , February 04.

Burts Jr. , B. D. , 2001. Well fluid additive, well fluid made therefrom, method of treating a well fluid, method of circulating a well fluid. US Patent 6 323 158, assigned to Bottom Line Industries In, November 27.

Chadwick, R. E. , Phillips, B. M. , 1995. Preparation of ether carboxylates. EP Patent 633 279, assigned to Albright & Wilson Ltd. , 11 January.

Clapper, D. K. , Watson, S. K. , 1996. Shale stabilising drilling fluid employing saccharide derivatives. EP Patent 702 073, assigned to Baker Hughes Inc. , 20 March.

Coveney, P. V. , Watkinson, M. , Whiting, A. , Boek, E. S. , 1999a. Stabilising clayey formations. GB Patent 2 332 221, assigned to Sofitech NV, June 16.

Coveney, P. V. , Watkinson, M. , Whiting, A. , Boek, E. S. , 1999b. Stabilizing clayey formations. WO Patent 9 931 353, assigned to Sofitech NV, Dowell Schlumberger SA, and Schlumberger Canada Ltd. , June 24.

Cowan, M. K. , Hale, A. H. , 1994. Restoring lost circulation. US Patent 5 325 922, assigned to Shell Oil Company, 05 July.

Cowan, K. M. , Hale, A. H. , 1995. High temperature well cementing with low grade blast furnace slag. US Patent 5 379 840, assigned to Shell Oil Comapny, 10 January.

Cowan, K. M. , Smith, T. R. , 1993. Application of drilling fluids to cement conversion with blast furnace slag in Canada. In: Proceedings Volume, no. 93-601, CADE/CAODE Spring Drilling Conference, Calgary, Canada, 14-16 April 1993 Proc.

Cowan, K. M. , Hale, A. H. , Nahm, J. J. W. , 1994. Dilution of drilling fluid in forming cement slurries. US Patent 5 314 022, assigned to Shell Oil Comapny, 24 May.

Cravey, R. L. , 2010. Citric acid based emulsifiers for oilfield applications exhibiting low fluorescence. US Patent 7 691 960, assigned to Akzo Nobel NV, Arnhem, NL, 6 April.

Crawshaw, J. P. , Way, P. W. , Thiercelin, M. , 2002. A method of stabilizing a wellbore wall. GB Patent 2 363 810, assigned to Sofitech NV, January 09.

Cronje, I. J. , 1989. Process for the oxidation of fine coal. EP Patent 298 710, assigned to Council Sci. & Ind. Research, January 11.

Dahanayake, M. , Li, J. , Reierson, R. L. , Tracy, D. J. , 1996. Amphoteric surfactants having multiple hydrophobic and hydrophilic groups. EP Patent 697 244, assigned to Rhone Poulenc Inc. , February 21.

Dalmazzone, C. , Audibert - Hayet, A. , Langlois, B. , Touzet, S. , 2007. Oil - based drilling fluid comprising a temperature-stable and non-polluting emulsifying system. US Patent 7 247 604, assigned to Institut Francais du Petrole (Rueil Malmaison Cedex, FR) and Rhodia Chimie (Aubervilliers Cedex, FR), 24 July.

Darden, J. W. , McEntire, E. E. , 1986. Dicyclopentadiene dicarboxylic acid salts as corrosion inhibitors. EP Patent 200 850, assigned to Texaco Development Corporation, November 12.

Darden, J. W. , McEntire, E. E. , 1990. Dicyclopentadiene dicarboxylic acid salts as corrosion inhibitors. CA Patent 1 264 541, January 23.

Davidson, E. , 2001. Method and composition for scavenging sulphide in drilling fluids. WO Patent 0 109 039, assigned to Halliburton Energy Services, 08 February.

Deem, C. K. , Schmidt, D. D. , Molner, R. A. , 1991. Use of MMH (mixed metal hydroxide)/propylene glycol mud for minimization of formation damage in a horizontal well. In: Proceedings 4th CADE/CAODE Spring Drilling Conference, Calgary, Canada, 10 - 12 April 1991 Proc. Delhommer, H. J. , Walker, C. O. , 1987. Method for controlling lost circulation of drilling fluids with hydrocarbon absorbent polymers. US Patent 4 633 950, 03 January.

Denton, R. M. , Lockstedt, A. W. , 2006. Rock bit with grease composition utilizing polarized graphite. US Patent 7 121 365, assigned to Smith International, Inc. , Houston, TX, 17October.

Dietsche, F. , Essig, M. , Friedrich, R. , Kutschera, M. , Schrepp, W. , Witteler, H. , et al. , 2007. Organic corrosion inhibitors for interim corrosion protection. Corrosion. NACE International, Nashville, TN, p. 2007.

Dixon, J. , 2009. Drilling fluids. US Patent 7 614 462, assigned to Croda International PLC, Goole, East Yorkshire, GB, 10 November.

Downey, A. B. , Willingham, G. L. , Frazier, V. S. , 1995. Compositions comprising 4, 5-dichloro-2-n-octyl-3-isothiazolone and certain commercial biocides. EP Patent 680 695, assigned to Rohm & Haas Company, November 08.

Duhon, J. J. S. , 1998. Olive pulp additive in drilling operations. US Patent 5 801 127, September 01.

Durand, C. , Onaisi, A. , Audibert, A. , Forsans, T. , Ruffet, C. , 1995a. Influence of clays on borehole stability: a literature survey: Pt. 2: mechanical description and modelling of clays and shales drilling practices versus laboratory simulations. Rev. Inst. Franc. Pet. 50 (3), 353-369.

Durand, C. , Onaisi, A. , Audibert, A. , Forsans, T. , Ruffet, C. , 1995b. Influence of clays on borehole stability: a literature survey: Pt. 1: Occurrence of drilling problems physico-chemical description of clays and of their interaction with fluids. Rev. Inst. Franc. Pet. 50 (2), 187-218.

Durr Jr. , A. M. , Huycke, J. , Jackson, H. L. , Hardy, B. J. , Smith, K. W. , 1994. An ester base oil for lubricant compounds and process of making an ester base oil from an organic reaction byproduct. EP Patent 606 553, assigned to Conoco Inc. , 20 July.

Elphingstone, E. A. , Woodworth, F. B. , 1999. Dry biocide. US Patent 6 001 158, assigned to Baker Hughes Inc. , 14 December.

Eoff, L. S. , Reddy, B. R. , Wilson, J. M. , 2006. Compositions for and methods of stabilizing subterranean formations containing clays. US Patent 7 091 159, assigned to Halliburton Energy Services, Inc. , Duncan, OK, 15 August.

Fabrichnaya, A. L. , Shamraj, Y. V. , Shakirzyanov, R. G. , Sadriev, Z. K. , Koshelev, V. N. , Vakhru-shev, L. P. , et al. , 1997. Additive for drilling solutions with high foam extinguishing properties - containing specified surfactant in hydrocarbon solvent with methyl-diethylalkoxymethyl ammonium methyl sulphate. RU Patent 2 091 420, assigned to ETN Company. Ltd. , 27 September.

Farrar, D. , Hawe, M. , Dymond, B. , 1992. Use of water soluble polymers in aqueous drilling or packer fluids and as detergent builders. EP Patent 182 600, assigned to Allied Colloids Ltd. , 12 August.

Felix, M. S. , 1996. A surface active composition containing an acetal or ketal adduct. WO Patent 9 600 253, assigned to Dow Chemical Company, January 04.

Felixberger, J. , 1996. Mixed metal hydroxides (MMH) - an inorganic thickener for water - based drilling muds. In: Proceedings DMGK Spring Conference, Celle, Germany, 25-26 April 1996, pp. 339-351.

Fischer, E. R. , Parker III, J. E. , 1995. Tall oil fatty acid anhydrides as corrosion inhibitor intermediates. In: Proceedings, 50th Annual NACE International Corrosion Conference(Corrosion 95), Orlando, FL, March 26-31, 1995.

Fischer, E. R. , Parker III, J. E. , 1997. Tall oil fatty acid anhydrides as corrosion inhibitor intermedi-ates. Corrosion 53 (1), 62-64.

Fischer, E. R. , Parker III, J. E. , 1995. Tall oil fatty acid anhydrides as corrosion inhibitor intermediates. In: Proceedings, 50th Annual NACE International Corrosion Conference(Corrosion 95), Orlando, FL, March 26-31, 1995. Fischer, E. R. , Parker III, J. E. , 1997. Tall oil fatty acid anhydrides as corrosion inhibitor intermedi-ates. Corrosion 53(1), 62-64.

Fisk Jr. , J. V. , Kerchevile, J. D. , Pober, K. W. , 2006. Silicic acid mud lubricants. US Patent 6 989 352, assigned to Halliburton Energy Services, Inc. , Duncan, OK, 24 January.

Fleming, J. K. , Fleming, H. C. , 1995. Invert emulsion drilling mud. WO Patent 9 504 788, assigned to J K F Investments Ltd. and Hour Holdings Ltd. , 16 February.

Fong, D. W. , Shambatta, B. S. , 1993. Hydroxamic acid containing polymers used as corrosion inhibitors. CA Patent 2 074 535, assigned to Nalco Chemical Company, January 25.

Fuh, G. F. , Morita, N. , Whitfill, D. L. , Strah, D. A. , 1993. Method for inhibiting the initiation and propagation of formation fractures while drilling. US Patent 5 180 020, assigned to Conoco Inc. , January 19.

Garvey, C. M. , Savoly, A. , Weatherford, T. M. , 1987. Drilling fluid dispersant. US Patent 4 711 731,

December 08.

Garyan, S. A., Kuznetsova, L. P., Moisa, Y. N., 1998. Experience in using environmentally safe lubricating additive fk-1 in drilling muds during oil and gas well drilling. Stroit Neft Gaz Skvazhin Sushe More(10), 11-14.

Gay, R. J., Gay, C. C., Matthews, V. M., Gay, F. E. M., Chase, V., 1993. Dynamic polysulfide corrosioninhibitor method and system for oil field piping. US Patent 5 188 179, February 23.

Genuyt, B., Janssen, M., Reguerre, R., Cassiers, J., Breye, F., 2001. Biodegradable lubricating composition and uses thereof, in particular in a bore fluid. WO Patent 0 183 640, assigned to Total Raffinage Dist SA, 08 November.

Genuyt, B., Janssen, M., Reguerre, R., Cassiers, J., Breye, F., 2006. Biodegradable lubricating composition and uses thereof, in particular in a bore fluid. US Patent 7 071 150, assigned to Total Raffinage Distribution S. A., Puteaux, FR, 4 July.

Getliff, J. M., James, S. G., 1996. The replacement of alkyl-phenol ethoxylates to improve the environmental acceptability of drilling fluid additives. In: Proceedings Volume, Vol. 2, 3rd SPE et al. Health, Safety & Environment International Conference, New Orleans, LA, 9-12 June 1996, pp. 713-719.

Giddings, D. M., Fong, D. W., 1988. Calcium tolerant deflocculant for drilling fluids. US Patent 4 770 795, September 13.

Glowka, D. A., Loeppke, G. E., Rand, P. B., Wright, E. K., 1989. Laboratory and Field Evaluation of Polyurethane Foam for Lost Circulation Control. Vol. 13 of The Geysers—Three Decades of Achievement: A Window on the Future. Geothermal Resources Council, Davis, California, pp. 517-524.

Green, B. D., 2001. Method for creating dense drilling fluid additive and composition therefor. WO Patent 0 168 787, assigned to Grinding & Sizing Company Inc., 20 September.

Grey, R. A., 1993. Process for preparing alternating copolymers of olefinically unsaturated sulfonate salts and unsaturated dicarboxylic acid anhydrides. US Patent 5 210 163, assigned to Arco Chemical Technology Inc., 11 May.

Growcock, F. B., Lopp, V. R., 1988. The inhibition of steel corrosion in hydrochloric acid with 3-phenyl-2-propyn-1-ol. Corrosion Sci 28 (4), 397-410.

Growcock, F. B., Simon, G. A., 2006. Stabilized colloidal and colloidal-like systems. US Patent 7 037 881, 2 May.

Growcock, F. B., Belkin, A., Fosdick, M., Irving, M., O'Connor, B., Brookey, T., 2007. Recent advances in aphron drilling-fluid technology. SPE Drill. Complet. 22 (2), 74-80.

Gullett, P. D., Head, P. F., 1993. Materials incorporating cellulose fibres, methods for their production and products incorporating such materials. WO Patent 9 318 111, assigned to Stirling Design Intl Ltd., September 16.

Hale, A. H., 1988. Well drilling fluids and process for drilling wells. US Patent 4 728 445, 01 March.

Hale, A. H., Lawson, H. F., 1988. Well drilling fluids and process for drilling wells. US Patent 4 740 318, 26 April.

Hale, A. H., Loftin, R. E., 1996. Glycoside-in-oil drilling fluid system. US Patent 5 494 120, assigned to Shell Oil Company, 27 February.

Hale, A. H., Rivers, G. T., 1988. Well drilling fluids and process for drilling wells. US Patent 4 721 576, 26 January.

Hale, A. H., van Oort, E., 1997. Efficiency of ethoxylated/propoxylated polyols with other additives to remove water from shale. US Patent 5 602 082, 11 February.

Halliday, W. S., Clapper, D. K., 1998. Purified paraffins as lubricants, rate of penetration enhancers, and spotting fluid additives for water-based drilling fluids. US Patent 5 837 655, 17November.

Halliday, W. S. , Schwertner, D. , 1997. Olefin isomers as lubricants, rate of penetration enhancers, and spotting fluid additives for water-based drilling fluids. US Patent 5 605 879, assigned to Baker Hughes Inc. , 25 February.

Halliday, W. S. , Thielen, V. M. , 1987. Drilling mud additive. US Patent 4 664 818, assigned to Newpark Drilling Fluid Inc. , 12 May.

Hanahan, D. J. , 1997. A Guide to Phospholipid Chemistry. Oxford University Press, New York, NY.

Hatchman, K. , 1999a. Concentrates for use in structured surfactant drilling fluids. GB Patent 2 329 655, assigned to Albright & Wilson Ltd. , March 31.

Hatchman, K. , 1999b. Drilling fluid concentrates. EP Patent 903 390, assigned to Albright & Wilson Ltd. , March 24.

Headley, J. A. , Walker, T. O. , Jenkins, R. W. , 1995. Environmentally safe water-based drilling fluid to replace oil - based muds for shale stabilization. In: Proceedings, SPE/IADC Drilling Conference, Amsterdam, Netherland, 28 February-2 March 1995, pp. 605-612.

Hille, M. , Wittkus, H. , Weinelt, F. , 1996. Application of acetal - containing mixtures. EP Patent 702 074, assigned to Hoechst AG, March 20.

Hille, M. , Wittkus, H. , Weinelt, F. , 1996. Application of acetal - containing mixtures. EP Patent 702 074, assigned to Hoechst AG, March 20. Hille, M. , Wittkus, H. , Weinelt, F. , 1998a. Use of acetal - containing mixtures. US Patent 5 830 830, assigned to Clariant GmbH, 03 November.

Hille, M. , Wittkus, H. , Windhausen, B. , Scholz, H. J. , Weinelt, F. , 1998b. Use of acetals. US Patent 5 759 963, assigned to Hoechst AG, 02 June.

Himes, R. E. , 1992. Method for clay stabilization with quaternary amines. US Patent 5 097 904, assigned to Halliburton Company, March 24.

Hodder, M. H. , Ballard, D. A. , Gammack, G. , 1992. Controlling drilling fluid enzyme activity. Pet. Eng. Int. 64 (11), 31, 33, 35.

Holinski, R. , 1995. Solid lubricant composition. US Patent 5 445 748, assigned to Dow CorningGmbH, Wiesbaden, DE, August 29.

House, R. F. , Wilkinson, A. H. , Cowan, C. , 1991. Well working compositions, method of decreasing the seepage loss from such compositions, and additive therefor. US Patent 5 004 553, assigned to Venture Innovations Inc. , April 02.

Hsu, J. C. , 1990. Synergistic microbicidal combinations containing 3 - isothiazolone and commercial biocides. US Patent 4 906 651, assigned to Rohm & Haas Company, March 6.

Hsu, J. C. , 1995. Biocidal compositions. EP Patent 685 158, assigned to Rohm & Haas Comapny, December 06.

Huber, J. , Plank, J. , Heidlas, J. , Keilhofer, G. , Lange, P. , 2009. Additive for drilling fluids. US Patent 7 576 039, assigned to BASF Construction Polymers GmbH, Trostberg, DE, 18 August.

Incorvia, M. J. , 1988. Polythioether corrosion inhibition system. US Patent 4 759 908, July 26.

Ivan, C. D. , Blake, L. D. , Quintana, J. L. , 2001. Aphron-base drilling fluid: Evolving technologies for lost circulation control. In: Proceedings, Annual SPE Technical Conference, New Orleans, LA, 30 September-3 October 2001.

Jarrett, M. , 1996. Nonionic alkanolamides as shale stabilizing surfactants for aqueous well fluids. WO Patent 9 632 455, assigned to Baker Hughes Inc. , 17 October.

Jarrett, M. , 1997a. Amphoteric acetates and glycinates as shale stabilizing surfactants for aqueous well fluids. US Patent 5 593 952, assigned to Baker Hughes Inc., January 14.

Jarrett, M., 1997b. Nonionic alkanolamides as shale stabilizing surfactants for aqueous well fluids. US Patent 5 607 904, assigned to Baker Hughes Inc., March 04.

Jarrett, M., Clapper, D., 2010. High temperature filtration control using water based drilling fluid systems comprising water soluble polymers. US Patent 7 651 980, assigned to Baker Hughes Incorporated, Houston, TX, 26 January.

Johnson, D. M., Ippolito, J. S., 1994. Corrosion inhibitor and sealable thread protector end cap for tubular goods. US Patent 5 352 383, October 04.

Johnson, D. M., Ippolito, J. S., 1995. Corrosion inhibitor and sealable thread protector end cap for tubular goods. US Patent 5 452 749, September 26.

Jones, T. A., Wentzler, T., 2008. Polymer hydration method using microemulsions. US Patent 7 407 915, assigned to Baker Hughes Incorporated, Houston, TX, 5 August.

Just, E. K., Nickol, R. G., 1989. Phosphated, oxidized starch and use of same as dispersant in aqueous solutions and coating for lithography. EP Patent 319 989, June 14.

Kanz, J. E., Cravey, M. J., 1985. Oil well drilling fluids: Their physical and chemical properties and biological impact. In: Saxena, J., Fisher, F. (Eds.), Hazard Assessment of Chemicals, Vol. 5. Elsevier, New York, pp. 291-421.

Karaseva, E. V., Dedyukhina, S. N., Dedyukhin, A. A., 1995. Treatment of water-based drilling solution to prevent microbial attack—by addition of dimethyl-tetrahydro-thiadiazine-thione bactericide. RU Patent 2 036 216, May 27.

Kashkarov, N. G., Verkhovskaya, N. N., Ryabokon, A. A., Gnoevykh, A. N., Konovalov, E. A., Vyakhirev, V. I., 1997. Lubricating reagent for drilling fluids-consists of spent sunflower oil modified with additive in form of aqueous solutions of sodium alkylsiliconate(s). RU Patent 2 076 132, assigned to Tyumen Nat Gases Research Institute, 27 March.

Kashkarov, N. G., Konovalov, E. A., Vjakhirev, V. I., Gnoevykh, A. N., Rjabokon, A. A., Verkhovskaja, N. N., 1998. Lubricant reagent for drilling muds-contains spent sunflower oil, and light tall oil and spent coolant-lubricant as modifiers. RU Patent 2 105 783, assigned to Tyumen Nat Gases Research Institute, 274 February.

Keilhofer, G., Plank, J., 2000. Solids composition based on clay minerals and use thereof. US Patent 6 025 303, assigned to SKW Trostberg AG, 15 February.

Kinchen, D., Peavy, M. A., Brookey, T., Rhodes, D., 2001. Case history: drilling techniques used in successful redevelopment of low pressure H2S gas carbonate formation. In: Proceedings Volume, Vol. 1, SPE/IADC Drilling Conference, Amsterdam, Netherlands, 27 February-1 March 2001, pp. 392-403.

Kippie, D. P., Gatlin, L. W., 2009. Shale inhibition additive for oil/gas down hole fluids and methods for making and using same. US Patent 7 566 686, assigned to Clearwater International, LLC, Houston, TX, 28 July.

Kisic, I., Mesic, S., Basic, F., Brkic, V., Mesic, M., Durn, G., et al., 2009. The effect of drilling fluids and crude oil on some chemical characteristics of soil and crops. Geoderma 149 (3-4), 209-216.

Klein, H. P., Godinich, C. E., 2006. Drilling fluids. US Patent 7 012 043, assigned to Huntsman Petrochemical Corporation, The Woodlands, TX, March 14.

Kohn, R. S., 1988. Thixotropic aqueous solutions containing a divinylsulfone-crosslinked polygalactomannan gum. US Patent 4 752 339, June 21.

Kokal, S. L., 2006. Crude oil emulsions. In: Fanchi, J. R. (Ed.), Petroleum Engineering Handbook, Vol. I. Society of Petroleum Engineers, Richardson, TX, pp. 533-570., Ch. 12.

Kokal, S. L. , Wingrove, M. , 2000. Emulsion separation index: from laboratory to field case studies. Proceedings Volume, no. 63165 – MS, SPE Annual Technical Conference and Exhibition, 1 – 4 October 2000. Society of Petroleum Engineers, Dallas, TX.

Konovalov, E. A. , Ivanov, Y. A. , Shumilina, T. N. , Pichugin, V. F. , Komarova, N. N. , 1993a. Lubricating reagent for drilling solutions—contains agent based on spent sunflower oil, water, vat residue from production of oleic acid, and additionally water glass. SU Patent 1 808 861, assigned to Moscow Gubkin Oil Gas Institute, 15 April.

Konovalov, E. A. , Rozov, A. L. , Zakharov, A. P. , Ivanov, Y. A. , Pichugin, V. F. , Komarova, N. N. , 1993b. Lubricating reagent for drilling solutions—contains spent sunflower oil as active component, water, boric acid as emulsifier, and additionally water glass. SU Patent 1 808 862, assigned to Moscow Gubkin Oil Gas Institute, 15 April.

Kreh, R. P. , 1991. Method of inhibiting corrosion and scale formation in aqueous systems. US Patent 5 073 339, December 17.

Kubena Jr. , E. , Whitebay, L. E. , Wingrave, J. A. , 1993. Method for stabilizing boreholes. US Patent 5 211 250, assigned to Conoco Inc. , May 18.

Kulpa, K. , Adkins, R. , Walker, N. S. , 1992. New testing vindicates use of barite. Am. Oil GasRep. 35 (4), 52–54.

Kurochkin, B. M. , Tselovalnikov, V. F. , 1994. Use of ellipsoidal glass granules for drilling under complicated conditions. Neft Khoz 10, 7–13.

Kurochkin, B. M. , Kolesov, L. V. , Biryukov, M. B. , 1990. Use of ellipsoidal glass granules as an antifriction mud additive. Neft Khoz 12, 61–64.

Kurochkin, B. M. , Simonyan, E. A. , Simonyan, A. A. , Khirazov, E. F. , Ozarchuk, P. A. , Voloshinivskii, V. O. , et al. , 1992a. New technology of drilling with the use of glass granules. Neft Khoz 7, 9–11.

Kurochkin, B. M. , Kolesov, L. V. , Masich, V. I. , Stepanov, N. V. , Tselovalnikov, V. F. , Alekperov, V. T. , et al. , 1992b. Solution for drilling gas and oil wells—contains ellipsoidal glass beads as additive reducing friction between walls of well and casing string. SU Patent 1 740 396, assigned to Drilling Technology Research Institute, 15 June.

Lange, P. , Plank, J. , 1999. Mixed metal hydroxide (MMH) viscosifier for drilling fluids: Properties and mode of action. Erdö l Erdgas Kohle 115 (7–8), 349–353.

Lawson, H. F. , Hale, A. H. , 1989. Well drilling fluids and process for drilling wells. US Patent 4 812 244, 14 March.

Lecocumichel, N. , Amalric, C. , 1995. Concentrated aqueous compositions of alkylpolyglycosides, and applications thereof. WO Patent 9 504 592, assigned to Seppic SA, February 16.

Leighton, J. C. , Sanders, M. J. , 1988. Water soluble polymers containing allyloxybenzenesulfonatemonomers. EP Patent 271 784, June 22.

Leighton, J. C. , Sanders, M. J. , 1990. Water soluble polymers containing allyloxybenzenesulfonate monomers. US Patent 4 892 898, January 09.

Lindstrom, M. R. , Louthan, R. P. , 1987. Inhibiting corrosion. US Patent 4 670 163, assigned to Phillips Petroleum Co. , June 02.

Lindstrom, M. R. , Mark, H. W. , 1987. Inhibiting corrosion: Benzylsulfinylacetic acid or benzylsulfonylacetic acid. US Patent 4 637 833, January 20.

Lipkes, M. I. , Mezhlumov, A. O. , Shits, L. A. , Avdeev, G. E. , Fomenko, V. I. , Shvetsov, A. M. , 1995. Carbonate weighting material for drilling—in producing formations and well overhaul. Stroit Neft Gaz Skvazhin

Sushe More 5-6, 34-41.

Maresh, J. L. , 2009. Wellbore treatment fluids having improved thermal stability. US Patent 7 541 316, assigned to Halliburton Energy Services, Inc. , Duncan, OK, 2 June.

Martin, R. L. , Brock, G. F. , Dobbs, J. B. , 2005. Corrosion inhibitors and methods of use. US Patent 6 866 797, assigned to BJ Services Company, 15 March.

McCallum, T. F. I. , Weinstein, B. , 1994. Amine-thiol chain transfer agents. US Patent 5 298 585, assigned to Rohm & Haas Company, March 29.

McDonald, W. J. , Cohen, J. H. , Hightower, C. M. , 1999. New lightweight fluids for underbalanced drilling, DOE/FETC Rep 99-1103, Maurer Engineering Inc.

McGlothlin, R. E. , Woodworth, F. B. , 1996. Well drilling process and clay stabilizing agent. US Patent 5 558 171, assigned to M I Drilling Fluids Llc. , September 24.

McNally, K. , Nae, H. , Gambino, J. , 1999. Oil well drilling fluids with improved anti-settling properties and methods of preparing them. EP Patent 906 946, assigned to Rheox Inc. , April 07.

Medley Jr. , G. H. , Maurer, W. C. , Garkasi, A. Y. , 1995. Use of hollow glass spheres for underbalanced drilling fluids. In: Proceedings Volume, Annual SPE Technical Conference, Dallas, TX, 22-25 October 1995, pp. 511-520.

Medley Jr. , G. H. , Haston, J. E. , Montgomery, R. L. , Martindale, I. D. , Duda, J. R. , 1997a. Field application of lightweight, hollow-glass-sphere drilling fluid. J. Pet. Technol. 49 (11), 1209-1211.

Medley Jr. , G. H. , Haston, J. E. , Montgomery, R. L. , Martindale, I. D. , Duda, J. R. , 1997b. Field application of lightweight hollow glass sphere drilling fluid. In: Proceedings, Annual SPE Technical Conference, San Antonio, TX, 5-8 October 1997, pp. 699-707.

Messenger, J. U. , 1981. Lost Circulation. PennWell Publishing Co. , Tulsa, OK. Miller, J. J. , 2009. Drilling fluids containing biodegradable organophilic clay. US Patent 7 521.

Minevski, L. V. , Gaboury, J. A. , 1999. Thiacrown ether compound corrosion inhibitors for alkanolamine units. EP Patent 962 551, assigned to Betzdearborn Europe Inc. , December 08.

Moajil, A. M. A. , Nasr-El-Din, H. A. , Al-Yami, A. S. , Al-Aamri, A. D. , Al-Agil, A. K. , 2008. Removal of filter cake formed by manganese tetraoxide-based drilling fluids. SPE International Symposium and Exhibition on Formation Damage Control. Society of Petroleum Engineers, Lafayette, LA.

Morpeth, F. F. , Greenhalgh, M. , 1990. Composition and use. EP Patent 390 394, assigned to Imperial Chemical Inds Pl, October 03.

Mueller, H. , Herold, C. P. , von Tapavicza, S. , 1990a. Monocarboxylic acid-methyl esters in invert-emulsion muds. EP Patent 382 071, assigned to Henkel KG Auf Aktien, August 16.

Mueller, H. , Herold, C. P. , von Tapavicza, S. , 1990b. Oleophilic alcohols as components of invert emulsion drilling fluids. EP Patent 391 252, assigned to Henkel KG Auf Aktien, October 10.

Mueller, H. , Herold, C. P. , von Tapavicza, S. , 1990c. Oleophilic basic amine derivatives as additives in invert emulsion muds. EP Patent 382 070, assigned to Henkel KG Auf Aktien, August 16.

Mueller, H. , Herold, C. P. , von Tapavicza, S. , Grimes, D. J. , Braun, J. M. , Smith, S. P. T. , 1990d. Use of selected ester oils in drilling muds, especially for offshore oil or gas recovery. EP Patent 374 672, assigned to Henkel KG Auf Aktien and Baroid Ltd. , June 27.

Mueller, H. , Herold, C. P. , von Tapavicza, S. , Grimes, D. J. , Braun, J. M. , Smith, S. P. T. , 1990e. Use of selected ester oils in drilling muds, especially for offshore oil or gas recovery. EPPatent 374 671, assigned to Henkel KG Auf Aktien and Baroid Ltd. , June 27. Mueller, H. , Herold, C. P. , von Tapavicza, S. , 1991a. Use of hydrated castor oil as a viscosity promoter in oil-based drilling muds. WO Patent 9 116 391, assigned to Henkel KG AufAktien, October 31.

Mueller, H., Herold, C. P., von Tapavicza, S., Fues, J. F., 1991b. Fluid borehole–conditioning agent based on polycarboxylic acid esters. WO Patent 9 119 771, assigned to Henkel KG Auf Aktien, December 26.

Mueller, H., Herold, C. P., Westfechtel, A., von Tapavicza, S., 1991c. Free – flowing drill holetreatment agents based on carbonic acid diesters. WO Patent 9 118 958, assigned to Henkel KG Auf Aktien, December 12.

Mueller, H., Herold, C. P., Westfechtel, A., von Tapavicza, S., 1993. Free–flowing drill holetreatment agents based on carbonic acid diesters. EP Patent 532 570, assigned to Henkel KG Auf Aktien, March 24.

Mueller, H., Herold, C. P., von Tapavicza, S., Neuss, M., Burbach, F., 1994. Use of selected ester oils of low carboxylic acids in drilling fluids. US Patent 5 318 954, assigned to Henkel KG Auf Aktien, Jun. 07.

Mueller, H., Herold, C. P., Westfechtel, A., von Tapavicza, S., 1995. Fluid – drill – hole treatment agents based on carbonic acid diesters. US Patent 5 461 028, assigned to Henkel KG Auf Aktien, October 24.

Mueller, H., Breuer, W., Herold, C. P., Kuhm, P., von Tapavicza, S., 1997. Mineral additives for setting and/or controlling the rheological properties and gel structure of aqueous liquid phases and the use of such additives. US Patent 5 663 122, assigned to Henkel KG Auf Aktien, 02 September.

Mueller, H., Herold, C. P., Bongardt, F., Herzog, N., von Tapavicza, S., 2000. Lubricants for drilling fluids (schmiermittel fuer bohrspuelungen). WO Patent 0 029 502, assigned to Cognis Deutschland GmbH, 25 May.

Nakaya, T., Li, Y.-J., 1999. Phospholipid polymers. Prog. Polym. Sci. 24 (1), 143–181.

Nguyen, P. D., Rickman, R. D., Dusterhoft, R. G., 2010. Method of stabilizing unconsolidated formation for sand control. US Patent 7 673 686, assigned to Halliburton Energy Services, Inc., Duncan, OK, 9 March.

Nicora, L. F., McGregor, W. M., 1998. Biodegradable surfactants for cosmetics find application in drilling fluids. In: Proceedings Volume, IADC/SPE Drilling Conference, Dallas, TX, 3–6March 1998, pp. 723–730.

Oppong, D., Hollis, C. G., 1995. Synergistic antimicrobial compositions containing (thiocyanomethylthio) benzothiazole and an organic acid. WO Patent 9 508 267, assigned to Buckman Labs Internat. Inc., March 30.

Oppong, D., King, V. M., 1995. Synergistic antimicrobial compositions containing a halogenated acetophenone and an organic acid. WO Patent 9 520 319, assigned to Buckman Labs Internat. Inc., Augist 03.

Palumbo, S., Giacca, D., Ferrari, M., Pirovano, P., 1989. The development of potassium cellulosic polymers and their contribution to the inhibition of hydratable clays. In: Proceedings Volume, SPE Oilfield Chemistry International Symposium, Houston, February 8–10, 1989, pp. 173–182.

Patel, A. D., McLaurine, H. C., 1993. Drilling fluid additive and method for inhibiting hydration. CA Patent 2 088 344, assigned to M I Drilling Fluids Company, October 11.

Patel, A. D., McLaurine, H. C., Stamatakis, E., Thaemlitz, C. J., 1995. Drilling fluid additive and method for inhibiting hydration. EP Patent 634 468, assigned to M I Drilling Fluids Company, January 18.

Patel, A. D., Davis, E., Young, S., Stamatakis, E., 2006. Phospholipid lubricating agents in aqueous based drilling fluids. US Patent 7 094 738, assigned to M–I L. L. C., Houston, TX, 22 August.

Patel, A. D., Stamatakis, E., Davis, E., Friedheim, J., 2007. High performance water based drilling fluids and method of use. US Patent 7 250 390, assigned to M–I LLC, Houston, TX, July 31.

Peiffer, D. G., Bock, J., Elward–Berry, J., 1991. Zwitterionic functionalized polymers as deflocculants in water based drilling fluids. US Patent 5 026 490, assigned to Exxon Research &Engineering Company, June 25.

Peiffer, D. G., Bock, J., Elward – Berry, J., 1992a. Thermally stable hydrophobically associating rheological control additives for water–based drilling fluids. US Patent 5 096 603, assigned to Exxon Research & Engineering Company, March 17.

Peiffer, D. G. , Bock, J. , Elward-Berry, J. , 1992b. Zwitterionic functionalized polymers. GB Patent 2 247 240, assigned to Exxon Research & Engineering Company, February 26.

Peiffer, D. G. , Bock, J. , Elward-Berry, J. , 1992c. Zwitterionic functionalized polymers as deflocculants in water based drilling fluids. CA Patent 2 046 669, assigned to Exxon Research &Engineering Company, February 09.

Peiffer, D. G. , Bock, J. , Elward - Berry, J. , 1993a. Thermally stable hydrophobically associating rheological control additives for water-based drilling fluids. CA Patent 2 055 011, assigned to Exxon Research & Engineering Company, May 07.

Peiffer, D. G. , Bock, J. , Elward-Berry, J. , 1993b. Zwitterionic functionalized polymers as deflocculants in water based drilling fluids. AU Patent 638 917, assigned to Exxon Research &Engineering Company, July 08.

Penkov, A. I. , Vakhrushev, L. P. , Belenko, E. V. , 1999. Characteristics of the behavior and use of polyalkylene glycols for chemical treatment of drilling muds. Stroit Neft Gaz Skvazhin Sushe More 21-24.

Ponsati, O. , Trius, A. , Herold, C. P. , Mueller, H. , Nitsch, C. , von Tapavicza, S. , 1992. Use of selected oleophilic compounds with quaternary nitrogen to improve the oil wettability offinely divided clay and their use as viscosity promoters. WO Patent 9 219 693, assigned to Henkel KG Auf Aktien, November 12.

Ponsati, O. , Trius, A. , Herold, C. P. , Mueller, H. , Nitsch, C. , von Tapavicza, S. , 1994. Use of selected oleophilic compounds with quaternary nitrogen to improve the oil wettability offinely divided clay and their use as viscosity promoters. EP Patent 583 285, assigned to Henkel KG Auf Aktien, February 23.

Portnoy, R. C. , 1986. Anionic copolymers for improved control of drilling fluid rheology. GBPatent 2 174 402, assigned to Exxon Chemical Patents In, November 05.

Portnoy, R. C. , 1987. Anionic copolymers for improved control of drilling fluid rheology. US Patent 4 680 128, July 14.

Prokhorov, N. M. , Smirnova, L. N. , Luban, V. Z. , 1993. Neutralisation of hydrogen sulphide in drilling solution-by introduction of additive consisting of iron sulphate and additionally sodium aluminate, to increase hydrogen sulphide absorption. SU Patent 1 798 358, assigned to Polt. Br. Ukr. Geoprosp. Inst. , 28 February.

Ramanarayanan, T. A. , Vedage, H. L. , 1994. Inorganic/organic inhibitor for corrosion of iron containing materials in sulfur environment. US Patent 5 279 651, January 18.

Rastegaev, B. A. , Andreson, B. A. , Raizberg, Y. L. , 1998. Bactericidal protection of chemical agents from biodegradation while drilling deep wells. Stroit Neft Gaz Skvazhin Sushe More 7-8, 32-34.

Reid, A. L. , Grichuk, H. A. , 1991. Polymer composition comprising phosphorous - containing gellingagent and process thereof. US Patent 5 034 139, assigned to Nalco Chemical Company, 23 July.

Robinson, F. , 1996. Polymers useful as pH responsive thickeners and monomers therefor. WO Patent 9 610 602, assigned to Rhone Poulenc Inc. , 11 April.

Robinson, F. , 1999. Polymers useful as pH responsive thickeners and monomers therefor. US Patent 5 874 495, assigned to Rhodia, 23 February.

Rooney, P. , Russell, J. A. , Brown, T. D. , 1988. Production of sulfonated asphalt. US Patent 4 741 868, 03 May.

Rose, R. A. , 1996. Method of drilling with fluid including nut cork and drilling fluid additive. US Patent 5 484 028, assigned to Grinding & Sizing Company Inc. , January 16.

Runov, V. A. , Mojsa, Y. N. , Subbotina, T. V. , Pak, K. S. , Krezub, A. P. , Pavlychev, V. N. , et al. , 1991. Lubricating additive for clayey drilling solution-is obtained by esterification of tall oil or tall pitch with hydroxyl group containing agent, e. g. low mol. wt. glycol or ethyl cellulose. SU Patent 1 700 044, assigned to Volgo Don Br. Sintez Pav and Burenie SciProduction Association, 23 December.

Saasen, A. , Hoset, H. , Rostad, E. J. , Fjogstad, A. , Aunan, O. , Westgard, E. , et al. ,

2001. Application of ilmenite as weight material in water based and oil based drilling fluids. In: Proceedings, Annual SPE Technical Conference, New Orleans, LA, 30 September−3 October 2001.

Sano, M., 1997. Polypropylene glycol (PPG) used as drilling fluids additive. Sekiyu Gakkaishi 40 (6), 534 −538.

Santhanam, M., MacNally, K., 2001. Oil and oil invert emulsion drilling fluids with improved anti−settling properties. EP Patent 1 111 024, assigned to Rheox Inc., June 27.

Schlemmer, R. F., 2007. Membrane forming in−situ polymerization for water based drilling fluids. US Patent 7 279 445, assigned to M−I LLC, Houston, TX, 9 October.

Schutt, H. U., 1990. Reducing stress corrosion cracking in treating gases with alkanol amines. US Patent 4 959 177, Sep. 25.

Sebba, F., 1984. Preparation of biliquid foam compositions. US Patent 4 486 333, 4 December.

Sebba, F., 1987. Foams and Biliquid Foams−Aphrons. John Wiley & Sons, Chichester.

Sekine, I., Yuasa, M., Shimode, T., Takaoka, K., 1991. Inhibition of corrosion. GB Patent 2 234 501, February 06.

Senaratne, K. P. A., Lilje, K. C., 1994. Preparation of branched chain carboxylic esters. US Patent 5 322 633, assigned to Albemarle Corporation, 21 June.

Sheu, J. J., Bland, R. G., 1992a. Drilling fluid additive. GB Patent 2 245 579, assigned to Baker Hughes Inc., January 8.

Sheu, J. J., Bland, R. G., 1992b. Drilling fluid with browning reaction anionic carbohydrate. US Patent 5 106 517, assigned to Baker Hughes Inc., 21 April.

Sheu, J. J., Bland, R. G., 1992c. Drilling fluid with stabilized browning reaction anionic carbohydrate. US Patent 5 110 484, assigned to Baker Hughes Inc., 5 May.

Shuey, M. W., Custer, R. S., 1995. Quebracho−modified bitumen compositions, method of manufacture and use. US Patent 5 401 308, assigned to Saramco Inc., 28 March.

Sifferman, T. R., Muijs, H. M., Fanta, G. F., Felker, F. C., Erhan, S. M., 2003. Starch − lubricant compositions for improved lubricity and fluid loss in water−based drilling muds. Proceedings Volume, no. 80213− MS, International Symposium on Oilfield Chemistry. Society of Petroleum Engineers, Inc., Houston, TX.

Sikora, D., 1994. Hydrazine—a universal oxygen scavenger. Nafta Gaz (Pol) 50 (4), 161−168.

Smith, K. W., 2009. Well drilling fluids. US Patent 7 576 038, assigned to Clearwater International, LLC, Houston, TX, 18 August.

Smith, C. K., Balson, T. G., 2000. Shale−stabilizing additives. GB Patent 2 340 521, assigned to Sofitech NV and Dow Chemical Company, February 23.

Smith, C. K., Balson, T. G., 2004. Shale−stabilizing additives. US Patent 6 706 667, 16 March.

Smith, K. W., Thomas, T. R., 1995a. Method of treating shale and clay in hydrocarbon formation drilling. EP Patent 680 504, November 08.

Smith, K. W., Thomas, T. R., 1995b. Method of treating shale and clay in hydrocarbon formation rilling. WO Patent 9 514 066, May 26.

Smith, K. W., Thomas, T. R., 1997. Method of treating shale and clay in hydrocarbon formation rilling. US Patent 5 607 902, assigned to Clearwater Inc., March 04.

Stowe, C., Bland, R. G., Clapper, D., Xiang, T., Benaissa, S., 2002. Water − based drilling fluids sing latex additives. GB Patent 2 363 622, assigned to Baker Hughes Inc., January 02.

Sunde, E., Olsen, H., 2000. Removal of H2S in drilling mud. WO Patent 0 023 538, assigned to en Norske Stats Oljese A, 27 April.

Sydansk, R. D., 1990. Lost circulation treatment for oil field drilling operations. US Patent 4 957 66, assigned to Marathon Oil Corporation, September 18.

Szablikowski, K., Lange, W., Kiesewetter, R., Reinhardt, E., 1995. Easily dispersible blends of eversibly crosslinked and uncrosslinked hydrocolloids, with aldehydes as crosslinker. EP atent 686 666, assigned to Wolff Walsrode AG, December 13.

Tang, Y., Han, Z., Wang, H., Chen, H., 1995. Sp－2 acid corrosion inhibitor. J. Univ. Pet. China19 (1), 98-101.

Taylor, R. S., Funkhouser, G. P., Dusterhoft, R. G., 2009. Gelled invert emulsion compositions comprising polyvalent metal salts of an organophosphonic acid ester or an organophosphinic acid and methods of use and manufacture. US Patent 7 534 745, assigned to Halliburton Energy Services, Inc., Duncan, OK, 19 May.

Teeters, S. M., 1992. Corrosion inhibitor. US Patent 5 084 210, assigned to Chemlink Inc., January 28.

Van Oort, E., 1997. Physico－chemical stabilization of shales. In: Proceedings Volume, SPE Oilfield Chemistry International Symposium, Houston, TX, 18-21 February 1997, pp. 523-538.

Veldman, R. R., Trahan, D. O., 1999. Gas treating solution corrosion inhibitor. WO Patent 9 919 539, assigned to Coastal Fluid Technol. LLC, April 22.

Walker, C. O., 1986. Encapsulated lime as a lost circulation additive for aqueous drilling fluids. US Patent 4 614 599, September 30.

Walker, C. O., 1987. Method for controlling lost circulation of drilling fluids with water absorbent polymers. US Patent 4 635 726, 13 January.

Walker, C. D., 1989. Encapsulated lime as a lost circulation additive for aqueous drilling fluids. CA Patent 1 261 604, September 26.

Walker, C. O., 1989. Method for controlling lost circulation of drilling fluids with water absorbent polymers. CA Patent 1 259 788, assigned to Texaco Development Corporation, September 26.

Wall, K., Martin, D. W., Zard, P. W., Barclay－Miller, D. J., 1995. Temperature stable synthetic oil. WO Patent 9 532 265, assigned to Burwood Corporation Ltd., 30 November.

Watcharasing, S., Angkathunyakul, P., Chavadej, S., 2008. Diesel oil removal from water by froth flotation under low interfacial tension and colloidal gas aphron conditions. Sep. Purif. Technol. 62 (1), 118-127.

Wegner, C., Reichert, G., 1990. Hydrogen sulfide scavenger in drilling fluids (schwefelwasserstoff－scavenger in bohrspülungen). In: Proceedings, BASF et al. Chem. Prod. in Petrol. Prod. Mtg. H2S—A Hazardous Gas in Crude Oil Recovery Discuss, Clausthal-Zellerfeld, Germany, 12-13 September 1990.

Westerkamp, A., Wegner, C., Mueller, H. P., 1991. Borehole treatment fluids with clay swellinginhibiting properties (ⅱ). EP Patent 451 586, assigned to Bayer AG, October 16.

Whitfill, D. L., Kukena Jr., E., Cantu, T. S., Sooter, M. C., 1990. Method of controlling lost circulation in well drilling. US Patent 4 957 174, assigned to Conoco Inc., September 18.

Whitfill, D. L., Pober, K. W., Carlson, T. R., Tare, U. A., Fisk, J. V., Billingsley, J. L., 2005. Method for drilling depleted sands with minimal drilling fluid loss. US Patent 6 889 780, assigned to Halliburton.

Wilkinson, A. O., Grigson, S. J., Turnbull, R. W., 1995. Drilling mud. WO Patent 9 526 386, assigned to Heriot Watt University, October 05.

Wirtz, H., Hoffmann, H., Ritschel, W., Hofinger, M., Mitzlaff, M., Wolter, D., 1989. Optionally quaternized fatty esters of alkoxylated alkyl-alkylene diamines. EP Patent 320 769, June 21.

Wood, R. R., 2001. Improved drilling fluids. WO Patent 0 153 429, 26 July.

Xiang, T., 2010. Invert emulsion drilling fluid systems comprising an emulsified aqueous phase comprising dispersed integral latex particles. US Patent 7 749 945, assigned to Baker Hughes Incorporated, Houston, TX, 6 July.

Young, S., Young, A., 1994. Recent field experience using an acetal based invert emulsion fluid. In: Proceedings Volume, IBC Technical Services Ltd. Prevention of Oil Discharge fromDrilling Opererations - The Options Conference, Aberdeen, Scotland, June 15-16, 1994.

Zaitoun, A., Berton, N., 1990. Stabilization of montmorillonite clay in porous media by highmolecular - weight polymers. In: Proceedings Volume, 9th SPE Formation Damage Control Symposium, Lafayette, LA, February 22-23, 1990, pp. 155-164.

Zaleski, P. L., Derwin, D. J., Weintritt, D. J., Russell, G. W., 1998. Drilling fluid loss prevention and lubrication additive. US Patent 5 826 669, assigned to Superior Graphite Company, 27 October.

Zefferi, S. M., May, R. C., 1994a. Corrosion inhibition of calcium chloride brine. US Patent 5 292 455, assigned to Betz Laboratories Inc., March 08.

Zefferi, S. M., May, R. C., 1994b. Corrosion inhibition of calcium chloride brine. CA Patent 2 092 207, August 26.

Zefferi, S. M., May, R. C., 1994a. Corrosion inhibition of calcium chloride brine. US Patent 5 292 455, assigned to Betz Laboratories Inc., March 08. Zefferi, S. M., May, R. C., 1994b. Corrosion inhibition of calcium chloride brine. CA Patent 2 092 207, August 26. Zhao, L.,

Xie, Q., Luo, Y., Sun, Z., Xu, S., Su, H., et al., 1996. Utilization of slag mix mud conversion cement in the Karamay oilfield, xinjiang. J. Jianghan Pet. Inst. 18 (3), 63-66.

Zhou, Z. J., Gunter, W. D., Jonasson, R. G., 1995. Controlling formation damage using clay stabilizers: A review. In: Proceedings Volume - 2, no. CIM 95 - 71, 46th Annual CIM Petroleum Society Technical Meeting, Banff, Canada, 14-17 May 1995.

Zuzich, A. H., Blytas, G. C., 1994. Polyethercyclicpolyols from epihalohydrins, polyhydric alcohols and metal hydroxides or epoxy alcohol and optionally polyhydric alcohols with addition of epoxy resins. US Patent 5 286 882, assigned to Shell Oil Company, February 15.

Zuzich, A. H., Blytas, G. C., Frank, H., 1995. Polyethercyclicpolyols from epihalohydrins, polyhydric alcohols, and metal hydroxides or epoxy alcohols and optionally polyhydric alcohols with thermal condensation. US Patent 5 428 178, assigned to Shell Oil Company, June. 27.

第十四章　钻井液废物处理与管理

从 20 世纪 70 年代开始，钻井行业和其他工业一样，在油田化工材料使用及其废物处理方面受到了环保部门和政府监管机构严格重视和审查，钻井液特别受到关注，重点是危险和有毒物质(McAuliffe 和 Palmer，1976；Honeycutt，1970)。尽管大部分钻井液材料是无害的，但是有些化工材料对环境有污染，被禁止使用。自 20 世纪 70 年代以来，钻井行业已认识到环保技术对钻井和钻井液具有积极的成本/效益影响(Brantley，2013)。

近年来，随着环保问题激烈的讨论与发展，石油行业不断研发一系列的可被接受的产品、体系和操作章程来满足严格的环保要求，虽然石油行业不可能彻底解决所有有毒、有害化工材料，但是可以在当前的条件下有效地控制它。一般来说，无害的钻井废物现在叫作非危险油田废物。一些钻井液化学品例如：

(1) 有危害类：烧碱、酸；

(2) 有毒类：柴油、杀菌剂、一些阳离子的材料；

(3) 可燃物：油、醇类等。

这些作为钻井液材料的用量通常较少，正常情况下通过可追踪的库存管理来确保正确合理的使用和处理。

第一节　钻井废物

目前钻井作业中产生的最大量废物是钻井岩屑，例如：油田传统的计量产生岩屑的法则是 1000ft 产生的岩屑桶数大约是井眼尺寸的平方。例如一个 12.25in 的井眼 1000ft 产生的岩屑约为 150bbl，钻进 10000ft 产生的岩屑约为 1500bbl($239m^3$)。

如果钻井液是水基的，通过稀释、掩埋处理这样的岩屑通常没有问题，任何有害的化工材料应该被处理或者降低到可接受的浓度。转运和处理废物固体和液体的成本占钻井工业的很大比例，海上钻井作业中运输废物到陆地的成本更加高。

如果钻井液是非水基的，就应该有一个详细合适的处理岩屑和钻井液的标准规范，非水基钻井液基液通常含有毒成分，例如柴油含有有毒的芳香族化合物，此外，一些乳化剂和表面活性剂是有毒的，因此这类钻井液产生的钻屑都需要严格控制，下面列出了当前墨西哥湾对海上钻井液的一系列标准规范制度。

近海一般排放限制：

(1) 油基钻井液(柴油基、矿物油基)——禁止使用；

(2) 合成基钻井液——毒性测试合格后使用；

(3) 合成基钻井液——毒性最高线为 30000mg/L；

(4) 处理剂——有许可使用的清单；

(5) 生物降解——完井时需要；

(6) 自由油——静态测试时要求为 0；

(7) 重晶石——要求汞含量低于 1mg/kg，镉含量低于 1~3mg/kg；

(8)钻屑上的油——要求没有柴油,没有自由的白油;

(9)其他——不能使用卤化的酚类产品。

海上油田排放限值:

(1)整个钻井液体系不能排放;

(2)钻屑上不能有自由油;

(3)钻屑上不能有地层油;

(4)酯基钻井液岩屑含量要低于质量比的 8%,烃基要低于质量比的 6.9%;

(5)最大的芳香烃含量不能超过 10mg/L;

(6)生物降解至少要与 C_{16}—C_{18} 内烯烃一样快;

(7)毒性低于烯烃在为期 10d 的沉积物毒性大小。

第二节　减少废物的问题

减少钻井作业废物的处理成本,最重要因素取决于钻井作业的以下几个方面:

(1)井眼尺寸和深度——降低固相含量;

(2)钻井液体系类型——抑制性水基、非水基钻井液;

(3)固相控制设备——脱水/零排放系统。

与钻井完井同等重要的是对钻井和完井作业所产生的岩屑及其过量液体的控制和处理,下面是 API 推荐做法。

完井液的选择需要考虑安全、运输、控制、储存、清洁处理以及液体污染等多方面因素。无论是新井场还是现有井场所有燃料、处理剂、盐水完井液或者类似的处理剂都应储存在贴有标签的容器内,并且确保溢出的燃料或者化工原料不能接触到地面。

在完井或者修井作业中应使用罐或者钻井液池。完井液或其他潜在的污染物必须保存在特定的池子或者罐中。如果需要挖一个新的池子,那么在施工中确保任何固相、表面水及地下水的污染,同时要充分考虑池子的密封性,防止固体、地下水、盐水与油基钻井液的渗透污染。

一般来讲不容许钻井液池储存油,但是有部分完井作业必须用池子存放一段时间,这就必须要求池子做围墙、屏蔽、网状标记等处理来保护对家畜、野生动物和鸟类的危害。涉及候鸟公约等,池子中积累的油应及时做移走、重复利用、可回收或者处理等。

所有存放在池子中的液体以及材料在一种环境友好方式下(这取决于当地的材料和环境敏感性的构成)能被循环使用或者处理掉。当钻修井作业完成,需按照当地的环境敏感性进行清理池子,其恢复表面区域到能够与邻近的区域一样的状态。井上作业操作所需要池子的容积越小越好。可参考 API 环境指导文件:勘探与开发作业的陆地固体废物处理中的附加信息以及文件要求。

第三节　废物处理方式

适用于水基及油基钻井液钻屑及其表面液体的处理方式:

(1)储存在特定区域:钻屑与液体就地放置于,通常是钻井液储备池;

(2)生物降解:利用多种生物降解技术来处理含油废物;

(3)覆盖:将废物运入垃圾堆,上面利用无害物材料将其覆盖;

（4）扩散：将废物摊开，形成相对薄薄的一层，通过蒸发使其脱水，剩余的油污利用生物降解处理；

（5）掩埋：将废物直接掩埋于一个地方，或者通过固化后再掩埋。在海上无法进行此类操作，但是可将其运于陆地上掩埋；

（6）回注：岩屑和废液被浆化注入适当的废物处置井内。

第四节　钻井液压裂注入

钻井液压裂注入过程被用于处理石油工业中产生的固体、油污、罐底、污染的土壤以及钻屑。钻井液压裂注入的优点(2005)：废物材料永久处理；零排放；环境友好；地下水被污染的风险小；相对的低成本。

下面的例子是 Terralog 在印度尼西亚的 Duri 油田实施的钻井液压裂液注入过程(2005)：1994 年 Caltex Pacific Indonesia 发现此油田，通过蒸汽驱产量能达到 $400m^3$(2500bbl/d) 的油性液体，这些液体被送往 Duri 油田 5 个石油开采中心集油站中的一个。

根据 Terralog 文章报到，废物首先经过按照注射标准进行筛选，例如尺寸筛选等。

这些废弃物通过与水混合形成一种可用泵抽吸的钻井液，钻井液由尽可能高的废液浓度组成，典型的体积浓度为 10%~33%；废液处理深井被用于在一定压力下注入钻井液至合适的地质"目标"层，其注入压力要超过废弃层的破裂梯度，而目的层具有高渗透率、层厚以及非胶结砂岩的特点。

Duri 进行钻井液压裂注入作业需要每日(>8h/d)，连续注射周期(>48h/周期，一个周期3d)，以及长期(12~15d/mon)。在这样的条件下，废料注入地层，井眼周围的区域开始充满注入的废料，浆体中的水分侵入地层，使得废料填充聚集发展成一个"废物仓"如图14.1所示，相比周围地层，低渗透率、低压以及低孔隙的地层能形成这个废物仓，钻井液压裂注入流程整合了一系列独特的监控和操作特性，允许在注入—处理作业中得到有效控制。在钻井液压裂注入作业中近程控制指的是：（1）维持最优地层注入量；（2）维持裂缝张开度；（3）地层储量最大化。

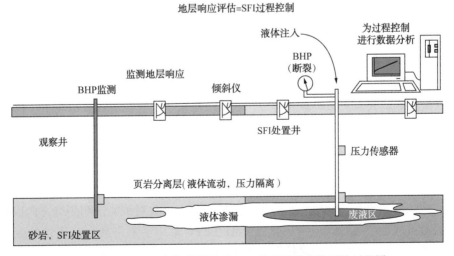

图 14.1　Terralog 在印度尼西亚 Dura 油田的废弃物回注过程图

第二份 Temalog 文件(2009)描述了海上钻井液压裂作业(图 14.2)。

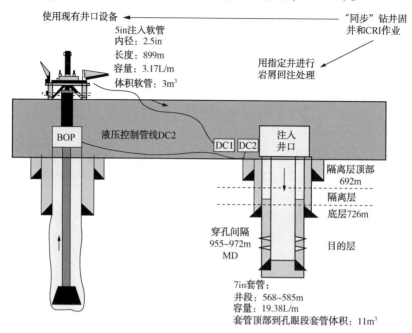

图 14.2 海上钻井液压裂注入作业原理图(2009)

1998 年，M-sipple-sriniwasan 的论文在国际石油环境会议上提到了美国油田应用 SFI 在监管方面的注意事项，以下是 Sipple-Srinirasan 的论文摘要。

1974 年安全饮用水法案批准联邦地下水控制程序(VIC)的主要指令，意在保护地下应用水(USDWS)免受注入在地下的液体污染。VIC 方案规定了注入五类油井的液体，其中 Ⅱ 类油井中注入的液体对石油天然气的勘探开发影响大。1988 年环境保护机构下达一份监管决定，指出 E&P 产生的废物的毒性一般较低，在 RCRA 规定范围，所以应免除 RCRA 副标题上的规定。油田产生的废物因此在联邦法规下被指定为无毒害材料，可以注入 Ⅱ 类井。监督其废弃处理在井里大部分已经委托于各州，剩下的州由 USEPA 监管 VIC 流程(直接实施的州)。通过高压注入废物于深部地层的油田废物注入 Ⅱ 类井废弃处理方法已经成功在阿拉斯加、墨西哥湾、加利福尼亚州、北海以及加拿大实施。SFI 技术提供了一种环保和油田废物处理永久解决方案，这项技术替代了垃圾掩埋、铺路、热处理及分离技术的补救措施短板，废物注入方法使得对地表使用影响较小。目前国家法规通常有对于应用的新技术的一些条款，在 SFI 中注入压力大于地层破裂压力，导致大量废物注入地层内。虽然各个州的法规不同，但是注射压力大于破裂压力通常被明确禁止的。目前争论在邻近 VSDWS 的安全性、压裂的张开度及目的层的废物。为了垫底延伸到极限的 VSDWS 封闭区域的潜在可能性，必须设计一种可接受的监控和分析程序，能够有效地跟踪对 SFI 进程反应的地层。

油田废物处理技术的监管验收是通过监管机构、废物生产者及注入项目运营商紧密合作而完成的，成功的关键是开发出一套健全的监控对策，这些对策能证明裂缝方向以及控制其蔓延，而且有可靠地层显示。应考虑到评估潜在的对策用于未来减少高毒性的废弃物。最终，通过智能补救措施的实施来保护人类健康和环境，也使得监管者、操作者和整个社会效益得以保护。

文章还回顾了与高压注入废弃物的联邦以及国家的法规，而这些废弃物来自加利福尼亚州、阿拉斯加、墨西哥湾的油田区域，同时文章还预测了监管政策未来的走向。

第五节　非水基钻井液的海上废物处理

国际石油与天然气生产商协会在2003年发行了一份刊物，此刊物名称"非水基钻井液在海上石油天然气生产的使用与处理带来的环境问题"报告第342号，2003年5月。以下是其摘要，刊物是免费的，登录www.OGP.ORG.VK上下载。

IOPG对非水基流体(NABFs)的芳香烃类含量进行了分类，基于这些分类的然后将处理岩屑和整个钻井液处理。

一、第一类非水基流体 NABFs(高芳香族含量)

这些基础油包括原油和从原油、柴油中提炼的油、燃料和常规矿物油，它们是复杂液体混合物、碳氢化合物，包括石蜡、芳香族碳氢化合物和多环化合物、芳香烃、多环芳烃。这些基液指包含超过5%的芳香烃，多环芳烃浓度质量分数大于0.35%。

这些油是有毒的，会留在海洋中，因此，第一类非水基流体 NABFs(高芳香族含量)在世界上大部分地区，钻屑不允许排放。然而，当地法规可能允许此类液体在海上使用。对陆上的钻井，限制并没有那么严格，所以柴油基仍然在部分地方使用。

二、第二类非水基流体 NABFs(中芳香族含量)

这些基液通常称为LTMBFs，第二类NABFs也由原油炼制而成，但精馏过程减少，总芳烃浓度质量分数在0.5%~5%之间，多环芳烃浓度质量分数在0.001%~0.35%。

三、第三类非水基流体 NABFs(低芳香族含量)

这组NABF是由特定的、定义良好的、有机合成的材料，用于生产合成基液(SBF)，此外，对石油原料进行更广泛的提炼可生产增强型矿物油基流体(EMOBFs)；这些基液含有少量芳香烃，总含量0.5%，多环芳香烃总含量小于0.001%(10mg/L)。

以下摘自IOPG，2009年关于非水基钻井液内容。

海上钻井新技术挑战导致常规水基钻井液已无法满足其更高钻井要求。定向以及延伸钻井等新的概念的出现，能够更经济地开发出更多新的资源。而钻井要求钻井液耐高温及井壁稳定性更高等，这些挑战使得非水基钻井液得到了快速发展，非水基钻井液的发展实现了高钻井性能以及确保其清洁化生产。

非水基钻井液直接排入海洋环境与吸附在钻屑上的液体的后续处理有关，这是因为大量排放非水基钻井液是被禁止的。这篇文章没有考虑到非水基钻井液的大量排放，只是介绍了一些降低毒性和环境影响的重大进展。柴油和传统性矿物油被大量取代成毒性更小、持续性更低的液体，使得沾有非水基钻井液的钻屑能够排放。钻井液中最有毒性的成分——芳香烃类的含量从以前的1.4%降低到现在的0.001%。新一代的钻井液，如烷烃类、烯烃类和酯类比早期的柴油和矿物油基钻井液具有更低的毒性以及更强的生物降解性。

这篇文章意在概述当使用非水基钻井液时钻屑排放的技术措施，这份报告总结了 75 多篇刊物的结果，同时编写出关于此项目所有有效的研究结果。其目的是被世界各国认定的刊物的技术洞悉。他能帮助为新项目进行环境评估。因为它提供了因排放而带来的环境影响的一个全面概要。本报告附录收录了来自全世界的文章与应用的一个汇总。

在文章的总结中得知，直接排放也是废物处理的一种，其他的包括岩屑注入和运送岩屑到陆地处理。考虑到环境因素，所有的废物处理都有不利和有利两方面。本文从环境、操作性和成本方面考虑决定那种操作在满足当地环保要求的条件下更加地具有操作性。随着环保材料在非水基钻井液的使用，极大地减少了处理的岩屑对环境的污染。随着环保材料的使用，更加安全与经济的排放处理方式被广泛地接收。

如文中所总结的，钻屑回注是几种可能的选择之一，多种方案可考虑(图 14.3)。其他方式包括注入岩屑或将岩屑拖到岸边处理。所有废物处理方式的选择都有优点和缺点。考虑到环境影响，本文展示了如何权衡环境、可行性和成本因素，考虑给定的操作和当地环境条件以决定可能的选择方式。选择环境友好型钻井液，可减少钻屑排放有关的环境影响和费用，如若适用，海上排放是最安全、最经济的选择。

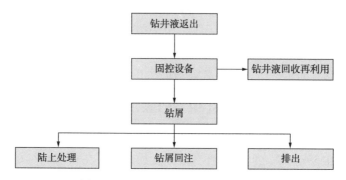

图 14.3　钻井及钻井液废物处理方式

本文也包含了将来钻井液处理的方式和工具，其中包含了现在使用的实验技术，如毒性处理、生物降解、不同类型液体的收集，数字模型也被用于模拟描述排放对环境的危害程度。

一份海洋钻探的现场检测结果汇编揭示了非水基钻井液对环境命运的影响，这种影响与当地的环境如水深、气候以及处理废物的种类和数量密不可分。岩屑的排放对海底的影响只有很小的部分，但是生物细菌的沉积聚返更加地快，所以一般认为最大的潜在影响来自排放产生沉积，排放物对表面水的影响比较小。由于岩屑的沉底，其在水中的含量和芳香烃的含量都比较低。对海底潜在的影响有几方面的因素，包括化学毒性，水基钻井液的生物降解和埋藏的物理因素导致缺氧。在非水基钻井液使用的地方，研究表明从排放停止算起大约需要一年的恢复期。

海底沉积物影响的本质和程度反映了当地环境设施的多样性和排放物的不同；然而，大量非水基钻井液的沉淀会影响生物群的数量和种类。系统的恢复遵循繁殖规律，需要有以细菌为食物新陈代谢的碳氧化合物的物种。在碳氧化合物减少的情况下，一些物种会迁移到其他原始的地方，这表明潜在的影响取决于物种灵敏度和排放物的数量。在很多的环境下，海底是缺氧的, 所以岩屑对环境的影响比较的少。

影响程度和持续时间取决于沉积物的厚度、沉积物的原始状态和当地的环境条件、在某些条件下, 岩屑会被悬浮, 减少了大量的沉积。原始的沉积物厚度取决于多方面的因素, 包括排放材料的数量、水的深度、排放深度、该区域的水流强度及岩屑的下沉速度。相对于单井开发来说, 丛式井开发过程中沉积比较快。

通常采用不同的多级固相控制设备移除钻井液中的岩屑来重复利用钻井液。固相处理中面临的一个挑战就是甩出地层岩屑的同时要尽可能地减少有用固相的甩出, 例如重晶石、膨润土等。最终废弃固相包括钻屑和粘附在钻屑上的一些固相。

一些钻屑, 特别是水基钻井液往往会分解成十分小的颗粒, 这些颗粒混在钻井液里增加了钻井液的固相浓度, 并且降低了钻井液的流变性。如果钻井液固相不能得到有效的控制, 只有通过清浆稀释维持钻井液性能。但是增加的体积成了一种浪费。当水基钻井液不能满足性能要求时, 通常用新浆或者另一种类型的钻井液替代, 不用的水基钻井液根据当地法规会直接排入海中。

与水基钻井液不同, 非水基钻井液由于环境要求及昂贵的费用, 一般都是重复使用。固相的成分取决于钻井液类型、所钻地层、现场设备及具体的处理剂。固相处理包括初级和二级两个处理步骤。图 14.4 介绍了现在工业应用的最先进的系统类型。

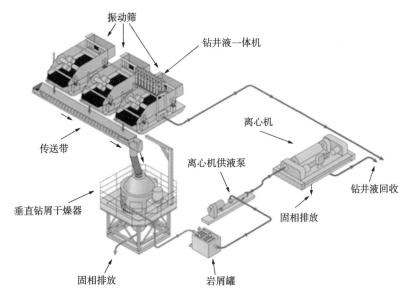

图 14.4 甩干机固控设备

作为初级处理的一部分, 首先是用设备除去大的钻屑, 然后用细筛布的振动筛处理相对小的钻屑。振动筛是初级的固控设备, 每个步骤产生部分干钻屑与液体流, 部分的干钻屑作第二级处理。

第二级处理是部分的干钻屑用特殊的"甩干机"设备进行处理, 用于处理非水基钻井液的甩干机通常为振动筛和离心机两部分, 该离心机产生比它的振动筛更强的离心力。

IOPG. 2016 文件描述了一个更新的处理方式(图 14.5)包括热处理和生物处理。

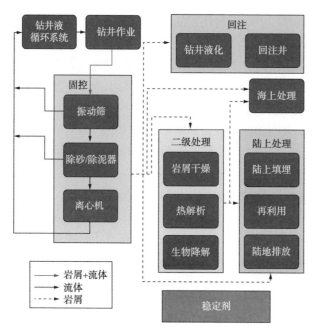

图 14.5　国际石油和天然气生产商协会更新了钻井和钻井液废物的处理方法

第六节　海上处理

表 14.1 表明了相关的海上排放钻屑有利与不利因素。表 14.2 列出了钻屑注入的有利与不利因素(图 14.2)。

表 14.1　海上排放的有利与不利因素

经济方面	操作性方面	环境方面
处理成本低	操作简单、设备少	无空气污染
不需要陆地处理设备	不需要运输成本	低能源消耗
排放分析数量及替代因素(符合性测试排放模式、现场检测程序)	电力设备少	对陆地无环境危害
将来海底潜在的问题	人员需要少	对海岸线有短期的局部影响
	安全性高	
	不需要基础设施	
	无天气限制	
	需监管液体成分	

表 14.2　钻屑回注的有利与不利条件

经济方面	操作方面	环境方面
一些液体可以使用	钻屑在预处理前被直接注入	消除对海底的影响
不需要运输	成熟技术	减少了对表面与地下水的影响
可以处理一些需要运输到陆地上处理的废物	需要人力和物力支持	大功率设备的需求和加大

续表

经济方面	操作方面	环境方面
费用高以及劳动密集	需求相关的地层	对空气的污染
需要关闭一半的钻井设备	注入井设计要求有限制	如果设计不当可能破坏海底
	过压后可能与邻井互窜	
	缺少地层资料	
	缺少经验	

第七节　陆上处理

图 14.5 为产生岩屑的陆上处理方案。陆地钻井作业的成本通常比近海钻井低，这通常取决于处置场地的可用性、钻井液体系的氯化物盐含量等地方性法规等。

钻屑有可能被钻井现场处理后储存并运输到陆地处理，通常来说，有两个因素必须考虑。在选择陆地处理时，首先考虑的是运输的有利和不利条件。这项倒不是复杂的，但它包含了大量的设备和费用等。它包含以下几点：钻屑从振动筛到岩屑盒；岩屑盒用吊车装卸到船或其他容器，或者用真空车泵送钻屑到罐或者船上；船运输钻屑到陆地；装卸岩屑盒在码头；岩屑盒被装车；运输岩屑盒到指定的处理地方；从运输车上卸岩屑到处理厂；被处理的钻屑有可能被放在填埋坑填埋、焚烧或者注入一个独立的区域；空的岩屑盒被返回到作业现场。

通过上面的描述介绍，与排放的方式比起来，陆地处理需要大量的设备。就平台而言，增加的设备要求首先限制了钻屑盒的数量，这种方式增加了井队现有设备的使用量，例如吊车，如果真空单元被用的活，就可以减少吊装设备(表 14.3 和表 14.4)。

表 14.3　海运的有利和不利条件

经济	操作性	环境因素
废物从钻井现场运出，消除了现场的不利	有关钻屑装卸的不安全操作	对海底生物无影响
由于运输与转用设备的租用，运输成本十分的高	增加现场平台的钻屑处理工作	避免了对海上敏感区域的环境不利影响
运输需要租用一些设备	处理需要额外的人力	燃料的使用以及处理厂周围的空气污染
海上运输的额外租用费	芳香烃对人员的伤害	陆地处理增加了新的问题
如果没有能力处理产生的钻屑，作业有可能被关闭或者作业成本更高	现场收集和转运岩屑的有效性	随着码头运输的增加影响渔业部门
	处理大量岩屑的难度	
	天气原因有可能妨碍岩屑的运输，可导致作业的停止或者只有排放	

表 14.4　陆地岩屑处理成本

处理参数	价格	单位	备注
热处理(VK)	251	美元/t	UKOOA(1999)
焚烧处理(VK)	111	美元/t	UKOOA(1999)

处理参数	价格	单位	备注
掩埋（USA）	37	美元/t	API/NOIA（1999）
不处理填埋（VK）	74	美元/t	UKOOA（1999）
处理填埋（median-UK，Norway，USA）	208	美元/t	从1998vell计算
陆地注入（median-UK，Norway，WAS）	130	美元/t	从vell（1998）和API/NOIA（2007计算得出）

第八节　岩屑排放趋势和效果的评价

这部分描述了非水基钻井液直接排入海洋的环境前景和效果，随后的部分详细描述了非水基钻井液排入海洋的物理、化学、生物影响。图14.6介绍了钻屑通过水层沉积到海底的情况，最初的沉积很大程度上取决于水的深度、水流以及钻屑的体积和密度，海底的残留物与沉积物的运移、悬浮及基液的生物降解有关。钻屑的生物降低取决于岩屑的毒性及岩屑沉积的广泛程度，这种效果是岩屑物理填埋、钻井液毒性，沉积物缺氧等多方面影响的（图14.7）。

一、初始的海底沉积

最初的岩屑海底沉积是物理沉积的结果，每个地方都存在巨大的不同。每个地方的沉积主要取决于以下条件：岩屑排放的数量和速度；岩屑排放构成（排放管的深度）；海水情况（当前的流速、水柱密度梯度）；岩屑上非水基钻井液的数量与浓度；水的深度；岩屑颗粒的沉降速度和聚积速度。

一旦微粒被非水基钻井液润湿，岩屑被排放，它们极易聚积，聚集速度相对于易分散的水基钻井液来说快得多。与水基钻井液相比，在相同的区域，非水基钻井液的岩屑分散低，沉降速度快，在海底易形成小而且厚的沉积。在相同条件下，影响聚集程度主要是岩屑中含油量和钻井平台上使用的清洁方式。

二、物理特性

一旦岩屑沉入海底，岩屑的物理特性及非水基钻井液的多少取决于海水的自然悬浮能力、基浆的生物降解能力及海底的运移等，此外，还看页岩钻屑是否在暴露的海水中发生水化作用。对海底生物的影响取决于沉积的非水基钻井液岩屑的状况及沉积物的烃类。现场调研表明，与水基岩屑相比，非水基岩屑在水中更容易沉降和聚结。室内实验表明，对含油量为5%非水基钻井液岩屑侵蚀的临界水流速度是36cm/s，证明油含量对临界速度影响不大。

由于期望钻屑在该区域沉积得比较少，因此考虑最初的沉积厚度和潜在的侵蚀恢复。最初的厚度取决于水流和水的深度，强的水流导致钻屑沉积范围大，深水导致原始沉淀薄。

潜在的侵蚀取决于海底附近的流速。在浅水区，洋流及风暴等经常为侵蚀提供巨大的能量，因此，在洋流比较大的浅水区短时间内不可能形成钻屑聚积。尽管一般认为深水区的洋流比较小，但是也有例外，例如墨西哥湾的深水区，洋流速度超过了100cm/s。因此，当地的环境对岩屑的最初沉积起着十分重要的作用。

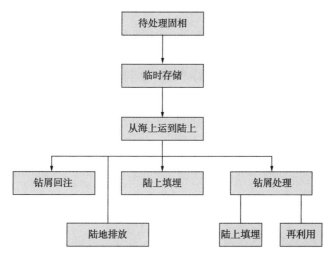

图 14.6　海上钻屑处理方式

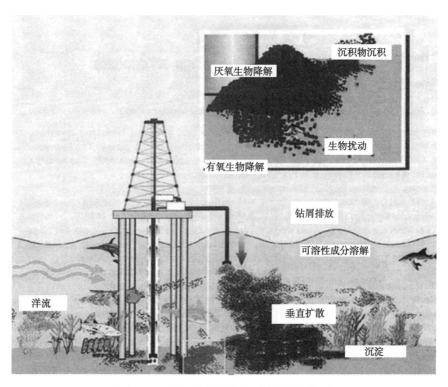

图 14.7　钻屑排入海洋的环境前景和效果

第九节　海底的影响与恢复

无论水基和非水基钻井液岩屑都可以导致海底生物窒息,沉积的岩屑对选择海底栖息的动物有影响。因为非水基钻井液是可生物降解的有机化合物,它们附在岩屑上降解时增加了氧气的需求。沉积物这种有机化合物的增加随着它们的生物降解导致周边环境厌氧或微厌氧。厌氧情况也有可能是沉积有机物的填埋，大部分的现场调研都如第三部分介绍的非水基钻井液钻屑的沉积影响产生厌氧情况一样。

第十节　生物降解与有机物的增长

海底的藻类化合物和岩屑的有机化合物在微生物的作用下往往被降解。非水基钻井液的生物降解速度取决于海底环境(温度、厌氧性)、钻井液的浓度和类型。

通常在有氧的情况下生物降解的速度快于无氧的环境。一般来说，在海底也存在着氧气。因此，需氧条件发生在沉积岩屑的表面。并且由于氧气从水中向沉积物的扩散影响着生物降解，实验表明沉积物的有机恢复增强了氧气扩散到沉积物表面，促进了生物降解，与此同时，氧气更多地分散和运移到含非水基钻井液的颗粒上。

当生物降解的速度大于氧气扩散的速度，氧气就变得有限，沉积物变得厌氧。厌氧或者缺氧一般发生在深水或者厌氧的沉积物上。在缺氧情况及特殊的微生物的作用下，厌氧生物降解有可能发生。

如果缺氧被诱发，海底生物、小型或较小型海底生物在争氧方面竞争不过细菌，因此快速的非水基钻井液降解可能直接导致沉积物的毒性。此外，如果 H_2S 的含量增高，它会影响海底生物的数量，结果是这些受影响区域内生物的数量会改变，直到非水基钻井液被大量地转移使该区域的有机物增加到满足生物体的生存。

随着非水基钻井液的逐步降解，钻屑会逐渐变成亲水性，微小颗粒被释放出来，洋流这时就极容易分散钻屑，其程度和范围取决于钻井液逐步降解的速度和当地的水流情况，实验表明沉积物的特性对降解有极大的作用，一般黏土和粉砂含量较多的沉积物降解速度快于砂含量较高的沉积物的。

第十一节　化学毒性和生物累积

除了缺氧潜在的影响，化学毒性和非水基钻井液组分的累积也对海底有影响。早期涉及对水和海底生物的影响，非水基钻井液对海底生物毒性是液体毒性和缺氧环境共同作用的结果。

实际是很难区分到底是化学毒性还是缺氧的作用结果。最近的北海统计数据表明海底的碳氢化合物生物降解速度影响缺氧环境从而影响海底生物。研究表明碳氢化合物在海底的降解速度决定海洋生物群的范围和数量，快速的降解可能导致大量的原始影响。

非水基钻井液在生物体内的大量沉积潜在相对比较小，非水基钻井液在海底生物体的累积发生在生物体暴露在碳氢化合物的情况下，这些碳氢化合物沉积在生物体内，生物体的清洁和新陈代谢能力影响着生物体内的累积程度。一个相关的环境被污染，也就是一些碳氢化合物和一些物质导致了周围食物味道和口味的变化。一些检测到的污染源，它们包含一些无法检测到的碳氢化合物，没有证据表明排放到环境的非水基钻井液自己不能产生污染。Davies 等(1989)通过对北海钻井平台周围的鱼调查揭示了一些系非水基钻井液的污染，在钻井平台附近的鱼测试都无法确定其污染情况。

第十二节 恢 复

海底生物的恢复取决于海底生物的受污染程度、岩屑的厚度、受污染的岩屑出现的区域及生物体的抗污能力。油田调研也表明在短期时间内,非水基钻井液的排放对周边生物结构的影响是微小的改变。调研表明,在钻井区域动物的数量和多样性是递减的。相反的,随着远离钻井区域动物是递增的。从长期来看,这些受污染的区域是会被再次因动物群移居恢复的,最初移居的生物是那些能够忍受碳氢化合物和以细菌为食物的动物。随着时间的推移和碳氢化合物的减少,其他的生物群也迁移过来并繁殖,生物群的结构变得再次接近它原来的结构状态。

随着非水基钻井液的降解钻屑变得更加亲水,微小颗粒被释放,底部的水流就可以容易地带走被释放的钻屑,速度和程度取决于生物降解和水流的速度。实验表明海底地层的特性对生物的降解速度有一定的影响,泥岩和粉砂颗粒岩性的海底比砂岩的海底分解速度快。

第十三节 实验调查

实验测试通常被用于估算生物降解的能力、毒性和非水基钻井液钻井液生物沉积的可能性。测试协议已经被并入一些国家和地区法规制度框架。在环境保护方面,实验提供了一系列不同的数据,普遍实验证明有少量低毒性和快速生物降解的钻井液对海底的影响比较小。虽然实验是一个有用的工具,但是它不能总是很精确地预测生态影响,因为它不能考虑到所有的复杂和多边的海洋环境。例如,虽然酯类化合物在实验室证明有高的生物降解性,但是它导致了海底缺氧,它比低的非水基钻井液降解更加影响环境。

大西洋北海 HarmollisedMondatory 控制体系和美国 USEPA 的排放管理部门需要各种实验测试来决定材料是否适合海底排放,实验成了法规用来研究和估算非水基钻井液在海底的控制,因此,从实验测试来外推结果一直十分谨慎。实验数据一般是在不变的恒定的环境条件产生的,但是实际的海底通常是变化多端的。

第十四节 非水基钻井液的生物降解能力特征

在世界的某些地方,允许非水基钻井液钻屑直接从船上排放,但是仍然需要基础液体的室内降解测试。钻井液依从的生物降解理论要求所用材料在实验室内能容易降解,从而不致于在排放的区域存留过长的时间。油基钻井液的基础油降解测定受多方面的因素,这些因素影响着实验室和现场的降解速度。

目前被应用的海底调查协议还未被广泛接受,该协议被用来检测变化的条件下的生物降解,至今没有一个机理能对此实验和实际的数据做解释。这有一个更深层的原因,在某些环境条件下(如低流速和静态情况下)证据表明非水基钻井液会长期存在。然而在一些其他的情况下,证据表明环境可以通过降解和其他机理适应这些排放的钻屑。非水基钻井液的降解在实验室内已经通过不同的实验协议、实验标准、固相测试及类似的海底测试进行的研究,但是每种液体的测试结果都是具体的,很少有报告数据显示生物降解的结果有一定共性。

(1)非水基的基浆展现了一系列的降解速度,在条件相同的情况下,酯类的降解速度最快,其他的材料也有相似的降解速度,测试方法不同各种材料表现出来的降解速度也不同。

(2)所有的非水基Ⅱ和Ⅲ型在一定程度上都显示出了降解性。

(3)实验表明Ⅲ型比Ⅱ型非水基有更快的降解速度,尽管就海底岩屑如何生物降解仍然存在不同的争论,影响这些生物降解实验的包括氧气、温度及接种物等。

(4)温度增加加速生物降解。

(5)在很多实验中都出现滞后现象,所以用量化半衰期来描述降解过程需谨慎,但是酯类的降解速度随着浓度的升高而增加。

(6)海底地层结构影响降解速度。一般来说泥岩或粉砂岩的地层降解速度比砂岩快。

(7)化合物在标准的清水和标准的海水中都会降解,但是在海水中速度比较低,速度低的原因可能是海水中最初的微生接种物浓度比较低,具体的测试描述如下。

一、标准的生物降解实验测试

用于测试非水基钻井液生物降解的分两类:一种是好氧生物降解,一种是厌氧生物降解。不同的测试方面用于不同的实验,报告的数据展示了一个高的变化性。例如有氧条件下的降解与无氧条件下的降解,降解速度十分不同。因此不同条件下的测试结果也无法准确地比较,但是对深度变化的描述在所有的测试中都有。表14.5是一个简单的标准测试描述。

通常这些测试是针对水溶性材料的评估,油基的一般规律不同。

表14.5 标准生物降解比较实验

测试	A/An	F/M	微生物来源	分析物测量	结论
OECD301B	A	F	污水污泥	产生的 CO_2	
OECD301D	A	F	污水污泥	O_2 的消耗	溶解氧的测量
OECD301F	A	M	污水污泥	O_2 的消耗	压力测试
OECD306	A	F	污水污泥	O_2 的消耗	Marine Version of 301D
BODIS	A	F	污水污泥	O_2 的消耗	Marine Version of 301D 类不溶物
Marine Bodfs	A	M	污水污泥	O_2 的消耗	
ISO11734	An	F	污水污泥	污染气	底部厌氧测试,压力传感测试

二、ISO 11734 对非水基钻井液生物降解的修订

1999 年 2 月 5 日,EPA 在美国最先出版了有关合成基钻屑排放条例。条例规定钻井液必须比 C_{16}—C_{18} 长的内烯烃更容易降解才能排放。因此,ISO 11734:1995 修订版发行具体的区别了 IO1618,并且描述了更加快速降解的液体,修订版的 ISO 11734 用自然的环境取代了清水和污水污泥,海水取代了培养液,并且添加的剂量更加的标准,钻井液的浓度也比 ISO 11734 高。

API 组织对修订版的 ISO 11734 增加了合成基钻井液,这些被 EPA 组织证实符合生物降解条例的规定。这些测试包含以下几项适当的特征,并且可以和 C1618IO 标准可以形成清晰的对比:两种液体的区分;重复性;生态相关性;化学控制的标准程序;实用性和费用。

在血清瓶里装满均匀的非水基钻井液、海底混合物和海水，并且里面装上氧气指示剂。瓶子密封好后在瓶头处用氮气将氧气置换出来，用压力传感器测量瓶子里生物降解产生的气体压力，将产生的气体与标准作对比，如果基浆在275d之后产生的气体比IO1618标准还多，那基液被认为更容易生物降解，实验的一个简单描述见表14.6。

表14.6 修订版 ISO11734 非水基钻井液特性

测试	A/An	F/M	接种物来源	测量依据	结论
ISO11734（NADF）	An	M	自然的海底微生物	厌氧条件下产生的气体	这是美国环保局制定的用来测试非水基钻井液生物降解的条例

CBT结果表明这种厌氧测试的调整更加详细地描述了各种各样Ⅲ型钻井液生物降解特性。实验证明酯类产品是生物降解最快的，线型烯烃和内烯烃根据分子量的大小降解次之，Ⅱ型钻井液中石蜡和矿物油降解十分缓慢。

但是仍然需要对测试结果小心谨慎，CBT测试仅仅是一个对Ⅲ类型钻井液的判断，它不能十分准确地预言钻井液的相关降解速度。有时候Ⅲ型的钻井液生物降解的速度比内烯烃还慢，所以它不是用来预测非水基钻井液在海底的运移的一个十分准确的工具。室内实验在某种程度上可以模仿海底条件，模仿海底条件的实验能更好地评估相关的生物降解。

三、SOAEFD 固相测试

在北海部分地区有大量的钻屑存在，所以它的降解速度不可能像具代表性的亲水性的有氧条件下的降解快，因此非水基钻井液相关降解的工作应该以大量的静态钻屑堆为基础。

SOAEFD测试最初是由苏格兰农业部、环境保护部和渔业部发展而来。SOAEFD测试最基本的方法是把海底的物质和均匀的非水基钻井液装在一个罐里，将这罐放在一个和海底温度与层流一样的水槽里，在不同的时间间隔里放置3个罐用来分别测试非水基钻井液的降解。通过对沉积物体积的化学分析来决定基础液的总损失。非水基钻井液的运移通常用半衰期来描述，像瓶子测试方法一样，不使用细菌，用海底的细菌来催化生物降解。最初的模仿海底温度为10~15℃，现在模仿Nigeria海底条件，温度调整为合适的环境条件温度25℃。表14.7是一个简单的测试描述。

SOAEFD固相沉积物测试既不是单纯的需氧测试，也不是单纯的海底厌氧测试生物降解，尽管含氧的水从罐的顶部流过，但是由于氧气有限地扩散到沉淀物限制了样品罐中的沉淀物和液体暴露在氧气中。

SOAEFD测试方法是采用一系列3个不同浓度的（100mg/kg、500mg/kg、50000mg/kg）的无菌非水基钻井液沉积物为样品进行测试。7个不同的样品进行了测试，分别为乙缩醛丙烯烃(IO)、正链烷烃、聚烯烃类(PAO)、线性烯烃(LAO)、矿物油、酯类。酯类产品钻井液被证实是在所有浓度中生物降解最快的，大量实验表明在浓度为100mg/kg时，丙烯烃(IO)、线性烯烃(LAO)正链烷烃、矿物油和聚烯烃类有一定的降解，在浓度为5000mg/kg条件，除酯类合成基，石蜡基和矿物油基的降解速度相似，但是在测试实验的条件下，在沉积物中的液体在测试时间段内的分析85%都是理论的，除了酯类，在测试时间段内没有一个液体会降解20%。所以在这些结果的解释上必须慎重，区分不同液体件的区别可能是测试的条件，而不是缺乏不同的降解速度函数，Canchleretal在2006报告了与SOAEFD协议相似的测试结果。

表 14.7　SOAEFD 测试特性

测试	A/An	F/M	接种物来源	结论
SOAEFD	两者都有	M	海底微生物	通过 TPH 分析来测量非水基钻井液的消失时间来测量生物降解速度

注：A——需氧；An——厌氧；F——清水；M——海水。

与模仿酯类测试条件不同（10～15℃的海洋沉积物），一个独立的模型 Nigeria 的条件（25℃沉积物）的 SOAEFD，测试用了 120mg/kg 的非水基钻井液有菌沉积物，在高温下，降解速度十分快。高的生物降解速度主要原因是微生物在沉积物中打洞增加了氧气在海底的含量。

对于非水溶性化工材料来说，在 SOEFD 固相沉积物测试实验中的水相既不是单纯的需氧也不是单一的厌氧降解，尽管含有氧气的水流从罐子的顶部流过，但是氧气扩散的局限性限制了沉积物被暴露在氧气中。

四、模仿海底研究

有一种模仿北海海底条件测试非水基钻井液的实验方法已被采用，这种方法称 AIVA 模仿海底法。该方法最早被挪威水研究部门提出使用，并且自从 1991 年问世以来进行了多次的修改，现在很多的模仿研究都是根据 NIVA 测试来做的。模仿海底研究的目的是根据尽可能真实的海底情况来研究海底钻井液化学材料的生物降解情况。

这套实验设备由一系列的实验系统组成，像个室内易维护的盆子，我们叫它海底庭。海底庭大约 50cm×50cm×35cm 大小，钻屑和非水基钻井液混合物悬浮在海水中，并让水淹过海底庭，这些悬浮物会形成一个 25cm 厚的自然沉积床。一旦钻屑沉积后，海底庭用奥斯陆峡湾 40～60m 深的海水进行冲刷，海底庭内的水一天换一次或两次，粘附在钻屑上的非水基钻井液 150～187d 通过 TPH 分析沉积物的表层来进行测量。同时周围环境的细菌浓度、pH 值、Eh、氧气等都需要测量，随后的修订包括沉积物的生物体的测量，也贯穿整个实验。

在实验条件下，有许多的物理和生物反应影响沉积钻屑的变化，整个实验被设计成同时需氧和厌氧的条件。根据海底生物情况也设计了生物扰动过程，实验结果表明酯类产品生物降解明显快于矿物油，一些蚌类生物在该条件下死亡。Eh 值和沉积物氧气的摄取量与非水基钻井液的生物降解一致，海底生物的死亡率和酯类的消失有关。

然而一些问题在最初的研究中被发现，它们包括开始实验时沉积物表面钻屑的不均匀分布，以及有关初始条件和有一些测试液体是被水冲走了而不是降解的相关问题，一些问题在 NIVA 测试程序中已被改进。但是 Vikal（1996）报告指出如果需要解决所有的 NIVA 测试程序的问题，实验成本将大幅提高。

五、水生动植物和钻井液的毒性

随着更高条件的矿物油和合成基液体的使用，非水基钻井液对水生动植物的毒性明显降低。早期的油基钻井液时代，油基钻井液由矿物油和柴油基配制而成。由于水溶性的芳香族和多环芳香族碳氢化合物的存在，它们有很大的毒性。现在的低毒性钻井液（LTMBFS）基本上不含芳香烃。新一代的产品增加了矿物油、石蜡和合成基，基本上不含有芳香烃，并很少有毒。

因为非水基钻井液的亲油性，排放后它们只在水中运移很短的一段时间，所以其水的毒性测试被普遍认为不能代表所有有关非水基钻井液对环境的污染。对沉积物的毒性测试比对水相的测试更重要，因为大部分的非水基液体最终都成为了沉积物。

沉积物的毒性是通过沉积物对生物的影响来测定的(如 corcpHieemvolutalon 和 lop to cheirusplumulosis 两种生物)现场验证实验。Infacnal 调查废弃物的生物检定都表明无脊椎动物对沉积物的毒性十分敏感，因此，一旦它们与沉积物在一起并限制运移，它们就很快繁殖。表14.8总结了非水基钻井液的所有可能的毒性，包括栖在沉积物上的端足目动物的数据，数据以细胞繁殖浓度 EC50(藻类)和中等致死浓度 LC50 表示。测试的物种和钻井液类型不同，毒性也不同。柴油是毒性最大的，它远远大于矿物油Ⅲ类型液体的毒性。Ⅲ类型的钻井液对沉积物上歇栖的生物的毒性相当低，它的致死浓度可以达到 1000mg/L 以上。不同合成基沉积物的毒性基本一致，酯类的毒性最小，其次是线烯烃和内烯烃。Ⅲ类型合成基钻井液由于分子量和极性的不同，毒性也不同，它影响水溶性和生物性。

六、水生动物毒性和规定

在某些地方，钻屑在排放到海里之前要求必须做毒性测试来确定它对水生生命的不良影响。在北海，用于钻井液的基础油和化工材料必须进行水生动物毒性测试评估(OSPAR 1995a，1995b)。实验选用代表水生动物生物链的三种水生物种：一类是水藻，一类是食草动物，一类是食沉积物生物。测试中最常见的品种是海生海藻、桡足类、棘足类和生活在沉积物中的两足类。

在美国，排放的首要条件就是毒性要达标，首先，排放许可要求先测量悬浮的钻井液废液相对水生物的毒性。以前的研究表明，与悬浮的颗粒相比，水基钻井液的沉积物毒性表现出十分低的敏感度，因此，沉积物测试作为对水基钻井液的测试要求被取消。

USEPA 组织 2001 年 1 月 22 日的联邦公报刊登了合成基钻井液排放的条例规定要求。EPA 要求所有排放的合成基钻井液及钻屑毒性不能高于 $C_{16} \sim C_{18}$ 烯烃基的钻井液。首先，用 leptocheirusplecmulosis 做 10 天的沉积物毒性测试(ASTME 1367—1992)。此外，在钻屑排放和海上的钻井液在使用之前，首先用 leptocheirusplecmulosis 做 4 天的毒性测试。在这 4 天的测试中，钻井液的毒性不能大于 $C_{16} \sim C_{18}$ 配方的钻井液毒性，否则，不能持续排放钻屑。

总之，实验研究表明在大多数情况下，非水基钻井液都表现出低毒性，可以满足当地环境对毒性的要求。但是在一些地区，由于基础油和添加剂不同，非水基钻井液不能满足要求，此种情况只有选择更换基础油等来满足环境要求。

七、非水基钻井液在生物体内积累特性

随着饮水、食物等外部来源中的某些化学材料的沉积在一些生物体的体内，有些水生生物会摄取一些化工材料在自己体内沉积最终导致中毒，并且以这些水生生物为食物的动物也产生中毒现象。Ⅰ和Ⅱ型非水基钻井液中包括多环芳烃(PAH)和其他高相对分子量的网状碳烯化合物，它们会在底栖无脊椎动物的体内产生沉积。但是在鱼和哺乳动物体内不太会沉积为一个高的营养成分。因为它们拥有动物酶系统，可以新陈代谢这些 PAH 化合物、Ⅲ型非水基钻井液不太会沉积在生物体内，因为这类钻井液的化工材料有低的水溶性，且水生生物对它们基本不摄取。

表 14.8　非水基钻井液水生动物毒性表(LC_{50}或 EC_{50})

测试生物	酯，mg/L	LAO，mg/L	IO，mg/L	石蜡，mg/L	LTMBF，mg/L	EMBF，mg/L	柴油，mg/L
藻类，肋骨骼瘤	60000(Vik 等，1996)	>10000(McKee 等，1995)	1000~10000	NA		NA	NA
糖虾，巴氏疟原虫	1000000(Baroid)	794450(McKee 等，1995)	150000~1000000 (Zevallos 等，1996)	NA	13200	NA	NA
桡足类，汤氏纺锤水蚤	50000(Baroid)	>10000(McKee 等，1995)	10000 (M-I 钻井液，1995)	NA		NA	NA
贻贝，亚伯拉罕	8000(Vik 等，1996)	277 (Friedheim 和 conn，1996)	303 (Friedheim 和 conn，1996)	572		NA	NA
两栖类，日本旋卷蜾蠃蜚	>10000	1028 (Friedheim 和 conn，1996)	1560~7131 (Friedheim 和 conn，1996)		272(Harris，1998)	7146 (Candler 等，1997)	840 (Candler 等，1997)
两栖动物，端足类、片脚类动物	13449(US EPA，2001)	483(US EPA，2001)	2829(US EPA，2001)	NA		557	639 (US EPA)

注：NA——不适用。

通常用两个类型的数据来评估化工材料在生物体内累积的因素：正辛醇酯水分配系数和生物富集系数。正辛醇酯水分配系数通常以 P_{ow} 代表，它是用物理化学方法测定相关水的正辛醇的侵入趋势。它被认为是化学材料在生物体内潜在累积的指标。化学材料的 P_{ow} 值大于 6 的产品的水溶性低，分子不容易通过膜，该类产品不容易在生物体内积累。P_{ow} 值小于 3 的产品吸附在正辛醇上，并且该类产品容易释放在水中，因此这类产品也不易在生物体内累积。

生物富集系数(BCF)是通过在活的有机体内的累积来测量的。一般来讲，一种生物体被放置在被测材料的水溶液中，直到生物体内的浓度与该材料的水溶液的浓度达到平衡，BCF 值即为生物体的浓度等于达到平衡时水的浓度。当 BCF 值大于 1000(或者 lg BCF>3)时会产生累积。当 BCF 值小于 1000(或者 lg BCF<3)时，由于其高水溶性，一般不容易累积在生物体内。但是这种测试方式对测试像Ⅲ型钻井液这种不溶于水的材料是很大的工艺挑战。水溶性低的物质一般易于沉淀析出或者趋于悬浮颗粒，这样的情况很难准确测定 BCF 值。

表 14.9 总结了Ⅲ类型钻井液的大部分的正辛醇水分配系数和 BCF 数据，除了酯类，所有基础油的 lg P_{ow} 值大于 6，这就意味着由于它们低的溶解性导致它们在生物体内的累积相当有限，酯类的 lg P_{ow} 值小于 3，因此酯类产品基本不累积在生物体内。

表 14.9　lg P_{ow} 与 BCF 数据——合成基钻井液

基础油	lgP_{ow}	lgBCF
内烯烃 $C_{16} \sim C_{18}$	8.6(M-I, 1995)	贝壳类：10天暴露，20天净化，lg BCF4.18(C16)，lg BCF4.09(C18)
线性烯烃	7.82(M-I, 1995)	贝壳类 4.84(Mckee 等, 1995)
聚烯烃	11.19(M-I, 1995)	克鲤鱼类：没有累积，尽管胃中有 PAO(rushing 等, 1991)
酯类	1.69(Growcock 等, 1994)	不需要做

用蚌类、贻贝类做 BCF 测试时，发现生物体内 IO 与 LAO 两种材料的浓度高。但是由于该基础油在溶液中浓度不断变化，这些材料的 BCF 值是否能真实反映生物体的体内累积目前仍然受到质疑，而且至少是Ⅰ类产品。当蚌类生物体放到清水后，生物体对该类产品的钻井液净化十分得快，5 天时间95%的 IO 材料都在蚌类体内消失。Meinhold 在 1998 年他的钻井液环境评估中指出，合成基钻井液不会累积在生物体内，研究表示只有 PAO 类材料有一点点残留物在鱼的生物体内，所以他在报道中指出合成基钻井液不会被吸收在生物体内。(Rushingefal 等, 1991)

总之，在水基钻井液中的有机化学材料不会在生物体内累积，一些油基钻井液的化合物会在低营养成分的生物体内累积，但不会在像鱼和动物这样脊椎动物体内累积，因为这些生物可以新陈代谢掉 PAH 等产品。由于油基钻井液材料的低水溶性和低的生物利用度，所以它们也很少累积在生物体内。该类产品的生物降解性进一步降低了在生物体内的累积。

OGP 的文件中也包含了下面的信息：钻井概述、钻井液类型、非水基钻井液钻屑计算模式、钻井液和钻屑的现场研究、对钻井液与钻屑排放的环境保护要求、现场研究摘要信息及非水基钻井液体系清单和基础油的公司名称。

第十五节　OGP 文件总结

文章总结了就非水基钻井液钻屑排入海洋环境保护要求方面的一些知识，钻屑处理有海洋排放、返回陆地处理和钻屑回注等多种办法。每种办法的不利因素和有利因素都应考虑，选择哪种处理方式需仔细分析考虑，下面是非水基钻屑海洋排放环境方面的一些要点：

（1）最近的研究已经使用一些低毒性的化工材料。

（2）非水基钻屑堆对海底生物的最初环境是由于钻屑的物理埋藏造成的。由于非水基钻屑不溶于水，它很快沉到海底，并且它基本不含芳香烃，所以它在沉到海底过程中对水的影响很小。

（3）对海底生物的潜在影响有很多种机理方面的，它们包括基础油的化学毒性、沉积钻屑生物降解时对氧气的消耗、埋藏及不同晶体颗粒的物理影响。

（4）现在很多的研究已报道了非水基钻屑的最初影响和环境的恢复。研究表明钻屑的排放对海底栖生物群落的影响十分局部和短暂。新型钻井液生物降解十分快，尤其是非水基钻井液浓度是低中等的时候生物降解十分得快。研究表明在排放钻屑的区域，停止排放后一年环境可恢复原貌。

（5）在北海，周围环境与排放颗粒形成了一个大的钻屑堆（在大规模的钻井作业周围大概达到 10m）。的钻屑以及吸附的钻井液延长了这些区域的环境恢复。

（6）在许多的海洋里基本不会形成大的、坚固的沉积堆。例如高速的水流可以冲蚀沉积物从而减少恢复时间，深水也可以加速钻屑的分散且减少最初形成的沉积堆高度。

（7）强化对钻屑排放前的处理减少了钻屑有机污染负荷，从而减少了沉积物的氧气消耗。钻屑处理的方法一是减少钻屑基础油的含量，二是增加钻屑的分散。

一些因素影响着非水基钻屑的排放可接受性，这些包括：

（1）现存的管理条例；

（2）排放区域的环境十分敏感；

（3）非水基钻井液的类型很特性（如生物降解性、毒性、生物体内的累积性）；

（4）排放钻屑的体积；

（5）处理的方法（如排放管的深度，排放前的预处理）；

（6）接收水周围的条件；

（7）周围环境吸收钻屑和基础油的能力。

在很多的环境区域，钻屑的排放现在是可被接受的处理方式，还在研究在排放前如何降低油含量的工艺，同时也正在研究如何改进和发现一套好的处理方式。

第十六节　废物减少与回收利用

壳牌 E&P（Satterlee 和 van Oort，2003）报道了在西哥湾如何减少废物数量的方法，壳牌发现了 26 种减少废物的策略。他们的策略口号是"减少、重新利用、再循环利用和处理"。他们利用固控技术，钻屑甩干技术和新的散料混合技术，使钻井液的使用量比原来减少

20%，文章详细描述了废物的类型和这些废物的处理方法。

减少对环境污染的另一个项目就是研究使用环保型钻井液(EFD)，休斯敦研究中心(HARC)和得克萨斯州全球石油研究组织(GPRI)正在做这个工作。环保钻井液通过低影响的钻井技术与新式轻钻机、现场污染物处理机构的结合，满足了钻井需求的优化系统，提供了好的途径来满足环境管理工作。环保型钻井液已经用于好几个项目，以下分别为各项目概况。

第十七节　小型钻机的特性

目前很多区域发现已使用新型低影响的钻井工艺，例如 Huisman 的 LOC250、LOC400 和美国国民油 VARCO 钻机。DOE 公司发明了微井眼钻探技术，明显降低了浅井、中深井勘探开发的成本。此处环保型钻井液的开发促进了非常规油气田的开采。Taxax A&M 和 M-I SWACO 两个公司合伙研发了一套盐水膜工艺用于现场废物处理，所有这些都在利润和现实可被接受的临界点。如果这些方面的投资减少，就不能满足公众与政府的环境要求，那么现在很多的非常规油气藏开发就变得无经济效益，或许将来开采更有经济效益。

第十八节　井场路

EFD 组织已经证实井场路和井场的选择是开采环境敏感地区的一个很重要的问题。自 2005 年起，EFD 已经证实了这点并发起了减少表面影响的研究，两个重要的项目都在专业研究这一工艺。

Halliburton 发起了一场井场路的广泛竞赛，产生了一种新的概念取代了以前的来来回回的从井场搬移材料。美国 Wyoming 大学联合国土管理部门以及主要油气生产上游公司提出的利用层垫、旋转路系统模型框架来减少井场路和井场的影响获得一等奖。这理念产生于美国格林河 PAPA 区域对土壤和野生动物保护的需求。在美国西部的佩科斯，UW 与 EFD 两个团队正在做一个新的道路低影响试验。他们正在研究如何重复利用道路材料。这个项目交付的成果是一份报告，报告描述了层垫道路系统并且含有发起做现场实验证明文件。此外，国际能源实验室的 TAMU 发明了一个新的沙漠敏感区域的有关道路低影响的方法。该项目设计并证实了低影响的油气田开发道路，所有这些获奖的项目总结都可以在低影响道路展示报道中找到(Pecos 研究测试中心)。

第十九节　氮氧化合物空气排放物研究

随着工业的发展，测量和控制氮氧化合物、高挥发性有机物、二氧化碳及其他温室效应的气体显得尤为重要。当前还对如何测量和控制这些挥发性物质没有指导方针。目前正在研究如何测量和控制氮氧化合物的指导方针。美国的得克萨斯州发明了一整套工艺来实施和减少氮氧化合物排放物。钻完井作业正在借用这种减少催化剂应用的指导方针、工艺到现场作业中。

第二十节 现场钻井废物的管理网站

美国能源部门投资，阿贡国家实验室连同 Marathon 与 Checron Texaco 两家公司发展了一个交互式的互联网，该网络提供大量的钻井废物管理方法工艺及公证信息。该网站由许多部分组成，例如有使用者熟悉的可选择方法的工艺描述模块，有总结现有的州和联邦有关管理钻井废物的模块，有展示各种成功应用的学习模块，有在各自的领域相互学习和鉴定废物处理管理方法的模块。这个信息系统让作业者很容易获得管理规则、废物处理方法、工艺及费用等多方面的信息，因此可以帮助他们选择一个最环保和最经济的工艺。另一个好处就是该网可以给正在准备起草钻井作业废物管理规范的国家提供最经济的、环保的、准确的废物处理方法，不局限于该国常用方法。该网站的网址是：Http：//web. ead. anl. gov/dwm/index. cfm.

第二十一节 新产品的研发和使用

Candler(2006)描述了石油工业经济平衡、钻井作业、健康、安全、环保等各方面的一种新的产品设计方案。他们讨论认为高标准的环保意识和严格的法律控制使得钻井液废物管理向更高的标准发展，他们展示了目前工业上用的新型的水基和合成基钻井液与钻井废物处理的工艺。

通常在非水基钻井液中的 $CaCl_2$ 盐含量也构成处理问题，Walker 等(2016)提出了一种新型非水基钻井液，使用的材料不特别，但提供了类似的活性水。氯化物也一样被甲酸盐、硝酸盐和各种多元醇等替代使用。

参 考 文 献

Arfie, M. , Marika, E. , Purbodiningrat, E. S. , Woodard, H. A. , 2005. Implementation of slurry fracture injection technology for E&P wastes at duri oilfield. In：SPE Paper 96543-PP, SPE Asia Pacific Health, Safety and Environment Conference and Exhibition held in Kuala Lumpur, 19-20 September.

API, 2009. Environmental Protection for Onshore Oil and Gas Production Operations and Leases, API Recommended Practice 51R, July 2009.

Brantley, L. , Kent, J. , Wagner, N. , 2013. Performance and Cost Benefits of Environmental Drilling Technologies：A Business Case for Environmental Solutions. Paper SPE-163559-MS, SPE/IADC Drilling Conference, 5-7 March, Amsterdam, The Netherlands. http：//dx. doi. org/10. 2118/163559-MS.

Candler, J. , Friedheim, J. , 2006. MISWACO, Designing environmental performance into new drilling fluids and waste management technology. In：13th International Petroleum Environmental Conference, San Antonio, TX, 17-20 October.

Candler, J. , Hebert, R. , Leuterman, A. J. , 1997. Effectiveness of a 10 day ASTM amphipod sediment test to screen drilling mud base fluids for benthic toxicity. In：SPE/EPA Exploration and Production Environmental Conference, Dallas, TX, March. Society of Petroleum Engineers, Inc. Richardson, TX.

Candler et al. , 1999. Predicting the potential impact of synthetic-based muds with the use of biodegradation studies. In：SPE/EPA Exploration and Production Environmental Conference, Austin, TX, 28 February-3 March.

Davies, J. M. , Bedborough, D. M. , Blackman, R. A. A. , Addy, J. M. , Appelbee, J. F. , Grogan, W. C. , et al. , 1989. The environmental effect of oil-based mud drilling in the North Sea. In: Engelhardt, F. R. , Ray, J. P. , Gillam, A. H. (Eds.), DrillingWastes. Elsevier Applied Science, London.

Environmental and Resource Technology Co. 1994. Assessment of the Bioconcentration Factor of Iso-Teq Base Fluid in the Blue Mussel, Mytilus edulis. ERT report 94/061. Report to Baker Hughes INTEQ, Houston, TX.

Friedheim, J. E. , Conn, H. L. , 1996. Second generation synthetic fluids in the North Sea: are they better? In: IADC/SPE Drilling Conference, New Orleans, LA, 12-15 March.

Growcock, F. , Andrews, S. , Frederick, T. , 1994. Physicochemical Properties of Synthetic Drilling Fluids. Paper SPE-27450-MS, presented at SPE/IADC Drilling Conference, 15-18 February, Dallas, Texas. http: //dx. doi. org/10. 2118/27450-MS.

Harris, G. , 1998. Toxicity test results of five drilling muds and three base oils using benthic amphipod survival, bivalve survival, echinoid fertilisation and Microtox. Report for Sable Offshore Energy, Inc. Harris Industrial Testing Services.

Honeycutt, 1970. Environmental protection at the line level this paper was prepared for the 1970 Evangelize Section Regional Meeting of the Society of Petroleum Engineers of AIME, Lafayette, LA, 9-10 November.

IOPG, 2003. Environmental aspects of the use and disposal of non aqueous drilling fluids associated with offshore oil & gas operations: Report No. 342, May 2003.

IPIECA, 2009. Drilling fluids and health risk management: a guide for drilling personnel, managers and health professionals in the oil and gas industry, International Association of Oil and Gas Producers, Report Number 396.

IOPG, 2016. Environmental fates and effects of ocean discharge of drill cuttings and associated drilling fluids from offshore oil and gas operations: Report No. 543 2016.

Kunze, K, Skorve, H. , 2000. Merits of Suspending the First Platform Well as a Cuttings Injector. Paper SPE-63124-MS presented at SPE Annual Technical Conference and Exhibition, 1-4 October, Dallas, Texas. http: //dx. doi. org/10. 2118/63124-MS.

Marika, E. , Uriansrud, F. , Bilak, R. , Dusseault, B. , 2009. Achieving zero discharge E&P operations using deep well disposal.

McAuliffe, C. D. , Palmer, L. L. , 1976. Environmental aspects of offshore disposal of drilling fluids and cuttings. In: SPE paper 5864-MS, Improved Oil Recovery Symposium, Tulsa, OK, 22-24 March 1976.

McKee, J. D. A. , Dowrick, K. , Astleford, S. J. , 1995. A new development towards improved synthetic based mud performance. In: SPE/IADC Drilling Conference, Amsterdam, 28 February-2 March.

Meinhold, A. F. , 1998. Framework for a Comparative Environmental Assessment of Drilling Fluids. Prepared for U. S. Dept. of Energy, Brookhaven National Laboratory, Upton, NY, BNL-66108.

M-I Drilling Fluids. 1995. NOVA System Technology Report.

OSPAR, 2016. Offshore Chemicals. http: //www. ospar. org/work-areas/oic/chemicals.

Rushing, J. H. , Churan, M. A. , Jones, F. V. , 1991. Bioaccumulation from mineral oil-wet and synthetic liquid-wet cuttings in an estuarine fish, fundulus grandis. First International Conference on Health. Safety and Environment, The Hague, 10-14 November.

Satterlee III, K. , van Oort, E. , 2003. Shell Exploration & Production Co and B. Whitlatch, Bulk Mixer Inc. Rig Waste Reduction Pilot Project. In: SPE/EPA/DOE Exploration and Production Environmental Conference, San Antonio, TX, 10-12 March.

Sipple - Srinivasan, M. Terralog Technologies USA, Inc. , 1998. U. S. regulatory considerations in the application of slurry fracture injection for oil field waste disposal. In: Prepared for the International Petroleum Environmental Conference (IPEC)'98, Albuquerque, NM, 20-23 October 1998.

USEPA, 2001. 40 CFR Parts 9 and 435〔FRL-6029-8〕RIN 2040AD14 Effluent Limitations Guidelines and New Source Performance Standards for the Oil and Gas Extraction Point Source. Federal Register 14. 22 January 2001.

Veil, J., Smith, K., Tomasko, D., Elcock, D., Blunt, D., Williams, G., 1998. Disposal of NORM Waste in Salt Caverns. Paper SPE-46561-MS presented at SPE International Conference on Health, Safety, and Environment in Oil and Gas Exploration and Production, 7-10 June, Caracas, Venezuela. http: //dx. doi. org/ 10. 2118/46561-MS.

Veil, J. A. SPE, Gasper, J. R., Puder, M. G., Sullivan, R. G., Richmond, P. D. et al., 2003. Innovative website for drilling waste management. Paper presented at the SPE/EPA/DOE Exploration and Production Environmental Conference in San Antonio, TX, 10-12 March.

Vik, E. A., Dempsey, S., Nesgard, B., 1996. Evaluation of Available Test Results from Environmental Studies of Synthetic Based Drilling Muds. OLF Project, Acceptance Criteria for Drilling Fluids Aquatema Report No. 96-010.

Walker, J., Miller, J., Burrows, K., Mander, T. Hoven, J., 2016. Nonaqueous, salt-free drilling fluid delivers excellent drilling performance with a smaller environmental footprint. In: SPE paper 178804-MS IADC? SPE Drilling Coference, Ft. Worth TX, 1-3 March.

Zevallos, M. A. L., Candler, J., Wood, J. H., Reuter, L. M., 1996. Synthetic-based fluids enhance environmental and drilling performance in deep water locations. In: SPE International Petroleum Conference and Exhibition of Mexico, Villahermosa, 5-7 March.

美国废物管制参考书目

Brasier, F. M., Kobelski, B. J., 1996. Injection of industrial wastes in the United States. Deep Injection Disposal of Hazardous and Industrial Waste: Scientific and Engineering Aspects. Academic Press, pp. 1-8.

CH2MHill, Inc., 1998. Tex-Tin Superfund Site, OU No. 1 Feasibility Study Report prepared for U. S. Environmental Protection Agency, Response Action Contract No. 68-W6-0036, March.

DeLeon, F., 1997. Personal communication between DeLeon, Railroad Commission of Texas, Austin, TX, and Srinivasan, M., Terralog Technologies USA, Inc., Arcadia, CA, October 8.

Dusseault, M. B., Bilak, R. A., Rodwell, G. L., 1997. Disposal of dirty liquids using slurry fracture injection. SPE 37907.

Dusseault, M. B., Danyluk, P. G., Bilak, R. A., 1998. Mitigation of heavy oil production environmental impact through slurry fracture injection. Paper Presented at the 7th UNITAR International Conference on Heavy Crude and Tar Sands, Beijing, 27 October.

Elliott, J. F., Henderson, M. A., Weinsoff, D. J., Polkabla, M. A., Demes, J. L., 1994. The complete guide to hazardous materials enforcement and liability. Prepared by Touchstone Environmental, Inc., Oakland, CA.

Hainey, B. W., Keck, R. G., Smith, M. B., Lynch, K. W., Barth, J. W., 1997. On-site fracturing disposal of oilfield waste solids in Wilmington Field, Long Beach Unit, CA. SPE #38255.

Louviere, R. J., Reddoch, J. A., 1993. Onsite disposal of rig-generated waste via slurrification and annular injection. SPE/IADC #25755.

Malachosky, E., Shannon, B. E., Jackson, J. E., 1991. Offshore disposal of oil-based drilling fluid waste: An environmentally acceptable solution. SPE #23373.

Marinello, S. A., Ballantine, W. T., Lyon, F. L., 1996. Nonhazardous oil field waste disposal into subpressured zones. Environ. Geosc 3 (4), 199-203.

Rutherford, G. J., Richardson, G. E., 1993. Disposal of naturally occurring radioactive material from operations on federal leases in the Gulf of Mexico, SPE 25940. Presented at the SPE/USEPA Exploration & Production Conference, San Antonio, TX, 7-10 March.

Schuh, P. R., Secoy, B. W., Sorrie, E., 1993. Case history: Cuttings reinjection on the Murdoch Development Project in the southern sector of the North Sea. SPE #26680.

Sipple-Srinivasan, M. M. , Bruno, M. S. , Hejl, K. A. , Danyluk, P. G. , Olmstead, S. E. , 1998. Disposal of crude contaminated soil through slurry fracture injection at the West Coyote Field in California, SPE 46239, Proc. West. Reg. Mtg. SPE, Bakersfield, CA, 10-13 May.

U. S. Department of Energy Office of Fossil Energy, Interstate Oil and Gas Compact Commission, 1993. Oil and gas exploration and production waste management: A 17-state study.

U. S. Environmental Protection Agency, 1988. Regulatory determination for oil and gas and geothermal exploration, development and production wastes. 53 Federal Register, pp. 25446-25459, 6 July.

U. S. Environmental Protection Agency, 1993. Clarification of the regulatory determination for waste from the exploration, development and production of crude oil, natural gas, and geothermal energy. 58 Federal Register pp. 15284-15287, 22 March.

U. S. Environmental Protection Agency/IOCC, 1990. Study of state regulation of oil and gas exploration and production waste, December.

Veil, J. A. , Smith, K. P. , Tomasko, D. , Elcock, D. , Blunt, D. L. , Williams, G. P. , 1998. Disposal of NORM - Contaminated Oil Field Waste in Salt Caverns, August 1998. Argonne National Laboratory.

附录 A　单位转换

表 A.1 给出了将一些常见美制单位转换为公制单位(cm，g，s)和国际单位(m，kg，s)的方法。使用相对应单位的好处是在编写方程式时，美制单位不需要单独转换。但是，现场一些美制单位转换为相应的国际单位会导致数字变大或变小。表 A.2 给出了一些在钻机上可能使用更方便的转换系数。

国际单位系统包括两个新单位——牛顿(N)和帕斯卡(Pa)。牛顿是绝对力的单位，定义为米·千克每秒平方($m \cdot kg/s^2$)，通过重力乘以千克获得常数，$9.806 m/s^2$。帕斯卡是定义的绝对压力单位，每平方米 1 牛顿(N/m^2)。

国际单位系统和各种转换的完整说明可以参考 SPE 网站(http：//www.spe.org/industry/unitconversion-factors.pHp)和 PetroWiki 网站(http：//petrowiki.org/Recommended_ SI_ units_ and_ conversion_ factors/rel51)。

表 A.1　常用美制单位转换为公制和国际单位

美制单位	公制单位	美制单位转公制单位系数，CGS	国际标准单位	美制单位转国际单位系数
桶，42gal(bbl)	立方厘米，cm^3	1.589×10^3	立方米，m^3	1.589×10^{-1}
立方英尺，ft^3	立方厘米，cm^3	2.831×10^4	立方米，m^3	2.831×10^{-2}
英尺，ft	厘米，cm	30.48	米，m	3.48×10^{-1}
英尺/分，ft/min	厘米/秒，cm/s	0.5080	米/秒，m/s	5.080×10^{-3}
英尺水柱(39.2℉)[①]	$Dyne/cm^2$	2.989×10^4	帕斯卡，Pa	2.989×10^3
英尺/秒，ft/s	厘米/秒，cm/s	30.48	米/秒，m/s	3.048×10^{-1}
加仑/gal	立方厘米，cm^3	3.785×10^3	立方米，m^3	3.785×10^{-3}
加仑/分，gal/min	立方厘米/秒，cm^3/s	63.09	立方米/秒，m^3/s	6.309×10^{-3}
英寸，in	厘米，cm	2.54	米，m	2.54×10^{-2}
密耳，in^{-3}	厘米，cm	2.53×10^{-3}	米，m	2.54×10^{-5}
磅	克，g	453.6	千克，kg	4.536×10^{-1}
磅，lb[②]	dyne	4.448×10^5	牛顿，N	4.448
磅达[②]	dyne	1.382×10^4	牛顿，N	1.382×10^{-1}
磅/桶，lb/bbl	g/cm^3	2.854×10^{-3}	kg/m^3	2.854
磅/立方英尺，lb/ft^3	g/cm^3	0.01602	kg/m^3	1.602×10^1
磅/加仑，lb/gal	g/cm^3	0.1198	kg/m^3	1.198×10^2
磅/平方英寸，psi	$dyne/cm^3$	6.895×10^4	帕斯卡，Pa	6.895×10^3
psi/ft	$dyne/cm^2/cm$	2.262×10^3	帕斯卡/米，Pa/m	2.262×10^4

续表

美制单位	公制单位	美制单位转公制单位系数，CGS	国际标准单位	美制单位转国际单位系数
磅/100平方英尺，lb/100ft²	dyne/cm²	4.788	帕斯卡，Pa	4.788×10⁻¹
平方英寸，in²	平方厘米，cm²	6.451	平方米，m²	6.451×10⁻⁴
平方英尺，ft²	平方厘米，cm²	9290	平方米，m²	9.29×10⁻²

①表示在 39.2℉(14℃)条件下水的比重为1，一英尺高的水柱静止压力为 0.433lb/in²(psi)。

②美国体系中的重量单位是磅(lb)。力的单位是由磅定义为磅除以引力常数 32174ft/s²。这些术语在本表中用于避免在英镑和磅(力)的混淆。

表 A.2　现场常用美制单位转换为国际单位

名称	原单位	国际标准单位	符号表示	转换系数
井深	英尺	米	m	0.3048
井眼、钻具、钻头尺寸	英寸	毫米	mm	25.4
钻压	磅	十牛顿	daN	0.445
水眼尺寸	英尺/32	毫米	mm	0.794
机械钻速	ft/h	米/小时	m/h	0.3048
体积	桶 API	立方米	m³	0.159
泵排量	加仑/冲	立方米/冲	m³/stroke	0.00378
	加仑/分	立方米/分	m³/min	0.00378
	桶/冲	立方米/冲	m³/stroke	0.159
	桶/分	立方米/分	m³/min	0.159
环空上返速度	英尺/分	米/分	m/min	0.3048
尾管长度、直径、压力	英寸	毫米	mm	25.4
	psi	千帕	kPa	6.895
		兆帕	MPa	0.006895
膨润土产量	桶/吨	立方米/吨	m³/t	0.175
粒径	微米	微米	μm	1
温度	华氏度	摄氏度	℃	(℉-32)/1.8
钻井液密度	磅/加仑	千克/立方米	kg/m³	119.83
钻井液梯度	psi/英尺	千帕/米	kPa/m	22.62
漏斗黏度	秒/942 毫升	秒/升	s/L	1.057
表观、塑性黏度	厘泊	毫帕·秒	mPa·s	1
动切力	lb_f/100ft²	帕	Pa	0.4788(现场为0.5)
静切力	lb_f/100ft²	帕	Pa	0.4788(现场为0.5)
滤饼厚度	1/32 英寸	毫米	mm	0.794
失水量	毫升	立方厘米	cm³	1

续表

名称	原单位	国际标准单位	符号表示	转换系数
MBT 膨润土含量	磅/桶	千克/立方米	kg/m^3	2.85
材料浓度	磅/桶	千克/立方米	kg/m^3	2.85
剪切速率	倒数秒	倒数秒	s^{-1}	1
扭矩	英尺磅	牛顿米	$N \cdot m$	1.3558
转速	转/分	转/分	r/min	1
离子质量浓度	百万分之一	毫克/升	mg/L	1

注：（1）"$\theta_{物质}$"将砂、固相和油含量表示为体积分数，例如按体积12%的固相为"$\theta_{固相} = 0.12$"。

（2）来源：Courtesy Baroid of Canada，Ltd. 。

附录 B　缩略词

AADE	美国钻井工程师协会
AAPG	美国石油地质工程师协会
AICHE	美国化学工程师学会
AIME	美国矿业，冶金和石油工程师学会
API	美国石油学会
AATM	美国材料试验学会
AAPG Bull	美国石油地质工程师协会公报
Am. Ceramic Soc. Bull	美国陶瓷协会公报
Am. Chem. Soc.	美国化学学会
Amer. J. Sci.	美国科学杂志
Am. Mineralogist	美国矿物学家
API Drill. Prod. Prac	API 钻井和生产实践
Baroid News Bull.	百劳德新闻公报
Bull. Univ. Illinois	伊利诺斯大学学报
Can. Oil Gas Indust	加拿大石油天然气工业
Clays Clay Minerals	全国黏土矿物论文集
Conf. Drill. Rock Mech.	钻井和岩石力学会议
Disc. Faraday Soc	法拉第学会讨论
Drilling Contract	钻井承包商
Eng. Min. J.	工程和采矿杂志
IADC	石油钻井承包商协会
Ind. Eng. Chem	工业和工程化学
J. Amer. Ceramic Soc	美国陶瓷工业协会杂志
J. Amer. Chem. Soc	美国化学工业协会杂志
J. Appl. pHys	应用物理杂志
J. Boston Soc. Civil Eng	波士顿土木工程师学会杂志
J. Can. Petrol. Technol.	加拿大石油技术杂志
J. Chen. Ed.	化学教育杂志
J. Colloid Interface Sci.	胶体表面科学杂志
J. Franklin Inst.	富兰克林学会杂志
J. Inst. Petol.	石油学会杂志(伦敦)
J. Petrol. Technol.	石油技术杂志
J. pHys. Chem.	物理化学杂志
J. Rheology	流变学杂志

J. Soc. Cosmetic Chem	化妆品化学家协会杂志
J. Wash. Acad. Sci.	华盛顿科学院杂志
Kolloid Z.	Kolloid Z.
Mining Eng.	采矿工程
Nat. Sci. Foundation	自然科学基金会
Nature	自然杂志(伦敦)
Oil Gas J.	石油与天然气杂志
Petrol. Eng.	石油工程师
Proc. API	API 会议记录
Proc. ASTM	ASTM 会议记录
Proc. International Soc. Rock Mech	国际岩石力学学会会议记录
Proc. Symp. Abnormal Subsurface Pressures	异常地下压力研究会议记录
SPE	石油工程师学会
Soc. Petrol. Eng. J.	石油工程师协会杂志
Soil Sci.	土壤科学
Symp. On Formation Damage Control	地层伤害控制研讨会
Symp. Rock Mech	岩石力学研讨会
Trans. AIME	AIME 学报
Trans IADC. Drill. Technol. Conf.	IADC 钻井技术学报
Trans. Faraday Soc.	法拉第协会学报
Trans. Inst. Chem. Eng	化学工程师协会学报(伦敦)
Trans. Ming and Geological Inst of India	印度矿业与地质学报
U. S. Bur. Mines	美国矿务局
U. S. Geol. Survey Bull	美国地质调查局公报
World Petrol Cong.	世界石油大会

附录 C　钻井液技术的发展

附录 C 涵盖了许多传统钻井液体系。其中一些体系可能仍在使用中，特别是石灰石和所有油性沥青都是非水性的钻井液。由于硅酸盐钻井液在 20 世纪 30 年代后期首次使用，它们可能被称为传奇系统，但适应现代应用程序使它们成为主流体系。第 9 章介绍了硅酸盐体系井眼稳定性。以下内容来自第 6 章第 2 节，其中大部分来自沃尔特罗杰斯的第三版，被称为油井钻井液的组成和性质(1963)。

第一节　水基钻井液技术

一、钻屑的清除

如果钻井液定义为一种用来协助设备工具进行钻眼的材料的话，那么早在石油工业之前就有了钻井液的应用。当今钻井液仍然是以水基作为体系基础，而公认的钻井历史权威 J. E. Brantly 推断在 3000 年前埃及的采石场使用手动旋转钻头方式钻成 20ft 的井时，可能就是用水清除这些井的井筒钻屑的。

中国早于公元前 600 年战国孔子时代，即周朝的早期(前 1122 年至前 250 年)在中国川南自贡地区已经钻了许多几百英尺深，为取卤水、天然气的卤水井(图 C.1)，当时就注入水以软化岩层并协助清除钻屑。

在顿钻钻井中钻屑是用捞砂筒进行清除的，而 Robert Beart(1844)在英国一项专利提出一种用旋转中空钻杆钻井的方法，用水作为循环介质将切削的钻屑带走。同时法国的 Fauvelle(1846)将水通过一根中空钻杆泵入井内并把钻屑带至地面。P. Sweeney(1866)收到一份叫作"石头钻进"的美国专利，这个专利显示了今天旋转钻机的许多特征，包括水龙头，转盘旋转及牙轮钻头(图 C.2)。在 1860—1880 年发表的几个美国专利都提到用钻井液清除钻屑。

二、井眼稳定(造壁性)

1887 年，Chapman 提出一项美国专利——"一股水流及一定量的胶质物来冲洗掉在套管里的岩心并沿着套管的外面形成一不渗透的壁"。他建议使用的胶质物是黏土、糠粒料及水泥。此处可以看出钻井液另外一个作用：使井壁涂层，从而减少坍塌倾向。

19 世纪 90 年代期间在得克萨斯州与路易斯安那州的许多井都是用旋转钻井方法钻的，而且通常是用黏土造壁。在薄弱地层司钻熟悉用黏土造壁稳定井眼的方法。布兰特利于 1971 年所著的综合性"油井钻井史"回顾了这个时期的各项发展，除黏土之外没有提到使用其他胶体材料。

1901 年在 Spindletop 发现石油后，旋转钻井方法迅速地在海湾(墨西哥湾)沿岸及加利福尼亚地区普及，与此同时，胶结不良地层的井眼不稳定问题也引起了注意。

图 C.1 早期中国钻井

图 C.2 1866 年 Sweeney 转钻井
已具备当代旋转钻机的特点

在海湾沿岸的井内黏土都是造浆性强的强黏土，然而在加利福尼亚经常把由表层沉积的黏土与水混合来造壁。尽管当时大多数的钻井液是由钻工使用铁锹进行搅拌混合，但是已经有了一些辅助性的混合装置(图 C.3)，当时对钻井液的性质在"重"与"稠"方面也有了重视。

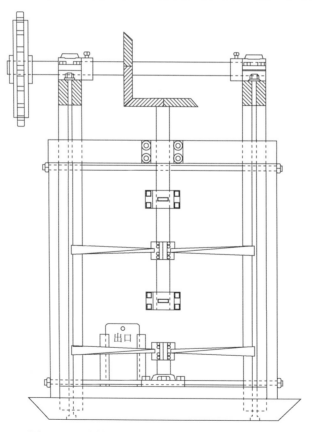

图 C.3 这种钻井液搅拌器在 20 世纪被短暂使用，
与今天的搅拌器作用相同(FromGray 和 Kellogg，1955)

三、用钻井液密度进行压力控制

在早期使用顿钻钻井的俄克拉荷马州，面临的一个严重问题是天然气的巨大浪费，从而利用钻井液充满井筒的方法来控制压力。在1913年的5月，美国矿务局的Pollard与Heggem提出了一种试验方法，即在使用顿钻钻井过程中将钻井液充满井筒以封闭每一个钻遇的气层。在1916年Iewis和McMurray一项更准确的研究中指出钻井液就是一种"在水中将黏土矿物质足够分散的混合物，并且能够与砂岩、石灰和类似的岩性钻屑相分离。"钻井液的密度范围为1.05~1.15g/cm³，而且钻井液的稠度应该可以封堵微渗透性的砂岩，侵入深度取决于钻井液的稠度、实际压力及砂岩的孔隙度。侵入砂岩的这个界面能够保持井筒钻井液的大部分压力。使用钻井液的好处有：(1)减少套管层数；(2)在钻进过程中保护上部砂层；(3)防止套管间的运移；(4)可以回收套管；(5)防止套管受到腐蚀。这项关于钻井液的性质和作用说明了钻井液在钻井中的经济重要性。

当时，大部分的司钻都忽略了钻井液在井控中的重要性。在1922年，Stroud(圣路易斯安娜自然保护区矿物部负责人)写到"他们根据钻井液的稠度钻井而不是密度"，他指出在该地气田钻井应该更关注的是钻井液密度而不是稠度，钻工应该经常测量钻井液密度，在该气田钻井的成功取决于是否使用重钻井液来控制气层压力。

Stroud根据实验室研究，提出使用水泥、铅矿及铁矿粉对钻井液进行加重。铁矿粉可以在不增加稠度的情况下使钻井液密度增至16lb/gal(1.86g/cm³)，并且在几个油田都成功使用了铁矿粉。在1922年的秋天，开始使用重晶石作为加重材料，而当时使用的是来自密苏里的颜料用重晶石。

四、钻井液工业的诞生

在石油钻井中大量使用重晶石引起了当时国家铅公司的子公司，即以重晶石为涂料行业生产商颜料化工有限公司销售经理pHillip E. Harth的兴趣。Stroud先生(1926)接受Harth先生提供的建议，得到独家销售钻井液加重材料的许可。从密苏里州的圣路易斯工厂加工的油漆级重晶石被以Baroid®的品牌出售给石油业。

一家以黏土生产与销售为主，位于堪萨斯城(密苏里州)硅产品公司，即加利福尼亚塔克公司，取得了以Aguagel®商标膨润土的代理。1928年在加利福尼亚州Kettleman Hills地区一口坍塌事故井处理中使用Aguagel取得了成功，使得膨润土在解决井眼问题中广泛使用。1929年，为配置比黏土钻井液更重的钻井液，加利福尼亚塔克公司开始出售一种叫"Plastiwate"的产品，大约含有95%的重晶石与5%的膨润土混合物。1935年，pHillip Harth已注意到在某些钻井液里矿物的沉积问题并申请了(在斯特劳德专利里揭示的)作为重矿物悬浮剂的膨润土。加利福尼亚塔克公司根据专利内容，在1931年3月1日的石油工业杂志上声明同意中断Plastiwate的销售，由商标为Baroid的Baroid销售公司(国民铅公司的一个分公司)通过除路易斯安那、密西西比、新墨西哥与得克萨斯州以外其他各地的批发商进行销售，在上述四个州，Pedan公司作为代理。Aquagel基本上由Baroid销售公司负责全世界各地油田的销售。加利福尼亚塔克公司的前总裁George L. Ratcliffe变成了Baroid销售公司的总经理，多年后该公司又变成了NL工业集团有限公司的Baroid分公司，现在成为了Halliburton旗下的钻井液服务公司。

大约在 1930 年，T. B Wayne 引入第一个钻井液稀释剂 Stabilite® 的专利。这种产品是栗树皮提取液与铝酸钠的混合物，稀释的钻井液在不降低密度条件下分离气体从而使钻井液的密度进一步增加，几年后该产品加入了脱水磷酸盐的成分。

Baroid 销售公司作为指导司钻如何正确使用钻井液材料的公司，做出"有经验的油田工程师和机构在任何时候都要协助解决钻井液问题"，并在公司的出版物《钻井液》上报道了现场应用实例实例以及试验室研究结果。1931 年第一期上把 Aquagel 与当地的黏土进行了比较，指出了能产生一定的黏度(用斯氏黏度计测量)所需要的黏土重量，黏土的相对特性是以"屈服值"来表示，单位 bbl/t。以后出版的《钻井液》是有关评估钻井液特性的方法与仪器，并强调了胶体黏土在钻井液特性里的重要作用。

密苏里州圣路易斯 George F. MepHam 公司采用 Stroud 专利销售钻井液的加重材料铁矿粉 Colox® 和膨润土 Jelox®。这些产品如所有 Baroid 销售公司出售的其他产品一样在钻井热点地区通过当地批发供应油田建筑材料(如木材与水泥)或钻井设备的供应商买到。

随着其他钻井液添加剂的投入应用，Baroid 销售公司、MepHam 公司与当地的许多黏土粉供应商相比，不仅通过所有主要油田的批发商提供有商标名称的产品，而且提供钻井液工程师的咨询服务。多年后，许多供应厂家进入了钻井液服务市场，并且直接销售给用户而不靠当地的批发商。但是，钻井液产品的主要供应商继续提供各种现场与试验室服务。钻井液工程师仍然作为传播有关钻井方法与钻井液技术发展的媒介。

五、钻井液工业的迅速发展

自 1915 年加利福尼亚油气作业分公司成立以后，虽然在石油工业里工程师的数量增加了，但是工程师们通常关心的只是采油，而很少注意到钻井。然而，在加利福尼亚油田总结里多次报道了使用钻井液的技术研讨，而其中的某些文章在石油工业的出版物上多次重印。

1923—1924 年，Knapp 开始对井眼的造壁机理进行研究，发现钻井液的固相颗粒即使在大于 2000psi 的压力下也不会穿透砂层而只会产生滤失作用在砂岩表面外形成一个覆盖层，如图 C.4 所示。

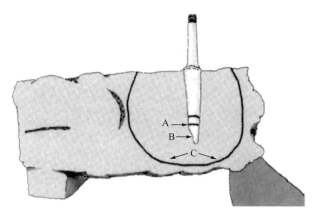

图 C.4　显示在砂岩上形成滤饼的室内试验

A 为喷嘴底部；B 为钻井液在井壁上的覆盖层；C 为从钻井液在砂岩上形成滤失范围[FromKirwan(1924)，Oil Weekly.]

在含油砂层，这种由钻井液侵入在井壁上形成的滤饼既影响了钻井的油气显示也给采油造成了困难。因此开始认识到钻井液的负面作用，即对油气显示录井和后期完井的影响。虽然现场处理钻井液的各种问题与方法开始受到一定的重视，但在大多数地区，一般的作业方并不重视钻井液技术，只是参考个别司钻的意见与经验，其结果可想而知。所以开始根据矿产业，在某些钻井较为集中的中心地区建立了的钻井液回收处理厂。

20 世纪 20 年代后期，几个主要的大石油公司开始研究钻井方法与采油方法。钻井液主要由化学家进行研究，被认为是一种悬浮胶体并被列为一项研究的题目，强调黏土的胶体性质。当黏土的悬浮流动停止时，胶凝结构的出现被认为是一种理想的特性。怀俄明州膨润土的优良造浆性能被广泛地接受。

研究钻井液的化学工程师采用了陶瓷工业上试验黏土悬浮性方法的一些仪器，如麦克迈克尔及斯氏黏度计(图 C.5)。然而一些在陶瓷工业上有用的稀释剂如火碱与硅酸钠通常在钻井液里不起作用，而各种天然丹宁的碱性溶液、焦磷酸盐及聚磷酸盐比较适合。

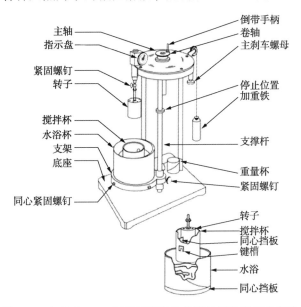

图 C.5　大约在 1930 年用于测量钻井液黏度的斯氏黏度计

1931 年，Marsh 马氏提议用一个简单漏斗来测量现场钻井液的表观黏度。1932 年，Herrick 强调了钻井液与其他流体在流动特性上的明显不同。他指出用斯氏黏度计测量的视黏度不能用来评估泵送钻井液所需要的立管压力，而是需要使用压力射流黏度计进行测量。

在 20 世纪 30 年代早期，钻井设备的革新带动了钻井液在钻井特性方面作用的研究，美国石油学会采油分会及美国矿业与冶金工程师学会石油分会的地方及全国性会议都给予发表有关钻井液论文的机会。石油技术协会特里尼达德分会在该地区举行了钻井液实践发展的座谈会。在《Oil Weekly》《The Oil & Gas Journal》及《The Petroleum Engineer》上刊登了许多在美国石油学会及美国矿业与冶金工程师会议上有关钻井液课题方面的论文。

在 1933 年第一届的世界石油会议上发表了 5 篇钻井液论文。在 1930—1934 年 4 年间所发表的钻井液论文要比自 Corsicana(得克萨斯州)油田在 1890 年用旋转法钻井以来 40 年里所发表的钻井液论文还要多。1936 年出版第一本名为《钻井液配置和试验》的书籍，作者 Evans 与 Reid 不仅提出有关钻井液的重要论文，而且给出了许多科学文献里出版的有关参考文献。在它们的钻井液研究里，还回顾了由 Burmah 石油公司获得的室内研究与现场应用结果。

尽管已指出在钻井液问题与许多钻井难题之间的相互关系,如坍塌地层(通常叫作"膨胀页岩")、高压气层及盐水流动、分层盐层,但很少注意到滤饼堵塞作用给采油造成的伤害。加利福尼亚的采油者们关心油砂层被泥封住,因此美国石油学会的钻井实践委员会于1932年安排了专题讨论会。Rubel指出"在加利福尼亚州由于油砂层伤害造成数百万桶石油无法弥补的损失"。Farnham对砂层的钻井液滤失实验室试验指出滤饼的厚度从膨润土钻井液的1/16in(1.587mm)增至普通的现场钻井液的1ft(25.4mm)。Gill提出在墨西哥湾沿岸的砂岩岩心试验证明钻井液或滤饼进入砂岩很浅,从而得出结论:除非是未经滤失的水影响原油的流动,否则"适当比例的钻井液"对地层的伤害很小。Parsons报道在未固结的砂层里钻井液可吃入1ft,而钻井液的痕迹可达几英寸的深度。

Rubel先生开始了联合石油公司的一项滤饼形成及滤失液进入造砂岩岩心的研究。Jones与Babson报道试验是在高达4000psi(280kg/cm²)的压力及高达275℉(135℃)的温度下做的。几种现场钻井液的滤失特性有着明显的不同。这方面的立即使用并没有指导避免生产量伤害的直接应用,但却指导了井眼稳定性试验,指出当存在与地层坍塌有关的问题时,滤饼较厚且滤失较大。当这些钻井液滤失小且滤饼薄时,井下复杂就大大削弱。但是试验室的滤失设备不适于用在现场。后来在1937年,Jones发明了一种简单结实的适合于现场应用的仪器。如图C.6与图C.7所示的这台滤失测量仪改进就很小,它一直被用在现场对钻井液性能进行日常的评价。滤失仪对于帮助钻井液工程师把钻井液的物理性能与特定的井眼问题联系起来无疑是一个很有用的工具,滤失这个题目将在书第六章介绍。

图C.6　静失水仪

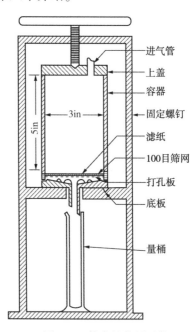

进气管
上盖
容器
固定螺钉
滤纸
100目筛网
打孔板
底板
量桶

3in
5in

图C.7　静态性能测试仪

尽管开始在钻井液密度对控制压力取得了一般性的认识,但井喷事故仍然经常发生。比如在得克萨斯州的墨西哥湾沿岸的Conroe油田,虽然地层压力为正常压力,但却发生了几起灾难性的井喷事故。Humble石油与炼制公司(现为埃克森)的工程师对这一问题进行了研究,指出井喷与起钻之间有关联,尽管此时的钻井液柱压力要大于井底地层压力。在1934

年的一项现场研究里通过把井下的压力表装在钻杆的底部或者在起钻时留在井内，Gannon 发现具有高切力的钻井液在抽吸作用下造成液柱压力降低而发生井喷。抽吸作用不取决于钻井液的表观黏度，也不取决于密度，而只取决于钻井液静止时切力，钻杆长度及环空间隙大小也是重要的因素。解决这个问题的方法是尽量使用低切力、低触变性的钻井液，在井上经常测量钻井液静切力值对井控是重要的。

有几位研究者强调了在钻井液特性里胶质黏土形成胶体的重要性。在低黏土浓度下胶体结构的建立是胶性的表征。在现场滤失仪能作为一种仪器使用之前，没有实际的办法来评估胶体分散情况。由于滤失特性取决于悬浮液内胶体的分散情况，所以在钻井液技术的发展当中测量滤失性具有重要作用。

随着各种钻井液性能测量仪器及各种测量方法的引入并取得了统一认识，1936 年，美国石油学会采油分部的休斯敦分会开始统一各种方法的研究，这个研究报告使得 API(美国石油学会)规范第 29 章。推荐的试验钻井液的标准现场方法经过多年的应用，钻井液材料标准化委员会又做了许多内容上的增加与修正。现在 API RP 13B 这个标准多次重印，页数从最初 1938 年的 6 页增加到 1978 年的 33 页。

由于认识到钻井液与钻井问题的关系，继而认识到在钻井现场需要对钻井液进行更好的监督。美国油井钻井承包商在得克萨斯大学的石油推广服务机构协助钻井人员进行培训。约 1945 年在 John Woodruff 的督促下，一本叫作《钻井液控制原则》的培训手册在 1946 年出版并作为教材在钻井活跃地区对现场人员进行培训。1950 年钻井液的 API 西南地区研究委员会在 J. M. Bugbee 的指导下承担手册的制定责任，并编写了 8 至 10 版(1951—1955 年)，而 11 版(1962)是由 H. W. Perkins 编辑的，第 12 版(1969)是由 W. F. Rogers 编辑的，该书已成为千万钻井液从业人员的基础教材。

六、钻井液体系的发展

(1)盐水钻井液体系。

根据早期的室内研究及现场应用，已经证实在淡水中膨润土是最佳的提黏和降滤失材料。但是随着溶解盐的增加，膨润土水化和降滤失作用越来越差。为了提高盐水钻井液的黏度，大量的水化膨润土被加进去，但是短时间后就会失效。

Cross 兄弟发现在东南乔治亚州与西北佛罗里达州采出的凹凸棒石膨润土可以忽略含盐量的高低，提高盐水钻井液的黏度。尽管这种黏土大大提高了盐水钻井液的岩屑的携带能力，但钻井液的造壁性能仍然不好，在渗透性较好的地层上形成的厚滤饼常造成卡钻及页岩坍塌。这些研究在西得克萨斯州 Permian 盆地的盐层钻进中防止了复杂的发生。

对盐水钻井液滤失的试验室研究催生了 1939 年对黄蓍胶及胶质淀粉的现场试验，现场经验证实了试验室试验的结果，即大大降低了滤饼厚度(图 C.8)。这样与厚滤饼有关的问题，即卡钻及套管下不到井底的问题基本都解决了。在美国，因为到处都可以得到低成本的淀粉，因而排除了考虑进口材料，并且认为含盐的淀粉钻井液是盐层钻井问题的一种经济解决办法，使用淀粉作为控制盐水与淡水钻井液滤失的方法被很快地推广应用。

(2)抑制页岩膨胀的钻井液体系。

20 世纪 20 年代初期，沿着海湾也岸的刺穿型盐丘钻井中，膨胀页岩的问题常常导致未钻达目的层时井眼就报废。"膨胀页岩"可用于任何种类的，剥落过量落于井内的页岩影响

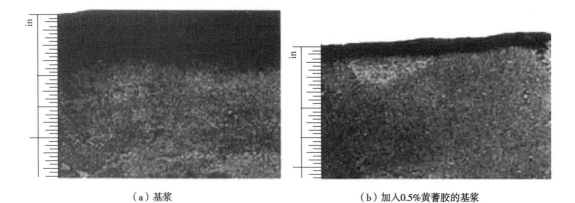

（a）基浆　　　　　　　　　　（b）加入0.5%黄蓍胶的基浆

图 C.8　黄蓍胶对滤饼厚度的影响(20%的 Shafter 湖黏土在盐水中的滤饼)

了钻井的正常施工。一般过去认为这个术语描述的仅仅是这一种现象而不是指一种岩性，这些页岩存在水敏性，而另外一些页岩水化后不是膨胀而是破碎。由于页岩取样困难，在很多试验中都用膨润土压样替代，从而忽略了很多页岩的自有特性(见第八章)。因此，为了防止膨润土的膨胀，或者采用盐水基，或者采用油基。

发表于 1931 年的一份专利提出使用溶解的盐水来减低钻井液与井内页岩的渗透压，在随后的几年里，曾多次尝试使用氯化钙、氯化锌、氯化钠和硝酸钠，但没有取得成功。得克萨斯公司的 Vietti 和 Garrison 在 1939 年进行了抑制页岩膨胀的研究，基于室内研究，在 Mound 区块试验了硅酸钠体系并申请了 7 项专利。这些专利宣称硅酸钠水溶液的钻井液能够抑制页岩的膨胀，硅酸钠具有不同的饱和度，能够配置不同溶解度的水溶液。直到 1945 年间，很多复杂井都使用了硅酸钠体系钻井液。1953 年，Rogers 用了一章来讲述该体系钻井液，而 1963 年他却很少提及硅酸钠体系，是因为之后很多体系的钻井液被成功应用解决页岩膨胀问题。

（3）高 pH 值钻井液体系。

20 世纪 30 年代，钻井液使用最广的稀释剂是栎树皮的提取物。从南美硬木树上获得的植物性丹宁，溶解在火碱里表现为深红色。高浓度的荷性—栎树皮提取物的溶液所制备的高 pH 值钻井液对页岩钻进有很理想的特征，特别是其低胶凝强度及对页岩固相的巨大容限。从高 pH 的红钻井液生成的红石灰钻井液或石灰钻井液从 1943 年到 1957 年一直是海湾地区使用最广泛的钻井液，至今仍然在使用改进了成分的此种钻井液。

石灰钻井液的起源尚不清楚。作为一个特殊体系，石灰钻井液似乎是在使用水泥与硬石膏钻进之后由观察到的红色钻井液改进特性后进化时来的。尽管 Rogers 把石灰钻井液开始的使用归于在东得克萨斯州 1943 年进行的石膏钻进。Cannon 提出在路易斯安那沿岸 1938 年间有目的地向红钻井液里添加胶质材料。不管是什么样的介绍，随着石灰钻井液在整个海湾地区的广泛使用，每口井的改进主要都是通过调整石灰、烧碱、稀释剂与滤失控制剂浓度的方法来调整钻井液的性能。随后，木质素磺酸钙与褐煤作为稀释剂又在很大程度代替了栎树皮提取物，而通常称为 CMC 的滤失控制剂又优于淀粉。

（4）混油乳化钻井液体系。

在海湾沿岸开始采用石灰钻井液的时候，混油乳化钻井液已经被认识到是一种更好的钻井液体系。在早期混油是用来解卡和下套管前润滑防卡的，1934—1936 年俄克拉荷马城油田的司钻为了防止卡钻开始在钻井液里混油,并且该地区一位钻井承包商提出在钻井液里混油可以提高机械钻速。

在 1950 年的时候已经报道了许多现场使用油乳化钻井液取得良好经验,说明美国石油学会西南地区钻井液研究委员对这个研究课题的兴趣。总之原油或者提炼油乳化后混在钻井液里有很多的作用,钻速与钻头寿命的提高以及井下复杂的减少证实了混油乳化钻井液的能够降低扭矩、预防卡钻、防止钻头泥包、降低井径扩大率。配置与维护混油乳化钻井液较通常水基钻井液简单,而且对电测和录井没有影响,对产量也有提高。混油乳化钻井液受到钻井液其他材料的影响,如木质素磺酸盐、褐煤复合物、淀粉、CMC 或膨润土,或者表面活性剂。美国石油学会中部大陆钻井液研究委员会报道了在所有水基土相钻井液中取得的效果。

(5)抗高温深井钻井液体系。

经过石灰处理的钻井液要比前期没有任何处理过的钻井液更优越,它们在钻厚页岩层时维护成本较低,而且抗盐、硬石膏及水泥的污染能力较强。在用熟石灰将钠土处理成为钙土时就会出现这些优点。但随着井深的增加,在井底高温下,那些特别是高密度钻井液,在井底钻井液因没有循环而变得过分黏稠,长时间加热老化后固化。研究指出这种固化是由于石灰与钻井液内硅质成分作用的结果。为了减少伴随高温对强碱性石灰钻井液影响而产生的问题,提出钻井液成分里碱性要小,从而受高温的影响也就越小。大约在 1956 年,德士古公司引入了页岩控制钻井液,其目的是在钻井液里维持高的钙离子浓度并在钻井液滤液里维持一个经控制的碱性而达到页岩的稳定作用。一种预先混合的含有氯化钙、石灰与木质素磺酸钙的产品提供所需要的化学介质。

飞马石油公司研究了一种页岩稳定的不同方法。为了克服石灰处理钻井液的温度限制以及为了降低由于非离子活性剂(一种 30 克分子酚的乙烯氧化物化合物)的吸附作用而产生的黏土膨胀与分散,设计了一种钙活性剂钻井液。活性剂产生的黏土聚集作用由石膏的添加而得到补充,羧甲基纤维素作为降滤失剂。如果温度高到使 CMC 不经济时,则钙离子浓度下降;添加盐这样的体系就变成一种钠活性剂钻井液,并使用聚丙烯酸酯来控制滤失。一种混有消泡剂的活性剂水溶液以 DMS 商标出售,DMS 对高温钻井的钻井液来说是一种明显有用成分。

当石灰钻井液在钻厚层段页岩及高温地层方面得到广泛应用时,石膏处理过的钻井液在加拿大西部作为硬石膏钻井的手段而被采用。这种石膏钻井液是向分散在淡水里的膨润土添加硫酸钙制备而成的。淀粉或 CMC 添加进去以降低滤失速率。石膏钻井液的性能受盐与硬石膏的影响很小,但由于它能很快形成胶凝结构,这种钻井液不适页岩地层和高压地层。用水稀释是石膏钻井液稀释的唯一实用方法,需要用木质素磺酸钙及丹宁来增加 pH,而这样事实上就转化成石灰钻井液了。

Gray King 与 Carl AdolpHson 解决了控制石膏钻井液流动性质的问题。他们还研究了从亚硫酸废液里制备铁、铬、铝与铜的木质素磺酸盐的方法。一种叫作 Q-BROXIN 的铁铬木质素磺酸盐具有稀释石膏钻井液及含盐钻井液的特殊作用。1955 年 Roy Dowson 把 Q-BROXIN 引到油田的钻井上来。1956 年 6 月,第一个钙木质素磺酸铬的钻井液成功地用在路易斯安那州的西 Hackberry 油田上。钙木质素硫酸钠所表现出明显的优越性,使得它迅速代替了在墨西哥湾海岸作为良好钻井液石灰钻井液的地位。在海上钻井中,海水/木质素磺酸铬钻井液具有优越性不仅是因为海水很容易获得，而且是因为海水含有对页岩稳定有益的钙盐与镁盐。研究证实木质素磺酸盐是一种有效的反絮凝剂，它能提供充分的滤失控制并补充了在抑制页岩钻屑破碎与分散方面有作用的离子，从而改进了井眼稳定性。且在页岩钻井时，由于木质素磺酸盐的密封作用减少了钻屑的破碎，在黏土表面形成的木质磺酸盐的多层吸附膜阻止了水的进入，抑制了井壁与页岩钻屑的破碎。

如前所述，为了抵消高温的固化作用，在石灰钻井液里添加了氧化褐煤。在钠的活性剂钻井液里，由于褐煤优异的热稳定性，含有铁铬木质素磺酸盐、褐煤与 DMS 的钻井液在长期处于高温之后，其流动性能会因铬酸钠的添加而使流动性能得以改进。碱性可溶的褐煤与铬酸钠复合产品可以为海湾沿岸地区遇到的高温深井提供减少滤失与控制切力的方法。铬褐煤(CL)与木质素磺酸铬(CLS)提供了比较简单的、应用很广的化学体系。CL-CLS 体系能提供滤失以及大范围内 pH、矿化度及固相含量等造成流动性质变化的双重控制，处理过度也不会对钻井液性质产生不良影响。这样的钻井液处理措施和同样适用于其他国家。

(6)低固相钻井液体系。

低固相钻井液这一术语不适用于任意特定的体系，而只适用于使用化学与机械方法维持最低适用固相含量的那些钻井液体系。许多的现场应用，特别是在硬岩层地区，证实当钻井液代替水作为钻井液时钻速降低。同时，还注意到随着钻井液密度的增加钻速也会降低。虽然现场经验区别不出密度与固相含量对钻速影响的不同效果，Wheless 与 Howe 从 Ark—La—Tex 地区开发井钻井时间的考察里得出结论：固相在钻井液里的累积降低了钻速。从得克萨斯州 Dewitt 县的钻井记录考察里也可以得出相同的结论，这个记录证明当单位体积的平均固相含量从 18%降至 13%时，在 5000ft(1500m)钻至 8000ft(2500m)的井段，钻井的时间可节约 1/3。

在西得克萨斯州用清水钻井时，井眼常常被泥糊住以至于不能得较大的钻屑，钻屑对地质录井来说太小而不能满足要求。这样经过一段时间，钻速降低。Mallory 对此问题引入了乳状液。乳状液是由添加有大约 5%的柴油及大约一种非离子型乳化剂的水和聚氧乙烯山梨糖醇酐妥尔油脂而构成的 0.03%的乳化剂。增加乳化剂的量，油可以在硬水或含盐水内被乳化。这种乳化钻井液液能保持清水钻井的优点，同时可以带出适量的钻屑。

其他用于控制固相含量的方法有：充气钻井液、水力旋流器、离心机、絮凝剂以及用 CMC 代替膨润土以便控制黏土与滤失特性。在得克萨斯州的 Pecos 县，pHilip 石油公司的深井所用的大部分膨润土都被 CMC 代替。其中的一口深井——University E1 号井在 1958 年创下了 25340ft(7724m)的深井纪录，这个纪录一直保持到 1970 年。

瓜尔胶及瓜尔胶与淀粉的共聚物在无黏土的盐水体系里提供了携带钻屑的能力以及充分的滤失控制。利用絮凝剂清除水内小钻屑的研究工作是由泛美石油公司在试验室及现场进行的。在得克萨斯州西部的钻井中用 1%溶液的丙烯酰胺—丙烯共聚物添加到钻井液出口槽中，通过土储池的循环使得絮凝的固相有时间在水回到吸入池之前沉淀。在钻渗透性地层时，聚合物溶液在泵入口处加入以便降低失水。使用聚合物大大增加了钻速及钻头寿命，观察到的红色页岩的剥落也减少了。

进一步的研究合成了一种用于配置低固相钻井液用膨润土增效剂聚合物。该钻井液组成为 3%的膨润土、0.01%的聚合物及 0.05%的纯碱。在得克萨斯州 Wood 县的 1 个 5 口井试验方案里证实了固相含量对钻井的影响，如图 C.9 所示。在一篇文献里报道的聚合物是醋

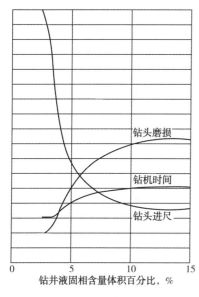

图 C.9　固相对钻井特性的影响

酸—马来酸共聚物，它能选择性地使那些从钻屑进入钻井液的低屈服黏土絮凝。推荐使用亚甲基蓝试验测量钻井液内有效膨润土浓度(见本书第三章)。

除了通过对钻井液组分的改进而减少钻井液的固相含量以外，试验成功的必不可少部分是从钻井液里用机械方法分离出固相。1929 年在加利福尼亚首先使用振动筛，不久它就成为钻井的一个不可分割部分。除砂器在 20 世纪 30 年代早期没有受到重视，离心机除了钻井液配制厂和海湾的现场用来再处理钻井液外使用有限。随着钻井的加深，长期使用高密度钻井液的需要和作为固相控制稀释法，导致成本过高刺激了机械分离设备的发展。注入式离心机在 1953 年进行了现场试验，现场使用它不仅是为了回收重晶石，而且是为了帮助提高钻速和帮助钻井液保持满意性能。当时还报道了对旋流除砂器兴趣的恢复以及在泵维修及钻头磨损方面的实质性节约。固相清除方面的进一步发展是使通过除砂器后再通过较小的水力旋流器进行除泥。从钻井液里清除钻屑的泥质部分带来一系列好处：减少了钻杆的卡钻、较高的钻速、减少了泵的维修、降低了钻井液维护成本。

由于固相控制在提高钻井经济效益方面的重要性，促进了更有效的钻井液筛装置的进一步发展，如同心环式钻井液分离器以及钻井液清洁器。George Ormsby 强调整个固相清除体系的完整设计。美国石油学会发表了一个公报以便帮助分析振动筛，水力旋流器及离心机的特性。油田国际钻井承包商协会钻井委员会准备出版有关钻井液在地面上进行机械处理的手册。

(7) 不分散的聚合物钻井液。

向钻井液里添加稀释剂是造成页岩钻屑分散的原因。因此，不加稀释剂及用聚合物代替膨润土是加快钻速的好办法。使用聚合物的另一个好处是它可以在钻屑及井壁的表面上形成一个保护膜。在一些出版物里对这种方法的一般特征进行了考察，并考虑了有关井眼清理因素及性能。现场应用证明使用非分散聚合物钻井液可以节约成本。

J. R. Eckel 根据试验室微型钻头试验得出结论：除了固相含量外，靠近钻头喷嘴处的剪切速率下的黏度是一个影响钻速的重要因素。因此某些聚合物的剪切稀释特性对提高钻速有利，同时还提高了岩屑的携带能力。

XC 聚合物对于低固相钻井液的发展是一个重要贡献。XC 聚合物或黄原胶是由微生物与适宜的糖反应而成。XC 聚合物在淡水或盐水里是一种有效的悬浮剂。在低剪切速率下，XC 聚合物悬浮固相的能力特别强，但它的黏度随着剪切速率的增加而显著减少。对盐类的容限使得 XC 聚合物成了盐水聚合物体系的重要组成。

(8) 钾离子抑制性钻井液体系。

近几年，KCl 聚合物钻井液体系成了几个地区出版物的主题。首先我们要提一下钾离子聚合物体系的使用情况，术语"抑制性"钻井液原来是抑制膨润土膨胀的钻井液。在研究钻井液滤液对砂岩岩心(取自加利福尼亚州 Poloma 油田的 Stevens 层)渗透率伤害时 Nowak 与 Krueger 发现水敏性岩心的渗透率伤害的相对程度,可以用已经浸泡 24h 后的怀俄明州膨润土钻井液滤失液的沉积体积来预测。根据这个简单的试验,Huebotter 在 1954 年提出使用一种含有溶解 10%(重量)的 KCl 及大约 0.5%木质素磺酸钙的钻井液,用淀粉控制滤失量,其维护与平常的盐水钻井液一样。这种抑制性钻井液用在得克萨斯州南部及怀俄明州的浅井里,它使受污染砂岩的采油量增加。在加利福尼亚州 Kern 县的一口井的 6000~10000ft (1800~3000m)的页岩井段使用了 KCl 钻井液后很少造浆。由于当时各种原料成本高,以及缺乏固相分离设备,因此密切监督的要求导致了这种钾处理钻井液的遗弃。在 1960 年钻委内瑞拉 Cero Pelado 地区大斜度井的页岩层段时,Tailleur 注意到当用含有钾离子的钻井液代替普通钠离子或钙离子的钻井液来抑制黏土的膨胀时,并眼的稳定性得到了显著的改善。除了它的润滑性以外,"Concentrate111"(浓缩 111)含有磺化妥尔油的含钾皂,它可以用作一种油相的乳化剂以及黏土膨胀的抑制剂。1963 年 9 月发表的一项专利出由于钾离子的抑制性能,页岩层段的井眼的扩大减少了很多。Black 与 Hower 给出了另一种钾化合物尤其是抑制性能可能的解释,他们指出钾的离子直径与水化能有利于交换在黏土表面上的其他阳离子。有关几种盐溶液对水敏性砂岩岩心针对试验研究指出 2%的 KCl 是一种比 $CaCl_2$ 或 10% NaCl 更有效的稳定剂。

在 1969 年加拿大西部的丘陵地区引入一种 Shell 的聚合物钻井液。在这个地区,用 KCl 聚合物钻井液成功地在断层里即机械性能较软地层以及水敏性硬页岩里钻井。所选择的聚合物是一种分子量大约为 3000000,水解度为 30%的聚丙烯酰胺。此后在许多地区遇到页岩层的问题时都成功地使用了 KCl—聚丙烯酰胺钻井液。O'Brien 与 Chenevert 报道了对几种代表性页岩的分散、吸附及水化特性所进行的广泛的试验室试验。他们得出的结论是 KCl 是抑制页岩良好的电解质,而 XC 聚合物在考虑所有因素的条件下是一种好的聚合物。

在极地地区冻土带的钻井出现了井眼扩大卡钻与表层套管固井困难等问题。Imperial 石油公司在 1971 年于加拿大北部的 McKenzie Delta 地区的冻土带钻井时使用一种由 KCl、膨润土与 XC 聚合物组成的钻井液。与过去使用的膨润土—水钻井液相比,含有 KCl—XC 聚合物的钻井液节约了大量的时间与材料。

七、腐蚀控制

20 世纪 30 年代以前很少考虑钻井液对钻柱与套管的腐蚀。随着在得克萨斯州西部与新墨西哥 Permian Basin 地区钻井活动的广泛开展,钻杆腐蚀问题变成了一个令人关心的问题。通常所使用的水在钻到含盐层时都是饱和盐水且多呈酸性。由于使用的钻铤数量过少,因此钻杆处于压缩状态。

1935 年,Speller 提出钻杆损坏的主要是由腐蚀造成的。这种情况与其他因素造成的损坏相比是比较少的。他认为钻井液调整是保护钻杆免受腐蚀疲劳的一种最有希望的办法,并认为膨润土可以使管材免受腐蚀,但有盐存在的条件下胶体性质会受到破坏。因此,推荐使用亚硫酸钠从钻井液里清除氧。

1936 年,美国石油学会采油分部的材料专题委员会成立了一个小组委员会以便研究钻杆的疲劳腐蚀。小组委员会的报告由几个单独的报告组成,它的重要结论是腐蚀疲劳的寿命不能用没有应力重量试验的损耗来可靠地预测。同时,在钻井液里还观察到 pH 值越高腐蚀性就越小。在某些井场的钻井液里发现了硫酸盐还原细菌，然而在这些情况下钻杆的腐蚀并没有证实。

Grant 与 Texter 在 1941 年提出疲劳破坏是钻杆出问题的最常原因。缺口、伤痕与腐蚀加快了疲劳损坏。建议使用更多的钻铤以使管子处于拉伸状态，并在管子装卸时多加小心。

1945 年 10 月，美国油井钻井承包商协会聘请俄亥俄州哥伦布的 Battele Memorial 学院研究在 Permian Basin 地区的钻井作业中钻杆损坏的原因。这次广泛研究的结果总结在从 1946—1948 年《钻井承包商》的一系列文章里。钻井液中含有腐蚀抑制剂的浓度为 2500ppm 铬酸钠时是对钻井液的最佳处理。在 Permian Basin 的钻井中通常是与盐水钻井液一起使用的。

钻杆的腐蚀性损坏在使用含有栎树皮提取物、褐煤与木质素磺酸盐(稀释剂用作除氧剂)的高 pH 值钻井液里不是一个严重问题。使用高 pH 值钻井液的井内没有发现细菌腐蚀套管的问题。然而，在使用磷酸盐处理的低 pH 值钻井液钻进的一口井内，套管损坏肯定是细菌所致。

随着井的加深和钻具成本的增加，腐蚀问题开始受到越来越广泛的注意。腐蚀防护工程师协会于 1945 年建立。作为该项研究学术交流的媒体，直到 60 年代，有关钻柱腐蚀的大部分报告都出现在石油工业的出版物上。

在美国油井钻井承包商协会的 1959 年会上，King 报道了由休斯工具公司试验室进行的一项有关牙轮钻头轴承损坏的广泛试验结果。与现场报道的一样，试验室试验显示轴承在含有 H_2S 水里运转时迅速损坏。在控制的试验条件下，当在含 6%NaCl、10%膨润土的基准钻井液里添加 0.1%Na_2S 时轴承的寿命减少到 1/6。

在基浆钻井液里试验了各种各样的钻井液处理剂。丹宁与木质素降低了轴承寿命，但烧碱——栎树皮提取物溶液却不降低。这项研究表明了对钻头寿命及钻杆寿命的腐蚀效果；这项研究还特别强调 H_2S 的破坏作用。

对封隔液的兴趣开始于大约 1950 年。套管封隔液是指在井壁与套管之间的环隙里的填充物。套管封隔液必须满足在井下条件下长期稳定的要求。它必须保持好的悬浮与滤失特性，并且它是作为防止腐蚀性地层流体的一种非腐蚀性屏障。当井下情况需要一种环隙封隔液(不同于钻井液)时，特别配制的油钻井液就被泵送到环里。

为了防止油管失效，在封隔器上方套管环空之间充填的材料叫作封隔液。除低滤失率外，对封隔液的要求与套管封隔液相同。封隔液帮助封隔器密封，而且它的密度必须高到足以防止管子被挤破或挤扁，普通的方法是完井时把钻井用过的钻井液留在套管与油管之间的环空里，但随着温度与深度的增加，在修井作业时会产生一些严重问题，如在环空里石灰处理的钻井液固化，油管起不上来，修井费剧增。为避免这一问题，石灰处理的钻井液被封隔器液代替，即一种新配制的膨润土—重晶石钻井液(常含有用来调整 pH 值的纯碱)、油钻井液或者盐溶液。

盐溶液有着容易制备及长期稳定的优点，但它在密度上有限制。由于硝酸钠容易溶解，所以在一些井上把它作为封隔器液使用，腐蚀是迅速而严重的。对单一与混合的盐溶液的研究得出了下列的结论：NaCl 溶液的密度范围在 8.3~9.8lb/gal(1.0~1.2g/cm³)；$CaCl_2$ 溶液密度最高到 11.5lb/gal(1.4g/cm³)；$CaCl_2$ 和 $ZnCl_2$ 混合溶液密度到 14.0 lb/gal(1.7g/cm³)，密度再高后腐蚀性太强。其后，$CaBr_2$ 和 $CaCl_2$ 的混合溶液密度范围扩至 15lb/gal(1.8g/cm³)，此时的腐蚀速度还可以接受。在单用 $CaBr_2$ 时最高密度可达 18lb/gal(2.15g/cm³)。20 世纪

50 年代后期，由于管材成本及修井费用的上涨，注意力集中在缓蚀研究上。随着越来越强调快速钻井，腐蚀造成的钻杆损失已变得重要。较高的转速、较大的钻压、强度较好的钢、深井的高压与高温及在钻井液里较低的 pH 值及黏土含量，所有这些因素都加剧了钻杆的损坏。

利用涂层保护钻杆的新方法产生了，并且引入了新的腐蚀测试方法。测量一口井内腐蚀速度的办法是在所选择的层段里在钻柱上套上用钻杆钢材所做的腐蚀环，对氢脆损坏灵敏测试办法是使用预应力的滚珠轴承。

在钻井液的腐蚀研究里也使用了其他测试方法和各种各样的仪器，没有必要在此一一列出。对于 1960—1970 年间有关钻井液腐蚀的出版物，Bush 研究了这一阶段的发展，并列出了一些适合的参考文献。

H_2S 对钻井人员的人身伤害以及对钻杆的严重损坏，促进了分析方法及更有效清除剂的改进。Gawett 与 Clark 等研究了 H_2S 化学清除剂的发展，目前的实践情况将在本书第九章加以评论。

多年来一直认为氧是钻杆腐蚀的主要原因，而这个问题一直持续到现在。每当钻井液通过地面循环体系时氧就随空气混入。此时，就必须不断地添加除氧剂(亚硫酸钠)。另一种正在研究的方法是使用惰性气体驱出进入钻井液的氧气。

八、具有不同功能的钻井液体系

追溯水基钻井液的发展历史时，不可能列出所有曾经使用过的钻井液。此文强调了技术发展(以适应井的不断加深以及钻井问题的日趋复杂)的各种方式。钻井液的功能已从单纯的钻屑运移发展到多方向运移，其中包括了压力控制与井眼稳定。同时，钻井液还必须不伤害生产层和人员，损坏设备或环境。

如果钻井液内以气体或油作为主要成分，上述的某些功能可能施行得更有效些。尽管这些钻井液流体是与水一起发展的，但为了方便起见，我们还是分开评价它们。

第二节　油基钻井液技术

一、发展的原因

油基钻井液是为了克服水基钻井液的某些不理想特性而发展起来的，这些缺陷主要是由水的性能所决定，比如溶解各种盐，破坏油气通过孔隙地层的流动，加速黏土的分散，并引起钢材的腐蚀。

油基钻井液除了提供避免水基钻井液的这些不利特征以外，还能提供一些潜在好处：较好的润滑性能、较高的沸点以及较低的凝固点。由于制备一种与水基钻井液相同密度的油钻井液成本总是要高一些，因此经济上判断是否用油基钻井液主要根据在特定使用条件下它是否能发挥其优良特性。

二、用于完井的油基钻井液

油基钻井液起源于完井中使用的原油，但是第一次的使用日期已不可考证，早期使用油基钻井液来钻开低压浅井的油层。Swan 在 1919 年提出并在 1923 年转让的专利中提出使用

"一种非水基黏性液体",使用煤焦油、木焦油、树脂或用苯稀释的沥青来作为钻井液。但使用这些物质就地密封套管时还强调使用一种抗腐蚀液体以便使套管的回收容易些。

由于水基钻井液容易堵塞砂岩层,加利福尼亚的经营者使用油来完井。反循环洗井的方法扩大了油基钻井液的使用。在海湾沿岸地区,油被用来进行浅油砂层的取心及在盐丘勘探上对盐层取心。

三、早期石油公司使用油基钻井液的发展情况

由于钻井时的井眼坍塌是由水化引起的,因此油钻井液似乎可以解决页岩坍塌的问题。1935 年 HumbleOil & Refining 公司企图用提炼润滑油取得的焦油与有机土制备的油基钻井液来解决得克萨斯州 Goose Creek 油田的一个复杂页岩层位。以后的两年在得克萨斯州的 Anahuac、Tomball 及 East Texas 的油田上为了研究油砂层原生水的含量,使用油基钻井液进行了多次取心作业。这种油钻井液的通常组分是现场的原油及有机土,此外还添加 0.5% 的油酸及 1% 浓缩的硫酸,如果需要较高的密度还要添加 PbO。

1936 年,壳牌石油公司系统研究和发展了油基钻井液。1938 年根据这项研究,油基钻井液在加利福尼亚州的 Round Mountain 油田使用。在加利福尼亚州的几个油田上钻井时使用了柴油、贝壳粉或石灰、氧化沥青及炭黑组分,高密度的油钻井液还需添加重晶石粉。每一种组分都起一个特定的功能:柴油作为基础油;贝壳粉、石灰或重晶石用来加重及初时的造壁性能;炭黑具有悬浮性能;而氧化的沥青提供悬浮性能与最终的造壁性能。其主要作用是能形成极薄滤饼及滤液中不含水。后来作为胶凝剂的炭黑被不饱和脂肪酸的碱金属皂所代替,如妥尔油与氢氧化钾及妥尔油与硅酸钙的反应产物。

四、商业化油基钻井液

George Miller 于 1942 年在加利福尼亚州洛杉矶成立油基钻井液公司,出售商品油基钻井液。该公司以 Black Magic 为名的产品是一种能在现场与适当比例柴油混合的棕色沥青粉末。其供应混合好的油基钻井液,使用后钻井液重新回收。

以 Shell 专利注册的 Halliburton 固井公司出售一种浓缩的油基钻井液,它是由妥尔油与烧碱及硅酸钙在油相里形成的妥尔油皂与氧化沥青构成。盐的添加可以抵消淡水对水溶性化合物钙与镁的作用。当把这种油基钻井液的浓缩物添加到水基钻井液时就会形成一种油在水里的乳化液。在 1948 年 Magnet Cove Barium 公司接过 Jeloil® 的销售以后,Jeloil E® 就被广泛地用于油包水乳化液的配置中。1948 年 9 月成立的加利福尼亚长滩的 Ken 公司(现属于 Halliburton 公司分公司 Imco 服务分公司)出售由 Union Oil 公司 Fischer 发展的油基钻井液成分,这些产品不含有氧化沥青,悬浮性与密封性能是由碱与树脂酸碱土皂混合提供的。其后,在树脂产品里又做了许多改进,而且在该成分里还包括其他的水乳化剂。液体的浓缩油钻井液既可以在现场与原油或柴油混合,也可以在钻井液厂混好后提供。

五、油基钻井液的应用(1935—1950 年)

期间,油基钻井液的最主要是在低压或低渗透率的油藏用完井液。使用油基钻井液代替水基钻井液后,可以得到较高的初始产量,另外可以进行取心和解卡。

尽管认为可以使用油基钻井液避免页岩膨胀,但很少单纯为这个目的而使用油基钻井

液。使用油基钻井液也有些缺点，比如水会严重污染油钻井液，要特别注意防火，使用油基钻井液的钻速通常要低于使用水基钻井液的钻速。

六、油基乳化(逆乳化)钻井液

所有商品油基钻井液里都含有水，这些水在钻井液里是由各种有机酸的中和作用或者是在使用时偶然带入的。这些水通常不超过5%，并且乳化在油里。水含量增加，稠度就增加，特别是用沥青油时。为了克服水污染问题，探寻了对水更有效的乳化剂。在这样乳化剂的构成里，水就不是一种污染成分而是一种有用成分。油乳化"钻井液"使用于水包油的乳化液，因此，油包水的乳化液就被叫作逆乳化液。这种钻井液的液相含有10%以上的水(有时多达60%)，乳化的水具有悬浮性。

根据 Wright 所述，第一次现场使用油基乳化液钻井液是在1960年8月洛杉矶盆地。这种钻井液是由40%的水乳化在精炼油里制成的，含有30%以上水的乳化液不能助燃，从而消除了火灾的危险。乳化液体系的其他优点是成本较低、颜色较浅(这意味着对钻井人员的衣服污染较轻)，这些特点促进了逆乳化液在低压完井里的作用。从钻井液供应商那里既可以买到液体的，也可以买到固体浓缩物。1963年 Rogers 列出了12种不同的组分，从那以后又发展了许多其他组分。这些专利产品通常都不泄露，而产品随着找到更有效的组分，质量也不断地改进。尽管这方面的回顾仅限于那些使用过材料的某些组分，但还是给出了有关应用方面出版的参考文献。

通常逆乳化液里含有油溶性与水溶性两种乳化剂。在某几种产品内油溶性乳化剂是在油相里添加钙或镁的化合物而构成的。在某几种组分里，使用了妥尔油。在某一组分里，妥尔油酸羟乙基化产生了一种油包水的乳化剂。卵磷脂还包含在另一个含有氧化剂、脂肪酸残余及加氢的蓖麻油的组分里。

另一种组分根据其黏度的增加规定了妥尔油氧化的程度，并且包括了一种钙的化合物与季胺。在某几种组分里树脂酸的多价金属皂(在变为皂之前经种种不同的改进)被用作主要的乳化剂。含有氮的有机化合物，如聚胺与聚氨基胺都是有用的成分(选择适当乳化剂的根据在本书第七章讨论)。

七、有机土与腐植酸铵

黏土在油里能类似于膨润土在水里形成凝胶，这是油钻井液技术的一个主要贡献。Hauser 发现亲水黏土与适当的有机铵盐反应就能转变成一种亲油的黏土。Jordan 及其同事研究了膨润土与一系列脂族胺盐的反应并且发现在直链上具有12个或更多碳原子胺的反应产物会在油中膨胀并在硝基苯与其他有机液体物形成胶凝。这些有机络合物是用胺的阳离子团取代那些膨润土可交换的阳离子并进而被黏土薄层状表面的碳氢链吸附形成的。油分散黏土在不需要添加皂化与乳化剂的条件下能悬浮油里的固相。

Jordan 及其同事们通过对脂族胺盐的进一步研究，发现了油钻井液的过滤还原剂。它含有 n—貌基铵腐殖酸盐。它是由一个烷基链上含有12~22个碳原子的季胺与褐煤的可溶性溶基部分起反应而制成的。这种反应产物很容易分散在柴油或原油里，而且在黏度增加不大的条件下显著地降低失水。这种物质有助于水的乳化。

有机土、烷基铵腐植酸盐、湿润剂有机磷酸酯以及水的适量乳化剂都有可能在油钻井液里起比较独立的悬浮与滤失性能的控制作用。这些亲油的胶体在油基钻井液里可以有特定的功能，它们可以以不同的量来满足使用所要求的条件。在不同的应用方面，油钻井液已变得广泛而经济。

八、环空封隔液

在一项早期的专利里推荐使用非水成分来防止套管的腐蚀。早在 20 世纪 50 年代初期堪萨斯州就广泛地使用稠钻井液来保护套管的外部免受地层水的腐蚀。这种方法扩展到有水腐蚀套管的地区，这种套管封隔液对腐蚀的地层水起了一种稳定的非腐蚀的屏障作用。

1947 年，加利福尼亚州发生的地震给许多生产井的套管造成了严重的损坏。在长滩地区，水平的地壳运动沿着滑动平面在 1500~1700ft(460~500m) 深处造成 5~30ft(2~9m) 套管柱的损坏。在维修的过程中先是对套管变形的那一段进行扩眼处理，然后在扩眼后的井眼这一段管环空里放一个伞形井眼封隔器，最后用稠油基钻井液顶替那里的钻井液。这些油钻井液有润滑脂那样的稠度，以防止地壳运动的震动传送到套管去。

如上节所述，石灰处理钻井液在套管与油管环空里固化会造成非常昂贵的修井作业费用。为了避免这个问题，20 世纪 50 年代初期在海湾地区的一些深井里，套管与油管环空里用一种混在柴油里的亲有机土与重晶石钻井液代替石灰处理钻井液。这种油钻井液的密度与钻井时使用的钻井液密度相同，甚至高于 18 lb/gal(2.15g/cm³)。几年后，其中一些井进行了修理，松开封隔器后毫无困难地起出了油管。

20 世纪 60 年代早期，木质素磺酸铬处理钻井液在超深高温井中较好的钻井液代替了石灰钻井液，但是之后修井作业里就出现了另一种问题：木质素磺酸盐的热分解产生的硫化氢造成高强度油管腐蚀性损坏。试验室与现场经验都证实，油钻井液能满足封隔器的要求。

阿拉斯加北坡地区，特殊井使用了一种热传导率低的胶凝油钻井液作为套管封隔器液。通过冻土带的同心套管柱之间的水钻井液被含有有机土的柴油钻井液所代替，加入乳化剂，如果需要增加密度就添加重晶石。若使钻井液的温度维持在 50℉(10℃)以下就很容易制备含有足够有机土，能泵送的钻井液。当采油提高温度时就会形成像润滑脂那样黏稠的胶凝。油钻井液若用在钻井上，添加胶凝剂可以使其成为极地地区的套管封隔液。

九、油基钻井液下井眼稳定

如前所述，油钻井液早期用在有复杂问题的页岩钻井上，通常使用是成功的，但也有失败的情况。Mmidshine 与 Kercherile 的试验研究证实，湿润的页岩由于暴露在具有乳化相高矿化度水的逆乳化液里而失水变硬。水由页岩进入油钻井液是由于在乳化水滴周围的半渗透膜上施加渗透压力造成。

不是所有的乳化剂都能形成一层性能相同的半渗透膜。乳化水的分散程度越高，逸出页岩的水也就跑得越快，溶解在乳化水里的 $CaCl_2$ 要比等重量溶解在类似乳化水的 NaCl 更起作用。在美国路易斯安那州的沿岸以及阿尔及利亚，在钻有问题的页岩层时成功地使用了这项技术。

进一步的研究证实，当页岩里水的矿化度高于油钻井液水的矿化度时，水就会从钻井液里运移到页岩里。因此，滤失到页岩里水的量是由渗透压决定的。当页岩表面的水化压力等于油钻井液的渗透压时就不会产生水的运移。用测量水在页岩里矿化度的办法以及使页岩表面的水化力等于基岩应力的办法可以确保稳定所需要的矿化度(基岩应力等于覆盖压力减去孔隙流体压力)。

Chenevert 使用了一种不同的方法来选择一种油钻井液水相矿化度。根据这样的理论,即若钻井液的化学势与页岩的水化学势相等时,页岩也不能从油钻井液里吸附水,页岩取样水的活动性是由吸附的等温线来确定的。当油钻井液的乳化相含有足够的盐类而使其具有与页岩相同的活动性(或蒸气压力),且它与页岩取样接触时,不会产生页岩膨胀。因此,页岩钻屑及钻井液的活度值(蒸气压力)可以在现场测定,以作为一种现场控制措施。通常的办法是在油钻井液的乳化水里维持一个足以平衡最低活度页岩的 $CaCl_2$ 浓度。

十、极端井下条件

回顾 1975 年以前在美国遇到过一些疑难井的记载情况,证实油基钻井液已经应用在那些具有极端温度、压力腐蚀环境及塑性盐类的井中。在得克萨斯州南部的一些深井上证实了油基钻井液比水基钻井液优越之处:热稳定性较好以及维护费用较低。在 Webb 区块记录了已知深度下的最高温度。1974 年在壳牌石油公司与 El. Paso 天然气公司的 Benevides 一号井上,在 23837ft(7266m)深度测到的井下温度为 555℉(291℃)。当时使用的油基钻井液的密度为 18.3lb/gal(2.2g/cm³)。并且对钻井液的各项要求进行了维护。

在密西西比盐岩盆地的深井里遇到了极高的压力与腐蚀环境的挑战。这个地区钻井由于有高达 75% 的 H_2S 高压气体、接近 400℉(204℃)的井底温度及潜在的井漏风险而变得复杂。在密西西比州 Wayne 县的一口探井(Shell—MurpHy USA22-7),压力梯度为 1psi/ft[0.23kg/(cm²·m)],所钻深度达 23455ft(8551m)。4in 的井眼从 19904ft(6067m)钻至 23455ft(8551m)井段的时,使用了从 19.2~20.3lb/gal(2.30~2.44g/cm³)密度的油基钻井液,为了接单根及起下钻顺利使用了特殊的作业程序。

各种气体的成分在侏罗纪的 Smackover 石灰岩里是变化的,其中含有 5%~60% 的 CO_2 及 10% 至 75% 的 H_2S。在此,油基钻井液提供了防腐的必要保护。只要对油钻井液性能做一些微小的改进就能控制气体与盐水的井涌。

在东得克萨斯及路易斯安那北部有几次试图用水钻井液钻透 Louann 盐层,但都不成功。在井深超过 12000ft(3700m)时井温在 250℉(121℃)以上的井段需克服盐层塑性流动。东得克萨斯的一口井使用密度为 19.2 lb/gal(2.30g/m³)的油钻井液钻透了 1200ft(370m)多的盐层。在路易斯安那州的 Webster Parish 使用密度为 17.6 lb/gal(2.11g/m³)的油基钻井液钻了 3590ft(1095m)盐层,使井深达到 15321ft(4670m)。在盐层下套管封固后,继续使用油钻井液钻至 20395ft(6216m)井深,井底温度高达 405℉(206℃)。

除了盐层的塑性特性外,在钻厚盐层时需要注意的另一个问题是在钻井液里的固相有变为水相的倾向,这是由于细盐钻屑的积累降低了油包水乳化剂的效果,从而使钻井液里固相变为水相润湿。

十一、油基钻井液的钻速

长期以来油基钻井液就对机械钻速产生影响。早期的研究认为使用油基钻井液的钻速低于使用水基钻井液的钻速。这是由于油基钻井液黏度高以及油不能像水那样软化页岩。

1961 年与 1962 年在大约 200 口井中的 22 口井作了使用油钻井液后的钻速对比。其结论是当油基钻井液与水基钻井液的密度和流动性相同时，在页岩与砂层里使用油基钻井液比水基钻井液的钻速高一些。尽管不明显，但各种显示都说明水基钻井液在钻石灰岩时要快一些。得克萨斯州西部与新墨西哥州东南部 Delaware 盆地的深井钻井实践证实，活度平衡的油基钻井液能够稳定页岩，因此可以使用比水基钻井液密度小得多的油基钻井液钻井。油基钻井液液柱的较低压力使得在页岩里而不是在石灰岩里的钻速高一些。油基钻井液用微型钻头在对石灰岩进行钻速影响的试验表明，用减少钻井液内胶体含量(主要影响滤失速率)的办法可以得到较高的钻速。在 Delaware 盆地的现场实践证明，较高的滤失速率(较少的褐煤滤失控制剂加量)有可能使碳酸盐层的钻速高一些。在不降低钻速的条件下，使用放宽了滤失要求的活度平衡的逆乳化钻井液可以得到一系列好处，如页岩稳定、扭矩与阻力的减少、气体流动阻力减小及腐蚀的减轻，从而降低了成本。在其他地区的钻井也证实了得克萨斯州西部取得的效果。

十二、油钻井液使用范围

在不到 50 年的时间里，油基钻井液技术已从单纯使用原油来提高产量发展到拥有许多功能的组分。油基钻井液被使用在一系列恶劣条件下，如极高或极低的温度、高压水敏性页岩、腐蚀性气体及水溶性盐层。在定向井里的卡钻、过大扭矩与阻力问题及在钻井液起泡的现象减少了。使用油钻井液的不利条件是：初始成本高，在使用与储存时需要经常特别注意避免污染，而且不受钻井人员欢迎，在选择油钻井液作为一特定应用时所有这些因素都应考虑。

第三节　气基钻井流体技术

本书第一章中，主要通过成分和组成定义了 3 种钻井液体系。气体钻井液是以空气或其他气体作为连续相的钻井流体及泡沫非连续相(如泡沫，黏稠泡沫)的钻井流体。这些钻井液体系可以降低液柱压力。使用气体钻井液的原因主要是避免井漏和储层伤害，其次是提高硬地层的机械钻速。

一、干气钻井

1866 年，Brantly 引用 P. Sweeney 的专利，最早建议使用压缩气体携岩清洁井眼。尽管空气钻井有可能更早，但是在产层使用井口控压钻井最早是 1920 年在墨西哥应用，继而发展到其他地区。

第一次使用注气气举的记录是 1932 年 9 月，将得克萨斯州 Reagan 地区 Big Lake 油田产层(2680m)的地层以 143∶1 的体积比将气体混入循环水来气举。随后，在钻俄克拉荷马州的 Fitts Pool 时就使用了密闭的流体循环系统，极大地提高了产量。在加利福尼亚州钻低压力储层时同样使用了注气钻井。

在 1950 年前后，西得克萨斯或加拿大的低温地区一些小型钻机在水源稀少地区使用压缩空气为地震勘探钻炮眼。1951 年 5 月，Paso 天然气公司在新墨西哥圣胡安盆地为了预防 Masa Verde 地层(1200~1500m)井漏，开始使用气体钻井，钻速和单只钻头进尺大幅度提高，更重要的是井眼清洁好，相比水基钻井液产量更高。气体钻井在该盆地气田经济开发得到了广泛推广。

1951 年在得克萨斯 Martin 区使用天然气钻井来解决井漏和储层伤害问题取得了成功。由于天然气的不便利，如图 C.10 所示，使用了 9 台双级压缩机和 3 台单级增压器，但是气量不足难以满足井眼清洁。然而采用反循环后，在 2018～2300m 采用了气体钻井，地面提供的水量能够足以清除钻杆内细小钻屑。由此可以观察到用空气注水，钻屑会因足够潮湿而粘连。

图 C.10　9 台双级压缩机和 3 台单级增压器组成的空气钻井设备（从图中可以看到压风机和冷却器管汇）

在以后的数年里，许多地区都试图用空气作钻井流体以提高钻速及钻头的进尺。在含水层不干扰的层段，空气与天然气两者都显示出突出的优点。在存在循环漏失、生产层有水敏伤害或有水基钻井液伤害、取水困难或钻井液费用高的情况下，空气与天然气钻井就显示出其突出优点：较快的钻速及较高的钻头进尺。由于空气钻井的方法在不同的地区都试验过，因此它的适用性和优点都已被人们所认识。

Angel 根据三种假设计算了空气钻井时典型的井眼与钻杆尺寸要求：第一，假定环空速度是 3000ft/min（15m/s）；第二，含有钻屑的空气具有优良的流动性能；第三，井温梯度可以应用到气体的温度范围内。1958 年发表了扩充了的各种表格。

二、钻遇含水层问题

在空气作为钻井流体的初期，钻遇含水层是其主要的限制因素。在钻饱和水地层时，湿的钻屑经常黏结在一起不能返出井眼。当湿钻屑填充了环空时就形成一个泥环，从而切断了气流，并使钻杆卡住。而当水与空气注入以防止形成泥环时又使一些地层变得不稳定。

试验了几种封隔水的方法，包括：

(1) 把一种含有两种聚合物的液体混合物挤入含水层，形成黏稠的凝胶；

(2) 在氨气的前面加入硫酸铝溶液以便形成一种沉淀；

(3) 向水里注入四氟化硅气体从而形成固体塞子；

(4) 注入一种叫"Tetrakis"的钛醚液体与层内的水形成一种沉淀。

以上方法只能有一定的成功率。然而驱替以及钻入其他含水层的问题很难证明花费是合算的。在气体中混入硬脂酸锌或硬脂酸钙等发泡剂的办法可以清除钻屑的湿润及泥包。

三、泡沫

当含水层出水量超过 2bbl/h（0.3m³/h）时，从井眼出来的水可能是泡沫，解决办法是向气流里注入发泡剂稀溶液。泡沫钻井可以用低于空气钻井的环空速度来有效地清除钻屑，并可以从井里带出多达 500bbl/h（80m³/h）的水。但是这样大量的水进入井内使得一次起下钻后花费多余的时间来气举井内的水柱，发泡剂的成本过高而水的处理也是问题。进一步使用泡沫的经验使得作业方法更加协调，而使用它的优点及其局限性也就更加明显了。

在市场上有许多发泡剂，并且已使用了几种试验方法。显然还需要使方法标准化。美国石油学会中部大陆地区委员会于 1966 年 11 月为空气与气体钻井推荐了包括盐水、淡水以含油的淡水和盐水的试验方法。

四、充气钻井液

1953 年在犹他州 Emory 县菲利普石油公司使用了另一种通过降低钻井压力避免井漏的方法。在最初的试验里用一个小压风机供应空气注入两个串联泵的钻井液排出管线里，尽管循环一直继续钻到 3300ft(1000m)，但是注气的方法效果差。在以后得克萨斯西部的研究里，用 3 级压风机注空气到立管内。在方钻杆下的钻杆里放了一个特殊的单流阀以避免在接单根时喷钻井液。在早期的充气钻井液试验中，钻杆腐蚀是严重的，但 pH 保持在 10 以上时能减少腐蚀，在钻含有水的地层时用石灰维持饱和度能减少腐蚀。在使用充气钻井液体系时水侵或钻井液漏失常可以用调节注入空气量的办法来控制。但是随着混合物密度的增加，钻速降低、循环漏失又开始成为问题。在犹他州的 Upper Valley 油田用空气注入套管与钻杆之间环空的办法来使井下钻井液充气以避免循环漏失。早期的井在循环漏失之后所显示的静止水面大约是 1000ft(300m)，而主要漏失大约是 3000ft(900m)。插入油管(Parasitic tubing, 装在套管外的油管)下到计算位置，这种降低压力的钻井可以使井成本节约很多。

降低压力钻井的另一种方法是使用双钻柱与双水龙头。在这个体系里空气是被压入双钻柱或者是它们的环空，空气要一直压入外环空的计算深度处。不输送空气的管子环空把钻井液带到钻头上去。由于使用这种油管法，空气钻井液只存在于注入点上面的环空里(图 C.11)。

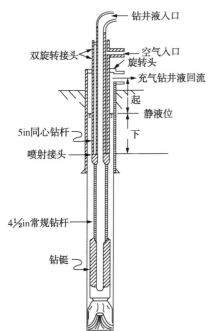

图 C.11　欠平衡钻井的同心钻杆/空气气举法

五、胶质泡沫或黏稠泡沫

应用胶质泡沫或黏稠泡沫是泡沫钻井技术的一项显著发展。这种形式的减压钻井对于解决美国原子能委员会内华达州试验场井的循环漏失及井眼清洗问题有很大帮助。在使用通常的方法建立循环失败后，1962 年试验了空气泡沫钻井，但是从 64in(163cm) 的大井眼内清除钻屑是非常麻烦的。1963 年，制出一种新钻井液并在钻井工艺上作了一些改变后，大井眼的成本就大大降低。在一个中心厂处，制备了一种含有(按重量)98% 水、0.3% 纯碱、3.5% 膨润土及 0.17% 瓜尔胶的钻井液。在井场上，给钻井液添加 1%(按体积) 的发泡剂。空气与钻井液的注入速度加以严格控制以便使返出泡沫的稠度类似于刮胡子膏的稠度。

使用凝胶钻直径为 64in(163cm) 的井眼，泡沫注入速度可以低至 100ft/min(0.5m/s)。在坍塌层段胶质泡沫改进了井眼稳定。这种胶质特性已被证实很有价值。一些聚合物代替了瓜尔胶，在某些地区还代替了膨润土。

六、预制的稳定泡沫

1965 年，加利福尼亚标准石油公司发展了一种泡沫生产装置，这是对减压钻井的进一步贡献。在这个装置里，计量的气体和液相在地面进行混合，制成泡沫送入钻杆。图 C.12 描述了使用的设备。发泡剂及聚合物可以根据泡沫需要来加以选择。例如，洗井的组分是油与盐水，这个组分不同于钻页岩的组分。同样，气体的组分要取决于是否能方便地得到及成本是否低。

这种技术的最佳应用需要仔细的规划。对于任何给定的应用，为了选择设备，提出了一个数学模式和计算机程序。在一篇关于泡沫的应用里，列出了在世界范围使用情况的出版物。

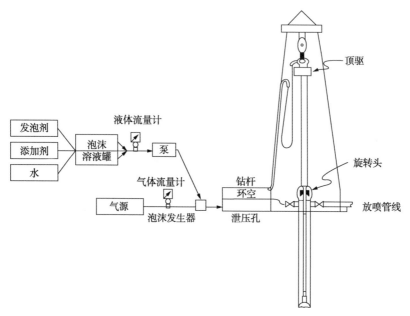

图 C.12　制作稳定泡沫的流程示意图

七、泡沫的流动性质

在油田的各项应用方面，泡沫的流动性测定和提高采收率的泡沫驱替工艺都开始受到了重视。在 20 世纪 60 年代初期，泡沫黏度是利用改进的范氏黏度计测定的。其后，黏度的测量是在毛细管内做的。影响流动性质的主要因素是泡沫质量(值)，即在一特定的温度与压力条件下气体体积与总泡沫体积的比。当泡沫质量从大约 0.85 增加到 0.96，即为在雾状条件下泡沫稳定的极限，此时视黏度也迅速增加。根据泡沫宾汉塑性流体的特性，为了能估计空气体积与水体积的比值以及减少液功率的注入压力，制备了普通钻杆与井眼尺寸的图表。

在任何温度与压力下的泡沫组分可用液体的分数来表示(即液体体积的分数 = 1−泡沫值)。泡沫举升能力随液体体积的减小而增加。根据试验数据，Beyer，Millhome 与 Foote 推导出圆管内泡沫流动的方程，其中包括两个速度分量：在管壁上的滑动和按宾汉流体的向上流动。根据数学模式，设计了计算机程序以便在现场有效地制备稳定泡沫。

八、气体钻井的优点

从控制天然气的流入到含有各种功能添加剂泡沫的注入，欠平衡钻井的主要目的是避免循环漏失以及对生产层的伤害。此外的优点是较快的钻速，钻头性能的提高及对烃类易于检测。Hook，Cooper 与 Payne 作了 1977 年的各种钻井方法的调查，这可以看成当时技术水平的总结。

参 考 文 献

Report of special sub-committee on corrosion fatigue of drill pipe. Proc. API Prod. Bull. 224，109-135.

Recommended Practice for Testing Foaming Agents for Mist Drilling. API RP 46，first ed. API Division of Production，Dallas.

API Bulletin on Drilling Fluids Processing Equipment. API Bull. 13C，first ed. API Division of Production，Dallas.

Standard Procedure for Testing Drilling Fluids. API RP13B，seventh ed. API Division of Production，Dallas.

Alexander，W. A.，1944. Oil base drilling fluids often boost production. Oil Weekly. 36-40.

Ambrose，H. A.，Loomis，A. G.，1931. Some colloidal properties of bentonite suspensions. Physics. 129-136.

Anderson，D. B.，Oates，K. W.，1974. Use and maintenance of nondispersed weighted mud. Drill. Contract 59，34-38.

Anderson，E. T.，1961. How world's hottest hole was drilled. Petrol. Eng. 47-51.

Anderson，F. M.，1947a. Oil-base drilling fluid. Oil Weekly，43-50.

Anderson，F. M.，1947b. Oil base drilling mud. U. S. Patent No. 2，430，039（Nov. 4）.

Anderson，G. W.，1976. Foam drilling techniques and uses. In：AAODC Rotary Drilling Conf.，Dallas，March 9-12，1976.

Anderson，G. W.，Harrison，T. F.，Hutchison，S. O.，1966. The use of stable foam circulating fluids. Drill. Contract. 44-50.

Angel，R. R.，1957. Volume requirements for air and gas drilling. Trans. AIME 210，325-330.

Angel，R. R.，1958. Volume Requirements for Air-Gas Drilling. Gulf Publishing Co.，Houston.

Anon，1931. Determining the comparative values of clays for use in drilling muds. Drilling Mud. 1（1）.

Barnes，W. E.，1949. Drilling mud. U. S. Patent No. 2，491，436（Dec. 13）.

Battle，J. L.，1957. Casing corrosion in the petroleum industry. Corrosion. 62-68.

Battle，J. L.，Chaney，P. E.，1950. Lime-base muds. API Drill. Prod. Prac. 99-111.

Beart，R.，1845. Apparatus for Boring in the Earth and in Stone. England，Patent No. 10，258.

Becker，F. L.，Goodwin，R. J.，1959. The use of silicon tetraflouride gas as a formation plugging agent. Trans. AIME 216，168.

Beckman，F. G.，1938. Drilling with reverse oil circulation in wider use. Oil Weekly. 19-26.

Behrens，R. W.，Holman，W. E.，Cizek，A.，1962a. Technique for evaluation of corrosion of drilling fluids. In：API Paper 906-7-G，Southwestern Dist. Meeting，Odessa，March 21-23，1962.

Behrens，R. W.，Rice，H. L.，Becker，K. W.，1962b. Laboratory method for screening foaming agents for air/gas drilling operations. In：SPE Paper 429，Annual Meeting，Los Angeles，Oct. 7-10，1962.

Berry，O. H.，1951. Air drilling the sprayberry sand. World Oil. 169-172.

Beyer, A. H. , Milhone, R. S. , Foote, R. W. , 1972. Flow behavior of foam as a well circulating fluid. In: SPE Paper 3986, Annual Meeting, San Antonio, Oct. 8-11, 1972.

Binkley, J. F. , 1968. Concentric drill pipe/air lift _ a method for combatting lost circulation. API Drill. Prod. Prac. 17-21.

Black, H. N. , Hower, W. F. , 1965. Advantageous use of potassium chloride water for fracturing water-sensitive formations. API Drill. Prod. Prac. 113-118.

Bobo, R. A. , 1968. Aerated mud drilling innovations. Oil Gas J. , Part 1: (April 1968), 64-69; Part II: (May 1968), 114-118.

Bobo, R. A. , Barrett, H. M. , 1953. Aeration of drilling fluids. World Oil. 145-149.

Bobo, R. A. , Hoch, R. S. , 1954. Mechanical treatment of weighted drilling muds. Trans. AIME 201, 93-96.

Bobo, R. A. , Ormsby, G. S. , Hoch, R. S. , 1955. Phillips tests air - mud drilling. Oil Gas J. Part I: (Jan. 1955), 82-87; Part II: (Feb. 1955), 104-108.

Bradley, B. W. , 1967. Oxygen_ a major element in drill pipe corrosion. Mater. Protect. 40-43.

Standard Procedure for Testing Drilling Fluids. API RP13B, seventh ed. API Division of Production, Dallas.

Alexander, W. A. , 1944. Oil base drilling fluids often boost production. Oil Weekly. 36-40.

Ambrose, H. A. , Loomis, A. G. , 1931. Some colloidal properties of bentonite suspensions. Physics. 129-136.

Anderson, D. B. , Oates, K. W. , 1974. Use and maintenance of nondispersed weighted mud. Drill. Contract 59, 34-38.

Anderson, E. T. , 1961. How world's hottest hole was drilled. Petrol. Eng. 47-51.

Anderson, F. M. , 1947a. Oil-base drilling fluid. Oil Weekly, 43-50.

Anderson, F. M. , 1947b. Oil base drilling mud. U. S. Patent No. 2, 430, 039 (Nov. 4).

Anderson, G. W. , 1976. Foam drilling techniques and uses. In: AAODC Rotary Drilling Conf. , Dallas, March 9-12, 1976.

Anderson, G. W. , Harrison, T. F. , Hutchison, S. O. , 1966. The use of stable foam circulating fluids. Drill. Contract. 44-50.

Angel, R. R. , 1957. Volume requirements for air and gas drilling. Trans. AIME 210, 325-330.

Angel, R. R. , 1958. Volume Requirements for Air-Gas Drilling. Gulf Publishing Co. , Houston.

Anon, 1931. Determining the comparative values of clays for use in drilling muds. Drilling Mud. 1 (1).

Barnes, W. E. , 1949. Drilling mud. U. S. Patent No. 2, 491, 436 (Dec. 13).

Battle, J. L. , 1957. Casing corrosion in the petroleum industry. Corrosion. 62-68.

Battle, J. L. , Chaney, P. E. , 1950. Lime-base muds. API Drill. Prod. Prac. 99-111.

Beart, R. , 1845. Apparatus for Boring in the Earth and in Stone. England, Patent No. 10, 258.

Becker, F. L. , Goodwin, R. J. , 1959. The use of silicon tetraflouride gas as a formation plugging agent. Trans. AIME 216, 168.

Beckman, F. G. , 1938. Drilling with reverse oil circulation in wider use. Oil Weekly. 19-26.

Behrens, R. W. , Holman, W. E. , Cizek, A. , 1962a. Technique for evaluation of corrosion of drilling fluids. In: API Paper 906-7-G, Southwestern Dist. Meeting, Odessa, March 21-23, 1962.

Behrens, R. W. , Rice, H. L. , Becker, K. W. , 1962b. Laboratory method for screening foaming agents for air/gas drilling operations. In: SPE Paper 429, Annual Meeting, Los Angeles, Oct. 7-10, 1962.

Berry, O. H. , 1951. Air drilling the sprayberry sand. World Oil. 169-172.

Beyer, A. H. , Milhone, R. S. , Foote, R. W. , 1972. Flow behavior of foam as a well circulating fluid. In:

SPE Paper 3986, Annual Meeting, San Antonio, Oct. 8–11, 1972.

Binkley, J. F. , 1968. Concentric drill pipe/air lift _ a method for combatting lost circulation. API Drill. Prod. Prac. 17–21.

Black, H. N. , Hower, W. F. , 1965. Advantageous use of potassium chloride water for fracturing water-sensitive formations. API Drill. Prod. Prac. 113–118.

Bobo, R. A. , 1968. Aerated mud drilling innovations. Oil Gas J. , Part 1: (April 1968), 64–69; Part II: (May 1968), 114–118.

Bobo, R. A. , Barrett, H. M. , 1953. Aeration of drilling fluids. World Oil. 145–149.

Bobo, R. A. , Hoch, R. S. , 1954. Mechanical treatment of weighted drilling muds. Trans. AIME 201, 93–96.

Bobo, R. A. , Ormsby, G. S. , Hoch, R. S. , 1955. Phillips tests air – mud drilling. Oil Gas J. Part I: (Jan. 1955), 82–87; Part II: (Feb. 1955), 104–108.

Bradley, B. W. , 1967. Oxygen_ a major element in drill pipe corrosion. Mater. Protect. 40–43.

Clark, J. A. , 1965. Experience with plastic coated drill pipe in west Texas. Drill. Contract 44–46.

Clark, R. K. , Scheuerman, R. F. , Rath, H. , van Laar, H. G. , 1976. Polyacrylamide/potassium chloride mud for drilling water-sensitive shales. J. Petrol. Technol. , 719–727, Trans. AIME 261.

Coffer, H. F. , Clark, R. C. , 1954. An inexpensive mud for deep wells. J. Petrol. Tech. 10 – 14. Collings, B. J. , Griffin, R. R. , 1960. Clay-free salt-water muds save rig time and bits. Oil Gas J. 115–117.

Collom, R. E. , 1923. The use of mud fluid to prevent water infiltration in oil and gas wells. Summ. Oper. Calif. Oil Fields 8 (7), 26–84.

Collom, R. E. , 1924. The mud problem in rotary drilling. Part 1: Oil Weekly, 37–50, Part 2: Ibid. 45–50.

Cowan, J. C. , 1959. Low filtrate loss and good rheology retention at high temperatures are practical features of this new drilling mud. Oil Gas J. 83–87.

Cox, T. E. , 1974. Even traces of oxygen in muds can cause corrosion. World Oil. 110–112.

Crews, S. H. , 1964. Big hole drilling progress keyed to engineering. Petrol. Eng. 104–114.

Cross, R. , Cross, M. F. , 1937. Method of improving oil-well drilling muds. U. S. Patent No. 2, 094, 316 (Sept. 28).

Dawson, R. , Annis, M. R. , 1977. Total mechanical solids control. Oil Gas J. 90–100.

Dawson, R. D. , 1950. Oil base drilling fluid. U. S. Patent No. 2, 497, 398 (Feb. 14).

Dawson, R. D. , 1952. Oil base fluid for drilling wells. U. S. Patent No. 2, 588, 808 (March 11).

Dawson, R. D. , Blankenhorn, C. F. , 1944. Nonaqueous drilling fluid. U. S. Patent No. 2, 350, 154 (May 30).

Dawson, R. D. , Huisman, P. H. , 1940. Nonaqueous drilling fluid. U. S. Patent No. 2, 223, 027 (Nov. 26).

Deily, F. H. , Holman, W. E. , Lindblom, G. P. , Patton, J. T. , 1967. New biopolymer low – solids mud speeds drilling operation. Oil Gas J. 62–70.

Doherty, W. T. , Gill, S. , Parsons, C. P. , 1931. Drilling fluid problems and treatment in the Gulf Coast. Proc. API. Prod. Bull 207, 100–109.

Doig, K. , Wachter, A. , 1951. Bacterial casing corrosion in the ventura avenue field. Corrosion. 212–214.

Duckham, A. , 1931. Chemical aspect of drilling muds. J. Inst. Petrol. Tech. 17, 153–182.

Dunning, H. N. , Eakin, J. L. , Reinhardt, W. N. , Walker, C. J. , 1959. Foaming agents: cure for water-logged wells. Petrol. Eng. B28–B33.

Eckel, J. R. , 1967. Microbit studies of the effect of fluid properties and hydraulics on drilling rate. J. Petrol. Technol. , 541-546, Trans. AIME 240.

Edinger, W. M. , 1949. Interpretation of analysis results on oil or oil-base mud cores. World Oil. 145-150.

Evans, P. , Reid, A. , 1936. Drilling mud: its manufacture and testing. Trans. Min. Geol. Inst. Ind. 32.

Farnham, H. H. , 1931. Analytical considerations of drilling muds. Petrol Eng. , 117-122.

Farnham, H. H. , 1932. Discussion of sealing effect of rotary mud on productive sands. Proc. API. Prod. Bull. 209, 60-63.

Fauvelle, M. , 1846. A new method of boring for artesian springs. J. Franklin Inst. 12 (3), 369-371.

Feldenheimer, W. , 1922. Treatment of clay. U. S. Patent No. 1, 438, 588 (Dec. 12).

Fischer, P. W. , 1951a. Drilling fluids. U. S. Patent No. 2, 542, 019 (Feb. 20).

Fischer, P. W. , 1951b. Drilling fluid compositions. U. S. Patent No. 2, 542, 020 (Feb. 20).

Fischer, P. W. , 1951c. Drilling fluids. U. S. Patent No. 2, 573, 959 (Nov. 6).

Fischer, P. W. , 1951d. Drilling fluid concentrates. U. S. Patent No. 2, 573, 960 (Nov. 6).

Fischer, P. W. , 1952a. Oil base drilling fluids. U. S. Patent No. 2, 607, 731 (August 19).

Fischer, P. W. , 1952b. Oil base drilling fluids. U. S. Patent No. 2, 612, 471 (Sept. 30).

Fontenot, J. E. , Simpson, J. P. , 1974. A microbit investigation of the potential for improving the drilling rate of oil-base muds in low-permeability rocks. J. Petrol. Technol. 507-514.

Foran, E. V. , 1934. Pressure completion of wells in west Texas. API Drill. Prod Prac. 48-54.

Freeze, G. I. , 1964. Testing foaming agents for air and gas drilling. In: API Paper 851-38 M. Mid-Continent Dist. Meeting, Hot Springs, May 11-13, 1964.

Fried, A. N. , 1961. The foam-drive process for increasing the recovery of oil. U. S. Bur. Mines Report of Investigations 5866.

Gallus, J. P. , Lummus, J. L. , Fox Jr. , J. E. , 1958. Use of chemicals to maintain clear water for drilling. Trans. AIME 213, 70-75.

Garrett, R. L. , Clark, R. K. , Carney, L. L. , Grantham, C. K. , 1978. Chemical seavengers for sulfides in water-base drilling fluids. In: SPE Paper 7499. SPE Annual Meeting, Houston, Oct. 1-3, 1978.

Gates, J. I. , Pfenning, G. E. , 1952. New oil-base emulsion mud hailed as vast improvement. Oil Gas J. 166-168.

Gates, J. I. , Wallis, W. M. , 1951. Emulsion fluid for drilling wells. U. S. Patent No. 2, 557, 647 (June 19).

Gill, J. A. , 1966. Drilling mud solids control_ a new look at techniques. World Oil. 121-124.

Gill, J. A. , Carnicom, W. M. , 1959. Offshore Louisiana new muds and techniques improve drilling practices. World Oil. 194-206.

Gill, S. , 1932. Sealing effect of rotary mud on productive sands in the southwestern district. Proc. API. Prod. Bull. 209, 42-51.

Gnnsfelder, S. , Law, J. , 1938. Recent pressure drilling at Dominguez. API Drill. Prod. Prac. 74-79.

Goins Jr. , W. C. , 1950. A study of limed mud systems. Oil Gas J. , 52-54, 72.

Goins Jr. , W. C. , Magner, H. J. , 1961. How to use foaming agents in air and gas drilling. World Oil. 59-64.

Goodwin, R. J. , 1959. A water shutoff method for sand-type porosity in air drilling. Trans. AIME 216, 163-167.

Grant, R. S. , Texter, H. G. , 1941. Causes and prevention of drill pipe and tool joint troubles. API Drill. Prod. Prac. 9-43.

Gray, G. R. , 1944. The use of modified starch in Gulf Coast drilling muds. In: Preprint Petrol. Div. AIME,

Houston Meeting (May).

Gray, G. R., Foster, J. L., Chapman, T. S., 1942. Control of filtration characteristics of salt water muds. Trans. AIME 146, 117–125.

Gray, G. R., Grioni, S., 1969. Varied applications of invert emulsion muds. J. Petrol. Technol. 261–266.

Gray, G. R., Kellogg, W. C., 1955. The Wilcox trend _ cross section of typical mud problems. World Oil. 102–117.

Gray, G. R., Neznayko, M., Gilkeson, P. W., 1952. Some factors affecting the solidification of lime treated muds at high temperatures. API Drill Prod. Prac. 72–81.

Gray, G. R., Tschirley, N. K., 1975. Drilling fluids programs for ultra – deep wells in the United States. Proc. Ninth World Petrol. Congress 4. Applied Science Publishers, Barking, pp. 137–149.

Harth, P. E., 1935. Application of mud – laden fluids to oil or gas wells. U. S. Patent No. 1, 991, 637 (Feb. 19).

Hauser, E. A., 1950a. Application of drilling fluids. U. S. Patent No. 2, 531, 812 (Nov. 28).

Hauser, E. A., 1950b. Modified gel – forming clay and process of producing same. U. S. Patent No. 2, 531, 427 (Nov. 28).

Hayes, C. W., Kennedy, W., 1903. Oil fields of the Texas Louisiana Gulf coastal plain. U. S. Geol. Survey Bull. 212, 167.

Heggem, A. G., Pollard, J. A., 1914. Drilling wells in Oklahoma by the mud – laden fluid method. U. S. Bur. Mines Tech. Paper 68.

Herrick, H. N., 1932. Flow of drilling mud. Trans. AIME 98, 476–494.

Hindry, H. W., 1941. Characteristics and application of an oil–base mud. Trans. AIME 142, 70–75.

Hoeppel, R. W., 1956. Oil base drilling fluids. U. S. Patent No. 2, 754, 265 (July 10).

Hoeppel, R. W., 1961. Water in oil emulsion drilling and fracturing fluid. U. S. Patent No. 2, 999, 063 (Sept. 5).

Hollis, W. T., 1953. Gas drilling in San Juan Basin of New Mexico. API Drill. Prod. Prac. 310–312.

Hook, R. A., Cooper, L. W., Payne, B. R., 1977. Air, gas and foam drilling techniques. In: Trans. IAODC Drilling Technol. Conf., New Orleans, March 16–18, 1977; World Oil, Part I: (April), 95–106, Part II: Ibid. (May), 83–90.

Hower, W. F., McLaughlin, C., Ramos, J., 1958. Water shutoff in air drilling now possible with polymeric water gel. API Drill. Prod. Prac. 110–114.

Hudgins, C. M., Landers, J. E., Greathouse, W. D., 1960. Corrosion problems in the use of dense salt solutions as packer fluids. Corrosion. 91–94.

Hudgins, C. M., McGlasson, R. L., Gould, E. D., 1961. Developments in the use of dense brines as packer fluids. API Drill. Prod. Prac. 160–168.

Huebotter, E. E., 1954. Internal reports, Baroid Division, NL Industries, Inc. (Oct. 21, 1954, et seq.).

Hull, J. D., 1968. Minimum solids fluids reduce drilling costs. World Oil. 86–91.

Hurdle, J. M., 1957. Gyp muds now practical for Louisiana coastal drilling. Oil Gas J. 93–95.

Ives, G., 1974. How Shell drilled a super–hot, super–deep well. Petrol. Eng. 70–78.

Jackson, L. R., Banta, H. M., McMaster, R. C., Nordin, T. P., 1947. Use of chromate additions in drilling fluids. Drill. Contract. 77–82.

Jensen, J., 1936. Recent developments related to petroleum engineering. Trans. AIME 118, 63–68.

Jones Jr., F. O., 1964. New fast, accurate test measures bentonite in drilling mud. Oil Gas J. 76–78.

Jones, P. H., 1937. Field control of drilling mud. API Dril. Prod. Prac. 24–29.

Jones, P. H., Babson, E. C., 1935. Evaluation of rotary drilling muds. API Drill. Prod. Prac. 23−33.

Jordan, J. W., 1949. Organophilic bentonites, I. J. Phys. Chem. 53, 294−306.

Jordan, J. W., Hook, B. J., Finlayson, C. M., 1950. Organophilic bentonites, II. J. Phys. Chem. 54, 1196−1208.

Jordan, J. W., Nevins, M. J., Stearns, R. C., Cowan, J. C., Beasley Jr., A. E., 1965. Well − working fluids. U. S. Patent No. 3, 168, 475 (Feb. 2).

Jordan, J. W., Nevins, M. J., Stearns, R. O., Cowan, J. C., Beasley Jr., A. E., 1966. N − Alkyl ammonium humates. U. S. Patent No. 3, 281, 458 (Oct. 10).

Kastrop, J. E., 1947. Desanding drilling fluids. World Oil. 30−31.

Kaveler, H. H., 1946. Improved drilling muds containing carboxymethylcellulose. API Drill. Prod. Prac. 43−50.

Kennedy, J. L., 1974. Oil mud underbalancing saves money. Oil Gas J., 49−52.

Kersten, G. V., 1946. Results and use of oil base fluids in drilling and completing wells. API Drill. Prod. Prac., 61−68.

King, E. G., 1976. In personal communication to G. R. Gray (Dec. 15).

King, E. G., Adolphson, C., 1960. Drilling fluid and process. U. S. Patent No. 2, 935, 473(May 3).

King, G. R., 1959. Why rock−bit bearings fail. Oil Gas J. 166−182.

Kirk, W. L., 1972. Deep drilling practices in Mississippi. J. Petrol. Technol. 633−642.

Kirwan, M. J., 1924. Mud fluid in drilling and protection of wells. Oil Weekly. 34.

Klementich, E. F., 1972. Drilling a record Mississippi wildcat. In: SPE Paper 3916, SPE Annual Meeting, San Antonio, Oct, 8−11, 1972.

Kljucec, N. M., Yurkowski, K. J., Lipsett, L. R., 1974. Successful drilling of permafrost with bentonite−XC polymer_ KC1 mud system. J. Can. Petrol. Technol. 49−53.

Knapp, A., 1923. Action of mud−laden fluids in wells. Trans. AIME 69, 1076−1100.

Knapp, I. N., 1916. The use of mud−laden water in drilling wells. Trans. AIME 51, 571−586.

Krug, J. A., Mitchell, B. J., 1972. Charts help find volume, pressure needed for foam drilling. Oil Gas J. 61−64.

Lancaster, E. H., Mitchell, M. E., 1949. Control of conventional and lime − treated muds in southwest Texas. Trans. AIME 179, 357−371.

Lanman, D. E., Willingham, R. W., 1970. Low solids, non − dispersed muds solve hole problems. World Oil. 49−52.

Lawton, H. C., Ambrose, H. A., Loomis, A. G., 1932. Chemical treatment of rotary drilling fluids. Physics. 365−375.

Lewis, J. O., McMurray, W. F., 1916. The use of mud − laden fluid in oil and gas wells. U. S. Bur. Mines Bull. 134.

Leyendecker, E. A., Murray, S. C., 1975. Properly prepared oil muds aid massive salt drilling. World Oil. 93−95.

Loomis, A. G., Ambrose, H. A., Brown, J. S., 1931. Drilling of terrestial bores. U. S. Patent No. 1, 819, 646 (August 18).

Lummus, J. L., 1953. Water−in−oil emulsion drilling fluid. U. S. Patent No. 2, 661, 334 (Dec. 1).

Lummus, J. L., 1954. Multipurpose water−in−oil emulsion mud. Oil Gas. J. 106−108.

Lummus, J. L., 1957. Oil base drilling fluid. U. S. Patent No. 2, 793, 996 (May 28).

Lummus, J. L., 1965. Chemical removal of drilled solids. Drill. Contract. 50−54, 67.

Lummus, J. L. , Barrett, H. M. , Allen, H. , 1953. The effects of use of oil in drilling muds. API Drill. Prod. Prac. 135-145.

Lummus, J. L. , Field, L. J. , 1968. Non-dispersed polymer mud_ a new drilling concept. Petrol Eng. 59-65.

Lummus, J. L. , Fox Jr. , J. E. , Anderson, D. B. , 1961. New low-solids polymer mud cuts drilling costs for Pan American. Oil Gas J. 87-91.

Lummus, J. L. , Randall, B. V. , 1961. How new foaming agents are aiding air gas drilling. World Oil. 57-62.

Mallory, H. E. , 1957. How low solid muds can cut drilling costs. Petrol. Eng. B21-B24.

Mallory, H. E. , Holman, W. E. , Duran, R. J. , 1960. Low-solids mud resists contamination. Petrol Eng. B25-B30.

Marsden, S. S. , Khan, S. A. , 1966. The flow of foam through short porous media and apparent viscosity measurements. Soc. Petrol. Eng. J. 17-25, Trans. AIME, 237.

Marsh, H. N. , 1931. Properties and treatment of rotary mud. Trans. AIME 92, 234-251.

Mazee, W. M. , 1942. Nonaqueous drilling fluid. U. S. Patent No. 2, 297, 660 (Sept. 29).

McCray, A. W. , 1949. Chemistry and control of lime base drilling muds. Petral Eng. B54-B56.

McGhee, E. , 1956. New oil emulsion speeds west Texas drilling. Oil Gas J. 110-112.

McGlasson, R. L. , Greathouse, W. D. , 1959. Stress corrosion cracking of oil country tubular goods. Corrosion. 55-60.

McGlasson, R. L. , Greathouse, W. D. , Hudgins, C. M. , 1960. Stress corroston cracking of carbonsteels in concentrated sodium nitrate solutions. Corrosion. 113-118.

McMordie Jr. , W. C. , 1968. Where and why to use oil-base packer fluids. Oil Gas J. 57-59.

Milhone, R. S. , Haskin, C. A. , Beyer, A. H. , 1972. Factors affecting foam circulation in oil wells. In: SPE Paper 4001, Annual Meeting, San Antonio, Oct. 8-11, 1972.

Miller, G. , 1942. New oil base drilling fluid facilitates well completion. Petrol Eng, 104-106.

Miller, G. , 1943. Oil base drilling fluid. U. S. Patent No. 2, 316, 968 (August 20).

Miller, G. , 1949a. Oil base drilling fluid and mixing oil for the same. U. S. Patent No. 2, 475, 713 (July 12).

Miller, G. , 1949b. Use of oil base mud to free stuck pipe. Petrol. Eng. B54-B64.

Miller, G. , 1951. Oil base drilling fluids. Proc. Third World Petrol, Congress Sec. II. 2. E. J. Brill, Leiden, pp. 321-350.

Mills, B. , 1930. Central mud cleaning plant proves value of elaborate reclaiming methods. Oil Weekly. 56-58, 192.

Mitchell, B. J. , 1971. Test data fill theory gap on using foam as a drilling fluid. Oil Gas J. 96-100.

Mondshine, T. C. , 1966. New fast-drilling muds also provide hole stability. Oil Gas J. , 84-99.

Mondshine, T. C. , 1969. New technique determines oil-mud salinity needs in shale drilling. Oil Gas J. 70-75.

Mondshine, T. C. , 1974. Method of producing and using a gelled oil base packer fluid. U. S. Patent No. 3, 831, 678 (August 27).

Mondshine, T. C. , Kercheville, J. D. , 1966. Shale dehydration studies point way to successful gumbo shale drilling. Oil Gas J. 194-205.

Moore, T. V. , 1940. Oil base drilling fluid and method of preparing same. U. S. Patent No. 2, 216, 955 (Oct. 8).

Moore, T. V. , Cannon, G. E. , 1936. Weighted oil base fluid. U. S. Patent No. 2, 055, 666 (Sept. 29).

Murray, A. S. , Eckel, J. E. , 1961. Foam agents and foam drilling. Oil Gas J. 125-129.

Murray, A. S. , MacKay, S. P. , 1957. Imperial tries air drilling. Can. Oil Gas Indust. 49-54.

Murray, J. W. , 1968. Parasite tubing method of acration. API Drill. Prod. Prac. 22-28.

Newlin, F. , Kastrop, J. E. , 1960. World's deepest ultra-slim hole is ultra hot. Petrol. Eng. B19-B26.

Nicolson, K. M. , 1953. Air drilling in California. API Drill. Prod. Prac. 300-309.

Nowak, T. J. , Krueger, R. F. , 1951. The effect of mud filtrates and mud particles upon the permeabilities of cores. API Drill. Prod. Prac. 164-181.

O'Brien, D. E. , Chenevert, M. E. , 1973. Stabilizing sensitive shales with inhibited potassiumbased drilling fluids. J. Petrol. Technol. 1089-1100, Trans. AIME 255.

O'Brien, T. B. , Stinson, J. P. , Brownson, F. , 1977. Relaxed fluid loss controls on invert muds increases ROP. World Oil. 31-34, 70.

Ockenda, M. A. , Carter, A. , 1920. Plant used in rotary system of drilling wells. J. Inst. Petrol 6, 249-280.

Ormsby, G. S. , 1965. Desilting drilling muds with hydroclones. Drill. Contract. 55-65.

Ormsby, G. S. , 1973. Proper rigging boosts efficiency of solids-removing equipment. Part 1: Oil Gas J. , (March 12), 120-132; Part 2: Ibid. (March 19), 59-65.

Paris, B. , Williams, C. O. , Wacker, R. B. , 1961. New chrome-lignite drilling mud. Oil Gas J. 86-88.

Park, A. , Scott Jr. , P. P. , Lummus, J. L. , 1960. Maintaining low-solids drilling fluids. Oil Gas J. 81-84.

Parker, C. A. , 1973. Geopressures in the deep smackover of Mississippi. J. Petrol. Technol. 971-979.

Parsons, C. P. , 1931. Characteristics of drilling fluids. Trans. AIME 92, 227-233.

Parsons, C. P. , 1932. Sealing effect of rotary mud on productive sands in the mid-continent district. Proc. API. Prod. Bull. 209, 52-58.

Pennington, J. W. , 1949. The history of drilling technology and its prospects. Proc. API. Sect. IV, Prod. Bull. 235, 481.

Perkins, H. W. , 1951. Oil emulsion drilling fluids. API Drill. Prod. Prac. 349-354.

Planka, J. H. , 1972. New bromide packer fluid cuts corrosion problems. World Oil. 88-89.

Pollard, J. A. , Heggem, A. G. , 1913. Mud-laden fluid applied to well drilling. U. S. Bur. Mines Tech. Paper 66.

Pope, P. L. , Mesaros, J. , 1959. Mud programs for deep wells in Pecos county, Texas. API Drill. Prod. Prac. 82-99.

Quinn, R. V. , 1967. They call it Davis mix. Drilling 10 (11), 64.

Radd, F. J. , Crowder, L. H. , Wolfe, L. H. , 1960. The effect of pH in the range 6. 6-14 on the aerobic corrosion fatigue of steel. Corrosion 6, 121-124.

Randall, B. V. , Lummus, J. L. , Vincent, R. P. , 1958. Combating wet formations while drilling with air or gas. Drill. Contract. 69-79.

Raza, S. H. , Marsden, S. S. , 1967. The streaming potential and rheology of foam. Soc. Petrol. Eng. J. , 359-368, Trans. AIME 240.

Reddie, W. A. , 1958. Water in oil emulsion. U. S. Patent No. 2, 862, 881 (Dec. 2).

Reddie, W. A. , Griffin, R. N. , 1961. Water in oil emulsion drilling fluid. U. S. Patent No. 2, 994, 660 (August 1).

Reid, C. A. , 1970. Here are drilling fluids being used in Permian Basin's pressured formations. Oil Gas J. 80-83.

Reistle Jr. , C. E. , Cannon, G. E. , Buchan, R. C. , 1937. Standard practices for field testing of drilling fluids. Proc. API. Prod. Bull. 219, 14-22.

Remont, L. J. , Nevins, M. J. , 1976. Arctic casing pack. Drilling. 43-45.

Robinson, L. H. , Heilhecker, J. K. , 1975. Solids control in weighted drilling fluids. J. Petrol. Technol. 1141 -1144.

Rogers, W. F. , 1953. Composition and Properties of Oil Well Drilling Fluids, second ed. Gulf Publishing Co, Houston.

Rogers, W. F. , 1963c. Composition and Properties of Oil Well Drilling Fluids, third ed. Gulf Publishing Co, Houston.

Rolshausen, F. W. , Bishkin, S. L. , 1937. Oil hydratable drilling fluid. U. S. Patent No. 2, 099, 825 (Nov. 23).

Rubel, A. C. , 1932. The effect of drilling mud on production in California. Proc. API. Prod. Bull. 209, 33-41.

Schilthuis, R. J. , 1938. Connate water in oil and gas sands. Trans. AIME 127, 199-212.

Schneider, R. P. , 1967. Method of, and composition for use in, gas drilling. U. S. Patent No. 3, 313, 362 (April 11).

Self, E. S. , 1949. Oil base drilling fluid. U. S. Patent No. 2, 461, 483 (Feb. 8).

Shallenberger, L. K. , 1953. What about compressed air? World Oil. 155-160.

Sheridan, H. , 1965. Experience with plastic coated drill pipe on Louisiana Gulf Coast. Drill. Contract. 46-50.

Simpson, J. P. , 1978. A new approach to oil muds for lower cost drilling. In: SPE Paper 7500, SPE Annual Meeting, Houston, Oct. 1-3, 1978.

Simpson, J. P. , Andrews, R. S. , 1966. Oil mud packs for combatting casing corrosion. Mater. Protect. 21 -25.

Simpson, J. P. , Barbee, R. D. , 1967. How corrosive are water base completion muds? Mater. Protect. 32 -36.

Simpson, J. P. , Cowan, J. C. , Beasly Jr. , A. E. , 1961. The new look in oil - mud technology. J. Petrol. Technol. 1177-1183.

Simpson, J. P. , Sanchez, H. V. , 1961. Inhibited drilling fluids_ evaluation and utilization. In: Paper 801-37C, API Pacific Coast Dist. Meeting, Los Angeles, May 11-12.

Smith, B. , 1974. New oil base mud system cuts drilling costs. World Oil. 75, 76, 85.

Smith, F. W. , Rollins, H. M. , 1956. Air drilling practices in the permian basin. Petrol. Eng. , B48-B53.

Speller, F. N. , 1935. Corrosion fatigue of drill pipe. API Drill. Prod. Prac. 239-247.

Stein, N. , 1963. Use of tetrakis to shut off water in wells drilled with air or gas. API Drill. Prod. Prac. 7-11.

Stone, V. D. , 1964. Low-silt mud increases gulf's drilling efficiency, cuts costs. Oil Gas J. 136-142.

Stroud, B. K. , 1922. Mud-laden fluids and tables on specific gravities and collapsing pressures. In: Louisiana Dept. Conservation Tech. Paper No. 1.

Stroud, B. K. , 1925. Use of barytes as a mud laden fluid. Oil Weekly June 5, 29-30.

Stroud, B. K. , 1926. Application of mud-laden fluids to oil or gas wells. U. S. Patent No. 1, 575, 944 and No. 1, 575, 945 (March 9).

Stuart, R. W. , 1946. Use of oil base mud at Elk Hills naval petroleum reserve number one. API Drill. Prod. Prac. 69-73.

Sufall, C. K. , 1960. Water shutoff techniques in air or gas drilling. API Drill. Prod. Prac. 74-77.

Suman, J. R. , 1961. In: Carter, D. V. (Ed.), History of Petroleum Engineering. Boyd Printing Co. , Dallas, pp. 65-132.

Swan, J. C. , 1923. Method of drilling wells. U. S. Patent No. 1, 455, 010 (May 15).

Sweeney, P. , 1866. U. S. Patent Records, U. S. Patent No. 51, 902 (Jan. 2).

Tailleur, R. J. , 1963. Lubricating properties of drilling fluids. In: Muds, E. P. (Ed.), Proc. Sixth World Petrol. Congress 2, Fo¨rderung 6 Welt-Erdol Kongresses, Hamburg. pp. 387-404.

Tailleur, R. J. , 1967. Rotary drilling process. U. S. Patent No. 3, 318, 396 (May 9).

Teis, K. R. , 1936. Pressure completion of wells in the fitts pool. API Drill. Prod. Prat. pp. 23-31.

Trimble, G. A. , Nelson, M. D. , 1960. Use of inverted emulsion mud proves successful in zones susceptible to water damage. J. Petrol. Technol. 23-30.

Trout, K. , 1948. Some notes on use of calcium-base drilling fluids. Drill. Contract. 56, 57, 80.

Tschirley, N. K. , 1963. New developments in drilling fluids. In: API Paper 906 – 8A. Southwestern Dist. Meeting, Fort Worth. March 13-15, 1963.

Van Dyke, O. W. , 1950. Oil emulsion drilling mud. World Oil. 101-106.

Van Dyke, O. W. , Hermes Jr. , L. M. , 1950. Chemicals used in red – lime muds. Ind. Eng. Chem. 1901 -1912.

Vietti, W. V. , Garrison, A. D. , 1939. Method of drilling wells. U. S. Patent No. 2, 165, 824(July 11).

Wade, G. , 1942. Review of the heaving shale problem in the Gulf coast region. U. S. Bur. Mines Report of Investigations 3618 (March).

Walkins, T. E. , 1960. New inverted emulsion mud makes good drilling and completion fluid. Oil Gas J. 176 -180.

Watkins, T. E. , 1953. A drilling fluid for use in drilling high-temperature formations. API Drill. Prod. Prac. 7 -13.

Watkins, T. E. , 1958. Emulsion fluid for wells. U. S. Patent No. 2, 861, 042 (Nov. 18).

Watkins, T. E. , 1959. Component for well treating fluid. U. S. Patent No. 2, 876, 197 (March 3).

Weichert, J. P. , Van Dyke, O. W. , 1950. Effect of oil emulsion mud on drilling. Petrol. Eng. , B16-B38.

Weintritt, D. J. , 1966. Stabilizied oil mud for deep hot wells. Petrol. Eng. 68-74.

Weiss, W. J. , Graves, R. H. , Hall, W. L. , 1958. A fundamental approach to well bore stabilization. Petrol. Eng. B43-B60.

Wheless, N. H. , Howe, J. L. , 1953. Low solid muds improve rate of drilling. Cut Hole Time. Drilling. 70, 75.

Williams, R. W. , Mesaros, J. , 1957. The centrifuge and mud technology. API Drill Prod. Prac. 185-193.

Wright, C. C. , 1954. Oil-base emulsion drilling fluids. Oil Gas J. 88-90.

Wuth, D. E. , O'Shields, R. L. , 1955. New mud desander cuts drilling costs. Drill. Contract. 76-81.

国外油气勘探开发新进展丛书（一）

书号：3592
定价：56.00元

书号：3663
定价：120.00元

书号：3700
定价：110.00元

书号：3718
定价：145.00元

书号：3722
定价：90.00元

国外油气勘探开发新进展丛书（二）

书号：4217
定价：96.00元

书号：4226
定价：60.00元

书号：4352
定价：32.00元

书号: 4334
定价: 115.00元

书号: 4297
定价: 28.00元

国外油气勘探开发新进展丛书（三）

书号: 4539
定价: 120.00元

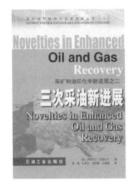

书号: 4725
定价: 88.00元

书号: 4707
定价: 60.00元

书号: 4681
定价: 48.00元

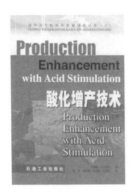

书号: 4689
定价: 50.00元

书号: 4764
定价: 78.00元

国外油气勘探开发新进展丛书（四）

书号：5554
定价：78.00元

书号：5429
定价：35.00元

书号：5599
定价：98.00元

书号：5702
定价：120.00元

书号：5676
定价：48.00元

书号：5750
定价：68.00元

国外油气勘探开发新进展丛书（五）

书号：6449
定价：52.00元

书号：5929
定价：70.00元

书号：6471
定价：128.00元

书号：6402
定价：96.00元

书号：6309
定价：185.00元

书号：6718
定价：150.00元

国外油气勘探开发新进展丛书（六）

书号：7055
定价：290.00元

书号：7000
定价：50.00元

书号：7035
定价：32.00元

书号：7075
定价：128.00元

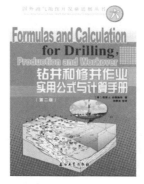

书号：6966
定价：42.00元

书号：6967
定价：32.00元

国外油气勘探开发新进展丛书(七)

书号:7533
定价:65.00元

书号:7802
定价:110.00元

书号:7555
定价:60.00元

书号:7290
定价:98.00元

书号:7088
定价:120.00元

书号:7690
定价:93.00元

国外油气勘探开发新进展丛书(八)

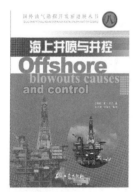

书号:7446
定价:38.00元

书号:8065
定价:98.00元

书号:8356
定价:98.00元

书号：8092
定价：38.00元

书号：8804
定价：38.00元

书号：9483
定价：140.00元

国外油气勘探开发新进展丛书（九）

书号：8351
定价：68.00元

书号：8782
定价：180.00元

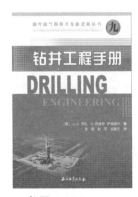

书号：8336
定价：80.00元

书号：8899
定价：150.00元

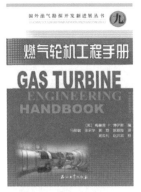

书号：9013
定价：160.00元

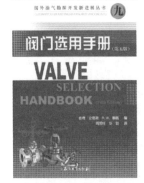

书号：7634
定价：65.00元

国外油气勘探开发新进展丛书（十）

书号：9009
定价：110.00元

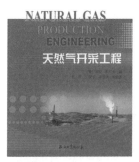

书号：9989
定价：110.00元

书号：9574
定价：80.00元

书号：9024
定价：96.00元

书号：9322
定价：96.00元

书号：9576
定价：96.00元

国外油气勘探开发新进展丛书（十一）

书号：0042
定价：120.00元

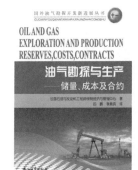

书号：9943
定价：75.00元

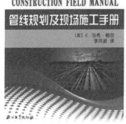

书号：0732
定价：75.00元

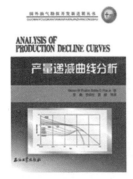

书号：0916
定价：80.00元

书号：0867
定价：65.00元

书号：0732
定价：75.00元

国外油气勘探开发新进展丛书（十二）

书号：0661
定价：80.00元

书号：0870
定价：116.00元

书号：0851
定价：120.00元

书号：1172
定价：120.00元

书号：0958
定价：66.00元

书号：1529
定价：66.00元

国外油气勘探开发新进展丛书（十三）

书号：1046
定价：158.00元

书号：1167
定价：165.00元

书号：1645
定价：70.00元

书号：1259
定价：60.00元

书号：1875
定价：158.00元

书号：1477
定价：256.00元

国外油气勘探开发新进展丛书（十四）

书号：1456
定价：128.00元

书号：1855
定价：60.00元

书号：1874
定价：280.00元

书号：2857
定价：80.00元

书号：2362
定价：76.00元

国外油气勘探开发新进展丛书（十五）

书号：3053
定价：260.00元

书号：3682
定价：180.00元

书号：2216
定价：180.00元

书号：3052
定价：260.00元

书号：2703
定价：280.00元

书号：2419
定价：300.00元

国外油气勘探开发新进展丛书（十六）

书号：2274
定价：68.00元

书号：2428
定价：168.00元

书号：1979
定价：65.00元

书号：3450
定价：280.00元

国外油气勘探开发新进展丛书（十七）

书号：2862
定价：160.00元

书号：3081
定价：86.00元

书号：3514
定价：96.00元

书号：3512
定价：298.00元

书号：3980
定价：220.00元

国外油气勘探开发新进展丛书（十八）

书号：3702
定价：75.00元

书号：3734
定价：200.00元

书号：3693
定价：48.00元

书号：3513
定价：278.00元

书号：3772
定价：80.00元

国外油气勘探开发新进展丛书（十九）

书号：3834
定价：200.00元

书号：3991
定价：180.00元